高等学校土木工程专业教材

Modern Civil Engineering
现代土木工程

（第二版）

付宏渊　刘建华　曾　铃　**主编**

郑健龙　**主审**

人民交通出版社股份有限公司

北京

内 容 提 要

　　本书依据我国土木工程专业人才培养目标和培养方案编写,着重介绍了土木工程领域相关专业的基本内容,以简明、新颖、实用为特点,反映了现代土木工程发展状况及趋势,力求突出土木工程实践的最新成果。同时,本书采用了大量的插图和实例,以直观的方式呈现土木工程的特点、特色,反映当前土木工程发展的综合性和社会性,并结合相关技术、经济和管理方面的知识,培养读者对土木工程专业的宏观理念和思维方式。

　　本书内容主要包括:土木工程材料、建筑工程、道路工程、桥梁工程、隧道与地下工程、岩土工程、水利工程、土木工程建设项目管理、土木工程防灾减灾、港口海洋等。

　　本书可作为土木工程、水利工程、建筑学和城市规划等相关专业的教材和教学参考书,也可作为其他理工类和人文类专业的选修课教材,也可供职业教育与成人教育师生使用。

图书在版编目(CIP)数据

　　现代土木工程/付宏渊,刘建华,曾铃主编.—2
版.—北京:人民交通出版社股份有限公司,2017.7
　　ISBN 978-7-114-13988-8

　　Ⅰ.①现… Ⅱ.①付… ②刘… ③曾… Ⅲ.①土木工
程—高等学校—教材 Ⅳ.①TU

　　中国版本图书馆 CIP 数据核字(2017)第 169570 号

高等学校土木工程专业教材

书　　　名:现代土木工程(第二版)
著 作 者:付宏渊　刘建华　曾　铃
责 任 编 辑:肖　鹏　卢俊丽
出 版 发 行:人民交通出版社股份有限公司
地　　　址:(100011)北京市朝阳区安定门外外馆斜街 3 号
网　　　址:http://www.ccpcl.com.cn
销 售 电 话:(010)59757973
总 经 销:人民交通出版社股份有限公司发行部
经　　　销:各地新华书店
印　　　刷:北京市密东印刷有限公司
开　　　本:787×1092　1/16
印　　　张:31.75
字　　　数:750 千
版　　　次:2010 年 5 月　第 1 版
　　　　　　2017 年 8 月　第 2 版
印　　　次:2024 年 7 月　第 2 版　第 7 次印刷　总第 11 次印刷
书　　　号:ISBN 978-7-114-13988-8
定　　　价:59.00 元

《现代土木工程》
编写委员会

主　　编：付宏渊　　刘建华　　曾　铃

主　　审：郑健龙

编写人员：付宏渊　　刘建华　　曾　铃　　胡庆国　　何忠明

　　　　　叶群山　　王江营　　胡　鹏

前言

现有土木工程专业涵盖了建筑工程、铁道工程、桥梁工程、岩土工程、隧道工程等多个专业。为适应当前土木工程新形势的要求,我们在第一版《现代土木工程》的基础上,组织编写了本教材。

为了能全面展示和反映土木工程各个领域的成就和最新进展,充分满足年轻学子求知欲望和兴趣,在教材编写过程中,特邀请多个高校青年博士参与,并得到业界广泛的支持、鼓励和响应。为本书撰稿的各位作者工作在土木工程的不同领域,所擅长和涉猎的学科涵盖土木工程的各相关行业,他们是我国土木工程学科发展的新一代接班人,承担着承上启下、继往开来的光荣使命,相信在现代土木工程行业的发展中,他们将发挥更大的作用。

本书从土木工程材料、建筑工程、道路工程、桥梁工程、隧道与地下工程、岩土工程、水利工程、土木工程建设项目管理、土木工程防灾减灾、港口海洋等方面对现代土木工程进行了全面的介绍。全书分为11章:第1章绪论,简要介绍了土木工程的定义及其发展;第2章介绍了土木工程材料的发展;第3章介绍了建筑结构及现代建筑方面的知识;第4章阐述了道路与铁道工程的组成及其施工方面的内容;第5章从桥梁基本类型、设计基础、施工等方面全面地介绍了桥梁工程的发展;第6章介绍了隧道与地下工程的相关理论、设计原理及其施工方法;第7章阐

1

述了岩土工程的基本理论及常见的岩土工程问题;第8章介绍了各种水工建筑物及其设计、施工的特点与发展趋势;第9章阐述了土木工程建设项目的概念、项目建设期与运营期管理方面的内容;第10章介绍了土木工程防灾减灾方面的新对策与新技术;第11章介绍了海洋工程、机场工程、给排水工程、供热供燃气工程、环境工程的主要内容与发展趋势。

全书由长沙理工大学组织编写。由付宏渊教授、刘建华副教授、曾铃博士确定编写大纲,由付宏渊教授修订、统稿。各章节分工如下:第1章、第10章由刘建华副教授编写;第2章由叶群山副教授编写;第3章、第5章由胡朋博士编写;第4章由何忠明教授编写;第6章、第7章由曾铃博士编写;第8章、第11章由王江营博士编写;第9章由胡庆国研究员级高工、何忠明教授编写。

由于编者理论水平和实践经验有限,书中难免有所欠缺、不妥甚至错误之处,恳请各位专家、学者和广大读者批评指正。

编　者

2017 年 6 月

目录

绪论

1.1 土木工程定义及属性

土木工程是建造各类工程设施的科学、技术和工程的统称。它既指所应用的材料、设备和所进行的勘测、设计、施工、保养维修等技术活动,也指工程建设的对象,即建造在地上或地下、陆上或水中,直接或间接为人类生活、生产、军事、科研服务的各种工程设施,例如房屋、道路、铁路、隧道、桥梁、水利设施、港口、机场、海洋、给水和排水设施以及环境工程等。土木工程需要解决的问题及其要素和目的如图 1.1 所示。

(1)土木工程建设的目的和意义

土木工程的根本目的和出发点是形成人类生产或生活所需要的、功能良好且舒适美观的空间和通道。它既是物质方面的需要,也有精神方面的需求。土木工程的发展为国民经济的发展和人民生活的改善提供了重要的物质技术基础,在国民经济中占有举足轻重的地位,其发展水平能够充分体现国民经济的综合实力,反映一个国家的现代化水平。一方面,人们的生活离不开土木工程,其社会需求推动土木工程不断向前发展。如我国 1995 年城市人均居住面积只有 7.6m²,根据住房和城乡建设部的规划目标,到 2020 年城镇人均居住面积将达到 35m²,城镇最低收入家庭人均住房面积大于 20m²。同时,与人们生活息息相关的铁路、公路、水运、航空等的发展都离不开土木工程。另一方面,社会的进步进一步推动工程技术的创新和发展,随着社会的发展,工程结构越来越大型化、复杂化,超高层建筑、特大型桥梁、巨型大坝、复杂的地铁系统等不断涌现,既满足人们的生活需求,同时也演变为社会实力的象征,表 1.1 给出了 2016 年世界摩天大楼的高度统计。

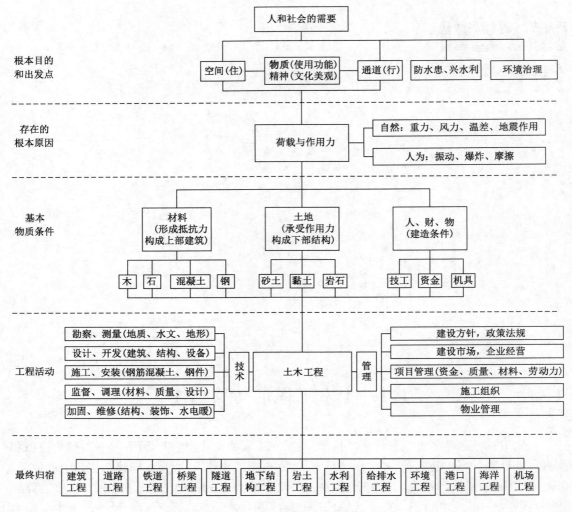

图 1.1 土木工程的要素和目的

2016 年世界摩天大楼的高度统计

表 1.1

排名	楼　名	楼高(m)	楼层数(层)	所 在 城 市	建成时间(年)
1	哈利法塔 Burj Khalifa	828.00	163	迪拜(阿联酋)	2010
2	上海中心大厦	632.00	125	上海(中国)	2014
3	皇家钟塔酒店	601.00	95	麦加(沙特阿拉伯)	2011
4	世界贸易中心 1 号楼	541.33	105	纽约(美国)	2013
5	周大福中心	530.00	112	广州(中国)	2016
6	101 大厦	509.00	101	台北(中国)	2003
7	环球金融中心	492.00	101	上海(中国)	2008

排名	楼　　名	楼高(m)	楼层数(层)	所 在 城 市	建成时间(年)
8	环球贸易广场	484.00	108	香港(中国)	2010
9	双子塔1座	451.90	88	吉隆坡(马来西亚)	1998
10	双子塔2座	451.90	88	吉隆坡(马来西亚)	1998

(2)土木工程存在的根本原因

地球上有各种各样的荷载和作用力,而土工工程存在的根本原因是使结构能够抵抗各种自然或人为的作用力。任何一个工程结构都要承受自身重量、使用荷载、风力等荷载的作用和温度变化对土木工程结构产生力的作用。

同时,由于环境的持续恶化,导致的自然灾害频发,如地震灾害、风灾害、洪水灾害、泥石流灾害、虫灾(如白蚁成灾对木结构的房屋和桥梁损害极大)等也对人们的生命及生活质量构成严重威胁。据联合国统计,近百年来,全世界死于各种灾害的人口约458万人。其中,地震造成的人口死亡尤甚,有史以来已发生过4次造成20万人以上死亡的大地震。全球典型重大自然灾害见表1.2。因此,自然环境的变化也要求土木工程能够抵御自然灾害,提供安全、可靠的活动空间、通道等。

全球典型重大自然灾害　　　　　　　　　　表1.2

时间(年-月-日)	国家及地区	灾 害 类 型	死 亡 人 数
1900-9	美国得克萨斯州	加尔维斯敦飓风	8000~12000人
1920-12-16	中国甘肃	8.6级地震	20万多人
1923-9-1	日本的横滨和东京一带	东京大地震引起的大火	7.1万多人,其中大火烧死5.6万多人
1931-6~1931-7	中国淮河流域	持续暴雨溃堤引起的洪水	7.5万多人
1970-11-13	孟加拉的恒河三角洲	飓风	30万多人
1976-7-28	中国唐山	7.8级地震	24万多人
2004-12-26	东南亚	海啸	22万多人
2006-2-17	菲律宾南莱特省	泥石流	1800多人
2008-5-12	中国汶川	8.0级地震	8万多人
2010-4-14	中国玉树	7.1级地震	2000多人

此外,社会灾害也是土木工程在设计、施工过程中不可忽视的,常见的社会灾害有火灾、燃气爆炸、地基沉陷以及因工程质量低劣造成的工程事故等。

中国灾害种类多,发生频率高,是世界上自然灾害最严重的几个国家之一。近年来,随着经济的快速发展,人为灾害也在迅速增多,灾害损失明显上升。未来时期,致灾风险将逐步加大,呈危害加重趋势,频繁发生的各种灾害已经成为国民经济发展长期性制约因素。

(3)土木工程的建设条件

材料、土地、资金、人员等都是实现土木工程建造的基本物质条件,而材料的选择、数量的确定是土木工程建设过程中最重要的工作之一。材料费往往占土木工程投资的大部分,土木工程造价主要取决于材料所需的资金。土木工程的任务就是要充分发挥材料的作用,在保证结构安全的前提下实现最经济的建造。土木工程材料是随着人类社会生产力和科学技术水平的提高而逐渐发展起来的,土木工程材料的发展与土木工程技术的进步有着不可分割的联系,它们相互制约、相互依赖和相互推动,新型建筑材料的诞生推动了土木工程设计方法和施工工艺的变革,而新的土木工程设计方法和施工工艺对建筑材料品种和质量提出更高和更为多样化的要求。

(4)土木工程的项目管理

土木工程的最终归宿是将社会所需的工程项目建造成功,投入使用,除有最优设计外,还需要把蓝图变为现实。因此需要研究如何利用现有的物资设备条件,通过有效的技术途径和组织手段来进行施工,将社会所需的工程设施建造成功。土木工程的项目管理指的是项目管理者为了使项目取得成功,应用系统的观念、理论和方法,对工程项目全过程进行有序、全面、科学和目标明确的管理,发挥计划职能、组织职能、控制职能、协调职能和监督职能等。土木工程的工程项目管理必须紧紧围绕项目目标进行管理,其中管理目标主要包括工程进度、工程质量、工程费用、安全、人力资源等目标(图1.2)。

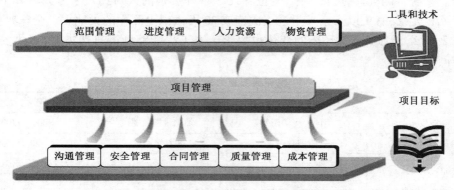

图1.2　土木工程项目管理

由此可见,土木工程是一项系统工程,涉及方方面面的知识和技术,对工程实践的依赖性很强,具有综合性、社会性、实践性以及技术、经济和建筑艺术的统一性四个基本属性。

①综合性。土木工程是一门涵盖范围广阔的综合性学科,一般要经过勘察、设计和施工三个阶段(图1.3和图1.4),需要运用工程地质勘测、水文地质勘测、工程测量、土力学、工程力学、工程设计、建筑材料、建筑设备、工程机械、建筑经济等学科和施工技术、施工组织等领域的知识以及计算机与力学测试等技术。

图1.3　土木工程勘测

图1.4　土木工程施工

②社会性。土木工程是伴随着人类社会的发展而发展起来的,是随着社会不同历史时期的科学技术和管理水平而发展,工程设施能反映各个历史时期社会经济、文化、科学、技术发展的面貌。

③实践性。土木工程是具有很强的实践性的学科,影响土木工程的因素非常错综复杂。在土木工程的发展过程中,工程实践经验常先行于理论。如曾经的世界第一高楼——纽约世界贸易中心大楼,高411m,单个塔楼的质量约5万t,凭借高强度的建筑钢材和高水平的结构设计技术使得这个庞然大物能够屹立于世。事实也证明纽约世界贸易中心大楼的建筑钢材和结构设计都是过硬的,大楼不仅经历了近30年的风雨依然完好,甚至在"9·11"事件中,质量达156t的飞机以1 000km/h速度的巨大撞击也未能使之立即倾倒,足以说明该楼的坚固程度。然而超高层建筑也有无法回避的固有缺陷,超高层建筑必须使用的钢材,遇高温变软,并丧失原有强度。纽约世界贸易中心大楼就是由于长时间猛烈的大火烧软了飞机所撞击的那几个楼层的钢材,使其上部楼层(数千吨到上万吨的重量),像一个巨大的铁锤一样自然下落,砸向下面的楼层,于是一层层垂直地垮塌下来。因此,土木工程中的实践经验和教训往往能显示出未能预见的新因素,触发新理论的研究和发展。至今不少工程问题的处理,在很大程度上仍然依靠实践经验。

④技术、经济和建筑艺术上的统一性。土木工程是为人类需要服务的,每项工程设施的建造,人们往往力求最经济地达到使用者的预期要求,同时还要考虑工程技术要求、艺术审美要求、环境保护及其生态平衡。土木工程项目决策的优良完全取决于对这几项因素的综合平衡。土木工程是每个历史时期技术、经济、艺术统一的见证,而土木工程受这些因素制约的性质也充分地体现了土木工程的系统性。图1.5所示分别是两个不同历史时期的体育场,其中,图1.5a)为古罗马竞技场,是古罗马时期最大的圆形角斗场,以宏伟、独特的造型闻名于世,庞大的竞技场可以容纳近9万人,全部由大理石包裹,围墙共分四层,前三层均有希腊的古典柱式装饰,显得沉稳而庄重;图1.5b)为现代化的巴西的马拉卡纳体育场,这座能容纳20万人的体育场长110m,宽75m,建筑面积达到11.85万 m²,不仅是世界上最大的体育场,同时也是世界上最现代化的体育场之一。

a)古罗马竞技场　　　　　　　　　　　　　　b)巴西马拉卡纳体育场

图1.5　不同历史时期的体育场

土木工程的实体庞大,个体性较强,往往消耗的社会劳动量大,影响因素多(考虑工程一般在露天下进行,受到各种气候条件的制约,如冬季、雨季、台风、高温等),因此具有生产周期长的特点。

土木工程为国民经济的发展和人民生活的改善提供了重要的物质技术基础,其发展水平充分体现国民经济的综合实力,反映一个国家的现代化水平。

土木工程的发展贯穿古今,它同社会、经济,特别是与科学、技术的发展密不可分。土木工程内涵丰富,而就其本身而言,则主要是围绕着材料、施工、理论三个方面的演变而不断发展。对土木工程的发展起关键作用的,首先是作为工程物质基础的土木建筑材料,其次是随之发展起来的设计理论和施工技术。每当出现新的优良的建筑材料时,土木工程就会有飞跃式的发展。土木工程发展史大致可划为古代土木工程、近代土木工程和现代土木工程三个时期。

1.2　古代土木工程

早期的土木工程人们只能依靠泥土、木料及其他天然材料从事营造活动,后来出现了砖和瓦这种人工建筑材料,使人类第一次冲破了天然建筑材料的束缚。古代土木工程的时间跨度,大致从旧石器时代(约公元前5000年起)到17世纪中叶。古代土木工程所用的材料,最早为当地的天然材料,如泥土、石块、树枝、竹、茅草、芦苇等,后来开发出土坯、石材、木材、砖、瓦、青铜、铁,以及混合材料如草筋泥、混合土等。图1.6所示的是人类早期居住的房屋。

图1.6　人类早期居住的房屋

古代土木工程所用的工具,最早只是石斧、石刀等简单工具,后来开发出斧、凿、锤、钻、铲等青铜和铁制工具,以及打桩机、桅杆起重机等简单施工机械。古代土木工程的建造主要依靠实际生产经验,缺乏设计理论的指导。

古代土木工程是从新石器时代开始的。随着人类文明的进步和生产经验的积累,古代土木工程的发展大体上可分为萌芽时期、形成时期和发达时期三个阶段。

(1)萌芽时期

新石器时代的原始人为避风雨、防兽害等,开始利用天然掩蔽物(如山洞和森林)作为住处。当人们学会播种收获、驯养动物以后,天然的山洞和森林已不能满足需要,于是使用简单的木、石、骨制工具,伐木采石,以黏土、木材和石头等,模仿天然掩蔽物建造居住场所,开始了人类最早的土木工程活动。

初期建造的住所因地理、气候等自然条件的差异,仅有"窟穴"和"橧巢"两种类型。在北方气候寒冷干燥地区多为穴居,在山坡上挖造横穴,在平地上则挖造袋穴。后来穴的面积逐渐扩大,深度逐渐减小。在中国黄河流域的仰韶文化遗址中,遗存有浅穴和地面建筑,建筑平面有圆形、方形和多室联排的矩形。西安半坡村遗址有很多圆形房屋,直径为 5～6m,室内竖有木柱,以支撑上部屋顶,四周密排一圈小木柱,既起承托屋檐的结构作用,又是维护结构的龙骨;还有的是方形房屋,其承重方式完全依靠骨架柱子纵横排列,这是木骨架的雏形。当时的柱脚均埋在土中,木杆件之间用绑扎结合,墙壁抹草泥,屋顶铺盖茅草或抹泥。

这个时期的土木工程还只是使用石斧、石刀、石锛、石凿等简单的工具,所用的材料都是取自当地的天然材料,如茅草、竹、芦苇、树枝、树皮和树叶、砾石、泥土等。掌握了伐木技术以后,就使用较大的树干做骨架;有了煅烧加工技术,就使用红烧土、白灰粉、土坯等,并逐渐懂得使用草筋泥、混合土等复合材料。人们开始使用简单的工具和天然材料建房、筑路、挖渠、造桥,土木工程完成了从无到有的萌芽阶段。

(2)形成时期

随着生产力的发展,农业、手工业开始分工。在这个时期,土木工程的发展可以体现在材料、构造、工程内容、工具等方面。①在材料方面,开始出现经过烧制加工的瓦和砖;②在构造方面,形成木构架、石梁柱、券拱等结构体系;③在工程内容方面,有宫室、陵墓、庙堂,还有许多较大型的道路、桥梁、水利设施等工程;④在工具方面,美索不达米亚(两河流域)和埃及在公元前 3000 年、中国在商代均已开始使用青铜制的斧、凿、钻、锯、刀、铲等工具。

公元前 5 世纪成书的《考工记》记述了木工、金工等工艺,以及城市、宫殿、房屋建筑规则,对后世的宫殿、城池及祭祀建筑的布局有很大影响,在一些国家或地区已形成早期的土木工程。修建于公元前 3 世纪中叶的都江堰解决了围堰、防洪、灌溉以及水陆交通问题,是世界上最早的综合性大型水利工程。在大规模的水利工程、城市防护建设和交通工程中,创造了形式多样的桥梁。如在引漳灌邺工程中,在汾河上建成 30 个墩柱的密柱木梁桥;在都江堰工程中,为了提供行船的通道,架设了索桥(图 1.7)。

a) b)

图 1.7 都江堰上的索桥

我国利用黄土高原的黄土为材料创造的夯土技术,在中国土木工程技术发展史上占有很重要的地位。最早在甘肃大地湾新石器时期的大型建筑中就用了夯土墙。河南偃师二里头有早商的夯筑筏式浅基础宫殿群遗址,郑州发现的商朝中期版筑城墙遗址、安阳殷墟的夯土台基,都说明当时的夯土技术已成熟。以后相当长的时期里,中国的房屋等建筑都用夯土基础和夯土墙壁。

随着几何学、测量学等方面知识的积累及起重、运输等工具的运用,大型的木构架结构建筑开始出现,并发展起来,如我国已开始形成了使用柱、额、梁、枋、斗拱等木构架的传统,并出现陶制房屋版瓦、筒瓦、人字形断面的脊瓦和瓦钉,解决了屋面防水问题。并依靠大规模协作劳动,建造了大量的宫殿和神庙建筑群,如埃及的吉萨金字塔群和底比斯的凯尔奈克神庙建筑群(图1.8)。

图1.8 凯尔奈克神庙建筑群

(3)发达时期

由于铁制工具的普遍使用,提高了工效,工程材料中逐渐增添复合材料,随着社会的发展,道路、桥梁、水利设施、排水设施等工程日益增加,大规模营建了宫殿、寺庙,专业分工日益细致,技术日益精湛,从设计到施工已有一套成熟的经验。如建于公元1420年的故宫,占地面积72万 m^2,共有各式宫室8000余间,是世界上规模最大、保存最完整的宫殿建筑群(图1.9)。

图1.9 北京故宫建筑群

对土木工程的发展起关键作用的,首先是作为工程物质基础的土木建筑材料,其次是随之发展起来的设计理论和施工技术。古代土木工程主要采用木结构、石结构和砖结构三种结构形式(图1.10)。

a)木结构(山西应县木塔)

b)石结构(金字塔)

c)砖结构

图1.10 古代土木工程三种常用材料的结构形式

　　我国古代房屋建筑主要是采用木结构体系,欧洲古代房屋建筑则以砖石结构为主,砖和瓦的出现使人们开始广泛、大量地修建房屋和城防工程等,由此土木工程技术得到了飞速的发展。在长达两千多年的时间里,砖和瓦一直是土木工程的重要建筑材料,为人类文明做出了伟大的贡献,甚至在目前还被广泛采用。

　　发达时期的其他土木工程也有很多重大成就。秦朝在统一中国的过程中,运用各地不同的建设经验,开辟了连接咸阳各宫殿和苑囿的大道,以咸阳为中心修筑了通向全国的驰道(又称秦直道),主要线路宽50步,统一了车轨,形成了全国规模的交通网。在中国的秦驰道之前,古罗马建成了以罗马城为中心,包括有29条辐射主干道和322条联络干道,总长达78000km的罗马大道网。

　　随着道路的发展,在通过河流时需要架桥渡河,当时桥的构造已有多种形式。如秦朝在咸阳修建的渭河桥为68跨的木构梁式桥,是秦汉史籍记载中最大的一座木桥。而水利工程也有新的成就,如秦朝开凿的灵渠(图1.11)、都江堰,以及京杭大运河都是这个时期水利工程的代表。古罗马采用券拱技术筑成隧道、石砌渡槽等城市输水道11条,总长530km。图1.12所示为罗马加尔输水道桥,该桥是一座三层叠合石拱桥,长268.8m。

图1.11 秦朝开凿的灵渠

图1.12 罗马加尔输水道桥

　　大量的工程实践促进人们认识的深化,编写出许多优秀的土木工程著作,涌现出众多的优秀工匠和技术人才,如中国李诫的《营造法式》及意大利文艺复兴时期阿尔贝蒂的《论建筑》

等。欧洲于12世纪以后兴起的哥特式建筑结构,到中世纪后期已经有了初步的理论,其计算方法也有专门的记录。

古代土木工程为人类留下了许多伟大的工程,记载着灿烂的古代文明。

(1)万里长城

万里长城是世界上修建时间最长、工程量最大的工程之一,也是世界七大奇迹之一(图1.13)。长城从公元前7世纪开始修建,到了秦始皇33年(公元前214年)修筑的秦长城,把过去秦、赵、燕三国长城连接起来,从临洮到辽东,绵延万里,始有"万里长城"之称。明朝对长城又进行了大规模的整修和扩建,东起鸭绿江,西至嘉峪关,全长7000多公里,设置"九边重镇",驻防兵力达100万人。"上下两千年,纵横十万里",万里长城不愧为人类历史上伟大的军事防御工程。万里长城的结构形式主要为砖石结构,有些地段采用夯土结构,在沙漠中则采用红柳、芦苇与沙粒层层铺筑的结构。

a)   b)

图1.13　万里长城

(2)都江堰和京杭大运河

都江堰和京杭大运河是我国古代水利工程的两个杰出代表。都江堰位于四川都江堰的岷江上,建于公元前3世纪,由战国时期秦国蜀郡太守李冰及其子率众修建,是现存最古老且目前仍用于灌溉的水利工程(图1.14)。

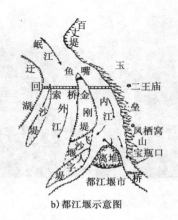

a)都江堰实景　　　　　　　b)都江堰示意图

图1.14　都江堰水利工程

都江堰由鱼嘴、飞沙堰、宝瓶口三部分组成。鱼嘴是江心的分水堤坝,把岷江分成外江和内江,外江排洪,内江灌溉;飞沙堰起泄洪、排沙和调节水量的作用;宝瓶口控制进水流量。都江堰是世界历史上最长的无坝引水工程,以灌溉为主,兼有防洪、水运、供水等多种功能,一直沿用至今。

京杭大运河是世界上建造最早、长度最长的人工开凿的河道(图1.15)。京杭大运河开凿于春秋战国时期,公元610年全部完成,迄今已有1400多年历史。京杭大运河由北京到杭州,流经河北、山东、江苏、浙江四省,沟通海河、黄河、长江、淮河、钱塘江五大水系,全长1794km,至今该运河的江苏段和浙江段仍是重要的水运通道。目前国外著名的大运河有苏伊士运河、巴拿马运河、土库曼运河等,都比京杭大运河短得多。

a)京杭大运河示意图

b)京杭大运河实景

图1.15　京杭大运河

（3）中国古代桥梁

据史料记载,约3000年前,我们的祖先就曾在渭河上架设过浮桥。在中国,吊桥具有悠久的历史,早期的缆索是由藤条或竹子做成的,随着冶炼技术水平的提高,后来发展为用铁链代替,并在前秦时代出现了铁制的桥墩。公元60年前后就有了铁链悬索桥,至今保留下来的古代吊桥有四川省泸定县的大渡河铁索桥(图1.16),该桥建成于1706年,桥跨100m,桥宽约2.8m。

a)

b)

图1.16　四川大渡河泸定桥

（4）国外古代建筑

西方古代遗留下来的宏伟建筑(或建筑遗址)大多是砖石结构。如埃及的金字塔(图1.17),

建于公元前 2700～公元前 2600 年,其中以古王国第四王朝法老胡夫的金字塔最大,胡夫金字塔塔基呈方形,边长约 230.5m,高约 146m,用 230 余万块巨石砌成。又如希腊的帕提农神庙、古罗马的斗兽场(图 1.18)和万神庙等都是优秀的古代石结构建筑。

a)

b)

图 1.17　埃及金字塔

a)希腊帕提农神庙

b)古罗马斗兽场

图 1.18　国外古代建筑

1.3　近代土木工程

近代土木工程从 17 世纪中期至 20 世纪中叶。这一时期土木工程的主要特征是:①在材料方面,由木材、石料、砖瓦为主,到开始并日益广泛地使用铸铁、钢材、混凝土、钢筋混凝土,直至早期的预应力混凝土;②在理论方面,材料力学、理论力学、结构力学、土力学、工程结构设计理论等学科逐步形成,设计理论的发展保证了工程结构的安全和人力、物力的节约;③在施工方面,由于不断出现新的工艺和新的机械,施工技术进步,建造规模扩大,建造速度加快。

近代土木工程逐渐发展到包括房屋、道路、桥梁、铁路、隧道、港口、市政、卫生等工程建筑和工程设施,不仅能够在地面,而且有些工程还能在地下或水域内修建。世界上第一条铁路是英国在 1825 年修建的斯托克顿—达林顿铁路,世界第一条地下铁道是英国在 1863 年修建的伦敦地铁(图 1.19)。

a) 斯托克顿—达林顿铁路　　　　　　　　　　b) 伦敦地铁

图 1.19　早期的铁路与地下铁道

土木工程在这一时期的发展可分为奠基时期、进步时期和成熟时期三个阶段。

(1)奠基时期

17 世纪到 18 世纪下半叶是近代科学的奠基时期,也是近代土木工程的奠基时期,伽利略、牛顿等所阐述的力学原理是近代土木工程发展的起点,土木工程的实践及其他学科的发展都为系统的设计理论奠定了基础。伽利略的梁设计理论论述了建筑材料的力学性质和梁的强度,是弹性力学的开端,它与牛顿的力学三大定律为土木工程奠定了力学分析的基础。欧拉柱的压屈理论给出了柱临界压曲荷载的计算公式,在分析工程构筑物的弹性稳定方面得到了广泛的应用。

近代科学奠基人突破了以现象描述、经验总结为主的古代科学的束缚,创造出比较严密的逻辑理论体系,加之对工程实践有指导意义的复形理论、振动理论、弹性稳定理论等在 18 世纪相继产生,这就促使土木工程发展的深度和广度得到进一步提高。由于理论的发展,土木工程作为一门学科逐步建立起来。

尽管同土木工程有关的基础理论已经出现,但就建筑物的材料和工艺看,仍属于古代的范畴,如中国的雍和宫、法国的罗浮宫、印度的泰姬陵、俄国的冬宫等,土木工程实践的近代化,还有待于产业革命的推动。

(2)进步时期

18 世纪下半叶,瓦特对蒸汽机作了根本性的改进,蒸汽机的使用推进了产业革命。规模宏大的产业革命,为土木工程提供了多种性能优良的建筑材料及施工机具,也对土木工程提出新的需求,从而促使土木工程以空前的速度向前迈进。

从材料方面来讲,波特兰水泥的发明及钢筋混凝土开始应用是近代土木工程发展史上的重大事件。贝塞麦转炉炼钢法成功使得钢材得以大量生产并应用于房屋与桥梁的建设。混凝土及钢材的推广应用,使得土木工程师可以运用这些材料建造更为复杂的工程设施。

这一时期,美国芝加哥建成的九层家庭保险公司大厦,首次按独立框架设计,并采用钢梁,被认为是现代高层建筑的开端;法国巴黎建成了高 300m 的埃菲尔铁塔,使用熟铁近 8 000t。此外,蒸汽机等产业革命促进了工业、交通运输业的发展,对土木工程设施提出了更多的要求,同时也为土木工程的建造提供了新的施工机械和施工方法。土木工程的施工方法在这一时期开始了机械化和电气化的进程,打桩机、压路机、挖土机、掘进机、起重机、吊装机等纷纷出现,为快速、高效地建造土木工程提供了有力的手段。1825 年英国首次使用盾构开凿泰晤士河河底隧道;1906 年瑞士修筑通往意大利的 19.8km 长的辛普朗隧道,使用了大量黄色炸药以及凿岩机等先进设备(图 1.20)。

a)泰晤士河河底隧道　　　　　　　　　　b)辛普朗隧道

图 1.20　泰晤士河河底隧道与辛普朗隧道

产业革命还从交通方面推动了土木工程的发展,铁路与地下铁道相继出现,公路方面明确了碎石路的施工工艺和路面锁结理论,促进了近代公路的发展。铁路和公路的空前发展也促进了桥梁工程的进步,现代桥梁的三种基本形式——拱桥、悬索桥、梁式桥也相继出现。1779 年,英国用铸铁建成跨度为 30.5m 的科尔布鲁克代尔拱桥,成为世界最古老的铸铁拱桥(图 1.21);1826 年,英国用锻铁建造了第一座跨度为 177m 的梅奈海峡悬索桥,成为当时世界上最大跨度的桥梁(图 1.22);1890 年,英国又建成两孔主跨达 521m 的福斯悬臂式桁架梁桥(图 1.23)。

图 1.21　科尔布鲁克代尔拱桥　　　　　　图 1.22　梅奈海峡悬索桥

随着近代工业的发展,人民生活水平逐渐提高,人类需求在不断增长,还反映在房屋建筑及市政工程方面。电梯等附属设施的出现,使高层建筑实用化成为可能;电气照明、给水排水、供热通风、道路桥梁等市政设施与房屋建筑配套,开始了市政建设和居住条件的近代化。

图 1.23　福斯悬臂式桁架梁桥

此外,工程实践经验的积累也促进了理论的发展。19 世纪,土木工程逐渐需要有定量化的设计方法。对房屋和桥梁设计,要求实现规范化。由于材料力学、静力学、运动学、动力学逐步形成,各种静定和超静定桁架内力分析方法和图解法得到很快的发展,在材料力学、弹性力学和材料强度理论的基础上,容许应力法与极限平衡等概念都为形成比较系统的土木工程结构分析理论打下了基础。理论上的突破,反过来极大地促进了工程实践的发展,这样就使近代土木工程学科日臻成熟。

（3）成熟时期

第一次世界大战以后,近代土木工程发展到成熟阶段。这一时期的标志是道路、桥梁、房屋大规模建设的出现。

在交通运输方面,沥青和混凝土开始用于铺筑高级路面。由于汽车在陆路交通中具有快速和机动灵活的特点,道路工程的地位日益重要。1931 ~ 1942 年德国首先修筑了长达 3 860km 的高速公路网,美国和欧洲一些国家也纷纷开始高速公路的修建。

从 19 世纪中叶开始,冶金工业的发展使得冶炼并轧制出抗拉和抗压强度都很高、延性好、质量均匀的建筑钢材。随后又生产出高强度钢丝、钢索,使适应发展需要的钢结构得到蓬勃发展。除应用原有的梁、拱结构外,新兴的桁架、框架、网架结构、悬索结构逐渐推广。随着钢铁质量的提高和产量的上升,使建造大跨径桥梁成为现实。如 1937 年建成的美国洛杉矶金门悬索桥,巨大的桥塔高 227m,每根钢索重 6 412t,由 27 000 根钢丝绞成;大桥跨度 1 280m,全长 2 825m,是世界上第一座跨径在千米以上的悬索桥;1932 年澳大利亚建成的悉尼港桥为双铰钢拱结构,拱桥用钢量 38 万 t,其中硅钢 26 万 t,大桥跨度 503m,居世界拱桥的第三位。

工业的发达,城市人口的集中,使工业厂房向大跨度发展,民用建筑向高层发展。如图 1.24 所示的美国纽约的帝国大厦于 1931 年落成,共 102 层,高 378m,有效面积 16 万 m^2,结构用钢约 5 万余吨,内装电梯 67 部,还有各种复杂的管网系统,可谓集当时技术成就之大成。帝国大厦从动工到交付使用只用了 19 个月,平均每 5 天多建一层,施工速度极快。值得一提的是,曾有一架巨型轰炸机在大雾中撞上帝国大厦的第 79 层,大厦只有局部破损,总体未受影响。它保持世界房屋最高纪录达 40 年之久。

此外,自然灾害推动了结构动力学和工程抗害技术的发展。如 1906 年美国洛杉矶发生的大地震,1923 年日本关东大地震,生命财产遭受严重损失。1940 年美国塔科马悬索桥毁于风振。这些自然灾害也推动了超静定结构计算方法的不断完善,在弹性理论成熟的同时,塑性理论、极限平衡理论也得到发展。

a)　　　　　　　　　　　b)

图 1.24　美国帝国大厦

1.4　现代土木工程

　　现代土木工程以现代社会生产力的发展为动力,以现代科学技术为背景,以现代工程材料为基础,以现代工艺与机具为手段,高速度地向前发展。第二次世界大战结束后,社会生产力出现了新的飞跃。现代科学技术突飞猛进,土木工程进入一个新的时代。从世界范围来看,现代土木工程为了适应社会经济发展的需求,具有以下一些特征。

　　(1)工程功能化

　　现代土木工程的特征之一,是工程设施同它的使用功能或生产工艺更紧密地结合,复杂的现代生产过程和日益上升的生活水平,对土木工程提出了各种专门的要求。现代公用建筑和住宅建筑不再仅仅是传统意义上徒具四壁的房屋,而要求同采暖、通风、给水、排水、供电、供燃气等种种现代技术设备结成一体。如图 1.25 所示的是法国的蓬皮杜国家艺术文化中心,其建

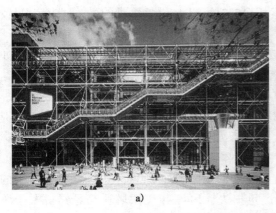

a)　　　　　　　　　　　b)

图 1.25　法国的蓬皮杜国家艺术文化中心

筑物最大的特色,就是外露的钢骨结构以及复杂的管线,其颜色是有规则的。空调管路是蓝色、水管是绿色、电力管路是黄色、自动扶梯是红色等。

工业建筑物围绕生产工艺在功能要求方面也越来越高,往往要求恒温、恒湿、防微振、防腐蚀、防辐射、防火、防爆、防磁、除尘、耐高(低)温、耐高(低)湿,并向大跨度、超重型、灵活空间方向发展。

为了满足更专业和更多样的功能需要,土木工程更多地需要与各种现代科学技术相互渗透,发展高科技和新技术对土木工程提出高标准要求,如核反应堆、核电站等核工业的建造,需要极高安全度;发展海洋采炼、储油事业,要求建造多功能的海洋工程建筑等(图1.26)。

a)核工业建筑

b)海洋工程建筑

图1.26 核工业建筑及海洋工程建筑

（2）城市立体化

随着经济的发展、人口的增长、城市用地紧张及交通拥挤,迫使房屋建筑和道路交通向高空和地下发展。高层建筑成了现代化城市的象征。如图1.27所示的是433m的美国西尔斯大厦,其高度超过了纽约帝国大厦。

a)

b)

图1.27 美国西尔斯大厦

现代高层建筑由于设计理论的进步和材料的改进,出现了新的结构体系,如剪力墙、筒中筒结构等。如图1.28所示的是2004年建成的台北101大楼,其高508m,地上101层,地下5层,是当时世界最高的摩天大楼。

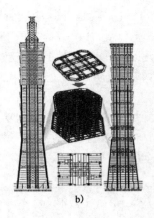

图1.28　台北101大楼

城市道路和铁路很多已采用高架,城市高架公路、立交桥大量涌现,同时又向地层深处发展(图1.29)。地下铁道与建筑物连接,形成地下商业街。城市道路下面密布着电缆、给水、排水、供热、供燃气的管道,构成城市的脉络。现代城市建设已经成为一个立体的、有机的系统,对土木工程各个分支以及它们之间的协作提出了更高的要求。

图1.29　立体化的城市交通

此外,小客车进入家庭的速度不断加快,城市交通严重紧张状况由几个大都市向普遍的大城市发展,城市交通堵塞由局部地区和局部时间段向大部分地区和较长时间段发展,为人们正常出行带来了极大的不便。大力发展城市轨道交通是国内外解决城市交通最好的办法和出路。据不完全统计,截至2016年末,我国规划、准备建设和已经开通运营城市轨道交通的城市有30个,城市轨道交通具有广阔的发展前景和建设市场(图1.30)。

(3)交通高速化

现代世界是开放的世界,人、物和信息的交流都要求更快的速度。高速公路虽然于1934年就在德国出现,但到第二次世界大战后才在世界各地大规模的修建。目前,全世界已有80多个国家和地区拥有高速公路,通车总里程超过了23万km,高速公路的里程数已成为衡量一个国家现代化程度的标志之一(图1.31)。

铁路也出现了电气化和高速化的趋势。日本的"新干线"铁路行车时速210km以上,法国巴黎到里昂的高速铁路运行时速260km。京沪高速铁路,正线全长约1318km,实施全封闭、全立交,为客运专线,设计速度为380km/h,运营速度为300km/h;2009年12月,世界上一次建成最长、运营时速最高的武广高速铁路正式投入运营,其最高394km/h的速度也创造了当时世界高速铁路的最高运营速度纪录。

a)

b)

图1.30 城市轨道交通

a)

b)

图1.31 高速公路建设

交通高速化直接促进桥梁、隧道技术的发展(图1.32)。不仅穿山越江的隧道日益增多,而且出现长距离的海底隧道,如世界上最长的青函海底隧道长达53.85km。

a)杭州湾跨海大桥

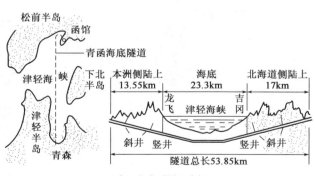
b)青函海底隧道示意图

图1.32 跨海大桥及海底隧道

航空、航海事业在现代得到飞速发展,航空港遍布世界各地,国际贸易港口超过2 000个,并出现了大型集装箱码头(图1.33)。我国的天津、上海、宁波、广州、湛江等港口也已逐步实现现代化,其中一些还建成了集装箱码头泊位。

a)机场工程

b)港口工程

图1.33　机场工程及港口工程

（4）材料轻质高强化

构成土木工程的三个要素(材料、施工和理论)也出现了新的发展趋势。其中,现代土木工程的材料进一步向轻质化和高强化发展:普通混凝土向轻集料混凝土、加气混凝土和高性能混凝土方向发展,钢材的发展趋势是采用低合金钢。我国从20世纪60年代起普遍推广了锰硅系列和其他系列的低合金钢,大大节约了钢材用量并改善了结构性能。高强钢丝、钢绞线和粗钢筋的大量生产,使预应力混凝土结构在桥梁、房屋等工程中得以推广。

（5）施工过程工业化

大规模现代化建设使得建筑标准化达到了很高的程度。人们力求推行工业化生产方式,在工厂中成批地生产房屋、桥梁的各种构配件、组合体等(图1.34)。

a)

b)

图1.34　桥梁装配化施工

标准化向纵深发展的同时,多种现场机械化施工方法也发展很快。同步液压千斤顶的滑升模板广泛用于高耸结构,1975年建成的高达553m的加拿大多伦多电视塔施工时就用了滑模,在安装天线时还使用了直升机。现场机械化施工的另一个典型实例是用一群小提升机同步提升大面积平板的升板结构。

此外,钢制大型模板、大型吊装设备与混凝土自动化搅拌楼、混凝土搅拌输送车、输送泵等相结合,形成一套现场机械化施工工艺,使传统的现场灌筑混凝土方法获得了新变革,在高层、多层房屋和桥梁中部分取代了装配化施工方法,其发展迅猛(图1.35)。

图1.35 现场灌筑混凝土

现代技术使许多复杂的工程成为可能,中国宝成铁路有80%的线路穿越山岭地带,桥隧相连;成昆铁路桥隧总长占全线的40%;中国的川藏公路、青藏公路、青藏铁路直通世界屋脊。由于采用了现代化的盾构施工方法,隧道施工速度加快,精度也逐步提高(图1.36);土石方工程中广泛采用定向爆破,解决大量土石方的施工问题。

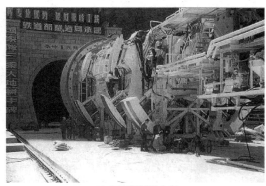

a)桥隧相连　　　　　　　　　　　b)多功能掘进台车

图1.36 隧道掘进施工

(6)理论研究精密化

现代科学信息传递速度大大加快,一些新理论与方法,如计算力学、结构动力学、动态规划法、网络理论、随机过程论、滤波理论等,随着计算机的普及而渗入土木工程各个领域。

结构动力学不断发展完善,荷载不再以静止的和确定的的形式加以研究,而将被作为随时间变化的随机过程来处理;采用计算机控制的强震仪台网系统提供了大量原始地震记录;日趋完备的反应谱方法和直接动力法在工程抗震中发挥很大作用。我国在抗震理论、测震、振动台模拟试验以及结构抗震技术等方面都有了很大发展。

静态的、确定的、线性的、单个的分析,逐步被动态的、随机的、非线性的、系统与空间的分析所代替。电子计算机使高次超静定的分析成为可能,也促进了大跨径桥梁的实现(图1.37)。计算机不仅用以辅助设计,更作为优化手段,不但运用于结构分析,而且扩展到建筑、规划领域。

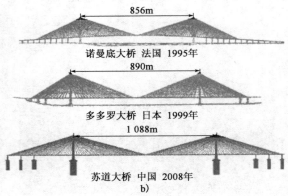

856m

诺曼底大桥 法国 1995年

890m

多多罗大桥 日本 1999年

1 088m

苏道大桥 中国 2008年

a) 　　　　　　　　　　b)

图 1.37　大跨径桥梁

如 2008 年建成的中国国家体育场(鸟巢),其外形结构主要由巨大的门式钢架组成,共有 24 根桁架柱;建筑顶面呈鞍形,长轴为 332.3m,短轴为 296.4m,最高点高度为 68.5m,最低点高度为 42.8m;占地 20.4 万 m^2,建筑面积 25.8 万 m^2,可容纳观众 9.1 万人。2008 建成的中国国家游泳中心(水立方)的内外立面膜结构共由 3065 个气枕组成,其中最小的不足 $1m^2$,最大的达到 $70m^2$,覆盖面积达到 10 万 m^2,可容纳观众 1.7 万人。

图 1.38　中国国家体育场(鸟巢)　　　　图 1.39　中国国家游泳中心(水立方)

从材料特性、结构分析、结构抗力计算到极限状态理论,在土木工程各个分支中都得到充分发展。随着建立在作用效应和结构抗力概率分析基础上的可靠性理论引入土木工程领域,以及工程地质、土力学和岩体力学的发展,都为研究地基、基础和开拓地下、水下工程创造了条件。

此外,现代土木工程与环境关系更加密切,现代生产排放大量废水、废气、废渣和噪声,污染环境。因而,在从使用功能上考虑使它造福人类的同时,还要注意它与环境的和谐问题。核电站和海洋工程的快速发展,又产生新的引起人们极为关心的环境问题。环境工程,如废水处理工程等又为土木工程增添了新内容。现代土木工程规模日益扩大,例如:世界水利工程中,库容 300 亿 m^3 以上的水库有 28 座,高于 200m 的大坝有 25 座。这些大水坝的建设和水系调整还会对自然环境产生其他的影响,即干扰自然和生态平衡。伴随着大规模现代土木工程的建设,保持自然界生态平衡的课题应运而生,还有待进一步的综合研究解决(图 1.40)。

a)核工业工程

b)水利工程

图1.40 核工业工程及水利工程

现代土木工程的特点是:为了适应各类工程建设高速发展的要求,人们需要建造大规模、大跨度、高耸、轻型、大型、精密、设备现代化的建筑物,既要求高质量和快速施工,又要求高经济效益。而随着世界人口数量的不断增长,人类为了改善和扩大生存空间,土木工程的未来至少向以下五个方向发展。

(1)向高空、地下、海洋、荒漠、太空发展

随着人口增长的速度不断加快,人类的继续发展与大自然资源的有限性的矛盾将越来越明显,人类将必须为争取生存而做出许多努力。地球上居住人口不断增加,而可以供人类居住、生活和耕耘的土地和资源是有限的。所以土木工程建设必向高空、地下、海洋、荒漠、太空发展。为了防止噪声对居民的影响,也为了节约用地,许多机场建设工程已开始填海造地。向地下开发可归结为:地下资源开发、地下能源开发和地下空间开发三个方面,地下空间的利用也向大断面、大距离的空间利用发展(图1.41)。国际上已提出把"21世纪作为人类开发利用地下空间的年代",日本提出要利用地下空间,把国土扩大数倍。海洋土木工程的兴建,不仅可解决陆地土地少的矛盾,同时也将对海底油气资源及矿物的开发提供立足之地。同时,围垦、拓岸工程等也为将来近海城市建造人工岛积累了科技经验和准备力量(图1.42)。全世界陆地中约有1/3为沙漠或荒漠地区,现在已有许多国家开始沙漠改造工程,改造沙漠首先必须有水,然后才能绿化和改造沙土,现在利比亚沙漠地区已建成一条大型的输水管道,并在班加西建成了一座直径1km、深16km的蓄水池用于沙漠灌溉。向太空发展是人类长期的梦想。美籍华裔科学家林柱铜博士利用从月球带回来的岩石烧制成水泥,设想只要带上氢、氧到月球化合成水,便可在月球上就地制造混凝土构件来组装太空试验站。这表明土木工程的活动场所在不久的将来可能超出地球范围。

(2)土木工程材料向轻质、高强、多功能化发展

传统的建筑材料往往重度大,这样的材料不但会造成对建筑物自重的增加,从而在地震多发区不利于抗震,还会在生产加工过程中增加一系列的成本。随着我国现代化的程度不断提高、建筑行业的逐步发展,轻质建材扮演着越来越重要的角色。如今,各种轻质建材已经广泛应用到了各类建筑结构当中。在要求建筑结构向轻质方向发展的同时,材料的高强化也是必不可少的,目前主要是开发高强度钢材和高强混凝土,同时探索将碳纤维及其他纤维材料与混凝土聚合物等复合制造的轻质高强结构材料。现在混凝土强度可达C50~C60,特殊工程可达

C80～C100,今后可能会有 C400 的混凝土出现。随着社会的进步和科学技术水平的不断提高,土木工程材料还要满足耐高温、保温、隔声、耐磨、耐压等优良性能的需求,今后土木工程材料将朝多功能化、智能化、节能化方向发展。

图 1.41　地下结构的发展

图 1.42　临港新城工程

（3）信息和智能化技术的发展

随着计算机技术的进步,使过去不能计算的带有盲目性的估计可以变为较精确的分析,计算机的应用普及和结构计算理论日益完善,计算结果将更能反映实际情况,从而更能充分发挥材料的性能并保证结构的安全性。人们将会设计出更为优化的方案进行土木工程建设,以缩短工期提高经济效益。图 1.43 为 BIM 建筑信息模型。有了计算机的帮助,便可合理地进行数值分析和安全评估。智能化建筑则是为了适应现在信息社会对建筑物的功能、环境和高效率管理,如有客来访,可远距离看到形象并对话;遇有贼可摄像、可报警、可自动关闭防护门等。今后土木工程智能化建筑将会向以下两方面发展:一方面是房屋设备要用先进的计算机系统监测与控制,并可通过自动优化或人工干预来保证设备运行的安全、可靠、高效;另一方面要安装居住自动服务系统。由于现在交通拥挤和阻塞,安全性能差,今后土木工程可能会向改进交通管理系统、信息服务系统、车辆控制系统、车辆调度系统等方向发展,即向图 1.44 所示的智慧城市方向发展。许多工程结构是毁于台风、地震、火灾、洪水等灾害,为了防范这些自然灾害和人为灾害,今后土木工程将会向计算机仿真系统方向发展;防灾减灾的高新技术化、智能化和数字化是国际上的重要发展趋势;基于 GIS、GPS、RS、VR 等高新技术在防灾减灾中的应用,

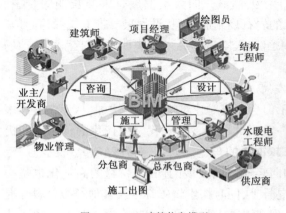

图 1.43　BIM 建筑信息模型

图 1.44　智慧城市

将有利于人们监测结构不安全的部位和因素,从而及时加固和防范。图1.45所示为甘肃舟曲县泥石流航拍图。

图1.45 甘肃舟曲县泥石流遥感卫星航拍图

(4)绿色建材及可回收建材的发展

20世纪70年代以来,臭氧层、温室效应、酸雨等系列全球性环境问题日益加剧,人们逐渐认识到保护我们赖以生存的地球环境已不再只是政府、民间团体、科研机构的事情。在土木工程材料中有绝大部分材料产生大量的粉尘和有害气体,污染大气和环境,会对人的健康产生影响。因此土木工程材料今后会向着无毒、无害、无污染、无放射性,向有利于环境保护和人体健康、安全的方向发展(图1.46)。

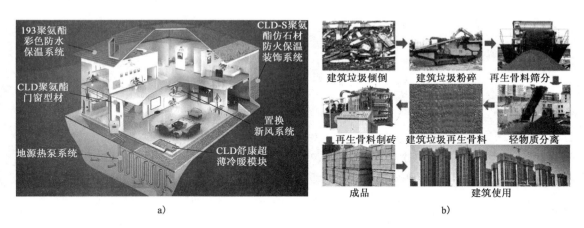

图1.46 绿色建材及可回收建材

(5)试验检测仿真技术的发展

我们解决工程问题,很多情况下需要试验验证。随着试验设备的发展,现在已经可以进行许多大型的试验,模拟实际工程结构和所受的环境荷载,为工程结构研究提供较好的条件。图1.47表示了利用建筑结构的大型振动台模拟地震反应试验。同时随着计算机的发展,也为试验增添了许多新的内容。用计算机模拟结构的反应,在某种程度上相当于实现了结构的"足尺试验",对传统的试验来说是一个极大的扩充。

图1.48、图1.49所示分别为桥梁风洞试验、土木工程离心机试验。

图 1.47　振动台试验

图 1.48　桥梁风洞试验

图 1.49　土木工程离心机试验

1.5　土木工程专业介绍

　　土木工程专业的工程师应具有较高的专业技能,因此需要依靠高等学校的专门培养。在我国,土木工程专业既是一个古老的专业,又是一个庞大的专业,大多数工科院校都设有土木工程专业。我国有土木工程专业的本科院校达到 200 所以上。

　　我国土木工程专业的分类与美国略有不同,具体可见图 1.50。

　　尽管学校不同,教学模式有所差异,但我国土木工程教育对人才培养目标是一致的。土木工程专业人才培养应能适应社会主义现代化建设需要,培养德、智、体全面发展,具有相应多种工作岗位的适应能力,一定的研究、创新、开发能力和工程师的基本素质,且受过工程师基本训练的高级人才。土木工程专业的工程师应掌握以下几方面的知识:

　　(1)具有较扎实的数学、物理、化学和计算机技术等自然科学基础知识,掌握工程力学、流体力学、岩土力学的基本理论和基本知识。

　　(2)掌握工程规划与选型、工程材料、工程测量、画法几何及工程制图、结构分析与设计、基础工程与地基处理、土木工程现代施工技术、工程检测与试验等方面的基本知识和基本方法。

建筑工程(Construction Engineering)
铁道工程(Railway Engineering)
道路工程(Highway Engineering)
机场工程(Airport Engineering)
桥梁工程(Bridge Engineering)
中国土木工程分类 { 隧道及地下工程(Tunnel and Underground Engineering)
特种工程结构(Special Engineering Structure)
给排水工程(Water Supply and Drainage Engineering)
城市供热供气工程(City Heat and Gas Supply Engineering)
交通工程(Transportation Engineering)
环境工程(Environmental Engineering)
港口工程(Port Engineering)
水利工程(Hydraulic Engineering)
土力工程(Soil Mechanics Engineering)

结构工程(Structural Engineering)
大地工程(Geotechnical Engineering)
交通工程(Transportation Engineering)
环境工程(Environmental Engineering)
美国土木工程分类 { 水利工程(Hydraulic Engineering)
建设工程(Construction Engineering)
材料科学(Materials Science)
测量学(Surveying)
城市工程(Urban Engineering)

图 1.50　土木工程专业的分类

（3）了解工程防灾与减灾的基本原理与方法以及建筑设备、土木工程机械等基本知识。具有综合应用各种手段查询资料、获取信息的能力。

（4）具有经济合理、安全可靠地进行土木工程勘测与设计的能力；具有解决施工技术问题、编制施工组织设计和进行工程项目管理、工程经济分析的初步能力。

（5）具有进行工程检测、工程质量可靠性评价的初步能力。

（6）具有应用计算机进行辅助设计与辅助管理的初步能力；具有在土木工程领域从事科学研究、技术革新与科技开发的初步能力。

通过土木工程专业人才培养，使学生成为能在房屋建筑、隧道与地下建筑、公路与城市道路、桥梁等领域的设计、施工、管理、咨询、监理、研究、教育、投资和开发部门从事技术或管理工作的高级工程技术人才。

土木工程专业的课程类型见表 1.3。

土木工程专业的课程　　　　　　　　　　　　　　　　　　　　表 1.3

类别	课程设置目的	课程类型
公共课	包括国家统一及校级公共课，是任何专业都必修的课程，是为培养大学生德、智、体全面发展的必要课程	政治类课程(思想品德修养、马克思主义哲学原理、政治经济学原理、毛泽东思想概论、邓小平理论概论、形势与政策)、体育课、外国语课、计算机基础理论、法律知识课、军事理论课等

续上表

类别	课程设置目的	课程类型
基础课	包括研究自然界的形态、结构、性质、运动规律的课程,是提高学生基本素质,学好后续的专业核心课的基础	工程数学、物理、土木工程概论、建筑制图、画法几何、工程制图、理论力学、材料力学、结构力学、弹性力学、流体力学、土力学、土木工程专业英语等
专业核心课	包括与土木工程有密切联系的课程和有具体应用背景,与本专业的工程技术、技能直接相关的课程	建筑测量、建筑材料、结构力学、结构设计原理、岩土力学、道路工程、工程地质、流体力学、施工技术和组织设计、建筑结构设计、桥梁工程、工程项目管理、房屋建筑学等
选修课	根据土木工程专业教学方向开设的,为拓宽学生知识面,介绍学科前沿知识,提高学生基础技能或满足学生兴趣爱好设置的课程	不同方向专业课的设置有所不同,如建筑工程方向,可选修高层建筑结构设计、建筑抗震设计、建筑结构试验、建筑结构 CAD、大跨度房屋结构、基础工程、结构分析程序设计等
实践性教学	通过实践性环节的训练,达到工程师基本训练目的,强化理论知识的应用,同时培养解决工程实际问题的能力	物理实验、测量实习、房屋建筑学课程设计、建筑结构课程设计、施工组织课程设计、桥梁结构课程设计、工程估价课程设计、认识实习、生产实习、毕业实习、毕业设计等

培养目标中有两个要点:一是强调工程师基本技能的训练。目前我国本科教育正向综合素质教育过渡,要求学生强基础、宽知识,以适应科技的发展和知识的更新。对土木工程专业的学生来说,工程师基本素质不可缺少,学生应掌握土木工程基础理论,并具备一定的应用能力,毕业后通过一段时期的工程实践和职业的继续教育,方可成为合格的土木工程师。二是规划学生今后的职业生涯,学生毕业后可从事设计、施工、管理、开发和研究等工作。由此可见,土木工程人才有着较宽的就业面,能在基本建设的各个环节开展工作。

【思考题】

1. 简述土木工程的定义,它包含哪些内容?
2. 土木工程存在的根本原因是什么?它的基本属性是什么?
3. 土木工程的发展经历了哪几个阶段?其各自的特点是什么?
4. 现代土木工程的发展趋势有哪些?
5. 土木工程专业的分类有哪些?作为土木工程专业的工程师应具备哪些方面的知识?

第 2 章

土木工程材料

2.1 土木工程材料概述

2.1.1 土木工程材料发展

材料是人类赖以生存和发展的物质基础,与国民经济建设、国防建设和人民生活密切相关。20 世纪 70 年代,人们把信息、材料和能源誉为当代文明的三大支柱,80 年代以高技术群为代表的新技术革命,又把新材料、信息技术和生物技术并列为新技术革命的重要标志。

土木工程材料学科是材料科学与土木工程技术交叉发展起来的一门分支学科,服务于土木、交通和水利等工程。土木工程材料(或称"建筑材料")是工程结构的物质基础和技术先导,对建筑结构的发展起着关键作用,每当出现新的优良的土木工程材料时,建筑结构就会有飞跃式的发展。土木工程结构的发展历程,就是以材料为主要标志的。

原始社会,我们的祖先在与猛兽和大自然的斗争中,急需一个安全的栖身之所,但当时没有工具,只能住在穴洞里,人们处于"穴居巢处"的落后时代。旧石器时代,开始有简单的工具,人们伐木搭建草棚,居住条件得到一定改善。新石器时代,由于石器工具的进步,劳动生产力提高,人们以土、木和石等天然材料为主建设自己的家园。新石器时代后期,火的使用,使烧土制品,如砖、瓦和石灰等成为可能,建筑材料从单纯的天然材料进入了人工生产阶段,人类第一次冲破了天然建筑材料的束缚,实现了建筑结构的第一次飞跃。"秦砖汉瓦"早已闻名于世,足见中国使用人造建筑材料的历史之悠久。在国外,古埃及的烧石膏;古希腊、古罗马的石灰和掺火山灰的石灰;拉丁美洲印加帝国建筑精湛的石工技巧,均在建筑材料的发展史上占据重要地位。在长达3 000多年的时间里,砖、瓦和石灰一直作为土木工程领域的重要建筑材料,建造了诸如中国的长城、都江堰水利工程,埃及的金字塔,罗马帝国的引水道、万神殿等伟大建筑,为人类文明做出了重大的贡献。

1824年,随着英国J. 阿斯普丁发明波特兰水泥(即我国所称的"硅酸盐水泥"),混凝土开始大量应用于建筑结构,混凝土的大量应用成为建筑结构的第二次飞跃。混凝土中砂、石骨料可以就地取材,混凝土构件易于成型,是混凝土能广泛应用于结构物的得天独厚的条件。混凝土承受压力的能力较好,但承受拉力的能力却很小,使其用途也受到很大限制。随着技术的进步,18世纪钢铁工业的发展成为产业革命的重要内容和物质基础;到19世纪中叶以后,现代平炉和转炉炼钢技术的出现,使人类真正进入了钢铁时代,钢铁产量激增,随之出现了钢筋混凝土这种新型的复合建筑材料,其中钢筋承受拉力,混凝土承受压力,发挥了各自的优点。从此,钢筋混凝土广泛地应用于建筑结构。20世纪20年代,预应力钢筋混凝土的出现,更是弥补了钢筋混凝土结构的抗裂性能、刚度和承载能力差的缺点,因而用途更为广阔。

钢材的大规模应用是建筑结构的第三次飞跃。人们在17世纪70年代开始使用生铁,19世纪初开始使用熟铁建造桥梁和房屋,这是现代意义上钢结构出现的前奏。到19世纪中叶,冶金业冶炼并轧制出抗拉和抗压强度都很高、延性好、质量均匀的建筑钢材,随后又生产出高强度钢丝、钢索,使钢结构得到蓬勃发展,从而使得大跨度和高耸建筑逐渐发展,如在地面上建造起摩天大楼和高耸铁塔,在大江、海峡上架起大桥,创造出了史无前例的奇迹。以桥梁为例,在采用钢材以前,跨径很少达到100m,有了轧制钢材,才出现了跨径500m以上的桁架梁桥和拱桥、以至1 400m以上的悬索桥。与此同时,铜、铅、锌也大量得到应用,铝、镁、钛等金属相继问世并得到应用。

从建筑结构的三次飞跃发展(砖瓦的出现、混凝土的兴起、钢材的大量运用),可以看出建筑材料的技术水平决定着建筑结构的发展程度。如果说土木工程的发展标志着人类文明水平的不断提高,那么不断发展的建筑材料则是人类文明建设的重要物质基础。目前,建筑结构正进入第四次新的发展,包括合成纤维、钛金属和陶瓷等在内的各种新型、复合材料的出现和应用。新型建筑材料具有轻质、高强度、保温、节能、节土、装饰等优良特性,可以大大改善建筑结构的功能,使建筑结构内外更具现代气息,满足人们的审美要求。同时可以显著减轻建筑结构自重,为推广轻型建筑结构创造了条件,推动建筑施工技术现代化,大大加快建筑速度。土木工程材料内涵的不断丰富,极大地促进了土木工程技术的发展。

2.1.2　土木工程材料分类

土木工程材料种类繁多,可按其化学成分性质、用途和性能等进行分类。

根据材料的化学成分,土木工程材料可分为无机材料、有机材料、复合材料三大类,具体见表2.1。

土木工程材料按化学成分分类 表2.1

无机材料	金属材料	黑色金属(铁、钢)、有色金属(铝、铜及合金等)及其合金制造的型材、管材、板材和金属制品等
	非金属材料	天然石材(砂、石及各种岩石加工成的石材)、烧土制品(砖、瓦、陶瓷)、玻璃胶凝材料(石灰、石膏、水玻璃、水泥)、混凝土、砂浆、无机涂料、石棉、矿棉、纤维制品和熔岩制品(如铸石)等
有机材料	植物材料	木材、竹材等
	沥青材料	石油沥青、煤沥青及其制品
	高分子材料	塑料、涂料、胶黏剂
复合材料	狭义地指有纤维增强塑料(玻璃钢)和层压材料	
	广义地指两种或两种以上材料复合组成的材料,如各种水泥砂浆和混凝土也被称作水泥基复合材料,同样还有沥青复合材料、钙塑制品等	

按照材料的用途,可以分为绝热材料、吸声材料、防水材料、灌浆材料,以及越来越受到重视的、正在迅速发展的各种装饰、装修材料等。

根据材料在土木工程中的部位或使用性能,大体上还可以将其分为两大类,即土木工程结构材料(如钢筋混凝土、预应力钢筋混凝土、沥青混凝土、水泥混凝土、墙体材料、路面基层及底基层材料等)和土木工程功能材料(如吸声材料、耐火材料、排水材料等)。

土木工程结构材料主要指构成土木工程受力构件和结构所用的材料,如梁、板、柱、基础、框架、墙体、拱圈、沥青混凝土路面、无机结合料稳定基层及底基层和其他受力构件、结构等所用的材料。对这类材料主要技术性能的要求是强度和耐久性。目前所用的土木工程结构材料主要有砖、石、水泥、水泥混凝土、钢材、钢筋混凝土和预应力钢筋混凝土、沥青和沥青混凝土。在相当长的时期内,钢材、钢筋混凝土及预应力钢筋混凝土仍是我国土木工程中主要的结构材料;沥青、沥青混凝土、水泥混凝土、无机结合料稳定基层及底基层则是我国交通土建工程中主要路面材料。随着现代土木工程的发展,轻钢结构、铝合金结构、复合材料、合成材料所占的比例将会逐渐加大。

土木工程功能材料主要是指担负某些建筑功能的非承重用材料,如防水材料、绝热材料、吸声和隔声材料、采光材料、装饰材料等。这类材料的品种、形式繁多,功能各异,随着国民经济的发展以及人民生活水平的提高,将会越来越多地应用于建筑结构上。一般来讲,土木工程结构物的可靠度与安全度主要由土木工程材料组成的构件和结构体系所决定,而土木工程结构物的使用功能与品质主要取决于土木工程功能材料。此外,对某一种具体材料来说,它可能兼有多种功能。

2.2 传统土木工程材料

砖、瓦、砂、石和木材是最基本的建筑材料。砖、瓦、砂、石和木材由于其工程用量大,原料价格低,取材方便,无论是在古代,还是在近现代的建筑领域中,均处于不可替代的地位。在古代,充满着智慧和勤劳的古埃及人民不可思议地建造了世界七大奇迹之一的金字塔(图2.1),

即由砂、石等古老而基本的材料建成,完全没有混凝土和钢筋。中国的赵州桥作为世界上现存最早、保存最完整的巨大石拱桥,以及古罗马宏伟的斗兽场,都体现了砖、砂、石等材料较好的结构特性和高超的运用技巧(图2.2、图2.3)。中国是最早应用木结构的国家之一,根据实践经验,采用梁、柱式的木构架,扬木材受压和受弯之长,避受拉和受剪之短,并发挥其良好的抗震性能,如图2.4所示为建于辽代(1056年)的山西省应县木塔,充分体现了结构自重轻、抗裂性能好的特点。

图2.1 埃及金字塔

图2.2 河北省赵州桥

图2.3 古罗马斗兽场

图2.4 山西省应县木塔

2.2.1 砖

砖俗称砖头,是一种常用的砌筑材料、建筑用的人造小型块材,分烧结砖(主要指黏土砖)和非烧结砖(灰砂砖、粉煤灰砖等)。黏土砖以黏土(包括页岩、煤矸石等粉料)为主要原料,经泥料处理、成型、干燥和焙烧而成,但利用粉煤灰、煤矸石和页岩等为原料烧制砖,因其颗粒细度不及黏土,故塑性差,制砖时常需掺入一定量的黏土,以增加可塑性。砖按照生产工艺可分为烧结砖和非烧结砖;按所用原材料可分为黏土砖、页岩砖、煤矸石砖、粉煤灰砖、炉渣砖和灰砂砖等;按有无孔洞可分为空心砖、多孔砖和实心砖(图2.5~图2.7)。

由于生产传统黏土砖取土量大、能耗高、砖自重大,施工生产中劳动强度高、工效低,因此有必要逐步改革,并用新型材料取代。依据《国务院办公厅关于进一步推进墙体材料革新和推广节能建筑的通知》黏土制品不得用于各直辖市、沿海地区的大中城市和人均占有耕地面积不足 0.8 亩的省的大中城市的新建工程,很多城市和地区开始禁止生产和使用黏土砖。

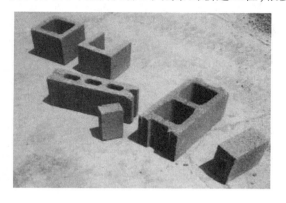

图 2.5 空心砖

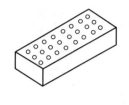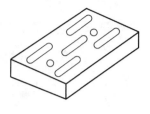

图 2.6 多孔砖

　　利用煤矸石和粉煤灰等工业废渣烧砖,不仅可以减少环境污染,节约大片良田,而且可以节省大量燃料煤,是废料利用、变废为宝的有效途径。近年来国内外都在研制非烧结砖,非烧结砖是利用不适合种田的山泥、废土、砂等,加入少量水泥或石灰(作为固结剂)、微量外加剂、适量水混合搅拌压制成型,自然养护或蒸气养护一定时间而成。如日本用土壤、水泥和 EER 液混合搅拌压制成型自然风干而成的 EER 非烧结砖;江西省建筑材料工业研究院研制成功的红壤土、石灰非烧结砖;深圳市建筑科学中心研制成功的水泥、石灰、黏土非烧结空心砖等。可见,非烧结砖是一种有发展前途的新型材料。

图 2.7 实心砖

2.2.2 瓦

　　瓦一般指黏土瓦,以黏土(包括页岩、煤矸石等粉料)为主要原料,经泥料处理、成型、干燥和焙烧而制成,主要用作屋面材料,如图 2.8 所示。黏土瓦的生产工艺与黏土砖相似,但对黏土的质量要求较高,如含杂质少、塑性高、泥料均化程度高等。中国瓦的生产比砖早,西周时期就形成了独立的制陶业,西汉时期工艺上又取得明显进步,瓦的质量也有较大提高,因此称为"秦砖汉瓦"。

　　目前,瓦的种类较多,按成分可分为黏土瓦、水泥瓦、石棉水泥瓦、钢丝网水泥瓦、聚氯乙烯瓦、玻璃钢瓦、沥青瓦等;按瓦的铺设位置可分为烧结屋面瓦和烧结配件瓦;按表面状态则可分为有釉瓦和无釉瓦。中国目前生产的黏土瓦有小青瓦、脊瓦和平瓦,但是只能应用于较大坡度的屋面。由于材质脆、自重大、片小、施工效率低,且需要大量木材等缺点,瓦在现代建筑屋面材料中的应用比例已逐渐下降。随着材料生产工艺的提高,可适用温度 15～90℃ 的合成树脂瓦开始广泛应用于混凝土结构、钢结构、木结构、砖木混合结构等各种新建结构坡屋面和老建筑平改坡屋面,如图 2.9 所示。

图2.8　黏土瓦　　　　　　　　　　　　　　　图2.9　合成树脂瓦

2.2.3　砂

砂是组成混凝土和砂浆的主要材料之一,是土木工程的大宗材料,一般可分为天然砂和人工砂两类。

天然砂是由自然条件作用(主要是岩石风化)而形成,粒径在5mm以下的岩石颗粒。按产源不同,天然砂可分为河砂、海砂和山砂。山砂表面粗糙,颗粒多棱角,含泥量较高,有机杂质含量也较多,故质量较差。海砂和河砂表面圆滑,但海砂含盐分较多,对混凝土和砂浆有一定影响,河砂较为洁净,故应用较广。通常,山砂与水泥黏结较好,用来拌制的混凝土强度较高,但拌和物的流动性较差;河砂、海砂与水泥的黏结较差,用来拌制的混凝土强度则较低,但拌和物的流动性较好。

人工砂是指经除土处理的机制砂、混合砂的统称。机制砂是由机械破碎、筛分制成的,粒径小于4.75mm的岩石颗粒,但不包括软质岩、风化岩石的颗粒。近年来,随着天然砂石的开采和使用得到控制,人工(或机制)砂石逐步进入市场。人工砂应用市场的扩大也表明我国砂石业整体水平的提高。

砂的粗细程度是指不同粒径的砂粒混合在一起的平均粗细程度。砂的粗细用细度模数表示,细度模数越大,砂越粗。按细度模数,砂又分为粗砂、中砂、细砂、特细砂4级。粗砂的细度模数为3.7~3.1,平均粒径为0.5mm以上;中砂的细度模数为3.0~2.3,平均粒径为0.5~0.35mm;细砂的细度模数为2.2~1.6,平均粒径为0.35~0.25mm;特细砂的细度模数为1.5~0.7,平均粒径为0.25mm以下。普通混凝土用砂的细度模数为1.6~3.7,以中砂为宜,或者用粗砂加少量的细砂,其比例一般为4:1。在相同质量条件下,细砂的总表面积较大,而粗砂的总表面积较小。在混凝土中,砂的表面需要由水泥浆包裹,砂的总表面积越大,则需要包裹砂粒表面的水泥浆越多。因此,一般来说用粗砂拌制的混凝土所需的水泥浆比用细砂的少。

砂的颗粒级配是指不同大小颗粒的砂的搭配比例。砂骨料颗粒级配示意图如图2.10所示,从图中可以看出,如果是同样粗细的砂,空隙最大,两种粒径的砂搭配起来,空隙有所减小,三种粒径的砂搭配,空隙更小。由此可见,砂的空隙率取决于砂料各级粒径的搭配程度。级配好的砂料,不仅可以节省水泥,还可以提高混凝土和砂浆的密实度及强度。

a) 单一颗粒　　　　b) 两种粒径　　　　c) 多种粒径

图 2.10　砂骨料颗粒级配示意图

砂的坚固性是指砂在气候、环境变化或其他物理因素作用下抵抗破裂的能力。按我国《普通混凝土用砂、石质量及检验方法标准》(JGJ 52—2006)规定,砂的坚固性用硫酸钠溶液检验,试样经 5 次循环后其质量损失应符合规定。有抗疲劳、耐磨、抗冲击要求的混凝土用砂或有腐蚀介质作用或经常处于水位变化区的地下结构混凝土用砂,其坚固性质量损失率应小于8%。

2.2.4　石

天然石材是指从天然岩体中开采出来的,并经加工成块状或板状材料的总称,是最古老的土木工程材料之一。由于天然石材具有很高的抗压强度、良好的耐磨性和耐久性、资源分布广、蕴藏量丰富、便于就地取材、生产成本低等优点,是古今土木工程中修建城垣、桥梁、房屋、道路及水利工程的主要材料,如北京的汉白玉(一种白色大理岩)是闻名中外建筑的装饰材料,南京的雨花石、福建的寿山石、浙江的青田石均是良好的工艺美术石材,即使那些不被人注意的河砂和卵石也是非常有用的建筑材料。建筑中常用的岩石分类见表2.2。

建筑中常用的岩石分类　　　　　　　　　　　　　　表 2.2

岩石种类		常用岩石种类	结构构造	特征	用途
岩浆岩	火山岩	火山灰、火山砂、浮石等	非晶结构,玻璃质结构,多孔	孔隙率大,具有化学活性	水泥原料、轻混凝土集料
	浅成岩	安山岩、玄武岩、辉绿岩等	结晶不完全,有玻璃质结构,气孔状	熔点高,抗压强度较高,不易磨损,有孔隙形成	铸石原料、混凝土集料、路面用石料等
	深成岩	花岗岩、闪长岩、辉长岩等	矿物全部结晶,块状构造较致密	抗压强度高,容重大,孔隙小,吸水小,耐磨	道路、桥墩、基础、石坝、集料等
沉积岩	机械沉积岩	砂岩、页岩等	石英晶屑,层状构造	一般都具有较多孔隙,强度较低,耐久性差	基础、墙身、人行道、集料等
	生物沉积岩	石灰岩	粒状结晶,隐晶质,介壳质结构,层状构造		石灰、水泥原料,道路建筑材料、混凝土集料等
	化学沉积岩	白云岩	细晶结构,粒状构造		一般建筑材料、碎石等

续上表

岩石种类		常用岩石种类	结构构造	特 征	用 途
变质岩	接触变质岩	大理岩	致密结晶结构,块状构造		装饰材料、碎石、块石、人行道、石板等
	区域变质岩	片麻岩	等粒或斑晶结构,片麻状或带状构造		
	动力变质岩	糜棱岩	等粒结晶结构,块状构造		

建筑上使用的石材,按加工后的外形分为块状石材、板状石材和散状石材等。

(1)块状石材

①毛石

毛石也称片石,是不成形的石料,是采石场由爆破直接获得的形状不规则的石块,处于开采以后的自然状态,如图2.11所示。根据平整程度又将其分为乱毛石和平毛石两类。建筑用毛石,一般要求石块中部厚度不小于150mm、长度为300~400mm、质量为20~30kg、强度不宜小于10MPa、软化系数不应小于0.75,常用于砌筑基础、勒脚、墙身、堤坝、挡土墙,也可配制片石混凝土等。

②料石

料石是用毛料加工成的具有一定规格,用来砌筑建筑物用的石料,如图2.12所示。料石一般由致密均匀的砂岩、石灰岩、花岗岩加工而成。根据表面加工的平整程度分为毛料石、粗料石、半细料石和细料石四种;按形状可分为条石、方石及拱石。一般毛料石、粗料石主要应用于建筑物的基础、勒脚、墙体部位,半细料石和细料石主要用作镶面的材料。

图2.11 毛石

图2.12 料石

(2)板状石材

板状石材是用致密的岩石经凿平、锯断、磨光等各种加工方法制作而成的石料(厚一般20mm),如花岗石、大理石和青石板材等。用于建筑物内外墙面、柱面、地面、栏杆、台阶等处装修用的板状石材也称为饰面石材。

（3）散状石材

建筑工程中的散状石材,主要指碎石、卵石和色石渣三种,如图2.13所示。碎石、卵石可用作骨料、装饰铺砌材料,其中卵石还可作为园林、庭院等地面的铺砌材料;色石渣由天然大理石或花岗岩等残碎料加工而成,有各种色彩,可作人造大理石、水磨石、水刷石及其他饰面粉刷骨料之用。

a) 碎石

b) 卵石

c) 色石渣

图2.13 散状石材

2.2.5 集料

集料通常是指松散的材料,在混合料中起骨架和填充作用的粒料。集料包括天然风化而成的漂石、砾石、(卵石)、砂等,以及由人工轧制的不同尺寸的碎石、石屑。集料可以按照尺寸大小进行分类。

集料可作为水泥或沥青混合料中的骨料及拌制砂浆等,在公路与桥梁建筑中得到广泛应用。不同粒径的集料在混合料中所起的作用不同,对它们的技术要求亦不相同。为此,将集料分为粗集料和细集料两大类。不论天然或人工轧制集料,若以圆孔筛计,凡粒径小于5mm者称为细集料,粒径大于5mm者称为粗集料;在沥青混合料中,若以方孔筛计,凡粒径小于2.36mm者称为细集料,粒径大于2.36mm者称为粗集料。由于产状和轧制工艺不同,它们之间的粒径界限允许有些交叉。

集料的主要物理、力学特性见表2.3,具体指标参数可参见《公路工程集料试验规程》(JTGE 42—2005)。

集料的主要物理和力学特性   表 2.3

主要性质	指标	定义	技术要求
物理性质	颗粒级配	表示集料中大小颗粒搭配的情况,可通过筛析试验来进行测定	好的级配必须满足既要空隙率小,又要表面积小的要求。因而,不同粒径的颗粒搭配适当,互相填充,既能得到最大密实度,提高整体的密实度,又能节约胶结材料,提高集料间的嵌挤力,使整体强度得以提高
	坚固性	集料在气候、环境变化或其他物理因素作用下抵抗碎裂的能力,称为坚固性,用硫酸钠溶液法检验	为保证由集料所组成的混合料的强度、耐久性,还应对集料的有害物质含量,清洁程度,针、片状颗粒含量等进行控制
	吸湿性	矿质集料因表层存在开口孔隙,在潮湿环境中会吸收空气中的水分,称为吸湿性,用集料含水率表示	
力学性质	压碎性	指粗集料在荷载作用下抵抗外力压碎的性能,用压碎值表示	压碎值越大,表明集料的抗压碎性能越差
	磨光性	指在外力摩擦作用下,受到磨损而不被磨光并保持抗活力的性能,用磨光值表示	磨光值大,则集料不易磨光,其耐磨性好。选用抗冲击能力强的集料也可以提高集料的抗磨耗能力。集料的磨耗值及冲击值应符合有关规定

2.2.6 木材

木材是一种天然的、非匀质的各向异性材料,具有轻质高强,易于加工(如锯、刨、钻等),较高的弹性和韧性,能承受冲击和振动作用,导电和导热性能低,木纹美丽,装饰性好等优点;但也具有构造不均匀、各向异性,易吸湿、吸水而产生较大的湿胀、干缩变形,易燃、易腐等缺点。作为一种古老的土木工程材料,由于其具有一些独特的优点,在出现众多新型土木工程材料的今天,木材仍在土木工程中占有重要地位,特别是在装饰领域。

木材的强度主要有抗压、抗拉、抗剪及抗弯强度,而抗压、抗拉、抗剪强度又有顺纹、横纹之分,顺纹与横纹强度有很大差别。顺纹是指作用力方向与纤维方向平行;横纹是指作用力方向与纤维方向垂直。木材受剪切作用时,由于作用力对于木材纤维方向的不同,可分为顺纹剪切、横纹剪切和横纹切断三种,如图 2.14 所示。影响木材强度的主要因素为含水率(一般含水率高,强度降低)、温度(温度高,强度降低)、荷载作用时间(持续荷载时间长,强度下降)及木材的缺陷(木节、腐朽、裂纹、翘曲、病虫害等)。图 2.15 所示为含水率对木材强度的影响曲线。

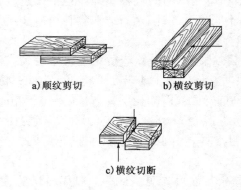

图 2.14 木材的剪切

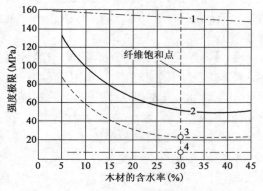

图 2.15 含水率对木材强度的影响曲线

土木工程中木材按其加工程度和用途,可分为原条、原木、锯材、枕木四类,此外还有各类人造板材。人造板材是利用木材或含有一定量的纤维的其他植物做原料,一般采用物理和化学方法加工制成。与天然木材相比,人造板材板面宽、表面平整光洁,没有木节、虫眼和各向异性等,不翘曲、不开裂,经加工处理后还具有防火、防水、防腐、防酸等性能。

2.3 近代土木工程材料

2.3.1 钢材

钢材是土木工程中应用量最大的金属材料,它广泛应用于铁路、桥梁、建筑工程等各种工程结构中,在国民经济建设中发挥着重要作用,2008 年北京奥运会主体育场——中国国家体育场"鸟巢"(图 2.16)就是一个由巨大的钢网围合而成的大跨度曲线结构。

图 2.16 中国国家体育场"鸟巢"

由于钢材都是在严格的技术控制条件下生产的,品质均匀致密,抗拉、抗压、抗弯、抗剪切强度都很高。常温下能承受较大的冲击和振动荷载,有一定的塑性和很好的韧性。钢材具有良好的加工性能,可以铸造、锻压、焊接、铆接和切割,便于装配。还可以通过热处理方法,在很大范围内改变或控制钢材的性能。

土木工程中所需要消耗的大量钢材,从材质上主要可分为普通碳素结构钢和低合金结构钢,也用到优质碳素结构钢。通常,按照钢材用于工程结构类型的不同,可将钢材分为两大类:钢结构用钢,如各种型钢、钢板、钢管等;钢筋混凝土结构用钢,如各种钢筋和钢丝。

1)钢结构用钢

我国钢结构用钢的钢材主要有普通碳素结构钢和低合金结构钢。

碳素钢也称碳钢,是含碳量小于 2% 的铁碳合金,除含碳外,一般还含有少量的硅、锰、硫、磷,其牌号表示方法、化学成分、力学性能、冷弯性能等应符合现行国家标准《碳素结构钢》(GB/T 700—2006)的具体规定,碳素钢的主要技术要求见表 2.4。

碳素钢的主要技术要求　　　　　　　　　　表 2.4

牌号	等级	拉伸性能												冲击试验（V形缺口）	
		屈服点 σ_s（MPa）						抗拉强度 σ_b（MPa）	断后伸长率 δ_s（%）					温度（℃）	冲击功（纵向）（J）
		钢材厚度（直径）（mm）							钢材厚度（直径）（mm）						
		≤16	16~40	40~60	60~100	100~150	150~200		≤40	40~60	60~100	100~150	150~200		
		不小于							不小于						不小于
Q195	—	(195)	(185)	—	—	—	—	315~430	33	—	—	—	—	—	—
Q215	A B	215	205	195	185	175	165	335~450	31	30	29	27	26	— +20	— 27
Q235	A B C D	235	225	215	205	195	185	370~500	26	25	24	22	21	— +20 0 −20	27
Q275	A B C D	275	265	255	245	225	215	410~540	22	21	20	18	17	— +20 0 20	27

　　随牌号增大,碳素结构钢含碳量增加,强度和硬度提高,塑性和韧性降低,冷弯性能逐渐变差。Q195、Q215 号钢强度低,塑性和韧性较好,易于冷加工,常用于轧制薄板和盘条,制造钢钉、铆钉、螺栓及铁丝等;Q235 号钢是建筑工程中应用最广泛的钢,属低碳钢,具有较高的强度、良好的塑性、韧性及可焊性,综合性能好,能满足一般钢结构和钢筋混凝土用钢要求,且成本较低,大量被用作轧制各种型钢、钢板及钢筋;Q215 号钢经冷加工后可代替 Q235 号钢使用;Q275 号钢强度较高,但塑性、韧性较差,可焊性也差,不易焊接和冷弯加工,可用于轧制钢筋、作螺栓配件等,但更多用于机械零件和工具等。图 2.17 分别表示了碳钢轧制成型的 H 型钢、钢管和角钢。

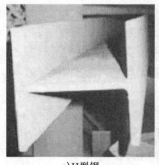  

a)H型钢　　　　　　　　b)钢管　　　　　　　　c)角钢

图 2.17　常见的碳钢轧制成型的钢材

　　普通低合金结构钢一般是在普通碳素钢的基础上,添加少量的一种或几种合金元素而成,常用的合金元素有硅、锰、钒、钛、铌、铬、镍及稀土元素。其目的是使钢材的强度、耐腐蚀性、耐磨性、低温冲击韧性等得到显著提高和改善。低合金高强度结构钢综合性能较为理想,尤其在大跨度、承受动荷载和冲击荷载情况下优势明显,与普通碳素钢相比,可节约钢材20% ~ 30%。目前,低合金钢在土木工程中的应用日益广泛,在诸如大跨径桥梁、大型柱网构架、电视塔、大型厅馆中成为主体结构材料。

2)钢筋混凝土结构用钢

钢筋混凝土结构用的钢材主要指钢筋,钢筋是土木工程中使用最多的钢材品种之一,其材质包括普通碳素钢和普通低合金钢两大类。钢筋按生产工艺性能和用途的不同,可分为热轧钢筋、冷加工钢筋、热处理钢筋、碳素钢丝、刻痕钢丝和钢绞线等。

(1)热轧钢筋

根据《钢筋混凝土用钢第1部分:热轧光圆钢筋》(GB 1499.1—2008)及《钢筋混凝土用钢第2部分:热轧带肋钢筋》(GB 1499.2—2007)的规定,热轧光圆钢筋的牌号由HPB和屈服强度特征值表示,有HPB235、HPB300两个牌号;热轧带肋钢筋的牌号由HRB(或HRBF)和屈服强度特征值表示,有HRB335、HRB400、HRB500、HRBF335、HRBF400、HRBF500六个牌号。

热轧光圆钢筋的强度较低,但塑性及焊接性能很好,便于各种冷加工,因而广泛用做普通钢筋混凝土构件的受力筋及各种钢筋混凝土结构的构造筋;HRB335和HRB400带肋钢筋强度较高,与混凝土有较大的黏结能力,塑性和焊接性能也较好,故广泛用做大、中型钢筋混凝土结构的受力钢筋;HRB500钢筋强度高,但塑性和焊接性能较差,可用做预应力钢筋。

(2)其他常用钢筋

①冷拉钢筋

为了提高强度以节约钢筋,工程中常按施工规程对钢筋进行冷拉。冷拉后钢筋的强度提高,但塑性、韧性变差,因此,不宜用于受冲击或重复荷载作用的结构。

②冷拔低碳钢丝

冷拔低碳钢丝是用6.5~8mm的碳素结构钢通过拔丝机进行多次强力拉拔而成。冷拔低碳钢丝由于经过反复拉拔强化,强度大为提高,但塑性显著降低,脆性随之增加,已属硬钢类钢筋。

③热处理钢筋

热处理钢筋是用热轧螺纹钢筋经淬火和回火的调质处理而成的,公称直径有2mm、6mm、8mm和10mm,其强度要求均为屈服点不低于1 325MPa,抗拉强度不低于1 470MPa,伸长率要求均不低于6%。热处理钢筋目前主要用于预应力钢筋混凝土。

④预应力钢丝和钢绞线

碳素钢丝、刻痕钢丝和钢绞线是预应力钢筋混凝土专用钢丝,它们由优质碳素结构钢经过冷加工、热处理、冷轧、绞捻等过程制作而成,其特点是强度高、安全性好、便于施工。

采用各种型钢和钢板制作的钢结构,具有自重小、强度高的特点。而传统的钢筋与混凝土组成的钢筋混凝土结构以及现代钢—混凝土组合结构虽然自重相对较大,但钢材用量相应降低;同时,由于混凝土的保护作用,还可以克服钢材易锈蚀、维护费用高的缺点。

由于各类建筑物、构筑物对在各种复杂条件下的使用功能的要求日益提高,建筑用钢材的发展趋势如下:

①以高效钢材为主体的低合金钢将得到进一步的发展和应用。

②随着冶金工业生产技术的发展,建筑钢材将向具有高强、耐腐蚀、耐疲劳、易焊接、高韧性或耐磨等综合性能的方向发展。

③各种焊接材料及其工艺,将随着低合金钢的发展而不断完善和配套。

2.3.2　水泥

水泥从诞生至今的190多年发展历程中,为人类社会进步及经济发展作出了巨大贡献,与钢材、木材一起并称为土木工程的三大基础材料。由于水泥具有原料资源较易获得、相对较低的成本、良好的工程使用性能以及与环境有较好的相容性,在目前乃至未来相当长的时期内,其仍将是不可替代的主要土木工程材料。

水泥按其用途及性能的不同,分为通用水泥、专用水泥、特性水泥;按其主要水硬性物质名称的不同,分为硅酸盐水泥、铝酸盐水泥、硫铝酸盐水泥、氟铝酸盐水泥、磷酸盐水泥、以火山灰性或潜在水硬性材料以及其他活性材料为主要成分的水泥。

（1）通用水泥

根据现行《通用硅酸盐水泥》（GB175—2007）国家标准规定,凡由硅酸盐水泥熟料、0～5%石灰石或粒化高炉矿渣、适量石膏磨细制成的水硬性胶凝材料,称为硅酸盐水泥（即国外通称的波特兰水泥）,硅酸盐水泥的强度分级标准见表2.5。

硅酸盐水泥的强度分级标准　　　　　　　　　　　　　　　　　表2.5

品　种	强度等级	抗压强度（MPa）		抗折强度（MPa）	
		3d	28d	3d	28d
硅酸盐水泥	42.5	17.0	42.5	3.5	6.5
	42.5R	22.0	42.5	4.0	6.5
	52.5	23.0	52.5	4.0	7.0
	52.5R	27.0	52.5	5.0	7.0
	62.5	28.0	62.5	5.0	8.0
	62.5R	32.0	62.5	5.5	8.0

注:现行标准将水泥分为普通型和早强型（或称R型）两个型号

（2）专用水泥

专用水泥适用于道路、油井和大坝等工程专门用途的水泥,是以其专门用途命名,并可冠以不同型号。其分类和主要技术要求见表2.6。

专用水泥的分类和主要技术要求　　　　　　　　　　　　　　　表2.6

名　称	定　义	技术特点	适应范围
砌筑水泥	由一种或一种以上的水泥混合材料,加入适量硅酸盐水泥熟料和石膏,经磨细制成的和易性较好的水硬性胶凝材料	1.80μm 方孔筛筛余不得超过10%; 2.初凝不得早于60min,终凝不得超过4.0h; 3.用沸煮法检验必须合格; 4.分为175、225 两个强度等级; 5.灰砂比为1:2.5,水灰比为0.46,流动度>125mm	适用于紧急抢修工程、低温施工工程和高强度等级的混凝土预制件等

续上表

名 称		定 义	技 术 特 点	适 应 范 围
道路水泥		以适当成分生料烧至部分熔融,得到以硅酸钙为主要成分和较多量的铁铝酸四钙的硅酸盐水泥熟料,加0~10%活性混合材料和适量石膏磨细制成的水硬性胶凝材料	道路水泥中铝酸三钙含量不大于5.0%,铁铝酸四钙含量不小于16.0%,游离CaO含量不大于1.0%	适用于水泥混凝土路面、机场跑道、车站及公共广场等工程的面层混凝土
油井水泥		由适当矿物组成的硅酸盐水泥熟料、适量石膏和混合材料等磨细制成	必要时可掺加不超过水泥重量15%的活性混合材料(如矿渣),或不超过水泥重量10%的非活性混合材料(如石英砂、石灰石)	适用于一定井温条件下油、气井固井工程
大坝水泥	中热硅酸盐水泥	由适当成分的硅酸盐水泥熟料,加入适量石膏,磨细制成	具有中等水化热的水硬性胶凝材料	适用于大坝、大体积建筑物和厚大基础等工程
	低热矿渣硅酸盐水泥	由适当成分的硅酸盐水泥熟料,加入矿渣、适量石膏,磨细制成	具有低水化热的水硬性胶凝材料	适用于大坝或大体积混凝土及水下等要求低水化热的工程
	低热微膨胀水泥	以粒化高炉矿渣为主要组分,加入适量硅酸盐水泥熟料和石膏,磨细制成	具有低水化热和微膨胀性能的水硬性胶凝材料	

（3）特性水泥

在实际施工中,往往会遇到一些有特殊要求的工程,如紧急抢修工程、耐热耐酸工程、新旧混凝土搭接工程等。对这些工程,普通的硅酸盐水泥难以满足要求,需要采用其他品种的水泥,如快硬硅酸盐水泥、高铝水泥、白色硅酸盐水泥等特性水泥,其分类和主要技术要求见表2.7。

特性水泥的分类和主要技术要求   表2.7

名 称	定 义	技 术 特 点	适 应 范 围	备 注
快硬硅酸盐水泥	以硅酸盐水泥熟料和适量石膏磨细制成,以3d抗压强度表示强度等级的水硬性胶凝材料	初凝时间不得早于45min,终凝时间不迟于10h	适用于紧急抢修工程、低温施工工程和高强度等级混凝土预制件等	储存和运输中注意防潮,不能与其他水泥混合使用;其水化放热量大而迅速,不适合用于大体积混凝土工程
快凝快硬硅酸盐水泥	以硅酸钙、氟铝酸钙为主的熟料,加入适量石膏、粒化高炉矿渣、无水硫酸钠,经过磨细制成的水硬性胶凝材料	初凝不得早于10min,终凝不得长于1h	主要用于军事工程、机场跑道、桥梁、隧道和涵洞等紧急抢修工程	不得与其他品种水泥混合使用,并注意放热量大而迅速的特点

续上表

名 称	定 义	技术特点	适应范围	备 注
白色硅酸盐水泥	由白色硅酸盐水泥熟料加入适量石膏,磨细制成的水硬性胶凝材料	磨制水泥时,允许加入不超过水泥质量5%的石灰石或窑灰作为外加物。白度是白水泥的一个重要指标	用于建筑物的内外装修,也是生产彩色水泥的主要原料	
高铝水泥	属铝酸盐系水泥,以铝酸钙为主,氧化铝含量约50%的熟料,磨细制成的水硬性胶凝材料	早期强度高,耐高温和耐腐蚀	主要用于工期紧急的工程,如国防、道路和特殊抢修工程等,也可用于冬季施工的工程	
膨胀水泥	由硅酸盐水泥熟料与适量石膏、膨胀剂共同磨细制成的水硬性胶凝材料	硬化过程中不但不收缩,而且有不同程度的膨胀,也具有强度发展快,早期强度高的特点	可用于大口径输水管和各种输油、输气管,也常用于有抗渗要求的工程、要求补偿收缩的混凝土结构、要求早强的工程结构节点浇筑等	使用温度不宜过高,一般为60℃以下

2.3.3 砂浆

砂浆是由胶凝材料、细骨料和水等材料按适当比例配制而成的。砂浆与混凝土的区别在于不含粗骨料,可认为砂浆是混凝土的一种特例,也可称为细骨料混凝土。

砂浆常用的胶凝材料有水泥、石灰、石膏。按胶凝材料的不同,砂浆可分为水泥砂浆、石灰砂浆和混合砂浆,其中混合砂浆有水泥石灰砂浆、水泥黏土砂浆和石灰黏土砂浆等。按用途不同,砂浆又可分为砌筑砂浆、抹面砂浆、防水砂浆和其他特种砂浆,具体见表2.8。影响砂浆强度的因素有材料性质、配合比、施工质量等,此外还受被黏结块体材料的表面吸水性影响。

砂浆按用途分类　　　　　　　　　　　　　　　　　　表2.8

名 称	定 义	作 用	备 注
砌筑砂浆	用于砖、石或各种砌块、混凝土构件接缝等的砂浆	提高砌体的强度、稳定性,并使上层块状材料所受的荷载能均匀地传递到下层。同时,砌筑砂浆填充块状材料之间的缝隙,提高建筑物保温、隔音、防潮等性能	根据砂浆的抗压强度划分的若干等级,称为砂浆的强度,并以"M"和应保证的抗压强度值(MPa)表示
抹面砂浆	涂抹在建筑物或土木工程构件表面的砂浆	保护墙体不受风雨、潮气等侵蚀,提高墙体防潮、防风化、防腐蚀能力,同时使墙面、地面等建筑部位平整、光滑、清洁美观	常用的普通抹面砂浆有石灰砂浆、水泥砂浆、水泥混合砂浆、麻刀石灰浆或纸筋石灰浆

续上表

名　称		定　义	作　用	备　注
装饰砂浆		涂抹在建筑物内外墙表面,具有美观装饰效果的抹面砂浆	选用具有一定颜色的胶凝材料和骨料以及采用某种特殊的操作工艺,使表面呈现出各种不同的色彩、线条与花纹等装饰效果	装饰砂浆所采用的胶凝材料有普通水泥、矿渣水泥、火山灰质水泥、白水泥、彩色水泥,或是在常用水泥中掺入耐碱矿物颜料配成彩色水泥以及石灰、石膏等
特种砂浆	防水砂浆	制作防水层的砂浆。砂浆防水层又称刚性防水层	仅适用于不受振动和具有一定刚度的混凝土或砖石砌体工程。对于变形较大或可能发生不均匀沉陷的结构,都不宜采用刚性防水层	防水砂浆可以用普通水泥砂浆来制作,也可以在水泥砂浆中掺入防水剂来提高砂浆的抗渗能力
	耐酸砂浆	用水玻璃(硅酸钠)与氟硅酸钠拌制而成的砂浆。水玻璃硬化后具有很好的耐酸性能	耐酸砂浆多用作衬砌材料、耐酸地面和耐酸容器的内壁防护层	
	绝热砂浆	采用水泥、石灰、石膏等胶凝材料与膨胀珍珠岩砂、膨胀蛭石或陶粒砂等轻质多孔骨料,按一定比例配制	具有质轻和良好的绝热性能	一般绝热砂浆是由轻质、多孔骨料制成的,还具有吸声性能
	吸声砂浆	用水泥、石膏、砂、锯末(其体积比约为1∶1∶3∶5)拌成的砂浆	吸声砂浆用于室内墙壁和平顶的吸声	
	防辐射砂浆	在水泥浆中掺入重晶石粉和砂,可配制成有防X射线能力的砂浆;或在水泥浆中掺加硼砂、硼酸等,可配制有抗中子辐射能力的砂浆	此类防射线砂浆应用于射线防护工程	

2.3.4　水泥混凝土

混凝土也称砼,是由胶结材料、骨料和水按一定比例配制,经搅拌振捣成型,在一定条件下养护而成的人造石材。广义的混凝土包括采用各种有机、无机、天然、人造的胶凝材料与粒状或纤维填充物相混合而形成的固体材料。

混凝土的种类很多,可按胶凝材料、表观密度和使用功能等对其进行划分,见表2.9。

混凝土的分类　　　　　　　　　　　　　　　　　　表2.9

分类原则	混凝土种类
按胶凝材料不同	水泥混凝土,沥青混凝土,聚合物混凝土、水玻璃混凝土、树脂混凝土、石膏混凝土等
按表观密度不同	重混凝土($>2600kg/m^3$)、普通混凝土、轻混凝土($<1950kg/m^3$)
按使用功能不同	结构用混凝土、道路混凝土、海工混凝土、保温混凝土、水工混凝土、耐热混凝土、耐酸混凝土、防辐射混凝土等

续上表

分类原则	混凝土种类
按施工工艺不同	离心混凝土、喷射混凝土、泵送混凝土、振动灌浆混凝土、碾压混凝土、挤压混凝土等
按配筋方式不同	素(即无筋)混凝土、钢筋混凝土、钢丝网水泥、纤维混凝土、预应力钢筋混凝土等
按混凝土拌和物的和易性不同	干硬性混凝土、半干硬性混凝土、塑性混凝土、流动性混凝土、高流动性混凝土、流态混凝土等

(1)普通水泥混凝土

①组成材料与结构

普通混凝土是由水泥、粗骨料(碎石或卵石)、细骨料(砂)和水拌和,经硬化而成的一种人造石材。砂、石在混凝土中起骨架作用,并抑制水泥的收缩;水泥和水形成水泥浆,包裹在粗细骨料表面并填充骨料间的空隙。水泥浆体在硬化前起润滑作用,使混凝土拌和物具有良好工作性能,硬化后将骨料胶结在一起,形成坚强的整体。普通混凝土结构组成如图2.18所示。

②主要技术性质

混凝土的性质包括混凝土拌和物的和易性,混凝土强度、变形及耐久性等。

和易性又称工作性,是指混凝土拌和物在一定的施工条件下,便于各种施工工序的操作,以保证获得均匀、密实的混凝土的性能。和易性是一项综合技术指标,包括流动性(稠度)、黏聚性和保水性三个主要方面。

混凝土强度是混凝土硬化后的主要力学性能,反映混凝土抵抗荷载的量化能力,包括抗压、抗拉、抗剪、抗弯、抗折及握裹强度,其中抗压强度最大,抗拉强度最小。

混凝土的变形包括非荷载作用下的变形和荷载作用下的变形。非荷载作用下的变形有化学收缩、干湿变形及温度变形等。水泥用量过多,在混凝土的内部易产生化学收缩而引起微细裂缝。

混凝土耐久性是指混凝土在实际使用条件下抵抗各种破坏因素作用,长期保持强度和外观完整性的能力,包括混凝土的抗冻性、抗渗性、抗蚀性及抗碳化能力等。

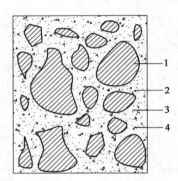

图2.18 普通混凝土结构组成
1-石子;2-砂;3-水泥浆;4-气孔

(2)特种水泥混凝土

土木工程中,除了使用普通水泥混凝土外,为满足工程的特殊用途,在某些工程中经常使用特种水泥混凝土(采用新型材料、工业废料或采用新的工艺制成),其分类见表2.10。

特种混凝土分类　　　　　　　　　　　　　　　　表2.10

名　称	特　点	适用范围
轻骨料混凝土	用轻质粗骨料、轻质细骨料(或普通砂)、水泥和水配制而成的,其干表观密度不大于1950kg/m³,是一种轻质、高强、多功能的新型土木工程材料	在大跨度结构、高层建筑、软土地基以及多震地区等工程中有着广泛的应用前景

续上表

名 称	特 点	适 用 范 围
纤维增强混凝土（简称FRC）	由不连续的短纤维均匀地分散于水泥混凝土基材中形成的复合混凝土材料，纤维与水泥浆基材的黏结比较牢固，纤维间相互交叉和牵制，形成了遍布结构全体的纤维网	应用于飞机场跑道、路面及桥面、基础预制桩、薄层结构、隧道衬砌及覆面、防波堤、海洋工程构筑物、薄壁结构、承受高温或低温的结构防爆防裂结构、有较高抗震要求的结构和构件等
聚合物混凝土	用有机聚合物作为组成材料的混凝土，分为聚合物浸渍混凝土（PIC）、聚合物水泥混凝土（PCC）和聚合物胶结混凝土（PC）等三种，具有快硬、高强和显著改善抗渗、耐蚀、耐磨、抗冻融以及黏结等性能	可现场应用于混凝土工程快速修补、地下管线工程快速修建、隧道衬砌等，也可在工厂预制
碾压混凝土	水泥和水的用量较普通混凝土显著减少，同时大量掺加工业废渣，亦称道路混凝土；其内部结构密实、强度高、水泥用量少且胶结能力得以充分发挥、干缩性小、耐久性好	不仅在道路或机场工程中是十分可靠的路面或路面基层材料，在水利工程中是抗渗性和抗冻性良好的筑坝材料，也是各种大体积混凝土工程的良好材料
自密实混凝土	主要靠自重，不需要振捣即可充满模型和包裹钢筋，属于高性能混凝土的一种。该混凝土流动性好，具有良好的施工性能和填充性能，而且骨料不离析，混凝土硬化后具有良好的力学性能和耐久性	特别适用于：①浇筑量大，浇筑深度、高度大的工程结构；②形体复杂、配筋密集、薄壁、钢管混凝土等受施工操作空间限制的工程结构；③工程进度紧，严格环境噪声限制，或普通混凝土无法实现的工程结构

此外，还有抗渗能力佳、抗冲刷、耐磨、抗蚀能力强的硅粉混凝土，已应用于龙羊峡水电站和葛洲坝泄水闸的修补工程中。具有环保效益和经济效益的粉煤灰混凝土，在大体积混凝土、耐腐蚀混凝土、水工混凝土、碾压混凝土、防水混凝土、泵送混凝土、蒸养混凝土，甚至高强混凝土结构中均有广泛的应用前景。在研究与应用方面居国际领先地位的特细砂混凝土，在就地取材、综合利用当地资源、节省运输费用、降低混凝土成本等方面，具有重要意义。国外最近研制出的透明混凝土，将成为新型建筑装饰材料。还有一些特种混凝土，如防水混凝土、耐酸混凝土、耐火混凝土、防辐射混凝土、自应力混凝土等，均有良好的应用前景。随着科学技术的发展，特种混凝土的品种将不断增多，质量也将不断提高，应用前景也越来越广泛。

"世界第一高度"的迪拜塔又称迪拜大厦或比斯迪拜塔（高度达828m，楼层数量为160层），位于阿拉伯联合酋长国的迪拜，于2004年9月21日动工，2010年1月完工（图2.19）。

a)

b)

图2.19 迪拜塔

迪拜塔基本围绕支撑核心的概念建设而成,建筑物的竖井并不是钢结构,而是利用超级混凝土建设而成。自上而下俯视,其形状就像一个推进器,3个臂状物(或称翼)从核心伸出。为巩固建筑物结构,目前大厦已动用了超过31万 m³ 的强化混凝土及6.2万 t 的强化钢筋,而且也是史无前例地把混凝土垂直泵送至逾460m 的高度,打破台北101大厦建造时448m 的纪录。

2.3.5　沥青混合料

沥青混合料是指经人工合理选择级配组成的矿质混合料(包括粗集料、细集料和填料),与适量沥青结合料(包括沥青、改性剂、外掺挤等)拌和而成的混合料。将沥青混合料加以摊铺、碾压成型,可得到各种类型的沥青路面。

(1)沥青混合料分类

沥青混合料按照制造工艺、矿料公称最大粒径等的不同,可分为不同种类的沥青混合料,具体见表2.11。

沥青混合料的分类　　　　　　　　　　　　　　　　　　　　　表2.11

分 类 原 则	混凝土种类
按制造工艺不同	热拌沥青混合料、冷拌沥青混合料、再生沥青混合料
按最大粒径不同	特粗式沥青混合料、粗粒式沥青混合料、中粒式沥青混合料、细粒式沥青混合料、砂粒式沥青混合料
按级配类型不同	连续级配沥青混合料、间断级配沥青混合料
按级配组成及空隙率不同	密级配沥青混合料、半开级配沥青混合料、开级配沥青混合料

(2)组成材料与结构类型

沥青混合料的技术性质与其组成材料的性质有密切关系。为保证沥青混合料具有良好的技术性质,必须正确选择符合质量要求的组成材料,沥青混合料的组成材料主要包括沥青、粗集料、细集料、填料。沥青混合料所用沥青等级和强度等级,宜根据公路等级、气候条件、交通条件、路面类型及在结构层中的层位及受力特点、施工方法等,结合当地的使用经验,经技术论证后确定。沥青混合料所用粗集料可采用碎石、破碎砾石、筛选砾石、钢渣和矿渣等,但高速公路和一级公路不得使用筛选后的砾石和矿渣,沥青混合料用粗集料应洁净、干燥、表面粗糙、无风化、不含杂质。沥青混合料所用细集料包括天然砂、机制砂、石屑,细集料应洁净、干燥、无风化、无杂质,并有适当的颗粒级配。沥青混合料所用矿粉必须采用石灰岩或岩浆岩中的强基性岩石等憎水性石料经磨细得到的矿粉,原石料中的泥土杂质应除净,矿粉应干燥、洁净,能自由地从矿粉仓流出。

沥青混合料因其各组成材料间的比例不同、矿料的级配类型不同,可以形成三种不同类型的结构,如图2.20所示。沥青混合料三种不同结构类型的特点见表2.12。

沥青混合料不同结构类型特点　　　　　　　　　　　　　　　表2.12

结构类型	基 本 概 念	特 点	备 注
悬浮—密实结构	粗、细集料连续存在,各有一定数量,粗集料悬浮状态	密实度、强度高,水稳定性、耐久性较好,高温稳定性较差	密级配沥青混合料(AC)
骨架—空隙结构	粗集料多,形成骨架相互嵌挤,细集料少	高温稳定性好,空隙率较大,水稳定性、耐久性较差	大空隙排水式沥青混合料(OGFC)
骨架—密实结构	粗集料形成骨架,细集料填充	水稳定性、高温稳定性、耐久性较好	沥青玛蹄脂碎石混合料(SMA)

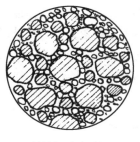
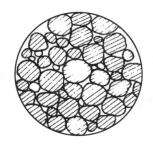
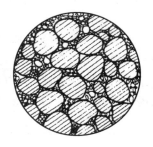

a)悬浮—密实结构　　　　　b)骨架—空隙结构　　　　　c)骨架—密实结构

图2.20　沥青混合料的结构类型

（3）沥青混合料技术性质

沥青混合料作为一种路面材料,要承受车辆行驶反复荷载和气候因素的作用,而其胶凝材料——沥青具有黏弹塑性特点,因此,沥青混合料应具有较好的高温稳定性、低温抗裂性、耐久性、抗滑性和施工和易性等技术性质,可保证沥青路面的施工质量和使用性能。

高温稳定性:指沥青混合料在高温条件下,经受行车荷载反复作用后,不产生车辙、推移、波浪、拥包、泛油等病害的性能。其主要采用马歇尔试验和车辙试验评价。

低温抗裂性:指在低温下抵抗收缩开裂的能力。其可通过低温收缩试验、直接拉伸试验、弯曲蠕变试验及低温弯曲试验等评价。

耐久性:指沥青混合料抵抗长时间自然因素(风、日光、温度、水分等)和行车荷载的反复作用,仍能基本保持原有性能的能力。沥青混合料的耐久性是一项综合性质,它包含多方面的含义,其中较为重要的是水稳定性、耐老化性和耐疲劳性。

抗滑性:随着现代高速公路的发展,对沥青路面的抗滑性提出更高的要求。沥青路面的抗滑性与矿质集料的表面特征和抗磨光性、沥青混合料的级配组成以及沥青用量、沥青含蜡量等因素有关。其通常采用测定表面构造深度和摩擦系数的方法评价。

施工和易性:指保证沥青混合料拌和、摊铺时的均匀性和碾压密实的性能。目前尚无表征沥青混合料施工和易性的技术指标,生产上大都凭目测鉴定其施工和易性。

2.4　现代土木工程材料

如果说19世纪钢材和混凝土作为结构材料的出现使土木工程的规模产生了飞跃性的发展,那么20世纪出现的高分子材料、新型金属材料和各种功能复合材料,使土木工程的功能和外观发生了根本性的变革。

2.4.1　防水材料

防水材料是建筑业及其他有关行业所需要的重要功能材料,是建筑材料工业的一个重要组成部分。随着我国国民经济的快速发展,不仅工业建筑与民用建筑对防水材料提出了多品种、高质量的要求,在桥梁、隧道、国防军工、农业水利和交通运输等行业和领域中也都需要高质量的防水密封材料。沥青材料及其制品是土木工程结构中最常用的防水材料,其可分为地沥青(包括天然地沥青和石油地沥青)和焦油沥青(包括煤沥青、木沥青、页岩沥青等)。通常，石油加工厂制备的沥青不一定能全面满足如下要求:在低温条件下具有必要的弹性和塑性;在高温条件下具有足够的强度和稳定性;在加工和使用条件下具有抗"老化"能力;与各种矿料和结构表面之间有较强的黏附力;对构件变形的适应性和耐疲劳性。从而致使沥青防水屋面渗漏现象严重,使用寿命短。为此,常用橡胶、树脂和矿物填料通过改性后,其综合性能可以得到大大提高。改性沥青分类及主要特点见表2.13。

改性沥青分类及主要特点 表2.13

品 种	主要特点
矿物填充料改性沥青	在沥青中加入一定量的矿物填充料,可以提高沥青的黏滞性和耐热性,减小沥青的温度敏感性,同时也可以减少沥青的用量。常用的矿物填充料有粉状和纤维状两类。粉状的有滑石粉、石灰石粉、白云石粉、粉煤灰、硅藻土和云母粉等;纤维状的有石棉绒、石棉粉等。矿物填充料的掺量一般为20%~40%
树脂改性沥青	用树脂改性石油沥青,可以改善沥青的强度、塑性、耐热性、耐寒性、黏结性和抗老化性等
橡胶改性沥青	沥青与橡胶相溶性较好,改性后的沥青高温变形小,低温时具有一定的塑性。所用的橡胶有天然橡胶、合成橡胶(如氯丁橡胶、丁基橡胶、丁苯橡胶等)和再生橡胶
橡胶和树脂改性沥青	橡胶和树脂用于沥青改性,使沥青同时具有橡胶和树脂的特性,且橡胶和树脂的混溶性较好,故改性效果良好。橡胶和树脂改性沥青采用不同的原料品种、配合比、制作工艺,可以得到不同性能的产品,主要用于防水卷材、片材、密封材料和涂料等

　　随着我国新型建筑防水材料的迅速发展,各类防水材料品种日益增多,用于屋面、地下工程及其他工程的防水材料,除常用的沥青类防水材料外,已向高聚合物改性沥青、橡胶、合成高分子防水材料方向发展,并在工程应用中取得较好的防水效果。新型建筑防水材料的分类及主要特点见表2.14。

新型建筑防水材料的分类及主要特点 表2.14

名 称		主要特点
防水卷材	沥青防水卷材	用低软化点的石油沥青浸渍原纸,然后再用高软化点的石油沥青涂盖油纸的两面,再涂或撒粉状("粉毡")或片状("片毡")隔离材料制成。具有良好的防水性能,而且原料来源丰富、价格低廉,其应用在我国占据主导地位
	弹性体改性沥青防水卷材(SBS)	以玻纤毡或聚酯毡为胎基,以SBS橡胶改性石油沥青为浸渍涂盖层,两面再覆用隔离材料制成的建筑防水卷材,简称SBS卷材
	塑性体改性沥青防水卷材(APP)	以聚酯胎或玻纤胎为胎基,无规聚丙烯(APP)或聚烯烃类聚合物(APAO、APO)作改性剂,两面覆以隔离材料制成的建筑防水卷材,统称APP卷材
	合成高分子防水卷材	以合成橡胶、合成树脂或两者的共混体为基料,加入适量的助剂和填充料等,经特定工序制成。合成高分子防水卷材具有拉伸强度高、断裂伸长率大、抗撕裂强度高、耐热性能好、低温柔性好、耐腐蚀、耐老化以及可以冷施工等一系列优异性能

续上表

名　称		主要特点
防水涂料	沥青类防水涂料	将常温下呈无定形流态或半流态的沥青加入某些填料或溶剂溶解作用下,涂刷在结构布或混凝土上,通过溶剂的挥发、水分的蒸发或各组分的化学反应,沥青颗粒凝聚成膜,形成均匀、稳定、黏结牢固的防水层,在其表面形成坚韧防水膜的材料
	高聚物改性沥青防水涂料	以沥青为基料,用合成高分子聚合物进行改性,制成的水乳型或溶剂型防水涂料。在柔韧性、抗裂性、拉伸强度、耐高低温性能、使用寿命等方面比沥青基涂料都有很大改善,具有成膜快、强度高、耐候性和抗裂性好、难燃、无毒等优点。主要品种有再生橡胶改性沥青防水涂料、水乳型氯丁橡胶沥青防水涂料和 SBS 橡胶沥青防水涂料等
	合成高分子防水涂料	以合成橡胶或合成树脂为主要成膜物质制成的单组分或多组分的防水涂料。比沥青基及改性沥青基防水涂料具有更好的弹性和塑性、耐久性及耐高低温性能。主要品种有聚氨酯防水涂料、石油沥青聚氨酯防水涂料、硅橡胶防水涂料和丙烯酸酯防水涂料等

我国目前研制和使用的新型防水材料还包括各种密封膏,如聚氨酯建筑密封膏(用于各种装配式建筑屋面板楼地面、阳台、窗框、卫生间等部位的接缝,施工缝的密封,给排水管道储水池等工程的接缝密封,混凝土裂缝的修补),丙烯酸酯建筑密封膏等(用于混凝土、金属、木材、天然石料、砖、砂浆、玻璃、瓦及水泥石之间的密封防水)。

2.4.2　绝热保温材料

将不易传热的材料,即对热流有显著阻抗性的材料或材料复合体称为绝热保温材料,它是保温和隔热材料的总称。绝热保温材料应具有较小的传导热量的能力,主要用于建筑物的墙壁、屋面保温,热力设备及管道的保温,制冷工程的隔热。传统的绝热材料按其成分的不同,可分为无机绝热材料和有机绝热材料两大类,具体见表 2.15。传统的保温隔热材料是以提高气相空隙率,降低导热系数和传导系数为主。纤维类保温材料在使用环境中要使对流传热和辐射传热升高,必须要有较厚的覆层;而型材类无机保温材料要进行拼装施工,存在接缝多、有损美观、防水性差、使用寿命短等缺陷。

绝热保温材料的种类　　　　　　　　　　　　　　　　　　表 2.15

种　类		主要特性
无机绝热材料	石棉及制品	石棉具有绝热、耐火、耐酸碱、耐热、隔声、不腐朽等优点。石棉制品有石棉水泥板、石棉保温板等
	矿渣棉及制品	矿渣棉具有质轻、不燃、防蛀、价廉、耐腐蚀、化学稳定性强、吸声性能好等特点。它不仅是绝热材料,还可作为吸声、防震材料
	岩棉及制品	岩棉及其制品(各种规格的板、毡带)具有质轻、不燃、化学稳定性好、绝热性能好等特点
	膨胀珍珠岩及制品	膨胀珍珠岩具有轻质、绝热、吸音、无毒、不燃烧、无臭味等特点,是一种高效能的绝热材料

续上表

种　类		主　要　特　性
有机绝热材料	软木板	耐腐蚀、耐水,只能阴燃不起火焰,并且软木中含有大量微孔,因此质轻,是一种优良的绝热、抗震材料
	泡沫塑料	以各种树脂为基料,加入一定剂量的发泡剂、催化剂、稳定剂等辅助材料,经加热发泡制成的一种新型轻质、保温、隔热、吸声、抗震材料
	多孔混凝土	有泡沫混凝土和加气混凝土两种,最高使用温度≤600℃,用于围护结构的保温
	蜂窝板	由两块较薄的面板,分别牢固地黏结在一层较厚的蜂窝状芯材的两个面而形成的板材,亦称蜂窝夹层结构。面板必须用适合的胶黏剂与芯材牢固地粘合在一起,才能显示出蜂窝板的优异特性,即具有强度重量比大、导热性低和抗震性好等多种性能

　　当今,全球保温隔热材料正朝着高效、节能、薄层、隔热、防水外护一体化方向发展,在发展新型保温隔热材料及符合结构保温节能技术同时,更强调有针对性地使用绝热保温材料,按标准规范设计及施工,努力提高材料保温效率及降低成本。20 世纪 90 年代,美国国家航空航天局的科研人员为解决航天飞行器传热控制问题而研发采用了一种新型太空绝热反射瓷层(Therma-Cover),该材料由一些悬浮于惰性乳胶中的微小陶瓷颗粒构成,具有高反射率、高辐射率、低导热系数、低蓄热系数等热工性能,同时具有卓越的隔热反射功能,如图 2.21 和图 2.22 所示分别为喷涂了绝热保温涂料的片材和涂料的喷刷现场。这种新型绝热保温涂料的出现,促使世界各国研究人员开始对薄层隔热保温涂料开展研究。

图 2.21　绝热保温涂料片材　　　　　　　　图 2.22　涂料的喷刷现场

　　由于绝热保温涂料通过应用陶瓷球形颗粒中空材料在涂层中形成的真空腔体层,构筑有效的热屏障,不仅自身热阻大,导热系数低,而且热反射率高,减少了建筑物对太阳辐射热的吸收,降低被覆表面和内部空间温度,实现了绝热保温由厚层向薄层隔热保温的技术转变,这也是今后绝热保温材料主要的发展方向之一。

2.4.3　吸声隔声材料

　　随着现代城市的发展,噪声已成为一种严重的环境污染,随着生活水平的提高,人们对建筑物的声环境问题越来越关注和重视。选用适当的材料对建筑物进行吸声和隔声处理,是建筑物噪声控制过程中最常用、最基本的技术措施之一。

材料吸声和材料隔声的区别在于,材料吸声着眼于声源一侧反射声能的大小,目标是反射声能要小。材料隔声着眼于入射声源另一侧的透射声能的大小,目标是透射声能要小。吸声材料对入射声能的衰减吸收较小,因此,其吸声能力可以用吸声系数(小数)表示;而隔声材料可使透射声能衰减到入射声能的 $10^{-4} \sim 10^{-3}$ 或更小,为方便表达,其隔声量用分贝表示。

吸声材料的基本特征是多孔、疏松、透气。对于多孔材料,由于声波能进入材料内相互连通的孔隙中,受到空气分子的摩擦阻滞,由声能转变为热能。对于纤维材料,由于引起细小纤维的机械振动而转变为热能,从而把声能吸收。而对于隔声材料,一般其材料面密度越大越好,尤其是单层匀质的构件,其隔声量的高低完全由其面密度的大小所决定。常用的吸声和隔声材料见表 2.16。

常用的吸声和隔声材料的分类 表 2.16

分 类		种类和特点
吸声材料	无机材料	水泥蛭石板、石膏砂浆(掺水泥玻纤)、水泥膨胀珍珠岩板、水泥砂浆等
	有机材料	软木板、木丝板、穿孔五夹板、三夹板、木质纤维板等
	多孔材料	泡沫玻璃、脲醛泡沫塑料、泡沫水泥、吸声蜂窝板、泡沫塑料等
	纤维材料	矿渣棉、玻璃棉、酚醛玻璃纤维板、工业毛毡等
隔声材料	隔绝空气声 (通过空气传播的声音)	主要服从质量定律,即材料的容积密度越大、质量越大,隔声性越好,因此应选用密实的材料作为隔声材料,如砖、混凝土、钢板等
	隔绝固体声 (通过撞击或振动传播的声音)	最有效的措施是采用不连续的结构处理,即在墙壁和承重梁之间、房屋的框架和墙板之间加弹性衬垫,如毛毡、软木、橡皮等材料或在楼板上加弹性地毯

2.4.4 新型复合材料

新型复合材料是在传统板材基础上产生的新一代材料,它是复合材料的一种,也是目前结构材料发展的重点之一。复合材料包括有机材料与无机材料的复合、金属材料与非金属材料的复合以及同类材料之间的复合等,复合材料使得土木工程材料的品种和功能更加多样化,具有广阔的发展前景。纵观多种新兴的复合材料(如高分子复合材料、金属基复合材料、陶瓷基复合材料)的优异性能,人类在材料应用上正在从钢铁时代进入到一个复合材料广泛应用的时代。

(1)钢丝网水泥类夹芯复合板材(泰柏板)

泰柏板是以两片钢丝网将聚氨酯、聚苯乙烯、脲醛树脂等泡沫塑料,轻质岩棉或玻璃棉等芯材夹在中间,两片钢丝网间以斜穿过芯材的"之"字形钢丝相互连接,形成稳定的三维桁架结构,然后再用水泥砂浆在两侧抹面,或进行其他饰面装饰,其结构如图 2.23 所示。

泰柏板充分利用了芯材的保温隔热和轻质的特点,两侧又具有混凝土的性能,具有节能、重量轻、强度高、防火、抗震、隔热、隔音、抗风化、耐腐蚀的优良性能,并有组合性强、易于搬运、适用面广、施工简便等特点,是目前取代轻质墙体理想的材料。

(2)彩钢夹芯板材

彩钢夹芯板材是以硬质泡沫塑料或结构岩棉为芯材,在两侧粘上彩色压型镀锌钢板,其中外露的彩色钢板表面涂以高级彩色塑料涂层,使其具有良好的耐候性和抗腐蚀能力,其结构如图 2.24 所示。

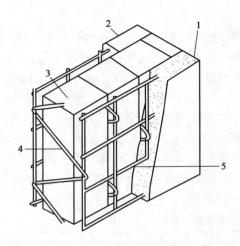 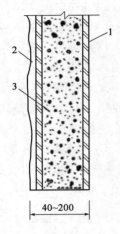

图 2.23　泰柏板结构示意图　　　　　　　图 2.24　彩钢夹芯板材(尺寸单位:mm)
1-外侧砂浆层;2-内侧砂浆层(各厚22mm);3-泡沫塑料层;　　1-彩色镀锌钢板;2-涂层;3-硬质泡沫塑料
4-连接钢丝;5-钢丝网　　　　　　　　　　　　　　　　　　或结构岩棉

(3)碳纤维材料

碳纤维树脂复合材料(CFRP)是一种力学性能优异的新材料,它的密度不到钢的1/4,抗拉强度一般都在3 500MPa以上,是钢的7~9倍,弹性模量为23 000~43 000MPa,亦高于钢。因此CFRP的比强度,即材料的强度与其密度之比可达到2 000MPa/(g/cm³)以上,其比模量也比钢高。材料的比强度越高,则构件自重越小;比模量越高,则构件的刚度越大。

碳纤维成品在土木工程中应用主要有纤维布、纤维板、棒材、型材、短纤维等,各有不同的使用范围,而当前加固工程中用量最大和最普遍的还是碳纤维布(片),碳纤维布常用的规格是200g/m²、300g/m²,厚度分别是0.111mm、0.167mm;碳纤维复合板厚度一般为1.2~1.4mm,由3~4层碳纤布经过树脂浸渍固化而成,如图2.25所示为碳纤维片材。结构加固主要是利用碳纤维的高抗拉性能,广泛用于钢筋混凝土结构的梁、板、柱和构架的节点加固,也很适合于古建筑物或砌体结构的维修加固,恢复和提高结构的承载能力和抗裂性能,国内外成功的应用实例已不胜枚举。1995年日本阪神大地震和1999年台湾集集大地震之后,碳纤维作为耐震补强材料和技术的地位得到了进一步的发展和确定。如图2.26所示为桥梁采用碳纤维加固的现场。

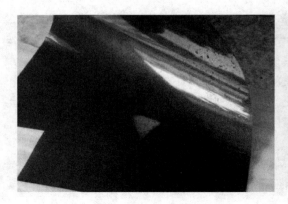 

图 2.25　碳纤维片材　　　　　　　　　图 2.26　桥梁碳纤维加固现场

碳纤维整体上无疑是一种轻质高强、性能优异的新兴建材,但也有其自身的特点或缺点,碳纤维的抗剪强度很低,延伸率小,不到一般钢材的1/10,应力—应变关系曲线近乎直线,没有塑性平台,从这个角度上看,碳纤维是一种脆性材料,在设计和构造上应予注意。碳纤维用于普通钢筋混凝土结构受弯构件中,受极限应变0.01的限制,实际可采用的设计强度还不到其极限强度的70%,颇有大材小用之感,用做预应力筋或斜拉桥的拉索,才能充分发挥碳纤维的抗拉性能。

(4)玻璃纤维增强塑料

以玻璃纤维或其制品作为增强材料,以合成树脂作为基体材料的一种增强塑料,称为玻璃纤维增强塑料(玻璃钢)。由于所使用的树脂品种不同,又有聚酯玻璃钢、环氧玻璃钢、酚醛玻璃钢之称。1999年在瑞典Basel建成的一座五层建筑,其框架、门窗及部分室内设施完全由玻璃钢组成,可称使用复合材料构件的经典,它的成功建造证明了玻璃钢可以用于中型建筑。

玻璃纤维作为近五十多年来发展迅速的一种复合材料,其产量的70%都是用来制造玻璃纤维增强塑料。玻璃钢加工容易,不锈不烂,不需油漆,已广泛应用于各种小型汽艇、救生艇、游艇,以及汽车制造业等,节约了大量钢材。玻璃钢还可以制作玻璃钢采光瓦(FRP采光瓦),又称透明瓦,是与钢结构配套使用的采光材料,其主要由高性能上膜、强化聚酯和玻璃纤维组成,其中上膜起到很好的抗紫外线和抗静电作用,抗紫外线是为了保护FRP采光板的聚酯不发黄老化,过早失去透光特性;抗静电是为了保证表面的灰尘容易被雨水冲走或被风吹走,维持清洁美观的表面。由于其稳定的质量、经久耐用的特点,被广泛使用在工业、商业、民用建筑的屋面和墙面。在2009年9月举行的第十五届中国国际复合材料工业技术展览会上展示的增强玻璃纤维复合材料桥,长13.4m、宽2.3m、桥身重3.5t(含扶手等配件的总重为6.5t),重量仅为相同尺寸和荷载能力的混凝土桥的5%、钢桥的30%。增强玻璃纤维的桥梁如图2.27所示。

图2.27 增强玻璃纤维的桥梁

2.4.5 土工合成材料

土工合成材料是土木工程应用的合成材料的总称。作为一种新型的土木工程材料,它是以人工合成的聚合物(如塑料、化纤、合成橡胶等)为原料,制成各种类型的产品,置于土体内部、表面或各种土体之间,发挥加强或保护土体的作用。《土工合成材料应用技术规范》(GB/T 50290—2014)将土工合成材料主要分为土工织物、土工膜、土工特种材料和土工复合材料等,如表2.17所示。

土工合成材料的种类   表 2.17

种 类		定 义	特 点
土工织物	有纺(织造)土工织物	把聚合物原料加工成丝、短纤维、纱或条带,然后再制成平面结构的土工织物 有纺(织造)土工织物是由两组平行的呈正交或斜交的经线和纬线交织而成	优点是质量轻,整体连续性好(可做成较大面积的整体)、施工方便,抗拉强度较高,耐腐蚀和抗微生物侵蚀性好 缺点是未经特殊处理,抗紫外线能力低,如暴露在外,受紫外线直接照射容易老化,但如不直接暴露,则抗老化及耐久性能仍较高
	无纺(非织造)土工织物	无纺(非织造)土工织物是把纤维作定向的或随意的排列,再经过加工而成	
土工膜	沥青土工膜	用有机聚合物作为组成材料的混凝土,分为聚合物浸渍混凝土(PIC)、聚合物水泥混凝土(PCC)和聚合物胶结混凝土(PC)等三种	不透水性好,弹性和适应变形的能力很强,能适用于不同的施工条件和工作应力,具有良好的耐老化能力,处于水下和土中的土工膜的耐久性尤为突出。土工膜具有突出的防渗和防水性能
	聚合物土工膜		
土工特种材料	土工格栅	是一种主要的土工合成材料,与其他土工合成材料相比,它具有独特的性能与功效。土工格栅分为塑料类和玻璃纤维类两种类型	常用作加筋土结构的筋材或复合材料的筋材等
	土工膜袋	是一种由双层聚合化纤织物制成的连续(或单独)袋状材料,利用高压泵把混凝土或砂浆灌入膜袋中,形成板状或其他形状结构,膜袋根据其材质和加工工艺的不同,分为机制和简易膜袋两大类	常用于护坡或其他地基处理工程
	土工网	是由合成材料条带、粗股条编织或合成树脂压制的具有较大孔眼、刚度较大的平面结构或三维结构的网状土工合成材料	用于软基加固垫层、坡面防护、植草以及用作制造组合土工材料的基材
	土工网垫和土工格室	都是用合成材料特制的三维结构。前者多为长丝结合而成的三维透水聚合物网垫,后者是由土工织物、土工格栅或土工膜、条带聚合物构成的蜂窝状或网格状三维结构	常用作防冲蚀和保土工程,刚度大、侧限能力高的土工格室多用于地基加筋垫层、路基基床或道床中
	聚苯乙烯泡沫塑料(EPS)	是一种超轻型土工合成材料,它是在聚苯乙烯中添加发泡剂,用所规定的密度预先进行发泡,再把发泡的颗粒放在简仓中干燥后填充到模具内加热形成	具有质量轻、耐热、抗压性能好、吸水率低、自立性好等优点,常用作铁路路基的填料
土工复合材料		土工织物、土工膜和某些特种土工合成材料,将其两种或两种以上的材料互相组合起来就成为土工复合材料	可将不同材料的性能结合起来,更好地满足具体工程的需要,具有多种功能,如复合土工膜、土工复合排水材料等

2.4.6 膜结构材料及新型篷盖材料

膜结构材料及新型篷盖材料是一种新兴的建筑材料,是以聚酯纤维基布或 PVDF、PVF、PTFE 等不同的表面涂层,配以优质的 PVC 组成的具有稳定的形状,并可承受一定载荷的建筑纺织品。它的寿命因不同的表面涂层而异,一般可达 12～50 年。1970 年,日本大阪万国博览会中的美国馆采用了气承式空气膜结构。这个拟椭圆形、轴线尺寸为 140m×83.5m 的展览馆是世界上第一个大跨度的膜结构,而且首次采用了聚氯乙烯(PVC)涂层的玻璃纤维织物。作为一种真正的现代工程结构,大阪万国博览会的展览馆标志着膜结构时代的开始。

膜结构采用性能优良的膜材为材料,或是向膜内充气,由空气压力支撑膜面,或是利用柔性钢索或刚性支撑结构将面绷紧,从而形成具有一定刚度、能够覆盖大跨度空间的索膜结构体系。膜材本身不能受压也不能抗弯,所以要使膜结构正常工作就必须引入适当的预张力。此外,保证膜结构正常工作的另一个重要条件就是要形成互反曲面。建筑膜材料的使用寿命在 25 年以上,使用期间,在雪或风荷载作用下均能保持材料的力学形态稳定不变。建成于 1973 年的美国加利福尼亚州 La Verne 大学的学生活动中心是已有 20 多年历史的张拉膜结构建筑。跟踪测试、材料的加载与加速气候变化的试验,证明其膜材料的力学性能与化学稳定性指标下降了 20%～30%,但仍可正常使用。膜的表层光滑,具有弹性,大气中的灰尘、化学物质的微粒极难附着与渗透,经雨水的冲刷,建筑膜可恢复其原有的清洁面层与透光性。现在使用较多的膜材料主要有 PTFE 建筑膜材、玻纤 PVC 建筑膜材、ETFE 建筑膜材等三类,具体见表 2.18。

膜材料的种类 表 2.18

名 称	技术要求	特 点
PTFE 建筑膜材	在超细玻璃纤维织物上涂以聚四氟乙烯树脂而成的材料	有较好的焊接性能,有优良的抗紫外线、抗老化性能和阻燃性能。另外,其防污自洁性是所有建筑膜材中最好的,但柔韧性差,施工较困难,成本也十分惊人
玻纤 PVC 建筑膜材	开发和应用比较早,通常规定 PVC 涂层在玻璃纤维织物经纬线交点上的厚度不能少于 0.2mm,一般涂层不会太厚,达到使用要求即可	具有高的抗拉强度和弹性模量,另外还具有良好的透光性,但是由于它的造价太高,一般的建筑考虑到成本和性能两方面,很少选用这种膜材
ETFE 建筑膜材	由 ETFE(乙烯-四氟乙烯共聚物)生料直接制成	具有优良的抗冲击性能、电性能、热稳定性和耐化学腐蚀性,而且机械强度高,加工性能好,具有良好的声学性能,自清洁功能使表面不易沾污,且雨水冲刷即可带走少量沾污物。另外,ETFE 膜可在现场预制成薄膜气泡,方便施工和维修。但是外界环境容易损坏材料而造成漏气,维护费用高

2008 年的北京奥运会场馆"鸟巢"和"水立方"膜结构是目前国内最大的 ETFE 膜材结构建筑。"鸟巢"采用双层膜结构,外层用 ETFE 可防雨雪、防紫外线,内层用 PTFE 达到保温、防结露、隔音和光效的目的。"水立方"采用双层 ETFE 充气膜结构,共 1437 块气枕,每一块都好像一个"水泡泡",气枕可以通过控制充气量的多少,对遮光度和透光性进行调节,以有效地利

用自然光,节省能源,并且具有保温隔热、消除回声等良好性能,为运动员和观众提供温馨、安逸的环境,如图2.28b)所示为"水立方"膜结构的安装现场。膜结构作为一种现代化的工程结构,显示了当今建筑技术科学的发展水平,具有巨大的发展潜力,在21世纪,膜结构必将在建筑结构中占有重要的地位,膜材料也被认为是继砖、石、混凝土、钢和木材之后的"第六种建筑材料"。

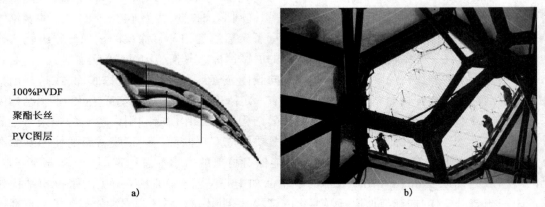

图2.28 "水立方"膜结构示意图及安装现场

2.4.7 金属及其合金材料

(1)钢结构

采用各种型钢和钢板为主制作的钢结构,现在仍是主要的建筑结构类型之一,而且由于钢材强度高、自重轻、刚度大的特点,钢结构建筑一般多用于建造大跨度和超高、超重型的建筑物。2008年的北京奥运主会场——中国国家体育场的外形结构就主要由巨大的门式钢架所组成(图2.16)。钢结构大量采用由钢板焊接而成的箱形构件,由交叉布置的主桁架以及屋面与立面的次结构编织而成"鸟巢"的特殊建筑造型,其特点是空间跨度大,屋盖呈双曲面马鞍形,东西轴长298m、南北轴长333m、最高点69m、最低点40m。整个结构的用钢量达到了4.2万t之多。钢结构的合龙和卸载是"鸟巢"施工过程中最关键工序。在完成钢结构的吊装后,分7大步、35小步,采取用液压千斤顶的顶升移除支撑垫片的方法,分步交替进行,逐步将78个临时支撑塔架支撑点与主结构完全脱开,以达到移除支撑塔架、卸载的目的(图2.29)。

图2.29 "鸟巢"钢结构卸载现场

但是钢结构也有抗腐蚀和抗火性能比较差的缺点。2001年9月11日,遭受恐怖袭击的美国世界贸易中心大楼就是使用30万t钢材整体连接构造的钢结构,在两架满载燃料的波音767飞机先后撞击大楼的北楼和南楼后,撞击燃起的大火使大楼的钢结构软化而不能支撑大楼自身的重量,最终导致大楼倒塌。

（2）钛及钛合金材料

钛及钛合金具有重量轻、强度大、耐热性强、耐腐蚀等优良特性,被誉为"未来的金属",是具有发展前途的新型结构材料,钛及其合金不仅在航空、航天工业中有着十分重要的应用,而且已经开始在化工、石油、轻工、冶金、发电等许多工业部门中广泛应用。在土木工程领域,日本用钛作为建筑材料已有20多年的历史,大分县佐贺关町的早吸女神社是日本最早用钛板作屋顶的建筑物,面积为50m^2。1984年日本东京电力博物馆采用钛板作屋顶,面积达750m^2,共用钛材1t,是世界上首次大面积用钛材的建筑物。在欧洲,1997年西班牙的Bilbao市的Guggenheim博物馆外壁使用了钛材,用量为80t,其特殊的金属光泽,非常引人注目。此外,加拿大、英国、德国、比利时、秘鲁、瑞典和新加坡均有计划在建筑物中使用钛材,尤其位于阿联酋首都阿布扎比市的阿布扎比机场,已确定的用钛量达1 600t。

就钛金属的性质而言,非常适宜用作各种环境下的建筑材料,包括屋顶、支撑架、幕墙等各个方面。钛的密度只有钢的60%,能满足建筑结构轻量化的需要;具有良好的绝缘性,其热导率为10Btu/（ft^2·h·℉）,是铝的1/10,节能效率高。钛材的另一重要特性是耐腐蚀,在海水侵蚀、受污染的环境中绝不腐蚀生锈,钛材表面能够自动生成一层氧化膜,并具有自我修复功能,而且氧化膜的薄厚不同,可变幻出不同的色彩。这些条件必然会使其在建筑领域占有一席之地,极具发展前景。目前阻碍大量使用钛材的原因是钛的冶炼成本过高,世界各国包括我国一直在致力研究新的钛冶炼工艺,以降低成本,使钛材大量应用于建筑业。2006年5月,中国国家大剧院钛屋顶的建成（图2.30）,带动了国内建筑业对钛材的了解和应用。大剧院的屋面面积约3.6万m^2,主要由钛金属板和玻璃板拼装而成,其中钛金属板有近2万块。

（3）泡沫铝材料

泡沫铝材料（图2.31）是一种在铝基体中均匀分布着大量连通或不连通孔洞的新型轻质多功能材料。它兼有连续金属相和分散空气相的特点,是集多种优良性能于一身的新型结构功能材料。按孔结构划分,泡沫铝通常可分为胞状铝（闭孔泡沫铝）和多孔铝（通孔泡沫铝）两类,前者孔隙率在80%以上,孔径一般为2～5mm,各孔互不相通;后者孔隙率为60%～75%,孔径一般为0.8～2mm,各孔相互连通。

图2.30　中国国家大剧院的钛金属屋顶

图2.31　泡沫铝材料

泡沫铝材料将多种功能结合在一起,是传统材料所不能达到的,因而其应用范围很广。由于泡沫铝具有低密度、高刚度、隔音、隔热、防火、吸能和受热时不释放毒气等性能,因此广泛适用于轨道交通行业,如车厢和集装箱中隔热隔音、吸能和防火、防毒部件上。

同时,由于多孔结构在低密度条件中能最有效地发挥其力学性能和结构性能,故泡沫铝可通过改变其密度和孔结构来设计所需的综合性能。利用泡沫铝的隔音性能、吸音性能和吸能性能,已被广泛地应用于交通和城市建设中的降噪环保领域,例如制作高效声屏障、隔音屏和吸音墙等,如图2.32所示为上海卢浦大桥设置的泡沫铝声屏障。而利用泡沫铝的低密度、高刚度、低导热性能,其又被广泛应用于节能性建筑,如隔热墙体和防火隔热门、节能性移动房。随着对结构抗爆性能研究的深入,泡沫铝材由于其具有优良的冲击能量吸收性能,已被作为吸能降爆材料应用于土木工程结构抗爆领域。

图2.32　上海卢浦大桥泡沫铝声屏障

2.5　土木工程材料的发展趋势

2.5.1　绿色生态建材

随着社会的进步与人们生活水平的提高,人们对各种建筑的利用与需求也有所提高。土木工程材料的发展也呈现出绿色环保的趋势。近几年以来,随着人们对土木工程材料性能标准的提升,人们越来越关心其对环境与健康的影响。

"绿色建材"又称为生态建材、环保建材、健康建材等,其含义是指:采用清洁的生产技术,少用天然资源,大量使用工业或城市固体废弃物以及农作物秸秆等所生产的无毒、无污染、无放射性、有利于环保与人体健康的土木工程材料。"绿色建材"不是指单独的建材产品,而是对建材"健康、环保、安全"品性的综合评价。它注重建材对人体健康与环保所造成的影响及安全防火性能。它是具有消磁、消声、调光、调温、隔热、防火、抗静电等优良性能的新型功能建筑材料。

1)目前在建筑工程领域的绿色建材技术

(1)绿色高性能混凝土技术

绿色高性能混凝土是指采用原材料符合绿色环保要求,能消耗大量工业废料,对大量拆除的混凝土进行再生利用,采用集中搅拌,使混凝土具有优良的施工性能,硬化后的混凝土具有较好的物理性能及耐久性等。中国建筑科学研究院在国家科学技术部的支持下开展的对绿色高性能混凝土的研究和工程运用,并取得了阶段性的成果。

（2）墙体材料的绿色化

我国大力发展新型墙体材料,如在砖制品方面,首先发展煤矸石砖、页岩砖以及粉煤灰砖、灰砂砖。在砌块方面加强天然轻集料混凝土砌块的生产,同时发展粉煤灰、小型混凝土砌块、加气混凝土砌块、石膏砌块的生产,适当进行陶粒混凝土砌块的生产,着重进行工业及生活垃圾的处理研究。建筑节能受到普遍重视,政府制定具体节能标准,以强制措施推动建筑节能,各种具有保温隔热功能的墙体和复合墙体得到了较大发展,以聚苯板和聚苯颗粒为主的外墙外保温体系得到了广泛运用。

（3）装饰材料的绿色化

20世纪90年代以来,装饰材料的绿色化越来越得到人们的重视,一些污染大的材料被淘汰,如纸胎油毡、PVC塑料油膏、甲醛含量高的各种胶黏剂和木质板材等。同时,国家相关部门出台了一系列有利于环境保护、发展绿色建材的政策法规,装饰材料的产品逐步符合环保要求,绿色化程度越来越高。但是,由于在装修时使用量大、材料品种多,且为现场施工,因此在装修后不符合环保要求时有发生。

建筑垃圾再生混凝土砖生产车间、生态木吊顶效果分别如图2.33、图2.34所示。

图2.33 建筑垃圾再生混凝土砖生产车间　　　　图2.34 生态木吊顶效果图

2）绿色建材的发展前景

绿色建材代表了未来建筑材料的发展方向,符合世界发展趋势和人类发展要求。国家发展绿色建材产业有助于环境保护、节约资源,提高人类居住环境水平。

作为建筑工程材料,绿色建材的主要发展方向应该是材料的无害化与节能化,对于化学建材,其有害物质的含量应该越来越低,直至为零,应逐步减少对于化学建材的使用,增加对木质建材的使用量。要将墙体作为一个系统来研究与运用,并与结构体系进行配套,避免出现单个材料的节能效能好,但在工程使用后,由于配套设施的不完善,对墙体的节能性与使用性产生影响。绿色建材正在往一个整体化、多元化、复合化的方向发展,越来越与社会环境相协调。

总之,现代绿色建材的发展具有其必要性,是现代建筑材料发展的主要方向。现代绿色建材的发展现状与发展速度都呈现良好的势态,说明其具有非常好的发展前景。

2.5.2 智能建材

所谓智能建材,是指能感觉出周围的环境变化,并且能针对周围的环境变化采取相应对策的材料。当它受到外界的"刺激",如振动、声音、温度、压力、电磁波等物理量变化时,其性状将随之改变。智能建材包括那些能够对环境产生反应的液体、合金、合成物、水泥、玻璃、陶瓷和塑料等材料,其应用的领域相当广泛。

(1)碳素纤维

碳素纤维(图2.35)是20世纪60年代发展起来的高强度、高弹性模量、轻质、耐高温、耐腐蚀,且导电性能良好的纤维状碳素材料,将碳纤维加到混凝土中,则可形成智能混凝土。日本东京大学柳田博明等人将碳纤维和玻璃纤维组合埋入混凝土中,以检验混凝土的应力状态和形变量,两种纤维在电学性能及力学性能的互补性,使得纤维在增加强度的同时,还能通过纤维电阻的变化分析得出混凝土的受力状态、形变程度以及破坏情况,起到诊断裂纹和报警损伤,甚至预测其服役寿命的作用。他们已经把这种纤维增强的智能混凝土材料成功运用到银行等重要设施的防盗报警墙体。

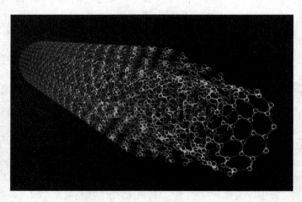

图2.35 碳素纤维

我国沈荣大等人研究出一种对压力敏感的压力混凝土材料,他们在混凝土中加入1%的碳纤维后,其电阻会随其所受压力的变化而变化,根据其电阻变化的特性可以判断混凝土材料的安全期、损伤期和破坏期,从而达到对混凝土诊断的效果。将这种复合材料做成规则形状的传感器,埋入大型混凝土构件中,并且辅以网络结构系统,可以分析出大型构件所受压力的具体位置和其受力面积的大小及范围。如果该构件内部各个部位的温度有差异,则会产生电势差,从而可以通过检测其各个部位电动势的变化,来判断大型构件内部温度场的分布情况,形成所谓的温敏混凝土。

(2)电流变和磁流变液体

将电流变和磁流变液体放在电场或磁场中时,它们的黏度会在几毫秒内发生巨大改变,甚至会立即变成固态。美国桥梁专家研究的一种智能材料,在桥梁出现问题时能使桥梁自动修复。他们采用的方法是:将在电压作用下能够从液体变为固体而自动加固的电流变材料埋入桥梁的构件中,埋在构件中的传感器在得到某部位出现裂纹的信息后,计算机就会发出指令,使事先埋入桥梁构件中的微小液滴变成固态而达到加固修复的效果。智能材料系统成熟的应用之一就是主动结构声控。声控的目的就是为了减少由于这些构件振动所引起的声辐射。

1988 年 6 月,美国密歇根州立大学复合材料与结构中心实验室首次公布了将电流变体与复合材料相结合的智能复合材料的最新研究成果。他们在复合材料的悬臂梁结构中的空腔内注入电流变体,再通过外加电场改变其状态,从而控制梁的刚度与阻尼,实现了对结构整体振动的主动控制。

（3）压电陶瓷

压力陶瓷是一种经极化处理 ,具有电效应的铁电陶瓷,是一种快速反应材料,能根据被施加电压而产生膨胀和收缩。生日贺卡能够打开就能自动唱歌的原因就是其中含有压电陶瓷的传感器。压电陶瓷具有快速、准确的响应特征正吸引着音响设计者们用它来取代我们常用的扬声器系统,在汽车上用压电陶瓷取代扬声器中电磁铁驱动器,从而减轻该系统的重量。虽然它能够准确地重复产生高频信号,可它的低音再生性差。但汽车音响系统通常把扬声器的驱动器装在车门内,于是车门的整个空间可以放大低频率的波,于是会产生出"门会唱歌"的效果。压电陶瓷传感器如图 2.36 所示。

图 2.36　压电陶瓷传感器

动力系统的设计师们和燃油系统的供货厂商对压电陶瓷也很重视。从事直喷式柴油机和直喷式四冲程汽车发动机的工作者都相信,可以用压电陶瓷改善高压燃油喷射泵的性能。把应用广泛的锆钛酸铝压电陶瓷用作消声和吸振材料的试验,表明其黏结在高应力区域附近,可大大提高零部件疲劳寿命。

在传感器领域,压电陶瓷也非常具有应用潜力,如以聚合物形式出现,则可做成超薄膜,可以粘到多种材料(包括金属板和复合板)上。其结果使车身有了一层"智能皮囊"。

（4）智能玻璃

太阳镜可以在太阳光下变暗而在暗处变亮。现在科学家们正在研制一种能产生更为特殊反应的新型玻璃,它能对某些特殊化学物质起反应。美国一位科学家把酶和蛋白质一起放入玻璃,能够使其在特定条件下从无色透明变红色或其他颜色。蛋白质与玻璃周围某些化学物结合后,便产生一系列化学反应,最后发生色彩变化,这种智能玻璃的外形与普通玻璃没有差别,但它能对几乎一切东西反应,包括污染物。这种想法正开始运用于民宅或商楼的窗户上,美国加利福尼亚州一所实验室的研究人员正在逐步完善这种变色窗户上的玻璃。这种窗户上的玻璃不像太阳镜或汽车玻璃那样被动反应,而是轻轻按动开关便会改变颜色,电流改变了夹在窗户两块玻璃之间的薄薄的一层胶片(厚度仅有头发直径的百分之一)的光学特征。

研究人员指出:"这种材料其实是可显示出充电状态的透明电池,它所蓄的电能越高颜色越暗。"因此,当阳光照到你的电视屏幕上时,可以调暗色度,当一片云朵遮挡了你窗外的天空时,便可以增加房间的亮度,把同样的变色材料储存在薄薄的聚合胶片中,可以引起一场家庭装潢设计的革命:在静静的夜晚里把墙布调古铜色,而要开一个家庭聚会时就把它调成鲜蓝色。经计算,在办公楼里使用智能玻璃能节约 30% ~ 50% 的电费,可在 4 ~ 5 年内收回其购买的成本。智能变色玻璃通断电前后对比如图 2.37 所示。随着科学技术的进步,智能材料日新月异,发展前景广阔诱人。

通电时　　　　　　　　　　　　　断电时

图 2.37　智能变色玻璃通断电前后对比图

2.5.3　轻质建材

传统的建筑材料往往重度大,这样的材料不但会造成对建筑屋自重的增加,从而在地震多发区不利于抗震,还会在生产加工过程中增加一系列的成本而增加造价。所谓轻质建材,就是能在保证结构整体功能不受影响的大前提下,通过最大程度减轻自重来到达其结构功能以及经济效益的一系列建筑材料。随着我国现代化程度的不断提高与建筑行业的种种改革,轻质建材扮演着越来越重要的角色。如今,各种轻质建材已逐步应用到各类建筑当中。

(1)轻质隔墙材料

轻质隔墙板是一种新型节能墙材料,它是一种外形像空心楼板,但是两边有公、母隼槽的墙材,安装时只需将板材立起,公、母隼槽涂上少量嵌缝砂浆后对拼装起来即可。它是由无害化磷石膏、轻质钢渣、粉煤灰等多种工业废渣组成,经变频蒸汽加压养护而成。内层装有合理布局的隔热、吸声的无机发泡型材或其他保温材料,墙板经流水线浇注、整平、科学养护而成,生产自动化程度高,规格品种多。轻质隔墙板正朝着配套化、系列化、易于施工的方向发展,目前已经有一些产品在隔音效果、墙面承载、抗冲击、防火、防水、保温等性能方面取得了较大的突破。

轻质隔墙板主要应用于建筑墙体保温(如:钢筋混凝土墙、陶粒空心砌块填充墙、混凝土空心砌块墙、黏土多孔砖墙等)建筑屋面保温系统、钢板屋面保温、地面保温、冷库保温、路面地基,能广泛应用于多种场合,如冷藏车、广场地面、飞机场等。轻质隔墙板可广泛应用于办公、商务、居民楼房的分户分室、走廊、厨房的内部隔墙,生产工艺、安装操作简便,易掌握。该产品具有造价低、使用寿命长、强度高、保温和隔音效果优、单位体积重量轻等特点,同时改性后无需泡水养护。

轻质隔墙板的现场安装如图2.38所示。

（2）泡沫砖

泡沫水泥砖是利用泡沫小颗粒与水泥搅拌凝结而成，由于使用了小直径的缘故大大降低了成本，是非承重墙的理想用品。蒸压泡沫混凝土砖主要是由水泥、矿渣粉、河砂为生产原材料，拌和后经压力空气发泡，强制将空气拌入混合浆内形成微气泡结构的混凝土，浇模成型后经蒸压反应等工序制作而成，是一种环保、节能、材质稳定的新型墙体材料。如使用蒸压泡沫混凝土砖（图2.39）做墙体材料的建筑物，建成使用两年后经检验，质量优良，满足国家对工程质量、隔声、节能、防火等标准要求。

图2.38 轻质隔墙板的现场安装

图2.39 泡沫混凝土砖

泡沫混凝土砖具有诸多优良的使用特性，①质轻：其重度是普通混凝土重度的 $1/8 \sim 1/5$，能极大减轻对建筑物的负荷。②保温、隔热、隔音性能优：其导热系数 $0.08 \sim 0.16 \mathrm{W/(m \cdot K)}$，24cm 墙体隔音量为60dB，满足建筑外墙、分户墙隔热、隔音要求。③不开裂、使用寿命长：泡沫砖不会出现开裂空鼓现象，使用时无需刷涂界面剂，抗老化性能突出，使用寿命长。④良好的抗压性和抗震性能：其抗压强度大于 0.5MPa，最高强度可达 10.5MPa 以上。由于泡沫砖属多孔材料，具有较低的弹性模量，从而使其对震动冲击载荷有良好的吸收分散作用，同时泡沫砖质量较轻，可有效减少建筑物的荷载，建筑物荷载越小，抗震能力越强。⑤抗水性：泡沫砖材料吸水率低于22%，明显区别于其他墙体材料。

（3）轻钢结构材料

轻钢结构是一种年轻而极具生命力的钢结构体系，已广泛应用于一般工农业、商业、服务性建筑，如办公楼、别墅、仓库、体育场馆、娱乐场馆、旅游建筑和低层、多层住宅建筑等领域；还可用于旧房增层、改造、加固和建材缺乏地区、运输不便地区，以及工期紧、活动式可拆迁建筑等，倍受业主青睐。轻钢结构主要有以下特点：①构造简单、材料单一，容易做到设计标准化、定型化。构件加工制作工业化，现场安装预制装配化程度高。设计、生产、销售可以全部采用计算机控制，产品质量好，生产效率高。②自重轻，降低了基础材料的用量，减少构件运输、安装工作量，并且有利于发挥结构的抗震性能。③工期短，构件标准定型装配化程度高，现场安装简捷快速，因为没有湿作业，现场施工不受气候条件的影响。④可以满足多种生产工艺和使用功能的要求，轻钢结构体系在建筑造型、色彩、结构跨度以及柱距等方面的选择上灵活多变，能给设计者们提供充分展示才能的条件。

轻钢结构房屋、厂房分别如图2.40、图2.41所示。

图2.40　轻钢结构房屋　　　　　　　　　　　图2.41　轻钢结构厂房

（4）轻质干挂式外墙保温装饰板

轻质干挂式外墙保温装饰板采用干挂式安装工艺,利用铆固件,将保温装饰复合板与建筑外墙有机联结一体,一次性完成外墙保温、装饰与防水功能。轻质干挂式外墙保温系统自重$4 \sim 5 \mathrm{kg/m^2}$,适用于各类新建、改建的外墙保温装饰工程,不会出现薄抹灰系统中涂料开裂、瓷砖脱落等现象。轻质干挂式外墙保温系统具有以下特点:①适用于各种基层墙体;②不开裂,不脱落,高效节能,系统使用寿命长;③易于安装,施工不受气候影响;④装饰外观多样,满足不同建筑风格;⑤具有保温、装饰、防水三合一独特功能;⑥永久解决门窗框与墙面连接处漏水问题;⑦系统性价比最优。

轻质外墙保温装饰板如图2.42所示。

图2.42　轻质外墙保温装饰板

（5）木质材料

木材作为传统的材料,一直为人类所利用。随着自然资源和人类需求发生变化和科学技术的进步,木材利用方式从原始的原木逐渐发展到锯材、单板、刨花、纤维和化学成分的利用,形成了一个庞大的新型木质材料家族,如胶合板、刨花板、纤维板、单板层积材、集成材、重组木、定向刨花板、重组装饰薄木等木质重组材料,以及石膏刨花板、水泥刨花板、木/塑复合材料、木材/金属复合材料、木质导电材料和木材陶瓷等木基复合材料。

①竹木地板

竹木地板的基材最初均为原木,采用质地坚硬、花纹美观、不易腐烂的木材。这种以木材直接加工的所谓实木地板,由于其纯天然的构造,至今仍然在市场上畅销不衰。近些年来,由于人造板的迅速发展,采用胶合板、刨花板、硬质纤维板和中密度纤维板为基材进行二次加工制造的地板已日渐流行。竹木地板如图2.43所示。

②装饰薄木

装饰薄木基材一般为花纹美观、质地优良的珍贵树种,而且生产要求材径粗大,这往往限制了它的发展。因此,随着技术的进步和生产的发展,出现了一种新的人造基材——人工木方。它是采用普通树种经过机械加工、漂白、染色等一系列工序后再经重新排列组合和胶压而成。人工木方的构成有无数种方式,用它来刨切的薄木花纹也千姿百态,模拟的天然木材花纹惟妙惟肖,自创的人工图案巧夺天工。这样不仅大大扩展了装饰薄木基材的来源,而且使装饰薄木又出现了一个装饰图案变化多端的新品种。

③木质人造板

木质人造板是装饰装修中大量应用的基本材料,也是装饰人造板采用最多的板材(图2.44)。它们是木材、竹材、植物纤维等材料经不同加工工艺制成的纤维、刨花、碎料、单板、薄片、木条等基本单元,经干燥、施胶、铺装、热压等工序制成的一大类板材。这类板材品种很多,包括胶合板、软质纤维板、硬质纤维板、中密度纤维板、普通刨花板、定向刨花板、微粒板、实心细木工板、空心细木工板、集成材、指接材、层积材等,大多采用木材采伐剩余物、加工剩余物、间伐材、速生工业用材或非木材植物,如竹材、蔗渣、棉秆、麻秆、稻草、麦秸、高粱秆、玉米秆、葵花秆、稻壳等作主要原料,原料来源广泛,成本低廉,是建筑和装饰装修目前和今后应当大力发展的材料。

图2.43　竹木地板

图2.44　木质人造板

④装饰人造板

装饰人造板是将木质人造板进行各种装饰加工而成的板材。由于色泽、平面图案、立体图案、表面构造、光泽等等的不同变化,大大提高了材料的视觉效果、艺术感受和材料的声、光、电、热、化学、耐水、耐候、耐久等性能,增强了材料的表达力并拓宽了材料的应用面,因而成为装饰领域应用最广泛的材料之一。

⑤装饰型材

装饰型材近些年来异军突起,成为装饰领域里发展最快的材料之一。它是采用木材、竹材、人造板、植物等原料,经机械加工、模压、贴面等工艺制造而成的直接可以用于室内墙面、地面、顶棚的装饰装修以及直接用作门窗、扶梯等结构件的一类材料。这类材料可用于墙角线、踢脚线、吊顶板、楼梯等。

2.5.4 新型建材

新型建材(即新型建筑材料)是区别于传统的砖瓦、灰砂石等建材的建筑材料新品种,业内将新型建筑材料的范围作了明确的界定,即新型建筑材料主要包括新型墙体材料、新型防水密封材料、新型保温隔热材料和装饰装修材料四大类。以下介绍几种近年来出现的新型材料。

(1)BY 灌浆料

By-40、BY-60、BY-80、BY-90 系列灌浆料广泛应用于厂房结构、机械设备、电气设备安装工程、检修抢修工程、港口码头轨道安装工程的灌浆,以及各类混凝土结构的补强,防水堵漏及高速公路的修复。

这类灌浆材料具有很好的特性:①流动性好,不泌水:具有自流平效果,可填充全部间隙;②无收缩、黏结强度高;③具有微膨胀特性,与钢筋有很好的握裹力:确保地脚螺栓和机座(钢结构)基础以及新老混凝土牢固结合;④耐久性好:属硅酸盐系无机灌注材料,不老化,对钢筋无锈蚀,耐油污;⑤早强高强:24h 抗压强度可达到最终强度的 30%,3d 达 60% 以上,在 1～3d 内可安装设备。

(2)天然无水粉刷石膏

无水型粉刷石膏是一种高效节能、绿色环保型建筑装饰装修内墙抹灰材料,具有良好的物理性能和可操作性,使用时无需界面处理,落地灰少,抹灰效率高、节省工时、抹灰综合造价低,可有效防止灰层空鼓、开裂、脱落,具有优良的性价比。可以大大加快工程进度,已受到社会各界的普遍欢迎。天然无水粉刷石膏产品原材料为地球贮存丰富的硬石膏天然材料,无须煅烧,能量消耗低,无毒无味、环保安全,是一种优良的绿色环保建材产品。黏结力强,抹灰表面平整、致密、细腻,用在加气混凝土基材上效果更为显著,抹灰层不会出现空鼓、开裂现象。

无水型粉刷石膏具有很好的特性:①具有呼吸功能,能巧妙地将室内湿度控制在适宜范围之内,创造舒适的工作、生活环境;②实验表明,该产品是理想的防火材料,能有效阻止火焰的蔓延,防火能力可达 4h 以上,具有出色防火性能;③施工后的墙面可以隔音 20～52dB,同时也是一种良好的吸音材料;④产品作为室内建筑装饰装修材料,具有良好的保温性能;⑤使用该产品可以有效提高工作效率,凝结硬化快,易于机械化施工;⑥使用该产品可以有效降低抹灰工程综合成本,具有优良性价比。

(3)液体壁纸

液体壁纸是一种新型艺术涂料,也称壁纸漆和墙艺涂料,是集壁纸和乳胶漆特点于一身的环保水性涂料。通过各类特殊工具和技法配合不同的上色工艺,使墙面产生各种质感纹理和明暗过渡的艺术效果,把墙身涂料从人工合成的平滑型时代带进天然环保型凹凸涂料的全新时代,满足了消费者多样化的装饰需求,也因此成为现代空间最时尚的装饰元素。另外,液体壁纸采用丙烯酸乳液、钛白粉、颜料及其他助剂制成,也有采用贝壳类表体经高温处理而成。黏合剂选用无毒、无害的有机胶体,是真正天然、环保的产品。液体壁纸是水性涂料,因此也具有良好的防潮、抗菌性能,以及不易生虫、不易老化等优点。液体壁纸采用高分子聚合物、进口珠光颜料及多种配套助剂精制而成,无毒无味、绿色环保,有极强的耐水性和耐酸碱性,不褪色、不起皮、不开裂。液体壁纸与传统壁纸的区别见表2.19。

液体壁纸与传统壁纸的区别　　　　　　　　　　表2.19

液 体 壁 纸	传 统 壁 纸
与基层乳胶漆附着牢靠,永不起皮	采用粘贴工艺,黏结剂老化即起皮
无接缝,无从开裂	接缝处容易开裂
液体壁纸性能稳定耐久性好,不变色	壁纸易氧化变色
防水耐擦洗,并且抗静电,灰尘不易附着	壁纸怕潮,需专用清洗剂清洗
二次施工时涂刷涂料即可覆盖	二次施工揭除异常困难
颜色可随意调,色彩丰富	色彩相对稳定
图案丰富,且可个性化设计	色彩图案选择被动
以珠光原料为色料,产生变色效果	仅部分高档产品产生变色效果
无毒、无味,可放心使用	不环保,且易燃
价格合理,美观时尚	价格相对较高

2.5.5 装配式建筑和预制模块化道路材料

1）装配式建筑

随着现代工业技术的发展,建造房屋可以像机器生产那样,成批成套地制造。只要把预制好的房屋构件,运到工地装配起来即形成装配式建筑。装配式建筑在20世纪初就开始引起人们的兴趣,到60年代终于实现。英国、法国、苏联等国首先作了尝试。由于装配式建筑的建造速度快,而且生产成本较低,迅速在世界各地推广开来。早期的装配式建筑外形比较呆板,千篇一律。后来人们在设计上做了改进,增加了灵活性和多样性,使装配式建筑不仅能够成批建造,而且样式丰富。美国有一种活动住宅,是比较先进的装配式建筑,每一住宅单元就像是一辆大型的拖车,只要用特殊的汽车把它拉到现场,再由起重机吊装到地板垫块上和预埋好的水道、电源、电话系统相接,就能使用。活动住宅内部有暖气、浴室、厨房、餐厅、卧室等设施。活动住宅既能独成一个单元,也能互相连接起来。

（1）砌块建筑

砌块建筑是指用预制的块状材料砌成墙体的装配式建筑。其适于建造3~5层建筑,如提高砌块强度或配置钢筋,还可适当增加层数。砌块建筑适应性强,生产工艺简单,施工简便,造价较低,还可利用地方材料和工业废料。建筑砌块有小型、中型、大型之分:小型砌块适于人工搬运和砌筑,工业化程度较低,灵活方便,使用较广;中型砌块可用小型机械吊装,可节省砌筑劳动力;大型砌块现已被预制大型板材所代替。

（2）板材建筑

板材建筑是由预制的大型内外墙板、楼板和屋面板等板材装配而成,又称大板建筑。它是工业化体系建筑中全装配式建筑的主要类型。板材建筑可以减轻结构重量,提高劳动生产率,扩大建筑的使用面积和防震能力。板材建筑的内墙板多为钢筋混凝土的实心板或空心板;外墙板多为带有保温层的钢筋混凝土复合板,也可用轻骨料混凝土、泡沫混凝土或大孔混凝土等制成带有外饰面的墙板。建筑内的设备常采用集中的室内管道配件或盒式卫生间等,以提高装配化的程度。大板建筑的关键问题是节点设计。在结构上应保证构件连接的整体性(板材之间的连接方法主要有焊接、螺栓连接和后浇混凝土整体连接)。在防水构造上要妥善解决外墙板接缝的防水,以及楼缝、角部的热工处理等问题。大板建筑的主要缺点是对建筑物造型和布局有较大的制约性;小开间横向承重的大板建筑内部分隔缺少灵活性(纵墙式、内柱式和大跨度楼板式的内部可灵活分隔)。装配式板材建筑如图2.45所示。

图2.45　装配式板材建筑

（3）盒式建筑

盒式建筑是从板材建筑的基础上发展起来的一种装配式建筑。这种建筑工厂化的程度很高,现场安装快。一般不但在工厂完成盒子的结构部分,而且安装内部装修和设备,甚至可连家具、地毯等也安装齐全。盒子吊装完成、接好管线后即可使用。盒式建筑的装配形式有:全盒式、板材盒式、核心体盒式、骨架盒式。

（4）骨架板材建筑

骨架板材建筑由预制的骨架和板材组成。其承重结构一般有两种形式:一种是由柱、梁组成承重框架,再搁置楼板和非承重的内外墙板的框架结构体系;另一种是柱子和楼板组成承重的板柱结构体系,内外墙板是非承重的。承重骨架一般多为重型的钢筋混凝土结构,也有采用钢和木制做成骨架和板材组合,常用于轻型装配式建筑中。骨架板材建筑结构合理,可以减轻建筑物的自重,内部分隔灵活,适用于多层和高层的建筑。

钢筋混凝土框架结构体系的骨架板材建筑有全装配式、预制和现浇相结合的装配整体式两种。保证这类建筑的结构具有足够的刚度和整体性的关键是构件连接。柱与基础、柱与梁、梁与梁、梁与板等的节点连接,应根据结构的需要和施工条件,通过计算进行设计和选择。节点连接的方法,常见的有榫接法、焊接法、牛腿搁置法和留筋现浇成整体的叠合法等。

板柱结构体系的骨架板材建筑是方形或接近方形的预制楼板同预制柱子组合的结构系统。楼板多数为四角支在柱子上;也有在楼板接缝处留槽,从柱子预留孔中穿钢筋,张拉后灌筑混凝土。

（5）升板和升层建筑

升板建筑是板柱结构体系的一种,但施工方法则有所不同。这种建筑是在底层混凝土地面上重复浇筑各层楼板和屋面板,竖立预制钢筋混凝土柱子,以柱为导杆,用放在柱子上的油压千斤顶把楼板和屋面板提升到设计高度,加以固定。外墙可用砖墙、砌块墙、预制外墙板、轻质组合墙板或幕墙等;也可以在提升楼板时提升滑动模板、浇筑外墙。升板建筑施工时大量操作在地面进行,减少高空作业和垂直运输,节约模板和脚手架,并可减少施工现场面积。升板建筑多采用无梁楼板或双向密肋楼板,楼板同柱子连接节点常采用后浇柱帽或采用承重销、剪力块等无柱帽节点。升板建筑一般柱距较大,楼板承载力也较强,多用于商场、仓库、工场和多层车库等。

升层建筑是在升板建筑每层的楼板还在地面时先安装好内外预制墙体,一起提升的建筑。升层建筑可以加快施工速度,比较适用于场地受限制的地方。

装配式升板升层建筑如图 2.46 所示。

2)预制模块化道路

预制模块化道路(图 2.47)主要是由混凝土以及配套施工的排水设施组成,其原理是:在地基基层表面上,按规划设计好的模量直接铺设在预制好的混凝土板。预制混凝土板块制作完成以后运输至指定位置进行铺设,板块内配置钢筋网架,板块中设置吊孔,便于吊装。待主道路完成后,开始配套排水设施施工工程。

图 2.46　装配式升板升层建筑

图 2.47　预制模块化道路

预制模块化临建道路施工时,道路拆除后材料可以直接回收周转重复利用,能减少因施工结束后临时道路拆除产生的大量建筑垃圾,有效减少了项目固体废弃物的排放,达到了绿色施工的要求。预制模块化临建道路与传统临时道路相比,具有如下优势:①从经济效益方面,预制模块化临建道路与传统临时道路能减少大量的生产成本;②节能环保,有效保护了周边自然生态环境,为施工现场实施建筑垃圾减量化提供了有效措施;③缩短施工周期,可以使得临时道路在短期内完成并交付使用,减少了现场作业环节。

预制模块化临建道路在施工方法及社会、经济效益等方面都具有明显的优势,很具有可行性。随着国家对绿色建造实施力度的加强和对环境指标要求的进一步提高,传统临时道路的建筑方法必然会被其取代。当然,预制模块化道路建设还处于不断摸索、研究阶段,还需要不断地处理各种施工、设计中的问题。

2.5.6　3D 打印技术及材料

3D 打印技术出现在 20 世纪 90 年代中期,实际上是利用光固化和纸层叠等技术的最新快速成型装置。它与普通打印机工作原理基本相同:打印机内装有液体或粉末等"打印材料",

与计算机连接后,通过计算机控制把"打印材料"一层层叠加起来,最终打印出蓝图实物。

从3D计算机辅助设计(3D CAD)开始,人们就希望将设计直接转化为实物。日常生活中使用的普通打印机可以打印计算机设计的平面物品,而3D打印机与普通打印机工作原理基本相同,只是打印材料有些不同,普通打印机的打印材料是墨水和纸张,而3D打印机内装有金属、陶瓷、塑料、砂等不同的"打印材料",是实实在在的原材料,打印机与计算机连接后,通过计算机控制可以把"打印材料"一层层叠加起来,最终把计算机上的蓝图变成实物。通俗地说,3D打印机是可以"打印"出真实的3D物体的一种设备,比如打印一个机器人、打印玩具车,打印各种模型,甚至是食物等。之所以通俗地称其为"打印机",是参照了普通打印机的技术原理,分层加工的过程与喷墨打印十分相似,这项打印技术称为3D立体打印技术。

1)限制因素

(1)材料限制

虽然3D打印可以实现用塑料、某些金属或者陶瓷打印,但无法实现对比较昂贵和稀缺材料的工业化打印。另外,3D打印技术也还没有达到成熟的水平,无法支持对日常生活中所接触到的各种各样材料的打印。研究者在多材料打印上已经取得了一定的进展,但除非这些成果达到成熟有效,否则材料依然会是3D打印的一大障碍。

(2)机器限制

3D打印技术在重建物体的几何形状和机能上已经获得一定的水平,几乎任何静态的形状都可以被打印出来,但是难以实现打印那些运动的物体和保证它们的清晰度。这个困难对于制造商来说可以通过更大、更精密的机器解决,但是3D打印技术想要进入普通家庭,每个人都能打印想要的东西,那么机器的限制就必须得到解决才行。

(3)成本限制

3D打印机价格昂贵,第一台3D打印机的售价为1.5万元。如果想要普及到大众,价格必须下调,但又会与成本形成冲突。每一种新技术诞生初期都会面临着这些类似的障碍,但相信找到合理的解决方案后,3D打印技术的发展将会更加迅速,就如同用任何渲染软件渲染音(视)频一样,通过不断地更新才能达到理想的效果。

2)应用领域

(1)建筑领域

2014年8月,10幢3D打印建筑在上海张江高新青浦园区内交付使用,作为当地动迁工程的办公用房。这些"打印"的建筑墙体是用建筑垃圾制成的特殊"油墨",按照计算机设计的图纸和方案,经一台大型3D打印机层层叠加喷绘而成,10幢小屋的建筑过程仅花费24h。2014年9月5日,世界各地的建筑师们进行了全球首个3D打印房屋的竞赛。3D打印房屋在住房容纳能力和房屋定制方面具有深远的意义。目前,在荷兰首都阿姆斯特丹,一个建筑师团队已经开始制造全球首栋3D打印房屋,并采用可再生的生物基材料作为建筑材料。这栋建筑名为"运河住宅(Canal House)",由13间房屋组成。这个项目位于阿姆斯特丹北部运河的一块空地上,有望3年内完工。在建中的"运河住宅"已经成为公共博物馆,美国前总统奥巴马曾经到现场参观。荷兰DUS建筑师汉斯·韦尔默朗在接受采访时表示,他们的主要目标是"能够提供定制的房屋"。

(2)航天领域

2014年9月,美国国家航空航天局(NASA)完成了首台成像望远镜,所有元件基本全部通过 3D 打印技术制造。NASA 也因此成为首家尝试使用 3D 打印技术制造整台仪器的公司。这款太空望远镜功能齐全,其 50.8mm 的摄像头使其能够放进 CubeSat 立方体卫星(一款微型卫星)当中。据了解,这款太空望远镜的外管、外挡板及光学镜架全部作为单独的结构而直接打印而成,只有镜面和镜头尚未实现。该仪器于 2015 年开展了震动和热真空测试。这款摄像头长 50.8mm 的望远镜全部由铝和钛制成,而且只需通过 3D 打印技术制造 4 个零件即可,相比而言,传统制造方法所需的零件数是 3D 打印的 5 ~ 10 倍。此外,在 3D 打印的望远镜中,可将用来减少望远镜中杂散光的仪器挡板做成带有角度的样式,这是传统制作方法在一个零件上所无法实现的。

3D 打印的房屋、火箭分别如图 2.48、图 2.49 所示。

图 2.48 3D 打印的房屋 　　　　　图 2.49 3D 打印的火箭

【思考题】

1. 建筑结构三次飞跃发展的物质基础是什么?

2. 土木工程材料按其化学成分性质、用途和性能如何分类?

3. 为什么很多城市和地区开始禁止生产和使用黏土砖?有何改进或替代方法?

4. 用于土木工程中常用钢材的类型是如何划分的?

5. 普通混凝土由哪些材料组成?各种材料的作用分别是什么?

6. 土木工程的三大基础材料是什么?各自特点是什么?

7. 结合自身专业特点,请展望一下本专业领域土木工程材料的发展趋势。

第 3 章

建筑工程

3.1　建筑工程概述

　　建筑工程的内容包括规划、勘查、设计(建筑、结构和设备)、施工及竣工后的管理五部分,其目的是为人类生产与活动提供场所,使其达到经济、适用和美观的目的(图3.1)。其中,经济指的是用尽可能少的资金、材料和人力,在尽可能短的时间里,优质地完成房屋的建设;适用指的是房屋建筑要有舒适的环境,宽敞的空间,合理的布局,坚实可靠的结构,先进、优质和方便的使用设施等;而美观指的是房屋建筑的艺术处理,包括广义的美观和协调,以及观察者视觉和心灵的感受。

　　典型的建筑工程是指房屋工程,即通过对各类房屋建筑及其附属设施的建造和与其配套的线路、管道、设备的安装活动所形成的工程实体。其中"房屋建筑"是指有顶盖、梁柱、墙壁、基础以及能够形成内部空间,满足人们生产、居住、学习、公共活动等需要的几何空间,包括厂房、剧院、旅馆、商店、学校、医院和住宅等;"附属设施"是指与房屋建筑配套的水塔、自行车棚、水池等;"线路、管道、设备的安装活动"是指与房屋建筑及其附属设施相配套的电气、给排水、通信、电梯等线路、管道、设备的安装活动。

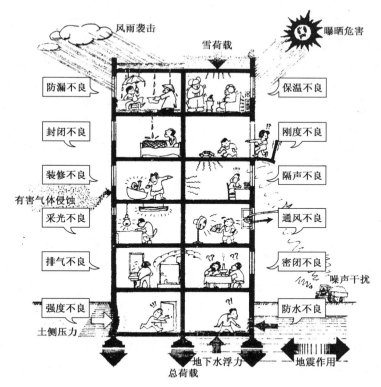

图3.1 一般房屋建筑功能化要求

3.2 建筑结构设计基础

3.2.1 常用建筑材料的设计指标

广义的建筑材料,除指用于建筑物本身的各种材料之外,还包括卫生洁具、暖气及空调设备等器材。狭义的建筑材料即指构成建筑物及构筑物本身的材料,从地基、承重构件(梁、板、柱等),到地面、墙体、屋面等所用材料。建筑业的发展与建筑材料的发展密不可分,一方面,建筑物的功能、形状、色彩等无一不依赖建筑材料;另一方面,建筑材料是建筑物的重要组成部分,在建筑工程中,建筑材料费用一般要占建筑总造价的60%左右甚至更高,也就是说建筑物的各种使用功能必须由相应的建筑材料来实现。一般而言,常用建筑材料主要包括钢材、混凝土及砌体材料等。

1)钢材

建筑工程中所用的钢材可分为钢结构用钢材(型材)和钢筋混凝土结构用钢材(线材)两大类。型材主要指轧制成的各种型钢(如角钢、槽钢、工字钢、H型钢等),钢轨,钢板(如薄钢板、厚钢板和压型钢板等),钢管(如无缝钢管和有缝钢管)等。线材主要有钢筋、钢丝和钢绞线等。

建筑用钢材主要承受拉力、压力、弯曲和冲击等外力作用,在这些外力作用下要求其应具有足够的强度。钢材的强度具有变异性,即按统一标准生产的钢材,不同时期生产的各批钢材之间的强度不完全相同;即使同一炉钢轧制的钢材,其强度也会有差异。因此,在结构设计中采用其强度标准值作为基本代表值。所谓强度标准值,是指在正常情况下可能出现的最小材料强度值。根据规定,材料强度标准值应具有不小于95%的保证率。热轧钢筋的强度标准值根据屈服强度确定,而预应力钢绞线、钢丝和热处理钢筋等预应力筋没有明显的屈服点,其强度标准值根据极限强度确定。

钢筋的强度设计值为其强度标准值除以材料分项系数 γ_s。延性较好的热轧钢筋 γ_s 取 1.0;高强度 500MPa 级钢筋 γ_s 取 1.15;对预应力钢筋, γ_s 一般不小于 1.20。各类钢筋的强度标准值和设计值具体可查阅《混凝土结构设计规范》(GB 50010—2010)中有关规定。

2)混凝土

(1)混凝土的强度

《混凝土结构设计规范》(GB 50010—2010)中规定,素混凝土结构的混凝土强度等级不应低于 C15;钢筋混凝土结构的混凝土强度等级不低于 C20;采用强度等级 400MPa 及以上的钢筋时,混凝土强度等级不应低于 C25;预应力混凝土结构的混凝土强度等级不宜低于 C40,且不应低于 C30;承受重复荷载的钢筋混凝土构件,混凝土强度等级不应低于 C30。强度等级在 C50 以上的混凝土一般称为高强度混凝土。

同钢筋相比,混凝土强度具有更大的变异性,按同一标准生产的混凝土各批强度会不同,即使同一次搅拌的混凝土其强度也有差异。因此,设计中也应采用混凝土强度标准值来进行计算。

混凝土强度设计值等于混凝土强度标准值除以混凝土材料分项系数 γ_c($\gamma_c = 1.4$)。各种强度等级的混凝土强度标准值、强度设计值具体可查阅《混凝土结构设计规范》(GB 50010—2010)中有关规定。

(2)混凝土的徐变

混凝土在不变荷载长期作用下,其应变随时间而继续增长的现象,称为混凝土的徐变。混凝土的徐变对混凝土结构和构件的工作性能有很大的影响。混凝土的徐变会使受弯构件的变形增大,在结构或构件内产生内力重分布。在预应力混凝土结构中,还会产生较大的预应力损失。试验表明,徐变的发展规律是先快后慢;通常在最初 6 个月内可完成最终徐变量的70% ~ 80%;第一年内可完成约 90%;其余部分在以后几年内逐步完成,经过 2 ~ 5 年徐变基本结束。

产生徐变的原因通常认为有两方面:一方面是由混凝土中尚未形成水泥石结晶体的水泥石凝胶体的黏性流动所致,另一方面是由于混凝土内部的微裂缝在长期荷载作用下不断发展和增长,从而导致应变的增长。试验表明,徐变与下列一些因素有关:

①水泥用量越多,水灰比越大,徐变越大。

②增加混凝土集料的含量,徐变将变小。

③养护条件越好,水泥水化作用越充分,徐变越小。

④混凝土施加荷载前,强度越高,徐变越小。

⑤构件截面中应力越大,徐变越大。

(3)混凝土的收缩和膨胀

混凝土在空气中硬化时体积减小的现象,称为收缩;当混凝土在水中硬化时,其体积会产生膨胀。通常收缩值的量值较大,对结构有明显的不利影响,因此需要特别注意;而膨胀值的量值很小,对结构一般有利,通常可不予考虑。

在自由状态下,混凝土的收缩对结构并不产生多大危害,但实际上结构总是处在相互约束状态,混凝土在受到各种约束时会产生拉应力。当此拉应力超过混凝土的抗拉强度 f_t 时,就会开裂。混凝土的收缩可能会使构件在未受荷载前就出现裂缝或引起预应力损失,因此,在实际工程中要加以预防。影响混凝土收缩的因素很多,试验表明,混凝土的收缩主要与下列因素有关:

①水泥品种:水泥强度等级越高,所配制的混凝土收缩越大。

②水泥用量:水泥用量越大,混凝土收缩越大;水灰比越大,则混凝土收缩越大。

③集料的性质:集料的用量越大,收缩越大。

④养护条件:在硬化过程中周围湿度越大,收缩越大。

⑤混凝土的制作方法:混凝土越密实,收缩越小。

⑥使用环境的影响:使用环境温湿度越大,收缩越小。

⑦构件的体积与表面积的比值:比值越大,收缩越小。

(4)钢筋和混凝土共同工作的原因

钢筋和混凝土是两种不同性质的材料,在钢筋混凝土结构中之所以两者能够共同工作,主要有以下原因:

①钢筋表面与混凝土之间存在黏结作用。这种黏结作用由三部分组成:

一是混凝土硬化时体积收缩,将钢筋紧紧握住而产生摩擦力。由于混凝土凝固时收缩,钢筋与混凝土接触面上产生了正应力,因此,当钢筋和混凝土产生相对滑移时(或有相对滑动的趋势时),在钢筋和混凝土的接触界面上产生摩擦力。光面钢筋和混凝土的黏结力主要靠摩擦力。

二是由于钢筋表面凹凸不平而产生的机械咬合力。对于光面钢筋,咬合力是指表面粗糙不平而产生的咬合作用;对于带肋钢筋,咬合力是指带肋钢筋嵌入混凝土而形成机械咬合作用,这是带肋钢筋与混凝土黏结力的主要来源。

三是混凝土与钢筋接触表面间的胶结力,其来源于浇筑时水泥浆体向钢筋表面氧化层的渗透和养护过程中水泥晶体的生长和硬化,从而使水泥胶体与钢筋表面产生吸附胶着作用。这种化学吸附力只能在钢筋和混凝土的界面处于原生状态时才存在,一旦发生滑移,它就失去作用,其中机械咬合力约占50%。

②钢筋和混凝土的温度线膨胀系数几乎相同(钢筋为 1.2×10^{-5},混凝土为 $1.0 \times 10^{-5} \sim 1.5 \times 10^{-5}$),在温度变化时两者的变形基本相等,不致破坏钢筋混凝土结构的整体性。

③钢筋被混凝土包裹着,从而使钢筋不会因为大气的侵蚀而生锈变质。

上述三个原因中,钢筋表面与混凝土之间存在黏结作用是最主要的原因。

3)砌体材料

建筑用的砌体材料主要包括块材和砂浆。

(1)块材

《砌体结构设计规范》(GB 50003—2011)中规定的块体强度等级分别为:

①烧结普通砖、烧结多孔砖:MU30、MU25、MU20、MU15 和 MU10。

②蒸压灰砂普通砖、蒸压粉煤灰普通砖:MU25、MU20 和 MU15。

③混凝土普通砖、混凝土多孔砖:MU30、MU25、MU20 和 MU15。

④混凝土砌块、轻集料混凝土砌块:MU20、MU15、MU10、MU7.5 和 MU5。

⑤石材:MU100、MU80、MU60、MU50、MU40、MU30 和 MU20。

(2)砂浆

砂浆在砌体中的作用是将块体连成整体并使应力均匀分布,以保证砌体结构的整体性。此外,由于砂浆填满块材间的缝隙,减少了砌体的透气性,提高了砌体的隔热性及抗冻性。

砂浆按其组成材料的不同,分为水泥砂浆、石灰砂浆和混合砂浆。水泥砂浆具有强度高、耐久性好的特点,但保水性和流动性较差,适用于潮湿环境和地下砌体;石灰砂浆具有保水性、流动性好的特点,但强度低、耐久性差,只适用于临时建筑或受力不大的简易建筑;混合砂浆具有保水性和流动性较好、强度较高、偏于施工而且质量容易保证的特点,是砌体结构中常用的砂浆。

砂浆的强度等级是以边长为 70.7mm 的立方体试块,在标准养护条件[水泥混合砂浆为温度(20±2)℃、相对湿度 60% ~ 80%;水泥砂浆为温度(20±2)℃,相对湿度 90% 以上]下,用标准试验方法测得 28 d 龄期的抗压强度来确定的,用符号"M"表示,单位为 MPa(N/mm²)。砂浆强度分为 M15、M10、M7.5、M5 和 M2.5 五个等级。当验算施工阶段砌体结构的承载力时,砂浆强度取零。

当采用混凝土小型空心砌块时,应采用与其配套的砌块专用砂浆(用"Mb"表示)和砌块灌孔混凝土(用"Cb"表示)。砌块专用砂浆强度等级有 Mb20、Mb15、Mb10、Mb7.5 和 Mb5 五个等级,砌块灌孔混凝土与混凝土强度等级等同。

3.2.2　建筑结构的荷载

1)荷载的含义

荷载通常是指作用在结构上的外力,如结构自重、水压力、土压力、风压力、人群及货物的重力、起重机轮压等。此外,还有其他因素可以使结构产生内力和变形,如温度变化、地基沉陷、构件制造误差、材料收缩等。从广义上说,这些因素也可看作荷载。

合理地确定荷载,是结构设计中非常重要的工作。如果将荷载估计过大,所设计的结构尺寸将偏大,造成浪费;如将荷载估计过小,则所设计的结构不够安全。进行结构设计,就是要确保结构的承载能力足以抵抗内力,将变形控制在结构能正常使用的范围内。在进行结构设计时,不仅要考虑直接作用在结构上的各种荷载作用,还应考虑引起结构内力、变形等效应的间接作用。

2)荷载的分类

在实际工程中,作用在结构上的荷载是多种多样的。为便于力学分析,需要从不同的角度对它们进行分类。

(1)按荷载的分布范围分类

根据荷载的分布范围,荷载可分为集中荷载和分布荷载。

①集中荷载

集中荷载是指分布面积远小于结构尺寸的荷载,如起重机的轮压。由于这种荷载的分布面积较集中,因此在计算简图上可把这种荷载作用在结构上的某一点处。

②分布荷载

分布荷载是指连续分布在结构上的荷载。当连续分布在结构内部各点上时称为体分布荷载;当连续分布在结构表面上时称为面分布荷载;当沿着某条线连续分布时称为线分布荷载;当均匀分布时称为均匀荷载。

（2）按荷载的作用性质分类

根据荷载的作用性质,荷载可分为静力荷载和动力荷载。

①当荷载从零开始,逐渐缓慢、连续均匀地增加到最后的确定数值后,其大小、作用位置以及方向都不再随时间变化,这种荷载称为静力荷载。例如,结构的自重,一般的活荷载等。静力荷载的特点是,该荷载作用在结构上时不会引起结构振动。

②大小、作用位置、方向随时间急剧变化的荷载称为动力荷载。例如,动力机械产生的荷载、地震作用等。这种荷载的特点是,该荷载作用在结构上时会产生惯性力,从而引起结构显著振动或冲击。

（3）按荷载作用时间的长短分类

根据荷载作用时间的长短,荷载可分为恒荷载和活荷载。

①恒荷载

恒荷载是指作用在结构上的不变荷载,即在结构建成以后,其大小和作用位置都不再发生变化的荷载。例如,构件的自重、土压力等。构件的自重可根据结构尺寸和材料的重度(即每立方米体积的重量,单位为 N/m³)进行计算。

②活荷载

活荷载是指在施工或建成后使用期间可能作用在结构上的可变荷载,这种荷载有时存在,有时不存在,它们的作用位置和作用范围可能是固定的(如风荷载、雪荷载、会议室的人群荷载等),也可能是移动的(如起重机荷载,桥梁上行驶的汽车荷载等)。不同类型的房屋建筑,因其使用的情况不同,活荷载的大小也就不同。在现行《建筑结构荷载规范》(GB 50009—2012)中,对各种常用的活荷载都有详细的规定。

确定结构所承受的荷载是结构设计中的重要内容之一,必须认真对待。在荷载规范未包含的某些特殊情况下,设计者需要深入现场,结合实际情况进行调查研究,才能合理确定荷载。

3）荷载代表值

为了满足结构设计的需要,需要对荷载赋予一个规定的量值,该量值即荷载代表值。结构设计时,永久荷载采用标准值作为代表值,可变荷载应根据各种极限状态的设计要求分别采用标准值、准永久值、组合值或频遇值作为代表值。

（1）荷载标准值

《建筑结构荷载规范》(GB 50009—2012)规定,标准值是荷载的基本代表值,为设计基准期内最大荷载统计分布的特征值(如均值、众值、中值或某个分位值)。

作用于结构上荷载的大小具有变异性。例如,对于结构自重等永久荷载,虽可事先根据结构的设计尺寸和材料重度计算出来,但施工时的尺寸偏差、材料重度的变异性等原因,致使结构的实际自重并不完全与计算结构相吻合。至于可变荷载的大小,其不确定因素则更多。

永久荷载标准值一般根据结构的设计尺寸和材料或结构构件的重度计算。常用材料构件的重度可参见《建筑结构荷载规范》(GB 50009—2012)。

可变荷载标准值主要依据历史经验确定。《建筑结构荷载规范》(GB 50009—2012)给出可变荷载标准值,在设计时可以直接查用。

（2）可变荷载准永久值

可变荷载准永久值是指在设计基准期内经常作用于结构的一部分活荷载。它对结构的影响类似于永久荷载，如室内的家具和固定设备的荷载等。可变荷载准永久值主要用于正常使用极限状态按长期荷载效应组合的设计中。

（3）可变荷载组合值

两种或两种以上的可变荷载同时作用于结构上时，所有可变荷载同时达到其单独出现时的最大值可能性极小。为此，将可变荷载标准值乘以荷载组合系数可得可变荷载组合值，其中荷载组合系数可查阅《建筑结构荷载规范》（GB 50009—2012）。可变荷载组合值主要用于承载能力极限状态或正常使用极限状态按短期荷载效应组合的设计。

（4）可变荷载频遇值

可变荷载频遇值是指在设计基准期内被超越的总时间仅为设计基准期一小部分的荷载值。可变荷载频遇值由可变荷载标准值乘以频遇值系数得到，其中频遇值系数可查阅《建筑结构荷载规范》（GB 50009—2012）。

4）均布荷载的计算

均布荷载是指当线荷载大小都相同时的荷载。当线荷载各点大小不相同时，称为非均布荷载。各点线荷载的大小用荷载集度 q 表示，某点的荷载集度意味着线荷载在该点的密集程度，其常用单位为 N/m 或 kN/m。

3.2.3　建筑结构的极限状态

1）建筑结构的功能要求及安全等级

（1）结构功能要求

结构设计的目的是使所设计的结构在规定的设计使用年限内完成预期的全部功能要求。结构的功能要求包括：

①安全性。指结构在正常施工和正常使用的条件下，能承受可能出现的各种作用；在设计规定的偶然事件（如强烈地震、爆炸、车辆撞击等）发生时和发生后，仍能保持必需的整体稳定性，即结构仅产生局部的损坏而不致发生连续倒塌。

②适用性。指结构在正常使用时具有良好的工作性能。例如，不会出现影响正常使用的过大变形或振动；不会产生使使用者感到不安的裂缝宽度等。

③耐久性。建筑结构在正常使用、维护的条件下应有足够的耐久性。如混凝土不发生严重风化、腐蚀、脱落，钢筋不发生锈蚀等。

上述功能概括称为结构的可靠性。

（2）结构安全等级

建筑物的重要性不同，对生命财产的危害程度和对社会影响程度也不同。《建筑结构可靠度设计统一标准》（GB 50068—2001）将建筑结构分为三个安全等级。

一级：破坏后果很严重的重要建筑物；

二级：破坏后果严重的一般建筑物；

三级：破坏后果不严重的次要建筑物。

（3）结构可靠度、可靠性及可靠度指标

结构在规定时间内，在规定条件下，完成预定功能的能力称为结构的可靠性。但在各种随机因素的影响下,结构完成预定功能的能力不能事先确定,只能用概率来描述。为此,引入结构可靠度的定义,即结构在规定时间(设计使用年限)内,在规定条件(正常设计、正常施工、正常使用、正常维护)下,完成预定功能的概率。结构的可靠度是结构可靠性的概率度量,即对结构可靠性的定量描述。

结构可靠度与结构使用年限长短有关。《建筑结构可靠度设计统一标准》(GB 50068—2001)以结构的设计使用年限为计算结构可靠度的时间基准。当结构的使用年限超过设计使用年限后,并不意味着结构就要报废,但其可靠度将逐渐降低。还应说明,结构的设计使用年限不等同于设计基准期。可靠度是对可靠性的定量描述,把结构完成预定功能的概率称为可靠概率,用 p_s 表示;而结构不能完成预定功能的概率称为失效概率,用 p_f 表示。

显然 p_s 和 p_f 是互补的,即

$$p_s = p(Z = R - S \geqslant 0) = 1 - p_f = 1 - p(Z = R - S < 0) \tag{3.1}$$

结构可靠性既可用可靠概率 p_s 来度量,也可用失效概率 p_f 来衡量,即 p_f 越大,可靠度越小。

2)极限状态的定义与分类

结构的极限状态就是结构或构件满足结构安全性、适用性和耐久性三项功能中某一功能要求的临界状态。超过这一界限,结构或构件就不能满足设计规定的该功能要求,而进入失效状态。

结构极限状态分为以下两类。

(1)承载能力极限状态

结构或构件达到最大承载力或出现疲劳破坏或不适于继续承载的变形状态,称为承载能力极限状态。超过这一状态,则不能满足安全性的功能。当结构或结构构件出现下列状态之一时,应认为超过了承载能力极限状态:

①整个结构或结构的一部分作为刚体失去平衡(如倾覆等)。

②结构构件或连接因超过材料强度而破坏(包括疲劳破坏),或因过度变形而不适于继续承载。

③结构转变为机动体系。

④结构或结构构件丧失稳定(如压屈等)。

⑤地基丧失承载能力而破坏(如失稳等)。

承载能力极限状态关系到结构整体或局部破坏,会导致生命、财产的重大损失。因此,要严格控制出现这种状态,所有的结构和构件都必须按承载能力极限状态进行计算,并保证具有足够的可靠度。

(2)正常使用极限状态

正常使用极限状态对应于结构或结构构件达到正常使用或耐久性能的某项规定限值。超过这一状态,便不能满足适用性或耐久性的功能要求。当结构或结构构件出现下列状态之一时,即认为超过了正常使用极限状态:

①影响正常使用或外观的变形。

②影响正常使用或耐久性能的局部损坏(包括裂缝)。

③影响正常使用的振动。

④影响正常使用的其他特定状态。

结构超过该类状态时将不能正常工作,影响其耐久性和适用性,但一般不会导致人身伤亡

或重大经济损失。工程设计时,可靠性可比承载能力极限状态略低一些。通常先按承载能力极限状态来设计结构构件,再按正常使用极限状态来校核。

(3)极限状态的设计表达式

现行规范采用以概率理论为基础的极限状态设计方法,用分项系数的设计表达式进行计算。

①承载能力极限状态的设计表达式

$$\gamma_0 S \leq R \tag{3.2}$$

式中:γ_0——结构重要性系数,对安全等级为一级、二级、三级的结构构件,可分别取 1.1、1.0、0.9;

S——承载能力极限状态的荷载效应组合设计值;

R——结构构件的承载力设计值。

②正常使用极限状态的设计表达式

对于结构正常使用极限状态,结构构件应分别按荷载的标准组合和准永久组合进行验算构件的变形、抗裂度或裂缝宽度等,使其不超过相应的规定限值,表达式为:

$$S \leq R \tag{3.3}$$

式中:S——正常使用极限状态的荷载效应组合值;

R——结构构件达到正常使用要求所规定的变形、裂缝宽度和应力等的限值。

3.2.4 建筑结构的设计步骤

为了使建筑物建造起来,必须进行相关的结构设计。建筑结构的设计步骤一般为:方案设计→结构分析→构件设计→施工图绘制。

(1)方案设计

方案设计又称初步设计,主要包括结构选型、结构布置和主要构件截面尺寸估算。

①结构选型主要是根据建筑物的功能要求和工程地质条件,通过对不同结构体系方案和技术经济指标进行比较,选择最优的结构方案。

②结构布置主要是根据使用功能要求和结构体系来确定构件的位置和方式。

③主要构件截面尺寸估算主要是根据初步方案和结构布置,对一些主要构件的大小进行估算,并对其合理性进行判断。

(2)结构分析

结构分析是结构设计的重要内容,主要包括以下几方面内容:

①结构模型的建立。在确定结构模型时,需要对实际结构进行简化假定。简化后的模型应能反映结构的实际受力特性且尽可能简单,以便计算分析。

②荷载的计算和施加。根据建筑物服役期间可能遭受的荷载种类,准确计算荷载作用的大小,并施加在结构模型中的相应位置。

③计算分析。在对结构模型进行计算分析之前,首先需要根据结构特点确定计算理论,如线弹性理论、非线性理论等;然后再采用相应的计算分析手段(如分析软件)对结构模型进行计算分析。

(3)构件设计

通过对结构模型进行计算分析,可以得到模型中每根杆件的内力。然后根据内力和相应的设计规范,对构件进行设计。构件设计包括杆件截面设计和节点设计。

(4)施工图绘制

设计的最后一个阶段是绘制施工图,要求图纸表达正确、规范、简明和美观。

3.3 建筑结构的基本构件及结构类型

3.3.1 建筑结构的基本构件

建筑结构是指建筑物中由结构构件组成的承重骨架,它的功能是形成建筑功能所要求的基本空间和体型,并且在各种荷载作用下,确保建筑物的安全可靠和正常使用。建筑结构中这些结构构件主要包括水平承重构件(如梁、板)、垂直承重构件(如柱、剪力墙、筒体)、基础和自承重构件(如自承重墙),而这些结构构件又是由最基本的结构构件组成,如梁、板、柱、拱、桁架等。因此,可由基本的结构构件,根据不同结构功能要求,按照一定的规则,就可以组成不同的建筑结构。

1)板

板指平面尺寸较大而厚度较小的受弯构件,通常水平放置,但有时也斜向放置(如楼梯板)或竖向设置(如墙板)。板的长、宽两个方向的尺寸远大于其高度(也称板的厚度)。板主要承受施加在板面上并与板面垂直的重力荷载,包括楼板、地面层、屋顶层等恒载及其人群、家具、设备等活载,在建筑工程中一般应用于楼板、屋面板、基础板、墙板等。

板按平面形式分为方形板、矩形板、圆形板及三角形板,按截面形式可分为实心板、槽形板、空心板,按所用材料可分木板、钢板、钢筋混凝土板、预应力板等,按受力形式可分为单向板和双向板。现代建筑工程中常用的楼板有现浇钢筋混凝土楼板、装配式楼板以及钢筋混凝土—压型钢板组合楼板(图3.2),其中现浇钢筋混凝土楼板有肋梁楼板、井式楼板、密肋楼板、无梁楼板和现浇空心板等(表3.1)。

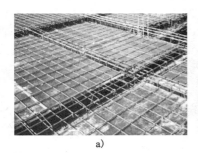
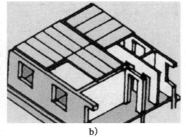
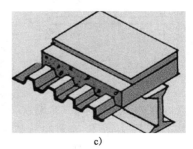

a)   b)   c)

图3.2 建筑工程中常用的楼板示意图

现浇钢筋混凝土楼板常见类型及特点   表3.1

类型	结构方式	结构特点
肋梁楼板	由板、次梁及主梁组成,单向肋梁楼板一般支撑在周边的次梁和主梁上	应用最广泛,它的整体性好,板中配筋量较低,板上开洞方便
井式楼板	在柱间梁上交叉设置两个方向的(次)梁	宜用于跨度较大且柱网接近方形的结构

续上表

类型	结构方式	结构特点
密肋楼板	加密井式楼盖中的双向肋梁间距构成双向密肋楼盖	肋高度比井式肋梁小,结构自重较轻,且可降低层高
无梁楼板	板柱结构体系,板直接支撑在柱上	减少了板计算跨度,多用于商店、仓库等柱网方形建筑
现浇空心板	按设计要求,埋置空心管现浇形成的现浇空心板结构	刚度大,适用于板跨度大的楼盖及屋盖结构

2)梁

梁是工程结构中的受弯构件,通常水平放置,有时也斜向设置,以满足使用要求,如楼梯梁。梁的截面高度与跨度之比一般为 1/16 ~ 1/8,高跨比大于 1/4 的梁称为深梁。梁的截面高度通常大于截面的宽度,主要承受梁本身的自重和板传来的荷载,荷载作用方向与梁轴线垂直。其荷载效应主要为弯矩和剪力,故须进行受弯和受剪承载力计算。当因工程需要,梁宽大于梁高时,称为扁梁。梁的高度沿轴线变化时,称为变截面梁。

梁按其截面形式可分为矩形梁、T 形梁、工字梁、槽形梁和箱形梁等,按梁施工方法可分为现浇梁、预制梁和预制现浇叠合梁,按梁所用材料可分为钢梁、钢筋混凝土梁、预应力混凝土梁、木梁以及钢与混凝土组成的组合梁,按梁的常见支承方式可分为简支梁、悬臂梁、固支梁和连续梁等(图 3.3)。

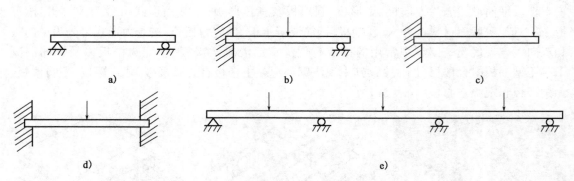

图 3.3 梁按支承方式分类

梁按其在结构中的位置,可分为主梁、次梁、连梁、圈梁、过梁等。次梁一般直接承受板传来的荷载,再将板传来的荷载传递给主梁;主梁除承受板直接传来的荷载外,还承受次梁传来的荷载;连梁主要用于连接两榀框架,使其称为整体;圈梁一般用于砖混结构,将整个建筑围成一体,增强结构的整体性;过梁一般用于门、窗洞口的上部,用以承受洞口上部结构的荷载。

3)柱

柱是工程结构中主要承受压力,有时也同时承受弯矩的竖向构件,柱的截面尺寸远小于其高度,柱主要承受梁、板传来的压力及柱本身的自重,荷载作用方向与轴线平行,亦为建筑结构中的竖向受力构件。按截面形式,可分为方柱、圆柱、管柱、矩形柱、工字柱、H 形柱、L 形柱、十字形柱、双肢柱、格构柱等;按柱的破坏特征或长细比,可分为短柱、长柱及中长柱;按受力形式,可分为轴心受压柱和偏心受压柱;按所用材料,可分为石柱、砖柱、砌块柱、木柱、钢柱、钢筋混凝土柱、劲性钢筋混凝土柱、钢管混凝土柱和各种组合柱。

钢筋混凝土柱是最常见的柱(图3.4),广泛应用于各种建筑。钢筋混凝土柱按制造和施工方法,可分为现浇柱和预制柱。

劲性钢筋混凝土柱是在钢筋混凝土柱的内部配置型钢(图3.5),与钢筋混凝土协同受力,可减小柱的断面,提高柱的刚度,同时外包的钢筋混凝土对型钢起到防腐、防火的保护作用,但用钢量较大。

钢管混凝土柱用钢管作为外壳,内浇混凝土,是劲性钢筋混凝土柱的另一种形式。与同截面的钢筋混凝土柱相比,其承载力更高,延性更好,比钢结构节省钢材。

钢柱常用于大中型工业厂房、大跨度公共建筑、高层建筑、轻型活动房屋、工作平台、栈桥和支座等。钢柱按截面形式可分为实腹柱和格构柱。实腹柱的截面为一整体,常用截面为工字形截面,格构柱的柱由两肢或多肢组成,各肢间用缀条或缀板连接(图3.6)。

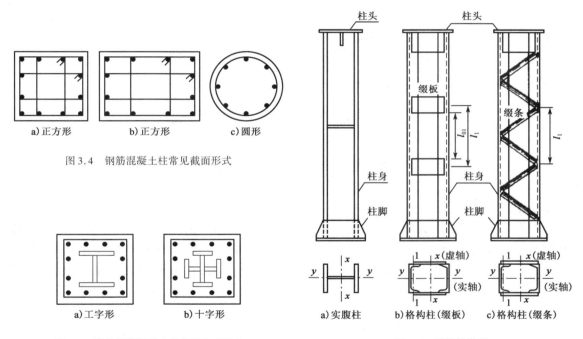

图3.4 钢筋混凝土柱常见截面形式

图3.5 劲性钢筋混凝土柱常见截面形式

图3.6 钢柱的类型

4)拱

拱为曲线结构,由曲线形构件(拱圈)或折线形构件及其支座组成,在荷载作用下主要承受轴向压力,有时也承受弯矩和剪力,比同跨度梁的弯矩、剪力小,从而能节省材料、提高刚度、跨越较大空间,可作为礼堂、展览馆、体育馆、火车站、飞机库等的大跨屋盖承重结构(图3.7);同时有利于使用砖、石、混凝土等抗压强度高、抗拉强度低的廉价建筑材料。一般的屋盖、吊车梁、过梁、挡土墙、散装材料库等承重结构以及地下建筑、桥梁、水坝、码头等结构,均可采用拱。矢跨比为拱的基本几何特征,直接影响支座水平反力的大小。在工程结构中,矢跨比一般取1~1/10,甚至可更小一些。

拱按所采用的材料可分为土拱、木拱、砖石拱、混凝土拱、钢筋混凝土拱、钢拱等;按采用拱轴的线型可分为圆弧拱、抛物线拱、悬链线拱等;按铰数可分为三铰拱、双铰拱、无铰拱、带拉杆的系杆拱(图3.8);按拱圈截面形式可分为实体拱、箱形拱、桁架拱等。

图3.7 日本姬路市中心体育馆拱结构屋盖

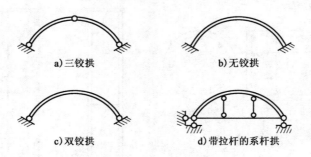

a)三铰拱　　　　　　　　　　b)无铰拱

c)双铰拱　　　　　　　　　d)带拉杆的系杆拱

图3.8 常见拱结构形式

5)桁架

根据简支梁截面应力的分布情况,一根单跨简支梁受荷后的截面应力分布为压区三角形和拉区三角形,中和轴处应力为零,离中和轴越近的区域应力越小。因此,如果把纵截面上的中间部分挖空形成空腹形式,则可以收到节省材料、减轻结构自重的效果,挖空面积越大,材料越省,自重越轻。倘若大幅度挖空,中间剩下几根截面很小的连杆时,就发展成桁架(图3.9)。

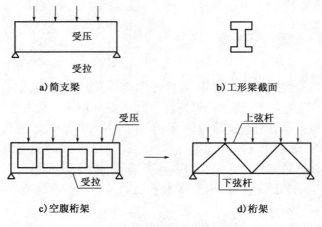

a)简支梁　　　　　　　　　　b)工形梁截面

c)空腹桁架　　　　　　　　　d)桁架

图3.9 由简支梁演变成桁架示意图

从图3.9可知,桁架是由直杆组成的一般具有三角形单元的平面或空间结构。在荷载作用下,桁架杆件主要承受轴向拉力或压力,从而能充分利用材料的强度,在跨度较大时可比实腹梁节省材料,减轻自重和增大刚度,故适用于较大跨度的承重结构和高耸结构,如屋架、桥梁、输电线路塔、卫星发射塔、水工闸门、起重机架等。常用的桁架结构形式有钢桁架、钢筋混凝土桁架、预应力混凝土桁架、木桁架、钢与木组合桁架、钢与混凝土组合桁架。桁架按外形可分为三角形桁架、梯形桁架、多边形桁架、平行弦桁架及空腹桁架(图3.10)。

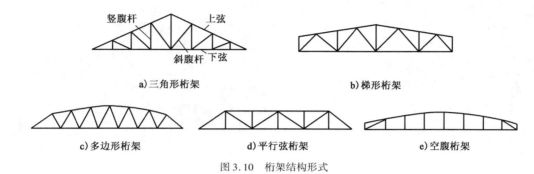

a)三角形桁架   b)梯形桁架

c)多边形桁架   d)平行弦桁架   e)空腹桁架

图3.10 桁架结构形式

桁架结构比梁结构具有更多的优点:①扩大了梁式结构的适用跨度;②桁架是由杆件组成的,桁架体系可以多样化,如平行弦桁架、三角形桁架、梯形桁架、弧形桁架等形式;③施工方便,桁架可以整体制造后吊装,也可以在施工现场高空进行杆件拼装。

3.3.2 建筑结构类型

建筑结构类型有多种分类方法,它们可以按建筑结构的使用性质分类,可以按建筑结构采用的材料分类,也可以按建筑主体结构的形式和受力系统(也称结构体系)等进行分类。建筑师习惯于第一种;结构工程师和施工工程师习惯于第二、第三种分类方法,尤其是第三种分类方法。

1)按建筑结构的使用性质分类

按建筑结构的使用性质,分为民用建筑、公共建筑、工业建筑、农业建筑。

(1)民用建筑是指供人们居住、生活、工作和从事文化、商业、医疗、交通等公共活动的建筑,如图书馆、商店、医院、停车场等。由于它是人群聚集的场所,有着与公共建筑类似的要求,一般采用框架结构为主体结构(图3.11)。

a)   b)

图3.11 常见的民用建筑

（2）公共建筑包括办公类、教育科研类、文化娱乐类、体育类、商业服务类、旅馆类、医疗服务类、交通类、邮电类、市政公用设施类等类型的建筑。它是大量人群聚集的场所,室内空间和尺度都很大,人流走向问题突出,对使用功能及其设施的要求很高,因此经常采用将梁柱连接在一起,组成大跨度框架结构以及网架、拱、壳结构等为主体的结构(图3.12)。

a)

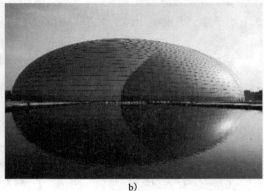
b)

图 3.12　常见的公共建筑

（3）工业建筑是指供人们从事工业生产的建筑,包括生产用建筑及辅助用房,如机械、医药、化工、食品等厂房。它往往需要承受巨大的荷载、沉重的撞击和剧烈的振动,需要巨大的空间,有温度、湿度、防爆、防尘、防菌等特殊要求,以及要考虑生产产品的起吊运输设备和生产路线等。单层工业建筑经常采用的是排架结构,多层工业建筑往往采用框架结构,如图3.13所示。

a)

b)

图 3.13　常见的工业建筑

（4）农业建筑是指供人们从事农业生产的建筑,如养殖场、畜牧场、蔬菜棚等。它往往采用的是砌体结构或轻型钢结构,如图3.14所示。

2）按建筑结构采用的材料分类

按建筑结构采用的材料可分为木结构、砌体结构、混凝土结构、钢结构等。

（1）木结构

木结构是人类最早建造的建筑工程结构之一,它是将原木材(方木、圆木、条材、板材等)经过齿形连接、螺栓连接、钉连接、键连接或胶连接,形成各种形式的结构,如木桁架、木网架、木框架、木拱等(图3.15)。但现代木结构建筑与古代木结构建筑有着本质的区别。现代木结构建筑是指以各种木质人造板材或经过处理的原木、锯木为建筑的结构材料,以木质或其他建材为填充材,并以钢构件或其他材质构件为连接材料建造的建筑。这些经过加工、处理的再生木质人造板材可以直接替代天然原木使用,其结构性能以及防腐、防火性能远优于天然原木。

a)

b)

图 3.14　常见的农业建筑

a)

b)

图 3.15　木结构

　　现代木结构建筑的结构类型众多,根据建筑规范标准,按照木构件的大小轻重,木结构建筑可以分为三种类型:轻型木框架建筑、普通木框架建筑、重型木结构建筑。按照结构类型划分,木结构可以分为六种类型:轻质框架、平台框架结构、预制构件型结构、原木结构、柱结构、由胶合木建筑的特殊结构(拱、桁架等)。前两种属于轻型框架建筑,后两种属重型木结构建筑。在当代木结构建筑中更多的是轻型框架结构的住宅、重型木结构的公共建筑,如日本南岳山光明寺。

　　轻型框架建筑、重型木结构建筑如图3.16所示。

　　与其他结构类型的建筑相比,现代木结构建筑有以下几大特点:

　　①施工周期短。木结构建筑的建造是由工厂根据图纸生产加工预制件、现场拼装,施工周期只需2~4个月,且交付使用的是无需二次装修的成品房,也可以根据业主的审美要求做个

性化的室内设计与装修。

a) 轻型框架建筑

b) 重型木结构建筑

图 3.16　现代木结构建筑

②易于扩建和改造。由于木结构建筑实际上是采用标准的构件建造,因此系统的扩展、整修和改造容易,其设计允许建筑将来进行扩展,并且扩展部分较为独立,设备齐全;同时,由于木质材料的自重比较轻,室内非承重墙通常可以有限制地移动或拆除,电源、管道和采暖设备可以在不需高昂费用的拆除和重建的前提下完成扩建。

③保温隔热性能好。木材是很好的绝缘体,具有优良的保温性能,在寒冷的冬天,一幢密封性能好、施工质量优良的木屋的室内温度一般可保持在 15 ~ 20℃;而在酷热的夏季,室内温度可保持在 28℃左右,大大节约了能源。

④节能环保性能好。木结构的主要建筑材料采用各种木质材料,是对人居环境和自然环境均无污染,并可再生的产品。

⑤木结构的缺点是多疵病、易燃、易腐、易虫蛀等。

（2）砌体结构

砌体结构是指采用砖、石、混凝土砌块等砌体建造的结构(图 3.17)。20 世纪上半叶,砌体结构的发展缓慢,但 20 世纪下半叶以来,随着新材料、新技术和新结构的不断出现和使用,以及计算理论、计算方法的不断完善,砌体结构得到了广泛应用和迅速发展。

a)

b)

图 3.17　砌体结构建筑

　　20 世纪 50 年代以来,我国的砌体建筑结构经历了砖砌体(含承重多孔空心砖砌体)→配筋砖砌体→大型振动砖壁板材→配筋混凝土砌块砌体的发展过程。过去砌体主要用于 6 层以下的住宅、办公楼和教学楼,无吊车或小吨位吊车的单层厂房以及烟囱、水塔、料仓及小型水池等特种结构。而现代配筋混凝土砌块砌体的发展大大拓宽了砌体结构在高层建筑及抗震设防地区的应用。图 3.18 所示的某市国税局 15 层配筋砌块砌体住宅房屋,它与钢筋混凝土结构房屋相比节省钢材 43%,降低造价 22%,缩短施工工期 1/3;上海某 18 层配筋砌块砌体住宅房屋,与钢筋混凝土结构房屋相比节省钢材 25%,降低造价 7.4%。

a)　　　　　　　　　　　　　　　　　　　b)

图 3.18　配筋砌块砌体住宅房屋

　　根据砌体中是否配置钢筋,砌体可分为无筋砌体和配筋砌体。对配筋砌体,按照钢筋的作用又可分为约束砌体结构和配筋砌体结构(图 3.19)。约束砌体结构是指通过竖向和水平钢筋混凝土构件约束墙体,使其在抵抗水平作用时增加墙体的极限水平位移,从而提高墙体的延性,使砌体裂而不倒,其性能介于无筋砌体和配筋砌体之间,最为典型的是钢筋混凝土构造柱—圈梁形成的砌体结构体系。配筋砌体结构是指通过配筋,使砌体在受力过程中承载能力和脆性性质得到提高与改善的砌体结构。

a)约束砌体房屋结构　　　　　　　　　　b)配筋砌体房屋结构

图 3.19　约束砌体房屋结构和配筋砌体房屋结构

砌体结构在发展过程中不断发挥其特点,不断克服其不足之处,如采用高强砌体材料来提高砌体结构性能,通过配筋提高砌体结构的抗震性能,利用工业废料(粉煤灰、煤渣或者混凝土)制成空心砖块代替黏土砖。

(3)混凝土结构

以混凝土为主制作的结构称为混凝土结构。它包括素混凝土结构、钢筋混凝土结构和预应力混凝土结构等。混凝土结构广泛应用于各类建筑工程中,除用于工业与民用建筑外,还用于地下、水工、港口、桥梁、隧道等土木工程和国防工程中。

与砖石砌体结构、钢木结构相比,混凝土结构历史并不长,至今约有150多年的历史。概括起来混凝土结构的发展大体上经历了四个阶段:第一阶段(从1850年到1920年)属于缓慢发展阶段;第二阶段(从1920年到1950年)属于材料强度提高阶段;第三阶段(从1950年到1980年)和第四阶段(从1980至今)均属于快速发展阶段。混凝土结构尽管历史不长,但在建筑工程领域中取得了飞速的发展和广泛的应用。在高层建筑方面,马来西亚的国家石油大厦(图3.20),88层,高450m,为目前世界最高的混凝土建筑;上海已建成的101层、高492m上海环球金融中心(图3.21),内筒为混凝土结构。

图3.20　马来西亚国家石油大厦　　　　　　　图3.21　上海环球金融中心

在大跨建筑方面,主要是体育馆和展览馆。如意大利都灵展览馆,其拱顶由装配式构件组成,跨度达到95m。美国西雅图金群体育馆,采用圆球壳,跨度达到202m。在高耸建筑方面,主要是电视塔。如加拿大多伦多电视塔(图3.22),高549m(混凝土结构部分),采用预应力混凝土。上海东方明珠电视塔(图3.23),高415.2m,主体为混凝土结构。

混凝土结构除了充分利用混凝土和钢筋的性能外,还具有如下优点,使其能在各种不同的现代土木工程中得以广泛应用:

①耐久、耐火。钢筋埋放在混凝土中,经混凝土保护不易发生锈蚀,因而提高了结构的耐久性。当火灾发生时,钢筋混凝土结构不会像木结构那样被燃烧,也不会像钢结构那样很快达到软化温度而破坏。

图 3.22　加拿大多伦多电视塔

图 3.23　上海东方明珠电视塔

②整体性好。现场整浇的混凝土结构各结构构件之间连接牢固,具有良好的整体工作性能,能很好地抵御动力荷载(如风、地震、爆炸、冲击等)的作用。

③可模性好。混凝土结构可根据需要浇筑成各种不同的形状,如曲线形的梁和拱、曲面塔体、空间薄壳等。

④就地取材。混凝土结构中用量最多的砂、石等材料可就地取材,还可以将工业废料(如矿渣、粉煤灰等)制成人工骨料,用于混凝土结构,变废为宝。

⑤节约钢材。和钢结构相比,混凝土结构中用混凝土代替钢筋受压,合理发挥了材料的性能,节约了钢材。

但混凝土结构也有一些缺点,这些缺点在一定程度上影响了混凝土结构的广泛应用。如混凝土结构自重大,对大跨度结构、高层建筑及结构抗震不利;混凝土易开裂,普通钢筋混凝土结构经常带裂缝工作,尽管裂缝的存在并不一定意味着结构发生破坏,但是它影响结构的耐久性和美观,对于一些特殊结构,如混凝土水池、地下混凝土结构、核电站的混凝土安全壳等对裂缝的控制有严格要求;施工混凝土结构需耗费大量的模板;施工受季节影响大;隔热隔声性能较差等。

(4)钢结构

由型钢、钢管、钢板等制成梁、柱等基本构件,再用焊缝、锚栓或铆钉将其连接成可承受各种荷载作用的几何不变体系称为钢结构。有些钢结构还由钢绞线、钢丝绳(束)组成。钢结构常用于跨度大、高度高、荷载大、动力作用大的各种建筑及其他土木工程结构中。为了能更好发挥钢材的性能、有效承担外荷载,不同的工程结构通常采用不同的结构形式,因此钢结构的结构形式多样。

①单层工业厂房常用的结构形式是由一系列的平面承重结构用支撑构件连成空间整体(图 3.24)。在这种结构形式中,外荷载主要由平面承重结构承担,纵向水平荷载由支撑承受和传递。平面承重结构又可采用多种形式,最常见的是横梁与柱刚接的钢架、横梁(桁架)与柱铰接的排架。

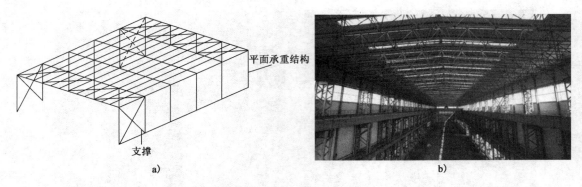

图 3.24　单层厂房常用结构形式

②大跨度单层房屋屋顶的结构形式众多,常用的有:平面网架、网壳、空间桁架或空间刚架体系、悬索结构、杂交结构、张拉集成结构、索膜结构等(图3.25)。

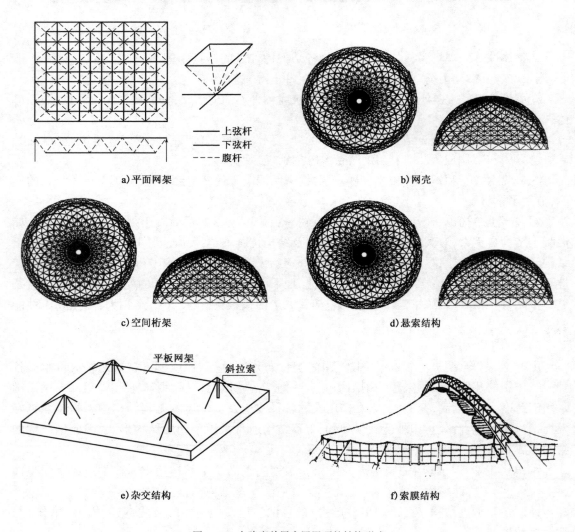

图 3.25　大跨度单层房屋屋顶的结构形式

③根据高度的不同,多层、高层及超高层建筑一般有下列结构形式:框架结构[图3.26a)]、刚架—支撑结构[图3.26b)]、筒体结构[图3.26c)]、巨型结构[图3.26d)]。

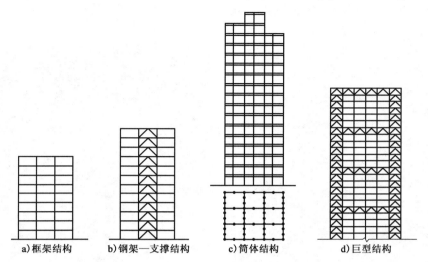

a)框架结构　　b)钢架—支撑结构　　c)筒体结构　　d)巨型结构

图3.26　多层、高层及超高层建筑的结构形式

钢结构是现代土木工程主要结构种类之一,它与混凝土结构、木结构、砌体结构等相比,具有以下特点:

①材料强度高,结构重量轻。钢与混凝土、木材相比,虽然密度较大,但其强度较混凝土、木材要高得多,其密度与强度的比值一般比混凝土和木材小,因此在同样受力的情况下,钢结构与钢筋混凝土、木结构相比,构件截面面积较小,重量较轻。

②材质均匀,安全可靠。钢材在钢厂生产,检验控制严格,质量较稳定。钢材的内部组织比较接近匀质和各向同性,而且其实际工作性能比较符合目前采用的计算理论。因此,钢结构计其准确,可靠度高。

③工业化程度高,工期短。钢结构大都为工厂制作,具备成批大件生产和成品精度高等特点;采用工厂制造、工地安装的施工方法,有效缩短工期,为降低造价、发挥投资的经济效益创造了条件。

④密封性好。钢结构采用焊接连接后可以做到安全密封,能够满足一些要求气密性和水密性好的高压容器、大型油罐、压力管道等的要求。

⑤抗震性能好。钢结构由于自重轻和结构体系柔度大,受到的地震作用较小,钢材又具有较高的抗拉和抗压强度以及较好的塑性、韧性,因此已公认是抗震设防区,特别是强震区的最合适结构。

钢结构也有一些缺点,这些缺点在一定程度上影响了钢结构的应用:

①钢材价格相对较贵。采用钢结构后结构造价会有增加,从而影响建设单位的选择。

②耐锈蚀性差。钢结构,特别是在潮湿和有侵蚀性介质环境中的钢结构,很容易锈蚀。因此,新建的钢结构一般都要防锈,并在其表面镀锌或刷涂料加以保护;使用过程中,要定期维护,以防锈蚀。

③耐火性差。钢结构耐火性较差,在火灾中,未加防护的钢结构一般只能维持20min左右。因此需要防火时,应采取防火措施,如在钢结构外面包混凝土或其他防火材料,或在构件

表面喷涂防火涂料等。如图3.27所示的是在"9·11"事件中垮塌的美国纽约世界贸易中心大楼,尽管世界贸易中心大楼的钢结构采用了防火涂料等防护物,但在撞击的飞机燃油引起的熊熊大火面前也无能为力,在爆炸、断电、消防系统失灵、火势无法及时扑灭的情况下,高温将使其不得不软化,最终导致坍落。

a)   b)

图3.27 美国纽约世界贸易中心大楼

3)按建筑结构体系分类

按建筑结构采用的结构体系,可分为墙体结构、框架结构、框架—剪力墙结构、筒体结构、网架结构、桁架结构、薄壳结构、薄膜结构、悬索结构等。

(1)墙体结构

墙体结构是指利用建筑的墙体作为竖向承重和抵抗水平荷载(如风荷载或地震荷载)的结构,墙体同时也作为维护及房间分隔构件,在高层建筑中也称剪力墙结构。以砌体为主制作的结构称为砌体结构(图3.28),包括砖结构、石结构和其他材料的砌块结构。

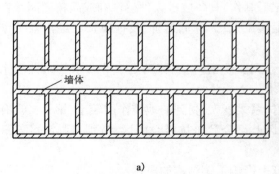

a)   b)

图3.28 墙体结构

(2)框架结构

框架结构体系是由竖向构件的柱子与水平构件的梁通过节点连接组成,其既承担竖向荷载,又能承担水平荷载(风、地震)(图3.29)。框架结构的优点是建筑平面布置灵活,可以提供较大的建筑空间,也可以构成丰富多变的立面造型。

框架结构体系的抗侧刚度主要取决于梁、柱的截面尺寸。一般梁、柱截面的惯性矩较小,

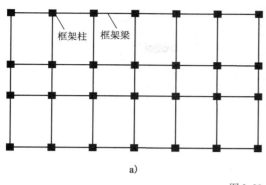

a)

b)

图3.29 框架结构

在水平荷载作用下的侧向变形较大,抗侧能力较弱,属柔性结构。因此,其建筑高度受到限制,一般不宜超过60m,在抗震设防烈度较高的地区,高度更加受到限制。

（3）框架—剪力墙结构

框架结构侧向刚度差,抵抗水平荷载能力较低,地震作用下变形大,但它具有平面灵活、有较大空间、立面处理易于变化等优点;而剪力墙结构则相反,抗侧力刚度、强度大但限制使用空间。把两者结合起来,取长补短,在框架中设置一些剪力墙,就成了框架—剪力墙结构。如果把剪力墙连在一起,做成井筒式,这种结构也称为框架—筒体结构。从受力和变形性能来看,框架—剪力墙与框架—筒体结构相同,因此可统称为框架—剪力墙结构（图3.30）。

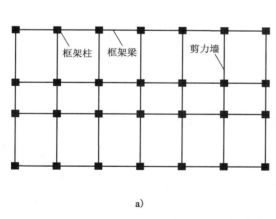

a)

b)

图3.30 框架-剪力墙结构

（4）筒体结构

筒体结构是由一个或多个筒体作为承重结构的建筑体系,适用于层数较多的高层建筑。筒体在侧向风荷载的作用下,其受力类似于刚性的箱形截面悬臂梁,迎风面受拉,背风面受压,当单筒结构高度较大时,其很难承受较大的水平作用,因此一般筒式体系为组合体系。根据不同组合,筒体结构可分为框筒体系、筒中筒体系、桁架筒体系、成束筒体系等（图3.31）。

框筒体系是指内芯由筒体构成,周边为框架的结构。当周边的框架柱布置较密时,可将周边框架视为外筒,而将内芯的剪力墙视为内筒,则结构就由框筒体系演变成筒中筒体系。在筒体结构中,增加斜撑来抵抗水平荷载,以进一步提高结构承受水平荷载的能力,增加体系的刚

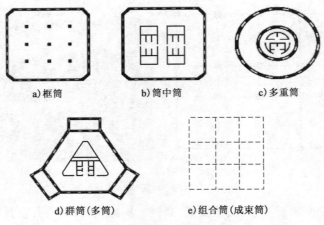

a)框筒   b)筒中筒   c)多重筒

d)群筒(多筒)   e)组合筒(成束筒)

图 3.31   筒体结构的多种形式

度,这种结构体系称为桁架筒体系。成束筒体系是由多个筒体组成的筒体结构。

(5)网架结构

网架结构是由多根杆件按照某种规律的几何图形,通过节点连接起来的空间结构。网架结构的杆件多采用钢管或角钢制作,节点多为空心球节点或钢板焊接节点。其材料一般采用16Mn 钢或 Q235 钢。它改变了一般平面桁架的受力体系,能够承受来自各方向的荷载,即使在个别杆件受到损伤的情况下,也能自动调节杆件内力,保持结构的安全。网架结构适用于各种跨度的结构,尤其适用于复杂平面形状,在我国应用已比较广泛,特别是在大型公共建筑和工业厂房屋盖中更为常见。

网架结构按外形可以分为平面形网架和壳形网架(图 3.32)。它可以是单层的,也可以是双层的。双层网架有上、下弦之分。平面形网架都是双层的。壳形网架则有单层、双层、单曲、双曲等各种形状。

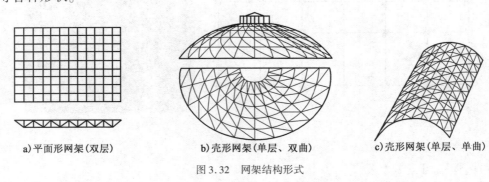

a)平面形网架(双层)   b)壳形网架(单层、双曲)   c)壳形网架(单层、单曲)

图 3.32   网架结构形式

(6)桁架结构

桁架结构是指由杆件在端部相互连接而组成的格子式结构。桁架中的杆件大部分情况下只受轴向拉力或压力,应力在截面上均匀分布,因而容易发挥材料的作用,这些特点使得桁架结构用料经济,结构自重小。桁架结构易于构成各种外形以适应不同的用途,譬如可以做成简支桁架、拱、框架及塔架等,因而在现今的许多大跨度的场馆建筑,如会展中心、体育场馆或其他一些大型公共建筑中得到广泛运用。桁架同网架相比,杆件较少,节点美观,不会出现较大的球节点。利用大跨度空间桁架结构,可以建造出各种体态轻盈的大跨度结构(图 3.33)。

图 3.33　桁架结构

（7）薄壳结构

薄壳结构就是曲面的薄壁结构，按曲面生成的形式分为筒壳、圆顶薄壳、双曲扁壳和双曲抛物面壳等，材料大都采用钢筋和混凝土（图 3.34）。壳体能充分利用材料强度，同时又能将承重与围护两种功能融合为一。实际工程中还可利用对空间曲面的切削与组合作用，形成造型奇特新颖且能适应各种平面的建筑，但较为费工和费模板。

图 3.34　薄壳结构

筒壳（柱面薄壳）是单向有曲率的薄壳，由壳身、侧边缘构件和横隔组成，如图 3.35a) 所示。横隔间的距离为壳体的跨度 L，侧边构件间距离为壳体的波长 l，当 $L/l \geqslant 1$ 时为长壳，$L/l < 1$ 为短壳。圆顶薄壳是正高斯曲率的旋转曲面壳，由壳面与支座环组成，壳面厚度做得很薄，一般为曲率半径的 1/600，跨度可以很大。支座环对圆顶壳起箍的作用，并通过它将整个薄壳搁置在支承构件上，如图 3.35b) 所示。双曲扁壳（微弯平板）是指一抛物线沿另一正交的抛物线平移形成的曲面，其顶点处矢高与底面短边边长之比不应超过 1/5。双曲扁壳由壳身及周边四个横隔组成，横隔为带拉杆的拱或变高度的梁，适用于覆盖跨度为 20~50m 的方形或矩形平面的建筑物，如图 3.35c) 所示。双曲抛物面壳是指一竖向抛物线（母线）沿另一凸向与之相反的抛物线（导线）平行移动所形成的曲面，此种曲面与水平面截交的曲线为双曲线，故称为双曲抛物面壳，如图 3.35d) 所示。著名的美国雷里竞技馆是世界上最早的双曲抛物面悬索屋盖。

a)筒壳

b)圆顶薄壳

c)双曲扁壳

d)双曲抛物面壳

图 3.35　薄壳结构

（8）悬索结构

悬索结构是以一系列受拉的索作为主要承重构件,这些索按一定规律组成各种不同形式的体系,并悬挂在相应的支承结构上。悬索一般采用由高强钢丝组成的高强钢丝束、钢绞线或钢丝绳,也可以采用圆钢筋、带钢或薄钢板等材料。悬索结构能充分利用高强材料的抗拉性能,可以做到跨度大、自重小、材料省、易施工。近代的悬索结构,除用于大跨度桥梁工程外,还在体育馆、飞机库、展览馆、仓库等大跨度屋盖结构中应用。

悬索结构形式极其丰富多彩,根据几何形状、组成方法、悬索材料以及受力特点等不同因素,有多种不同的划分方法。按组成方法和受力特点,可以将悬索结构分成单层悬索体系、预应力双层悬索体系、预应力鞍形索网、劲性悬索、预应力横向加劲单层悬索系、预应力索拱体系和组合悬索结构(图 3.36)。

（9）薄膜结构

薄膜结构是一种建筑与结构完美结合的结构体系。它是用高强度柔性薄膜材料与支撑体系相结合形成具有一定刚度的稳定曲面,能承受一定外荷载的空间结构形式。其具有造型自由轻巧、阻燃、制作简易、安装快捷、节能、易于使用、安全等优点,因而在世界各地受到广泛应用。这种结构形式特别适用于大型体育场馆、人行廊道、公众休闲娱乐广场、展览会场、购物中心等领域。

薄膜结构从结构方式上大致可分为骨架式、张拉式、充气式膜结构三种形式(图3.37)。

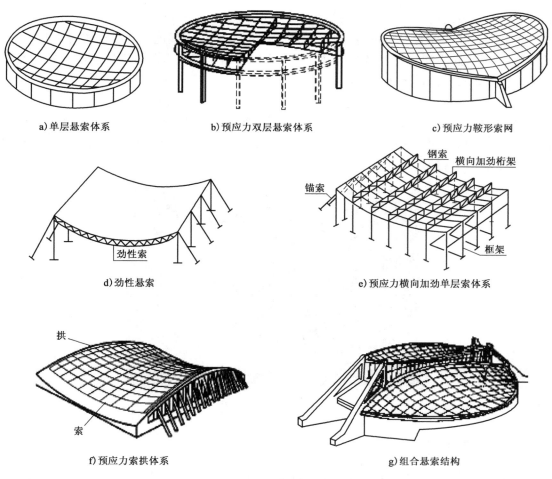

a)单层悬索体系　　　　b)预应力双层悬索体系　　　　c)预应力鞍形索网

d)劲性悬索

e)预应力横向加劲单层索体系

f)预应力索拱体系

g)组合悬索结构

图3.36　悬索结构形式

a)骨架式膜结构

b)张拉式膜结构

图3.37　薄膜结构

①骨架式膜结构以钢材或是集成材构成屋顶骨架,在其上方张拉膜材的构造形式,下部支

撑结构安定性高。因屋顶造型比较单纯,开口部不易受限制,且经济效益高等特点,广泛适用于任何大小规模的空间。

②张拉式膜结构由膜材、钢索及支柱构成,利用钢索与支柱在膜材中导入张力以达安定的构造形式。除了可实现具有创意、创新且美观的造型外,也是最能展现膜结构特点的构造形式。近年来,大跨空间结构也多采用以钢索与压缩材料构成钢索网来支撑上部膜材的形式。其施工精度要求高,结构性能强,且具丰富的表现力。

③充气式膜结构是将膜材固定于屋顶结构周边,利用送风系统让室内气压上升到一定压力后,使屋顶内外产生压力差,以抵抗外力,因利用气压来支撑、钢索作为辅助材,无需任何梁、柱支撑,可得更大的空间(图3.38)。其施工快捷,经济效益高,但需维持送风机 24h 运转,在持续运行及机器维护费用方面成本较高。

图 3.38　充气式膜结构屋顶

3.3.3　特种结构

特种结构是指具有特种用途的工程结构,包括高耸结构、容器结构及地下工程结构等。本节主要介绍电视塔、烟囱,水塔、水池、筒仓等特种结构。

1)电视塔

电视塔多建于大、中城市,承担广播电视发射和节目传递、旅游观光等任务,一般被看成所在城市的象征性建筑。电视塔由塔体、桅杆、塔楼、塔基础组成。塔基础顶面以上竖向布置的受力结构称塔体;塔楼以上的塔体部分称桅杆,主要用于安装发射天线;塔体中部或顶部的建筑称为塔楼;塔体和地基间,承受塔体各作用的结构称为塔基础。

20 世纪 50 年代以来,国外兴建了大量各种类型的电视塔,目前国外最高的电视塔为加拿大多伦多电视塔,高度为553.0m;其次是俄罗斯的奥斯坦金电视塔,高度为533.0m。近十几年来,国内也掀起了兴建大型钢结构电视塔的高潮,例如,高达 610m 广州中轴线电视塔、高度 388m 的河南省电视塔和高度 326m 的山东临沂电视塔(图3.39),这些工程不仅高度较高,而且其外形复杂,完全摒弃了钢结构电视塔传统的对称外形,成为工程所在地城市的一道亮丽风景。

2)烟囱

烟囱是用于排放工业与民用炉窑高温度气体的高耸结构物。它的作用在于保证炉窑内气

a) 广州中轴线电视塔　　　　b) 河南省电视塔　　　　c) 山东临沂电视塔

图 3.39　电视塔

体的正常流动和热交换过程,即提供炉内燃料充分燃烧所需要的空气,并排出燃烧过程中所产生的废气。烟囱由基础、筒壁、内衬、隔热层及附属设施(爬梯、避雷设备、信号灯平台等)组成。

目前国内外采用的烟囱形式众多,从材料上分为砖烟囱、钢筋混凝土烟囱及钢烟囱。目前高大的烟囱越来越趋向采用钢筋混凝土烟囱。按内衬布置方式分为单筒式烟囱、双筒式烟囱和多筒式烟囱;按结构形式分为拉线式钢烟囱、自立式钢烟囱和塔架式钢烟囱。我国目前最高的单筒式钢筋混凝土烟囱为210m,最高的多筒式钢筋混凝土烟囱是秦岭电厂212m高的四筒式烟囱(图3.40)。

a) 深圳妈湾电厂烟囱　　　　　　　　b) 秦岭电厂烟囱

图 3.40　烟囱

3）水塔

水塔是给水工程中常用的一种构筑物,它的主要作用是调节和稳定水压,储存和配给用水。水塔主要由水箱、塔身、基础和一些附属设施组成,这些附属设施包括进水管和出水管,爬梯和平台,避雷和照明装置,水位控制和指示装置。水塔的形式多种多样,其塔身可分为钢结构塔身、砖石砌体塔身和钢筋混凝土塔身。钢筋混凝土塔身又分支架式和筒壁式两种。根据塔身的高度和水箱的容量,支架式塔身可由四根柱、六根柱或八根柱组成;支柱可以是直立的,如果为了增强水塔的整体稳定性,也可把支柱做成下部外倾的倾斜式,倾斜度一般控制在$1/30 \sim 1/20$之间,支柱截面积一般不小于$300mm \times 300mm$。支架式塔身轻巧,迎风面小,节省水泥,受力比较合理,但是施工支撑麻烦,工期较长。筒壁式塔身刚度大,抗震性能好,可以采用滑模施工,因此可以缩短工期。水箱又可以设计成圆形、平底锅顶形、壳底锥顶形(常称为英兹形)、倒锥壳形、球形水箱等(图3.41),设计时可以根据受力性能、施工条件、市容要求和周围环境综合考虑选用。

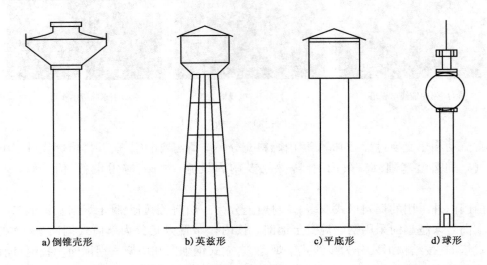

a) 倒锥壳形　　　b) 英兹形　　　c) 平底形　　　d) 球形

图3.41　水塔

4) 水池

水池是用于储存液体的构筑物,多建在地面和地下,主要由顶盖、池壁、底板组成,如图3.42所示。按平面形状分为矩形水池和圆形水池。矩形水池施工方便,占地面积小,平面布置紧凑;圆形水池受力合理。按水池材料分为钢水池、钢筋混凝土水池、钢丝网水泥水池、砖石水池等,应用最广的是钢筋混凝土水池。钢筋混凝土水池具有耐久性好、节约钢材、构造简单等特点。

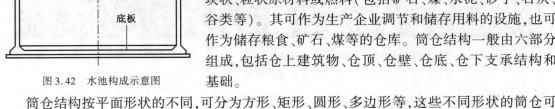

图3.42　水池构成示意图

5) 筒仓

筒仓是工矿企业的通用性构筑物,用它来储存松散的块状、粒状原材料或燃料(包括矿石、煤、水泥、砂子、石灰、谷类等)。其可作为生产企业调节和储存用料的设施,也可作为储存粮食、矿石、煤等的仓库。筒仓结构一般由六部分组成,包括仓上建筑物、仓顶、仓壁、仓底、仓下支承结构和基础。

筒仓结构按平面形状的不同,可分为方形、矩形、圆形、多边形等,这些不同形状的筒仓可布置为独立仓、单列仓和群仓(图3.43);按出料位置不同,可分为底卸仓和侧卸仓;按筒仓结构高低可分为浅仓和深仓两大类。

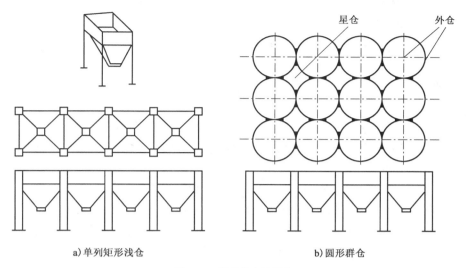

a) 单列矩形浅仓　　　　　　　　b) 圆形群仓

图 3.43　常见筒仓的形式

3.4　现代建筑工程

3.4.1　建筑工程发展趋势

随着大中城市建设用地日趋紧张,为了尽可能地利用空间,现代建筑工程向超高层、大跨度的方向发展趋势明显;同时,建筑结构体系也越来越复杂,新型结构形式将相继出现,新的高强度轻型材料也将广泛应用于建筑工程领域;随着计算机网络、综合数字网络及邮电通信网络等在住宅中的综合运用,智能建筑的理想真正变为现实。通过计算机网络综合控制,智能地配置建筑及建筑群内的各功能子系统,全面实现对通信网络系统、办公自动化系统、建筑及建筑群内各种设备(空调、供热、给排水、变配电、照明、电梯、消防、公共安全)等的综合管理。此外,现代建筑工程将成为高效利用资源(节能、节地、节水、节材),最低限度地影响环境的建筑物,为人们提供健康、舒适、安全的居住、工作、生活空间。现代建筑工程的发展趋势体现在以下几个方面:

(1)高层及超高层建筑

高层建筑是指超过一定高度和层数的多层建筑。高层建筑的起点高度和层数,各国规定不一,且多无绝对、严格的标准,中国在《高层建筑混凝土结构技术规程》(JGJ 3—2010)中规定:10 层及 10 层以上和高度超过 28m 的钢筋混凝土结构称为高层建筑结构。当建筑高度超过 100m 时,称为超高层建筑。因我国的房屋一般 8 层以上就需要设置电梯,对 10 层以上的房屋就有提出特殊防火要求的防火规范。因此,在《高层建筑混凝土结构技术规程》(GB 50352—2005)、《高层民用建筑设计防火规范》(GB 50045—2005)中,将 10 层及 10 层以上的住宅建筑和高度超过 24m 的公共建筑和综合性建筑称为高层建筑。联合国将 9 ~ 40 层(高度 100m 以内)的建筑定位为高层建筑,将 40 层以上或高度超过 100m 的建筑定位为超高层建筑;日本将 5 ~ 15 层的建筑定为高层建筑,15 层以上的建筑称为超高层建筑;美国将 24.6m 和

7 层以上的建筑物视为高层建筑。英国则把高度≥24.3m 的建筑视为高层建筑;法国高层建筑界定为:住宅 8 层及 8 层以上,或高度≥31m;德国高层建筑指高度≥22m(从室内地面起的)的建筑;苏联定位住宅 10 层及 10 层以上,其他建筑 7 层及 7 层以上为高层建筑;比利时定位高层建筑为高度超过 25m(从室外地面起)者。第二次世界大战以后,出现了世界范围内高层建筑繁荣时期。高层建筑可节约城市用地,缩短公用设施和市政管网的开发周期,从而减少市政投资,加快城市建设。

　　高层建筑是近代经济发展和科学技术进步的产物,至今已有 100 余年的历史。多年来,世界上最高的高层建筑集中在美国、加拿大。直到 20 世纪 80 年代末,北美洲一直是世界高层建筑的中心。按 1991 年公布的排行表,在世界上最高的 100 座最高建筑中,美国 78 座、加拿大 5 座、墨西哥 1 座,即北美洲占了 84%,成为当时世界高层建筑的中心。1900 年至今,世界上新建的最高建筑,几乎全部集中在亚洲地区;陆续建成了高度超过 200m、300m 的高层建筑。一般的高层建筑(高度 80～150m)更是大量兴建。21 世纪,亚洲将成为新的高层建筑中心。

　　阿联酋的迪拜塔(哈利法塔)建成于 2010 年,该建筑总高 828m,楼层总数 162 层,造价 15 亿美元。修建过程中共使用 33 万 m³ 混凝土,6.2 万 t 强化钢筋,14.2 万 m² 玻璃,调用了大约 4 000 名工人和 100 台起重机,垂直泵送混凝土逾 606m 的高度,创造了多项世界纪录(图 3.44)。由于高层建筑中的科技含量越来越高,已成为反映一个国家或城市科技实力和建设水平的指标之一。因此,目前世界上一些国家纷纷提出拟建世界最高建筑,如美国、巴西、日本等国都提出拟建 1 000m 以上的高层建筑;西班牙建筑设计师也为我国上海设计了高度超过 1 000m 的建筑,其中目标最为远大的是日本大成建设公司提出的建造高度 4 000m 以上的超高层建筑"都市大厦"(图 3.45)。

图 3.44　高度为 828m 的阿联酋迪拜塔(哈利法塔)　　　图 3.45　日本超高层建筑"都市大厦"设想

（2）大跨度建筑

　　大跨度建筑通常是指跨度在 30m 以上的建筑。我国现行《钢结构设计规范》(GB 50017—2003)规定跨度 60m 以上的结构为大跨度结构,其主要用于民用建筑的影剧院、体育场馆、展览馆、大会堂、航空港以及其他大型公共建筑。在工业建筑中则主要用于飞机装配车间、飞机库和其他大跨度厂房。大跨度建筑结构包括网架结构、网壳结构、悬索结构、桁架结构、膜结构、薄壳结构等基本空间结构及各类组合空间结构。其中著名的大跨度体育场馆建筑,有中国国家体育场(鸟巢)(图 3.46)、新加坡国家体育馆(图 3.47)等。

图 3.46 中国国家体育场(鸟巢)　　　　　图 3.47 新加坡国家体育馆

大跨度建筑迅速发展的原因,一方面是由于社会发展使建筑功能越来越复杂,需要建造高大的建筑空间来满足群众集会、举行大型的文艺体育表演、举办盛大的各种博览会等需要;另一方面则是新材料、新结构、新技术的出现,促进了大跨度建筑的进一步发展。两者相辅相成,相互促进,缺一不可。例如在古希腊古罗马时代就出现了规模宏大的容纳几万人的大剧场和大角斗场,但当时的材料和结构技术条件却无法建造能覆盖上百米跨度的屋顶结构,结果只能建成露天的大剧场和露天的大角斗场。19 世纪后半叶以来,钢结构和钢筋混凝土结构在建筑上的广泛应用,使大跨度建筑有了快速发展,特别是近几十年来,新品种的钢材和水泥在强度方面有了很大提高,各种轻质高强材料、新型化学材料、高效能防水材料、高效能绝热材料的出现,为建造各种新型的大跨度结构和各种造型新颖的大跨度建筑创造了更有利的物质技术条件。

(3)新材料的开发和应用

随着高性能混凝土材料的研制和不断发展,混凝土的强度等级和塑性性能不断得到改善。在高层建筑中应用高强度混凝土(C60 ~ C100 混凝土已有应用),可以减小结构构件的尺寸,减少结构自重,对高层建筑结构的发展产生重大影响。高强度且具有良好可焊性的厚钢板将成为今后高层建筑钢结构的主要用钢。耐火钢材 FR 钢的出现为钢结构的抗火设计提供了方便。采用 FR 钢材制作高层钢结构时,其防火保护层的厚度可大大减小,在有些情况下可以不采用防火保护材料,从而降低钢结构的造价,使钢结构更具有竞争性。此外,新型的碳纤维材料也广泛应用于土木工程中,其轴向强度和模量高,通用型碳纤维强度达 1 000MPa、模量100GPa 左右,高性能型碳纤维又可分为高强型(强度 2 000MPa、模量 250GPa)和高模型(模量在 300GPa 以上),具有无蠕变,耐疲劳性好等特点,比热及导电性介于非金属和金属之间。

(4)新型结构形式广泛应用

在多震国家如日本,组合结构高层建筑发展迅速,数量已超过混凝土结构高层建筑。采用组合结构可以建造比混凝土结构更高的建筑。除外包混凝土组合柱外,钢管混凝土组合柱、外包混凝土的钢管混凝土双重组合柱的应用也很广泛。随着混凝土强度的提高及结构构造和施工技术的改进,组合结构在高层建筑中的应用将进一步扩大。

此外,新型结构广泛应用到超高层建筑中,建筑结构体系也越来越复杂(图 3.48),如正在筹建的高 532m 的芝加哥螺旋塔大厦(图 3.49),都采用了桁架筒体结构体系,这种结构体系可以将全部垂直荷载传至周边结构,其单位面积用钢量仅 $150kN/m^2$,节省钢材显著。预计这种结构体系今后在 300m 以上的高层建筑中将得到更多的应用。而巨型框架结构体系由于其刚度大,便于在内部设置大空间。多束筒结构体系在适应建筑场地、丰富建筑造型、满足多种功能和减小剪力滞后等方面都具有很多优势,故在今后将得到广泛应用。

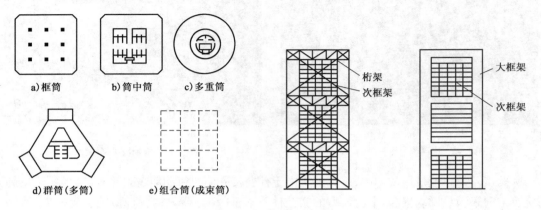

图 3.48　筒体结构的形式及巨型骨架结构体系

图 3.49　芝加哥螺旋塔大厦的效果图

（5）智能建筑

智能建筑(IB)是以建筑为平台,兼备建筑设施、办公自动化及通信网络系统,集结构、系统、服务、管理的最优化组合,向人们提供一个安全、高效、舒适、便利的建筑环境。智能建筑是具有高功能性、高节能性的人居环境。如智能住宅的计算机系统,可根据温度、湿度及风力等情况自动调节窗户的开闭、空调器的开关;如看电视时来电话了,则电视音量会自动降低等。

智能建筑是多学科、多技术系统的综合集成,能将建筑物的结构、设备、服务和管理根据用户的需求进行最优化组合,涉及建筑、土木工程、机械、动力、通信、计算机、人体工学、建筑心理学、行为学、美术等诸多领域。智能建筑强调智能化系统设计与建筑结构的配合和协调,应用现代 4C 技术(即计算机技术、控制技术、通信技术和图形显示技术)构成智能建筑结构与系统,结合现代化的服务与管理方式,给人们提供一个安全、舒适的生活、学习与工作空间(图 3.50)。智能建筑的智能主要体现在三个方面:①建筑能"知道"建筑内、外所发生的一切;②建筑能通过有效的方式为用户提供方便、舒适和富有创造性的环境;③建筑能迅速"响应"用户的各种要求,即实现办公自动化、通信自动化、建筑自动化。

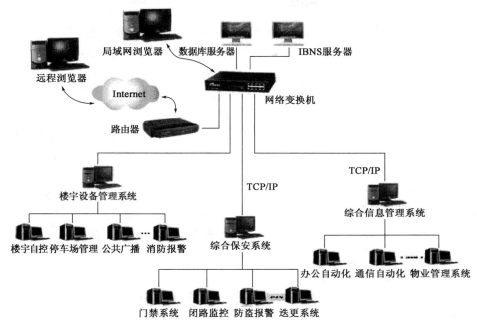

图3.50 智能建筑的集成化模式

世界上第一座智能大厦是1984年1月由美国联合技术建筑系统公司(UTBS)将一幢旧金融大厦进行改造的"都市大厦"。之后,位于日本东京的一座智能大厦也相继建成,引起了各方面的极大关注。为适应必将到来的智能建筑时代的要求,日本于1985年11月制订了从智能设备、智能家庭到智能建筑、智能城市的发展计划,成立了建设国家智能建筑专业委员会和日本智能建筑研究会(JIBI)。英国、法国、德国等欧洲国家也相继在20世纪80年代末及90年代初开始发展各具特色的智能建筑。亚洲智能建筑学会也于2000年在中国香港成立,其中新加坡拨巨资为推广智能建筑进行专项研究,计划把新加坡建成"智能城市花园"。据《2013—2017年中国智能建筑行业发展前景与投资战略规划分析报告》数据显示,我国智能建筑行业市场在2005年首次突破200亿元之后,也以每年20%以上的增长态势发展,2012年市场规模达到861亿元。我国智能建筑行业仍处于快速发展期,随着技术的不断进步和市场领域的延伸,未来几年智能建筑市场前景仍然巨大。

目前,智能建筑正朝两个方向发展:一方面智能建筑向公寓、酒店、商场等建筑领域扩展,特别是向智能住宅扩展。智能住宅由计算机系统根据天气、温度、湿度、风力等情况自动调节窗户的开闭、空调器的开关,以自动保持房间的最佳状态。另一方面,智能建筑已从单体建筑向建筑群智能化发展。智能建筑发展的趋势是智能化、网络化、集约化和生态化。目前,建筑智能化已经成为整个社会信息化的一个组成部分,智能化融入建筑中,乃是当今现代化建筑发展的一项重要内容和趋势。随着科学技术的进步和发展,智能建筑的发展道路将充满希望。

(6)绿色建筑

《绿色建筑评价标准》(GB/T 50378—2014)对绿色建筑作出如下界定:在建筑的"全寿命期内,最大限度地节约资源(节能、节地、节水、节材)、保护环境、减少污染,为人们提供健康、适用和高效的使用空间,与自然和谐共生的建筑。"从概念上讲,绿色建筑主要包含了三点:一是节能,这个节能是广义上的,包含了上面所提到的"四节",主要是强调减少各种资源的浪费;二是保护环境,强调的是减少环境污染,减少二氧化碳排放;三是满足人们使用上的要求,为人们提供"健康""适用"和"高效"的使用空间。如图3.51所示的是新加坡设计的绿色建筑群,其能充分利用太阳能、海潮、降雨等天然资源,解决照明、用水、通风等问题。

面对能源危机、生态危机和温室效应,走可持续发展道路已经成为全球共同面临的紧迫任务。作为能源占全部能耗将近1/3的建筑业,很早就将可持续发展列入核心发展目标。绿色建筑正是在这种环境下应运而生。绿色建筑源于建筑对环境问题的响应,最早始于20世纪60年代的太阳能建筑,其后在一些发达国家发展较快。可以说,绿色建筑是顺应时代发展潮流和社会民生需求,是建筑节能的进一步拓展和优化。绿色建筑体现出愈来愈旺盛的生命力,具有非常广阔的发展前景。

地球上的资源是有限的,而人类的消耗太大,人类不得不面对资源更加匮乏的境地。怎样节约资源,为后代留下足够的生存空间,建筑师们有两点考虑:一是节约建筑材料;二是造出来的房子自身消耗的能源要少。从绿色环保建筑的趋势看,一般认为,无毒、无害、无污染的建筑材料和装饰材料是市场消费的热点。其中室内装饰材料要求更高,绿色观念更强。具体要求是:绿色墙材,如草墙纸、丝绸布等;绿色地材,如环保地毯、保健地板等;绿色板材,如环保型石膏,在冷热水中浸泡48h不变形、不污染;绿色照明,通过科学设计,形成新型照明环境;绿色家具,要求自然简单,保持原有木质花纹色彩,避免涂料污染。

目前,世界各国已经兴起绿色建筑的热潮。我国也已非常重视生态、环保建筑的开发与建设。图3.52所示的是上海建筑科学研究院设计并已建成的我国首幢生态办公楼,它充分利用太阳能、地热等再生资源,安装太阳能热水系统、太阳能空调,收集雨水再利用,全方位采取节能降耗技术,综合能耗为普通建筑的1/4,再生能源利用率占建筑使用能耗的20%,室内环境优质,再生建材资源利用率60%,室内综合环境达到健康、舒适指标。

图3.51　新加坡设计的绿色建筑群　　　　图3.52　上海建筑科学研究院设计的生态办公楼

（7）健康型建筑和特型建筑

现有的建筑虽然不会对居住者的健康有副作用,但确实存在令人不舒服的因素,如建筑原材料的放射性问题。有的材料,包括建筑用土、混凝土和石材的含氮量比较高。会对人体产生一定的影响。可采取以下措施,解决这些问题:一是从建筑材料方面入手,尽量减少有害物质的含量;二是加强建筑物的通风性能。法国有的建筑师在建筑模型完成后要进行"吹风"试验(图3.53),以观察建筑物的通风性能,完善建筑群的整体规划。英国住房协会为用户提供的特型建筑,为装有流线型顶棚、多层玻璃窗、太阳能供水和循环用水系统的建筑物,也是具有采光充分、内部空间灵活及节省建材的21世纪特型居住建筑。

图3.53 建筑风环境风洞试验

住房是人类生存的基本物质条件,人居环境是生态环境的重要组成部分,居住质量是人类文明进步的重要标志,人居环境的恶化,不仅是发展中国家,也是发达国家共同面临的社会发展问题。为了人类的繁衍和发展,改善人类的居住环境,我们应加大对建筑科技的设计研究与开发实践。

(8)建筑信息化

近年来,建筑信息模型(Building Information Modeling,简称BIM)的发展和应用引起了建筑工程界的广泛关注,业界认为BIM技术将引领建筑信息化未来的发展方向,必将引起整个建筑业以及相关行业革命性的变化。

BIM技术通过创建并利用数字模型对项目进行设计、建造及运营管理,它实现了从传统二维绘图向三维绘图的转变,它使建筑信息更加全面、直观地展现出来。借助于BIM技术,可以对建筑工程项目的生命周期全过程进行管理和建设(图3.54)。如在概念设计阶段,可利用BIM技术搭建场地环境模型,进行日照分析,并根据BIM模型确定更加合理化的建筑形体;在方案设计阶段,可利用BIM软件对多个方案进行数量化对比,选出符合可持续发展和智能化

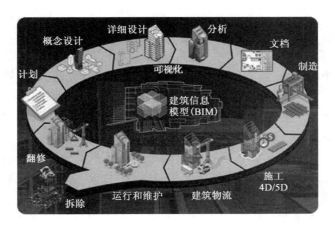

图3.54 BIM技术在建筑工程项目生命周期全过程中的应用

的设计方案;在初步设计阶段,可利用 BIM 技术提高设计质量和进度;在施工设计阶段,利用 BIM 软件可以解决施工安装、技术方法、材料配合比、工程预算等方面的问题;在施工阶段中,由于 BIM 集成了材料、场地、机械设备、人员组成、天气状况等信息,并且以天为单位进行施工模拟,可以直观地反映施工的各项工序,方便施工单位协调各专业的施工顺序,合理组织班组进场施工,进行机械准备、材料周转等;在运行维护阶段,由于 BIM 技术集成了建筑全生命周期中完整的信息,因此可以给建筑的维修、保养带来巨大的便利。

2016 年 9 月,为进一步提升建筑业信息化水平,我国住房和城乡建设部发布了《2016—2020 年建筑业信息化发展纲要》,提出加快 BIM 普及应用,这意味着将 BIM 技术上升到国家发展战略层面,对于加强 BIM 技术深化和推广工作有重要意义。

3.4.2　未来城市设想

根据相关统计和计算,世界人口已经超过 70 亿,并且每 12 年左右就增加 10 亿。如果按照这个速度增长,到公元 2800 年,每 $40cm^2$ 的陆地上将有一个人;到公元 4300 年,人口的重量将超过地球的重量。因此,未来的人类将居住在什么样的城市里,成为一个令人关注的问题。

近年来,世界各国规划师提出各种各样的未来城市设想,如应对土地资源有限的海上城市、海底世界;不破坏生态的空间城市;模拟自然生态的仿生城市。还有超级城市、高塔城市、拱形城市、海洋城市、数字化城市、生态城市、太阳城市、紧凑城市、田园城市、宇宙城市、立体城市、地下城市等。此外,还有人提出群体城市、山上城市、摩天城市、沙漠城市以及分散城市等。据最新信息和科学预测,未来新兴城市的发展将定格在虚拟城市、生态城市、地下城市、海洋城市等形式上,有些已经付诸实践。通过对未来城市的规划,可以进一步探索和展望未来建筑工程的发展方向。

(1)虚拟城市

虚拟城市是综合运用 GIS、遥感、遥测、网络、多媒体及虚拟仿真等技术,对城市内的基础设施、功能机制进行自动采集、动态监测管理和辅助决策的数字化城市。

随着信息技术和网络的高速发展,能够在全球范围内灵活移动的虚拟城市,将可能飞速发展起来。在这种虚拟城市中,一些跟人一样聪明而富有感情的机器人,将为城市的人们提供从工作到生活、从医疗到娱乐的多种有效服务。只要将所需要的知识、信息和功能都输送储存在它的大脑之中,它就会像一个真正的人那样去开拓、进取,去创造一切。

(2)生态城市

广义的生态城市,是建立在人类对人与自然关系更深刻认识基础上的新的文化观,是按照生态学原则建立起来的社会、经济、自然协调发展的新型社会关系,是有效利用环境资源实现可持续发展的新的生产和生活方式。狭义地讲,生态城市就是按照生态学原理进行城市设计,建立高效、和谐、健康、可持续发展的人类聚居环境。生态城市,这一概念是在 20 世纪 70 年代联合国教科文组织发起的"人与生物圈"(MAB)计划研究过程中提出的,一经出现,立刻就受到全球的广泛关注。关于生态城市概念众说纷纭,至今还没有公认的确切定义。苏联生态学家杨尼斯基认为生态城市是一种理想城市模式,其中技术与自然充分融合,人的创造力和生产力得到最大限度发挥,而居民的身心健康和环境质量得到最大限度保护。中国有学者认为,生态城市是根据生态学原理综合研究城市生态系统中人与"住所"的关系,并应用科学技术手段,协调现代城市经济发展与生物的关系,保护与合理利用一切自然资源与能源,使人、自然、环境融为一体,互惠共生。

生态城市将大自然全面引进城市,使城市像生命体那样生存。这种"生态城市"将成为未来城市的主流,生态城市中的建筑物,几乎融入了所有现代的生态理念。其住宅的每个房间都阳光明媚,既不需要取暖的炉子,也不需要空调,热水可以通过太阳能热水器获取。另外,这些建筑物还力求冬暖夏凉,其中的一切能源都不依靠外界供给。建筑物无需传统的供电站送电,其电源来自可储存太阳能的阻挡层光电池。这种电池把获取的太阳能转化为电能,并将其储藏在电池里。当冰箱、烘干机、洗衣机、洗碗机、电吹风等家用电器需要供电时,阻挡层光电池就把电输送给这些家用电器。

(3)仿生城市

仿生城市是一种模仿植物结构和功能的新概念城市,人们把城市的商业区、无害工业区、公园绿化、街道广场等组成要素,层层叠叠的密集置于一个巨型结构体中,空气和阳光,通过调节器送入"主干"部分,而居住区置于悬挑出来的"枝干"和"叶片"上,可以接触自然空气和阳光。

(4)海底城市

把城市建在海底,可以不用占海面和地面,并且便于开发海底资源。海底城市包括许多圆柱体,中部设学校和办公室,上部设医院和住宅,高级住宅设在圆柱体突出海面处,能享受到阳光和新鲜空气。突出海面的部分有供直升机起降和船舶停靠的平台。当特别巨大的风暴和海啸来临时,为躲避风浪,露出海面的上层部分可以通过特殊的升降装置降落到海面以下。整个城市的用水从海中获得。能源可以利用海水表层和深层的温差进行发电来获得。通过模仿鱼类呼吸的"人工鳃"技术,人们可以方便地在浅海区游泳和嬉戏,没有溺水之忧。另外,有人设想把城市设计成可以同海底基座脱离的形式,当有海底地震和海底火山爆发的预报时,城市与基座脱离,充气上浮到海面,并迁移到安全海域,降落到预先准备好的备用海底基座上。

(5)地下城市

未来世界的地下城市可解决城市中缺乏可用地的问题,这种城市不太会受到地震的影响。由于地震时地表以下比地表上更为稳固,因此,这种新型地下城市比地上城市更安全。几乎不变的地下自然温度使地下城市能够保存更多的有效能源,因此地下城市将有助于缓解一个国家依靠外来能源供应的状况。地下城市的一部分将配有透明的圆屋顶,可以使居民对天空和星星一览无余。地下城市的地理结构,其实是一个由隧道连通的巨大的地下城市空间网。每个网络站(有商店、区旅管和办公区组成)都同几个商店和游乐场的网点连接起来,网络站之间也通过隧道连接起来,地下城市的建筑群,至少可供50万人居住。

(6)摩天城市

摩天城市实际就是一栋各种配套设施齐全摩天大楼。美国正在筹建高1500m、528层的建筑物,它可容纳一个中等城市的居民在里面居住。摩天城市的出现将极大提高土地的利用率,解决土地价格暴涨、住房紧张等问题。

(7)太空城市

在环绕地球或其他行星的轨道上可以建立巨大的空间站作为太空城市。利用太空城市的自传可以产生人工重力,消除失重感觉。国外设想的一种太空城直径为6~7km、长度30km,呈圆筒状,利用太阳能实现能源的自给自足。太空城市有自己的太空港和对接舱,便于货运飞船的往来。由于有发达的通信和交通运输手段,未来相距遥远的太空城市也可以进行贸易,并互相派遣留学生。

（8）海上城市

地球上 3/4 的面积是海洋,建设海上城市是解决人类居住问题的重要途径,科学家们构想的"海上城市种类较多"。如将城市设计成一种锥形的四面体,高 20 层左右,漂浮在浅海和港湾,用桥同陆地相连。这种海上城市实际是特殊的人工岛,建筑师设想把机械和动力装置安置在底层,将商业中心和公共设施安置在四面体内部,上层的临海部位是居住区,运动场设置在甲板上,一些无害的轻工业厂房也可以设置在上面。较有影响的"海上城市"设计有以下几种。

①日本的"海上城市",原名"巴西玛鲁",是日本一艘国际远航客货轮,已有 50 多年的历史,船长 156m,宽 19.6m,共有七层,排水量达 1.7 万 t。

②荷兰马斯博默尔(Maasbommel)住宅,是一个由 40 栋 3 层可以漂浮在水面上的"两栖房屋"组成的住宅区。马斯博默尔住宅虽然是拴在地面的,但上升与下降都是随着水位变化,此做法可以使住宅适应水位,而不是试图与其抗衡。

③美国打造的海上浮动城市——"自由之船"。源于丹麦建筑师朱利安·德施默德(Julien de Smedt)提出的"美人鱼"的项目,像漂浮在海面上的人工岛,船体高度相当于 37 层楼,顶端是大型机场跑道,可起降多架飞机(图 3.55)。

④日本的可供 75 万人居住的金字塔形海上城市。为了解决问来人口的居住问题,斯坦福大学的意大利建筑师丹特·比尼打算在日本东京海湾建一座"超级大都市金字塔"。从设计图看,这座"超级金字塔"总共 8 层,1~4 层商住两用,5~8 层设有娱乐和公共设施,每层高度为 250.5m,合计高度为 2004m。总占地面积约 8km²,可容纳 75 万人同时居住。"超级金字塔"还是一座可以自给自足的人工智能型生态城市,绝对环保,人住在里面,与住在地面上的公寓毫无区别。但目前仍处于构想阶段。

⑤比利时建筑师文森特·卡勒(Vincent Callebaut)设计的"睡莲之家",他将城市设计成睡莲形状,并将其定位为"浮动生态城",城市能够容纳数万人居住(图 3.56)。

图 3.55　美国打造海上浮动城市"自由之船"　　　图 3.56　比利时建筑师设计的"睡莲之家"

【思考题】

1.试述建筑结构主要基本构件的特点和分类有哪些?

2. 建筑工程的主要结构类型及其特点是什么？

3. 现代高层建筑常用的建筑结构形式有哪些？各有什么优点和缺点？

4. 什么是结构功能的极限状态？承载能力极限状态和正常使用极限状态的含义分别是什么？

5. 什么是结构的可靠性与可靠度？

6. 特种结构的分类及其特点是什么？

7. 钢筋混凝土结构的施工包括哪些分项工程？

8. 混凝土工程包括哪些主要施工过程？

9. 现代建筑工程的发展方向是什么？

10. 什么是智能建筑？它与绿色建筑有什么异同？

第 4 章

道路与铁道工程

4.1　道路与铁道工程简介

4.1.1　道路工程简介

现代交通运输体系由道路、铁路、水运、航空和管道五种运输方式组成,它们共同承担客、货的集散与交流,在技术与经济上又各具特点。道路运输从广义上来说,是指货物和旅客借助一定的运输工具,沿道路某个方向做有目的的移动过程;从狭义上来说,道路运输则指汽车在道路上有目的的移动过程。道路运输是交通运输的重要组成部分。

道路工程是以道路为对象进行的规划、勘测、设计、施工、养护与管理等应用科学和技术及其工程实体的总称。就道路本身而言,通常指的是为陆地交通运输服务,通行各种机动车、人畜力车、驮骑牲畜和行人的各种路的统称。道路伴随人类活动而产生,又促进社会的进步和发展,是历史文明的象征、科学进步的标志。

道路工程是线性结构物,由于其地质、环境、材料、施工及控制、交通荷载等的复杂性,其结构和材料与其他土木工程基础设施相比更具特殊性。

116

4.1.2 铁道工程简介

铁路运输是现代化运输体系之一,也是国家的运输命脉之一。铁路运输的最大优点是运输能力大、安全可靠、速度较快、成本较低、对环境的污染较小、基本不受气象及气候的影响,能源消耗远低于航空及公路运输,是现代化交通运输体系中的主干力量。

铁道工程指铁路上的各种土木工程设施,也指修建铁路的勘测、设计、施工、养护、改建各阶段所运用的科学和技术,属于土木工程的分支。铁道工程最初包括与铁路有关的土木(路基、轨道、桥梁、隧道、站场)、机械(机车、车辆)和信号等工程。随着铁路建设的发展和技术的进一步分工,其中一些工程逐渐形成为独立的学科,如机车工程、车辆工程、信号工程;另外一些逐渐归入各自的本门学科,如桥梁工程、隧道工程。现在狭义的铁道工程一词仅包括铁路选线、铁路轨道、路基工程、铁路站场及枢纽等。

4.1.3 道路与铁道工程的分类及等级

1)道路工程的分类与等级

道路的通行能力和服务水平从不同的角度反映了道路的性质与功能,通行能力主要反映道路服务的数量或服务能力,服务水平主要反映了道路服务质量或服务的满意程度。通行能力是指单位时间内,在一定的道路、交通、管制条件下,一条车道或道路的某一断面所能通过的最大车辆数。通行能力实质上是道路负荷状况的一种量度,它既反映了道路疏通交通的最大能力,也反映了在规定特性前提下,道路所能承担车辆运行的极限值。

道路根据其所处的位置、交通性质、使用特点及其使用范围可分为公路、城市道路等。我国道路工程的分类、组成和工程内容如图4.1所示。

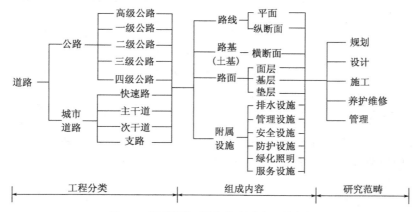

图4.1 我国道路工程分类、组成和工程内容

按交通运输部颁布的《公路工程技术标准》(JTG B01—2014),根据使用任务、功能和适应的交通流量,道路分为高速公路、一级到四级公路五个等级,表4.1给出了不同等级公路年平均日设计交通量。

不同等级公路的年平均日设计交通量   表4.1

道路类别	交 通 特 点	车道数	小客车年平均日设计交通量(辆)
高速公路	专供汽车分向、分车道行驶,并全部控制出入的多车道公路	四车道	25 000 ~ 55 000
		六车道	45 000 ~ 80 000
		八车道	60 000 ~ 100 000

续上表

道路类别	交通特点	车道数	小客车年平均日设计交通量(辆)
一级公路	供汽车分向、分车道行驶,并可根据需要控制出入的多车道公路	四车道 六车道	15 000 ~ 30 000 25 000 ~ 55 000
二级公路	供汽车行驶的双车道公路,应能适应各种车辆	双车道	5 000 ~ 15 000
三级公路	主要供汽车行驶的双车道公路	双车道	2 000 ~ 6 000
四级公路	主要供汽车行驶的单车道或双车道公路	单车道 双车道	<400 <2 000

2)铁道工程的分类与等级

我国地域辽阔,人口和资源分布很不平衡,经济发展也不均衡,这使得铁路在整个路网中的地位和作用也不尽相同,负担的运输任务也有很大差别,有必要对其进行划分,有区别地规划其输送能力,进而确定线路的主要技术标准。

铁道工程涉及选线设计和路基工程两大部分,铁路选线是涉及整个铁路工程设计中一项关系全局的总体性工作。铁路路基是承受并传递轨道重力及列车动态作用的结构,是轨道的基础。路基是一种土石结构,处于各种地形地貌、地质、水文和气候环境中,有时还会遭受各种灾害,如洪水、泥石流、崩塌、地震等。

铁路等级作为铁路的基本标准,在设计铁路时应首先确定;铁路技术标准和装备类型都需要根据相应的铁路等级选定。我国《铁路线路技术管理规程》(2014版)规定铁路等级应根据在铁路网中的作用、性质和远期的客货运量确定,一般可划分为Ⅰ级、Ⅱ级和Ⅲ级铁路(表4.2)。

铁路等级划分   表4.2

等　级	交通特点	远期年客货运量(Mt)
Ⅰ级铁路	在路网中起骨干作用的铁路	≥15
Ⅱ级铁路	在路网中起骨干作用的铁路	≤15
	在路网中起联络、辅助作用的铁路	≥7.5
Ⅲ级铁路	为某一区域服务,具有区域运输性质的铁路	≤7.5

注:以上年客货运量为重车方向的货运量与客车对数折算的货运量之和,每天1对旅客列车按1.0Mt/a货运量折算。

铁路等级高一般要求设计标准高、输送能力大、运营质量好、安全舒适性强,同时造价高。铁路等级的合理划分具有重要经济意义,可使国家资金得到合理利用。

(1)国家铁路

国家铁路是指由中华人民共和国国务院铁路主管部门管理的铁路,简称国铁,国务院铁路主管部门是中华人民共和国交通运输部国家铁路局(原主管部门为铁道部)。

截至2016年年底,中国铁路的营业里程已达12.4万km,其中高铁2.2万km以上,高铁里程居世界第一。随着沪昆高铁全线运行,云桂铁路、渝万高铁等重大项目相继投入运营,中西部铁路营运里程扩充至9.5万km、占比达到76.6%。

(2)地方铁路

地方铁路是指由地方人民政府管理的铁路。地方铁路与国家铁路相比,所不同的是管理主体的变化,一个是国务院铁路主管部门,一个是地方人民政府;前者是代表国家,代表的是中央人民政府的总体经济利益,后者虽然也是国家的一个部分,但代表的是地方本区域内的经济利益。地方铁路主要是由地方自行投资修建或者与其他铁路公司联合投资修建,担负地方公共旅客、货物短途运输任务的铁路。我国地方铁路是在中华人民共和国成立以后不断发展起来的,其中有标准轨(1435mm)和窄轨(762mm)两种轨距。

地方铁路的经营管理方式大体上分为三种类型。一种是自营性质,即在省、自治区、直辖市人民政府直接管辖下,设置专门机构。如河南省设有地方铁路运输总公司,系一级职能机构,负责全省地方铁路的规划、建设和日常工作,下设铁路分局,直接指挥运输生产。目前河南省则在全国地方铁路中是比较发达的一个省份,已成为河南省交通运输中一支重要的力量。有的省则在交通运输厅设置地方铁路管理机构,管理本省的地方铁路,如湖南省的地方铁路管理局、辽宁省的地方铁路管理处,这些局或者处都是交通运输厅下属的一个职能机构,重大问题都需要经交通运输厅审核后由省政府决定。第二种是自建联营,以标准轨距为主,地方铁路和国家铁路联合经营。如四川省青白江至灌县(即青白线)于1984年由四川省地方铁路管理局与成都铁路局达成了联合经营的协议,成立四川省地方铁路公司,实行自负盈亏、独立核算。山西省神池至河曲,即神河线,由地方铁路局与北京铁路局联合经营,效果也很好。第三种是地方建路,委托国家铁路的邻近铁路局代管。广东省、广西壮族自治区属于这种类型。在国家铁路的铁路局设立地方铁路处,负责领导地方铁路的日常工作,财务上由政府的财政办理结算,铁路局只负责运输生产活动。

地方铁路从无到有,目前已发展成为我国地方运输事业中的一支重要的运输力量,在地方经济发展中起着重要、积极的作用。

(3)合资铁路

合资铁路是在中国改革开放后出现的新事物。对于中国铁路建设和管理,建立适应市场经济的新体制,是一种有益的探索。

"七五"期间是合资铁路探索的起步阶段。在改革开放方针指引下,国民经济持续快速增长,铁路成为制约国民经济和社会发展的"瓶颈"。一些省、市、自治区政府为发展经济,修建铁路的愿望十分迫切,这是合资铁路建设的良好机遇。20世纪80年代初期,在南方铁路建设中,广西壮族自治区政府与原铁道部共同探索合作途径,出现了合资建路的雏形。"七五"末期,在三茂铁路建设中,广东省政府与原铁道部合作,组建了三茂铁路公司,共同出资建成了我国第一条中央与地方合资的铁路。

"八五"期间是合资铁路快速发展阶段。1991年,国家计划委员会、原铁道部在广东省联合召开了全国合资铁路工作会议,肯定了合资铁路发展的方向。1992年,国务院对合资铁路建设提出了"统筹规划、条块结合、分层负责、联合建设"的方针,并颁发了《关于发展中央和地方合资建设铁路意见的通知》,并明确指出:"修建合资铁路是对传统的建设和管理体制的一大突破,是深化铁路改革的一条新路","国家对合资铁路实行特殊运价,并给予其他必要的优惠政策",这有力地推进了合资铁路的发展。这一时期,先后有达成、广大、广梅汕、邯济、合九、石长、横南、金温等13个合资铁路项目开工建设,并建成了合资铁路中最长的集通铁路、连接亚欧第二条铁路大陆桥的重要组成部分的北疆铁路以及连接海南岛的粤海铁路。

合资铁路打破了多年来我国铁路建设投资主体单一的局面,调动了中央和地方两方面的积极性,拓宽了筹资渠道,铁路建设初步形成了投资主体多元化的格局。

(4)专用铁路

专用铁路是指由企业或者其他单位管理,专为本企业或者本单位内部提供运输服务的铁路。专用铁路的概念也是从管理权限和管理主体上来划分的。一般来说,专用铁路大都是大中型企业自己投资修建,自备机车车辆,用以完成企业自身运输任务的铁路。也有一些军工企业、森林管理部门为运输生产需要修建了一些专用铁路。目前我国共有专用铁路 25 000 多公里,其中工矿铁路 13 000 多公里,森林铁路 9 000 多公里,其他专用铁路 3 000km。

在我国大型企业中拥有专用铁路线路比较多,下设有工务段、机务段、电务段、车辆段、大修段和车站。森林铁路共有 34 条,主要分布在黑龙江省、吉林省和内蒙古自治区等林业产地。各地林业局下设森林铁路管理处,负责森林铁路的日常事务工作。森林铁路一般都采用762mm 窄轨轨距,钢轨类型为 15 ~ 24kg/m。森林铁路不仅为林业企业运输生产服务,而且也要为林区人民的生活服务,兼营一些公共客货运输,是林区人民的重要交通工具。

专用铁路在企业或者有关单位的内部运输生产方面起着重要的积极作用,也是我国铁路运输网的一个组成部分,同时也是整个交通运输网的一个组成部分。因此加强对专用铁路的管理是国家的一项重要任务。在过去的几十年里,中国专用铁路的管理取得了一定的成绩,也存在不少问题,尤其是运输安全的依法管理。特别是兼营公共客货运输的专用铁路,其运输生产活动必须遵守铁路运输企业的有关规定,要依法经营、依法管理、依法维护本单位的合法权益和铁路运输安全。

(5)铁路专用线

铁路专用线是指由企业或者其他单位管理的,与国家铁路或者其他铁路线路接轨的岔线。铁路专用线与专用铁路都是企业或者其他单位修建的,主要为本企业内部运输服务的铁路线路。两者区别在于,专用铁路一般都自备动力,自备运输工具,在内部形成运输生产的一套系统的运输组织;而铁路专用线则仅仅是一条线,其长度一般不超过 30km,其运输动力使用的是与其接轨的铁路的动力。

铁路专用线也是铁路运输网的组成部分。目前铁路运输的大宗物资大多数是在铁路专用线装车。有的铁路专用线还开展共用,吸引铁路专用线周围的运量,既起到货物集散的作用,也起到货物蓄水池的作用,不仅利于国家,而且利于企事业单位。

铁路专用线的修建虽然是为满足企业或者单位内部的运输需要而修建的,但是其本身也是国家铁路网的一个组成部分。

4.2　道路与铁道工程组成结构

道路和铁路都是建造于地球表面上供机车车辆行驶的一种三维带状空间人工构筑物,主要包括线形和结构两个组成部分,具体的工程实体包括路基、路面(或轨道)、桥梁、隧道、涵洞和沿线附属设施等。

4.2.1　线形组成

由于受到自然环境与地形地貌的限制,线路往往在平面上有转折,在纵、横断面上有起伏,在空间上会形成一条三维空间曲线。道路路线是指公路的中线,线形是指公路中线在空间的几何形状和尺寸,这一空间线形投影到平、纵、横三个方面,可分别绘制成反映其形状、位置和尺寸的图形,也就是道路的平、纵、横断面 (图 4.2)。

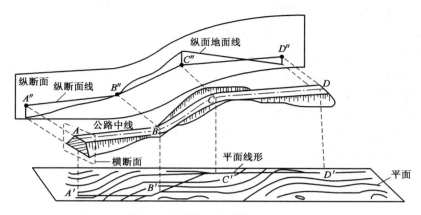

图 4.2 道路的平、纵、横断面示意图

铁路线路中心线是铁路路基横断面上距外轨半个轨距的铅垂线与路肩水平线的交点在纵向的连线。铁路线路的空间是由它的平面和纵断面决定的。线路平面是线路中心线在水平面上的投影,表示线路平面位置;线路纵断面是沿线路中心线所作的铅垂线剖面展直后线路中心线的立面图,表示线路起伏情况,其高程为路肩高程。

道路线形是公路的骨架,是车辆运行的直接载体,它控制着整个公路的路基、桥涵、交叉、沿线设施等构造物的规模和投资。同时,对汽车行驶的安全性、舒适性、经济性和车辆的通行能力起着决定性的作用,一旦线形确定,将是长期存在的,无论优劣,都很难改变。路线线形设计的优劣决定着道路建成后所能发挥的安全性、舒适性、经济性的程度,同时也是影响其沿线经济建设、开发利用、人们的生活水平等的主要因素,所以设计者应特别重视线形设计质量。道路路线(或铁路线路)的平面、纵断面、横断面三个方面是相互影响、相互制约的,在设计过程应综合考虑三者之间的关系,做到平面顺适、纵断面均衡、横断面合理。

1)平面线形

线路的平面线形指的是道路(铁路)中线投影到水平面的几何形状和尺寸,其基本要素包括直线、圆曲线与缓和曲线。直线作为平原地区线路的主要线形,具有直捷、前进方向明确和测设简便等优点。但长直线由于景观单调和公路环境缺少变化,往往会使驾驶员产生疲劳或注意力分散,难以准确目测车间间距从而易导致事故。因此,在道路线性设计过程中,直线的长度不宜过长,并注意直线的设置应与地形、地物、环境相协调。此外,在两圆曲线间以直线相连接时,直线的长度也不宜过短。而由于铁路列车的行驶方向是由钢轨引导而非列车驾驶员操纵的,且列车在直线地段的受力情况较曲线段简单,长直线的行车条件优于曲线地段,因此,在铁路线路平面设计中对直线的最大长度没有做限制性的规定。

在受到地形、地物等障碍的影响而产生转折时,各级公路、铁路平面无论转角大小,均应设置平曲线(通常为圆曲线),在选用圆曲线半径时,应与设计速度相适应。圆曲线具有易与地形相适应、可循性好、线形美观、易于测设等优点。

对于平曲线的设计原理,是确保车辆沿线路前进时,其横向与纵向能同时处于安全正常状态,即确保汽车或机车车辆行驶过程中无侧滑和倾覆的危险。

在直线与圆曲线之间或半径不同的同向圆曲线相连接处,通常设置有曲率连续变化的缓和曲线,其作用有:

（1）曲率连续变化,便于车辆行驶;

（2）离心加速度逐渐变化,行车感觉舒适;

（3）超高横坡度逐渐变化,行车更加平稳;

（4）与圆曲线配合得当,增加线形美观。缓和曲线包括回旋曲线、三次抛物线及双曲线等,最常用的是回旋曲线。

平面组合线形有:简单形、基本形、卵形、S形、凸形、复合形等,如图4.3所示。对于铁路线路,由于缓和曲线长度影响行车安全和旅客舒适,主要须满足超高顺坡不致使车轮脱轨和超高时变率不致使旅客不适这两个条件,并取其较长者。

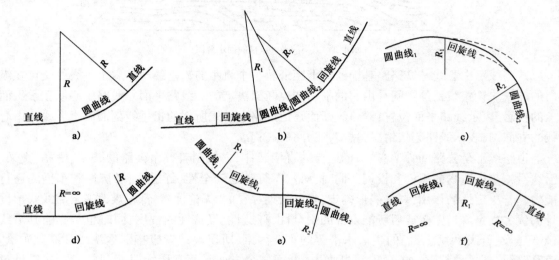

图4.3 平面缓和曲线线形的组合形式

车辆在曲线路段行驶时会受到离心力作用,为抵消离心力,在曲线段横断面上设置曲线外侧高于内侧的单向横坡称为超高,如图4.4所示。当车辆行驶在超高段,汽车车重的水平分力可抵消一部分离心力,从而提高弯道行驶的舒适性和安全性。汽车在曲线上行驶时,其后轮偏向内侧,如果不加宽车道宽度,汽车在弯道处转弯比较困难。一般在弯道内侧相应增加路面、路基宽度,称为弯道加宽(图4.4),加宽值要考虑弯道半径、设计车辆轴距及行驶过程中的不稳定因素。

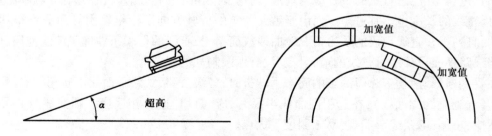

图4.4 道路超高和弯道加宽

此外,为保证行车安全,驾驶员应能看到前方行驶路线上一定距离,以便在发现障碍物时及时采取停车、避让、错车或超车等措施,完成这些操作所必要的距离称为视距(图4.5)。视距可分为:停车视距、会车视距、超车视距和错车视距,而不同等级的公路对视距要求的类型及长度各不相同。

2）纵断面线形

用一曲面将道路中线竖直剖切，再展开为竖直平面，即为道路的纵断面，它反映的是路线中线所经历地区地面起伏情况与设计高程的关系，它与平面图、横断面图结合起来能够完整地表达道路的空间位置和立体曲线。道路纵断面线形常采用直线、竖曲线两种线形，是纵断面线形的基本要素。在道路纵断面上两个相邻纵坡线的交点被称为变坡点。为保证行车安全、舒适以及视距需要，在变坡处设置竖曲线。竖曲线常采用圆曲线，可以分为凸形和凹形两种（图4.6）。

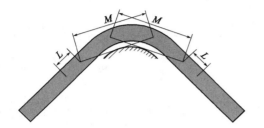 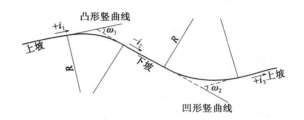

图4.5 平面线路的视距　　　　　　　　　图4.6 道路纵断面线形

竖曲线技术指标主要有竖曲线半径和竖曲线长度（表4.3）。凸形竖曲线的视距条件较差，应选择适当的半径以保证安全行车的需要。凹形竖曲线，视距一般能得到保证，但由于在离心力作用下汽车要产生增重，因此应选择适当的半径来控制离心力，使之不要过大，以保证行车的平顺和舒适。

公路线路设计主要技术指标汇总　　　　　　　　　　　表4.3

公路等级		高速公路				一		二		三		四
适应交通量（辆/昼夜）		25 000 ～100 000				15 000 ～30 000		3 000 ～7 500		1 000 ～4 000		200 ～1 500
计算行车速度（km/h）		120	100	80	60	100	60	80	40	60	30	40	20
行车道宽度（m）		30 ～15.0	2×7.5	2×7.5	2×7.0	2×7.5	2×7.0	9.0	7.0	7.0	6.0	3.5 或6.0
路基宽度（m）	一般值	27 ～42.5	26.0	24.5	22.5	25.5	22.5	12.0	8.5	8.5	7.5	6.5	6.5
	变化值	25.5 ～40.5	24.5	23.0	20.0	24.0	20.0	17.0	—	—	—	4.5 或7.0
平曲线最小半径（m）	极限值	650	400	250	125	400	125	250	60	125	30	60	15
	变化值	1 000	700	400	200	700	200	400	100	200	65	100	30
	不设超高	5 500	4 000	2 500	1 500	4 000	1 500	2 500	600	1 500	350	600	150
缓和曲线最小长度（m）		100	85	70	50	85	50	70	35	50	25	35	20
停车视距（m）		210	160	110	75	160	75	110	40	75	30	40	20
超车视距（m）		—	—	—	—	—	—	550	200	350	150	200	100
最大纵度（%）		3	4	5	5	4	6	5	7	6	8	6	9
竖曲线最小半径（m）	凸形 极限值	11 000	6 500	3 000	1 400	6 500	1 400	3 000	450	1 400	250	450	100
	凸形 一般值	17 000	10 000	4 500	2 000	10 000	2 000	4 500	700	2 000	400	700	200
	凹形 极限值	4 000	3 000	2 000	1 000	3 000	1 000	2 000	450	1 000	250	450	100
	凹形 一般值	6 000	4 500	3 000	1 500	4 500	1 500	3 000	700	1 500	400	700	200
竖曲线最小长度（m）		100	85	70	50	85	50	70	35	50	25	35	20
路基设计频率		1/100				1/100		1/50		1/25		视具体情况

3）横断面

道路横断面是指中线上各点沿法向的垂直剖面,由横断面设计线和地面线构成。其中横断面设计线包括行车道、路肩、分隔带、边沟、边坡、截水沟、护坡道、取土坑、弃土堆以及交通安全、环境保护设施等。高速公路和一级公路上还有变速车道、爬坡车道等,其路基标准横断面可分为整体式路基和分离式路基两类,相应路基宽度见表4.4。横断面中地面线是表征地面在横断面方向的起伏变化,横断面的设计只限于公路两路肩外侧边缘之间各组成部分的宽度、横向坡度等(图4.7)。

高速、一级公路路基宽度 表4.4

公路等级	高速公路(整体式路基)								高速公路(分离式路基)							
设计速度(km/h)	120			100			80		120			100			80	
车道数	8	6	4	8	6	4	6	4	8	6	4	8	6	4	6	4
路基宽度(m) 一般值	42.00	34.50	28.00	41.00	33.50	26.00	32.00	24.50	22.00	17.00	13.75	21.75	16.75	13.00	16.00	12.25
最小值	40.00	—	25.00	38.50	—	23.50	—	21.50	—	—	13.25	—	—	12.50	—	11.25

公路等级	一级公路(整体式路基)					一级公路(分离式路基)				
设计速度(km/h)	100		80		60	100		80		60
车道数	6	4	6	4	4	6	4	6	4	4
路基宽度(m) 一般值	33.50	26.00	32.00	24.50	23.00	16.75	13.00	16.00	12.25	11.25
最小值	—	23.50	—	21.50	20.00	—	12.50	—	11.25	10.25

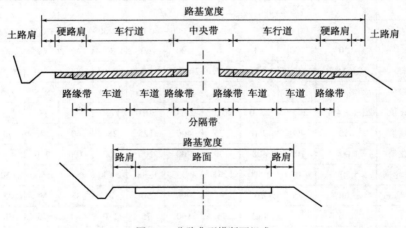

图4.7 公路典型横断面组成

4）线形设计

公路和铁路的线形是三维立体线形,其线形设计应做好公路平、纵、横三者间的组合,除符合行驶力学要求外,还应考虑用路者的视觉、心理与生理方面的要求,以提高车辆行驶的安全性、舒适性与经济性,并同自然环境相协调。其线形设计的要求与内容应随线路功能和设计速度的不同而各有侧重。线形组合设计原则如下:

(1)平曲线与竖曲线应相互重合,且平曲线应稍长于竖曲线(图4.8);平曲线与竖曲线大小应保持均衡。

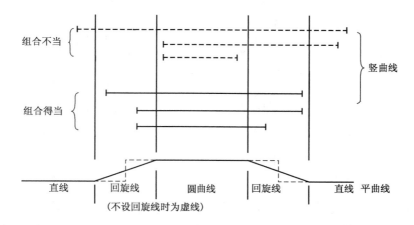

图4.8 平曲线与竖曲线的组合

（2）长直线不宜与坡陡或半径小且长度短的竖曲线组合。

（3）长的平曲线内不宜包含多个短的竖曲线；短的平曲线不宜与短的竖曲线组合。

（4）半径小的圆曲线起、讫点，不宜接近或设在凸形竖曲线的顶部或凹形竖曲线的底部。

（5）长的竖曲线内不宜设置半径小的平曲线。

（6）凸形竖曲线的顶部或凹形竖曲线的底部，不宜同反向平曲线的拐点重合。

（7）复曲线、S形曲线中的左转圆曲线不设超高时，应采用运行速度对其安全性予以验算。

5）道路交叉口

道路交叉口是不同方向的两条或多条路线相交或相连的地点。道路交叉可平面交叉和立体交叉。平面交叉口是道路在同一个平面上相交形成的交叉口，通常有 T 形、Y 形、十字形、X 形、错位、环形等形式（图4.9）。在无交通管制的平面交叉口，车辆通过时因驶向不同而相互交叉形成冲突点，在三岔路口有 3 个冲突点，在四岔路口有 16 个，每一个冲突点实际上就是一个潜在的交通事故点（图4.10）。因此，在平面交叉口通常用各种交通信号灯组织交通，环行交叉口组织交通，用各种交通岛、交通标志、道路交通标线等渠化交通。

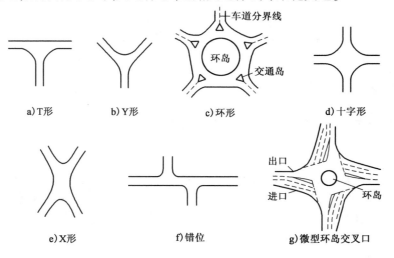

图4.9 平面交叉口的类型

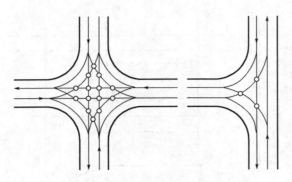

图4.10　交叉口交通流危险点

　　立体交叉口是道路不在同一个平面上相交形成的立体交叉形式。它将互相冲突的车流分别安排在不同高程的道路上,既保证了交通的通畅,也保障了交通安全。立体交叉口有分离式和互通式两种。分离式立体交叉口是只修立交桥而无匝道,相交道路互不连通,只保证直行交通互不干扰。互通式立体交叉口设有连接上、下相交道路的匝道,可用于各路车辆转向(图4.11)。

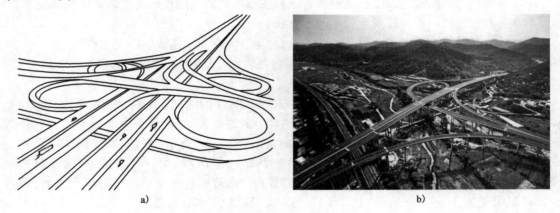

a)　　　　　　　　　　　　　　　　　　　　　　b)

图4.11　互通式立体交叉口

　　交叉口的选型应根据道路的布置、相交道路的等级、设计小时交通量、交通性质及组成和交通组织措施等确定。

4.2.2　线路的结构组成

　　道路或铁路的结构组成包括:路基、路面(轨道)及桥涵、隧道、路线交叉、排水设施等沿线工程和管理设施。

　　1)路基工程

　　路基是按线路位置和一定技术要求修筑的带状构造物,是路面的基础,承受着自重和路面结构的重量,还承受来自路面传递下来的行车荷载,是道路的承重主体。路基几何特征主要由宽度、高度和边坡坡度三者决定。路基应满足的基本要求有:①具有足够的整体稳定性;②具有足够的强度;③具有足够的水稳定性。

　　在工程地质和水文地质条件良好的地段修筑一般路基,其主要设计内容有:①选择路基断面形式,确定路基宽度与路基高度;②确定边坡形状与坡度;③路基排水系统布置和排水结构设计;④坡面防护与加固设计;⑤取土坑、弃土堆、护坡道等附属设施设计。

路基横断面的典型形式有路堤、路堑和半填半挖三种。路堤指的是设计高程高于原地面,需采用岩土填筑而成的路基。根据填土高度的不同,路堤可分为矮路堤($h < 1.5m$)、一般路堤($1.5m \leqslant h < 20m$)和高路堤($20m \leqslant h$)。根据所处环境条件和加固类型,又可分为浸水路堤、护脚路堤及挖沟填筑路堤等形式。图4.12为几种常见的路堤横断面形式。

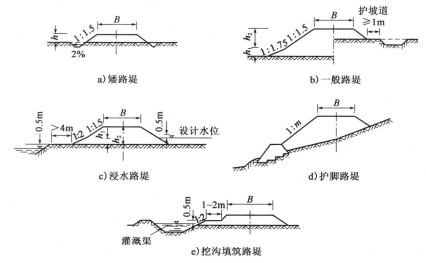

图4.12 几种常见的路堤横断面形式

路堑指的是设计高程低于原地面,需要全断面在原地面以下开挖形成的路基。路堑的开挖破坏了原地面的天然平衡状态,其稳定性主要取决于地质、水文条件、边坡高度及坡度等,因此应设置合适的边坡坡度。几种常见的路堑断面形式有全挖式、台口式和半山洞三种(图4.13)。

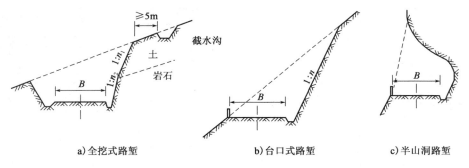

图4.13 几种常见的路堑横断面形式

当原地面横坡较大,且路基较宽时,路基的一侧需要填筑,另一侧需要开挖,而形成的部分填筑部分开挖的路基称为半填半挖路基(亦称填挖结合路基)。半填半挖路基兼有路堤和路堑两者的特点,填方部分的局部路段,如遇原地面短缺口,可采用石砌护肩;如果填方部分悬空,则可沿路基纵向基岩建成半山桥路基。此外,还可根据实际地形地质情况,选择石砌护肩、护坡、护墙及挡土墙等形式(图4.14)。

2)路面工程

路面是道路的重要组成部分,采用各种筑路材料分层铺筑在路基顶面直接供车辆行驶的一种层状构造物。为保证道路全天候通车,提高行驶速度,增强安全性和舒适性,降低运输成本、延长道路使用年限,路面应满足的基本要求有:①足够的强度和刚度;②良好的稳定性;③足够的抗疲劳强度、抗老化和抗变形累积等能力(耐久性);④表面平整度;⑤表面抗滑性和耐磨性;⑥不透水性;⑦低噪声和少尘性。

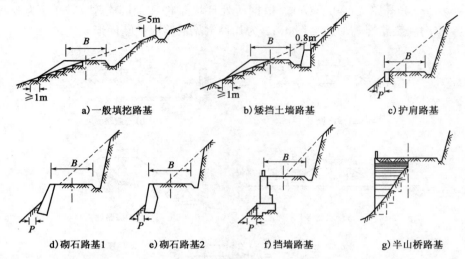

a)一般填挖路基　　　　　b)矮挡土墙路基　　　　　c)护肩路基

d)砌石路基1　　e)砌石路基2　　f)挡墙路基　　g)半山桥路基

图4.14　半填半挖路基几种常见的横断面形式

通常将路面结构划分为面层、基层和垫层(图4.15和图4.16)。其中面层位于路面结构的最上层,其顶面可加铺磨耗层,底面可增设黏结层;基层设置在面层之下,有时可设两层,分别为上基层和底基层,主要起承重作用;当路基土质较差、水温状况不良时,一般在基层下设置垫层,起排水、隔水、防冻、防污或扩散荷载等作用。路面一般可按路面等级、路面力学性质及路面使用材料进行分类。

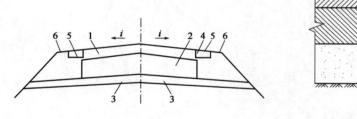

图4.15　路面结构层划分示意
1-面层;2-基层;3-垫层;4-路缘石;5-硬路肩;6-土路肩;
i-路拱横坡

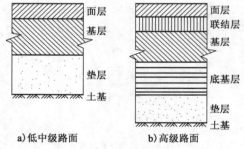

a)低中级路面　　　b)高级路面

图4.16　路面结构层

按路面面层的使用品质、材料组成类型、结构强度及稳定性不同,可将其分为四个等级,具体见表4.5。

路面等级及面层类型　　　　　　　　　　　　　　　　表4.5

路面类型	面 层 类 型	性能及费用	适用公路等级
高级路面	水泥混凝土,沥青混凝土,热拌沥青碎石、沥青玛蹄脂碎石,整齐块石和条石	强度高、刚度大,稳定性好,使用寿命长,初期投资高,养护费用少,运输成本低	高速、一级和二级公路;城市快速路、主干道

续上表

路面类型	面层类型	性能及费用	适用公路等级
次高级路面	沥青贯入式,路拌沥青碎(砾)石,沥青表面处治,半整齐石块	路面强度、刚度和稳定性均较差,初期投资比高级路面低,养护及运输成本较高	二级、三级公路
中级路面	泥结碎(砾)石,级配碎(砾)石,泥灰结碎(砾)石,乳化沥青碎石混合料	强度、刚度低,稳定性差,平整度差,初期投资很低,需经常养护,运输成本高	三级、四级公路
低级路面	粒料加固土,其他当地材料改善土	强度、刚度低,水稳定性差,平整度差,初期投资相当低,要求经常维护和养护	四级公路

按路面的力学性质路面,其可分为柔性路面、刚性路面和半刚性路面三类,具体见表4.6。

路面结构层示意图 表4.6

路面类型	工作特性	使用材料	设计理论
柔性路面	刚度较小,抗拉强度较低,荷载作用下变形较大,路面弹性较好,无接缝,行车舒适性好	未处治的粒料基层与沥青面层、碎(砾)石面层或块石面层	多层弹性连续体系理论
刚性路面	一般强度高,刚性大,板体性好,在车轮的作用下路面的变形较小	水泥混凝土做面层或基层	弹性半空间体系薄板理论
半刚性路面	初期强度和刚度较小,并随着龄期的增加而增长,工作特性介于刚性、柔性路面之间	半刚性基层上铺筑一定厚度沥青混合料面层的结构	多层弹性连续体系理论

按路面面层的材料不同,其可分为沥青路面、水泥混凝土路面及其他路面三大类,具体见表4.7。

路面结构层示意图 表4.7

路面名称	路面种类
沥青路面	沥青面层包括沥青混凝土面层、热拌沥青碎石面层、乳化沥青碎石混合料面层、沥青贯入式、沥青表面处治等
水泥混凝土路面	水泥混凝土面层包括普通混凝土面层、钢筋混凝土面层、碾压式混凝土面层、钢纤维混凝土面层、连续配筋混凝土面层等
其他路面	普通水泥混凝土预制块路面,连锁型路面砖路面,石料砌块路面,水(泥)结碎石路面及级配碎石路面等

3)道路排水工程

道路的各种病害和变形的产生,如路基沉陷、冲刷、坍塌、翻浆,沥青路面松散、剥落、龟裂,水泥混凝土路面唧泥、错台、断裂等,无不与地面水和地下水的浸湿和冲刷等破坏作用有关。因此,要保证路基稳定性,提高路基的强度和抗变形能力,延长路面寿命,必须做好道路排水。

根据水源的不同,影响道路的水可分为地面水和地下水两类。地面水主要是由降水形成的地面径流,而地下水指的是埋藏在地表下面土和岩石孔隙或裂隙的水。地面排水主要设施见表4.8。根据排水目的的不同,又可将道路排水工程分为路基排水和路面排水。

地面排水主要设施 表4.8

排水设施类型	设 置 位 置	主 要 功 能
边沟	设置在挖方路段的路肩外侧或矮路堤坡脚外侧,走向与路中线平行	用以汇集和排除路基范围内和流向路基的少量地面水
截水沟	设置在挖方路段边坡坡顶以外或山坡路堤上方的适当位置	用以拦截路基上方流向路基的地面水,减轻边沟的水流负担,保护挖方边坡和填方坡脚不受水流冲刷
排水沟	布置结合地形条件,因势利导,一般离路基尽可能远,纵坡坡度一般不大于3%,坡度大于7%时改用跌水或急流槽	用以排除来自边沟、截水沟或其他水源的水流,将其引至路基范围外的指定地点
跌水与急流槽	设置于陡坡地段,为人工排水渠的特殊形式,沟底纵坡可达100%	用以排除由于纵坡大,水流湍急、冲刷作用严重的陡坡地段处的水流,可消能,以减缓水流

路面排水是将由降雨形成的路面水及时排除,避免形成路面水膜,影响行车安全以及下渗到路基造成基层软化。路面排水包括路肩排水、中央分隔带排水(图4.17)和路面结构排水。路肩排水由路面横坡、路缘带与硬路肩、路缘石形成的集水沟,以及将路面水排出路外的泄水口和急流槽等组成,包括分散漫流和集中截流两种形式;中央分隔带排水是将超高路段一侧的路面水及中央分隔带内的表面水排除的设施。

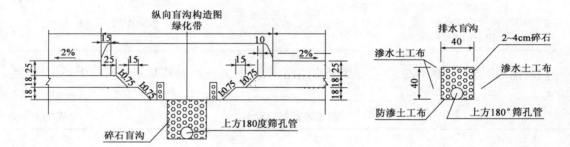

图4.17 中央分隔带排水示意图(尺寸单位:cm)

路基排水是将路基工作区内的土基含水率降低到一定的范围,主要包括地面排水和地下排水。常用的地面排水设施有边沟、截水沟、排水沟、跌水、急流槽等,分别设置在路基不同部位(表4.8)。

当水流需要横跨路基,同时受到设计高程限制的时候,可以采用管道或沟槽从路基底部或上部架空跨越,前者称作倒虹吸,后者为渡水槽,相当于涵洞和渡水桥。

道路路基常用的地下排水设施有暗沟、盲沟(渗沟)和渗井等。暗沟是设在地面以下引导水流的沟渠,无渗水和汇水作用;盲沟是利用材料透水性,将地下水汇集到沟内并沿沟排到路基范围以外的设施;渗井是一种立式地下排水设施,可向地下穿过不透水层,将上层含水层引入下层透水层,以便地下水扩散排除。对于水量不大的地下水,以渗透为主汇集水流予以排除;若遇大量水流,则需设专用地下沟、管予以排除。

4)其他工程及管理设施

道路工程沿线设置有众多的工程设施和管理设施,包括桥梁、涵洞、隧道、防护与加固工程等结构设施。桥梁是指道路跨越河流、沟谷和其他障碍物时修建的工程结构物;单孔跨度小于5m时称为涵洞,其横贯并埋设在路堤中,供排泄洪水、灌溉或交通使用。为了克服地形和高程上的障碍(如山梁、山脊、垭口等),改善和提高拟建公路的平面线形和纵坡,缩短公路里程;或为避免山区公路的各种病害(如滑坡、崩坍、岩堆、泥石流等不良地质地段),保护生态环境,并满足高等级公路的技术标准,修建在岩土体或水底的,两端有出入口,供车辆行人通过的通道,称为隧道。

防护与加固工程主要是以防护易于冲蚀的土质边坡和易于风化的岩石边坡,或防止路基、山体因重力作用而坍滑的工程构造物,按其作用不同可以分为坡面防护、沿河路基防护和支挡构造物等,常用支挡结构示意如图4.18所示。

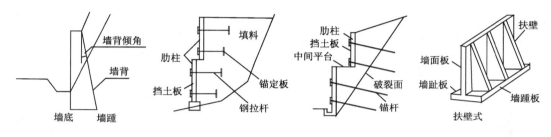

图4.18　常用支挡结构示意图

此外,为了保证行车安全、迅速、舒适,还需设置交通服务设施、管理设施、安全设施及环境美化设施等。交通管理设施是为了保证行车安全,使司机知道前面路况和特点,在道路沿线上设置的交通标志、路面标线及交通安全设施,如护栏、护柱等;环境美化设施是保证司机高速行驶时在视觉上、心理上协调的重要设施,常常设置在道路两侧边坡及路侧带和中间分隔带等地,设置原则以不影响司机的视线和视距为宜。

4.2.3　城市道路的基本几何形位

城市道路是通达城市各个地区,供城市内交通运输及行人使用,便于居民生活、工作及文化娱乐活动,并与城市外道路连接,承担对外交通的道路。根据建设部《城市道路工程设计规范》(CJJ 37—2012)的规定,城市道路按其在城市道路系统中的地位、交通功能和对沿线建筑物的服务功能,分为快速路、主干路、次干路和支路四类(表4.9)。

城市道路分类　　　　　　　　　　　　　　　　　　　　　　　　　　　表4.9

道路类别	主 要 功 能	布 局 要 求
快速路	为城市中大运量、长距离、快速交通服务,实现交通连续通行	要求对向车行道之间设中间分车带,其进出口应采取全控制或部分控制。路两侧建筑物的进出口应加以控制
主干路	为连接城市各主要分区的干线,以交通功能为主	自行车交通量大时,宜采用机动车与非机动车分隔形式,如三幅路或四幅路。主干路两侧不应设置吸引大量车流、人流的公共建筑物的出入口

续上表

道路类别	主要功能	布局要求
次干路	与主干路配合组成道路网,起集散交通的作用,兼有服务功能	自行车交通量大时,宜采用机动车与非机动车分隔形式,如三幅路或四幅路
支路	为次干路和居民区、工业区、交通设施等内部道路相连接,解决局部地区交通,以服务功能为主	可采用机动车与非机动车混合行驶方式,如单幅路

城市交通特点与公路有很大不同,城市中交通组成有行人、自行车等非机动车、汽车、公共汽车及货车等,其组成部分通常包括:①供汽车行驶的机动车道,供自行车、三轮车等行驶的非机动车道;②供行人步行的人行道(地下人行道、人行天桥)及给身体不方便人群使用的设施;③交叉口、交通广场、停车场、公共汽车停靠站台等;④大量、完善的交通管理和控制设施,如信号灯、各种标志标线;⑤排水系统,如锯齿形街沟、边沟、雨水口、窨井、雨水管等;⑥沿街地上设施,如照明灯柱、电线杆、邮筒、给水柱等;⑦地下各种管线,如电缆、煤气管、给水管,供热管道等;⑧具有卫生、防护和美化作用的绿化带;⑨各种高架道路。城市道路典型横断面如图4.19所示。

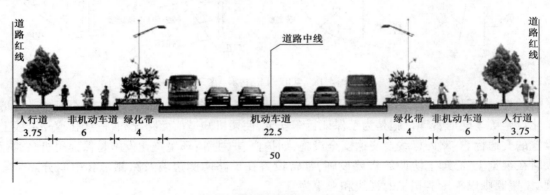

图4.19 城市道路典型横断面(尺寸单位:mm)

城市道路横断面一般由机动车道、非机动车道、人行道、绿化带、排水设施、各种管线工程等组成,其横向布置基本形式有单幅路、双幅路、三幅路和四幅路四种类型(表4.10)。

城市道路横向布置基本形式及适用范围 表4.10

道路类别	车辆行驶情况	适用范围
单幅路	机动车与非机动车混合行驶	交通量不大的次干路、支路
双幅路	机动车与非机动车分流向混合行驶	机动车交通量较大,非机动车交通量较小的主干路、次干路
三幅路	机动车与非机动车分道行驶	机动车与非机动车交通量均较大的主干路、次干路
四幅路	机动车与非机动车分流向分道行驶	机动车交通量大,车速高,非机动车多的快速路、主干路

城市道路除快速路外,每类道路按照所在城市的规模、设计交通量、地形分为Ⅰ、Ⅱ、Ⅲ级。根据《城市规划条例》规定,城市按照其市区和郊区的非农业人口总数划分为三级:大城市指人口50万以上的城市,采用Ⅰ级标准;中等城市指人口为20万~50万的城市,采用Ⅱ级标准;小城市指人口在20万以下的城市,采用Ⅲ级标准。城市道路的分类、分级和技术标准见表4.11。

路面结构层示意图   表4.11

类别＼项目	级别	设计车速（km/h）	双向机动车车道数（条）	机动车道宽度（m）	分隔带设置	横断面采用形式
快速路		60、80	≥4	3.75	必须设	双、四幅路
主干路	I	50、60	≥4	3.75	应设	单、双、三、四幅路
	II	40、50	3～4	3.75	应设	单、双、三幅路
	III	30、40	2～4	3.5～3.75	可设	单、双、三幅路
主干路	I	40、50	2～4	3.75	可设	单、双、三幅路
	II	30、40	2～4	3.5～3.75	不设	单幅路
	III	20、30	2	3.5	不设	单幅路
主干路	I	30、40	2	3.5	不设	单幅路
	II	20、30	2	3.25～3.5	不设	单幅路
	III	20	2	3.0～3.5	不设	单幅路

由于城市的发展,人口逐渐集中,各种交通工具大量增加,城市交通日益拥挤,解决日益严重的城市交通问题已成为当前的重要课题。目前已开始实施或正在研究的措施有:①改建地面现有道路系统,增辟城市高速干道、干路、环路以疏导、分散过境交通及市内交通,减轻城市中心区交通压力,改善地面交通状况;②发展地上高架道路与路堑式地下道路,供高速车辆行驶,减少地面交通的互相干扰;③研制新型交通工具,如气垫车、电动汽车、太阳能汽车等速度高、运量大的车辆,以加大运输速度和运量;④加强交通组织管理,如利用电子计算机建立控制中心,研制自动调度公共交通的电子调度系统,广泛采用绿波交通(汽车按规定的速度行驶至每个平交路口时,均遇绿灯,不需停车而连续通过)、潮汐车道,实行公共交通优先等;⑤开展交通流理论研究,采用新型交通观测仪器以研究解决日益严重的交通拥堵问题。

4.2.4 铁路的轨道组成

轨道是铁路的主要技术装备之一。轨道引导列车运行,直接承受来自列车的荷载,并将其传至路基或桥隧结构物。轨道结构应具有足够的强度、稳定性和耐久性,应并保持正确的几何形位,以保证列车安全、平稳、不间断的运行。

轨道一般由钢轨、轨枕、连接零件、道床、防爬设备和道岔等组成,如图4.20所示。轨道的零部件采用不同力学性能的材料,有利于取得最佳的技术经济性能。

钢轨直接和车轮接触,并提供运行阻力最小的接触面,引导列车按规定的方向运行。它将车轮荷载分散后传于轨枕。轨枕和道床共同支承钢轨,它们称为轨下基础。轨枕一般间隔布置,垂直于钢轨横向铺设,来自钢轨的压力经其分散后传于道床。

连接零件有两类:连接两根钢轨端部的零件称为接头连接零件;连接钢轨和轨枕的零件称为中间连接零件(亦称扣件)。接头连接零件使车轮能顺利滚过钢轨接头,并保持前后两根钢轨协调工作。扣件将钢轨和轨枕连为一体构成轨道框架,使两股钢轨保持正确的相对位置,同时还提供足够的压力,防止钢轨倾覆,阻止钢轨的纵向移动。

防爬设备直接将钢轨上的纵向力传递到道床,能有效防止钢轨发生纵向位移,制止钢轨爬行。道床将来自轨枕的压力进一步分散后传至路基或桥隧结构物。道床能产生阻止轨枕纵向或横向移动的阻力。道床具有减振降噪功能,并便于排水和调整轨道的几何形位。

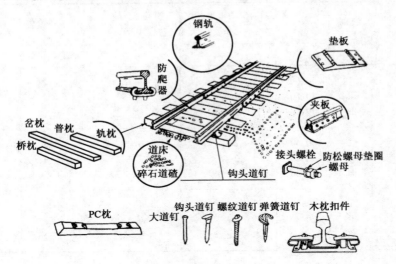

图 4.20　轨道的组成结构

　　道岔可实现轨道的分支和交叉,使列车从一股轨道转入或越过另一股轨道。

　　为使轨道安全平稳的引导列车运行,轨道必须保持规定的几何形位。但轨道的几何形位在列车的作用下不断发生偏离,因而必须经常加以维护方可保持其规定的几何形位,这是轨道与一般工程结构物显著不同的工作特点。为使轨道具有保持几何形位的良好能力,轨道除应具有足够的结构强度以防止结构破坏之外,还应具有足够的刚度和弹性,以防止轨道过度的几何变形及变形的积累。

　　随着高速重载运输的发展,轨道结构形式也随之发生变化,出现了焊接长钢轨轨道(亦称无缝线路轨道)及无碴轨道等新型轨道结构形式。

　　无缝线路轨道是将钢轨接头施以焊接,并采用强力的扣件锁定长钢轨,成为连续焊接长钢轨轨道。无缝线路具有良好的运营功能,行车阻力小,噪声低,可显著提高列车运行的平稳性和舒适性,并降低轨道维修工作量。无缝线路已得到世界各国铁路广泛采用,也是我国主要铁路干线的标准轨道结构形式。

　　无碴轨道结构是将支承钢轨的轨下基础部分,即轨枕和道床形成混凝土(或钢筋混凝土)的整体结构,该整体结构称为无碴道床。以无碴道床为轨下基础的轨道称为无碴轨道。以道砟支承轨枕的轨道结构称为有碴轨道。无碴轨道结构可保持轨道几何形位的高度平顺性,并具有免维修或少维修的优点,宜用于高速铁路、高架与隧道地段及城市轨道交通的铁路线路。

　　新建和改建铁路的轨道,应根据此设计线路在铁路网中的作用、性质、行车速度和年通过总质量确定轨道类型。轨道部件的选择应根据运输需要,均衡提高轨道结构及路基的承载能力,实现合理匹配,并满足标准化、系列化和通用化的要求。

　　我国铁路正线轨道类型分为特重型、重型、次重型、中型和轻型。设计时应本着"由轻到重,逐步增强"的原则,根据路段旅客列车设计行车速度及近期预测运量等主要运营条件,按表 4.12 的规定选用。

正线轨道类型　　　　　　　　　　　　　　　　　　　　　　　表 4.12

项　目				单位	特重型	重　型		次重型	中型	轻型
运营条件	年通过总质量			t	> 50	25 ~ 50		15 ~ 25	8 ~ 15	< 8
	路段旅客列车设计行车速度			km/h	200 ~ 120	200 ~ 120	≤120	≤120	≤100	≤80
轨道结构	钢轨			kg/m	75 或 60	60	60	50	50	50
	轨枕	混凝土枕	型号	—	Ⅲ	Ⅲ	Ⅲ	Ⅱ	Ⅱ	Ⅱ	Ⅱ
			铺枕根数	根/km	1 667	1 667	1 667	1 760	1 667 ~ 1 760	1 600 ~ 1 680	1 520 ~ 1 640
	碎石道床厚度	土质路基	非渗水土路基 双层 道砟	cm	30	30	30	25	20	20
			非渗水土路基 双层 底砟	cm	20	20	20	20	20	15
			渗水土路基 单层 道砟	cm	35	35	35	30	30	25
		岩石路基								
		级配碎(砾)石基床 单层 道砟		cm	30	30	—	—	—	—
	无砟道床	板式轨道	混凝土底座厚度	cm	≥15					
		长枕埋入式								
		弹性支承块式			≥17						

注:1. 年通过总质量包括净载、机车和车辆的质量。单线按往复总质量计算,双线按每一条线的通过总质量计算。
　2. 设计行车速度大于 120km/h 的新建Ⅰ级铁路轨道,应采用Ⅲ型混凝土枕。
　3. 设计行车速度小于 160km/h 的改建铁路轨道,可采用Ⅱ型混凝土枕。
　4. 明桥面铺设木桥枕时,每千米铺设根数按《铁路桥涵设计基本规范》(TB 10002.1—2005)进行设计。
　5. 弹性支承块式混凝土底座厚度系指支承块下混凝土厚度。
　6. 特殊情况下采用木枕时,铺设根数可根据设计确定。

4.2.5　铁路轨道的基本几何形位

　　轨道几何形位是指轨道各部分的几何形状、相对位置和基本尺寸。轨道几何形位按照静态与动态两种状况进行管理。静态几何形位是轨道不行车时的状态,可采用道尺及小型轨道检查车等工具测量。动态几何形位是行车条件下的轨道状态,可采用轨道检查车测量。我国铁路轨道几何形位的管理,实行静态管理与动态管理相结合的模式。

　　轨道有直线轨道和曲线轨道两种平面几何形式。除此之外,还有轨道的分支与交叉形式。在轨道的直线部分,两股钢轨之间应保持一定的距离,称之为轨距;两股钢轨的顶面应位于同一水平面或保持一定的相对高差,称之为水平;轨道中线位置应与设计位置一致,称之为方向(或轨向);两股钢轨轨顶所在平面(即轨面)在线路纵向应保持平顺,称之为前后高低(或轨面平顺性);为使钢轨顶面与锥形踏面的车轮相配合,两股钢轨均应向内倾斜铺设,称之为轨底坡。在轨道的曲线部分,除应满足上述要求外,还应根据机车车辆顺利通过曲线的要求,将小半径曲线的轨距略以加宽;为抵消机车车辆通过曲线时出现的离心力,应使外侧轨顶面略高于内侧轨顶面,形成适当的外轨超高;为使机车车辆平稳地自直线进入圆曲线(或由圆曲线进入直线),并为外轨逐渐升高、轨距逐渐加宽创造必要的条件,在直线与圆曲线之间,应设置一条曲率渐变的缓和曲线。

综上所述,直线轨道几何形位的基本要素包括:轨距、水平、方向、前后高低和轨底坡;曲线轨道几何形位的基本要素除以上五项规定之外,还有以下三个特殊构造,即曲线轨距加宽、曲线外轨超高及缓和曲线。

铁路轨道直接承载车轮并引导列车运行,轨道的几何形位与机车车辆轮对的几何尺寸必须密切配合,因而轨道几何形位的控制对于保证列车运行安全是非常重要的。另外,随着铁路列车提速及高速铁路技术的应用,为了保持高速列车运行的平稳性和舒适性,也必须对轨道的几何形位实行严格控制。

国内外的理论计算和试验研究表明,轨道不平顺是引起机车车辆在线路上产生振动的主要原因。微小的不平顺,在 300km/h 高速运行条件下所激发的车体振动便可能超过允许限度。例如,幅值 10mm、波长 10m 接连不断的高低不平顺,在常速下所引起的车体和轮轨动力作用都很小,但当速度达到 300km/h 时,就可使车体产生垂向加速度为 $1.76m/s^2$,频率为 2Hz 的持续振动;又如,幅值为 5mm、波长 10m 的轨向不平顺,在常速下所引起的振动更小,而在 300km/h 时,却可能使车体产生横向加速度为 $0.65m/s^2$、频率为 2Hz 的振动。而根据国际振动环境标准 ISO 2631—1997 的规定,对于振动频率为 $1\sim2Hz$,累计持续时间为 4h 的车体振动环境,保持舒适感不减退的允许加速度限值规定为:横向 $0.17m/s^2$、垂直向 $0.34\sim0.49m/s^2$。可见以上数据已远远超过所规定的允许限值。

另外,轨道不平顺又是加剧轮轨作用力的主要根源。焊缝不平顺、轨面剥离、擦伤、波形磨耗等短波不平顺幅值虽然很小,但在高速行车条件下也可能引起很大的轮轨作用力和冲击振动。例如,一个 0.2mm 的迎轮台阶形微小焊缝不平顺,300km/h 时所引起的轮轨高频冲击作用动力可达 722kN,低频轮轨力达 321kN,从而加速道砟破碎和道床路基不均匀沉陷,形成中长波不平顺,并引起强烈的噪声。另一方面,轨面短波不平顺所引起的剧烈轮轨相互作用,还可能引发钢轨及轮轴断裂,导致恶性脱轨事故的发生。

由此可见,严格控制铁路轨道几何形位对于保证列车运行的安全性、平稳性和舒适性都具有十分重要的意义,也是铁路轨道结构有别于其他工程结构的显著特征。

4.3　道路与铁道工程施工

道路和铁道工程的施工方法与现场环境及人为因素息息相关,偏远山区自然条件差,运输不便,其施工工艺和手段也不尽相同。良好的施工工序是保证施工质量的前提,尽管道路与铁路的施工材料具有差异性,但其施工工序和方法颇为相似,故仅列出道路施工的一般程序及施工方法。道路工程施工包括横挖法、纵向挖掘法、混合法等。

4.3.1　道路工程施工

1)准备阶段

(1)施工现场准备工作

①施工现场交通。工程将修建交通便道进行物料传送,从而使工程的交通较为便利。

②施工用水、用电。开工前,由项目经理与当地相关人员联系,就近提供电源,沿线布设供

电线路连通各施工点,施工用水亦是向当地借用。

（2）材料供应

①施工所需的所有材料在进场前均经过严格的质量检查,不合格材料一律禁止进入施工现场。

②项目经理部根据工程实际进度计划编制材料需求计划,各种材料的进场按照已编定的材料需求计划进场,并按指定材料堆放点堆放。同时做好材料的保护工作,以防材料在施工现场出现损坏或损耗。

（3）技术准备工作

①图纸会审及技术交底

工程开工前,在项目总工程师的组织下,集中项目部有关技术人员仔细审阅图纸,将不清楚的问题及时汇总告知建设单位、监理和设计人员并及时解决。

项目经理应严格按有关程序组织技术交底,由项目经理部技术负责人向班组交底,做到项目部全体人员均熟悉本工程的技术要点、设计意图和施工技术规范的内容。

②施工组织设计的编制

由项目经理部技术组织负责人编制工程的施工组织设计方案,方案经审批同意后,以该方案作为本工程施工的指导性文件。

③测量放线工作

开工前,由项目经理部有关人员联系规范局做好测量控制点的交接工作,并按规范复测沿线的控制点、水准点,对被破坏的点进行修复,以保证施工精度;积极与建设单位、设计单位联系,熟悉本工程的各项要求和任务,并及时向有关人员传达;进行高程复测和中线、边线放样。

（4）清洗及基础处理

①清理本工程范围内的农作物（必须与当地部门及居民协商）、杂草、杂物,以达到施工路基需求的场地为标准。

②对不良土质地区进行处理。

③原地面碾压后检验合格。

（5）其他准备工作

①做好沿线的地下管道（线）的探测与保护工作,以防对工程的进度产生不必要的影响。

②按施工总平面图并结合工地现场情况,及时搭设施工所需的临时设施,注意防火、防漏电等安全性问题。

③根据已有施工计划,组织施工操作人员进场,并对所有施工人员进行相关岗位培训和三级安全教育。

2）路基施工要点

（1）测量放线:施工前按图恢复中线,复测横断面,测试出开挖边线,路基宽度每侧应超出设计宽度50cm,以保证设计宽度内的压实。

（2）试验路段:开工初期先安排试验路段进行路床开挖、碾压施工,通过试验段所获得的数据,确定压实的各种指标:设备类型、机械最佳组合方式、压实遍数、碾压速度和最佳含水率等,将这些参数作为施工依据。

（3）路床整平:路床采用挖掘机甩方,然后用推土机或装载机按测设标高进行整平,当土的含水率低于（或高于）最佳含水率时,要进行洒水（或晾晒）,最终使水的含水率控制在大于最佳含水率的1% ~2%之间,最后用精平机精细整平。

(4)碾压:在土达到最佳含水率后开始碾压,震动碾压机碾压4遍,18t 静力压路机碾压3~6遍,采用灌砂法检测压实度,不满足要求的要重新洒水碾压,直到达到要求的压实度为止,如图4.21所示。

图4.21　道路路床整平及碾压

3)路基工程施工方法

路基作为公路工程的主要组成部分,其施工质量的好坏将直接影响公路的使用质量和服务水平。影响路基施工的因素比较复杂,应制定施工技术规范来规范施工行为,做到技术先进、经济合理、安全环保。路基施工的方法按其技术特点大致可分为人工及简易机械法、综合机械法、水力机械法和爆破法。

(1)人工及简易机械法

人力施工是传统方法,使用手工工具,劳动强度大、工效低、进度慢、工程质量也难以保证,但限于具体条件,短期内其还必然存在并适用于地方道路和某些辅助性工作;简易机械施工是在人工施工的基础上,对施工过程中劳动强度和技术要求相对比较高的工序用机械或简易机械完成,以利加快工程进度、提高施工效率和工程质量。但是这种施工方法工效有限,只能用于工程量小、工期要求不严的路基或构造物施工,不适宜高速公路和一级公路路基的大规模施工。

(2)综合机械法

为了加快是施工进度,提高劳动生产率,实现高标准、高质量施工,对于劳动强度大和技术要求高的工序,应配以数量充足、配套齐全的施工机械。机械化和综合机械化施工是保证高等级施工质量和施工进度的重要条件。在施工过程之中,涉及运输、填筑、摊平、压实等工序,这些都需机械设备作业,任何一个环节出现问题,将影响施工作业的整体。实现机械化施工是我国路基施工的发展方向。因此,综合机械法成为路基施工现代化的重要途径。

(3)水力机械法

水力机械法又称水泵法,是机械化方法中的一种,利用水泵、水枪等水力机械,喷射强力水流,冲散土层并流运至指定地点沉积。这种方法需要足够的电能和水源,可挖掘比较松散的土质及地下钻孔,对于砂砾填筑路堤或基坑回填,可起到提高密实度的作用。

(4)爆破法

对于石质路基开挖可采用爆破法施工。另外,爆破法还可以用于冻土、泥沼等特殊路基施工,以及清除路面、开石取料与石料加工等。

4)路面工程施工方法

(1)水泥混凝土路面施工工艺

基层准备主要包括:在铺筑水泥混凝土面层前,应将基层上的浮石、杂物、尘土等全部清除,保持表面整洁,并整理排水设施;基层如有车辙、松软及其他不符规定要求的部位,均应翻挖、清除,并以同类混合料填补,其压实厚度不得小于8cm,再重新整型、碾压,并符合密实度的要求。

施工机械准备及模板:根据工程规模、施工质量和进度要求,配置合适的施工机械,其技术性能应满足混凝土路面施工的要求。并应将工地配置的各种施工机械的名称、机型、规格、数量等,列表报监理工程师认可。模板以钢板材料制成,并配有合适的装置以保证模板连接牢固可靠,在浇注混凝土时能经受捣实和饰面设备的冲击和振动。模板安装应顺直,无扭曲;相邻钢模应以平头锁接方式紧密连接,不得漏浆;模板接缝在任何方向都不能活动。模板高度应与混凝土路面厚度相同,误差为 +0, -5mm。用于胀缝和施工缝的模板,根据传力杆和拉杆的设计位置放样钻孔。模板在整个长度范围完全紧压在基层上,并正确地按设计的路面边缘要求的坡度和纵向安置。模板要彻底清扫干净,并在每次浇注混凝土之前涂隔离剂。

路面材料的钢筋主要包括钢筋网片、角隅钢筋、边缘钢筋,其安设均要符合有关规范的规定。混凝土混合料从拌和机出料后至浇注完毕的允许最长时间应经试验室试验,根据水泥初凝时间及施工气温确定,并报监理工程师认可。

混凝土摊铺和修整:混凝土混合料摊铺前,对模板的间距、高度、润滑、支撑稳固情况,以及钢筋、传力杆、拉杆安装位置进行全面检查;混凝土采用批准的摊铺机具进行摊铺,摊铺连续进行,如因任何原因发生中途停工,应按监理工程师指示设置施工缝;拌好后的混凝土,用插入式振捣器沿模板各表面在模板整个长度范围内及所有胀缝装置两边加以充分振捣。振捣器不允许接触接缝装置及边模,并不得触及钢筋网、传力杆和拉杆,在任一位置上,振捣时间不宜短于规范要求。之后再用平板振捣器振捣,然后用振动整平梁振动整平,振动梁应平行移动,往返振平2~3遍;混凝土摊铺、捣实、刮平作业完成后,用批准的修整设备进一步整平,使混凝土表面达到要求的横坡度和平整度;修整作业时,不得在混凝土表面洒水;接缝和混凝土表面不规则处的人工修整作业应在监理工程师认可的工作桥上进行,工作桥不得支承在尚未达到要求强度的混凝土上;修整作业在混凝土仍保持塑性和具有和易性的时候进行。在表面低洼处需要填补时,严禁洒水、撒干水泥,必须以新拌制的混凝土填补与修整。

路面接缝的处理包括:按图纸设置纵向施工缝。纵向施工缝采用平缝加拉杆型,并按图纸的要求设置拉杆,拉杆采用螺纹钢,设置在板厚的中间,平行于板面,并与缝壁垂直。在半幅面板完成后,在缝壁涂刷沥青,但不得污染拉杆。处理纵缝包括以下步骤:按图纸要求的形式设置胀缝,胀缝与路面中心线垂直,缝壁必须垂直,相邻车道的胀缝设在同一横断面上,缝隙宽度应一致。胀缝下部设置胀缝板,上部浇灌填缝料。缝隙内任何处均不准塞有混凝土和其他杂物;胀缝传力杆活动端,可设在缝的一端,亦可交错设置。传力杆活动端的套筒由金属或塑料制成,套筒的内径与传力杆之间的最大间隙为1.5mm,能使传力杆自由活动,传力杆的滑动端要涂上油脂或润滑剂,以防止传力杆与混凝土黏结在一起;传力杆与套筒端部空隙部分填塞沥青麻絮。

拆模、养护和封缝在混凝土强度达到规范要求的设计强度后进行,并应取得监理工程师同意;拆模后,任何蜂窝、麻面及板边的损坏应予整修,并及时将横向胀缝沿混凝土面板边缘通开至全部深度。水泥混凝土路面割缝完成后即可进行保温养护,采用土工布浸湿后覆盖浇水养护,每天洒水次数根据气候而定,水泥混凝土面层一般养护期为 14~21d,气温低时适当延长。养护期间禁止车辆运行,在达到设计强度后方可开放交通,如图 4.22 所示。

图 4.22　混凝土路面面层施工工艺

（2）沥青路面面层施工工艺

用洒布法施工的沥青路面面层有沥青表面处治和沥青贯入式两种。沥青表面处治是用沥青和细料矿料分层铺筑成厚度不超过 3cm 的薄层路面面层,通常采用层铺法施工,按照洒布沥青及铺撒矿料的层次的多少,可分为单层式、双层式和三层式三种,单层式和双层式施工工艺为三层式的一部分,故在此仅介绍三层式表面处治的施工工艺。

三层式表面处治的施工工艺为:

①清理基层,在表面处治施工前,应将路面基层清扫干净,使基层的矿料大部分外露,并保持干燥;若基层整体强度不足时,则应先予以补强。

②洒透层（或黏层）沥青,洒布第一层沥青要洒布均匀,当发现洒布沥青后有空白、缺边时,应立即用人工补洒,有积聚时应立即刮除。施工时应采用沥青洒布车喷洒沥青,其洒布长度应与矿料撒布能力相协调。沥青洒布温度应根据施工气温以及沥青强度等级确定,一般情况下,石油沥青宜为 130~170℃,煤沥青宜为 80~120℃,乳化沥青宜在常温下洒布。

③铺撒第一层矿料:洒布主层沥青后,应立即用矿料撒布机或人工撒布第一层矿料。矿料要撒布均匀,达到全面覆盖一层、厚度一致、矿料不重叠、不露沥青,当局部有缺料或过多处,应适当找补或扫除。

④碾压:撒布一段矿料后,用 60~80kN 双轮压路机碾压。碾压时,应从一侧路缘压向路中,宜碾压 3~4 遍,其速度开始不宜超过 2km/h,以后可适当增加。洒第二层沥青,撒布第二层矿料,碾压;再洒第三层沥青,撒布第三层矿料,碾压。

⑤初期养护:沥青表面处治后,应进行初期养护。当发现有泛油时,应在泛油部位补撒与最后一层矿料规格相同的嵌缝料并均匀;当有过多的浮动矿料,应扫出路外;当有其他损坏现象时,应及时修补。

沥青贯入式路面属多孔结构,为防止路表水侵入和增强路面的水稳定性,其面层的最上层应撒布封层料或加铺拌和层,而当沥青贯入层作为联结层时,可不撒布表面封层料。沥青贯入式路面适用于二级及二级以下的公路,其厚度宜为 4~8cm,但乳化沥青贯入式路面厚度不宜超过5cm,当贯入层上部加铺拌和层的沥青混合料面层时,总厚度宜为6～10cm,其中拌和层的厚度宜为2～4cm。

沥青贯入式路面的施工工艺流程为:清扫基层→洒透层或黏层沥青(乳化沥青贯入式或沥青贯入式厚度小于5cm)→撒主层矿料→碾压→洒布第一遍沥青→撒布第一遍嵌缝料→碾压→洒布第二遍沥青→撒第二遍嵌缝料→碾压→洒布第三遍沥青→撒封层料→碾压→初期养护。

热拌沥青混合料路面施工可分为沥青混合料的拌制与运输、现场铺筑两阶段。

在拌制沥青混合料之前,应根据确定的配合比进行试样,试拌时对所用的各种矿料及沥青应严格计量,对试样的沥青混合料进行试验以后,即可选定施工配合比。

铺筑施工工艺为:

①基层准备和放样。铺筑沥青混合料前,应检查确认下层的质量,当下层质量不符合要求,或未按规定洒布透层、黏层沥青或铺热下封层时,不得铺筑沥青面层。为了控制混合料的摊铺厚度,在准备好基层之后,应进行测量放样,即沿路面中心线和1/4路面宽度处设置样桩,标出混合料松铺厚度。当采用自动调平摊铺机时,应放出引导摊铺机运行走向和标高的控制基准线。

②摊铺。热拌沥青混合料应采用机械摊铺,对高速公路和一级公路宜采用两台以上摊铺机联合摊铺,以减少纵向接缝,相邻两台摊铺机纵向相距10～30m,横向应有5～10cm宽度摊铺重叠。沥青混合料摊铺机摊铺过程是由自卸汽车将混合料卸在料斗内,经传送器将混合料往后传到螺旋摊铺器,随着摊铺机前进,螺旋摊铺器即在摊铺带宽度上均匀地摊铺混合料,随后捣实,并由摊平板整平。

③碾压。压实后的沥青混合料应符合平整度和压实度的要求,沥青混合料每层的碾压成型厚度不应大于10cm,否则应分层摊铺和压实。其碾压过程分为初压、复压和终压三个阶段。初压是在混合料摊铺后较高温度下进行,宜采用60～80kN双轮压路机慢速度均匀碾压两遍,碾压温度应符合施工温度的要求,初压后应检查平整度、路拱,必要时应予以适当调整;复压是在初压后,采用重型轮式压路式或振动压路机碾压4～6遍,要达到要求的压实度,并无显著轮迹,因此,复压是达到规定密实度的主要阶段;终压紧接着复压进行,终压选择60～80kN的双轮压路机碾压不少于两遍,并应消除在碾压过程中产生的轮迹,确保路表面的良好平整度。

④接缝施工。沥青路面的各种施工接缝,包括纵缝、横缝和新旧路的接缝等,往往由于压实不足,容易产生台阶、裂缝、松散等质量问题,影响路面的平整度和耐久性。接缝的内容、要求和注意事项如下:

摊铺时采用梯队作业的纵缝采用热接缝。施工时应将先铺的混合料留下10～20cm宽度暂时不碾压,作为后摊铺部分的高程基准面。纵缝应在后铺部分摊铺后立即进行碾压,压路机应大部分压在已铺碾压好的路面上,仅有10～15cm的宽度压在新铺的车道上,然后逐渐移动跨缝碾压以消除缝迹。

半幅施工或与旧沥青路面连接的纵缝,不能采用热接缝时,宜加设挡板或采用切刀切齐。铺另半幅前必须将缝边缘清扫干净,并刷黏层沥青。摊铺时应重叠在已铺层上5～10cm,摊铺后用人工将摊铺在前半幅上面的混合料铲走。碾压时先在已压实的路面上行驶,碾压新铺层10～15cm,然后再逐渐移动跨过纵缝,将纵缝碾压紧密。上下层的纵缝应错开15cm以上。表层的纵缝应顺直,且位于车道分隔线位置。

横缝应与路中线垂直。相邻两幅及上下层的横缝应错开1m以上。对高速公路和一级公路、中面层、下面层的横向接缝可斜接,但在上面层应做成垂直的平头缝,即平接。其他等级公路的各层均可斜接。铺筑接缝时,可在已压实的部分上面铺设一些热混合料使之预热软化,以加强新旧混合料的黏结。但在开始碾压前应将预热用的混合料铲除。

斜接缝的搭接长度与厚度有关,宜为0.4~0.8m。搭接处应清扫干净并洒黏层沥青,斜接缝应充分压实并搭接平整。

平接缝应做到紧密黏结、充分压实、连接平顺。接缝处应清扫干净,切齐,边缘涂黏层沥青,并在其压实后用热烙铁烫平,再在缝口涂黏层沥青,撒石粉封口,以防渗水。

沥青面层施工工艺如图4.23所示。

图4.23　沥青面层施工工艺

4.3.2　铁道工程施工

1)铁道的组成结构

铁道是由路基、道床、轨枕和钢轨构成,包括沿线的桥梁、隧道和各种辅助设施。铁道也称铁路。铁道结构主要分为两大部分,即上部结构和下部结构。

(1)下部结构

下部结构主要为铁道路基,是以土、石材料为主而建成的一种条形建筑物。在挖方地段,路基是开挖天然地层形成的路堑;在填方地段,则是用压实的土石填筑而成的路堤。它与桥梁、隧道、轨道等组成铁道线路的整体。要保证线路的质量和列车的安全运行,路基必须具有足够的稳定性、坚固性与耐久性,即在其本身静力作用下地基不应发生过大沉陷,在车辆动力作用下不应发生过大的弹性或塑性变形;路基边坡应能长期稳定而不坍塌,同时还要经受各种自然因素的破坏。

所谓路基施工,就是以设计文件和施工技术规范为依据,以工程质量为中心,有组织、有计划地将设计图纸转化成工程实体的建筑活动。路基施工包括路堑、路堤土石方,防排水设施,挡土墙等防护加固构筑物以及为修建路基而做的改移河遭、道路等。其中路基土石方工程是最主要的,它包括路堑工程的开挖、路堤工程的填筑以及路基的平整工作,包括平整路基面、整修路堑(路堤)边坡、平整取土坑等,而有关防排水方面的工程,由于项目众多而较为零星,往往受到忽视,但防排水是保证路基主体工程得以稳固的根本措施,因此必须妥当安排、保证质量。

　　路基施工时的基本操作是挖、装、运、填、铺、压,虽然工序比较简单,但通常需要使用大量的劳动力及施工机械,并占用大量的土地,尤其是重点的土方工程往往会成为控制工期的关键工程。修筑路基时常会遇到各种复杂的地形、地质、水文与气象条件,给施工造成很大的困难。要得到满意的路基工程施工质量,必须严密组织,精心施工。

　　(2)上部结构

　　上部结构由轨道及附属设施组成。铁路轨道,简称路轨、铁轨、轨道等,用于铁路上,并与转辙器合作,令火车无需转向便能行走。轨道通常由两条平衡的钢轨组成。钢轨固定放在轨枕上,轨枕之下为路碴。道床是轨道的重要组成部分,是轨道框架的基础。道床通常指的是铁路轨枕下面,路基面上铺设的石砟(道砟)垫层。主要作用是支撑轨枕,把轨枕上部的巨大压力均匀地传递给路基面,并固定轨枕的位置,阻止轨枕纵向或横向移动,大大减少路基变形的同时还缓和了机车车轮对钢轨的冲击,便于排水,如图4.24所示。

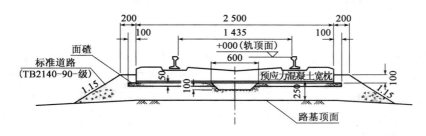

图4.24　混凝土宽枕碎石道床横断面图(尺寸单位:cm)

　　轨枕又称枕木,也是铁路配件的一种。只不过现在所用材料不仅仅是木材,因此称轨枕更加科学。轨枕既要支承钢轨,又要保持钢轨的位置,还要把钢轨传递来的巨大压力再传递给道床。因此它必须具备一定的柔韧性和弹性。列车经过时,它可以适当变形以缓冲压力,但列车过后还能尽可能恢复原状。轨枕因应用范围不同,长度也不同。在我国,普通轨枕长度为2.5m,道岔用的岔枕和钢桥上用的桥枕,长度有2.6~4.85m多种。每公里线路上铺设轨枕的数量是根据铁路运量和行车速度等运营条件来确定的,一般而言,在1 520~1 840根之间。不言而喻,轨枕数量越多,轨道强度越大。

　　轨枕间距:轨枕的间距应根据运量、行车速度及道床类型等条件决定。间距较小时,路基、道床、钢轨以及轨枕本身所受作用力均小,但间距过小则增加工程费用,且影响道床的捣固作业。轨枕间距一般为52~62cm。中国铁路一般以每公里铺设轨枕的根数间接显示轨枕间距。枕轨按其材料可分为木材轨枕、混凝土轨枕、钢轨枕、特种混凝土轨枕等。特种混凝土轨枕(Concrete Sleeper of Special Type)包括混凝土宽轨枕和钢纤维混凝土轨枕。混凝土宽轨枕用钢筋混凝土制成,外形类似混凝土轨枕,但比混凝土轨枕宽、薄,也称轨枕板。混凝土宽轨枕外观整齐美观,一般长2.5m,宽55~60cm,密排铺设在压实的清洁的碎石道床上。具体如图4.25和图4.26所示。

　　钢轨,是铁路轨道的主要组成部件,功用在于引导机车车辆的车轮前进,承受车轮的巨大压力,并传递到轨枕上。世界上最重型的钢轨已达到77.5kg/m,我国也在重载线路上逐步铺设75kg/m钢轨。我国以钢轨每米大致质量的公斤数,将其分为起重机轨(吊车轨)、重轨与轻轨三种:起重机轨、重轨和轻轨。钢轨伤损是指钢轨在使用过程中,发生折断、裂纹及其他影响和限制钢轨使用性能的伤损。

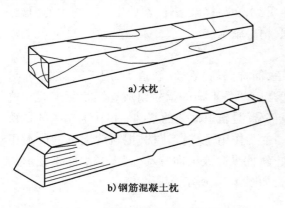

图 4.25　木枕与钢筋混凝土枕简易图

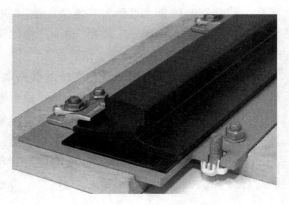

图 4.26　一般轨枕示意图

为便于统计和分析钢轨伤损,需对钢轨伤损进行分类。根据伤损在钢轨断面上的位置、伤损外貌及伤损原因等,其分为 9 类 32 种伤损,用两位数编号分类,十位数表示伤损的部位和状态,个位数表示造成伤损的原因。钢轨伤损分类具体内容可见《铁道工务技术手册(轨道)》。

钢轨折断是指有下列情况之一:钢轨全截面至少断成两部分;裂缝已经贯通整个轨头截面或轨底截面;钢轨顶面上有长大于 50mm、深大于 10mm 的掉块。钢轨折断直接威胁行车安全,应及时更换。钢轨裂纹是指除钢轨折断之外,钢轨部分材料发生分离,形成裂纹,钢轨伤损种类很多,常见的有磨耗、剥离及轨头核伤、轨腰螺栓孔裂纹等。钢轨结构如图 4.27 所示。

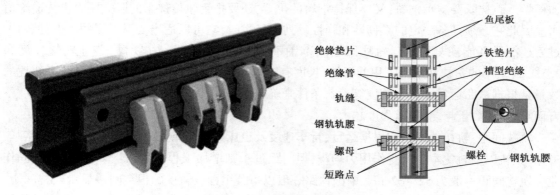

图 4.27　钢轨结构示意图

2)道床的浇筑和养护

(1)混凝土浇筑前的准备工作

道床板混凝土和易性采用二次搅拌的方法来控制。先在试验室进行混凝土配合比设计,确定混凝土外加剂的最佳掺量。当所有的模板均固定、紧固并密封后,用空压机将垃圾清除,保持轨道板范围内清洁。在混凝土中间层上洒水,直到混凝土表面处于湿润状态。在轨枕和扣件上覆盖保护层,防止在浇筑混凝土过程中污染轨枕和扣件,并保证在浇筑混凝土期间不能损坏保护层。对调整螺栓涂刷油脂,便于混凝土浇筑后拆解调整螺栓。轨枕底部必须湿润。

当混凝土浇筑高度高于轨枕底部时,向前变换浇筑位置。人工使用 3 根振捣棒进行振捣。禁止在一个地方长时间振捣,造成混凝土离析。混凝土振捣 10 次后,将轨枕扣件和钢轨上的覆盖物移除。当混凝土开始产生强度时,进行二次抹面找平。

（2）调整螺栓及扣件的拆除

当混凝土初凝后,松开调整螺栓。先用扳手将调整螺栓放松一圈,用螺栓紧松机松开扣件,再用套筒扳手放松调整螺栓支架。钢轨连接处鱼尾板用扳手松开。松开扣件的时间取决于混凝土性能和环境温度,由混凝土质检工程师根据现场混凝土硬化情况确定。

（3）混凝土养护

混凝土采用化合物进行养护。养护用化合物使用在整个道床混凝土表面,用棉（麻布）袋材料覆盖,在混凝土浇筑后,至少要覆盖 3d 且应保持棉（麻布）袋湿润。双块式无砟轨道道床容易开裂,为保证道床板的施工质量,在施工过程中采取以下防开裂措施:①根据环境温度和混凝土产生强度的情况及时松开钢轨扣件,让钢轨处于自由伸缩状态。②根据工艺试验的情况考虑在混凝土中掺加纤维以增加混凝土的抗开裂性能的可能性。③加强混凝土养护。环境温度小于 5℃ 或大于 30℃ 时,不宜浇筑混凝土;当环境温度大于 25℃ 时,应采取防护措施以免阳光直射;当环境温度大于 30℃ 时,禁止在上午浇筑混凝土,浇筑时间最好选择在气温稍低的下午或晚间。对道床混凝土覆盖进行充分养护。

3）轨枕施工

（1）剪力钉的安装

剪力钉是由一块 3cm 厚的钢板和一根带丝牙的直径 30mm 的 HRB335 钢筋焊接组成。剪力钉是高速铁路建设中不可或缺的配件。另外,由于高速列车运行速度较快,高速铁路承担的压力比普通的铁路更大,其轨道建设的要求也就更高,对于轨道建设的维护工作也是非常重要的。轨道建成后,由于暴露在空气中,风吹日晒,很容易造成某个部位出现问题,因此,要及时对铁路轨道进行维护,确保运行的安全。

剪力钉的制作工艺非常严格,其制作应根据实际情况及现场的要求"量身定做",提前焊接加工好,在安装过程中由专业人员负责,对施工工艺严格把关,做好每一个细节。剪力钉的安装过程也非常严格,首先要将预埋套筒内杂物清理干净,然后将剪力钉带丝牙一端拧入套筒内至少 5cm,保证剪力钉拧入套筒内的长度满足要求。剪力钉的安装如图 4.28 所示。

图 4.28　剪力钉的安装

（2）挤塑板及滑动层的施工

由于高铁轨道承担的压力较大，因此，要铺设高强挤塑板。挤塑板起到缓冲压力、保护轨道的作用，其施工过程应给予高度的重视。硬泡沫塑料板顶面与梁面加高平台顶面间的允许偏差约 2mm。高速铁路轨道的施工中，工艺环节是非常重要的，任何小的失误都有可能造成无法弥补的损失，因此，施工人员既要专业知识，又应具有高度责任心和使命感高速列车在行驶过程中速度是非常快的，一旦发生事故，后果不堪设想。

（3）铺设两布一膜滑动层

为了确保高速铁路的施工和运行安全，铺设两布一膜滑动层这种施工工艺也是非常必要的。底层土工布为 $500g/m^2$，上层土工布为 $300g/m^2$，中间为聚乙烯薄膜，底层和上层土工布的光面对着中间一层聚乙烯薄膜，就是通常所说的底层土工布粗糙面和胶粘贴，上层土工布粗糙面背对聚乙烯薄膜。土工布宽度至少 3.52m，混凝土施工完成后切除多余部分，使两布一膜的外侧与底座板混凝土两侧平齐。底层土工布采用胶黏剂将其粘贴于梁面防水层上。虽然其施工较为复杂，但起到了防止灰尘及颗粒状物体进入滑动层，能保证施工质量。安装两布一膜滑动层后，还要及时安装混凝土定距垫块，垫块间距 50cm 左右。这种施工工艺有利于保证高速列车行驶的安全，是我国高速铁路建设中施工工艺的一个创举。

（4）钢筋及钢板连接器安装

钢筋是高速铁路轨道施工中的主体，一定要保证钢筋质量，尤其是其韧性。对于钢筋下料，要严格按照图纸尺寸集中加工，再运输到施工现场进行绑扎。纵向钢筋绑扎必须使用相关工具（例如卡具）。卡具间距不应大于 3m，钢筋绑扎应稳固，松扣数量不得超过应绑扎数量的 8%。另外，后浇带连接器须在底座板顶层钢筋铺设前安装完毕。HRB500 钢筋与连接器钢板应在钢筋加工场焊接完毕，然后吊装上桥，在现场安装钢板另一侧的精轧螺纹钢筋和螺母。

4）无砟轨道施工

路基上双块式无砟轨道施工技术的关键是无砟轨道的施工精度和轨道几何形位的控制，这必须依赖于先进的施工工艺、成熟的施工技术、完整配套的施工机械、训练有素的施工队伍和合理的施工工期。目前时速 350km 客运专线无砟轨道施工根据轨道道床施工精度要求高和控制困难大的特点，采用就近铺设和便于精度控制的原则，在施工道床板的附近将双块式轨枕吊放至待铺位置，再经过钢筋绑扎、轨排组装、综合接地和轨道粗调等关键工序后，用轨检小车测量系统对轨道的几何尺寸进行精调，使其满足设计精度要求，最后浇筑道床混凝土并一次成形。该工艺具有操作简便、安全实用和轨道几何尺寸精确、快速定位等特点。无砟轨道结构如图 4.29 所示。

德国自 1959 年开始研究、试铺无砟轨道，德国也是世界上研究及应用无砟轨道较早的国家。德国铁路研究开发无砟轨道采用的体制是由德铁制定统一设计基本要求，由公司、企业自行研制开发。新开发的无砟轨道在进入德铁路网之前，必须通过指定试验室的实尺模型激振试验及性能综合评估，并经 EBA（德铁技术检查团）认证、批准后，方有资格在铁路线上进行有线长度的试铺。试铺的无砟轨道要经过 5 年的运营考验并经 EBA 的审定，通过后方可正式使用。

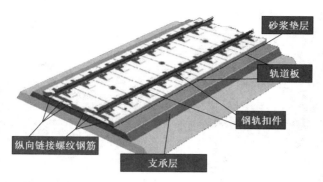

图4.29 无砟轨道结构示意图

（1）铺设轨枕

在铺设轨枕前，测量人员用划线器将轨枕两端位置直接划在土工织物上；加工制作木块，木块高度与凸台高度齐平或略高于凸台，木块高度与轨枕底宽一致。在底层钢筋间的土工织物上的放置木块，木块方向与轨道中心线平行，位于轨枕两端。木块边缘与画在土工织物上的轨枕端线位置对齐，再人工将轨枕从存放地抬到木垫块上。

（2）调整轨枕间距

将两股钢轨端头放正，并使其对正无砟轨道铺设起点位置处，根据设计图纸，在钢轨上画标识线识出轨枕的中心位置，人工使用套橡胶的撬棍或橡皮锤将轨枕中心调整到标识线位置处。

（3）轨排精调施工

根据双块式无砟轨道施工工艺要求，在精调检测中的小车有两种测量模式：定点三维测量模式，简称定点测量模式；连续相对不平顺测量模式，简称连续相对测量模式。

精调施工内容如下：①确定全站仪坐标。全站仪采用自由设站法定位，通过观测附近8个固定在接触网杆上的控制点棱镜，自动平差，计算确定位置。改变测站位置，必须至少交叉观测后方利用过的4个控制点。为加快进度，每工作面配备两台具有自动搜索、跟踪、计算、传输数据功能的全站仪。②测量轨道数据。全站仪测量轨道精测小车顶端的棱镜，小车自动测量轨距、超高。③反馈信息。接收观测数据，通过配套软件，计算轨道平面位置、水平、超高、轨距等数据，将误差值迅速反馈到精测小车的计算机显示屏幕上，指导轨道调整。④调整标高。用普通六角螺帽扳手，旋转竖向螺杆，调整轨道水平、超高。高度只能往上调整，不能下调。⑤调整中线。采用双头调节扳手，调整轨道中线。精调好轨道后，尽早浇筑混凝土。浇筑混凝土前，如轨道放置时间过长或环境温度变化超过15℃，或受到外部条件影响，必须重新检查或调整。无砟轨道施工如图4.30所示。

5）无砟轨道和有砟轨道施工的区别

无砟轨道又称无碴轨道。在铁路上，"砟"的意思是小块的石头。常规铁路都在小块石头的基础上，再铺设枕木或混凝土轨枕，最后铺设钢轨，但这种线路不适于列车高速行驶。高速铁路的发展史证明，其基础工程如果使用常规的轨道系统，会造成道砟粉化严重、线路维修频繁，安全性、舒适性、经济性相对较差。但无砟轨道克服了上述缺点，是高速铁路工程技术的发展方向。无砟轨道平顺性好，稳定性高，使用寿命长，耐久性好，维修工作少，避免了道砟飞溅。无砟轨道的轨枕本身是混凝土浇筑而成，而路基也不用碎石，铁轨、轨枕直接铺在混凝土上。

无砟轨道是当今世界先进的轨道技术,可以减少维护、降低粉尘、美化环境,铺设速度快,当列车时速达到 200km 以上时,列车运行更平稳,但造价较高。

图 4.30　无砟轨道施工图

有砟轨道是指在路基上面使用石砟作为道床,石砟就是石头子。其构造要求是均匀、坚硬、耐风化、冲击韧性好、富有弹性、有利于排水等。传统有砟轨道具有铺设简便、综合造价低廉的特点,但容易变形,维修频繁,维修费用较大。同时,列车速度受到限制。有砟轨道与无砟轨道分别如图 4.31 和图 4.32 所示。

图 4.31　有砟轨道图　　　　　　　　　　　　　图 4.32　无砟轨道图

4.4　道路与铁道工程的发展趋势

4.4.1　现代道路工程的发展趋势

(1)太阳能道路(Solar Roadway)

太阳能道路是美国正在研究的一种新型道路。目前,低碳、环保理念已经深入人心,太阳能产业的发展也越来越受到重视。有人预言,玻璃制成的太阳能板将彻底替代沥青路面和停车场,使得公路不仅能承载着交通运输的任务,还能为当地社区提供电力,以节省能源。

"太阳能之路"的创意想法最初来源于一个名叫 Julie Brusaw 的女士。爱幻想的她在 2006 年的某天突然脑洞大开,她想如果将美国 75 000 多平方公里的公路全部换成太阳能光伏板,这样就可以产生大量电能了。身为工程师的丈夫 Scott Brusaw 听到妻子的想法后很受启发。他在综合了多方面资料后,开始了自己的研发计划。没过多久,一个被命名为"Solar Roadway"的咬合六边形钢化玻璃面板问世(图4.33)。

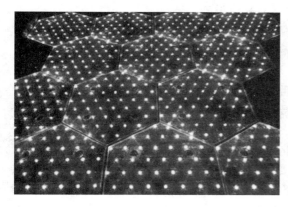

图 4.33 "Solar Roadway"咬合六边形钢化玻璃

法国目前已经铺设了 1 000km 的"太阳能道路"(Solar Roadway)。荷兰政府与私人企业及学术界合作,在 2014 年共同打造了名为"Sola Road"的太阳能自行车道计划,全长为 328 英尺(约近 100m),使荷兰成为当时全球首个将太阳能板应用于道路铺设的国家,且于 2014 年 11 月开始运作后,所产生的电力超出原先预期。

（2）不限速高速公路

德国是世界上最早拥有高速公路的国家,也是现今唯一一个高速公路不限速的国家。这得益于德国人优秀的驾驶技术以及发达的公路系统。德国公路最大的特点在于坡度平缓,即使在山间穿行,也感觉不出强烈的落差,不经意间车速就会达到 160km/h。而当车速已达 180km/h 甚至更高时,依旧会有车从旁边驶过。尽管如此,德国高速公路交通事故却很少发生。德国人不仅严格遵守交通规则,而且十分遵守驾驶礼仪,即便是第一次在德国驾驶,也会非常轻松。德国高速公路不设最高限速的原因有以下几点:良好汽车制造工艺,保证了在道路上行驶的安全性;良好的驾驶技术和驾驶礼仪;良好的道路条件。德国不限速高速公路如图 4.34 所示。

图 4.34 德国不限速高速公路

德国的一种名为"全景路"的公路也值得一提。所谓"全景路"就是一条能够路过许多美丽景点的道路。驾驶者在这种路上行驶,可以边驾车边欣赏眼前的秀丽风景,让旅途变得更加快乐,让心情更加放松。此外,在德国有很多高速路段设有比较简便的休息点,可供驾驶员下来休息、抽烟、如厕的地方,并不是只有服务区才具有相应设施。

不限速高速公路是我国高速公路发展的趋势。但是驾驶者必须经过严格驾驶证考试,并且具有良好的开车礼仪,遵守交通规矩,不限速高速公路才有实现的可能。

（3）绿色公路

绿色公路是在城市交通堵塞和环境污染等问题日趋严重的情况下,由城市管理者设计开发的一种新的绿色、环保交通解决方案。其主要目的是消除市区中心的高速公路,以绿色公路、林荫大道、自选车道,甚至是河流取而代之,把安逸舒适的生活社区环境重新带到人们身边。绿色道路的发展为我国道路建设指明了方向。

世界上仍有许多国家的城市被市区内不需要的高速公路所引发的交通阻塞所困扰。这些交通的瓶颈必须移除,因为人们并不需要一条拥有十二车道的快速公路进入市区。当人们找不到来往市中心的快速公路时,他们必然会选择更加绿色环保的出行方式。市区内高速路的拆除是大势所趋,城市的管理者必需考虑到这一点。

欧洲一些国家一直限制在主城区内修建快速公路,用"绿色公路"取代高速公路的计划将在越来越多的城市上演。美国西雅图和加拿大的多伦多正计划用景观大道来改造市内的高速路。郊区绿色道路和市区绿色道路分别如图4.35、图4.36所示。

图4.35　郊区绿色道路示意图　　　　　　图4.36　市区绿色道路示意图

（4）智能道路系统

随着科技的进步,汽车技术的发展令人感到兴奋,像新能源汽车、自动驾驶技术、智能车载平台以及车辆间通信技术等,都令人印象深刻。除此之外,另一个随之而来的趋势,则是道路交通智能化发展而来的智能公路。智能公路不仅能够利用太阳能为汽车充电,同时也内置智能交通系统。

智能道路:随着城市交通问题的日益发展,城市交通综合信息平台、全球定位与车载导航系统、城市公共交通车辆以及出租车的车辆指挥与调度系统、城市综合应急系统都将迎来较大的发展机遇。日本制定的Smartway(智能道路)计划的目的就是实现车路联网,设想道路将会有先进的通信设施不断向车辆发送各种交通信息,所有的收费站都不需停车缴费,能以较快的速度通行,道路与车辆可高度协调,道路甚至可以提供必要信息以便车辆进行自动驾驶。

道路交通智能化发展的另外一个趋势在于道路交通视频监控系统。它包括电子警察执法处罚系统、机动车超速检测系统、移动车辆稽查系统、车流量监测系统、智能化多媒体网络车牌识别以及城市综合应急系统等。

已经有越来越多的车辆配备雷达、传感器和摄像头,如果把这些设备结合起来,即可构建起一套防碰撞系统。防碰撞系统能够根据汽车周围环境,自动做出决策,当探测到即将发生碰撞时,便自动制动,以避免撞车或减轻碰撞力度。

随着计算机技术的发展,交通工具的自动驾驶也不断发展和完善,这离不开互联网与交通设施的协助。智能交通道路如图4.37所示。

图4.37 智能交通道路示意图

随着汽车无人驾驶技术的不断发展,未来,无人驾驶道路的建设也将会是一种趋势,智能传感器的应用,将会让智能道路更加智能。

4.4.2 现代铁道工程的发展趋势

1)重载铁路(Heavy Haul Railways)

重载铁路(Heavy Haul Railways),是指用于供运载大宗散货的总重大、轴重大的列车、货车行驶的或行车密度和运量特大的铁路。一般火车单列运输量约为2 000~3 000t,而重载火车单列运输量至少在5 000t以上,同时,总重大(可达1万~2万t),轴重大(可达30t),行车密度大(可达1万吨千米/千米)。运输的大宗散货主要为煤炭、矿石、散粮等。2005年,国际重载运输协会(International Heavy Haul Association,IHHA)在巴西年会上对重载运输的定义做了新的修订:重载列车牵引质量至少达到8 000t(以前为5 000t);轴重(或计划轴重)为27t及以上(以前为25t);在至少150km线路区段上年运量超过4 000万t(以前为2 000万t)。

重载运输:在货物运输方面,集中化、单元化和大宗货物运输重载化是各国铁路发展的共同趋势。重载单元列车是用同型车辆、固定编组、定点定线循环运转。其首先用于煤炭运输,后来扩展到其他散装货物,对提高运能,减少燃油消耗,节省运营车、会让站、乘务人员等都有显著效果,经济上受益很大,如美国铁路货运量有60%是由单元列车这种方式完成的。俄罗斯曾试验运行了质量为43 407t的超长重载列车,列车由440辆车厢组成,全长6.5km,由4台电力机车牵引,情景十分壮观。重载铁路运输列车如图4.38所示。

货运重载化是世界铁路发展的重要方向之一。铁路重载货物运输的主要特点是列车编组加长、质量加大,实现全程直达运输。通过采用大功率交流传动机车、大轴重和低自重货车、列车控制同步操纵等技术,使铁路运量大、成本低的优势更加凸显,大幅提高铁路在中长距离、大宗货物运输市场的竞争力。

图 4.38　重载铁路运输列车

20 世纪 20 年代,重型铁路技术首次出现在美国。其因列车总重大、轴重大、行车密度及运量大等优点而引起广泛的应用与推广,尤其是在运输大宗材料货物方面具有重大运输意义。我国在重载铁路运输方面起步晚,发展比较滞后而且还遇到很多问题,所以发展和提升空间还很大。要想提高我国铁路技术的发展水平,就必须利用铁路新技术对重载铁路进行创新和完善。以下是未来发展重载铁路技术的创新原理及关键技术。

（1）开放式原理

重载铁路的创新理念自 20 世纪 20 年开始出现后,就受到很多企业的青睐并在随后的时间不断向前发展。重载铁路技术要想在社会不断进步中积极发展,就必须紧跟发展趋势,在原有技术基础上不断创新改进。一般有关企业负责重载铁路方面的创新技术不受外界因素的影响,而各创新技术之间往往存在很大差异,而所涉及的学科知识之间也会出现较大的交叉状况,在现实因素作用下表现出很多的独特性,因此许多类型技术之间的联系较少。重载铁路技术发展的客观情况就要求其必须在不断发展中发现问题并及时分析解决,吸取经验,必须有各种技术部门的相互协调合作,实现重载铁路技术的不断发展创新。

（2）集成式创新

集成式创新方式注重将本来没有关系的各种要素进行系统的重新组合,使新系统具备新的功能。重载铁路是一项具有较高要求的技术,工程建设比较复杂,需要多种高难度技术的协助才能完成。这种情况就要求所依靠的企业必须实现自己的创新发展,充分利用集成式创新理念重新组合各种资源,实现资源的最大利用与开发,提高重载铁路的技术发展。实际生产中,企业要想实现重载铁路技术的全面发展及改进,只依靠自己的力量很难实现,必须获得企业之外各种资源的协助才能实现更快的发展。

（3）径向转向架技术

为实现重载铁路的运输,燃料、电力等铁路运输机车都广泛采用径向转向架技术,这项技术在国际已得到广泛认可并取得很大成就。在实际应用中,径向转向架能够缓冲车轮与轨道之间的横向力,进而减小车轮与轨道之间的摩擦程度,大大提高机车的运转效率,这项技术也可以辅助解决机车遇到的各种问题。

（4）加大车辆轴重

随着对重载铁路运输需求的不断增长,车辆的轴重已不能承载当前的负荷,因此必须对其进行改进优化,提高机车的运输能力,满足重载铁路的发展需求。目前国外在车辆轴重方面发展较先进,已经实现30t的轴重数值,在特殊情况下轴重会达到40t,目前关于更大轴重的机车正处于研制开发中。而我国目前重载铁路使用的最大轴重是25t,落后于发达国家,因此,我国必须加强此方面的研究与开发,紧跟世界重载铁路技术发展的先进步伐,确保各个方面的技术能够符合重载铁路技术发展的实际需求。

(5)重载铁路制动技术

当前一些发达国家将计算机技术应用到机车的制动行业,在机车制动的过程中发挥较大的作用,实现机车制动方式的重大变革。这种制动系统运用各种先进的技术将原来落后的技术进行改进,进而确保其具备高效的运用功效,使用计算机控制机车的制动过程,可以优化制动的反应时间,让机车在行驶过程中顺利实现制动。

(6)高性能轨道技术

重载铁路的行车质量很大程度决定于轨道性能,因此必须运用相关技术提高轨道性能。钢轨在使用过程中容易发生较明显的侧磨或掉块,这种破坏会严重影响钢轨的使用性能,而采用热处理技术已经初步改善这个问题,但是仍然需要进一步深入研究。另外,钢轨的接头一旦受到损坏,会对轨道的使用寿命造成比较严重的负面影响,应引起足够的重视,通过改进原有的焊接技术,提高轨道的性能。

计算机信息技术在重载铁路领域已经获得初步的运用,在今后的发展过程中,这项技术的运用必然更加深入而广泛。比如,重载铁路的机车制动系统中,应用计算机信息技术改进制动过程,使得制动系统常见的各种技术问题都在信息技术的控制下得到解决。重载铁路技术本身具有较强的复杂特性,尤其是各种技术之间的相互支持,运用计算机信息技术的协助可以将一些操作过程大大简单化、智能化,提高机车的技术水平,同时可以方便操作,减少体力劳动。

2)城市轨道交通系统(Urban Rail Traffic System)

城市轨道交通系统(Urban Rail Traffic System),简称城轨系统,依据世界各地的用语不同,也可称为地铁、捷运等,但其基本定义需满足以下五个条件:①必须是大众运输系统;②必须位于城市之内;③必须以电力或者内燃机驱动;④必须行驶于轨道之上;⑤班次必须相对密集。作为城市公共交通系统的一个重要组成部分,在中国国家标准《城市公共交通常用名词术语》中,将城市轨道交通定义为以电能为动力,采取轮轨运转方式的快速大运量公共交通的总称。

在城市交通轨道化中,轻轨交通将倍受青睐,因为它是改善城市交通环境、最富有生命力的一种交通工具;市郊铁路与地下铁道、轻轨铁路紧密合作,共线、共站,共同组成大城市的快速运输系统,这是各国解决人口密度较大地区客运的有效措施。在未来的铁路发展中,大城市快速运输系统将同全国铁路网连接,紧密配合,形成客运统一运输网。

目前,城市轨道交通包括地铁、轻轨、市郊铁路、有轨电车以及悬浮列车等多种类型,称其为“城市交通的主动脉”。城市轨道交通和其他公共交通相比,具有以下特点:用地省;运能大,轨道线路的输送能力是公路交通输送能力的近10倍;每一单位运输量的能源消耗量少,因而节约能源;采用电力牵引,对环境的污染小。

城市轨道交通呈现多种制式同步发展趋势。在“十二五”期间,我国城市轨道交通由单一的地铁模式转换为地铁、轻轨、单轨、市域快轨、现代有轨电车、磁悬浮和APM共计7种制式。根据中国城市轨道交通协会统计,截至2015年末,运营线路中地铁占比已经下降至73.4%,其他种类占比达到26.6%;同时,在建线路中其他模式的占比达到33%。

2015年城市轨道交通运营模式如图4.39所示。

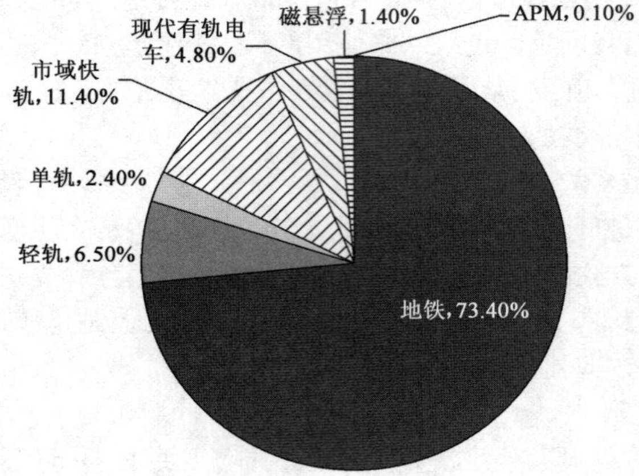

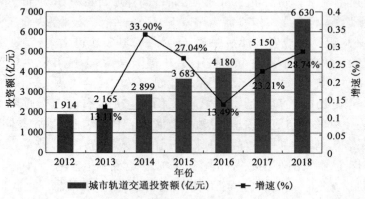

图4.39　2015年城市轨道交通运营模式构成

目前城市轨道交通制式以地铁、轻轨和现代有轨电车为主。这三者的区别主要体现在运力、造价和建设周期上。近年来,地铁系统凭借其运量大、速度快、避免拥堵等优点,在国内得到了快速发展,一列地铁通常配有5~10节车厢,地铁系统每小时单向运力能够达到6万人次;轻轨与地铁外形类似,之所以被称为轻轨,主要因为载重相对于地铁较轻。一列轻轨通常配有2~4节车厢,每小时运力在1万~3万人次;现代有轨电车由传统有轨电车演变而来,相对于传统有轨电车速度和运力都得到大幅提升,通常配有两节车厢,每小时运力在1万人次左右,运力介于轻轨与常规公交之间,与其他轨道交通相比具有投资较低、运量适中、工程周期短、能耗低、噪声低等优点。现代有轨电车正逐渐被越来越多的城市所选择。

城市轨道交通投资额及增速趋势如图4.40所示。

图4.40　城市轨道交通投资额及增速趋势

地铁通常指地下铁路,亦简称为地下铁,狭义上专指在地下运行为主的城市铁路系统或捷运系统;但广义上,由于许多此类的系统为了配合修筑的环境,可能也会有地面化的路段存在,因此通常涵盖了各种地下与地面上的高密度交通运输系统。地铁已经不局限于运行线在地下隧道中的这种形式,而是泛指采用高规格电客列车,同时高峰小时单向运输能力在3万~7万人,运行线路多样化,地下、地面、高架三者有机结合的大容量城市轨道交通系统。国内外众多城市已用"轨道交通"代替"地铁"这一传统称呼。

由于轻轨本身要具备混合通行的能力,所以现在不少轻轨系统都是上述路权状态的混合体,极少有单纯的 A 级线路,但由于 C、B 级对交通影响较大,其所占比重有减少的趋势。

轻轨系统基本上都已实现电气化,多数采用高架电缆,也有采用第三轨的方案。由于导电的第三轨直接建在地面上,应设置相应的安全措施和警示牌,防止乘客或公众误触供电轨。法国波尔多轻轨系统就利用间隙性第三轨供电,以避免行人触电。同时,轻轨的造价一般比重铁路低,这是因为轻轨灵活性较高,其施工规模和难度也较小,线路铺设灵活成本低,如轻轨最大坡度可以用到8%,最小曲线半径可以为20m。

3)磁悬浮铁路

(1)高速磁悬浮列车(Magnetic Levitation Train)

高速磁悬浮列车(Magnetic Levitation Train)作为一种新型的轨道交通工具,是对传统轮轨铁路技术的一次全面革新。从类别上分,磁悬浮列车可分为常导型和超导型两大类,常导型也称为常导磁吸型。无论哪种磁悬浮,它不使用机械力,而是主要依靠电磁力使车体浮离轨道,就像一架超低空飞机贴近特殊的轨道运行。整个运行过程是在无接触、无摩擦的状态下实现高速行驶,因而具有"地面飞行器""超低空飞机"的美誉。磁悬浮列车如图 4.41 所示。

磁悬浮列车的基本原理并不深奥,它是运用磁铁"同性相斥,异性相吸"的性质,使磁铁具有抗拒地心引力的能力,即"磁性悬浮"。实际中,磁悬浮列车即是依靠电磁吸力或电动斥力将列车悬浮于空中并进行导向,实现列车与地面轨道间的无机械接触,再利用线性电机驱动列车运行。虽然磁悬浮列车仍然属于陆上有轨交通运输系统,并保留了轨道、道岔和车辆转向架及悬挂系统等许多传统机车车辆的特点,但由于列车在牵引运行时与轨道之间无机械接触,因此从根本上克服了传统列车轮轨黏着限制、机械噪声和磨损等问题,它将成为人们梦寐以求的理想陆上交通工具。磁悬浮列车的原理如图 4.42 所示。

图 4.41 磁悬浮列车

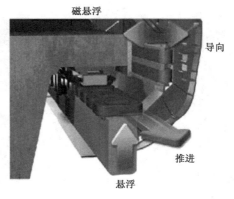

图 4.42 磁悬浮列车的原理

(2)真空管道磁悬浮列车

真空管道高速交通,就是建造一条与外部空气隔绝的管道,将管内抽为真空后,在其中运行磁悬浮列车,由于没有空气摩擦的阻碍,列车能以高速运行。而且管道是密封的,可以在海底及气候恶劣地区运行而不受任何影响。根据目前的理论研究,这种真空磁悬浮列车时速将可达到108 000km/h。目前任何一种地面交通工具的商业运营速度都不宜超过400km/h,否则能耗大、噪声超标、难以被市场接受。人类采用的高速远程客运工具以飞机为主,民航客机的运营速度约为 1 000km/h。对于 5 000km 以上的远程旅行来说，乘飞机旅行耗费的时间、经济成本惊人，并且会造成严重的环境污染，真空管道磁悬浮列车可有效解决此问题。

Hyperloop 超级高铁计划设计一套全新的运输概念体系。Hyperloop 是一种革命性的交通系统，它能够让胶囊车厢在特制的管道里以 800 英里/时（约合 1 287km/h）的速度运行。这一概念最早是由特斯拉 CEO 伊隆·马斯克在 2013 年提出的。这种列车比飞机还快两倍，能耗不到民航客机的 1/10，噪声和废气污染及事故率接近于零。整套系统低摩擦、低耗能，通过太阳能电池板就能提供日常用电，乘客搭乘的"豆荚"舱也不用像飞机一样需要按时间来搭乘，而是随到随走。

据预计，其速度可以达到 22 500km/h 以上，可大大缩短地球表面任意地点间的时空距离。保守估计，乘坐这种列车，华盛顿至北京仅需 2h 左右；旧金山到洛杉矶 24min；纽约到洛杉矶 45min；用数小时就可完成环球旅行。本地旅行速度达 350km/h，城际间旅行速度达 1 000km/h，国际间旅行速度大于 4 000km/h，此项工程计划预计将在十年内完成。真空管道磁悬浮列车如图 4.43 所示。

图 4.43　真空管道磁悬浮列车示意图

【思考题】

1. 简述当今世界建设高速铁路的模式及特点？
2. 公路是如何划分等级的？
3. 道路是如何分类的？城市道路是如何分类的？
4. 道路或铁路的结构组成主要包括哪些？
5. 简述城市轨道交通主要包括哪些交通运输工具？
6. 叙述重载交通的发展史及发展趋势？
7. 简述我国公路的发展史？
8. 重载铁路技术的创新原理及关键技术有哪些？

9. 什么是磁悬浮铁路？它有哪些优势？

10. 随着车辆的增加,交通拥堵时常发生,请根据现阶段国家政策说明如何处理当前道路拥堵问题？

本章参考文献

[1] 李毅. 土木工程概论[M]. 武汉:华中科技大学出版社,2008.

[2] 刘俊玲. 土木工程概论[M]. 北京:机械工业出版社,2012.

[3] 中国铁路总公司. 铁路技术管理规程[M]. 北京:中国铁道出版社,2014.

[4] 叶志明. 土木工程概论[M]. 北京:高等教育出版社,2010.

[5] 黄晓明. 路基路面工程[M]. 北京:人民交通出版社股份有限公司,2014.

[6] 刁心宏,李明华. 城市轨道交通概论[M]. 北京:中国铁道出版社,2009.

[7] 交通运输部公路局,中交第一公路勘察设计研究院. JTG B01—2014 公路工程技术标准[S]. 北京:人民交通出版社股份有限公司,2014.

[8] 魏庆朝,孔永健,时瑾. 磁浮铁路系统与技术[M]. 北京:中国科学技术出版社,2010.

[9] 杨少伟. 道路勘测设计[M]. 北京:人民交通出版社,2009.

[10] 郑晓燕,胡白香. 新编土木工程概论[M]. 北京:中国建材工业出版社,2012.

[11] 钱仲侯. 高速铁路概论[M]. 北京:中国铁道出版社,2012.

第5章
桥梁工程

5.1　桥梁工程简介

5.1.1　桥梁的定义

桥梁是人类文明的产物,是人类社会进步与发展的一个重要标志。在人们日常"衣食住行"基本需求中,桥梁是为"行"服务的。其定义通常有以下几种:

(1)《中国大百科全书》:桥梁是跨越江、河、湖、海、山谷、既有道路的人工构筑物。

(2)英国定义:桥梁是用木、石、砖、钢、混凝土等做成的,让道路跨越河流、运河、铁路等的结构。

(3)茅以升认为:桥梁是架空的道路。

(4)美国《韦氏大词典》:桥梁是跨越障碍的通道。

总之,桥梁应该具有跨越各种障碍(江、河、湖、海、山谷、道路、陡崖、软基等)的结构特征和供行人、车辆、渠道、管线等通行的功能。因此,增强桥梁的跨越能力,以克服风雨雪及地震等环境作用以及各种障碍是桥梁工作者不断追求的目标。

5.1.2 桥梁工程概述

桥梁工程在学科上属于土木工程的分支,在功能上又是交通工程的咽喉,是交通工程的一个重要组成部分,对国家经济发展起着重要作用。随着我国国民经济的迅速发展和经济的全球化,大力发展交通运输事业,建立四通八达的现代交通网络,对于发展国民经济,促进文化交流,加强民族团结,缩小地区差别,巩固国防等方面都有非常重要的作用。

由于封建社会的长期统治,到 19 世纪西方资本主义国家纷纷进入工业化的快速发展阶段,我国在综合国力、科学技术等方面,远远落后于西方列强。至中华人民共和国成立前,公路桥梁绝大多数为木桥,且年久失修、破烂不堪。中华人民共和国成立以后,随着我国国力迅速增强,交通事业快速发展,尤其是国家对高等级公路的大力投入,使得我国的桥梁事业得到了空前的大发展,取得了举世瞩目的成就。目前我国在桥梁建设方面已经跻身世界先进行列。如图 5.1 所示的杭州湾大桥为双向六车道,全长 36km,总投资 118 亿元。大桥共有各类桩基7 000 余根,水中区域有钢桩 4 000 多根,其工程规模打破国内建桥史纪录。随着《国家公路网规划(2013—2030 年)》的实施,几十公里长的跨海湾、海峡特大桥梁的宏伟工程已经摆在我们面前,并已逐渐开始建设,广大的桥梁工程技术人员将不断面临着建设新颖和复杂桥梁结构的挑战,肩负着国家光荣而艰巨的建设任务。

图 5.1 杭州湾大桥

(1)梁桥

由于梁式桥的力学特征是以受弯为主,而钢筋混凝土结构抵抗弯拉的能力较弱,随着预应力技术的成熟,预应力混凝土梁式桥得到迅速发展。1977 年奥地利建成了跨径达 76m 的阿尔姆桥,该桥通过在梁的下缘张拉和在上缘顶压预应力(称为双预应力)的技术,将梁高降至2.5m,高跨比仅 1/30。

连续刚构桥具有桥跨连续、墩梁固结、无伸缩缝、行车平顺的优点,又保持了 T 形刚构桥不设支座的优点,避免了连续梁桥和 T 形刚构桥的缺点。1988 年建成的广东番禺洛溪大桥是我国第一座大跨径连续刚构桥(图 5.2);而 1997 年建成的广东虎门辅航道桥(图 5.3),跨径组合为 150m + 270m + 150m,主桥位于 $R = 7 000m$ 的平曲线上。

目前世界上跨度最大的预应力混凝土连续梁桥是挪威的伐罗德桥,跨度为 260m。跨度最大的斜腿刚架桥是法国的博诺姆桥,跨度为 186.3m。跨度最大的连续刚构桥是中国石板坡长江大桥复线桥(图 5.4),主跨为 330m,主桥连续长达 1 060m;挪威的斯托尔马桥,跨度为301m,是跨度第二的连续刚构桥。截至 2016 年年底,混凝土梁桥的跨度排名见表 5.1。

图 5.2　广东番禺洛溪大桥

图 5.3　广东虎门辅航道桥

图 5.4　石板坡长江大桥

混凝土梁桥跨径排名　　　　　　　　　　　　　　　　表 5.1

序　号	桥　　　名	主跨跨径(m)	结构形式	桥　　址	建成年份(年)
1	石板坡长江大桥复线桥	330	连续刚构	中国重庆	2006
2	斯托尔马桥(Stolma)	301	连续刚构	挪威	1998
3	拉脱圣德桥(Raftsundet)	298	连续刚构	挪威	1998
4	亚松森桥(Asuncion)	270	3 跨 T 形刚构	巴拉圭	1979
5	虎门大桥辅航道桥	270	连续刚构	中国广东	1997
6	苏通大桥专用航道桥	268	连续刚构	中国江苏	2008
7	红河大桥	265	连续刚构	中国云南	2003
8	门道桥(Gateway)	260	连续刚构	澳大利亚	1985
9	伐罗德 2 号桥(Varodd-2)	260	连续梁	挪威	1994
10	宁德下白石桥	260	连续刚构	中国	2003

（2）拱桥

由于拱桥造型优美,跨越能力大,长期以来一直是大跨桥梁的主要形式之一。20 世纪 60 年代,拱桥无支架施工方法的应用与发展使混凝土拱桥竞争力大大提高。著名的石拱桥有 1991 年建成的湖南凤凰县乌巢河石拱桥[图 5.5a)],跨径 120m,它的拱圈由两条宽 2.5m 的石板拱组成,板间用钢筋混凝土横梁联系。2001 年建成的山西晋城晋焦高速公路丹河大桥,主跨 146m,现为世界上跨度最大的石拱桥[图 5.5b)]。

a)湖南凤凰县乌巢河石拱桥
b)山西晋城晋焦高速公路丹河大桥

图 5.5 石拱桥

以钢管混凝土作为劲性骨架,再外包混凝土形成箱形拱的拱桥,除了施工方便外,还能避免钢管防腐问题。另外,这种分期形成的截面由于钢管混凝土最先受力,其承载潜力能充分利用,用此方法已建成的跨度为 420m 的重庆万县长江大桥(图 5.6),建成时为世界上跨径最大的钢筋混凝土拱桥。

如图 5.7 所示为重庆朝天门长江大桥,采用三跨连续钢桁系杆拱形式,其中主跨长 552m,为世界主跨最长的拱桥。

图 5.6 重庆万县长江大桥　　　　　　图 5.7 重庆朝天门长江大桥

截至 2016 年年底,混凝土拱桥主跨跨径排名见表 5.2。

拱桥跨径排名　　　　　　　　　　　　　　　表 5.2

序　号	桥　名	主跨跨径(m)	桥　址	建成年份(年)
1	重庆朝天门长江大桥	552	中国	2009
2	卢浦大桥	550	中国	2003
3	波司登长江大桥	530	中国	2012
4	新河峡大桥	518	美国	1976
5	贝尔桥	504	美国	1931
6	悉尼港大桥	503	澳大利亚	1932

续上表

序　号	桥　　名	主跨跨径(m)	桥　址	建成年份(年)
7	巫山长江大桥	460	中国	2005
8	明州大桥	450	中国	2011
9	南广铁路西江大桥	450	中国	2014
10	沪昆高铁北盘江大桥	445	中国	2015

(3)斜拉桥

斜拉桥又称斜张桥,是将主梁用多根拉索直接拉在桥塔上的一种桥梁,是由承压的塔、受拉的索和承弯的梁体组合起来的一种结构体系。其可看作是拉索代替支墩的多跨弹性支承连续梁。该桥可使梁体内弯矩减小,降低建筑高度,减轻了结构重量,节省材料。世界上第一座现代化斜拉桥是1955年瑞典建成的斯特罗姆海峡桥,其主跨182.6m;1978年,美国建成的P-K桥(图5.8),跨径299m,是世界上第一座密索体系的预应力混凝土斜拉桥。日本的多多罗大桥(图5.9),其主跨达890m,建成于1999年,其跨径在斜拉桥中的世界排名第三。

图5.8　美国P-K桥　　　　　　　　　　　　图5.9　日本多多罗大桥

我国的斜拉桥起步稍晚,1975年建成的跨径76m的四川云阳桥是国内第一座斜拉桥。20世纪90年代以后,因跨越大江大河的需要,斜拉桥得到了快速的发展,修建了一系列特大跨度的斜拉桥。据不完全统计,我国建成的斜拉桥已超过100座,其中跨度超过400m的斜拉桥已达20座,居世界首位。苏通大桥位于江苏省东部的南通市和苏州(常熟)市之间,是交通运输部规划的黑龙江嘉荫至福建南平国家重点干线公路跨越长江的重要通道,斜拉桥主孔跨度1 088m,主塔高度306m,斜拉索的长度580m,建成时均列世界第一,是我国建桥史上工程规模最大、综合建设条件最复杂的特大型桥梁工程。

截至2016年年底,斜拉桥主跨跨径的最新排名见表5.3。

斜拉桥主跨长度排名　　　　　　　　　　　　　　　　表5.3

序　号	桥　　名	主跨跨径(m)	桥　址	建成年份(年)
1	俄罗斯岛大桥	1 104	俄罗斯	2012
2	苏通大桥	1 088	中国	2008
3	昂船洲大桥	1 018	中国香港	2009

续上表

序 号	桥 名	主跨跨径(m)	桥 址	建成年份(年)
4	湖北鄂东长江大桥	926	中国	2010
5	多多罗大桥	890	日本	1999
6	诺曼底大桥	856	法国	1995
7	九江长江公路大桥	818	中国	2013
8	荆岳长江大桥	816	中国	2010
9	仁川大桥	800	韩国	2009
10	厦漳大桥	780	中国	2013

(4)悬索桥

悬索桥又称吊桥,由悬索、桥塔、吊杆、锚锭、加劲梁及桥面系所组成,是由承受拉力的悬索作为主要承重构件的桥梁。因为悬索受拉,无弯曲和疲劳引起的应力折减,可以采用高强钢丝制成,故悬索桥跨越能力是各桥梁体系中最大的。1883 年建成的纽约布鲁克林悬索桥(图 5.10),跨径达 483m,开创了现代悬索桥的先河。1937 年建成的洛杉矶金门大桥(图 5.11),主跨1 280m,保持了 27 年的主跨长度世界第一纪录,至今金门大桥仍是举世闻名的桥梁经典之作。

图5.10　纽约布鲁克林悬索桥

图5.11　洛杉矶金门大桥

目前世界上跨度最大的悬索桥是日本的明石海峡公路铁路两用桥(图 5.12),跨径1 991m(设计跨径为1 990m,后因阪神地震,地壳移位,才变成目前的跨径)。

图 5.12　明石海峡大桥

　　我国的现代悬索桥建设起步较晚,特别是在特大跨度悬索桥方面。但是在20世纪90年代中期以后,这一局面得到了彻底的改变。1995年建成的广东汕头海湾大桥,开创了我国现代公路悬索桥的先河。紧接着又建成西陵长江大桥、虎门大桥、香港青马大桥、江苏润扬长江大桥等,其中西堠门大桥和江阴长江大桥分别如图5.13和图5.14所示。

图5.13　西堠门大桥　　　　　　　　　　图5.14　江阴长江大桥

　　截至2016年年底,悬索桥主跨跨径的最新排名见表5.4。

悬索桥主跨跨径排名　　　　　　　　　　　　表5.4

序　　号	桥　　名	主跨(m)	桥　　址	建成年份(年)
1	明石海峡大桥	1991	日本	1998
2	舟山西堠门大桥	1650	中国	2009
3	大海带桥	1624	丹麦	1998
4	润扬长江公路大桥	1490	中国	2005
5	亨伯桥	1410	英国	1981
6	江阴长江大桥	1385	中国	1999
7	香港青马大桥	1377	中国	1997
8	费雷泽诺桥	1298	美国	1964
9	金门大桥	1280	美国	1937
10	武汉阳逻长江大桥	1280	中国	2007

5.1.3　桥梁的基本组成

　　桥梁由四个基本部分组成,即上部结构、下部结构、支座和附属设施。图5.15为一座公路桥梁的概貌,其中上部结构是在线路中断时跨越障碍的主要承重结构,是桥梁支座以上(无铰拱起拱线或刚架主梁底线以上)跨越桥孔的总称。当跨越幅度越大时,上部结构的构造也就越复杂,施工难度也相应增加。下部结构包括桥墩、桥台和基础。

　　我国《公路工程技术标准》(JTG B01—2014)规定了特大、大、中、小桥和涵洞,可根据桥梁按总长和跨径进行划分(表5.5)。

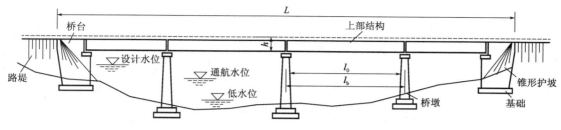

图 5.15 梁式桥概貌

桥梁按总长和跨径分类

表 5.5

桥 梁 分 类	多孔跨径总长 $L(\mathrm{m})$	单孔跨径 $L_k(\mathrm{m})$
特大桥	$L > 1\,000$	$L_k > 150$
大桥	$100 \leqslant L \leqslant 1\,000$	$40 \leqslant L_k < 150$
中桥	$30 < L < 100$	$20 \leqslant L_k < 40$
小桥	$8 \leqslant L \leqslant 30$	$5 \leqslant L_k < 20$
涵洞	—	$L_k < 5$

注:1. 单孔跨径系指标准跨径。
　　2. 梁式桥、板式桥的多孔跨径总长为多孔标准跨径的总长;拱式桥为两岸桥台内起拱线间的距离;其他形式桥梁为桥面系车道长度。
　　3. 管涵及箱涵不论管径或跨径大小、孔数多少,均称为涵洞。
　　4. 标准跨径:梁式桥、板式桥以两桥墩中线间距离或桥墩中线与台背前缘间距为准;涵洞以净跨径为准。

上述分类在一定程度上反映了桥梁的建设规模,但并未反映桥梁的复杂性。国际上一般认为单孔跨径小于 150m 的属于中小桥,大于 150m 即为大桥;而特大桥的起点跨径与桥型有关,悬索桥为 1 000m,斜拉桥和钢拱桥为 500m,其他桥型为 300m。

5.2　桥梁结构设计基础

5.2.1　桥梁结构受力体系

(1)桥梁的基本受力原理

中小跨径公路桥梁或者城市桥梁,大部分是钢筋混凝土或预应力混凝土梁式桥。这两种桥梁具有能就地取材、工业化施工、耐久性好、适应性强、整体性好以及美观等许多优点。预应力混凝土梁桥更兼有降低梁高和跨越能力大的长处,特别是预应力技术的采用,为现代装配式结构提供了最有效的接头和拼装手段,使建桥技术和运营质量均产生了较大的飞跃。从受力特点上看,混凝土梁式桥分为简支梁(板)桥、连续梁(板)桥和悬臂梁(板)桥。简支梁桥[图5.16a)]属静定结构,是建桥实践中受力和构造最简单的桥型,应用广泛;连续梁桥[图5.16b)]属超静定结构,因在荷载作用下支点截面产生负弯矩,从而大大减小了跨中的正弯矩,跨越能力大,适用于桥基良好的场合;悬臂梁桥[图5.16c)]属于静定结构,跨越能力比简支梁桥大,但逊于连续梁,并且因连续梁桥行驶状况不良,目前较少采用。

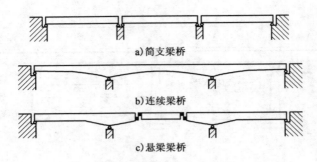

图 5.16 梁式桥的基本体系

拱桥是我国公路上使用较广泛的一种桥型。拱桥与梁桥的区别不仅在于外形不同,更重要的是两者受力性能有较大差别。由材料力学可知,梁式结构在竖向荷载作用下,支承处仅产生竖向支承反力,而拱式结构在竖向荷载作用下,两端支承除了有竖向反力外,还将产生水平推力。正是这个水平推力,使拱内产生轴向压力,从而大大减小了拱圈的截面弯矩,使之成为偏心受压构件,截面上的应力分布[图 5.17a)]与受弯梁的应力[图 5.17b)]相比较为均匀。因此,可以充分利用主拱截面材料强度,使跨越能力增大。

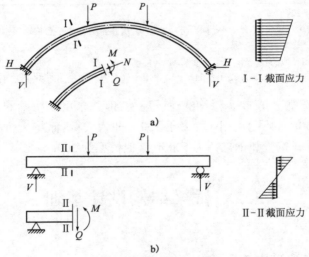

图 5.17 拱和梁的应力分布

拱桥的主要优点有:①跨越能力大;②能就地取材,与混凝土梁式桥相比,可以节省大量的钢材和水泥;③耐久性能好,维修、养护费用少;④外形美观;⑤构造较简单。

拱桥的缺点包括:①自重较大,相应的水平推力也较大,增加了下部结构的工程量,当采用无铰拱时,对地基条件要求高;②拱桥(尤其是圬工拱桥)一般都采用有支架施工的方法修建,随着跨径和桥高的增大,支架或其他辅助设备的费用也大大增加,从而增加了拱桥的总造价;③由于拱桥水平推力较大,在连续多孔的大、中桥梁中,为防止一孔破坏而影响全桥的安全,需要采用较复杂的措施(例如设置单向推力墩),也会增加造价;④与梁式桥相比,上承式拱桥的建筑高度较高。

斜拉桥主要由主梁、索塔和斜拉索三大部分组成,图 5.18a)表示三跨连续梁及其恒载弯矩图,图 5.18b)为三跨斜拉桥及其恒载内力图。由于斜拉索的支承作用,主梁恒载弯矩显著减小。此外,斜拉索轴力产生的水平分力对主梁施加预压力,可以增强主梁的抗裂性能,减少主梁中预应力钢材的用量。

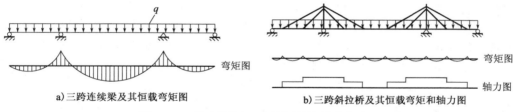

a)三跨连续梁及其恒载弯矩图

b)三跨斜拉桥及其恒载弯矩和轴力图

图5.18 三跨连续梁和三跨斜拉桥的恒载内力对比

斜拉桥属高次超静定结构,与其他体系桥梁相比,包含着更多的设计变量,全桥总的技术经济合理性不能简单地用结构体积小、重量轻、满应力等概念准确地表示出来,这就使选定桥型方案和寻求合理设计带来一定困难。

悬索桥又称吊桥,就承重构件而言,它由以下几个主要部分组成[图5.19a)]:①桥塔。桥塔是支承主缆的重要构件,悬索桥上的车辆活载和恒载(包括桥面、加劲梁、吊索、主缆及其附件)都将通过主缆传给塔身及其基础。此外,桥塔还要经受风力和地震力的作用。②锚碇。它是主缆的锚固体,它将主缆中的拉力传递给地基基础。③主缆,主缆是悬索桥的主要承重构件,除承受自身恒载外,它本身还要通过索夹和吊索承受活载和加劲梁(包括桥面构造)的恒载。④吊索。吊索又称吊杆,它是将活载和加劲梁的恒载传递到主缆的构件。⑤加劲梁。其主要功能是支承桥面和防止桥面发生过大的局部挠曲和扭曲的部件。⑥鞍座。它是支承主缆的重要构件,通过它可以使主缆中的拉力传到塔顶或锚碇的支架处。鞍座又可以分为设置在桥塔顶部的塔顶鞍座和设置在锚碇支架处的锚固鞍座。

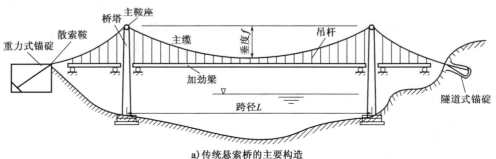

a)传统悬索桥的主要构造

b)自锚式悬索桥(中国大连金湾桥)

图5.19 悬索桥示意图

167

悬索桥的主要承重构件——主缆一般是锚固在锚碇上,在少数情况下,为满足特殊的设计要求,也可将主缆直接锚固在加劲梁上,从而取消了庞大的锚碇,这就演变成为自锚式悬索桥。2002 年 7 月,在中国大连建成了世界上第一座钢筋混凝土材料的自锚式悬索桥——金石滩金湾桥,为该类桥型的研究提供了宝贵的经验,如图 5.19b)所示。自锚式悬索桥的上部结构包括:主梁、主缆、吊杆、主塔四部分,其传力路径为:桥面重量、车辆荷载等竖向荷载通过吊杆传至主缆承受,主缆承受拉力;而主缆锚固在梁端,将水平力传递给主梁。自锚式悬索桥具有以下的优点:①不需要修建大体积的锚碇,适用于地质条件较差的地区。②因受地形限制小,可结合地形灵活布置,既可做成双塔三跨的悬索桥,也可做成单塔双跨的悬索桥。③对于钢筋混凝土材料的加劲梁,由于需要承受主缆传递的压力,相当于给混凝土提供了预应力,节省了大量预应力构造及器具,同时也克服了钢材在较大轴向力下容易屈曲的缺点。④采用混凝土材料可减少用钢量,降低建造和后期维护费用,能取得很好的经济效益和社会效益。⑤保留了传统悬索桥的外形,在中小跨径桥梁中是很有竞争力的方案。⑥由于采用钢筋混凝土材料造价较低,结构合理,桥梁外形美观,所以不会局限于在地基很差、锚碇修建较困难的地区采用。当然,自锚式悬索桥也不可避免地有其自身的缺点:①由于主缆直接锚固在加劲梁上,梁承受了很大的轴向力,因此需加大梁的截面,对于钢结构的加劲梁则造价明显增加,对于混凝土材料的加劲梁则增加了主梁自重,从而使主缆钢材用量增加,无论主梁采用何种材料,桥梁跨径都会受到限制。②施工步骤受到了限制,必须在加劲梁、桥塔做好之后再吊装主缆、安装吊索,需要搭建大量临时支架以安装加劲梁。因而自锚式悬索桥若跨径增大,其额外的施工费用就会相应增多。③锚固区局部受力复杂。④相对地锚式悬索桥而言,由于主缆非线性的影响,使得吊杆张拉时的施工控制更加复杂。

(2)桥梁上的作用

作用的种类、形式和大小的选择是否恰当,关系到桥梁结构在使用年限内是否安全可靠,也关系到桥梁建设费用是否经济合理。我国《公路桥涵设计通用规范》(JTG D60—2015)和《城市桥梁设计规范》(CJJ 11—2011)将作用在公路桥梁、城市桥梁上的各种作用分为永久作用、可变作用、偶然作用和地震作用四类,如表 5.6 所示。

作 用 分 类 表　　　　　　　　　　表 5.6

序　号	分　类	名　称
1	永久作用	结构重力(包括结构附加重力)
2		预加力
3		土的重力
4		土侧压力
5		混凝土收缩、徐变作用
6		水浮力
7		基础变位作用
8	可变作用	汽车荷载
9		汽车冲击力
10		汽车离心力
11		汽车引起的土侧压力
12		汽车制动力
13		人群荷载

续上表

序 号	分 类	名 称
14	可变作用	疲劳荷载
15		风荷载
16		流水压力
17		冰压力
18		波浪力
19		温度(均匀温度和梯度温度)作用
20		支座摩阻力
21	偶然作用	船舶的撞击作用
22		漂流物的撞击作用
23		汽车撞击作用
24	地震作用	地震作用

公路桥涵结构采用以可靠度理论为基础的概率极限状态设计法设计。该设计体系规定了桥涵结构的两种极限状态:承载能力极限状态和正常使用极限状态。

《公路桥涵设计通用规范》(JTG D60—2015)根据结构破坏可能产生的后果的严重程度划分为三个设计安全等级,并用结构重要性系数来体现不同情况的桥涵的可靠度差异。不同设计安全等级对应的桥涵类型列于表5.7。

公路桥涵结构设计安全等级 表5.7

设计安全等级	破坏后果	结构重要性系数	适 用 对 象
一级	很严重	1.1	1. 各等级公路上的特大桥、大桥、中桥; 2. 高速公路、一级公路、二级公路、国防公路及城市附近交通繁忙公路上的小桥
二级	严重	1.0	1. 三、四级公路上的小桥; 2. 高速公路、一级公路、二级公路、国防公路及城市附近交通繁忙公路上的涵洞
三级	不严重	0.9	三、四级公路上的涵洞

5.2.2 桥梁结构设计

1)桥梁设计的基本原则

(1)桥梁的基本属性

桥梁结构是土木工程结构的一种,它具有土木工程的基本属性:

①结构都是用当前可获取的建筑材料建成的,具有特定的形式和构造,能满足一定的功能,具有一定的安全性。

②结构的功能对社会的稳定具有很大的作用,结构的建设必须是当时社会的财力、物力所能承受的。

③结构的功能不同、构造各异、体型庞大,其设计施工需因时、因地而异。

④结构的功能与人类的活动密切相关,故对其使用寿命与美观性必须给予足够重视。

(2)桥梁工程设计的基本原则

桥梁是公路、铁路和城市道路的重要组成部分,特别是大、中桥梁的建设对当地政治、经济、国防等都具有重要意义。因此,桥梁工程必须遵照"安全、适用、经济和美观"等基本原则进行设计,同时应充分考虑建造技术的先进性、环境保护和可持续发展的要求。桥梁建设应遵循的各项原则分述如下:

①安全

所设计的桥梁结构在强度、稳定性和耐久性方面应有足够的安全储备。防撞栏杆应具有足够的高度和强度,人与车流之间应做好防护栏,防止车辆撞入人行道或撞坏栏杆而落到桥下。对于交通繁忙的桥梁,应设计好照明设施并有明确的交通标志,两端引桥坡度不宜太陡,以避免因视线受阻而发生车辆碰撞。对于修建在地震区的桥梁,应按抗震要求采取防震措施;对于河床易变迁的河道,应设计好导流设施,防止桥梁基础底部被过度冲刷;对于通行大吨位船舶的河道,除按规定加大桥孔跨径外,必要时设置防撞构筑物等。

②适用

桥面宽度能满足当前以及今后规划年限内的交通流量(包括行人通行);桥梁结构在通过设计荷载时不出现过大的变形和过宽的裂缝;桥跨结构的净空有利于泄洪,通航(跨河桥)或车辆和行人的通行(旱桥);桥梁的两端便于车辆的进入和疏散,不致产生交通堵塞现象等;考虑综合利用,方便各种管线(水、电气、通信等)的搭载。

③经济

桥梁设计应遵循"因地制宜,就地取材,方便施工"的原则;经济的桥型应该是造价和养护费用综合最省的桥型,设计中应充分考虑维修的方便和维修费用少,维修时尽可能不中断交通,或中断交通的时间最短;所选择的桥位应地质、水文条件好,桥梁长度也较短;桥位应考虑建在能缩短河道两岸的运距,促进该地区的经济发展,产生最大的效益,对于过桥收费的桥梁应能吸引更多的车辆通过,达到尽可能快回收投资的目的。

④美观

一座桥梁应具有优美的外形,而且这种外形从任何角度看都应该是优美的,结构布置必须合理,并在空间有和谐的比例。桥型应与周围环境相协调,城市桥梁和游览地区的桥梁,可较多地考虑建筑艺术上的要求。合理的结构布局和轮廓是美观的主要因素,另外,施工质量对桥梁美观也有重大影响。

⑤技术先进

在因地制宜的前提下,尽可能采用成熟的新结构、新设备、新材料和新工艺,应认真学习国内外的先进技术,充分利用最新科学技术成就,把学习和创新结合起来,淘汰和摒弃原来落后和不合理的东西。

⑥环境保护和可持续发展

桥梁设计应考虑环境保护和可持续发展的要求。从桥位选择、桥跨布置、基础方案、墩身外形、上部结构施工方法、施工组织设计等方面全面考虑环境要求,采取必要的工程控制措施,并建立环境监测保护体系,将不利影响降至最低。

2)桥梁设计与建设程序

一座桥梁的规划设计所涉及的因素很多,特别是对于工程比较复杂的大、中桥梁。因此必须建立一套严格的管理体制和有序的工作程序。全寿命设计即为满足此要求而提出。全寿命设计阶段与建设程序关系如图5.20所示。

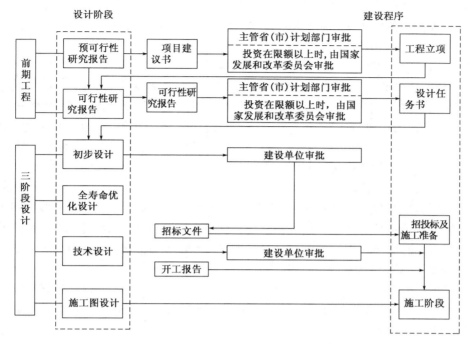

图 5.20 全寿命设计阶段与建设程序关系图

目前,桥梁设计发展到全寿命设计阶段,对原来的规划设计过程进行了修改和完善,将全寿命优化设计放在初步设计和技术设计之间,在初步设计完成后,即桥型方案、主要初步尺寸和工程投资确定后,进入全寿命优化设计阶段,引入桥梁劣化模型、维护策略等因素,在投资、可靠性能、力学指标多重约束作用下对桥梁截面尺寸进行重新确定,优化结果并修改初步设计和工程预算投资。有时,可以让初步设计和全寿命优化设计同步进行。全寿命优化设计是在已有设计基础上的改进,继承了已有规范的设计标准,又增加了部分新的设计内容。全寿命优化设计和基于现有规范的设计关系见表5.8。

全寿命优化设计和基于现有规范的设计关系 表 5.8

内　　容	设计基准期	荷　　载	抗　　力
基于现有规范的设计	100 年	经过 100 年的随机过程分析,按 95% 的保证率获取	1. 提高混凝土品质,增大保护层厚度,提高混凝土结构的耐久性; 2. 没有涉及桥梁结构的劣化规律和维护策略
全寿命优化设计	100 年	适当提高保证率以降低桥梁多因素损伤的风险。桥梁具有承担突发荷载的能力	1. 用定量方法总结国内外桥梁结构的劣化规律; 2. 用定量方法评估桥梁结构全寿命耐久性; 3. 定量计算桥梁维护过程中直接维护成本和间接维护成本

3)桥梁设计的基本要求

(1)桥梁桥位设计要求

桥梁应根据公路功能、等级、通行能力及抗洪防灾要求,结合水文、地质、通航、环境等条件进行综合设计。

①特大桥、大桥桥位设计要求

特大桥、大桥桥位应选择在河道顺直稳定、河床地质良好、河槽能通过大部分设计流量的河段。

②中桥桥位设计要求

中桥桥位的选择原则上应服从路线的总方向,并应综合考虑。一方面从整个路线和路线网的观点上看,要避免和减少因车辆绕道而增加的运输费用;另一方面,从桥梁本身的经济性和稳定性出发,应尽量选择在河道顺直、水流稳定、河面较窄、地质良好、冲刷较少的河段上,以降低造价和养护费用,并防止因冲刷过大而发生桥梁坍塌的危险。此外,一般应尽量避免桥梁与河流斜交,以避免增加桥梁长度而提高造价。

③小桥涵桥位设计要求

小桥涵的桥位选择原则上应服从路线走向。当遇到不利的地形、地质和水文条件时,应采取适当的措施,不应因此而改变线路。桥位不宜选择在河汊、沙洲、古河道、急弯、汇合口、港口作业区及易形成流冰、流木阻塞的河段,断层、熔岩、滑坡、泥石流等不良地质的河段。

(2)桥梁纵轴线设计要求

桥梁纵轴线宜与洪水位主流流向正交。对通航河流上的桥梁,其墩台沿水流方向的轴线应与最高通航水位时的水流方向相一致。当斜交不可避免时,交角不宜大于 5°;当交角大于 5°时,宜增加通航孔净宽。

(3)调治构造物设计要求

为保证桥位附近水流顺畅,河槽、河岸不发生严重变形,必要时可在桥梁上下游修建调治构造物。调治构造物形式及其布置应根据河流性质、地形、地质、河滩水流情况以及通航要求、桥头引道、水利设施等因素综合考虑确定。

非淹没式调治构造物的顶面,应高出桥涵设计洪水的水位至少 0.25m,必要时应考虑壅水高度、波浪爬高、斜水流局部冲高、河床淤积等影响。允许淹没的调治构造物的顶面应高出正常水位。单边河滩流量不超过总流量的 15% 或双边河滩流量不超过 25% 时,可不设导流堤。二级公路的特大桥及三、四级公路的大桥在水势猛急、河床易被冲刷的情况下,可提高一级洪水频率来验算基础冲刷深度。

4)桥梁总体设计

(1)桥梁平面设计

桥梁平面设计包括平面线形布置及桥面宽度确定。

①平面线形

二级及以下公路小桥涵平面布置应服从路线整体线形设计要求,桥梁平面线形必须与桥头引道平面线形相配合。通航河流上桥梁平面线形宜采用大半径曲线(一般宜采用极限最小平曲线半径的 4~8 倍),以便于桥上平纵结合,降低桥头引道的高度。且要求桥墩(台)沿水流方向的轴线与通航水位水流方向一致,必须斜交时,交角不宜大于 5°。山区公路桥涵平面布置服从路线整体线形设计要求,可以减少展线长度、大大节省工程量。平原地区二级及以下公路特大桥、大桥、中桥平面线形原则上应服从路线走向,桥路综合考虑,尽量让桥轴线保持直线。

②桥面宽度

桥面净空方面,桥梁人行道、行车道上符合公路建筑限界,保证行车安全的最小空间。桥面净宽是指桥梁建筑限界的横向宽度,它包括行车道宽度和侧向宽度(二级及以下公路为土路肩宽度减去0.25m)之和。上承式桥梁桥面净空的净高没有限制,故桥面净空即指桥面净宽。桥面宽度是指桥面宽度与护栏(栏杆、缘石、安全带等)宽度及护栏外侧宽度之和。平原区二级公路上的特大桥及大桥等造价较高的桥梁,其侧向宽度可适当减小。城镇附近桥梁桥面宽度可适当加宽,必须设置人行道和非机动车道时,应计入建筑界限范围内。人行道宽度一般为0.75m或1.0m,大于1.0m时,按0.5m的倍数递增。非机动车道宽度为1~2.5m。

(2)桥梁纵断面设计

桥梁纵断面设计包括桥梁长度和孔径的确定、桥梁配跨、桥下净空及桥面中心线高程的确定,桥梁及引道纵坡设计等内容。

①桥梁长度和孔径的确定

桥梁长度和孔径的影响因素很多,需要结合各种因素进行综合分析,并经过多方面协商后确定,现将各影响因素、影响情况列于表5.9。

桥梁长度和孔径影响因素 表5.9

影 响 因 素		影 响 情 况
水文计算	设计洪水频率	二级公路特大桥、大桥、中桥1/100,小桥涵1/50; 三级公路特大桥1/100、大桥、中桥1/100,小桥涵1/50
	墩台稳定	总冲刷深度包括: 1. 河床自然演变冲刷(调查分析); 2. 一般冲刷(分黏性土、非黏性土;河滩、河槽); 3. 局部冲刷(分桥墩、桥台等)
	通航或漂浮物	1. 通航河流梁底高程,应保证桥下净空符合通航标准; 2. 不通航河流梁底高程,应保证漂浮物顺畅通过桥孔
地形地物	峡谷平原	山区河流一般不宜压缩河床,平原区宽浅河流一般允许压缩河床
	障碍物	桥梁所跨越公路、铁路、管道等构造物应满足其建筑界限的要求;跨越双车道公路,不得在行车道中间设置桥墩
堤防	水利部门意见	应特别注意水利、河道管理部门意见,充分协商,往往具有决定性的影响
	水流变化及壅水	壅水对村镇、农田及堤防等安全的影响;水流变更对河岸的不利作用
	堤内排洪	堤防防洪标准低于设计频率,洪水漫后的排洪措施
经济	基础形式	深基础允许较大冲刷,可压缩桥上泄洪面积;浅基础则反之
	最大填土高度	软土地基上桥头路堤高度的限制。地基处理延长桥梁造价比较
	地质条件	地质不良地段设置的代价

注:1. 基础冲刷深度验算设计洪水频率提高;对于二级公路特大桥采用1/300;三、四级公路工程艰巨、修复困难的大桥采用1/100。

2. 岩性河床桥梁墩、台基底埋深最小安全值见表5.10。

3. 提高设计洪水频率,验算基础冲刷深度不超过基底埋深即可。

埋深最小安全值 表5.10

桥 梁 类 型	总冲刷度(m)				
	0	5	10	15	20
一般桥梁	1.5	2	2.5	3	3.5
特大梁	2	2.5	3	3.5	4

桥梁配跨方面,在已定桥长和满足上述确定孔径基本要求的基础上,需要进一步明确桥孔

划分和布置,其他影响因素列于表5.11。

桥孔划分和布置影响因素 表5.11

影响因素	造价	当地建桥习惯	施工条件	综合技术经济比较	美观
影响情况	上下部结构总造价最低	当地多年设计、施工、管理经验形成的选择桥梁结构形式和跨径的习惯思维	工期和施工单位的水平与设备条件	几种不同跨径布置的概略技术经济比较,确定桥梁的一般经济跨径	尽量满足桥梁美学要求

②桥梁纵断面线形、桥下净空及桥面最低高程

对于纵断面线形,小桥和涵洞处的纵坡应按线路规定进行设计;大中桥桥上纵坡坡度宜不大于4%,桥头引道纵坡坡度宜不大于5%;位于市镇混合交通繁忙处,桥上纵坡和桥头引道纵坡和桥头引道纵坡坡度均应不大于3%,桥头两端引道纵断面线形应与桥上线形相配合。如果桥梁平面线形为曲线,则宜采用大半径曲线(表5.12),处理好桥上平纵组合,以利于降低桥头引道填土高度。其基本要求是:平曲线与竖曲线相重合,且平曲线稍长于竖曲线。

桥上竖曲线(凸、凹)最小半径 表5.12

公路等级	二级公路		三级公路	
设计速度(km/h)	80	40	60	30
凸形竖曲线半径(m)	≥4 500	≥700	≥2 000	≥400
凹形竖曲线半径(m)	≥3 000	≥700	≥1 500	≥400

桥下净空是在设计水位及设计通航水位的基础上保证漂浮物及船舶顺畅通过的最小空间;桥面最低高程是指全桥满足桥下净空要求的最低桥面的高程。不通航河流桥下最小净空:梁底0.5m;支座垫石顶面0.25m;无铰拱拱顶底不小于1.0m,可淹没拱矢高的2/3;不通航河流梁底最低高程:H_1 = 设计水位 + 桥下最小净空 + 壅水、浪高等影响水位的诸多原因。不通航河流梁底最低高程:H_P = H_1 + 桥梁上部结构建筑高度(包括桥面铺装厚度)。通航河流梁高最低高程:H_2 = 设计最高通航水位 + 通航净空高度。通航河流桥面最低高程:H_t = H_2 + 桥梁上部结构建筑高度(包括桥面铺装厚度)。大、中桥桥头引道(在洪水泛滥时期范围内)的路基设计高程,一般应高于该设计水位(包括壅水和浪高)至少0.5m;小桥涵附近的路基设计高程应高于桥涵壅水位至少0.5m(不计浪高)。

(3)桥梁横断面设计

在桥梁宽度和梁底最低高程基本情况确定的情况下,上部结构高度一般根据其计算跨度和路线纵断面设计高程限制情况来确定。桥梁横断面设计还要初步选定栏杆形式,确定弯桥实现超高、加宽的方式等。

①加宽与超高

平曲线设置超高与加宽的条件:平曲线半径小于或等于250m时,应在平曲线内加宽。各级公路设置超高的条件见表5.13。

各级公路设置超高的条件 表5.13

公路等级	二级公路		三级公路	
计算行车速度(km/h)	80	40	60	30
设置超高的圆曲线半径(m)	<2 500	<600	<1 500	<350

②加宽与超高值

加宽时,一般采用第三类加宽值,按平曲线半径大小选用,其值在 0.8 ~ 2.5m 之间。确定超高值时,需根据公路技术等级、行车速度,按平曲线半径大小来确定,超高值在 2% ~ 10% 之间。

③超高设置的方式

所谓设置超高值就是调整路横坡,逐渐使其外侧高于内侧一定值。路面横坡有三种状态:一是直线段断面为单向横放;二是圆曲线段断面为单向横放;三是超高加宽缓和段为由双向横放坡逐渐变成单向横坡的过渡段。其设置方式见表 5.14。

超高加宽缓和段设置 表 5.14

超高加宽缓和段设置	长度 (取其长者)	超高缓和段	长度计算 $L_C = B\Delta_1/P$(应凑成5m的倍数,不小于10m); 直线与半径小于表 5.13 的圆曲线方程,相连接处应设置缓和曲线(回旋线),其长度应大于超高缓和段,超高过渡在回旋线全长进行,也可以在其某一区段范围内(采用小渐变率时,如 1.5% ~2% 过渡到0%的渐变率小于1/330)
		加宽缓和段	有回旋线或超高缓和段时,加宽缓和段长度与其相同; 不设回旋线或超高缓和段时,加宽缓和段按渐变率1:15,且其长度不小于10m
	超高加宽方式	超高缓和段	超高横坡等于路拱横坡度时,将外侧车道绕中线旋转,直到超高横坡值

		超高横坡大于路拱横坡值	新建工程,采用绕内侧边缘旋转
			改建工程,采用绕中线旋转
			特殊设计,采用绕外侧边缘旋转
	加宽缓和段	二、三、四级公路:加宽值在回旋线或超高、加宽缓和段全长按长度成比例计算	
		二级公路的桥梁、高架桥、挡土墙、大城市近郊:插入回旋线方法	

注:L_C——超高缓和长度(m);

B——旋转轴至行车道(设路缘带时为路缘带)外侧边缘的宽度;

Δ_1——超高坡度与路横横坡的代数差(%);

P——超高渐变率,即旋转轴与行车道(设路缘带时为路缘带)外侧边缘之间的相对坡度(其数值据计算行车速度变化,超高旋转轴为中心线时,为 1/250 ~ 1/100;超高旋转轴为边线时,为 1/200 ~ 1/50)。

④桥梁实现加宽与超高的方法

桥梁加宽设置见表 5.15。

加 宽 设 置 表 5.15

施 工 方 法	两跨以上长桥	单跨短桥
上部结构现浇	桥面宽度按加宽变化值设置	桥面宽度按加宽变化值设置
上部结构预制	桥面宽度按加宽最大值设置	桥面宽度按加宽最大值设置

对于超高的实现,桥面在由双向坡变为单向坡的缓和段是复杂的几何形状,若再有竖曲线的影响,将更加复杂,常需结合采用超高设置的方式,方可将桥面形成光滑曲面;并注意每桥孔两端外侧超高抬高值不能过大,且要保证桥面铺装层最小厚度不小于 5cm,必要时,应注意相应调整缘石高度和泄水孔位置。

5)桥梁设计方案比选

为了获得经济、适用和美观的桥梁设计方案,设计者必须根据各种自然、技术条件,因地制宜,在综合运用专业知识、了解掌握国内外新技术、新材料、新工艺的基础上,进行深入细致的研究、分析、对比工作,才能科学地得出完美的设计方案。桥梁设计方案的比选和确定可按下列步骤进行:

(1)明确各种高程的要求

在桥位纵断面图上,先行按比例绘出设计水位、通航水位、堤顶高程、桥面高程、通航净空、堤顶行车净空位置图。

(2)桥梁分孔和初拟桥型方案草图

在上述确定了各种高程的纵断面图上,根据泄洪总跨径的要求,作桥梁分孔和桥型方案草图。作草图时思路要宽广,只要基本可行,尽可能多绘一些草图,以免遗漏可能的桥型方案。

(3)方案初筛

对草图方案作技术和经济上的初步分析和判断,从中选出 2～4 个构思好、各具特点的方案,并进一步详细研究。

(4)详绘桥型方案

根据不同桥型、不同跨度、桥面宽度和施工方法,拟定主要尺寸,并尽可能细致地绘制各个桥型方案的尺寸详图。对于新结构,应做初步的力学分析,以准确拟定各方案的主要尺寸。

(5)编制估算或概算

依据编制方案的详图,可以计算出上、下部结构的主要工程数量,然后依据各省、市或行业的"估算定额"或"概算定额",编制出各方案的主要材料(钢材、木材、混凝土)用量、劳动力数量、全桥总造价。

(6)方案选定和文件汇总

全面考虑建设造价、养护费用、建设工期、营运适用性、美观等因素,综合分析,阐述每一个方案的优缺点。一般来说,造价低、材料省、劳动力少的应是优秀方案。但实际上并不尽然,因为有时由于其他技术因素或使用要求上升成为设计的主要矛盾时,就不得不放弃较为经济的方案。所以在比较时,必须从任务书提出的要求、所绘的原始资料以及施工等条件中找出所面临问题的关键所在,分清主次,才能探索出适合于具体情况的最佳推荐方案。此外,在深入比较过程中,应当及时发现并调整方案中的不尽合理之处,确保最后选定的方案是强中选强的方案。

上述工作全部完成之后,着手编写方案说明书。说明书中应阐明方案编制的依据和标准、各方案的主要特色、施工方法、设计概算以及方案比较的综合性评述。对于推荐方案应作较详细的说明。各种测量资料、地质勘查和地震烈度复核资料、水文调查与计算资料等应按附件载入。

5.3　桥梁上部结构与下部结构类型

5.3.1　桥梁上部结构类型及特点

桥梁按照受力体系分类,桥梁有梁桥、拱桥、索桥三大基本体系,其中梁桥以受弯为主,拱桥以受压为主,悬索桥以受拉为主。另外,由上述三大基本体系的相互组合,派生出在受力上也具有组合特征的多种桥型,如刚架桥和斜拉桥等。下面分别阐述各种桥梁体系的主要特点。

(1)梁式桥

梁式桥是一种是在竖向荷载作用下无水平反力的结构[图5.21a)、图5.21b)],由于外力(恒载和活载)的作用方向与承重结构的轴线接近垂直,因而与同样跨径的其他结构体系相比,梁桥内产生的弯矩最大,通常需用抗弯、抗拉能力强的材料(钢、配筋混凝土、钢—混凝土组合结构等)来建造。对于中、小跨径桥梁,目前在公路上应用最广的是标准跨径的钢筋混凝土简支梁桥,施工方法有预制装配和现浇两种,这种梁桥的结构简单,施工方便,简支梁对地基承载力的要求也不高,其常用跨径在25m以下,当跨径较大时,需采用预应力混凝土简支梁桥,但跨度一般不超过50m。为了改善受力条件和使用性能,地质条件较好时,中、小跨径梁桥均可修建连续梁桥,如图5.21c)所示,对于很大跨径的大桥和特大桥,可采用预应力混凝土梁桥、钢桥和钢—混凝土组合梁桥,如图5.21d)、图5.21e)所示。

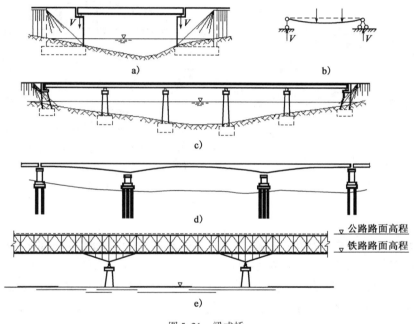

图5.21 梁式桥

(2)拱式桥

拱式桥的主要承重结构是拱圈或拱肋(拱圈横截面设计成分离形式时称为拱肋)。拱结构在竖向荷载作用下,桥墩和桥台将承受水平推力,如图5.22b)所示。同时,根据作用力和反作用力原理,墩台向拱圈(或拱肋)提供一对水平反力,这种水平反力将大大抵消在拱圈(或拱肋)内由荷载所起的的弯矩。因此,与同跨径的梁相比,拱的弯矩、剪力和变形都要小得多,鉴于拱桥的承重结构以受压为主,通常可用抗压能力强的圬工材料(如砖、石、混凝土)和钢筋混凝土等来建造。

拱桥的不仅跨越能力很大,而且外形酷似彩虹卧波,十分美观,在条件许可的情况下,修建拱桥往往是经济合理的,若采用钢管混凝土拱的形式,在跨径500m以内一般均可作为桥型比选方案。

在地基条件不适合于修建具有很大推力的拱桥的情况下,也可建造水平推力由受拉系杆来承受的系杆拱桥,系杆可由钢、预应力混凝土或高强钢筋做成,如图5.22d)所示。近年来发展了一种所谓"飞雁式"三跨自锚式微小推力拱桥,如图5.22e)所示。即在边跨的两端施加强大的水平预加力 H,通过边跨梁传至拱脚,以抵消主跨拱脚处的巨大水平推力。

按照行车道处于主拱圈的不同位置,拱桥分为上承式拱、中承式拱和下承式拱三种,即行车道位置,"上、中、下"分别代表这个车道位置位于主拱圈的上部、中部和下部,如图5.22a)、图5.22c)、图5.22d)所示。

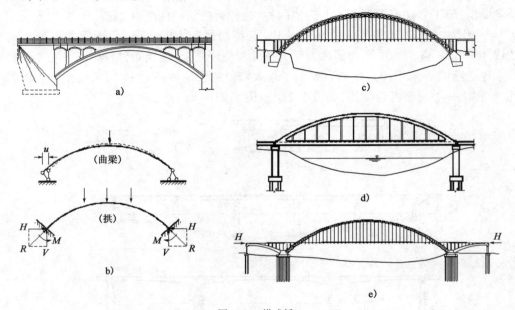

图 5.22 拱式桥

（3）刚构桥

刚构桥的主要承重结构是梁(或板)与立柱(或竖墙)整体结合在一起的刚架结构,梁和柱的连接处具有很大的刚性,以承担负弯矩的作用。图5.23a)所示的门式刚构桥,在竖向荷载作用下,柱脚处具有水平反力,梁主要受弯,但弯矩值较同跨径的简支梁小,梁内还有轴压力 H,因而其受力状态介于梁桥与拱桥之间,如图5.23b)所示。刚构桥跨中的建筑高度就可做得较小。但普通钢筋混凝土修建的刚构桥在梁柱刚结处较易产生裂缝,需在该处多配钢筋。另外,门式刚构桥在温度变化时,内部易产生较大的附加内力。

图5.23c)所示的T形刚构桥(带挂孔的或不带挂孔的)是修建较大跨径混凝土桥梁曾采用的桥型,属静定或低次超静定结构。对于这种桥型,由于T形长悬臂处于一种不受约束的自由变形状态,在车辆荷载作用下,悬臂内的弯、扭应力均较大,因而各个方向均易产生裂缝,另外,由于混凝土徐变,会使悬臂端产生一定的下挠,从而在悬臂端部和挂梁的结合处形成一个折角,不仅损坏了伸缩缝,而且车辆在此容易跳车,给悬臂以附加冲击力,使行车不适,对桥梁受力也不利,目前这种桥型已较少采用。

图5.23d)所示的连续刚构桥,属于多次超静定结构,在设计中一般应减小墩柱顶端的水平抗推刚度,使得温度变化下在结构内不致产生较大的附加内力。对于跨径较大的桥,为了降低这种附加内力,往往在两侧的一个或数个边跨上设置滑动支座,从而形成如图5.23e)中所示的刚构—连续组合体系桥型。

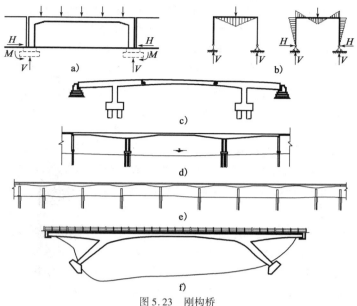

图 5.23　刚构桥

当跨越陡峭河岸和深谷时,修建斜腿式刚构桥往往既经济合理、又造型轻巧美观,如图 5.23f)所示。由于斜腿墩柱置于岸坡上,有较大斜角,中跨梁内的轴压力也很大,因而斜腿刚构桥的跨越能力比门式刚构桥要大得多。但斜腿的施工难度较直腿大些。

(4)斜拉桥

斜拉桥由塔柱、主梁和斜拉索组成,如图 5.24 所示。它的基本受力特点是:受拉的斜索将主梁多点吊起,并将主梁的恒载和车辆等其他荷载传至塔柱,再通过塔柱基础传至地基。塔柱基本上以受压为主。跨度较大的主梁就像一条多点弹性支承(吊起)的连续梁一样工作,从而使主梁内的弯矩大大减小。由于同时受到斜拉索水平分力的作用,主梁截面的基本受力特征是偏心受压构件。斜拉桥属高次超静定结构,主梁所受弯矩大小与斜拉索的初张力密切相关。存在着最优的索力分布,使主梁在各种状态下的弯矩(或应力)最小。由于受到斜拉索的弹性支承,弯矩较小,使得主梁尺寸大大减小,结构自重显著减轻,大幅度地提高了斜拉桥的跨越能力。此外,由于塔柱、拉索和主梁构成稳定的三角形,斜拉桥的结构刚度较大,斜拉桥的抗风能力较悬索桥要好得多,但是,当跨度很大时,悬臂施工的斜拉桥因主梁悬臂长度过长,承受压力过大,因而抗风能力减弱,加之塔高过高,外索过长,索垂度的影响也使索的刚度大幅下降,这些问题都需要加以认真地研究解决。

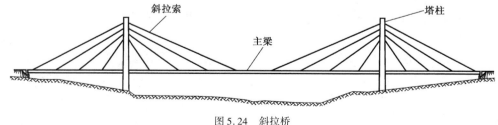

图 5.24　斜拉桥

斜拉索的组成和布置、塔柱形式及主梁的截面形状是多种多样的,主梁的截面形态与拉索的布置情况要相互配合。我国常用高强平行钢丝或钢绞线等制成斜拉索,斜拉索按施工工艺有工厂预制(成品索)和现场防护两种,我国20世纪80年代末、90年代初修建的斜拉桥中,斜拉索大多采用现场防护的方法,由于现场防护环境不利,不确定因素较多,加上施工技术不够成熟,拉索在使用7~8年后,索内高强钢材均出现了不同程度的锈蚀现象,影响了大桥的安全,近年来已有几座斜拉桥已对拉索进行了更换。目前常用的平行钢丝斜拉索系完全在工厂内制成,在钢丝束上包一层高密度(HD)的聚乙烯(PE)外套进行防护,还可用彩色高密度聚乙烯制成彩色索。除防锈外,斜拉索的疲劳和PE套的老化也是两个需认真对待的问题。

(5)悬索桥

悬索桥(也称吊桥)是用悬挂在两边塔架上的强大缆索作为主要承重结构,如图5.25所示。在桥面系竖向荷载作用下,通过吊杆使缆索承受很大的拉力,缆索锚于悬索桥两端的锚碇结构中,为了承受巨大的缆索拉力,锚碇结构需做得很大(重力式锚碇),或者依靠天然完整的岩体来承受水平拉力(隧道式锚碇),缆索传至锚碇的拉力可分解为垂直和水平两个分力,因而悬索桥也是具有水平反力(拉力)的结构。现代悬索桥广泛采用高强度的钢丝成股编制形成钢缆,以充分发挥其优良的抗拉性能。悬索桥的承载系统包括缆索、塔柱和锚碇三部分,因此结构自重较轻,能够跨越任何其他桥型无与伦比的特大跨度。悬索桥的另一特点是,受力简单明了,成卷的钢缆易于运输,在将缆索架设完成后,便形成了一个强大稳定的结构支承系统,施工过程中的风险相对较小。图5.25a)为单跨式悬索桥,图5.25b)则为三跨式悬索桥。

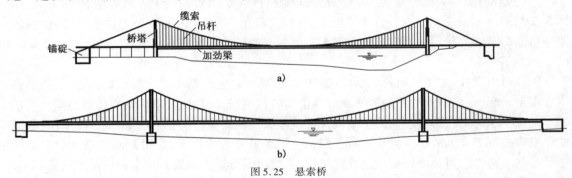

图5.25 悬索桥

相对于前面所说的其他体系桥梁而言,悬索桥的刚度最小,属柔性结构,在车辆荷载作用下,悬索桥将产生较大的变形,例如跨度1 000m的悬索桥,在车辆荷载作用下,$L/4$区域的最大挠度可达3m左右。另外,悬索桥风致振动及稳定性在设计和施工中也需予以特别的重视。

(6)桥梁的其他分类

除了上述按受力特点分成不同的结构体系外,人们还习惯地按桥梁的用途、大小规模和建桥材料等其他方面将桥梁进行分类:

①按用途来划分有公路桥、铁路桥、公铁两用桥、农桥(机耕道桥)、人行桥、水运桥(渡槽)、管线桥等。

②按桥梁全长和跨径的不同,分为特大桥、大桥、中桥、小桥和涵洞。

③按照主要承重结构所用的材料划分,有圬工桥(包括砖、石、混凝土桥)、钢筋混凝土桥、预应力混凝土桥、钢桥、钢—混凝土组合桥和木桥等,其中木材易腐,且资源有限,一般不用于永久性桥梁。

④按跨越障碍的性质,可分为跨河桥、立交桥、高架桥和栈桥。高架桥一般指跨越深沟峡谷以替代高路堤的桥梁,以及在城市桥梁中跨越道路的桥梁。

⑤按桥跨结构的平面布置,可分为正交桥、斜交桥和弯桥。

⑥按上部结构的行车道位置,分为上承式桥、中承式桥和下承式桥。

5.3.2 桥梁下部结构类型

桥梁下部结构主要由墩(台)帽、墩(台)身和基础三部分组成(图5.26)。墩台是桥梁的重要结构,支承着桥梁上部结构的荷载,并将它传给地基基础。桥墩指多跨(两跨以上)桥梁的中间支承结构物,它除承受上部结构的荷载外,还要承受流水压力、风力、以及可能出现冰荷载、船只、排筏或漂浮物的撞击力。桥台一般设置在桥梁两端,除了支承桥跨结构之外,它又是衔接两岸接线路堤的构筑物,挡土护岸,承受台背填土及填土上车辆荷载所产生的附加侧压力。

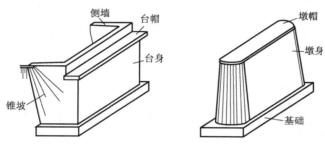

图5.26 梁桥重力式墩台

此外,桥梁墩台还要承受施工时的临时荷载,在某种情况下需要临时加固和补强。因此,桥梁墩、台不仅本身应具有足够的强度、刚度和稳定性,而且对地基的承载能力、沉降量,地基与基础之间的摩阻力等也都有一定的要求,以避免在这些荷载作用下过大的水平位移、转动或者沉降发生。桥梁墩台的设计与结构受力、土质构造、地质条件、水文、流速以及河床内的埋置深度密切相关。

确定桥梁下部结构应遵循满足交通要求、安全耐久、造价低、维修养护少、施工方便、工期短、与周围环境协调和造型美观等原则。在桥梁的总体设计中,下部结构的选型对整个设计方案有较大的影响。合理的选型将使上、下部结构的造型协调一致,轻巧美观。

对于城市立交桥,在桥梁下部结构的造型上,将比一般的公路桥梁有更高的要求。因此,在选型上,除了前述的总原则外,还应注意以下几点。首先要从整体造型着眼,力求形式优美,构造轻盈,线条明快,纹理有质;其次,各部分的形状尺寸要符合桥体结构受力的规律,结构匀称,比例适度,给人以稳重安全的感觉;最后要与周围环境、文化、习俗相协调,使其色彩和谐,开阔明朗,令人舒适爽快。近年来,国内外的城市桥梁中,涌现出丰富多彩的构造形式(图5.27)。这些形式除满足结构受力的要求外,都是为了达到造型美观的目的。公路桥梁上常用的墩、台形式大体上可以归纳为两大类:梁桥墩台和拱桥墩台。

(1)梁桥墩台

梁桥墩台从总体上可分为两种。一种是重力式墩、台。这类墩、台的主要特点是靠自身重量来平衡外力而保持其稳定。墩身、台身比较厚实,可以不用钢筋,而用天然石材或片石混凝土砌筑。它适用于地基良好的大、中型桥梁,或流冰、漂浮物较多的河流中。在砂石料方便的地区,小桥也往往采用重力式墩台。其主要缺点是圬工体积较大,因而其自重和阻水面积也较大。另一种是轻型墩、台。一般说来,这类墩台的刚度小,受力后允许在一定的范围内发生弹性变形。所用的建筑材料大都以钢筋混凝土和少筋混凝土为主,但也有一些轻型墩台通过验算后,可以用石料砌筑。

（2）拱桥墩台

拱桥墩台同梁桥墩台一样,也分为两大类型,一类是重力式墩台,另一类是轻型墩台,其作用原理与梁桥墩台大致相同,但是拱桥桥墩必须具备抗推能力。拱桥桥台既要承受来自拱圈的推力、竖向力及弯矩,又要承受台后土的侧压力,从尺寸上看,拱桥桥台一般较梁桥要大。根据桥址具体条件可选用不同的构造形式,可分为重力式桥台、轻型桥台、组合式桥台、空腹式桥台和齿槛式桥台等。

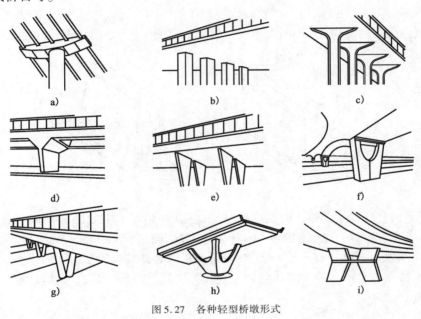

图5.27　各种轻型桥墩形式

5.4　桥梁工程施工技术

5.4.1　梁桥施工技术

对于简支梁桥,当桥墩及其基础施工完毕后,为了将梁体结构落在设计位置,通常采用两种主要的施工方法,即就地浇筑法和预制安装法。就地浇注法是通过直接在桥跨下面搭设支架作为工作平台,然后在其上面立模浇筑梁体结构。这种方法适用于两岸桥墩不太高的引桥和城市高架桥,或靠岸边水不太深且无通航要求的中小跨径桥梁。其主要优点不需要大型的吊装设备和开辟专门的预制场地,梁体结构中横桥向的主筋不用中断,故其结构的整体性能好。缺点是支架需要多次转移,使工期加长,如全桥多跨一次性立架,则投入的支架费用又将大大增高。

当同类桥梁跨数较多、桥墩又较高、河水又较深且有通航要求时,通常便将桥跨结构用纵向竖缝划分成若干个独立的构件,放在桥位附近专门的预制场地或者工厂进行成批制作,然后将这些构件适时地运到桥孔处进行安装就位。通常把这种施工方法称作预制安装法。它的优点为桥梁的上、下部结构可以平行施工,使工期大大缩短;无需在高空进行构件制作,质量容易控制;可以集中在一处成批生产,从而降低工程成本。缺点是需要大型的起吊运输设备,此项费用较高。由于在构件与构件之间存在拼接纵缝,例如简支 T 形梁之间的横隔板接头,施工时需搭设吊架才能操作,故比较麻烦;显然,拼接构件的整体工作性能不如就地浇筑法。无论采用哪一种施工方法进行施工,对于混凝土简支梁结构本身来说,都必须经过基本施工工艺流程才能成型(图 5.28)。

图 5.28 混凝土构件基本施工工艺流程

对于悬臂体系和连续体系梁桥,其最大特点是,桥跨结构上除了有承受正弯矩的截面以外,还有能承受负弯矩的支点截面,这也是它们与简支梁体系的最大差别。因此,它们的施工方式与简支梁大不相同。目前所用的施工方法大致可分为三类:

(1)逐孔施工法

逐孔施工法又可分为落地支架施工法和移动模架施工法两种。落地支架施工方法与简支梁桥的就地浇筑法施工基本上相同(图 5.29),所不同的是悬臂梁桥和连续桥在中墩处的截面是连续的,而且承担较大的负弯矩,需要混凝土截面连续通过。因此,必须充分重视两个方面的影响。其一为不均匀沉降的影响。桥墩的刚度比临时支架的刚度大得多,加之支架一般垫基在未经精心处理的土基上,因此,难以预见的不均匀沉陷往往导致主梁在支点截面处开裂。其二为混凝土收缩的影响。由于每次浇筑的梁段较长,混凝土的收缩又受到桥墩、支座摩阻力和先浇部分混凝土的阻碍,也是引起主梁开裂的另一个原因。

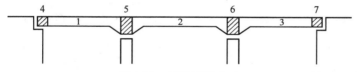

图 5.29 支架法逐孔施工

移动模架施工法是使用移动式的脚手架和装配式的模板,在桥上逐孔浇筑施工。它像一座设在桥孔上的活动预制场,随着施工进程不断移动连续现浇施工。

(2)节段施工法

节段施工法是将每一跨结构划分成若干个节段,采用悬臂浇筑或者悬臂拼装(预制节段)两种方法逐段地施工,节段施工完成后,将悬臂段合龙,然后进行体系转换。

悬臂浇筑法一般采用移动式挂篮作为主要施工设备,以桥墩为中心,对称地向两岸利用挂篮浇筑梁节段的混凝土(图 5.30),待混凝土达到要求强度后,便张拉预应力束,然后移动挂篮,进行下一节段的施工。

悬臂浇筑的节段长度要根据主梁的截面变化情况和挂篮设备的承载能力来确定,节段长度一般可取 2~8m。每个节段可以全截面一次浇筑,也可以先浇筑梁底板和腹板,再安装顶板钢筋及预应力管道,最后浇筑顶板混凝土,但需注意由混凝土龄期差而产生收缩、徐变的次内力。悬臂浇筑施工下的周期一般为 6~10d,因节段混凝土的数量和结构复杂的程度而不同。合龙段是悬臂施工的关键部位。为了控制合龙段的准确位置,除了需要预先设计好预拱度和进行严密的施工监控外,还要在合龙段中设置劲性钢筋定位,采用超早强水泥,选择最合适的合龙温度(宜在低温)及合龙时间(夏季宜在晚上),以提高施工质量。

(3)顶推施工法

顶推施工法是在桥的一岸或两岸开辟预制场地,分节段的预制梁身,并用纵向预应力筋将各节段连成整体,然后用水平液压千斤顶施力,将梁段向对岸推进。依顶推施力的方法又可分为单点顶推[图 5.31a)]和多点顶推[图 5.31b)]两类。单点顶推又可分为单向单点顶推和双向单点顶推两种方式。只在一岸桥台处设置制作场地和顶推设备的称单向单点顶推[图 5.31a)];为了加快施工进度,也可在河两岸的桥台处设置制作场地和顶推设备,从两岸向河中顶推,这样的方法称为双向单点顶推[图 5.31c)]。

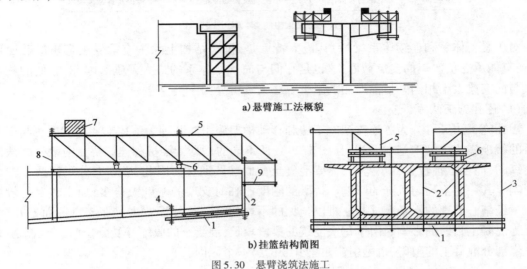

a)悬臂施工法概貌

b)挂篮结构简图

图 5.30　悬臂浇筑法施工

1-底模架;2~4-悬吊系统;5-承重结构;6-行走系统;7-平衡重;8-锚固系统;9-工作平台

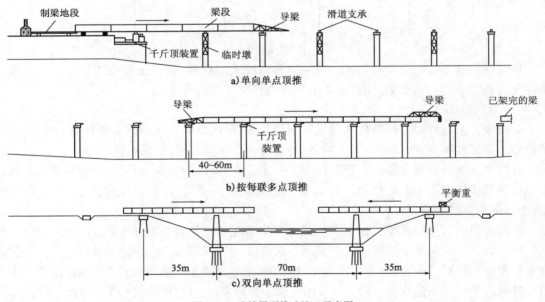

a)单向单点顶推

b)按每联多点顶推

c)双向单点顶推

图 5.31　连续梁顶推法施工示意图

5.4.2　拱桥施工技术

混凝土拱桥的施工按其主拱圈成型的方法可以分为以下三大类,就地浇注法,预制安装法和转体施工法。

1)就地浇筑法

就地浇筑法就是把拱桥主拱圈混凝土的基本施工工艺流程(立模、扎筋、浇筑混凝土、养护及拆模等)直接在桥孔位置来完成。按照所使用的设备来划分,包括以下两种:支架施工法和悬臂浇筑法。

(1)支架施工法和梁式桥的有支架施工相类似,有关支架的类型、主拱圈混凝土浇筑的技术要求以及卸架方式等均与梁式桥相同。

(2)悬臂浇筑法和连续梁桥的节段施工法类似,不使用挂篮。图5.32a)是采用悬臂浇筑法浇筑箱形截面主拱圈的示意图。它把主拱圈划分成若干个节段,并用专门设计的钢桁托架结构作为现浇混凝土的工作平台。托架的后端铰接在已完成的悬臂结构上,其前端则用刚性组合斜拉杆经过临时支柱和塔架,再由尾索锚固在岸边的锚碇上。由于钢桁托架本身较重,它的转移必须借助起重量大的浮吊船,而钢筋骨架和混凝土的运输则借助缆索吊装设备,施工比较麻烦,拱轴线上各点的标高也较难控制。但目前,悬臂浇筑法也已有新的使用挂篮浇筑的方式,在我国四川和贵州等省均有采用,欧洲的克罗地亚也大量使用这种方法修建钢筋混凝土拱桥,图5.32b)即为葡萄牙亨里克拱桥采用悬臂挂篮施工示意图。

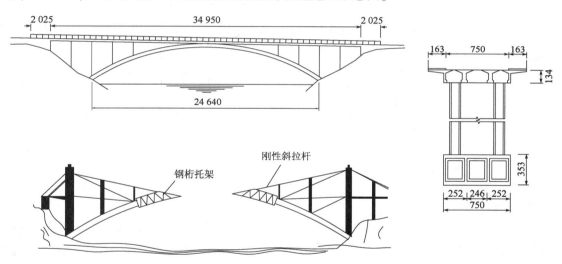

a)悬臂浇筑箱形拱示意图

b)亨里克拱桥悬臂挂篮施工

图5.32 悬臂法拱桥施工示意图(单位:cm)

2）预制安装法

预制安装法按主拱圈结构所采用的材料可以分为：整体安装法和节段悬拼法两种。

整体安装法适合于钢管混凝土系杆拱的整片起吊安装，因为钢管混凝土拱肋在未灌混凝土之前具有重量轻的优点。节段悬拼法是将主拱圈结构划分成若干节段，先放在现场的地面或场外工厂进行预制，然后运送到桥孔的下面，利用起吊设备提升就位，进行拼接，逐渐延长直至成拱。每拼完一个节段，必须借助辅助设备临时固定悬臂段。这种方法对钢筋混凝土或钢管混凝土主拱圈的施工都适用。根据所采用的起重设备，常用的有以下两种：缆索吊装设备和伸臂式起重机。

缆索吊装设备主要由主索、工作索、塔架和锚固装置等四个基本部分组成。其中包括主索、起重索、牵引索、结索、扣索、缆风索、塔架及索鞍、地锚、滑车、电动卷扬机等设备和机具。图5.33是利用伸臂式起重机在已拼接好了的悬臂端逐次起吊和拼接下一节段的施工示意图。每拼接好一个节段，即用辅助钢索临时拉住，每拼完三节，便改用更粗的主钢索拉住，然后拆除辅助钢索，供反复使用。这种方法，适用于特大跨径的拱桥施工。

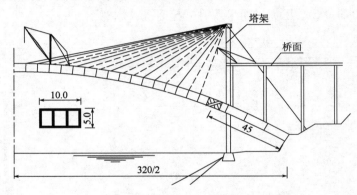

图5.33　悬臂拼装法施工示意图(单位:m)

3）转体施工法

转体施工法的特点是将主拱圈从拱顶截面分开，把主拱圈混凝土高空浇筑作业改为放在桥孔下面或者两岸进行，并预先设置好旋转装置，待主拱圈混凝土达到设计强度后，再将它就地旋转就位成拱。按照旋转的几何平面又可分为以下三种，分别为平面转体施工法、竖向转体施工法和平—竖相结合转体施工法。

图5.34是平面转体施工法示意图。主拱圈正处在平面旋转过程中。这种施工方法特点是：将主拱圈分为两个半跨，分别在两岸利用地形作简单支架(或土牛拱胎)，现浇或者拼装拱肋，再安装拱肋间横向联系(横隔板、横系梁等)，把扣索的一端锚固在拱肋的端部(靠拱顶)附近，经引桥桥墩延伸至埋入岩体内的锚锭中，最后用液压千斤顶收紧扣索，使拱肋脱模，借助环形滑道和手摇卷扬机牵引，慢速地将拱肋转体180°(或小于180°)，最后再进行主拱圈合龙段和拱上建筑的施工。

竖向转体施工法主要用于肋拱桥，适用于当桥位处无水或水很浅时，可以将拱肋分成两个半跨放在桥孔下面预制。如果桥位处水较深时，可以在桥位附近预制，然后浮运至桥轴线处，再用起吊设备和旋转装置进行竖向转体施工。这种方法较适宜于钢管混凝土拱桥的施工。因为钢管混凝土拱桥的主拱圈必须先让空心钢管成拱肋以后再灌筑混凝土，故在旋转起吊时，不但钢管自重相对较轻,而且钢管本身强度也高,易于操作。图5.35是应用扒杆吊装系统对钢管拱肋进行竖向转体施工的示意图。它的主要施工过程是,将主拱圈从拱顶分成两个半拱在地面胎架上完成,经过对焊接质量、几何尺寸、拱轴线形等验收合格后,由竖立在两个主墩顶部的两套扒杆分别将其旋转拉起,在空中对接合龙。

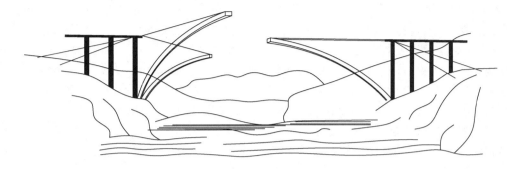

图5.34 平面转体施工示意图

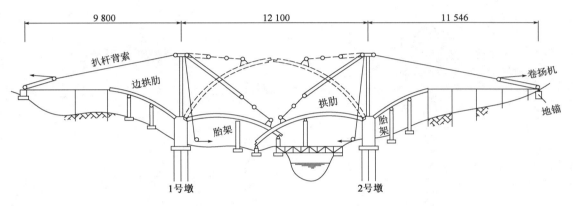

图5.35 扒杆吊装系统总布置图(单位:cm)

5.4.3 斜拉桥施工技术

斜拉桥主梁的施工方法大体上可以归纳为:有支架施工法、悬臂施工法、顶推施工法和转体施工法四种。这几种方法都可以应用在斜拉桥的建造上,如法国米约大桥为七塔斜拉桥(主塔343m),采用的就是顶推施工法;而采用转体施工法建造的斜拉桥最大主跨已达200m,如2008年9月4日,由中国中铁七局三公司承建的石家庄市环城公路跨石太铁路转体斜拉桥,该桥主桥为四跨连续独塔单索面的预应力混凝土曲线斜拉桥,全长260m,转体部分长142m;转体质量达16 500t、转体角度达75.74°,这两项指标均居世界同类桥梁之最。相比较而言,采用较多的是悬臂施工法,其余三种方法一般多用在河水较浅或者修建在旱地上的中、小跨径斜拉桥上。

梁式桥若要增大悬臂施工的跨度,必须依靠增大梁高来实现,但当达到一定的跨度之后,即使再增大梁的高度,所提高的强度和刚度都将被其本身的自重和挂篮的重量所抵消,这是梁式桥跨径受到限制的根本原因,而斜拉桥通过斜拉索提供的弹性支承可以大幅度地提高结构的强度和刚度。在施工过程中,它类似于多个弹性支承的悬臂梁,通过调整索力来减小主梁内力,这样就可以减小梁高和减轻自重,增大桥梁的跨越能力,因而成为大跨度桥梁中具有竞争力的一种桥型。

斜拉桥的悬臂施工方法分为悬臂拼装法和悬臂浇筑法两种。

(1)悬臂拼装法主要用在钢主梁(桁架梁或箱形梁)的斜拉桥上。钢主梁一般先在工厂加工制作,再运至桥位处吊装就位。钢梁预制节段长度应从起吊能力和方便施工考虑,一般以布置1~2根斜拉索和2~4根横梁为宜,节段与节段之间的连接方式分为全断面焊接和全断面高强螺栓连接两种,连接之后必须严格按照设计精度进行预拼装和校正。常用的起重设备有悬臂吊机、大型浮吊以及各种自制吊机。这种拼装方法的优点是钢主梁和索塔可以同时在不同的场地进行施工,因此具有施工快捷和方便的特点。图5.36a)所示为双塔斜拉桥在采用悬臂拼装法施工时直到全桥合龙之前的全貌,图5.36b)是取其中一座索塔的从两侧逐节扩展的过程,它的大体步骤如下:①利用塔上塔吊搭设0号、1号块件临时用的支撑钢管架;②利用塔吊安装好0号及1号块件;③安装好1号块件的斜拉索,并在其上架设主梁悬臂吊机,拆除塔上塔吊和临时支撑架;④利用悬臂吊机安装两侧的2号块的钢主梁,并挂相应的两侧斜拉索;⑤重复上一循环直至全桥合龙。

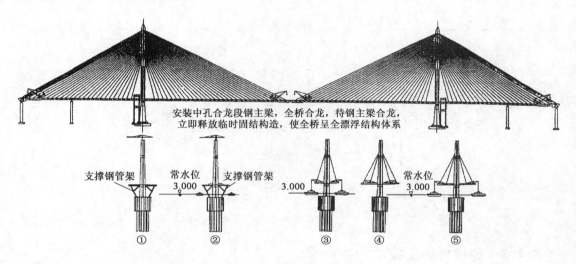

图5.36 悬臂拼装程序(单位:m)

(2)悬臂浇筑法主要用在具有预应力混凝土主梁的斜拉桥上。其主梁混凝土的悬臂浇筑与一般预应力混凝土梁式桥基本相同。这种方法的优点是结构的整体性好,施工中不需用大吨位悬臂吊机和运输预制节段块件的驳船;其不足之处是在整个施工过程中必须严格控制挂篮的变形和混凝土收缩、徐变的影响,相对于悬臂拼装法而言,其施工周期较长。图5.37所示为斜拉桥采用悬臂浇筑法的施工程序图。

5.4.4 悬索桥施工技术

悬索桥的施工,主要包括锚锭、桥塔、主缆、吊索和加劲梁的制作和安装。

(1)锚锭

锚锭是支撑主缆的重要结构之一。大跨悬索桥的锚锭由锚块、锚块基础、主缆的锚锭架及固定装置等组成。锚块分为重力式和岩洞式,重力式锚块混凝土的浇注应按大体积混凝土浇筑的注意事项进行,锚块与基础应形成整体。

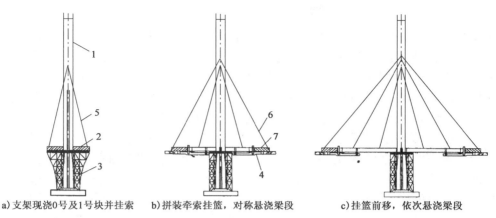

a) 支架现浇0号及1号块并挂索　　b) 拼装牵索挂篮，对称悬浇梁段　　c) 挂篮前移，依次悬浇梁段

图5.37　斜拉桥悬臂浇筑法施工工程序图

1-主塔；2-现浇梁段（0号及1号块）；3-支架；4-前支点挂篮；5-拉索；6-前支点斜拉索；7-悬浇梁段

（2）桥塔

悬索桥桥塔可采用钢桥塔和钢筋混凝土桥塔，但无论是钢结构桥塔，还是钢筋混凝土结构桥塔，其施工方法与斜拉桥的桥塔基本相同。其区别是悬索桥的桥塔有安装塔顶主鞍座问题，而斜拉桥的桥塔则要考虑斜拉索的锚固问题。钢桥塔多为空心桥塔，常在工厂预制，运至工地进行拼装。在桥塔不高时，采用悬臂吊机拼装；对于较高的桥塔，需要采用沿桥塔爬高的吊机进行拼装。而钢筋混凝土桥塔一般采用模板爬升、提升、翻转等方式进行施工。

（3）主缆

悬索桥主缆形成的施工方法主要有两种：空中编缆法（简称 AS 法）和预制绳股法（简称 PWS 法），PWS 法与 AS 法相比，虽然具有显著缩短工期，作业内容简单，工厂制作时的精度高等优点，但也存在一些问题，例如用作运送平行钢丝束股的卷筒直径及重量势必变大，并且由于钢丝束股的刚度比单根钢丝的大，将它绕到卷筒上的工作也较为困难，另外还有钢丝束股在起重和运输方面的问题等。基于这些原因，目前 AS 法仍然是制作大跨度悬索桥主缆时被广泛采用的方法。

（4）吊索

吊索在制造和安装中，都应尽量做到准确下料。在架设过程中，可用调节装置调整其精度，用测力计控制吊索受力的均匀性。安装中还应注意防止索夹螺栓的松动，以保证吊索安装位置准确；当加劲梁安装后，应注意竖向吊索的偏移，并注意吊索的防锈处理。

（5）加劲梁

悬索桥加劲梁架设的特点是，可以将先期架好的主缆作为施工脚手架，这种脚手架是柔性的，其几何形状随架设梁段的增加而改变。悬索桥加劲梁的架设方法主要有两种：

①从桥塔向跨中对称安装加劲梁节段，加劲梁在跨中合龙，梁段的运输较方便；

②从跨中对称向两桥塔拼装，此法可以避免跨中合龙问题，但是预制拼装的运输不如前者。

对于自锚式悬索桥施工，其加劲梁施工方式主要可采用支架法和临时支撑法（顶推），浇筑顺序应从两端对称向中间施工，防止偏载产生的支架偏移，施工时须以水准仪观测支架沉降值，并详细记录。待成型后立即复测梁体线型，将实际线型与设计线型进行比较，及时反馈信

189

息,以调整下一步施工。

由于自锚式悬索桥在荷载的作用下呈现明显的几何非线性,因此吊杆的加载是一个复杂的过程。主缆相对于主梁而言刚度很小。如果吊杆一次直接锚固到位,无论是张拉设备的行程或者张拉力都很难控制,而全桥吊杆同时张拉调整在经济上是不可行的。为了解决这个问题,就必须根据主梁和主缆的刚度、自重采用计算机模拟的方法,得出最佳加载程序,并在施工过程中,通过观测,对张拉力加以修正。由于主缆在自重状态标高较高,导致吊杆在加载之前下锚头处于主梁梁体之内,因此在张拉时需配备临时工作撑脚和连接杆。第一次张拉施加1/4的设计力将每一根吊杆临时锁定;第二次顺序与第一次相同,按设计力张拉完,然后检测每一根吊杆的实际荷载,最后根据设计力具体对每一根吊杆进行微调。在吊索的张拉过程中,塔顶与鞍座一起发生位移,塔根承受弯矩,这样有可能产生塔根应力超限的危险,为了不让塔根应力超限,张拉一定程度后,根据实际观测及计算分析进行索鞍顶推,使塔顶回到原来无水平位移时的状态,如此反复后将每根吊索的张拉力调整至设计值。

过程的控制对于悬索桥每一道工序均非常重要,尤其在索部施工过程中,每一阶段、每一根吊索的索力都要及时、准确反馈。吊索张拉时千斤顶的油表读数是一个直观反映,另外利用智能信号采集处理分析仪,通过对吊索的振动测其所受的拉力,两种方法互相检验,以确保张拉时每一根吊索的索力与设计相吻合。

5.5　桥梁工程发展趋势

现代桥梁指19世纪后期以来,由工程师利用工程力学、设计规范及桥梁工程知识所兴建的桥梁。19世纪20年代,现代桥梁主要是为适应铁路建设的需要,并在19世纪后期逐步发展起来的。在铁路发展初期,建筑材料仍是木材、石材、铸铁和锻铁等,后期钢材逐步占据主导地位。20世纪初,钢筋混凝土渐渐受到桥梁界重视,开始用于中、小跨度桥梁。建桥工具也得到很大发展,出现了蒸汽机、打桩机、电动工具、风动工具、起重工具、铆钉机等。在深水基础方面,可以施工沉井、压气沉箱和大直径的桩。从20世纪30年代起,随着汽车工业的发展,公路桥梁也开始大力发展。20世纪50年代起,桥梁主要服务于公路、铁路和城市道路交通。在材料方面,除常规钢材和钢筋混凝土外,还有预应力混凝土、高强螺栓、高强钢丝、低合金钢以及其他新型材料。用于桥梁建造的机具和设备有焊接机、张拉千斤顶、振动打桩机、水上平台、大吨位起重机和浮吊、钻孔机、架桥机等。在桥梁基础方面,可修建高位承台、大直径打入式斜桩和就地灌注桩、浮云沉井等。在梁拱和悬索桥等基本桥式的基础上,发展了许多新桥式和构造,如斜拉桥,梁—拱组合体系,连续刚构桥,箱形梁,结合梁,正交异性钢桥面板、整体节点等。结构设计理论得到改进,逐步从容许应力法向极限状态法发展;结构分析也更加注重大跨、柔细结构的振动(地震、风振)问题。施工技术和工艺得到重视,出现了不少新的施工方法,如悬臂施工、顶推施工、转体施工、大吨位浮运架设以及大件吊装等。

从1890年英国建成的福斯铁路桥(Forth Bridge)(图5.38)算起,现代桥梁已走过120余年的发展历程。人类对陆地交通需求的不断增加、科学与技术的不断进步,是桥梁工程得以发展的强大动力。20世纪后期,通过对结构形式、工程材料、设计理论、施工设备、制造工艺等的不断研究与创新,桥梁工程取得了长足的技术进步。纵观中外桥梁近20年的发展历程,桥梁

图 5.38　福斯铁路桥

工程今后的发展趋势具有以下几个特点：

（1）桥跨结构继续向大跨发展

在具有一定承载能力条件下，跨越能力仍然是反映桥梁技术水平的主要指标。为避免修建或少建深水桥墩，加大通航能力，悬索桥、斜拉桥等桥式的跨度纪录一再被打破。一方面，为适应陆地交通发展，需要建造跨越能力更大的桥梁；另一方面，建造前所未有的大跨度桥梁，需要渊博的技术知识、卓越的才能和创造性的勇气，是对自然和人类自身的挑战，具有极大的吸引力。随着技术体系的日臻完善，桥梁的跨度必将不断加大。

目前，拱桥的最大跨径已超过 550m，斜拉桥的最大跨径为 1 104m，而悬索桥的最大跨径为 1 991m。随着跨江、跨海工程的需要，斜拉桥的跨径还会继续有所突破，而悬索桥的跨径预计会超过 3 000m。如意大利墨西拿海峡悬索桥方案（图 5.39），跨度达 3 300m。印度尼西亚拟在巽他海峡修建 27km 长的跨海大桥，拟采用跨度约 3 000m 的悬索桥方案。日本筹划修建的跨越丰予海峡及津轻海峡的悬索桥方案，其跨度也在 3 000m 以上。随着我国国道主干线系统布局规划，自黑龙江省同江市至海南省三亚市的一条南北向全长 5 700km 的干线，将依次跨越渤海湾、长江口、珠江口和琼州海峡，其为修建大跨度、大规模的跨海大桥提供可能。

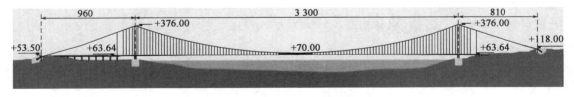

图 5.39　意大利墨西拿海峡悬索桥示意图（单位：m）

（2）新桥设计理论与旧桥评估理论更趋完善

新桥设计理论是桥梁工程建设的基石。随着桥跨的增加、建桥环境的变化（如海洋环境、艰险山区环境）、结构体系的多样和复杂，桥梁设计会面临许多新的课题和难题，需要适应桥梁发展的需要，进一步开展设计理论研究，完善设计规范。

20 世纪 70 年代以来，国际上开始逐步采用以结构可靠性理论为基础、以分项系数表达的概率极限状态设计法，如欧洲结构规范 Eurocode、美国桥梁规范 AASHTO、加拿大桥梁规范 CAN/CSA-S6 等。与过去采用的容许应力设计和破坏强度设计等方法相比，极限状态设计理论更趋完善和合理。我国公路桥梁已从1985年开始采用极限状态法进行结构设计,到2004年起,逐步颁布新一代设计规范。基于概率极限状态设计法的《铁路桥梁设计规范》也待颁布实施。

桥梁工程的发展大致需要经历以下三个阶段:以新建为主的阶段、新建与养护维修并重的阶段、以养护维修和加固改造为主的阶段。由于不利的环境影响、结构的自然老化、车辆荷载的增加以及养护维修的不足,一部分桥梁不可避免地暴露出各种结构损伤。这导致结构的承载能力和耐久性降低,运营状况不能完全满足规定。据统计,截至2010年底,我国公路存在危桥约9.3万座,占当时桥梁总数的14.1%。及时评估既有桥梁的运营条件和承载能力,并对已损伤桥梁进行修复加固,是线路安全畅通的重要保证。

自20世纪80年代起,在一些工业发达国家,桥梁工程的重心已逐步转移到桥梁养护维修、监测监控、鉴定评估和加固改造方面。在公路桥梁方面,美国、英国、加拿大等国家先后颁布了基于结构可靠性理论的评估规范。我国在《公路桥涵养护规范》(JTG H11—2004)的基础上,近年来也相继颁布了公路桥梁技术状况和承载力评定、加固设计和施工等一系列标准和规范。

开展旧桥评估理论和技术的研究和实践,一方面对准确评估桥梁的承载能力、尽量延长桥梁的使用寿命和减少加固替换的高额费用具有明显的技术意义和经济意义;另一方面,可针对旧桥暴露出来的问题,更新设计理念,完善设计理论和方法。

(3)建桥材料向高强、轻质、多功能方向发展

材料科学的进步是推动桥梁工程发展的重要动力之一。当代桥梁向大跨度发展的趋势,对建桥材料提出了高强、轻质和多功能的更高要求。

在材料强度方面,世界各国都很注重提高建桥材料的强度。国外高强钢的屈服强度标准值达到960MPa;我国在建设九江长江大桥时(图5.40),发展了15MnVNq钢;芜湖长江大桥(图5.41)采用的是14MnNbq新钢种,其抗拉强度在550~600MPa。近年来,我国颁布的低合金高强度结构钢标准中,列入的强度等级已提升到690MPa。预应力钢筋是向大直径、高强度、低松弛、耐腐蚀、与混凝土黏结力高、拼接便利的方向发展。目前,国外高强钢筋的最大直径约为44mm,抗拉强度为1 350MPa;我国预应力钢筋的最大直径为32mm,抗拉强度为930MPa。高强度低松弛钢丝及钢绞线在桥梁工程中的应用日趋广泛。为适应对斜拉桥拉索和悬索桥主缆的需要,美国、德国、英国、日本等国开发了ϕ4~9mm的高强镀锌钢丝,其强度为1 550~2 000MPa。高强度混凝土具有强度高、抗冲击性能好、耐久性强等优点,将其应用于桥梁结构,既可减小梁高,又能减轻梁体自重而增大跨度。目前,我国已采用C80级混凝土,国外已制成C200级混凝土。

图5.40　九江长江大桥

图5.41　芜湖长江大桥

　　轻质材料的应用对减轻结构重力、增加桥梁跨越能力作用明显。轻质混凝土(密度在$1.6\sim2.0t/m^3$)在国外桥梁上时有应用,在我国还需发展。另外,目前还只应用于航天工业的高强度轻质铝合金等也受到桥梁工程界的重视,有些已在国外军用桥上得到应用。这些材料的特点是:质量轻、刚度大、热膨胀系数低、耐疲劳、抗腐蚀等。

　　在钢材的功能方面,抗腐蚀性能好、结构表面不需油漆的耐候钢逐步得到应用。美国早在20世纪70年代就在桥梁上应用耐候钢,1991年我国采用武汉钢铁公司生产的耐候钢,在京广线巡司河上建成第一座耐候钢桥。在国外,高性能钢的种类及其应用逐步增加,它不仅保持了较高的强度,而且在材料的抗腐蚀和耐候性能、可焊性、抗脆断和疲劳性能等方面都比传统钢材有明显的提高和改善。在混凝土方面,具备高强、早强、缓凝、微膨胀、不离析、自密实等性能的混凝土得到广泛应用;通过掺入高效减水剂及活性矿物掺和料,混凝土的耐久性也得到一定改善。

　　纤维增强复合材料(Fiber Reinforced Polymer, FRP)起源于20世纪70年代。近20年以来,在桥梁工程领域的应用越来越多。FRP具有高强、轻质、耐腐蚀、易维护等显著优点,但对其耐久性、蠕变和疲劳、构件连接性能、设计理论等还需继续开展研究。1993年,加拿大将FRP预应力绞线应用于Beddington试验桥;1996年,瑞典首次将FRP拉索用于一座悬索桥;20世纪90年代以来,采用FRP桥面板与钢梁(或钢筋混凝土梁)组合的桥梁结构在中国、美国等国家得到一些应用。此外,FRP在旧桥的加固和维修中使用越来越广泛(图5.42)。

图5.42　FRP应用于旧桥的加固和维修

　　(4)信息技术在桥梁工程中的应用更趋广泛

　　进入21世纪,随着信息技术和智能材料的广泛应用,桥梁结构会变得"灵敏"和"智能",其设计、施工和管理也将变得更为科学合理。在规划和设计方面,可以通过快速仿真分析,优化设计并逼真演示桥梁功能,为决策提供可靠依据。在建造方面,可采用智能化制造系统加工结构构件,遥控技术进行施工控制和管理,GPS技术进行定位与测量,机器人技术进行结构整体安装或复杂环境下的施工等。在健康监测和管理方面,可综合应用计算机技术(网络及数据库,图像图形技术)、人工智能技术、传感器技术及计算数学、有限元分析等,建立一套桥梁设计、施工及养护维修的科学评价体系(包括施工控制、运营状态监测、损伤诊断及评估、预警和养护对策等),实时掌握桥梁的健康状况(图5.43)。例如,通过在桥上装配智能传感器系统,就可以感知风力、气温等天气状况,并随时获取桥梁的交通状况;

通过智能传感器,可随时监测结构的受力行为,预判潜在危险(如应力超限、疲劳裂纹扩展等)并及时发出预报。

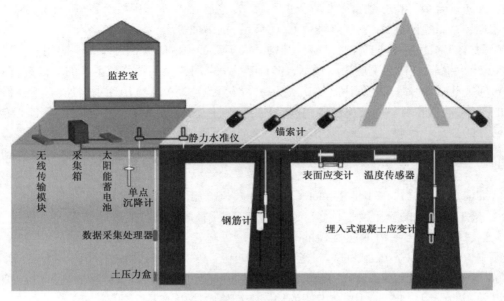

图5.43　桥梁结构健康监测系统结构示意图

(5)日益重视桥梁美学、建筑造型和景观设计

桥梁作为建筑实体,除向社会大众提供使用功能外,还凸现出其作为建筑审美客体的作用。在历史上,许多著名的桥梁建筑,如英国伦敦塔桥(图5.44)、美国洛杉矶金门大桥(图5.11)、武汉长江大桥(图5.45)、法国米洛大桥(图5.46)、澳大利亚悉尼港湾大桥(图5.47)、日本明石海峡大桥(图5.12)等,以其宏大的气势和造型,成为城市或地区的象征。

国家经济的持续发展、大众审美要求的提高,以及社会不断增强的自我标志意识,将会使桥梁建筑设计理念逐步改变。桥梁作为可定量计算分析的设计产品,一直是工程师独占的领域。随着传统设计学科之间的交叉,会有更多的建筑师、艺术家、景观和环境方面的专家参与到桥梁设计中来,通过设计合作,把技术问题(材料、结构、施工)与美学、造型和景观密切联系起来,共同创造出既保证安全适用,又体现美学魅力的桥。

图5.44　英国伦敦塔桥

图5.45　武汉长江大桥

图 5.46 法国米洛大桥   图 5.47 澳大利亚悉尼港湾大桥

【思考题】

1. 简述桥梁组成和构造特点？
2. 比较分析各桥型的力学特点？
3. 桥梁总体设计包括哪几个方面？
4. 桥梁的上部结构类型有哪些？其各自的特点是什么？
5. 简述桥梁下部构造形式和特点？
6. 简述各个桥型常见的施工工法？
7. 简述桥梁工程今后的发展趋势？

第 6 章

隧道与地下工程

6.1　隧道与地下工程概述

6.1.1　隧道与地下工程简介

隧道与地下工程是指从事各种隧道与地下工程的规划、设计、施工和运营养护的一门应用科学和工程技术,是土木工程专业的一个分支;也可以指岩体或土层中修筑的各类通道和地下构筑物,包括地铁、地下商场等。如图 6.1 所示的是一般的地下工程。

在修建地下工程时,通常在地层内挖出具有一定几何形状的"坑道",称为导坑。然后,以导坑为基础逐步扩大到所需要的空间。由于土层开挖后,应力释放,容易引起变形、坍塌,所以除了在极为稳定的岩层中以外,大多情况下都要在坑道周围进行支护(图 6.2),地下结构工程中的支护结构通常采用衬砌。衬砌指的是为防止围岩变形或坍塌,沿隧道洞身周边用钢筋混凝土等材料修建的永久性支护结构。

隧道与地下工程是人类在地面生活的重要保障设施,也是城市功能在地下空间的具体体现和重要延伸。20 世纪 80 年代,国际隧道协会提出"大力开发地下空间,开始人类新的穴居时代"的倡议,得到各国广泛响应,各国政府大都将大力发展地下空间作为一项国策来进行推广。各类地下建筑大量兴建,特别是地下铁路,更是成为解决现代化大都市城市交通问题的首选途径,世界上各大型城市均进行了长远的地铁规划,我国诸多大型城市也有大规模的轨道交通规划,如长沙市目前已运营长沙地铁 1 号线、长沙地铁 2 号线、长沙磁悬浮快线、长株潭城际铁路,预计 2020 年,长沙轨道交通通车里程将达 234.3km。

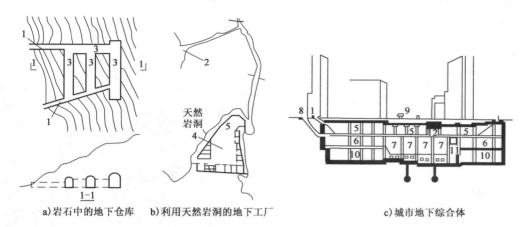

a)岩石中的地下仓库　　b)利用天然岩洞的地下工厂　　　c)城市地下综合体

图 6.1　地下工程示意图

1-出入口;2-洞口;3-储藏室;4-地下厂房;5-商店;6-车库;7-地下铁道;8-汽车出入口;9-地上街道;10-机房;11-污水管道

图 6.2　一般隧道的支护结构

隧道与地下工程有许多分类方法,可以按其使用功能、周围介质、设计施工方法、建筑材料和断面构造形式分类,也有按其重要程度、防护等级、抗震等级分类,其具体分类见表 6.1。

隧道与地下工程分类　　　　　　　　　　　　　　　　　　　　　　　表 6.1

分类方式	工程类型
按使用功能	交通工程、市政管道工程、地下工业建筑、地下民用建筑、地下军事工程、地下仓储工程等
按周围介质	软土地下工程、硬土(岩石)地下工程、海(河、湖)底或悬浮工程等;深埋、中埋、浅埋工程
按施工方法	浅埋暗挖法、盖挖逆作法、矿山法、盾构法、沉管法等
按结构形式	附建式、单建式、廊道式、棋盘式、单层或多层框架结构
按衬砌材料和构造	砖、石、砌块混凝土、钢筋混凝土、喷射混凝土、铸铁、钢纤维混凝土、聚合物钢纤维混凝土等

由于受力特点、结构形式、使用功能的不同,隧道与地下工程的设计和施工不同于地上的建筑结构,其主要工程特点表现在:

(1)工程涉及的领域众多,包括建筑工程、市政工程、交通工程、水电工程(图6.3)、国防工程(图6.4)、能源工程等。

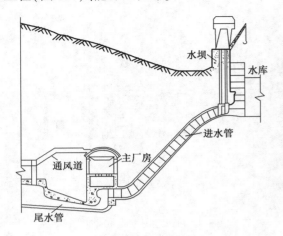

图6.3　水电站地下厂房

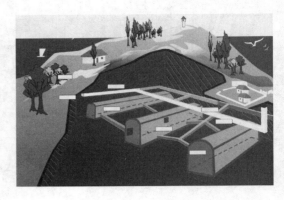

图6.4　地下人防工程示意图

(2)不可预见因素多,风险高,地质条件、地下水状态等对隧道与地下工程的设计和施工影响较大,事故发生率高。地下工程施工时经常导致地表沉降或者隆起,引起地表开裂(图6.5),引起附近建筑物开裂或者倾斜(图6.6),严重时可导致建筑物倒塌。

图6.5　南京地铁2号线地表开裂

图6.6　上海轨道交通4号线地铁事故造成房屋倾斜

(3)建设环境复杂,考虑因素众多。地下建筑由于特殊的建造方式,往往需同时进行通风、采光、防潮、排水等建设。

(4)投资大,建设周期长,工程规模大,造价高。如英吉利海峡隧道(又称英法海底隧道或欧洲隧道),是一条连接英国英伦三岛与欧洲法国的铁路隧道,于1994年5月6日开通。它由三条长51km的平行隧洞组成,总长度153km,其中海底段的隧洞长度为3×38km。从1986年2月12日法国、英国签订关于隧道连接的《坎特布利条约》,到1994年5月7日正式通车,历时8年多,耗资约150亿美元。

6.1.2 隧道与地下工程的发展简史

隧道与地下工程的发展历史与人类的文明史相呼应,大概可以分为古代、近代、现代三个时期。

(1)古代时期,主要是从人类出现到公元17世纪。这一时期的主要特点是利用天然材料,如岩石、土体、木材等,辅以较原始的手工或简单机械来完成,在技术上多依赖于经验。这一时期的主要工程实例有:中国陕西窑洞(图6.7)、隋朝地下粮仓等。

图6.7　陕西窑洞

(2)近代时期,是指从17世纪到第二次世界大战前后。在这一时期,土、木、石、砖等建筑材料特别是现代建筑材料混凝土、钢材、钢筋混凝土的广泛使用,现代数学、力学的发展和应用,火药的发明和广泛应用以及工业革命的发展,促使大量机械的使用,使隧道与地下结构进入大量发展时期。

1863年法国人Brunel用其发明并申请专利的最早使用手掘式盾构技术成功开挖了世界上第一条水底盾构隧道,图6.8所示为当时手掘式盾构法修建隧道的示意图。

八达岭隧道是中国自行设计和施工的第一座越岭隧道,位于京包铁路青龙桥车站附近。这座单线隧道全长1091m,由我国杰出的工程师詹天佑亲自规划督造,1907年开工,在中国技术人员和工人的努力下,仅用18个月,于1908年竣工(图6.9)。

图6.8　手掘式盾构法修建隧道示意图　　　　　图6.9　八达岭隧道

(3)现代时期,主要指第二次世界大战之后到现在。这一时期主要特点是随着工程数量和规模迅速扩大,各种不同结构形式的地下建筑大量涌现,各种现代化的施工设备、手段、设计理念层出不穷。从20世纪50年代,逐步形成了各类隧道及地下工程的规划、设计和施工的基本原理,并在土木工程中形成了一个独立的学科分支。现代地下工程的发展趋势可归结为:地下资源开发、地下能源开发和地下空间开发三个方面。地下空间的利用,也正由"线"的利用,向大断面、大距离的"空间"利用的方向发展。

深圳春风隧道工程是深圳市"东进战略"重大交通项目之一,项目西起滨河大道上步立交东侧,与滨河大道对接,东至新秀立交南侧,与沿河北路对接,全长约5.08km,其中隧道长约4.82km。春风隧道施工采用的 ϕ15.76m 大直径盾构机,比五层楼房还要高,是目前国内最大断面的盾构机。

6.1.3　隧道与地下工程的优缺点

现从地下工程的空间因素、环境因素、设备因素和施工因素四个方面来分析隧道及地下工程的优点和缺点,具体见表6.2。

隧道与地下工程的优点和缺点　　　　　　表6.2

因　素	优　点	缺　点
空间因素	建筑物的高度向地下转换 ●城市的高密度化:打破地上建筑密度的界限; ●确保地面上的空地:保存景观,保护环境,确保动植物的生存空间; ●建筑物高度的限制:保存景观,确保飞机通过,视程、雷达视程等,形成建筑空间上下重叠效果; ●缩短步行距离:把各种设施集中在距车站一定距离之内; ●空间位置的关系:处于正下方的位置	修筑地下空间场所的限制 ●空间困难:如人、物的出入,通风、采光等,需设置开口部 过度集中的弊病 ●超过城市的容许密度:人口集中、能源消耗、给排水的高密度化 建筑空间上下多层直叠 ●人的移动距离增大 影响地下空间自身 ●对地下空间固有的影响:切断地下水脉; ●崩塌、埋没:被塌方埋没等危险 避难的安全性影响
环境因素	可利用厚地层的遮蔽性能和热容量 ●热:恒温、恒湿; ●光:遮挡日照; ●放射线、宇宙线:核设施; ●电波、磁力等:各种实验; ●地震力; ●人、物和外敌等	进入因素的弊病 ●地下水、洪水:地下水、洪水、漏水等的自然排水非常困难 没有进入因素的弊病 ●没日照; ●不能眺望; ●自然排水困难; ●自然通风困难; ●重力排水困难 心理的影响 ●封闭场所引起人们潜在的心理暗示

续上表

因　素	优　点	缺　点
设备因素	—	完全的人工环境 ● 排水:废水、雨水、地下水和结露水等的重力排水非常困难; ● 设备运转需较大能量; ● 设备空间增大
施工因素	地下开挖、建筑施工的优点 ● 外装的省略:没有必要考虑结构物的外观; ● 既有的空洞利用:可对既有空洞加以利用	地下开挖、建筑施工的缺点 ● 开挖硬地层; ● 搬运土砂; ● 崩塌的可能性:崩塌事故量的增加

6.2　隧　道　工　程

隧道是修筑在岩体、土体或水底,两端有出入口,供车辆、行车、水流及管线等通过的通道,包括交通运输方面的铁路、道路、水(海)底隧道和各种水工隧洞等,其具有以下特点:

(1)是交通运输线路穿越天然障碍[包括山岭、丘陵、土层、水(海)域等]的有效方法。

(2)所处地质条件复杂多变,遇到意外情况比较多,工程定位、设计、施工方法都必须随时作相应调整。

(3)施工作业面窄,可能容纳的劳动力和机械设备都受到限制,对工业化、机械化施工要求高。

(4)造价昂贵。

隧道工程的种类繁多,从不同的角度上考虑,有不同的分类方法。从隧道所处的地质条件来划分,可以分为土质隧道和岩石隧道;从埋置的深度来划分,可以分为浅埋隧道和深埋隧道;从隧道所处的位置来划分,可以分为山岭隧道、水底隧道和城市隧道。比较常用的分类方法是按照它的用途来分类,其可以分为交通隧道、市政隧道、水工隧道及矿山隧道等。

6.2.1　交通隧道

交通隧道是应用最为广泛的一种隧道,其作用是提供交通运输和人行,以满足交通线路畅通的要求。交通隧道一般包括以下几种。

(1)公路隧道

公路隧道是专供汽车运输行驶的隧道。世界上最古老的公路隧道是公元初在罗马的那不勒斯挖成的波西利波岩洞,长约1km,无衬砌,至今还在使用。现在,世界各国,尤其是一些多山国家,如日本、意大利、瑞士等国为了提高线路标准和运输效率,修建了很多公路隧道。目前世界上10km以上的公路隧道情况见表6.3。

世界上 10km 以上的公路隧道

表 6.3

国　　家	隧道名称	隧道长度(km)	开通时间(年)
挪威	Laerdal	24.51	2000
中国	秦岭终南山隧道	18.4	2007
瑞士	Gotthard	16.92	1980
奥地利	Arlberg	13.97	1978
法国—意大利	Fréjus	12.9	2003
中国台湾地区	Pinglin	12.9	2006
法国—意大利	Mont-blanc	11.66	1965
挪威	Gudvanga	11.43	1991
挪威	Flogefonn	11.13	2001
日本	Kan-etsu I	11.01	1990
日本	Kan-etsu II	10.92	1986
日本	Hida	10.75	—
意大利	Gran Sasso(东向)	10.17	1984
意大利	Gran Sasso(西向)	10.12	1995
法国	Le Tunnel Est	10	2006

1949 年以前,由于我国经济落后,地下建筑发展速度极其缓慢,隧道修建屈指可数,而且主要依靠人力开挖,仅有十余座公路隧道,最长的不过 200m,大部分为单车道,无衬砌结构,近几年由于高速公路建设的加快,公路隧道的数量已开始成倍增长。

过去在山区修建公路,为节省工程造价,常常选择盘山绕行,宁愿延长距离而避开修建隧道产生的高昂费用。随着社会经济的发展,高速公路的大量出现,对道路的修建技术提出了较高的标准,要求线路顺直、坡度平缓、路面宽敞等,因此,在道路穿越山区时,出现了大量的隧道方案。隧道的修建在改善公路技术状态,缩短运行距离,提高运输能力,以及减少事故等方面起到重要的作用。我国修建的秦岭终南山隧道长 18.4km,它将翻越秦岭的道路长度缩短约60km,时间减少 2 个多小时。

公路隧道需要有较完善的通风、照明、防灾等附属设施,以防止隧道内的事故,特别是汽车火灾事故,而且最好采用上下行分开、带有管理人员用的通道的双孔断面。隧道一般需要机械通风,如射流式通风(图 6.10),射流式通风是将射流式风机置于车道的吊顶部,靠风机产生的压力使隧道内空气沿隧道轴线流动,加快空气的流通速度,达到通风的目的。对于长大隧道,可考虑设置竖井式等纵向通风设施(图 6.11)。

(2)铁路隧道

铁路隧道是专供火车运输行驶的隧道。铁路隧道是修建在地下或水下并铺设铁轨,供机车车辆通行的建筑物。铁路穿越山岭地区时,需要克服高程障碍,由于铁路限坡平缓,这些山岭地区限于地形而无法绕行,常常不能通过展线获得所需的高程。此时,开挖隧道穿越山岭是一种合理的选择,其作用可以使线路缩短,减小坡度,改善运营条件,提高牵引定数。如宝成线宝鸡至秦岭段线路密集地建设48座隧道,占线路总延长的37.75%。铁路隧道与公路隧道按长度分类见表6.4。

图6.10 射流式通风

图6.11 竖井式通风

铁路隧道与公路隧道按长度分类(单位:m) 表6.4

隧道分类	特长隧道	长隧道	中隧道	短隧道
铁路隧道长度	>10 000	3000~10 000	500~3000	≤500
公路隧道长度	>3 000	1 000~3 000	250~1 000	≤250

自英国于1826年起在蒸汽机车牵引的铁路上开始修建长770m的泰勒山单线隧道和长2 474m的维多利亚双线隧道以来,英国、美国、法国等国相继修建了大量铁路隧道。日本至20世纪70年代末共建成铁路隧道约3 800座,总延长约1 850km,其中5km以上的长隧道达60座,为世界上铁路长隧道最多的国家之一。

图6.12所示为我国最长铁路隧道——太行山隧道(全长27.85km)和最高的铁路隧道——青藏铁路风火山隧道(全长1 338m,轨面海拔高度4 905.4m)。中国铁路隧道约有半数以上分布在四川、陕西、云南、贵州四省。1950~1984年间,我国共建成标准轨距铁路隧道4 247座,总延长2 014.5km,成为当时世界上铁路隧道最多的国家之一。我国现使用中的长度排名前十的铁路隧道见表6.5。

图6.12 太行山隧道与风火山隧道

中国现使用中的长度排名前十的铁路隧道　　　　　　　　　表6.5

隧道名称	所在铁路	隧道长度(km)	建成时间(年-月)	备　注
太行山隧道	石太客专	27.84	2007-12	双线
青云山隧道	永莆	22.18	2011-9	双线
吕梁山隧道	太中	20.78	2009-9	双线
乌鞘岭隧道	兰新	20.06	2006-8	双线
秦岭隧道	西康	18.46	1999-9	双线
雪峰山隧道	昌福	17.84	2007-11	双线
高盖山隧道	昌福	17.59	2012-6	双线
永寿梁隧道	西平	17.16	2012-5	双线
象山隧道	龙厦	15.89	1994	双线
戴云山隧道	昌福	15.62	2012-3	双线

铁路隧道与公路隧道主要区别:①铁路隧道建筑限界是固定统一的,而公路隧道的建筑限界则取决于公路等级、地形、车道数等条件;②公路隧道的附属设施,如通风、照明、消防等,均比铁路隧道要求要高,且每一座隧道均会因交通流量和长度不同而要求不同。但铁路隧道和公路隧道的横断面设计的内容和方法基本一致。

(3)地下铁道

地下铁道是指在大城市中主要在地下修筑隧道、铺设轨道,以电动快速列车运送大量乘客的公共交通体系,简称地铁。在城市郊区,地铁线路常可延伸至地面或高架桥上。地铁运输不占街道面积,不干扰地面交通。地下铁道是在大城市中解决交通拥挤、车辆堵塞的有效途径之一。地下铁道能快速、安全、准时地输送大量乘客,成为大城市解决交通拥堵的有力手段。

1863年,世界上第一条地铁在伦敦建成通车,列车用蒸汽机车牵引,线路长约6.4km,采用明挖法施工完成。1890年在伦敦首次用盾构法建成一条地铁线路,列车用电力机车牵引,线路长约5.2km。现在全世界地铁运营里程总计4 000余公里。其中,纽约和伦敦均达400km左右,巴黎接近300km,20世纪后期莫斯科和东京接近300km。20世纪70年代,莫斯科地铁的客运量居世界首位,1979年平均每昼夜达650万人次,占全市公共交通总客运量的41%。

北京地铁第一期工程于1969年9月建成通车,西起苹果园、东至北京站,线路长约24km,设17个车站。全线均为地下线路,其中地铁车站采用整体式钢筋混凝土矩形框架结构,明挖法施工。

地铁具有运量大、速度快、安全、舒适、运输成本低等特点,且与地面其他交通互不干扰,因此,成为解决城市交通紧张状态的有效途径。一般认为,城市人口超过百万就应考虑修建地铁。但是地下铁道投资大、施工工期长,运营费用较高,线路固定而难于调整,在城市公共交通中须同其他交通工具配合使用。其中线路和线路网、列车、车站等是地铁体系的主要部分。

①线路网和轨道

一个城市如拥有若干条地铁线路,彼此相互交叉,便形成线路网。线路网有方格型和放射型,以及两者的混合型。地铁路网规划的主要内容包括:路网形式及线路走向的确定,地铁的类型,车站的位置、规模以及进出口的布局,折返渡线与车辆的规划,线路的平、纵断面设计。线路网的形式主要取决于城市地面道路网的形式。城市路网规划必须从城市的远景发展和城市公交系统的总体布局出发,线路网所拥有线路的条数和长度,主要取决于城市的人口和客流量、城市的面积和布局、城市的地面交通情况和发展规划等。各国早期兴建的地铁线路建筑标准一般较低,后来兴建的地铁标准有所提高,每条线路根据需要铺设折返线、渡线、岔线等。两线相交一般采用立体交叉,并设换乘设备和联络线。

地下铁道线路的轨道与地面铁路的轨道相似,一般采用标准轨距或与地面铁路相同的轨距(图6.13)。随着地铁车辆轴重的加大、年通过总量的增长以及列车速度的提高,目前各国地铁均采用较重型的钢轨,道床一般为碎石道床或混凝土整体式道床。碎石道床结构简单,施工容易,造价低,减振、减噪性能较好,但养护和维修工作量大。混凝土道床维修方便,但须用弹性扣件或橡胶垫板等改善轨道的弹性。

图6.13 一般地铁轨道及列车

②列车

地铁列车均采用由电动客车组成的动车组。动车组之间可夹带无动力拖车。大多数列车使用钢轮,也有使用橡胶轮胎的列车。地铁车辆车厢密闭性较好。

③车站

车站是旅客上、下车以及换乘的地点,也是列车始发和折返的场所。车站位置应选在客流汇集的地方,出入口可与地面商店、旅馆及其他公共建筑结合布置(图6.14)。

图6.14 地铁站站台

现代地下铁道车站建设的发展趋势是修建大型多层式综合联运站。如上层为地面火车站、公共汽车站、停车场、商场等;地下层与地下街、地下车库等连成一体,便于乘客购物和换乘,可有效地利用城市空间。站间距离大于城市地面公共交通车辆站间距离。洛杉矶地铁平均站间距离为 3.7km,专家认为地铁在市区的平均站间距离以 1.6km 左右为宜,郊区站间距离要大于市区。地下铁道上下行线路一般邻近或相距不远,当区间距离较远时,为了消防和疏散需要,还需设立联络通道。地铁车站与地面交通的转换如图 6.15 所示。

图 6.15　地铁车站与地面交通的转换

地下铁路建设周期长,投资巨大。上海市地铁从准备到 1993 年开始运营,历经多年,地铁 1km 投资已达 2 亿元人民币以上,而且,现在世界上绝大部分地铁处于负利润运营(不考虑其他社会效益情况下)。因此,一个城市是否修建地铁,必须根据国民经济状况等综合因素,经过可行性论证后才能确定。据相关经验,城市地下铁道建设的必要性,可以概括为以下三个方面:

①城市人口状况

从世界上已有地铁运营的城市来看,基本上市区人口均超过 100 万人。因此,城市人口超过 100 万人,就作为建造地铁的一个前提条件,这也是我国城市修建地铁的必要条件。

②城市交通流量情况

城市是否修建地铁须着重考虑的条件是城市交通干道上单向人流量的大小,即现状和可以预测出的未来单向人流量是否超过 2 万人次(尚需考虑车流量等因素),且在采取增加车辆、拓宽道路等措施后,仍然无法满足人流量增长的重要时,才有必要修建地铁。

③城市地面、上部空间进行地铁建设的可能性

一般城市中心区域的土地被超强度开发,建筑容量、商业容量等均达到饱和状态,其地面、上部空间在现有的技术条件下已被充分利用,调整的余地不大。

总的来看,地铁投入运营后,只靠售票等收入很难支付运营管理费用,更不用说收回全部投资,大部分城市地铁运营均要靠政府补贴。但从社会效益、环境保护等整体来看,地铁对国家、城市的整体利益,远远超过亏损部分,因此世界各国政府仍大力发展城市地铁。我国北京、上海、广州等城市已建成的地下轨道交通系统,为改善城市的交通状况,减少交通事故起到了重要的作用。

(4)高速铁路隧道

高速铁路诞生于 20 世纪 60 年代,它是世界铁路发展史中具有重要意义的一件大事。由于高速铁路具有快速、舒适的旅行环境,提高了铁路运输的竞争力,成为世界铁路旅客运输发展的趋势,也是铁路技术现代化的标志。

高速铁路的线路技术标准远远高于普通铁路,隧道工程量也大大多于普通铁路。1964 年,日本新干线的运营开启了高速铁路隧道工程的新阶段。由于高速铁路列车运行速度很高,列车与隧道内空气之间的相互作用影响变成必需考虑的问题。高速列车在隧道内行驶时所产

生的种种空气动力学问题,如隧道中的气动压力波、列车风速(绕流)、列车的空气动力阻力、微压波等问题会对高速列车在隧道中的运行产生极其重要的影响,它们与行车安全息息相关。因此,高速铁路隧道截面形状、净空面积、出入口端的结构类型均与普通铁路存在较大差异。

①高速铁路隧道的空气动力学问题

对高速铁路隧道设计参数有特殊要求,主要是由于高速列车进入隧道诱发的空气动力学效应引起,其主要影响可见表6.6。

高速铁路隧道的空气动力学问题 表6.6

空气动力学问题类型	空气动力学问题介绍
瞬变压力	由于瞬变压力,引起旅客不适,并对车辆造成危害
行车阻力加大	行车阻力加大,引起对列车动力和能耗的特殊要求
列车过风加剧	列车通过隧道时产生的过风加剧,会影响在隧道中的工作人员的安全
产生微压波	高速列车进入隧道时产生微压波,引起爆炸噪声并危及洞口建筑物
隧道内热量积聚	隧道内热量积聚,产生空气动力学噪声

②高速铁路隧道横断面

高速铁路隧道的设计特点主要体现在隧道横断面的设计上。其横断面面积除了通常要考虑的隧道建筑限界和列车运行要求外,还必须满足列车及隧道的空气动力学要求。

从各国的实践来看,列车横断面主要采用堵塞比,即列车横断面面积与隧道横断面面积的比值来确定,几个国家高速铁路中隧道情况对比见表6.7。

几个国家高速铁路中隧道情况对比 表6.7

内　　容	日　　本				法国	德　　国		意大利
	东海道	山阳	东北	上越	大西洋	曼海姆—斯图加特	汉诺威—维尔茨堡	罗马—佛罗伦萨
线路长度(km)	516	562	470	270	284	99	327	236
开始建造时间(年)	1956	1967	1972	1971	1985	1976	1973	1970
开始运营时间(年)	1964	1975	1982	1982	1990	1991	1991	1988
运营方式	客运专线				客运专线	客货混运		客货混运
设计速度(km/h)	210	260	260	260	300	250	250	250
线间距(m)	4.2	4.3	4.3	4.3	4.2	4.7	4.7	4.0
隧道宽度(m)	最大9.6 基底7.99	9.6 7.99	9.6 8.4	9.6 8.4	双线10.0 单线8.24	基底12.5	基底12.5	最大9.44
隧道有限面积(m²)	60.5	63.4	63.4	63.4	双线71.0 单线46.0	直墙82.0 曲墙94.0	82.0 94.0	53.8
隧线比例(%)	13	50	23	39	6	30	37	32.5
阻塞比	0.21~0.22	0.20~0.21	0.20	0.2	双线0.13~0.15 单线0.20	0.13	0.13	0.18

（5）航运隧道

航运隧道是专供轮船运输行驶而修建的通道。当运河需要跨越分水岭时,克服高程的有力手段是修建运河隧道。其优点是缩短航程,减少运营费用,保证河道顺直,大大改善航运条件。

（6）人行隧道

人行隧道是专供行人通过的通道。一般修建于城市闹市区需要穿越街道或跨越铁路、高速公路等的行人众多、往来交错、车辆密集、易发生交通事故的场合。人行隧道的作用是缓解地面交通压力,减少交通事故,方便行人。

6.2.2 市政隧道

在城市的建设和规划中,充分利用地下空间,将各种不同市政设施安置在地下而修建的地下孔道,称为市政隧道。由于在城市中进一步发展工业和提高居民文化生活条件的需要,供市政设施用的地下管线越来越多,如自来水、污水、暖气、热水、煤气、通信、供电等地下管线。管线系统的发展,需要大量建造市政隧道,以便从根本上解决各种市政设施的地下管线系统的布设问题。市政隧道与城市中人们的生活、生产关系十分密切,对保障城市的正常运转起着重要的作用。市政隧道类型主要有：

（1）给水隧道

给水隧道是为城市自来水管网铺设系统修建的隧道。在城市中,有序合理地给水管路规划和布局与人民生活和生产息息相关,是城市市政基础设施的重要任务,要求不破坏市容景观,不占用地面空间,避免遭受人为的破坏。因此,修建地下孔道来容纳安置这些管道是一种合理的选择（图6.16）。

图6.16　市政电厂取水工程

（2）污水隧道

污水隧道是为城市污水排放系统而修建的隧道。城市的污水,除部分对环境污染严重的采用净化返用或排放外,大部分的污水需要排放到城市以外的河流中去,这就需要有地下的排污隧道。这种隧道一般采用自身导流排送,隧道的形状多采用卵形,也可能是在孔道中安放排污管,由管道排污。排污隧道的进口处多设有拦渣隔栅,把漂浮的杂物拦在隧道之外,不致涌入造成堵塞。

（3）管路隧道

管路隧道是为城市能源供给（煤气、暖气、热水等）系统而修建的隧道。城市中的管路隧道是把输送能源的管路放置在修建的地下孔道中，经过防漏及保温措施处理，能源就能安全输送到生产和生活的目的地。

6.2.3 水工隧道

水工隧道是水利工程和水力发电枢纽的一个重要组成部分，是在山体中或地下开凿的过水隧道（水利水电行业中也称为隧洞）。水工隧道包括引水隧道、尾水隧道、导流隧道或泄洪隧道、排沙隧道。

水工隧道历史悠久，早在公元前120年～公元前111年，中国就在陕西省龙首渠上修筑了长达10余公里的输水隧道。近代，由于灌溉、供水和水电建设的发展，采用隧道的工程日益增多。20世纪60年代以后，随着岩石力学、施工技术以及新奥地利隧道施工法的应用，以及计算技术的发展，水工隧道建筑规模不断扩大，设计理论也逐步趋向合理，预应力衬砌、锚喷支护、利用高压喷射灌浆在软基上开挖洞室、将衬砌与围岩视为整体的有限单元法等都在发展。世界上最长的水工隧道是芬兰首都赫尔辛基为供水修建的长达120km的引水隧道；开挖断面最大的是瑞典斯托诺尔福斯水电站的尾水隧道，断面面积为390m²。我国陕西省冯家山灌溉引水隧道长12.6km；黄河上的龙羊峡水电站导流隧道，断面面积为15m×16m。

在实际工程中，为简化枢纽布置、节省投资，在可能条件下宜考虑一洞多用。如发电与灌溉、供水相结合，将发电后的尾水用于灌溉、工业及城镇供水；导流隧道在完成导流任务后，可以改作灌溉隧道或泄洪隧道。

6.2.4 矿山隧道

在地下矿山开采中，通过从山体外修建一些隧道通往矿床进行开采活动。矿山隧道主要有下列几种：

（1）运输巷道

向山体开凿隧道通到矿床，并逐步开辟巷道，通往各个开采工作面。前者称为主巷道，为地下矿区的主要出入口和主要的运输干道；后者分布如树枝状，分向各个采掘工作面，此种巷道多用临时支撑，仅供作业人员进行开采工作的需要。

（2）通风隧道

矿山地下巷道穿过的地层，一般都有地下有害气体涌出，采掘机械要排出废气，工作人员呼出气体，使得巷道内空气变得污浊。如果地层中的气体含有瓦斯，将会危及人身安全。因此，净化巷道内空气，创造良好的工作环境，必须设置通风巷道，把有害气体排出，补充新鲜空气。

6.3 地 下 工 程

6.3.1 城市地下工程

随着社会的发展，城市的集约化程度不断提高，传统的单一功能的单体公共建筑已不能完全适应城市的发展和变化,城市建筑正逐渐向多功能和综合化发展。例如,在同一栋建筑中,可以在不同层上和地下室中分别布置商业、文娱、办公、居住以及停车等区域。借助地下工程,可以将城市的一部分交通功能和市政公用设施与商业设施等建筑功能综合在一起,随着城市的立体化再开发而成为城市地下空间,故可以称为地下城市综合体。地下城市综合体可包括地下公共建筑,如地下图书馆、地下体育馆、地下商场、地下街、地下停车场等。

地下公共建筑在功能、空间以及设备等方面和地面上的同类型建筑并无原则上的区别。但节约城市用地、保留开敞空间、改善城市景观等方面都成为地下公共建筑大力发展的主要影响因素。

地下公共建筑在 20 世纪 50 年代开始出现,随着时间的延伸,类型不断扩展,形成一定规模,进入 21 世纪以来,作为城市功能和城市环境改善角度来考虑的地下公共建筑日渐受到重视。

图 6.17～图 6.19 为日本大阪长掘地下城市综合体示意图,连接四条地铁线路,并将商业、停车、人行过街等设施整合为一体,成功实现地区性人车立体分流。其地下分为四层,一层是集商业、饮食和人行公共步道为一体的地下步行商店街,二、三层为地下车库,四层为地铁换乘系统,最深处达 50m,是多层次城市地下空间充分利用的一个很好实例。

图 6.17　大阪长掘地下车库示意图

图 6.18　大阪长掘地下步行商店街

图 6.19　大阪长掘地下车库建成图

6.3.2　地下仓库

人类自古就有利用地下空间贮存物资的传统,我国古代就有地下贮粮习惯,欧洲人则在地下建立酒窖贮酒等。但地下仓库在近几十年才有大规模的发展。

贮存在地上仓库的物品,由于种种原因在贮存过程中有着不同程度的损耗,如粮食霉变,油料挥发等,而地下贮存仓库的损耗程度要小很多。据我国的经验,地面粮库的损耗程度约为0.3%,而地下粮库则为0.03%;地下油库中,油料因温度变化引起的挥发损失仅为地面钢罐油库的5%。

无论是为了战备储备,还是为平时的物资贮存和周转,都有必要发展各种类型的地下仓库。瑞典、挪威等欧美国家利用有利的地质条件,兴建了大量大容量的地下油库、天然气库、食品仓库等。瑞典在20世纪70年代以每年150万~200万 m^3 的速度建设地下油气库,已经完成3个月的能源战略储备任务。

我国地域辽阔,地质条件多样,具备发展地下仓库的有利条件。从20世纪60年代末期,中国在地下仓库的建设中取得了很大成绩,已建成相当数量的地下粮库、冷库、物资库等。我国在黄土高原地区的大容量土圆仓直接贮粮技术,具有造价低、贮量大、施工简单、节约土地等特点。

6.3.3　地下防护工程

地下防护工程是为防御战时各种武器的杀伤破坏而修筑的地下工程,如人员掩蔽工事、作战指挥部、军用地下工厂和仓库等。有些地下工程,如地下铁道和楼房的地下室等,虽以平时使用为主,但也多考虑战时防护的需要而加强其主体,并增设各种防护设施,使其在战时具有防护工程的作用。

6.4　隧道与地下工程设计原理与方法

6.4.1　概述

由于隧道与地下工程是在地层中修筑的,因此其工程特性、设计原理及方法与地面结构有所不同。在隧道与地下工程初期,由于对其特性认识不充分,在设计方法上多数是沿用地面结构的设计方法。理论和实践证实,这种设计方法与隧道的实际情况相差很大。随着科学技术的发展和进步,人们对地下结构特性的认识,特别是对作为地下结构主体的承载体——围岩的认识得到了提高,提出了许多关于地下结构的计算模式和方法,以及评价地下结构承载能力的原则和方法。

在长期的实践与理论研究中,尤其是近代岩体力学、工程地质力学的发展,使我们对地下洞室开挖后在围岩中产生的物理力学现象有了一个较为明确的认识。在地下工程中发生的一切力学现象,如应力重分布、断面收敛、洞室失稳等都是一个连续的、统一的力学过程的产物,它始终与时间、施工技术等息息相关。起辅助性作用的支护结构设置是否经济合理,也就是说它的结构形式、断面尺寸、施工方法和施作时间选择得是否恰到好处,则要根据设置支护结构后所改变的围岩应力状态和支护的应力状态,以及两者的变形情况来判断。

所以,要进行支护结构设计,就必须充分认识和了解以下五方面的问题:

(1)围岩的初始应力状态,或称为一次应力状态 $\{\sigma\}^0$ 。

(2)开挖隧道后围岩的二次应力状态 $\{\sigma\}^2$ 和位移场 $\{u\}^2$ 。

（3）判断围岩二次应力状态和位移场是否符合稳定性条件，即围岩稳定性准则，一般可表示为：

$$f(\{\sigma\}^2, R_1) = 0 \atop F(\{u\}^2, R_2) = 0 \Bigg\} \tag{6.1}$$

式中：R_1、R_2——根据围岩的物理力学特性所确定的某些特定指标。

（4）设置支护结构后围岩的应力状态，也称为围岩的三次应力状态$\{\sigma\}^3$和位移场$\{u\}^3$，以及支护结构的内力$\{M\}$和位移$\{\delta\}$。

（5）判断支护结构安全度的准则，一般可写成：

$$f_1(\{M\}, K_1) = 0 \atop F_2(\{\delta\}, K_2) = 0 \Bigg\} \tag{6.2}$$

式中：K_1、K_2——支护结构材料的物理力学参数。

从目前的发展水平来看，对于上述问题的处理，无论是采用理论分析的方法，还是采用以围岩分类为基础的经验方法，都不可能得出非常可靠的结论。因此，近几十年来"信息设计"或"信息施工"脱颖而出，为地下工程的设计和施工开辟了一条正确的道路，一方面使经验方法科学化，另一方面又使理论分析具有实际背景。

6.4.2　隧道与地下工程结构形式

地下建筑结构是隧道与地下工程的重要组成部分，其主要作用是承受地层和室内的各种荷载。其结构形式应当根据地层的类别、使用目的和施工技术水平来选择。地下建筑结构形式可以分为以下几类：

（1）拱形结构

这类结构的截面形式基本为拱形，主要有以下几种形式：

①半衬砌

当岩层较坚硬，整体性较好，侧壁无坍塌危险，仅顶部岩石可能局部脱落时，可采用只做拱圈，不做边墙（或仅砌筑构造墙）的半衬砌结构，半衬砌结构的关键部位就是拱座，拱座应采用受力明确的合理形式（图6.20）。

②厚拱薄墙衬砌

厚拱薄墙衬砌主要特点是拱脚较厚、边墙较薄，其受力特点是当洞室的水平压力较小时，将拱圈所受的荷载通过扩大的拱脚传给岩层，使边墙的受力减小，节省建筑材料，减少土石方开挖量（图6.21）。

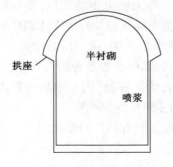

图6.20　半衬砌结构

图6.21　厚拱薄墙衬砌结构

③直墙拱顶衬砌

直墙式衬砌由于施工简单，在岩石地下结构工程中普遍采用。它是由拱圈、竖边直墙和底板(或仰拱)组成。对于有一定水平压力的洞室，可采用如图6.22所示结构。该结构与围岩的超挖部分应回填密实，回填方式一般根据工程要求、地质状况等来确定。采用直墙拱顶衬砌结构具有整体性和受力性能好的优点，但也存在防水、防潮较为困难，超挖量大，不易检修等缺点。

④曲墙拱顶衬砌

曲墙拱顶衬砌由拱圈、曲墙和底板(或仰拱)组成。当围岩的垂直压力和水平压力都比较大时，可以采用此结构形式(图6.23)。

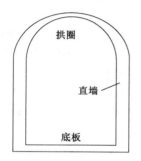

图6.22 直墙拱顶衬砌结构

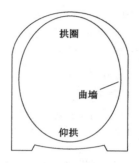

图6.23 曲墙拱顶衬砌结构

⑤装配式衬砌

由预制构件在洞室内拼装而成的衬砌称为装配式衬砌，如图6.24所示。这种结构形式在盾构隧道中大量采用，可以加快施工速度，提高施工质量，施工机械化程度高。采用圆形拼装式管片衬砌形成的圆形结构受力合理，能均匀承受各方向外部压力，尤其在饱和含水软土地层中修建地下隧道更能突显其优越性。

⑥复合式衬砌

复合式衬砌结构常由初期支护和二次支护组成，防水要求较高时须在初期支护和二次支护之间增设防水层，如图6.25所示。

图6.24 装配式衬砌结构

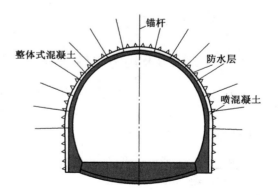

图6.25 复合式衬砌结构

初期支护常为喷射混凝土支护，必要时增设锚杆加固围岩，形成锚喷支护。岩层条件较差时，可在喷层中增加钢筋网或者型钢拱架，也可以采用钢纤维喷射混凝土支护围岩。施工时常先做薄层喷射混凝土封闭围岩,然后施作锚杆、挂网和分次逐步加厚喷层至设计厚度。

二次支护常为整体式现浇混凝土衬砌,或为喷射混凝土衬砌,必要时均借助设置钢筋增强截面。其中整体式浇筑混凝土衬砌具有表面平顺光滑、外观视觉较好、通风阻力较小等优点,适宜对室内环境有较高要求的场合;喷射混凝土衬砌施工工艺简单、省时省工、投资较低,但外观视觉较差,常在对室内环境要求较低时采用,否则需另外采取处理措施,以改善景观。

(2)梁板(墙)柱式结构

在浅埋地下结构中,梁板(墙)柱式结构采用也很普遍,特别是城市地下建筑中。四周支护结构和顶板、底板做成现浇混凝土梁板(墙)式结构,中间支撑的立柱做成钢筋混凝土框架,当空间结构较小时,也可以采用砖砌体隔墙。

(3)喷锚式支护结构

喷锚式支护是在洞室开挖后及时采用喷射混凝土、钢筋网喷射混凝土、锚杆喷射混凝土或者锚杆钢筋网喷射混凝土等方式对地层进行加固。由于喷锚支护是一种柔性结构,故能更有效地利用围岩的自承能力维持洞室稳定,其受力性能一般优于整体式衬砌。

(4)开敞式结构

用明挖法施工修建的地下结构物,需要有和地面连接的通道,它是由浅入深的过渡结构,也称为引道。在无法修筑顶盖的情况下,一般都做成开敞式结构。

6.4.3　地下结构设计内容

地下结构的设计工作一般分为初步设计和技术设计(包括施工图)两个阶段。初步设计中的结构设计部分在满足一定要求后,还要解决设计方案技术上的可行性与经济上的合理性,并应提出投资、材料和施工等指标。地下结构设计主要内容及步骤如图6.26所示。

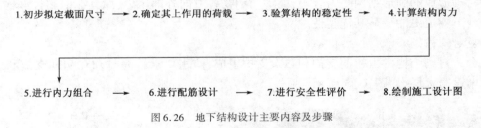

图6.26　地下结构设计主要内容及步骤

6.4.4　隧道及地下结构常用的计算模型

国际隧道协会在1987年成立了隧道结构设计模型研究组,收集和汇总了各会员国当时采用的地下结构设计方法,如表6.8所示。经过总结,国际隧道协会认为,各国所采用的地下结构设计方法可以归纳为以下四种设计模型。

隧道设计方法概况表　　　　　　　　　　　表6.8

隧道类型 国名	盾构开挖的 软土质隧道	喷锚钢支撑的 软土质隧道	中硬石质 深埋隧道	明挖施工的 框架结构
奥地利	弹性地基圆环	弹性地基圆环、有限元法、收敛—约束法	经验法	弹性地基框架

续上表

隧道类型\国名	盾构开挖的软土质隧道	喷锚钢支撑的软土质隧道	中硬石质深埋隧道	明挖施工的框架结构
德意志联邦共和国(西德)	覆盖厚度 $<2D$、顶部无支承的弹性地基圆环,覆盖厚度 $>3D$、全支承弹性地基圆环,有限元法	覆盖厚度 $<2D$、顶部无支承的弹性地基圆环,覆盖厚度 $>3D$、全支承弹性地基圆环,有限元法	全支承弹性地基圆环,有限元法,连续介质或收敛法	弹性地基框架(底压力分布简化)
法国	弹性地基圆环,有限元法	有限元法,作用—反作用模型,经验法	连续介质模型,收敛法、经验法	—
日本	局部支承弹性地基圆环	局部支承弹性地基圆环,经验法加测试,有限元法	弹性地基框架,有限元法、特性曲线法	弹性地基框架,有限元法
中国	自由变形或弹性地基圆环	初期支护:有限元法、收敛法;二期支护:弹性地基圆环	初期支护:经验法;永久支护:作用—反作用模型;大型洞室:有限元法	弯矩分配法计算箱形框架
瑞士	—	作用—反作用模型	有限元法、收敛法	—
英国	弹性地基圆环、缪尔伍德法	收敛—约束法,经验法	有限元法、收敛法、经验法	矩形框架
美国	弹性地基圆环	弹性地基圆环,作用—反作用模型	弹性地基圆环,Proctor-white法、有限元法、锚杆经验法	弹性地基上的连续框架

注:D—隧道的开挖直径。

(1)以参照过去地下工程实践经验进行工程类比为主的经验设计法。

(2)以现场测量和实验室试验为主的实用设计方法。

(3)作用与反作用模型、荷载—结构模型。

(4)连续介质模型,包括解析法和数值法。

从各国的地下结构设计实践来看,目前在设计隧道的结构体系时主要采用两类计算模型:第一类模型是以支护结构作为承载主体,围岩作为荷载主要来源;第二类模型则相反,是以围岩为承载主体,支护结构则约束和限制围岩向隧道内变形。

第一类模型又称传统的结构力学模型。它是将支护结构和围岩分开来考虑,如图6.27a)所示。在这类模型中,隧道支护结构与围岩的相互作用是通过弹性支承对支护结构施加约束来体现的,而围岩的承载能力则在确定围岩压力和弹性支承的约束能力施加接地考虑。围岩的承载能力越高,它给予支护结构的压力越小,弹性支承约束支护结构变形的抗力越大,相对而言,支护结构所起的作用就会变小。

第二类模型又称现代岩体力学模型。它是将支护结构与围岩视为一体,作为共同承载的地下结构体系,如图6.27b)所示。在这类模型中,围岩是直接的承载单元,支护结构只是用来约束和限制围岩变形,这点刚好和第一类模型相反。利用这个模型进行地下结构体系设计的关键,是如何确定围岩的初始应力场以及表示材料非线性特性的各种参数及其变化情况。一旦解决了这些问题,理论上任何场合都可用有限元法求出围岩与支护结构的应力和位移状态。

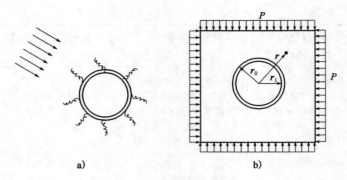

图 6.27 隧道计算模型

6.4.5 隧道及地下结构体系设计计算方法

（1）结构力学方法

结构力学方法是采用荷载—结构模型进行验算。荷载—结构模型虽然都是以承受岩体松动、崩塌而产生的竖向和侧向主动压力为主要特征，但对围岩与支护结构相互作用的处理上却有以下几种不同的模型：

①主动荷载模型。此模型不考虑围岩与支护结构的相互作用，因此，支护结构在主动荷载作用下可以自由变形，其计算原理和地面结构一样。

②主动荷载加围岩弹性约束模型。此模型认为围岩不仅对支护结构施加主动荷载，而且由于围岩与支护结构的相互作用，围岩还对支护结构施加被动的弹性抗力。

③实地测量荷载模型。实地测量的荷载值是围岩与支护结构相互作用的综合反映。在支护结构与围岩牢固接触时，不仅能测量径向荷载，还能测量切向荷载，否则，则只有径向荷载。切向荷载的存在可以减小荷载分布的不均匀程度，从而大大减小结构中的弯矩。这是当前正在发展的一种模式，是主动荷载模型的亚型。

（2）岩体力学方法

岩体力学方法的出发点是支护结构与围岩相互作用，组成一个共同的承载体系。在这个共同承载体系中，一方面围岩本身由于支护结构提供了一定的支护抗力，而引起它的应力调整，从而达到新的稳定；另一方面，由于支护结构阻止围岩变形，也必然要受到围岩给予的反作用力而产生变形。目前这种模型的求解方法有解析法、数值法和特征曲线法三种。

（3）以围岩分级为基础的经验设计方法

地下结构的设计受到各种复杂因素的影响。从当前地下工程设计现状来看，经验设计法往往占据一定的位置，即使内力分析采用了比较严密的理论，其计算结果往往也需要用经验类比来加以判断和补充。在大多数情况下，隧道支护体系还依赖于经验设计，并在实施过程中，依据量测信息加以修改和验证。"经验"是客观的，但也是主观的，如果使客观和主观很好地结合在一起，经验设计常常是极好的设计方法。

（4）监控设计方法

监控设计的原理是通过现场监测获得围岩力学动态和支护结构工作状态的信息，再通过必要的力学分析，以修改和确定支护结构系统的设计和施工对策。监控设计通常包括两个阶段：施工前预设计阶段和修正设计阶段。施工前预设计是在认真研究勘测资料和地质调查成果的基础上,应用工程类比法进行;修正设计则是根据现场监控量测所得到的信息,进行理论解析与数值分析,对围岩与支护结构稳定性做出综合判断,得出最终合理的设计参数与施工对策。

6.5 隧道与地下工程施工

隧道与地下工程施工方法种类繁多,总体上可以分为岩石地下工程施工方法和土层地下工程施工方法。其中岩石地下工程施工方法可以分为矿山法、新奥法和隧道掘进机施工法;土层地下工程施工方法可以分为明挖法、盾构法、沉管法、顶管法、浅挖法、盖挖法、沉井法等。在地下工程施工过程中,还常运用一些辅助工法,如注浆技术、深层搅拌桩、粉喷桩、锚桩、锚杆、冻结法、降水法等。下面对一些常用的施工方法加以简要介绍。

6.5.1 岩石地下工程施工

（1）矿山法

矿山法也称钻爆法,是暗挖法的一种,是指主要用钻眼爆破方法开挖断面而修筑隧道及地下工程的施工方法。因借鉴矿山开拓巷道的方法得名。用矿山法施工时,将整个断面分部开挖至设计轮廓,并随之修筑衬砌。当地层松软时,则可采用简便挖掘机具进行开挖,并根据围岩稳定程度,在需要支护时边开挖边支护。分部开挖时,断面上最先开挖导坑,再由导坑向断面设计轮廓进行扩大开挖。分部开挖主要是为了减少对围岩的扰动,分部的大小和多少视地质条件、隧道断面尺寸、支护类型而定。在坚实、整体性好的岩层中,对中、小断面的隧道,可不分部而将全断面一次开挖。如遇松软、破碎地层,须分部开挖,并配合开挖及时设置临时支撑,以防止土石坍塌。

钻爆法开挖作业程序包括钻孔、装药、爆破、通风、支护、装渣、运输等工序。

①钻孔:要先设计炮孔方案,然后按设计的炮孔位置、方向和深度严格钻孔（图6.28）,目前常用的钻孔机具为凿岩机和钻孔台车,其工作原理都是利用镶嵌在钻头体前端的凿刃反复冲击并转动破碎岩石而成孔,有的还可以通过调节冲击孔的大小和转动速度来适应不同硬度的岩石。

图6.28 钻爆法钻孔施工现场

②装药:在掘进孔、掏槽孔和周边孔内装填炸药。隧道爆破中使用的炸药,应当是爆炸威力大、使用安全、产生毒气少的炸药,一般装填硝铵炸药。

③爆破:19世纪上半期以前用明火起爆,1867年美国胡萨克铁路隧道开始采用电力起爆,此后,电力起爆逐渐推广,近期发展的非电导爆管系统应用日益广泛。

④施工通风:排出或稀释爆破后产生的有害气体、由内燃机产生的氮氧化物及一氧化碳,同时排除烟尘,供给新鲜空气,以保证隧道施工人员的安全,改善工作环境。

⑤施工支护:隧道开挖必须及时支护,以减少围岩松动,防止塌方。

⑥装渣与运输:在开挖作业中,装渣机可采用多种类型,运输机车有内燃牵引车、蓄电池车等,运输线分有轨和无轨两种。由钻孔直到出渣完毕称为一个开挖循环。开挖循环作业的特点是一个工序接一个工序必须逐项按时完成,否则前一工序推迟就会影响下一工序,因而拖长全部作业时间。其中最主要的工序为钻孔及出渣,所用时间占全部作业时间比例较大。

（2）新奥法

新奥法全称是新奥地利隧道施工方法(New Austrian Tunneling Methods,缩写为NATM),是在矿山法的基础上发展而来。其应用岩体力学的理论,通过对隧道围岩变形的量测、监控,采用新型的支护结构,尽量利用围岩自承能力进行隧道设计和施工的方法。其特点是在开挖面附近及时施作密贴于围岩的薄层柔性喷射混凝土和锚杆支护,以便控制围岩的变形和应力释放,从而在支护和围岩的共同变形过程中,调整围岩应力重分布而达到新的平衡,以求最大限度地保持围岩的固有强度和利用其自承能力。因此,它也是一个具体应用岩体动态性质的完整力学方法。其目的在于促使围岩能够形成圆环状承载结构,故一般应及时修筑仰拱,使断面闭合成环。

新奥法是在利用围岩本身所具有的承载效能的前提下,采用毫秒爆破和光面爆破技术进行开挖施工,并以形成复合式内外两层衬砌来修建隧道的洞身,即以喷射混凝土、锚杆、钢筋网、钢支撑等作为外层支护形式,称其为初次柔性支护,在洞身开挖之后必须立即进行支护工作。因为蕴藏在山体中的地应力由于开挖成洞而产生再分配,隧道空间靠空洞效应而得以保持稳定,也就是说,承载地应力的主要是围岩体本身,而采用初次喷锚柔性支护的作用,是使围岩体自身的承载能力得到最大限度发挥,二次衬砌主要是起安全储备和装饰美化作用。新奥法是在矿山法的基础上发展而来的,它和传统矿山法的区别见表6.9。

传统矿山法与新奥法施工的区别　　　　　　　　　　　　表6.9

施工过程		新奥法	传统矿山法
支护	临时支护	喷锚支护	木支撑为主,钢支撑
	永久支护	复合式衬砌	单层模筑混凝土衬砌
	闭合支护	强调	不强调
控制爆破		必须采用	可采用
测量		必须采用	无
施工方法		分块较少	分块较多

新奥法采用喷锚支护作为临时支护,与木支撑相比,有明显的优点,除了能节省大量的木材外,它还能及时施作,能有效地控制围岩的变形,并充分发挥围岩的承载能力,使其作为复合式衬砌的一部分。

强调闭合支护使得新奥法更符合岩体力学的原则,有利于稳定围岩;控制爆破比常规爆破要优越得多,它能按照设计要求有效形成开挖轮廓线,并能将爆破对围岩的扰动降到最低程度。新奥法的主要原则是,充分保护围岩,减少对围岩的扰动;充分发挥围岩的自承能力;尽快使支护结构闭合;加强监测,根据监测数据指导施工。新奥法可简明扼要地概括为"少扰动、早喷锚、快封闭、勤量测"。详细的新奥法施工过程如图6.29所示。

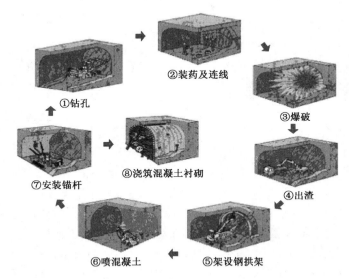

②装药及连线

①钻孔

③爆破

⑧浇筑混凝土衬砌

⑦安装锚杆

④出渣

⑥喷混凝土

⑤架设钢拱架

图6.29　新奥法施工过程示意图

（3）隧道掘进机施工方法

隧道掘进机施工方法是一种采用专门机械切削破岩开挖隧道的方法。在不同地质条件下需要不同的掘进机,适用于软弱不稳定地层的称为盾构机,适用于坚硬岩石地层的称为岩石掘进机。掘进机法是在整个隧道断面上,用连续掘进的联动机械施工的方法。早在19世纪50年代初,美国胡萨克隧道就试用过掘进机,但未成功。直到20世纪50年代以后才逐渐发展起来。掘进机是一种采用强力切割地层的钢结构机械,有多种类型。普通型的掘进机前端是一个金属圆盘,以强大的旋转和推进力驱动旋转,圆盘上装有数十把特制刀具,切割地层,圆盘周边装有若干铲斗将切割的碎石倒入皮带运输机,自后部运出。机身中部有数对可伸缩的支撑机构,当刀具切割地层时,它先外伸撑紧在周围岩壁上,以平衡强大的扭矩和推力。掘进机法的优点是对围岩扰动少,控制断面准确,无超挖,速度快,操作人员少。掘进机又分为全断面掘进机TBM和悬臂式两大类。

硬岩TBM适用于山岭隧道硬岩掘进,代替传统的钻爆法,在相同的条件下,其掘进速度约为常规钻爆法的4～10倍;具有快速、优质、安全、经济、有利于环境保护和劳动力保护等优点。

6.5.2　土层地下工程施工

在土层等较软地层中进行地下工程施工,必须考虑土层不足以提供自身较长时期稳定的特性。土层地下工程中常用的施工方法有明挖法、盾构法、沉管法、顶管法等。

（1）明挖法

明挖法是从地表开挖基坑或堑壕,修筑衬砌后用土石进行回填的浅埋隧道、管道或其他地下建筑工程的施工方法。山岭隧道中的明洞、城市中的地铁隧道和市政隧道、穿越有明显枯水期河流的水底隧道及其他浅埋的地下建筑工程等,只要地形、地质条件适宜和地面建筑物条件许可,均可采用明挖法施工。

明挖法具有施工简单、快捷、经济、安全的优点,城市地下隧道工程发展初期都把它作为首选的开挖技术;其缺点是对周围环境的影响较大。常见的明挖法示意图如图 6.30 所示。

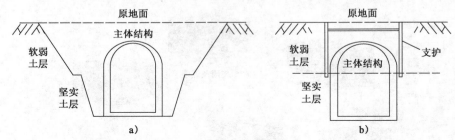

图 6.30　常见的明挖法示意图

为了保证施工正常、顺利进行,有时还需要完成下列重要辅助工作:①坑壁支护。直壁式基坑必须进行支护。在岩石地层和一般黏土地层中,通常采用木支撑支护,有时可配合使用锚杆支护。在不稳定含水松软地层中施工时,常采用板桩支护,根据具体情况选用工字钢或钢板桩。当基坑较大、不便于架设横撑时,可用土层锚杆代替。②施工防排水。其目的是力求使地表水和地下水不流入基坑内,以保持坑壁的稳定和创造良好的施工条件。在基坑开挖之前,必须在其周围开挖排水沟拦截地表水。在含水地层中施工时,根据水文地质条件,可选用集水坑水泵抽水、井点降水、钢板桩围堰、压浆堵水或冻结法等施工防排水方法。

(2)盾构法

盾构法指的是利用盾构机在软质地基或破碎岩层中进行隧道开挖、衬砌等作业的施工方法。盾构机是在 19 世纪初期发明,首先用于开挖英国伦敦泰晤士河水底隧道。盾构机掘进的出渣方式有机械式和水力式,以水力式居多。水力盾构机在工作面处有一个注满膨润土液的密封室。膨润土液既用于平衡土压力和地下水压力,又用作输送排出土体的介质。

盾构机是一个既能支承地层压力,又能在地层中推进的圆形、矩形、马蹄形及其他特殊形状的钢筒结构,其直径稍大于隧道衬砌的直径,在钢筒的前面设置各种类型的支撑和开挖土体的装置,在钢筒中段周圈内安装顶进所需的千斤顶,钢筒尾部是具有一定空间的壳体,在盾尾内可以安置数环拼接成的隧道衬砌环。

盾构法是一项综合性的施工技术。盾构法施工的概貌如图 6.31 所示,构成盾构法的主要内容有:

①先在隧道某段的一端建造竖井(盾构机出发竖井和接收竖井)或基坑(盾构机出发基坑和接收基坑)。

②将盾构机主机和配件分批吊入出发竖井中,并在预定掘进位置上组装成整机,然后调试其性能,以达到设计要求。

③盾构机从竖井或基坑墙壁上的开口(可人工开口,也可由盾构刀盘直接掘削)处出发,在地层中沿着设计轴线,向另一竖井或基坑的设计预留孔洞推进。盾构机的掘进是靠盾构机前部的旋转掘削刀盘掘削土体,掘削土体过程中必须始终维持掘削面的稳定,即保持掘削面的土体不出现坍塌。

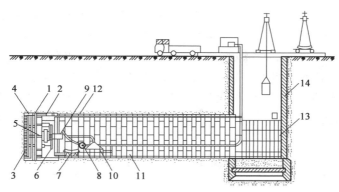

图 6.31 盾构法施工示意图

1-盾构;2-盾构千斤顶;3-盾构机正面网格;4-出土转盘;5-出土皮带运输机;6-管片拼装机;7-管片;8-压浆泵;9 压浆孔;
10-出土机;11-衬砌结构;12-盾尾压浆;13-管片;14-竖井支护

通常做法是必须保证刀盘后面土舱内土体对地层的反作用力大于或等于地层的压力,同时也不能大太多,否则会引起地表的隆起等问题。舱内有出土器械(螺旋杆传送系统或者吸泥泵)来进行出土。盾构机推进中所受到的地层阻力,通过盾构机千斤顶传至盾构尾部已拼装的预制衬砌(图 6.32),再传到竖井或基坑的后靠壁上。盾构机每推进一环距离,就在盾尾支护下拼装一环衬砌,并及时向盾尾后面的衬砌环外周的空隙中压注浆体,以防止隧道及地面下沉。

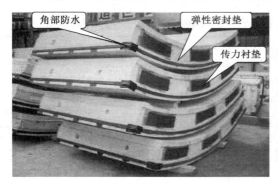

图 6.32 预制衬砌管片及衬砌管片拼装

④盾构机掘进到预定终点的竖井或基坑时,盾构机进入该竖井或基坑,掘进结束。随后检修盾构机或解体盾构运出,拼装完成的盾构隧道如图 6.33 所示。

图 6.33 拼装完成的盾构隧道

221

上述施工过程中,保证掘削面稳定的措施、盾构机沿设计路线的高精度掘进(即盾构的掘进方向、姿态控制)、按衬砌作业的顺序进行施工三项工作最关键,有人将其称为盾构工法的三大要素。同时,其他工作也应予以重视。

盾构法施工具有施工速度快、洞体质量稳定、对周围建筑物影响较小等特点。一般来说,盾构法施工的费用较高,如果单纯从经济的角度考虑,只有在不易采用明挖法或新奥法施工的地段,采用盾构法才比较合算。但若全面衡量,盾构法施工的优势很明显。盾构法施工主要技术特点见表6.10。

盾构法施工优点与主要技术特点　　　　　　　　　　表6.10

类　型	因　素	介　绍
盾构法施工主要优点	环境影响小	盾构法施工出土量少,对周围地层的沉降、隆起控制方便,对周围构筑物的影响较小;盾构法施工不影响地表交通,对居民的生活、出行影响较小;无须切断、搬迁地下管线等各种地下设施;无空气、噪声、振动污染问题
	有明显的技术经济优势	盾构法施工开挖、拼装管片、盾构推进等作业有序进行,循环性强,易于施工管理,在技术上有很明显的优势;隧道施工无需大量拆除地表建筑,经济优势明显
	施工机械化程度高,较安全	整个盾构法施工大部分工作均由机械完成,仅需要很少人工(与其他施工工法相比),安全系数高
	施工不受风雨等气候因素影响	盾构法施工绝大部分工作在地下进行,受地面自然条件(风雨)影响极小,当然,地面自然条件(风雨)引起的地下水位的变化值得注意
	适用地层范围广	盾构施工方法不仅适用于软土地层,还可适用于软弱、破碎岩层
盾构法施工主要技术问题	隧道曲线半径影响较大	当隧道曲率半径过小时,盾构机转弯较为困难,很难保证施工掘进轴线的进度和施工质量,给施工带来困难
	地面沉降难控制	当覆土层太浅时,开挖面难以稳定,容易使地面下沉或者隆起
	地下水位以下施工较困难	盾构法采用的装配式衬砌,由于拼缝的存在,容易漏水,当盾构机在饱和含水软弱地基中开挖时,易引起管涌、渗水等现象,给水下施工带来困难

(3)沉管法

沉管法是预制管段沉放法的简称,是在水底建筑隧道的一种施工方法。其施工顺序是先在船台上或干坞中制作隧道管段(用钢板和混凝土或钢筋混凝土),管段两端用临时封墙密封后滑移下水(或在坞内放水),使其浮在水中,再拖运到隧道设计位置。定位后,向管段内加载,使其下沉至预先挖好的水底沟槽内。管段逐节沉放,并用水力压接法将相邻管段连接。最后拆除封墙,使各节管段连通成为整体的隧道。在其顶部和外侧用块石覆盖,以确保安全(图6.34)。

用沉管法施工的水下段隧道,与用盾构法施工相比,具有较多优点,具体优点主要有:

①容易保证隧道施工质量。因管段为预制,混凝土施工质量高,易于做好防水措施;管段较长,接缝很少,漏水机会大为减少,而且采用水力压接法可以实现接缝不漏水。

②工程造价较低。因水下挖土单价比河底下挖土单价低;管段的整体制作、浮运费用比制造、运送大量的管片低得多;又因接缝少而使隧道每米单价降低;再因隧道顶部覆盖层厚度可以很小,隧道长度可缩短很多,工程总价大为降低。

③在隧道现场的施工期短。因预制管段等大量工作均不在现场进行。

④操作条件好、施工安全。因除极少量水下作业外,基本上无地下作业,更不用气压作业。

⑤适用水深范围较大。因大多作业在水上操作,水下作业极少,故几乎不受水深限制,如以潜水作业适用深度范围,则可达 70m。

⑥断面形状、大小可自由选择,断面空间可充分利用。大型的矩形断面的管段可容纳 4 ~ 8 车道,而盾构法施工的圆形断面利用率不高,且只能设双车道。

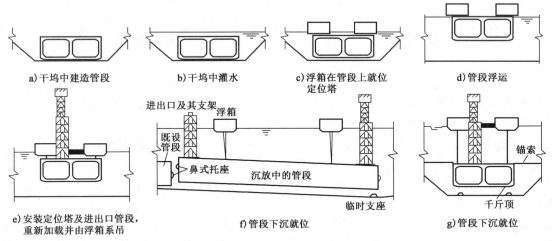

a)干坞中建造管段   b)干坞中灌水   c)浮箱在管段上就位定位塔   d)管段浮运

e)安装定位塔及进出口管段,重新加载并由浮箱系吊   f)管段下沉就位   g)管段下沉就位

图 6.34 沉管法施工示意图

（4）顶管法

顶管法是当隧道或地下管道穿越铁路、道路、河流或建筑物等各种障碍物时采用的一种暗挖式施工方法。施工时,先以准备好的顶压工作坑（井）为出发点,将管卸入工作坑后,通过传力顶铁和导向轨道,用支承在基坑后座上的液压千斤顶将管压入土层中,同时挖除并运走管正面的泥土（图 6.35）。

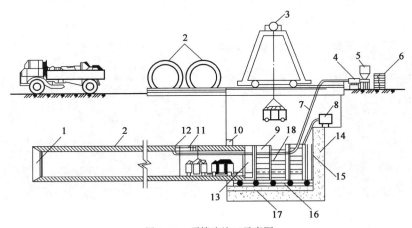

图 6.35 顶管法施工示意图

1-刃口;2-管子;3-起重行车;4-泥浆泵;5-泥浆搅拌机;6-膨润土;7-灌浆软管;8-液压泵;9-定向顶铁;10-洞口止水圈;11-中继接力环和扁千斤顶;12-泥浆灌入孔;13-环形顶铁;14-顶力支撑墙;15-承压枕木;16-导轨;17-底板;18-后千斤顶

当第一节管全部顶入土层后,接着将第二节管接在后面继续顶进,只要千斤顶的顶力足以克服顶管时产生的阻力,整个顶进过程就可循环重复进行。由于预管法中的管既是在土中掘进时的空间支护,又是最后的建筑构件,具有双重作用的优点,施工时无需挖槽支撑,因而可以

加快进度,降低造价;特别是采取加气压等辅助措施后,可在穿越江河和各种构筑物等特殊环境下进行管道施工(图 6.36)。

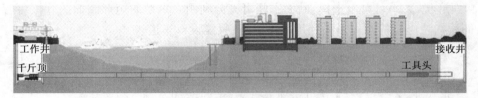

图 6.36 穿越江河的顶管施工示意图

顶管施工时,顶进管除受到横跨管轴的各种荷载作用外,同时又受到管轴方向具有偏心度的顶力作用,这些荷载都以波动的形式出现,故管道的结构强度必须按波动荷载叠加后的双向应力状态进行设计。顶管法常用钢筋混凝土管,每节管的长度为 2.5 ~ 3.5m,质量以不超过 10t 为宜。顶管接头一般采用带有钢外套环的平接式,外套环可以固定在管的一端,也可以不固定。接头之间用环形防水密封圈作防水垫。

顶管按挖土方式的不同,可分为机械开挖顶进、挤压顶进、水力机械开挖和人工开挖顶进等(图 6.37)。顶进的施工设备主要有顶进工具管、开挖排泥设备、中继接力环、后座顶进设备等。管道按顶进长度分为一般顶管和长距离顶管。一般顶管顶进距离通常不超过 100m,多数使用于城市排水工程中,其长度配合窨井间距,每 50m 左右设置工作坑,顶通后在工作坑内砌筑窨井。长距离顶管在穿越江河或通入湖海底下的施工中,顶进距离长达数百米,要采取中继接力、管外减阻,以及灵活控制导向的顶进工具管(顶头)等技术措施。顶进工具管安装在管道的前端,起导向出土作用。为了减小总顶力,增加顶进长度,可将工具管和管子分开顶进。当顶进距离增大到顶力达到最大值时,可增加一个中继接力环来接力。它是一个将许多扁千斤顶布置成环形的移动式顶推设备,安装在两段管道之间,扁千斤顶工作时,后面的管段成了后座,前面的管段向前顶进。在长距离顶管中,可将管道分成数段,段与段之间均设置中继接力环,按先后次序逐个启动,使管道分段顶进,这样就能增加总的管道顶进长度。

图 6.37 顶管法施工现场

顶管法施工具有比开槽埋管法对地面干扰小的优点,又能在江河湖海底下施工,故自 20 世纪 70 年代起,世界各国对顶管施工技术纷纷进行探讨和研究,广泛采用了中继接力技术、膨润土触变泥浆减摩剂、盾构式工具管、机械化全断面切削开挖设备、水力机械化排泥、激光导向等技术和措施,从而使顶管的顶进长度越来越长,顶进速度越来越快,适应环境也日益广泛。如美国在不用中继接力环的情况下,顶进距离为 588m;德国在用中继接力环的情况下,创造了 1 210m 的长距离顶管纪录。

6.6 隧道及地下工程发展趋势

（1）特长隧道将成为"新常态"

埋深大、隧道长、修建难度大是目前及今后较长时期隧道及地下工程建设普遍面临的问题，有众多的新难题需要攻克。随着我国铁路、公路进一步向西部地区延伸，不仅隧道数量与总长度会不断提升，而且大于 10km 的公路隧道、大于 20km 的铁路隧道将会越来越多。铁路隧道发展趋势如图 6.38 所示。

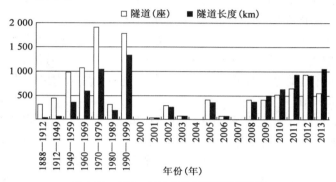

图 6.38　1988—2013 年铁路隧道发展趋势

（2）地铁工程持续发展

我国现已规划发展城市轨道交通的城市总数已经超过 50 个，全部规划线路超过 400 条，总里程超过 15 000km。到 2020 年，将有超过 40 个城市建有地铁，总里程可达 7 000km。我国城市地铁建设方兴未艾，已经从一线城市延伸至二三线城市。

（3）城市铁路地下化

目前，高速铁路远离城市中心，给人民出行带来了不便，但城际铁路正在兴起，城市铁路地下化将给隧道与地下工程带来机遇与挑战。

（4）城市地下公路悄然兴起

人性化的城市发展，居住、就业、休闲区域一体化统筹，适合人居环境要求，城市地下公路（图 6.39）必将有广阔的发展前景。如在建的杭州紫之隧道（长 13.9km）、规划的长沙桐梓

图 6.39　城市地下公路

坡—鸭子铺全地下通道(长12.2km)。

(5)城市排蓄水工程

城市规模快速扩张,致使原有的排水系统排水和净化能力不能满足要求,城市内涝频发,老城区溢流污染严重。在现代城市建设排水系统,必须尽量避免引起占道、拆迁等问题。广州深层隧道排水系统值得推广,深层隧道排水系统布局规划为1主7副1厂。隧道系统总长度87.8km,埋深40~50m,最大断面直径10m,最小断面直径6m。

(6)地下空间开发与地下管廊工程

我国城市的各种管线"各自为政、冲突不断",地下空间开发受到制约。在城市总体规划中,地下空间的开发利用已经由原来的"单点建设、单一功能、单独运转",转变为现在的"统一规划、多功能集成、规模化建设"的新模式。城市地下空间是一个十分巨大而丰富的"空间资源"。一个城市可发展利用的地下空间资源量一般是城市总面积乘以开发深度的40%。北京地下空间资源量为1 193亿m³,可提供64亿m²的建筑面积,将大大超过北京市现有的建筑面积。大连市城市地下空间可提供建筑面积1.94亿m²,超过现有大连市房屋建筑面积(5 921万m²)。

(7)地下储油、储气洞库工程

2014年11月12日,国际能源署(IEA)发布的《世界能源展望》年度报告指出:未来20年全球能源或供不应求,而我国的能源风险更大。据有关分析研究,到2020年我国石油对外依存度将达70%,天然气对外依存度将达50%。建设大型地下储油、储气洞库成为必然。目前正在建设的国储库容量均达$500 \times 104m^3$。

(8)值得期待的南水北调西线工程

全国水资源占有量为$2.8 \times 10^{12}m^3$,人均仅为世界平均水平的1/4,而且水资源时空分布极为不均,占国土面积65%、人口40%和耕地51%的北方地区水资源总量只占全国的1/5。全国600多个城市中有400多个存在资源性或水质性缺水问题,严重缺水的城市已达110个,正常年份全国城市缺水已达$6 \times 10^9m^3$。目前南水北调东线、中线工程已经通水,但西线工程还未启动。南水北调输水路线中,雅砻江引水线和通天河引水线全为隧洞,全长分别为131km和289km,其规模和技术难度都是空前的。

(9)施工技术

钻爆法和浅埋暗挖法仍是我国隧道施工的主要方法,但进一步提升其机械化水平是其占据隧道施工方法"舞台中心"的助推剂。盾构与TBM施工应用的领域将不断扩展,目前在地铁、跨江越海通道工程中处于绝对主导地位,特长隧道(洞)将会首选盾构与TBM施工。

(10)海峡通道

渤海海峡和琼州海峡从黑龙江到海南岛,经11个省(区、市),全长5 700km的中国东部铁路、公路交通大动脉的咽喉,台湾海峡是祖国大陆与宝岛台湾相连的捷径通道,具有重要的战略意义。

①渤海海峡通道

渤海海峡通道海底段主要通过板岩及花岗岩地层,隧道总长约125km。根据需要,可在相关岛屿上设置出入口。从目前已知的岩石可钻性、地下水、断层破碎程度、隧道长度、施工工期来看,选用直径为10m的TBM法+钻爆法是比较可行的。

②琼州海峡通道

琼州海峡最小宽度为18.6km,海水深度在20~117m,海床下200m范围内的地层主要为第四、第三系黏土、粉土和砂层。目前,中线隧道方案被认为是最优方案,可采用盾构法施工,且深埋优于浅埋。

③台湾海峡通道

台湾海峡主要由新生代(部分白垩纪)浅海、滨海、三角洲相砂岩、页岩组成,夹有多层玄武岩为主的火山岩,总厚度为数千米到一万米。其中,未受断层带干扰的水平状岩层(砂岩、页岩)厚度至少300m,而且不存在大断层带。北通道地质稳定,线路最短,是优选方案,采用深埋方案风险最小,可选用开敞式TBM+钻爆法施工。

【思考题】

1. 常见的隧道与地下工程有哪些?其主要特点是什么?

2. 隧道与地下工程结构形式有哪些?分别有什么特点?

3. 公路隧道与铁路隧道的主要区别是什么?

4. 地下铁道的优点与缺点各是什么?

5. 与地上建筑相比,地下建筑的主要优势有哪些?

6. 地下结构设计的主要内容及步骤是什么?

7. 作用在隧道与地下结构上的荷载有哪些?荷载有哪些基本组合形式?

8. 支护结构有哪些计算方法?其计算简图是什么?

9. 常用的隧道与地下工程施工方法有哪些?

10. 新奥法施工的主要特点是什么?与传统爆破法施工相比,新奥法有哪些改进?

11. 简述盾构法施工的主要施工过程。

第 7 章

岩土工程

7.1 岩土工程定义及分类

岩土工程一词最早译自 Geotechnique,早期译为"土工学",后译为"岩土工程(Geotechnical Engineering)",这比"土工"的含义更为广泛和确切。关于岩土工程的定义《中国土木建筑百科词典》的释义为:"以工程地质学、岩体力学、土力学与基础工程学科为基础理论,研究和解决工程建设中与岩土有关的技术问题的一门新兴的应用科学"。美国地质协会的《地质词典》和《韦伯斯特大词典》则将岩土工程定义为:"运用科学方法和工程原理,使地球更适应于人类居住条件,以及为了勘探资源与利用资源的一门学科"。目前为我国工程技术界所普遍接受的是在《岩土工程基本术语标准》中的定义"土木工程中涉及岩石、土的利用、处理或改良的科学技术",这是高度概括的一种提法。综上所述,"岩土工程"的定义可以概括为三个层次:

(1)岩土工程是以土力学与基础工程、岩石力学与工程为基础,并和工程地质学密切结合的综合性学科。

由于岩土工程涉及土和岩石两种性质不同的材料,解决土和岩石的工程问题不仅需要应用数学和力学知识,而且还需要运用地质学知识,因此,岩土工程并不是一门单一的学科,任何单一学科都不足以覆盖岩土工程丰富的内涵。

(2)岩土工程以岩石和土的利用、整治或改造作为研究内容。

有许多学科都以土或岩石作为其研究对象,例如,地质学、土壤学等,其研究内容各不相同;岩土工程研究土和岩石并不是从地学或农业的角度,而是从工学的角度,以工程为目的的研究岩石和土的工程性质。当岩土的工程性质或岩土环境不能满足工程要求时,就需要采取工程措施对岩土进行整治和改造。岩土工程不仅涉及对岩土性质的认识,而且需要研究如何采用有效、经济的方法实现工程目的。

(3)岩土工程服务于各类主体工程的勘察、设计与施工的全过程,是这些主体工程的组成部分。

岩土工程不是一门独立于土木工程学科之外的学科,而是寓于各主体工程之中的学科。岩土工程是它所服务的主体的组成部分,没有不从属于主体工程的岩土工程。但岩土工程又有其特有的、不同于地面结构的自身规律和研究方法,将它们的共同规律从各种主体工程中归纳出来进行研究,有助于更好地解决各类工程中的岩土工程问题,这是岩土工程学之所以能发展成为一门学科的客观基础(图7.1)。

图 7.1 一般岩土工程的施工现场

岩土工程或岩土技术是随着人类的出现与发展,不断获得发展的工程技术。岩土工程技术活动的产生可以追溯到史前时期,而形成现代意义上的岩土工程学科尚不足 100 年。距今一千三百多年的赵州石拱桥是世界桥梁史上一座杰出的名桥,至今保存完好,其桥台设置于密实粗砂层上,当时的地基处理得当,使得该桥至今仍在使用。建于明代的北京五塔寺的金刚宝座塔是在一个很大的塔基台座上建造五座塔组成的一个塔群,这与当今所谓"大底盘"上建造广场式建筑群有异曲同工之妙。意大利比萨斜塔奠基动工于 1173 年,而竣工于 1372 年,历时整整 200 年,在塔身建至 3 层半时发生了不均匀沉降,因无法处理而被迫停工 94 年,后于 1272 年带着倾斜复工,倾斜加剧又被迫停工 82 年。我国的虎丘塔也存在类似的问题(图 7.2)。

岩土工程是一门综合性学科,是在许多学科先后发展的基础上逐步融合而形成的,岩土工程学科的形成是一个学科综合与交叉的过程,在综合之中又衍生出一些新的学科。因此,岩土工程的分支学科包括基本学科和交叉学科两类。基本学科包括土力学与基础工程学、岩石力学与工程学和工程地质学三门主要学科。交叉学科是在岩土工程基本形成以后,由于工程实践的需要和科学技术发展而逐步形成的分支学科,如环境岩土工程学。

(1)气候变暖引起的岩土工程问题。全球气候变暖对人类社会的影响已经在国际上引起了广泛的关注。从宏观上来看,气候变暖所引起的环境岩土工程问题有两个主要方面:冻土问题和海平面上升问题。

图7.2　由于基础问题出现倾斜的塔

（2）与自然灾害有关的岩土工程问题。如滑坡、泥石流、洪水等自然灾害有不断增加的趋势，给人民生命财产带来了巨大的损失。

（3）与特殊土有关的岩土工程问题。黄土、膨胀土、冻土、软土、盐渍土、风砂土等特殊土在我国都有广泛的分布，它既是特定自然环境的产物，又具有特殊的岩土工程性质。

（4）由于城市建设引起的岩土工程问题。城市建设与我们的生活密切相关，城市建设引发的环境岩土工程问题主要有：①由于打桩等挤土产生的地面隆起，周围建（构）筑物、管线、道路的破坏以及振动噪声对周围环境的影响等；②基坑和地下隧道开挖引起的地面变形和对周边建（构）筑物的破坏等；③施工降水引起的地面沉降等；④大型城市地下工程建设对区域水文地质、工程地质稳定性的影响。

（5）城市发展引起的岩土工程问题，包括城市垃圾（如工业废弃物）的卫生填埋与处置。

（6）与放射性核废料和石油储备等相关的岩土工程问题。近年来，以核电利用为代表的核能利用的迅速增长，核废料处理问题也越来越突出，其永久安全性及其对地质环境和生物圈的长期影响是人们十分关注和担忧的问题。

（7）矿山开采引发的岩土工程问题。大规模的矿山开采引起的环境岩土工程问题主要表现在：地下开采引发的地表沉降、坍塌和山体滑坡、崩塌；露天开采造成的地表植被破坏及其引发的水土流失；采矿爆破作业诱发的地震；矿区排水疏干及矿床开采导致地下水位下降和水资源流失。

（8）与土地复垦和再利用有关的岩土工程问题。如何使已污染废弃的工业场址去污修复和复垦，对矿区地面塌陷区的复垦和再利用，对原来不适合做建筑场地用的沼泽地、软土或其他特殊地基的利用等问题变得越来越迫切。

（9）与历史文化遗产保护有关的岩土工程问题。世界范围内存在大量的石质和土质文物，随着时间的推移，由于自然和人为因素造成的破坏日趋严重，对这些文物加以保护，已经提到了议事日程。

（10）敏感性生态区的岩土工程问题。在生态敏感地区，如冻土地区、沙漠地区等，人类的工程活动改变了自然的原生状态，对本已脆弱的环境带来极为不利的影响；生态环境的变化反过来制约人类的活动。

岩土工程学科是土木工程学科的一个重要分支学科，也是寓于各主体工程之中的学科，例如建筑工程、桥梁工程、道路工程、铁路工程、水利工程、港口工程和隧道与地下结构工程等。

岩土工程的基础是岩土工程勘察，根据处理对象的不同，其可分为基础工程、地基处理工程、基坑工程、边坡工程等。

7.2 岩土工程勘察

岩土工程勘察是土木工程建设的基础工作。岩土工程勘察需符合国家、行业的有关标准、规范的规定。

（1）岩土工程勘察基本任务

岩土工程勘察是工程建设的前期工作。它是运用工程地质及有关学科的理论知识和各种技术方法，在建设场地及其附近进行调查研究，为工程建设的正确规划、设计、施工和运行等提供可靠的地质资料，以保证工程建筑物的安全稳定、经济合理和正常使用。工程方案的选择、建筑物的配置、设计参数的确定等，都必须以工程地质勘察资料为依据。

岩土工程勘察的目的是查明建设地区的工程地质条件，提交岩土工程评价报告，为选择设计方案、设计各类建筑物、制定施工方法、整治地质病害提供可靠依据。

工程设计是分阶段进行的，勘察也是分阶段进行的。一般岩土工程勘察分为可行性研究勘察（选址勘察）、初步勘察、详细勘察及施工勘察。

（2）工程地质测绘

工程地质测绘的目的是通过对场地的地形地貌、地层岩性、地质构造、地下水与地表水、不良地质现象进行调查研究的测绘工作。

工程地质测绘就是填绘工程地质图，根据野外调查综合研究勘察区的地质条件，填绘在适当比例尺地形图上，加以综合反映。

工程地质测绘方法有实地测绘法和相片成图法，其中实地测绘法是在测区实地进行地面地质调查工作，如图7.3所示。

相片成图法是利用地面摄影或航空（卫星）拍摄的图像，先在室内解译，并结合所掌握的区域地质资料，确定出地层岩性、地质构造、地貌、水系及不良地质现象等，描绘在单张相片上（图7.4），然后在相片上选择需要调查的若干点和路线，据此去实地进行调查、校对修正，绘成底图。最后，将结果转绘成工程地质图。

（3）工程地质勘探

工程地质勘探的方法主要有物探、触探、钻探、坑探等。

①物探的全称为地球物理勘探，它是利用专门仪器探测地壳表层各种地质体的物理场，包括电场、磁场、重力场等，通过测得的物理场特性和差异来判明地下各种地质现象，从而获得某些物理性质参数的一种勘探方法。当前常用的物探方法有电阻率法、电位法、地震法、声波法、

电视测井法等(见图7.5和图7.6)。

图7.3 实地测绘现场照片

图7.4 航空摄影测量示意图

图7.5 物探地质雷达

图7.6 美国数字式静力触探仪

②触探是把装有电阻应变仪或电子电位差计的探头顶入或打入地下,根据探头进入地基土地层时所遇到的阻力,可直接得到地基承载力的方法。连续缓慢压入者为静力触探,振动冲击打入者为动力触探(图7.7)。

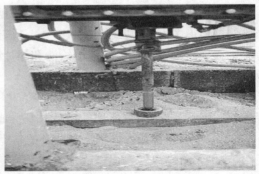

图7.7 圆锥动力触探

③钻探是利用钻机在地层中钻孔,以鉴别和划分地层,并可沿孔深取样,用以测定岩石和土层的物理力学性质。钻探一般分为回转式和冲击式两种。钻探是目前地质勘探的主要手段。但是钻探需要大量的设备和经费,较多的人力,劳动强度大、工期长。

④坑探是在地表向深部掘坑槽或坑洞,以取得直观资料和原状土样,以便地质人员直接深入地下了解有关地质现象或进行试验等的地下勘探方法(图7.8)。

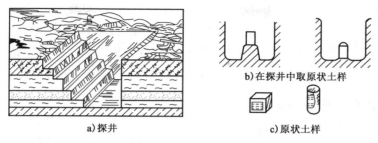

图7.8 坑探示意图

(4)工程地质勘察报告的编制

地质勘察的最终成果以报告书的形式提出。勘察工作结束后,将取得的野外工作和室内试验的记录和数据以及搜集到的各种直接和间接资料进行分析整理、检查校对、归纳总结后,做出建筑场地的工程地质评价。这些内容,最后以简要明确的文字和图表编成报告书。

岩土工程地质勘察报告要求资料完整、真实准确、数据无误、图表清晰、结论有据、建议合理、便于使用和适宜长期保存,并应因地制宜,重点突出,有明确的工程针对性。

岩土工程地质勘察报告的主要内容有:

①勘察目的、任务要求和依据的技术标准;

②拟建工程概况;

③勘察方法和勘察工作布置;

④场地地形、地貌、地层、地质构造、岩土性质及其均匀性;

⑤各项岩土性质指标,岩土的强度参数、变形参数、地基承载力的建议值;

⑥地下水埋藏情况、水位及其变化;

⑦土和水对建筑材料的腐蚀性;

⑧可能影响工程稳定的不良地质作用的描述和对工程危害的评价;

⑨场地稳定性和适宜性评价。

7.3 岩土工程设计理论

岩土工程的基础是岩土工程勘测,而岩土工程设计理论的基础则是土力学。在岩土工程中的基础工程、地基处理工程、基坑工程和边坡工程中,都是以土力学作为理论基础的。

7.3.1 土的本构关系

土的本构关系不是凭空设想的,而是在整理分析试验结果的基础上提出来的。用压缩仪、三轴仪、平面应变仪、真三轴仪等进行试验,得出土的应力—应变关系,即土的本构关系。这种关系反映了土体变形的特征。但试验有一定的局限性,试验总是在某种简化条件下进行的。土坝、地基等实际问题中,土体各点的受力状况、变形历史是千变万化的,无法在试验中模拟所有这些变化,因此有必要在试验基础上提出某种数学模型,把特定条件下的试验结果推广到一般情况。这种数学模型,就称作本构模型。

本构模型是用数学手段来体现试验中所发现的土体变形特性。土体的变形特性包括:①非线性和非弹性;②塑性体积应变和剪胀性;③塑性剪应变;④硬化和软化;⑤应力路径和应力历史对变形的影响;⑥主应力对变形的影响;⑦固结压力的影响;⑧各向异性。土体变形特性是建立本构模型的依据,也是检验本构模型理论的客观标准。土力学中常用的本构模型有弹性非线性模型、弹塑性模型、弹性模型和黏弹塑性模型等。

7.3.2　土的抗剪强度理论

抗剪强度是土的重要力学性质之一,实际工程中的地基承载力、挡土墙的土压力以及土坡稳定等都与土的抗剪强度有关。当土体内某一部分的剪应力达到抗剪强度,并不断扩大剪切破坏范围,最终在土体中形成连续滑动面时,土体的稳定性就会丧失。因此,研究土的抗剪强度及其变化规律对工程设计、施工、管理等都具有非常重要的意义。

1773 年法国科学家库仑(Coulomb)通过一系列砂土剪切试验,提出库仑抗剪强度定律。

库仑定律表明,土体的抗剪强度表现为剪切面上法向总应力的线性函数:对于无黏性土,抗剪强度由颗粒间摩擦力提供;对于黏性土,其抗剪强度由黏聚力和摩擦力两部分构成。

抗剪强度的摩擦力主要来自两个方面:一是滑动摩擦,即剪切面颗粒表面粗糙所产生的摩擦作用;二是咬合摩擦,即颗粒间相互嵌入所产生的咬合力。因此,抗剪强度的摩擦力 $\sigma\tan\varphi$ 除了与剪切面上的法向总应力有关外,还与土的密实度、颗粒形状、表面粗糙程度以及级配等因素有关。

抗剪强度的黏聚力一般由土粒之间的胶结作用和电分子引力等因素所形成,通常与土中黏结力大小、矿物成分、含水率、土的结构等因素密切相关。

7.3.3　朗肯土压力理论

朗肯(RanKin,1857 年)土压力理论是计算土压力的著名古典土压力理论。该理论根据半空间的应力状态和土中一点的极限平衡条件得出,由于概念明确,方法简便,故至今仍被广泛采用。朗肯土压力理论的假设条件:①墙为刚体;②墙背铅直、光滑;③填土表面水平。视挡土墙的移动方向,墙背后的土体可处于主动和被动两种极限平衡状态,从而产生主动和被动两种土压力。

(1)主动土压力。若挡土墙受到土体的推力而发生偏离土体方向的位移时,土体发挥出来的剪切阻力可使土压力减小,也就是 K 值减小,位移越大,K 越小。一直到土的抗剪强度完全发挥出来,即土体已经达到主动极限平衡状态,以致产生剪切破坏,形成滑动面。此时土对墙的总推力就是主动土压力,一般以 E_a 表示。

(2)被动土压力。若挡土墙向着土体方向发生位移,土体发挥出来的剪切阻力可使土对墙的抵抗力增大,墙推向土体的位移越大,K 值也越大。直到土的抗剪强度完全发挥出来,即土体已经达到被动极限平衡状态,以致产生剪切破坏,形成另一种滑动面。此时土对墙的总抗力就是被动土压力,一般以 E_p 表示。

7.3.4　土的渗透性理论

由于土体中存在大量孔隙,所以当饱和土体中两点存在能量差时,土中水就在土体孔隙中从能量高的点向能量低的点流动。土中水在重力作用下穿过土体中连通孔隙发生流动的现象称为渗流,土体具有被水透过的性能称为土的渗流性。

法国工程师达西(Darcy. H)曾于1855年利用如图7.9所示的试验装置对均质砂试样的渗透性进行了研究,发现水在土中的渗透速度与试样的水力坡降成正比。

7.3.5 地基极限承载力理论

地基承载力是指地基土承受荷载的能力。地基破坏有两种形式:

(1)建筑物产生过大的沉降或沉降差;

(2)建筑物的荷载超出了地基承载力。

为了保证地基在荷载作用下,不至于出现整体剪切破坏而丧失其稳定性,在地基计算中必须验算地基的承载力。

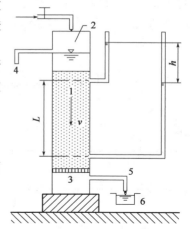

图7.9 达西渗透试验示意图
1-砂样;2-直立圆筒;3-滤板;4-溢水管;
5-出水管;6-量杯

地基极限承载力是指使地基发生剪切破坏失去整体稳定时的基底压力,也称地基极限荷载,相对于地基土中应力状态从剪切阶段过渡到隆起阶段时的界限荷载。

地基极限承载力的理论公式一般是基于整体剪切破坏模式进行推导,求解方法有两大类:一类是根据极限平衡理论,假定地基土是刚塑性体,用严密的数学方法求解土中某点达到极限平衡时的静力平衡方程组,以得出地基极限承载力;另一类是根据模型试验的滑动面形状,通过简化得到假定的滑动面,然后借助该滑动面上的极限平衡条件,求出地基极限承载力。

7.3.6 土坡稳定性分析

对于天然土坡或人工土坡,由于土体表面倾斜,土体在自重和外荷载作用下,将出现向下滑动的趋势。土坡丧失其原有稳定性,土坡中一部分土体相对于另一部分土体产生相对位移的现象,称为滑坡,此时滑动面上的剪应力达到它的抗剪强度。产生滑坡的原因有两个:一是由于剪应力的增加,如路堤施工中上部填土重量的增加,降雨使土体重度增加,水库蓄水或水位降落产生渗透力,由于地震、打桩等引起的动荷载;二是土体抗剪强度的减小,如滑带土中孔隙水压力增加,气候变化产生的干裂、冻融,滑带土浸水导致其强度弱化,以及黏性滑带土的蠕变等。土坡的坍塌可造成严重的工程事故,验算土坡的稳定性及采取适当的工程措施是常见而又重要的实际工程问题。

7.4 基 础 工 程

任何建筑物都要建造在一定的地层(土层或岩层)上,因此,工程结构形式、施工和造价等都与工程场地的工程地质条件密切相关。通常把直接承受建筑物荷载的那一部分地层称为地基,未经人工处理就可以满足设计要求的地基称为天然地基;经过人工加工处理(例如采用换土垫层、深层密实、排水固结、化学加固、加筋土技术等方法进行处理)的地基称为人工地基。

将上部结构荷载传递到地基上,连接上部结构与地基的下部结构部分称为基础。基础一般应埋入地下一定深度,埋入较好的土层中。根据埋置深度的不同,基础可分为浅基础和深基础。

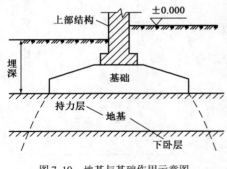

图7.10 地基与基础作用示意图

地基与基础设计必须满足两个基本条件:①强度条件:作用于基础底面的压力必须小于或等于地基承载特征值;②变形条件:基础沉降不得超过地基变形容许值,也就是说将地基变形值必须限制在建筑所允许的范围内。在荷载作用下,建筑物的地基、基础和上部结构三部分彼此联系、相互制约。设计时应根据地质勘察资料,综合考虑地基—基础—上部结构的相互作用与施工条件,通过经济、技术比较,选取安全可靠、经济合理、技术先进和施工简便的地基基础施工方案(图7.10)。

7.4.1 浅基础

通常把位于天然地基上、埋置深度小于5m的一般基础(柱基或墙基)以及埋置深度虽超过5m,但小于基础宽度的大尺寸基础(如箱形基础),统称为天然地基上的浅基础。天然地基上的浅基础埋置深度较浅,用料较省,无需复杂的施工设备,在开挖基坑、必要时支护坑壁和排水疏干后对地基不加处理即可修建,工期短、造价低,因而设计时宜优先选用天然地基上的浅基础。当这类基础及上部结构难以适应较差的地基条件时,才考虑采用大型或复杂的基础形式,如连续基础、桩基础或沉井基础。

(1)按基础刚度分类

①刚性基础

刚性基础是由砖、石、素混凝土或灰土等材料做成的基础。其抗压性能较好,而抗拉、抗剪性能较差,一般用于地基承载力较好、压缩性较小的中小型民用建筑。

②柔性基础

柔性基础在基础内配置受力钢筋,可以抗拉和抗弯,且不受刚性角限制。目前,柔性基础一般指钢筋混凝土基础。它的抗弯刚度较小,地基反力分布、与基础上的荷载分布完全一致。

(2)按构造分类

①独立基础

独立基础是整个或局部结构物下的无筋或配筋的单个基础。通常柱基、烟囱、水塔、高炉、机器设备等基础多采用独立基础(图7.11)。

a)台阶形基础　　　　b)锥形基础　　　　c)杯形基础

图7.11 柱下独立基础

②条形基础

条形基础是指基础长度远远大于其宽度的一种基础形式。按上部结构形式的不同,可分为墙下条形基础和柱下条形基础。条形基础又分为有肋和无肋两种形式。当地基承载力不能满足要求时,可以采用柱下连梁式交叉条形基础和柱下交叉条形基础(图7.12 和图7.13)。

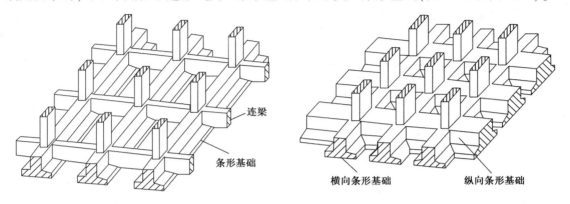

图7.12 连梁式交叉条形基础　　　　　　　图7.13 柱下交叉条形基础

③筏板基础和箱形基础

当柱或墙传来的荷载很大,地基土较软弱,用单独基础或条形基础都不能满足地基承载力要求时,往往需要把整个房屋底面(或地下室部分)做成一片连续的钢筋混凝土板,作为房屋的基础,称其为筏板基础。为了增加基础板的刚度,以减小不均匀沉降,高层建筑往往把地下室的底板、顶板、侧墙及一定数量的内隔墙一起构成一个整体刚度很强的钢筋混凝土箱形结构,称其为箱形基础(图7.14)。

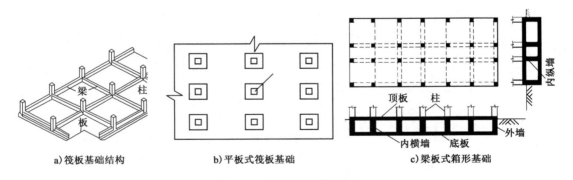

a)筏板基础结构　　　　　b)平板式筏板基础　　　　　c)梁板式箱形基础

图7.14 筏板基础与箱形基础

④壳体基础

为改善基础的受力性能,基础的形式可不做成台阶状,而做成各种形式的壳体,称其为壳体基础。

7.4.2 深基础

位于地基深处承载力较高的土层上,埋置深度大于5m 或大于基础宽度的基础,称为深基础。当建筑场地浅层的土质无法满足建筑物对地基变形和强度方面的要求,而又不宜做地基处理,或建筑物有特殊要求时,可利用下部深层坚实土层或岩层作为持力层,此时可采用深基础形式。常见的深基础有桩基础、墩基础、沉井(箱)基础、地下连续墙等。

（1）桩基础

桩基础由设置在土中的桩和承接上部结构的承台组成。根据承台与地面的相对位置的不同，桩基础可分为低承台桩基和高承台桩基；根据达到承载力极限状态时荷载传递的主要方式，其可分为端承桩和摩擦桩两大类(图7.15)。

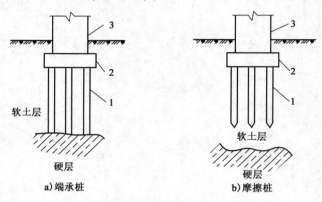

a) 端承桩　　　　　b) 摩擦桩

图 7.15　桩基础
1-基桩;2-承台;3-上部结构

桩基础分类很多，可分别按受力情况、所用材料、施工方法和挤土效应等进行分类，具体见表7.1。

桩基础的分类　　　　　　　　　　　　　　　表7.1

分类依据	类　型	特性或优缺点
受力情况	端承桩	荷载由桩端阻力承受
	摩擦桩	荷载由桩身与土的摩擦力承受
	端承摩擦桩或摩擦桩	荷载由桩端阻力、桩身与土的摩擦力共同承受
使用材料	木桩	储运方便，打桩设备简单，较经济，但承载力较低，适用于常年处于地下水位以下的地基
	混凝土桩	现场开孔浇筑混凝土成型，所需设备简单，操作方便、经济，但可能产生"缩颈"、断桩、局部夹土和混凝土离析等质量问题
	钢筋混凝土桩	承载力大，不受地下水位限制，但自重大，需笨重的打桩设备
	钢桩	自重轻，承载力高但耗钢量大，成本高，易腐蚀，适用于大型、重型的设备基础以及部分高层建筑
施工方法	预制桩	施工速度快、工期短
	沉管灌注桩	无需预先制作和运输，可根据内力大小分段配筋或不配筋，以节约钢材，桩长在施工过程中取定，横截面可做成大直径或扩底桩，无预制桩施工时的振动和噪声，但施工周期长，易造成"缩颈"等质量事故
	钻、冲、磨孔灌注桩	
	挖孔桩	
挤土效应	挤土桩	将桩位处的土大量挤开，使桩周一定范围内的土结构受到严重扰动和破坏，黏性土抗剪强度降低，无黏性土则由于振动挤密提高抗剪强度
	部分挤土桩	桩周土稍有排挤作用，但土的强度和性质改变不大
	非挤土桩	将孔内土体清除，桩对土没有排挤作用，桩周土反而可能向孔内移动，但桩侧摩阻力有所减小

（2）墩基础

墩基础是在人工或机械成孔的大直径孔中浇筑混凝土（钢筋混凝土）而成,我国多用人工开挖,其也称大直径人工挖孔桩。目前,对于墩基础与大直径桩尚缺乏明确的界限,一般当桩直径大于1 500mm时可称为墩柱式基础。

墩基础因设计计算简单、施工方便而得到广泛应用,锥形墩受力较好,但成孔较柱形墩复杂,锯齿形墩身有倒置的台阶,可加大墩的侧面阻力,适用于墩底上部土层为硬黏土的情况。此外,根据成孔方法的不同,其可分为钻孔墩、挖孔墩、冲孔墩,一般前两种因成孔较方便而应用较多,冲孔墩应用较少。

（3）沉井（箱）基础

沉井基础通常是用钢筋混凝土或砖石、混凝土等材料分数节制成的井桶状、圆形、方形或矩形结构物。依靠自身重量,采取边挖土边下沉的方法施工修筑。沉井是开口的,依靠人工或机械将井筒内土挖出;而沉箱是闭口的,采取气压排除箱底水后,再进行挖土形成,故称气压沉箱（图7.16）。

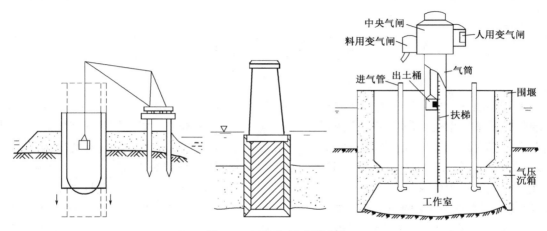

图7.16　沉井基础与沉箱基础

沉井基础的优点:埋深大,承载面积大,能承受较大的垂直荷载和水平荷载,整体性强,稳定性好,既是基础,也是施工时的挡土或挡水围堰,且施工对临近建筑物的影响小,内部空间可利用,常作为工业建筑物,尤其是地下建筑物的基础或矿用竖井、地下油库等。

沉井基础的缺点:工期长;在抽水时对粉细砂类土容易发生流沙现象,造成沉井倾斜;在下沉过程中如遇独石、树干或井底岩层表面倾斜过大时,都会给施工带来困难。

（4）地下连续墙

地下连续墙可起到挡土、支护、防渗及截流等作用,也可作为地下建筑和基础一部分。目前地下连续墙在泵房、桥台地下室、箱基础、地下车库、地铁车站、水处理设施等方面应用较多。

地下连续墙的优点是刚度大,既挡土又挡水,施工时无振动,噪声低,可适用于任何土质。施工过程:利用专用的挖槽机械在泥浆护壁下开挖一定长度（一个单元槽段）→挖至设计深度并清除沉渣→插入接头管→吊入钢筋笼→导管浇注混凝土→待混凝土初凝后拔出接头管→逐段施工。

此外,结合地下连续墙的特点,工程上形成逆作法施工工艺,即在做好维护结构的基础上,对基础与上部结构同时进行施工（图7.17）。

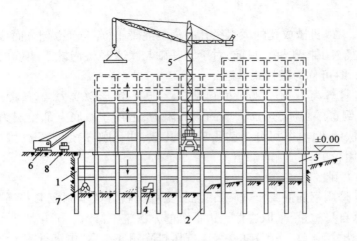

图 7.17   逆作法施工工艺

1-地下连续墙;2-钻孔灌注桩;3-地下车库;4-小型推土机;5-塔式起重机;6-抓斗挖土机;7-抓斗;8-运土自卸汽车

7.5   地 基 处 理

地基处理的历史可追溯到古代,我国劳动人民在地基处理方面积累了极其宝贵的经验,许多现代的地基处理技术都可在古代找到它的雏形。根据历史资料记载,早在 2000 年前就已采用软土中夯入碎石等压密土层的夯实法;灰土和三合土的垫层法,也是我国古代传统的建筑技术之一;我国古代在沿海地区极其软弱的地基上修建海塘时,采用每年农闲时逐年填筑,即在现代堆载预压法中称为分期填筑的方法,利用前期荷载使地基逐年固结,从而提高土的抗剪强度,以适应下一期荷载的施加,这就是我国古代劳动人民从工程实践中积累的宝贵经验。

地基处理的对象是软弱地基和特殊土地基。我国的《建筑地基基础设计规范》(GB 50007—2002)中明确规定:"软弱地基系指主要由淤泥、淤泥质土、冲填土、杂填土或其他高压缩性土层构成的地基"。特殊土地基带有地区性的特点,它包括软土、湿陷性黄土、膨胀土、红黏土和冻土等地基。

7.5.1   地基处理措施

地基处理的目的是采用各种地基处理方法以改善地基条件,这些措施包括以下五个方面的内容。

(1)改善剪切特性

地基的剪切破坏表现在建筑物的地基承载力不够,结构失稳或土方开挖时边坡失稳,临近地基产生隆起或基坑开挖时坑底隆起等。因此,为了防止剪切破坏,就需要采取增加地基土的抗剪强度的措施。

(2)改善压缩特性

地基的高压缩性表现在建筑物的沉降和差异沉降大,因此需要采取措施提高地基土的压缩模量。

（3）改善透水特性

地基的透水性表现在堤坝等基础产生的地基渗漏，基坑开挖过程中产生流沙和管涌等。因此，需要研究和采取使地基土变成不透水或减少其水压力的措施。

（4）改善动力特性

地基的动力特性表现在地震时粉、砂土将会产生液化；由于交通荷载或打桩等原因，使邻近地基产生振动下沉。因此需要开展研究，采取措施，以防止地基土液化、改善振动特性、提高地基抗震性能。

（5）改善特殊土的不良地基的特性

主要是指消除或减少黄土的湿陷性和膨胀土的胀缩性等地基处理措施。

7.5.2　地基处理方法

根据地基处理加固原理，将地基处理方法分为六类，即置换法，排水固结法，灌入固化物法，振密、挤密法，加筋法，冷热处理法。根据具体施工方法及材料，其又可细分为如下方法。

（1）换填法

当建筑物基础下的持力层比较软弱、不能满足上部结构荷载对地基的要求时，常采用换土垫层来处理软弱地基。即将基础下一定范围内的土层挖去，然后回填以强度较大的砂、碎石或灰土等，并夯实至密实。

（2）预压法

预压法是一种有效的软土地基处理方法。该方法的实质是，在建筑物或构筑物建造前，先在拟建场地上施加或分级施加与其相当的荷载，使土体中孔隙水排出，孔隙体积变小，土体密实，提高地基承载力和稳定性。堆载预压法处理深度一般达 10m 左右（图 7.18），真空预压法处理深度可达 15m 左右。

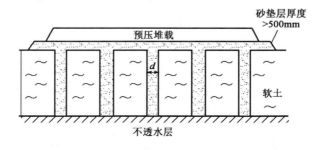

图 7.18　堆载预压法

（3）排水固结法

饱和软黏土地基在荷载作用下，孔隙水缓慢排出，孔隙体积慢慢减小，地基逐渐固结。同时，随着孔隙水压力的逐渐消散，有效应力逐渐增长，地基土的抗剪强度也相应得到提高。排水固结法在实际工程中通常采用砂井、袋装砂井和塑料排水带进行排水固结（图 7.19）。

（4）强夯法

强夯法是法国 L·梅纳 1969 年首创的一种地基加固方法（图 7.20），即用几十吨的重锤从高处落下，反复多次夯击地面，对地基进行强力夯实。实践证明，经夯击后的地基承载力可提高 2～5 倍，压缩性可降低 200%～500%，影响深度在 10m 以上。

图 7.19　塑料排水带施工

图 7.20　强夯法施工

（5）振冲法

振冲法是振动水冲击法的简称,按不同土类可分为振冲置换法和振冲密实法两类（图 7.21）。振冲法在黏性土中主要起振冲置换作用,置换后填料形成的桩体与土组成复合地基;振冲法在砂土中主要起振动挤密和振动液化作用。振冲法的处理深度可达 10m 左右。

图 7.21　振冲挤密法施工

（6）水泥土搅拌法

水泥土搅拌法是加固饱和软黏土地基的一种成熟方法,它利用水泥、石灰等材料作为固化剂的主剂,通过特制的深层搅拌机械,在地基中就地将软土和固化剂(浆液状或粉体状)强制搅拌,利用固化剂和软土之间所产生一系列物理化学反应,使软土硬结成具有整体性、水稳性和一定强度的优质地基,处理深度可达 8 ～ 12m。水泥土搅拌法主要分为搅拌型和旋喷型两种,深层水泥土搅拌法的工艺流程:深层搅拌机定位→预搅下沉→喷浆搅拌提升→重复搅拌下沉→重复搅拌提升直至孔口→关闭搅拌机、清洗→移至下一根桩位,重复以上工序(图7.22)。

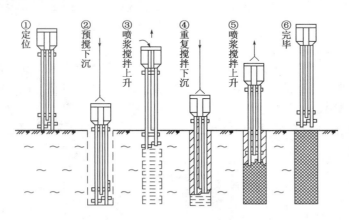

图7.22 深层水泥土搅拌法施工工艺

（7）石灰桩法

石灰桩是指采用机械或人工方法在地基中成孔,然后灌入生石灰块或按一定比例加入粉煤灰、炉渣、火山灰等掺和料及少量外加剂进行振密或夯实而形成的桩体(图7.23)。石灰桩适用于加固杂填土、素填土、淤泥、淤泥质土和黏性土地基,对素填土、淤泥、淤泥质土的加固效果尤为显著。

图7.23 石灰桩复合地基

（8）沉管挤密碎石桩法

沉管挤密碎石桩法是指利用振动或冲击沉管方式,在软弱地基中成孔后,填入砂、砾石、碎石等材料并将其挤压入孔中,形成较大直径的由砂石构成的密实状体的地基处理方法。其主要包括砂桩法、挤密砂桩法和沉管挤密碎石桩法等(图7.24)。

图 7.24　沉管挤密碎石桩施工

（9）冻结法

冻结法是利用人工制冷技术,使地层中的水冻结,把天然土变成冻土,增加其强度和稳定性,隔绝地下水与地下工程的联系,以便在冻结壁的保护下进行隧道、立井和地下工程的开挖与衬砌施工(图 7.25)。如润扬长江大桥南岸悬索南锚碇基坑施工中采用冻结法施工,主要是在基坑周围形成可靠的挡水墙,利用冻结止水的特点确保基坑内施工的安全性。

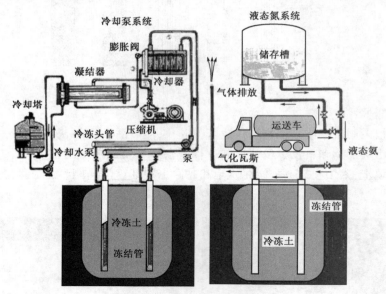

图 7.25　冻结帷幕工法示意图

（10）加筋法

加筋法是在土中加入条带、成片纤维织物或网格片等抗拉材料,依靠它们限制土的侧移,改善土的力学性能,提高土的强度和稳定性的方法。其可用于挡墙、桥台、堤坝、道路路基、地基等工程(图 7.26 和图 7.27)。常用的产品有土工织物、土工膜、土工垫、土工网、塑料排水板、土工格栅以及复合土工织物等。

（11）托换技术

托换技术是指为了消除对现有基础建筑物功能与结构等可能带来的影响,对现有基础建筑物进行加固补强、对建筑物的持力层地基进行改良、新基础设置及新旧基础替换等技术。基础需要托换的原因很多,如在现有建筑物下进行隧道施工;地下水位下降引起房屋下沉;原有基础腐蚀或损坏等。托换技术的起源可以追溯到古代,但是托换技术直到 20 世纪 30 年代兴建美国纽约市的地下铁道时才得到迅速发展。

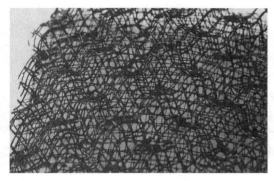

图 7.26 土工网垫植被示意图

图 7.27 土工格栅加筋土墙施工

根据实际工程对托换技术的要求不同,托换技术可包括增层、纠倾、移位三种类型,其中的房屋移位工程如图 7.28 所示。

图 7.28 房屋移位工程

7.6 基坑工程

基坑工程是一个古老而又具有时代特点的岩土工程课题,如早期的基坑开挖采用的放坡开挖和简易木桩围护可以追溯到远古时代。随着城市化进程的日益深化,城市用地日趋紧张,为解决城市人口、资源、环境三大危机,城市建设应向三维空间发展,即实行立体化的再开发。

以高层建筑和高架道路为标志的向上部发展模式已经从发达国家转向诸如亚洲地区的发展中国家,而前者已把对城市地下空间的开发利用作为实施城市可持续发展的重要途径。从发展进程来看,21 世纪将出现地下空间开发利用的高潮。城市向高空和地下发展涉及大量的基坑开挖问题,由于城市建(构)筑密度较大、交通拥挤、施工条件差、环境要求严格,使得基坑开挖和支护成为岩土工程一大难题。

目前,基坑开挖与支护具有以下特点:

(1)基坑越挖越深

为了使用方便,或因为土地有限,或为了符合建管规定及人防需要,建筑不得不向地下和空间发展(图 7.29)。过去,即使在大城市建 1 ~ 2 层地下室,也不普遍,中等城市更为少见。现在大城市、沿海城市,尤其是经济开发区,5 ~ 6 层地下建筑也很常见。因此,目前基坑深度多大于 10m。

图 7.29　深基坑工程施工

(2)工程地质条件越来越差

城市建设不像水电站、核电站等重要设施,可以在广阔地域中选择优越的建设场地,而只能根据城市规划需要,在规划场地进行,因此,无法避开较差的地质条件。这一点在某些沿海经济开发区较为突出。有些开发区位于填海、填湖、泥塘或沼泽地,导致工程地质条件十分复杂。

(3)地区性强

岩土工程问题往往具有地区性强的特点。这是由于不同地区的土质类型有较大的差异,从而使得在某一地区比较成功的一种支护方法运用到另一个地区时,则有可能失败。因此基坑支护往往需要结合当地的经验,因地制宜地确定方案。这一特点也体现在规范的多样性,除了国家的行业标准之外,还存在不少地方性和部门性的规程和指南。

(4)基坑支护方法众多

目前在我国已经应用的支护结构类型,分为重力式和非重力式两种类型。具体基坑支护方法主要有:钢板桩(槽钢钢板桩、热轧锁口钢板桩)、钢筋混凝土板桩、钻孔灌注桩、人工挖孔桩、地下连续墙、水泥土墙、SMW 工法、拱圈支护、喷锚网支护(土钉墙)等。对于以上的某些支护,有时还要加支撑或土层锚杆,以减小支护的内力和变形;当地下水位较高而影响基坑的安全和施工时,还要用深层搅拌桩、旋喷桩等做止水帷幕;当存在承压水时,有时还要考虑采用旋喷注浆、化学注浆等方法抵抗坑底承压水;在软土地区,还常常采用被动区土体加固的方法,以提高土体的抗剪强度,减小支护的变形。如果将支护作为一个系统来考虑,还涉及基坑的不同开挖方式,从而使基坑支护的类型多样,增加了设计计算的难度,要在计算中全面考虑所有的因素是非常困难的。另外,基坑支护存在实践超越理论的现象。在很多情况下,由于工程建设任务的需要,工程师们不得不改变或发展传统的一些做法,设计和实施一些新的支护形式和结构,这些技术和结构在概念和理论上与传统支护结构完全不同,迫切需要新的理论来指导、充实和完善。

由于支护结构类型多样,造成基坑的破坏形式也较多,非重力式支护结构的破坏包括强度破坏和稳定性破坏。

强度破坏包括:①拉锚破坏和支撑压曲;②支护墙底部位移;③支护墙平面变形过大和弯曲破坏。

稳定性破坏包括:①墙后土体整体滑动失稳;②坑底隆起;③管涌。

重力式支护结构的破坏包括强度破坏和稳定性破坏。强度破坏只有在水泥土抗剪强度不足时产生;稳定性破坏包括倾覆、滑移、土体整体滑动失稳、坑底隆起、管涌等。

7.6.1 放坡开挖

在深基坑开挖施工中,往往可以通过选择并确定安全合理的基坑边坡坡度,使基坑开挖后的土体在无加固及无支撑的条件下,依靠土体自身的强度,在新的平衡状态下取得稳定的边坡并维持整个基坑的稳定状况,这类无支护措施下的基坑开挖方式通常称为放坡开挖(图7.30)。

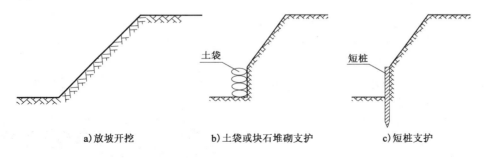

a)放坡开挖　　　　b)土袋或块石堆砌支护　　　　c)短桩支护

图7.30　基坑放坡与简易支护

7.6.2 被动支护

被动支护是一种被广泛应用的深基坑支护方法。其支护结构主要包括围护墙和撑锚体系,对于排桩式围护墙通常还包括止水帷幕。

(1)围护墙

被动支护的围护墙常用形式目前主要有以下两类。

①排桩式围护墙

根据《建筑基坑支护技术规程》(JGJ 120—2012)的规定,把采用钻孔灌注桩、人工挖孔桩、预制钢筋混凝土桩、钢板桩等桩型按队列式布置组成的墙体均归为排桩式围护墙(图7.31)。对于不能放坡或不能应用水泥土桩等重力式支护结构,开挖深度在6~10m,各安全等级的基坑均可采用排桩围护墙支护。排桩围护墙通常由桩土间隔组成,故一般需另外设置止水帷幕。

图 7.31　挖孔桩—槽钢—内支撑支护

按布桩方式的不同,排桩式围护墙可分为:柱列式排桩围护墙、连续排桩围护墙、双排桩围护墙、组合式排桩围护墙等。

②地下连续墙

地下连续墙是 20 世纪 50 年代由意大利米兰 ICOS 公司首先开发成功的一种支护形式。它是在泥浆护壁条件下,使用专门的成槽机械,在地面开挖一条狭长的深槽,然后在槽内设置钢筋笼,浇筑混凝土(强度等级不小于 C20),逐步形成一道连续的地下钢筋混凝土连续墙。

(2)撑锚体系

①内支撑

内支撑是设置在基坑内部,承受围护墙传来的水土压力等外荷载的结构体系。其由支撑、围檩(腰梁)和立柱等构件组成,排桩式围护墙顶部还设置帽梁(图 7.32)。

在软土地区,特别是建(构)筑物密集的城市中开挖深基坑,内支撑被广泛应用。目前采用的支撑材料主要有型钢、钢管和钢筋混凝土等。根据基坑支护深度的不同,可采用单层、两层或多层水平支撑,多层水平支撑支护体系;若基坑面积很大而开挖深度不太大时,也可采用单层斜支撑,具体形式如图 7.33、图 7.34 所示。

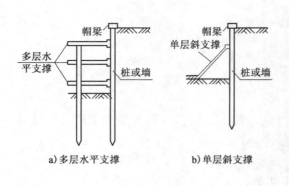

a) 多层水平支撑　　　b) 单层斜支撑

图 7.32　内撑式支护结构

图 7.33　腰梁、锚杆、内支撑梁支护

②拉锚

当施工场地周围条件许可且工程地质较好时,可采用坑外拉锚,形成对围护墙的支撑作用。锚固体系通常有地面拉锚和土层锚杆两种。地面拉锚需要有足够的场地设置锚桩或其他锚固装置。土层锚杆可随支护深度的不同设置为单排或多排。因锚杆需要土层提供较大的锚固力,故锚杆式支护结构较适合于砂土或黏土地基,而不宜用于软黏土地层中。土层锚杆在深基坑支护中被广泛应用,它设置在围护墙背后,为挖土、地下结构施工创造条件(见图 7.35 和图 7.36)。

图 7.34 内支撑梁支护

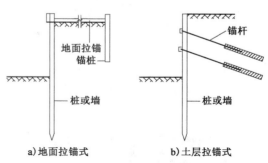

a)地面拉锚式　　　b)土层拉锚式

图 7.35 拉锚式支护结构示意图

图 7.36 灌注桩—腰梁—拉锚支护

7.6.3 主动支护

主动支护是以充分发挥和提高基坑周围土体自支撑能力的新型支护方法。为发挥和提高土体自支撑能力,可以从物理、化学和几何的途径着手,相应的主动支护形式主要有以下几种:

(1)水泥土桩墙支护

水泥土桩墙是在搅拌桩的基础上基于化学加固土体的方法,于 20 世纪 70 年代初在瑞典发展起来的一种主动支护形式。我国于 70 年代末开始研究和应用水泥土墙支护,90 年代初开始大量应用于基坑工程实践中。它是利用水泥材料作固化剂,通过特殊的拌和机械(如深层搅拌机或高压旋喷机)就地将原状土和固化剂(粉体或浆体)强制拌和,经过土与固化剂(或掺和料)产生一系列物理化学作用,形成具有一定强度、整体性和水稳性的重力式支护结构(图 7.37)。

水泥土桩与桩或排与排之间可相互咬合紧密排列,也可按网格式排列,水泥土与其包围的天然土形成重力式挡墙支挡周围土体,保持基坑边坡稳定。一般适用于开挖深度不大于 6m、基坑侧壁安全等级为二、三级,且水泥土桩施工范围内地基土承载力不大于 150kPa 的情况(图 7.38)。

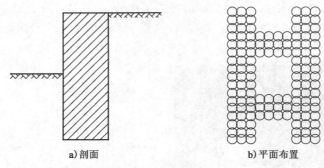

a) 剖面   b) 平面布置

图 7.37 隔栅式水泥土桩墙

图 7.38 水泥搅拌桩

在水泥搅拌桩内加劲性型钢,形成复合围护墙,这种在日本已经成熟应用的 SMW(Soil Mixing Wall)方法(图 7.39),早年由于我国经济条件不允许消耗大量造价高的型钢,而未能得到推广应用。近些年由于工字型钢拔出技术、钢管甚至竹木加劲部分取代型钢加劲技术的研究成功,使 SMW 工法在我国得到推广应用并有所创新。在上海、广州、深圳等沿海城市,当前正在广泛使用 SMW 工法。上海轨道交通明珠线宝兴路车站,采用该技术的基坑开挖深度达 14m,挡墙深度达 25.2m。在南京地下铁道工程淤泥质土中已成功应用,挡墙深度达到 31m。

图 7.39 SMW 工法支护

(2)土钉墙支护

土钉墙是在新奥法的基础上基于物理加固土体的方法,于 20 世纪 70 年代在德国、法国和美国发展起来的一种主动支护形式。我国于 80 年代初应用于矿山边坡支护,近十年以来才在基坑支护中迅速推广应用。它由被加固土、放置于原位土体中的细长金属杆件(土钉)及附着于坡面的混凝土面板组成,形成一个类似于重力式的支护结构。

土钉墙通过在土体内放置一定长度和密度的土钉,使土钉与土共同工作,来大大提高原状土的强度和刚度。置于土体中的土钉具有箍束骨架、分担荷载、传递和扩散应力、坡面变形约束等作用,能明显改善基坑边坡土体的稳定性。土钉也可通过直接打入较粗钢筋、型钢或钢管等形成。土钉墙支护一般适用于开挖深度不大于12m,侧壁安全等级为二、三级非软土场地基坑。当地下水位高于坑底时,应采取降排水或截水措施,土钉支护施工过程如图7.40所示。

a)成孔

b)放置钢筋

c)喷射混凝土

图7.40 土钉支护施工过程

(3)喷锚支护

喷锚支护是在新奥法的基础上基于物理加固土体的方法,于20世纪90年代在我国发展起来的一种主动支护形式。土钉墙法与喷锚网支护两者在结构形式与某些施工工艺上有相似之处:两者均不需桩、板、墙、管及撑,都设有钢筋网喷射混凝土面层;钻孔注浆土钉与喷锚网支护中的非预应力锚杆施工工艺类似等。这些常常导致工程实践中对两者的认识产生混淆(见图7.41和图7.42)。

土钉与锚杆无论在构造与作用机理方面,还是在设计计算方法及适用条件上均不相同,具体如下:

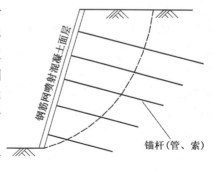
图7.41 喷锚网支护结构示意图

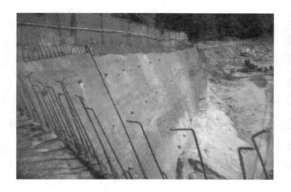

图7.42 喷锚支护

①构造上,锚杆一般分为内锚固段、外锚固段,自由段即张拉段,而土钉则不分段。

②锚杆一般较长且设置间距相对较大,其内锚固段一般位于潜在滑裂面以外的稳定土体内,且通常施加预应力;而土钉一般短(3~10m)而密,钉的内端大多置于滑裂面以内或其附近,通常不施加预应力。

③锚杆通过施加预应力及锚固在稳定土层内的锚固段对土体起到加固作用,是一种主动加固方法;而土钉墙则旨在通过设置土钉来形成一种新的稳定复合体,属于加筋土范畴,且钉体只有在土体发生位移后才被动受力,属于被动支挡结构。

④正是由于土钉被动受力的特点,土钉墙不适用于流沙、杂填土、软土、淤泥等黏结力较差的土质,因这些土质不能给土钉提供所需的摩阻力;而锚杆则可穿越此类土后锚入稳定土体内,因而具有较好的适应性。当然在土钉墙适用范围内,土钉墙的经济效益将比喷锚网支护更好。喷锚支护基坑最大开挖深度目前已达18m,在淤泥地基,坑深也已超过10m。

(4)冻结支护

冻结支护是基于物理加固土体的方法,其应用人工制冷技术,使基坑周围土层中的水结冰形成一道具有一定强度、整体性的冻土墙,它既能挡土又能止水。冻结法施工在采矿工程中已得到广泛的应用,并进行了大量的研究,积累了较丰富的经验,用于深基坑支护则是近几年的事。冻结支护适应于各种复杂的地质条件,尤其在淤泥、淤泥质土及流沙层中更显示出优越性。采用冻结支护时,基坑工程的设计内容和要求将有非常大的变化,目前仅做了少量试验性工程。在某些地区,它是一种很有发展前景的深基坑支护新技术。

(5)拱形支护

拱形支护是基于围护墙的几何形状与受力特性,在我国于20世纪90年代发展起来的一种新型的主动支护形式(图7.43)。它是利用基坑有利的平面现状,把围护墙做成圆形、椭圆形、组合抛物线形或连拱式等形式,以充分发挥支护结构的空间效应、土体的结构强度和材料的力学性能。一方面作用在闭合拱形围护墙上的水土压力大部分可自行平衡或得到调节;另一方面利用土体自身的起拱作用,可减小作用于围护墙上的水土压力;再者,围护墙基本处于受压状态,可充分发挥混凝土材料的强度特性。围护墙可采用排桩、地下连续墙或现浇逆作拱墙等。

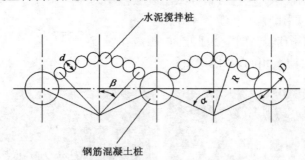

图7.43 连拱式支护结构平面图

根据受力情况,可设置围檩甚至内支撑或土层锚杆。其中逆作拱墙,如人工挖孔桩的护壁施工,是一种无嵌固深度的围护墙,它一般适用于开挖深度不大于12m,侧壁安全等级为二、三级的基坑,当地下水位高于坡脚时,应采取降水措施,对淤泥或淤泥质土不宜采用。排桩、地下连续墙拱形支护结构的适用条件与前述排桩、地下连续墙等一般支护结构的适用条件相同(图7.44)。

图7.44 排桩—圆形内撑支护结构

（6）其他支护

工程采用的其他支护结构形式还有门架式支护结构、沉井支护等各种组合支护结构。

门架式支护结构也称为双排桩支护，由两排钢筋混凝土灌注桩、桩顶盖梁及盖梁间的系梁或板组成。其支护深度比单排悬臂式结构要大，且变形相对较小。

沉井是一种井筒状构造物，钢筋混凝土沉井一般带刃脚，逐段制作拼接，利用人工或机械方法清除井内岩土，借助自重克服井壁摩阻力逐节下沉至设计标高，从而起到挡土挡水作用。桥梁工程中，将沉至设计标高后，再经混凝土封底与井孔填塞而形成桥梁墩台基础，其他建筑物也可采用类似方法形成基础。

7.7 边 坡 工 程

边坡是指自然或人工形成的斜坡，是人类工程活动中最基本的地质环境之一，也是工程建设中最常见的一种工程形式。边坡工程是指为满足工程需要而对自然边坡进行的改造，或对由于工程原因而开挖或填筑的人工斜坡进行的防护。边坡工程研究的核心内容是确保出于工程需要而形成的人工边坡稳定。

7.7.1 边坡工程的分类

按照不同标准，可对边坡进行如下分类。

（1）按成因划分

按成因，可将边坡划分为自然边坡和人工边坡。

①自然边坡：由于自然地质作用而形成的地面具有一定斜度的地段，形成时间一般较长。

②人工边坡：由于人工开挖或填筑施工而形成的与地面成一定斜度的地段。

（2）按物质组成划分

按边坡的物质组成，可将边坡划分为土质边坡、岩质边坡和岩土混合边坡。

①土质边坡。土层结构决定边坡的稳定性，其破坏形式主要有圆弧滑动和直线滑动。按边坡组成土的类型不同，可将土质边坡划分为黏性土边坡、碎石土边坡及黄土边坡等。

②岩质边坡。岩质边坡主要由岩石构成。其稳定性取决于岩体主要结构面与边坡倾向的相对关系、土岩界面的倾角等，其破坏形式主要有滑移型、倾倒型和崩塌型。

③岩土混合边坡。岩土混合边坡下部为岩石、上部为土体,即所谓的二元结构边坡。

(3)按高度划分

按边坡的高度,可将边坡划分为一般边坡和高边坡。

①一般边坡:岩质边坡总高度在 30m 以下,土质边坡总高度在 15m 以下。

②高边坡:岩质边坡总高度大于 30m,土质边坡总高度在 15～20m。

(4)按工程类别划分

按工程类别,可将边坡划分为路堑边坡、路堤边坡、水坝边坡、库岸边坡、渠道边坡、坝肩边坡、露天矿边坡、弃土场边坡、建筑边坡、基坑边坡。

(5)按坡体结构特征划分

①类均质土边坡:由均质土体构成的边坡。

②近水平层状边坡:由近水平层状岩土层构成的边坡。

③顺层边坡:由倾向临空面的顺倾岩土层构成的边坡。

④反倾边坡:由倾向边坡内的岩土层构成的边坡。

⑤块状岩体边坡:由厚层块状岩体构成的边坡。

⑥碎裂状岩体边坡:由碎裂状岩体构成的边坡,或为断层破碎带,或为节理密集带。

⑦散体状边坡:由碎裂块石、砂构成的边坡,如强风化层。

(6)按使用年限划分

按使用年限,可将边坡划分为临时边坡、短期边坡和永久边坡。

①临时边坡:只在施工期间存在的边坡,如建筑基坑边坡。

②短期边坡:只存在 10～20 年的边坡,如露天矿边坡、一般公路边坡。

③永久边坡:长期使用的边坡。

7.7.2　影响边坡稳定的主要因素

影响边坡稳定的因素很多,其中最主要的是边坡岩土的性质和结构、水文地质条件、风化、水的作用、地震及人类活动等。图 7.45 中列举了影响边坡稳定的若干因素。各种因素都从两

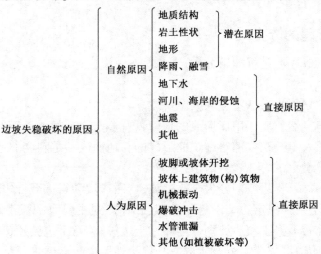

图 7.45　影响边坡稳定的主要因素

个方面影响着边坡的稳定:一方面是改变边坡的形状,使边坡应力状态发生变化,增大边坡的下滑力,如河流冲刷、人工开挖等;另一方面是岩土体遭受风化、降雨入渗、地下水的作用等,使岩土体强度降低,削弱了抗滑力。边坡的下滑力增加或者抗滑力降低都会引起边坡失稳破坏。

7.7.3 边坡工程设计原则

不同的技术规范对边坡工程的设计要求有所差别。在实际设计和工程实践中,建筑边坡设计工程应根据工程实际情况,选择相应的设计规范进行建筑边坡工程设计。

1)《建筑地基基础设计规范》的有关规定

在《建筑地基基础设计规范》(GB 50007—2011)中关于山区地基、建筑边坡设计的有关要求,综述如下:

(1)地基基础设计时,所采用的作用效应与相应的抗力限值应符合下列规定:

①按地基承载力确定基础底面积及埋深或按单桩承载力确定桩数时,传至基础或承台底面上的作用效应应按正常使用极限状态下作用的标准组合。相应的抗力应采用地基承载力特征值或单桩承载力特征值。

②计算地基变形时,传至基础底面上的作用效应应按正常使用极限状态下作用的准永久组合,不应计入风荷载和地震作用。相应的限值应为地基变形允许值。

③计算挡土墙、地基或滑坡稳定及基础抗浮稳定时,作用效应应按承载能力极限状态下作用的基本组合,但其分项系数均为1.0。

④在确定基础或桩基承台高度、支挡结构截面,计算基础或支挡结构内力,确定配筋和验算材料强度时,上部结构传来的作用效应和相应的基底反力、挡土墙土压力以及滑坡推力,应按承载能力极限状态下作用的基本组合,采用相应的分项系数。当需要验算基础裂缝宽度时,应按正常使用极限状态作用的标准组合。

⑤基础设计安全等级、结构设计使用年限、结构重要性系数应按有关规范的规定采用,但结构重要性系数 γ_0 不应小于1.0。

(2)正常使用极限状态下,荷载效应的标准组合值 S_k 应用下式表示:

$$S_k = S_{Gk} + S_{Q1k} + \psi_{c2}S_{Q2k} + \cdots + \psi_{cn}S_{Qnk} \tag{7.1}$$

式中:S_{Gk}——按永久荷载标准值 G_k 计算的荷载效应值;

S_{Qik}——按可变荷载标准值 Q_{ik} 计算的荷载效应值;

ψ_{ci}——可变荷载 Q_i 的组合值系数,按现行国家标准《建筑结构荷载规范》(GB 50009—2012)的规定取值。

荷载效应的准永久组合值 S_k 应用下式表示:

$$S_k = S_{Gk} + \psi_{q1}S_{Q1k} + \psi_{q2}S_{Q2k} + \cdots + \psi_{qn}S_{Qnk} \tag{7.2}$$

式中:ψ_{qi}——准永久值系数,按现行国家标准《建筑结构荷载规范》(GB 50009—2012)的规定

承载能力极限状态下,由可变荷载效应控制的基本组合设计值 S,应用下式表示:

$$S = \gamma_G S_{Gk} + \gamma_{Q1}S_{Q1k} + \gamma_{Q2}\psi_{c2}S_{Q2k} + \cdots + \gamma_{Qn}\psi_{cn}S_{Qnk} \tag{7.3}$$

式中:γ_G——永久荷载的分项系数,按现行国家标准《建筑结构荷载规范》(GB 50009—2012)的规定取值;

γ_{Qi}——第 i 个可变荷载的分项系数,按现行国家标准《建筑结构荷载规范》(GB 50009—2012)的规定取值。

对由永久荷载效应控制的基本组合,也可采用简化规则,荷载效应基本组合的设计值 S 按下式确定:

$$S = 1.35S_k \leq R \tag{7.4}$$

式中:R——结构构件抗力的设计值,按有关建筑结构设计规范的规定确定;

S——荷载效应的标准组合值。

(3)山区(包括丘陵地带)地基的设计,应考虑下列因素:

①建设场区内,在自然条件下,有无滑坡现象,有无断层破碎带。

②在建设场地周围,有无不稳定的边坡。

③施工过程中,因挖方、填方、堆载和卸载等对山坡稳定性的影响。

④地基内岩石厚度及空间分布情况、基岩面的起伏情况、有无影响地基稳定性的临空面。

⑤建筑地基的不均匀性。

⑥岩溶、土洞的发育程度,有无采空区。

⑦出现危岩崩塌、泥石流等不良地质现象的可能性。

⑧地面水、地下水对建筑地基和建设场区的影响。

(4)在山区建设时应对场区作出必要的工程地质和水文地质评价。对建筑物有潜在威胁或直接危害的滑坡、泥石流、崩塌以及岩溶、土洞强烈发育地段,不宜选作建设场地。当因特殊需要必须使用这类场地时,应采取可靠的整治措施。

(5)山区建设中,应充分利用和保护天然排水系统和山地植被。当必须改变排水系统时应在易于导流或拦截的部位将水引出场外。在受山洪影响的地段,应采取相应的排洪措施。

2)《建筑边坡工程技术规范》的有关规定

在《建筑边坡工程技术规范》(GB 50330—2013)中关于建筑边坡设计原则的有关要求,综述如下:

(1)边坡工程可分为下列两类极限状态:

①承载能力极限状态:对应于支护结构达到承载力破坏、锚固系统失效或坡体失稳。

②正常使用极限状态:对应于支护结构和边坡的变形达到结构本身或邻近建(构)筑物的正常使用限值或影响耐久性能。

(2)边坡工程设计采用的荷载效应最不利组合应符合下列规定:

①按地基承载力确定支护结构的稳定立柱(肋柱或桩)和挡墙的基础底面积及其埋深时,荷载效应组合应采用正常使用极限状态的标准组合,相应的抗力应采用地基承载力特征值。

②边坡与支护结构的稳定性和锚杆锚固体与地层的锚固长度计算时,荷载效应组合应采用承载能力极限状态的基本组合,但其荷载分项系数均取1.0,组合系数按现行国家标准的规定采用。

③在确定锚杆、支护结构立柱、挡板、挡墙截面尺寸、内力及配筋时,荷载效应组合应采用承载能力极限状态的基本组合,并采用现行国家标准规定的荷载分项系数和组合分项系数;支护结构的重要性系数 γ_0 按有关规范的规定采用,对安全等级为一级的边坡取1.1,二、三级边坡取1.0。

④计算锚杆变形和支护结构水平位移与垂直位移时,荷载效应组合采用正常使用极限状态的准永久组合,不计入风荷载和地震作用。

⑤在支护结构抗裂计算时,荷载效应组合应采用正常使用极限状态的标准组合,并考虑长

期作用影响。

⑥抗震设计的荷载组合和临时性边坡的荷载组合应按现行有关标准执行。

（3）永久性边坡的设计使用年限应不低于受其影响相邻建筑的使用年限。

（4）边坡工程应按下列原则考虑地震作用的影响：

①边坡工程的抗震设防烈度可采用地震基本烈度，且不应低于边坡破坏影响区内建筑物的设防烈度。

②对抗震设防的边坡工程，其地震效应计算应按现行有关标准执行；岩石基坑工程可不作抗震计算。

③对支护结构和锚杆外锚头等，应采取相应的抗震构造措施。

（5）边坡工程的设计应包括支护结构的选型、计算和构造，并对施工、监测及质量验收提出要求。

（6）边坡支护结构设计时应进行下列计算和验算：

①支护结构的强度计算：立柱、面板、挡墙及其基础的受压、受弯、受剪及局部受压承载力以及锚杆体的受拉承载力等，均应满足现行相应标准的要求；

②锚杆锚固体的受拔承载力和立柱与挡墙基础的地基承载力计算；

③支护结构整体或局部稳定性验算；

④对变形有较高要求的边坡工程可结合当地经验进行变形验算，同时应采取有效的综合措施，保证边坡和邻近建（构）筑物的变形满足要求；

⑤地下水控制计算和验算；

⑥对施工期可能出现的不利工况进行验算。

对比《建筑地基基础设计规范》和《建筑边坡工程技术规范》关于建筑边坡设计的有关原则可知：《建筑边坡工程技术规范》比《建筑地基基础设计规范》的规定更加详细和具体，可操作性也较好，但在土质边坡设计中，《建筑地基基础设计规范》的要求又更严格。

7.7.4　常见的边坡加固措施

（1）护面

经边坡稳定性分析后，可对处于稳定状态下的边坡坡面进行护面防护，护面结构物不考虑地层或土的侧压力。一般情况下，对容易风化或易产生剥落和严重破碎的岩石边坡，以及易受水流冲蚀的土质边坡应考虑采用护面防护。常用的护面措施有植物防护、圬工护面、喷浆、喷射混凝土、植物防护与圬工护面相结合的骨架护坡。

圬工护面是我国各类边坡工程中使用最广泛的坡面防护形式，喷浆或喷射混凝土在土木、水利以及交通等工程的边坡防护中也占有相当大的比例。但随着人们对景观认识的提高，这种灰色防护工程的景观性无法满足要求，在可以采取绿色植物防护的条件下，应优先采取植物防护或客土植草措施，以避免灰色防护造成景观上的缺憾。

（2）支挡

支挡是对经边坡稳定性分析后仍然存在潜在滑动性的不稳定边坡进行的防护。支挡因边坡结构形式及岩土体破坏形式、下滑力不同，其结构计算有所差异。

稳定边坡就是为了增加抵抗岩土体移动的抗力，可以从两方面获得这种抗力：一是利用外力抵消或平衡下滑力；二是增加土体的内在抗剪强度，以提高边坡的稳定性，达到稳定边坡的目的。对于前者可以采取支挡工程,后者可以采取排水、化学处理、高压注浆、焙烧等方法。支挡工程可以增加滑体趾的抗滑力。常用的支挡工程有浆砌圬工挡土端、钢筋混凝土抗滑桩组合形式。化学处理、高压注浆虽多用于研究项目,很少用于实际工程,但在有条件的情况下也不应排除这种加固方案。其中,高压注浆具有更好的可行性。

(3)锚固

锚固是将受拉杆件埋入稳定地层,充分发挥其稳定岩土层的能力,提高岩土体边坡的自身强度和自稳能力。锚固杆件具有结构轻、节约工程材料、安全稳定性高的特点,因而应用广泛。锚固技术发展很快,目前国内外岩土工程广泛使用的锚固体结构类型包括五大类:第一类为全长黏结性锚杆,如水泥砂浆锚杆、树脂锚杆;第二类为端头锚固型锚杆,如机械锚杆、树脂锚杆;第三类为摩擦型锚杆,如锲管锚杆、缝管锚杆;第四类为自钻式锚杆;第五类为预应力锚杆(索),有拉力型、压力型和剪力型等。国内路堑边坡中常采用的锚固体结构类型有普通水泥砂浆全长注浆锚杆、自钻式锚杆及预应力锚杆(索)。通常情况下,当需要支撑较大吨位的不平衡力或者滑动(破坏)面较深时,多采用锚索,特别是分散型锚索;锚杆仅能支撑较小吨位的不平衡力,适用于滑动面较浅的场合。自钻式锚杆对较软的岩石边坡较适用,特别是对土质边坡,它对钻进过程中防坍塌现象有较好的效果,但这种锚杆造价较高。

利用预应力锚索加固岩体边坡的优越性在于,能为节理岩体边坡、断层、软弱带等提供一种强有力的主动支护,是所有传统非预应力被动支挡结构都无法实现的。

(4)排水

水是影响边坡稳定的主要因素之一,许多边坡滑塌事故都是由水造成的,排水防水成为加固边坡的一种重要措施。即使采用其他加固措施,也必须重视排水防水问题。排水可以增加土体的内在抗剪强度,从而保持边坡的稳定性。因此,在拟定加固方案时,应首先考虑排水,这样既可以改善地表排水条件,又可以改善地下排水条件。这种措施与其他可能采用的措施相比,效果好且造价低。同时,由于地下水的含水层位、流经、出露点难于查清,这给设置有效的排水措施带来困难,且地下排水设施容易失效并难以修复。

7.8 岩土工程发展趋势

(1)岩土工程的发展阶段

岩土工程的发展历史不仅可以追溯到人类有历史之前,而且应当说地球上一有人类,就有岩土工程活动。但岩土工程成为一门专门学科,至今尚不足 100 年。人类发展的历史交织着岩土工程发展的历史,岩土工程的发展经历了以下四个阶段。

第一阶段:岩土工程起始于人类依靠穴居以躲避洪水猛兽和风霜雨雪侵袭的时代,包括其后原始人利用土、木、石等自然资源,以谋求改善生存生活和生产条件的时代。人类的种种活动无不包含或有赖于岩土工程。而在其早期,岩土工程活动以解决栖身之处和防治水患为首要目的(图 7.46)。人类经过聚居时代、部落时代等而产生了城市,道路、桥梁渐渐为人类生活交往、生产活动及统治者进行治理和对敌进攻等所必须,于是出现了与岩土工程密切相关的新的工程领域。

水洞沟遗址古人类生活如图 7.46 所示。

第二阶段:自18世纪60年代起至20世纪20年代中期或1925年太沙基发表划时代的《土力学》名著之前。第二次工业革命极大地推动了世界各国生产力的发展,使工厂手工业渐渐向近代大工业机器生产发展。岩土工程施工随之由纯粹的手工操作、体力劳动,发展为半机械化或局部机械化作业。尤其是此时陆上交通进入了铁路时代,以及码头、水库等的兴建,都带来了一系列新的岩土工程技术问题,促使人们开始进行理论探索与技术创新,为此拉开了岩土工程学术研究的序幕。

第三阶段:此时期始于太沙基发表《土力学》名著的1925年。自1925年以来,特别是第二次世界大战后的50余年以来,土力学理论不断获得发展和完善的同时,在相关学科科技进步以及世界各地社会经济总量不断增长的有力推动下,岩土工程在我国或在世界范围内,对于其类型、规模、数量或质量而言,都取得了前所未有的巨大进展。此时期可称为岩土工程学科的创建奠基和初具框架的时期。

第四阶段:进入21世纪,以电子计算机技术、航天技术、信息技术为代表的一系列现代高新技术的兴起,引发了人类历史上前所未有的一场科技革命。就我国而言,在新的世纪里将会出现史无前例的工程建设高潮,大量的复杂的岩土工程问题都急需研究、攻克,岩土工程的重要性必将更加突出,岩土工程学科必将出现新的突破(图7.47)。因此可以预料,岩土工程学将在21世纪迅速实现由第三阶段向第四阶段的转变。

图7.46 水洞沟遗址古人类生活　　　　图7.47 六横镇凉潭岛的舟山武港码头

(2)21世纪岩土工程研究的几个趋势

①多层次、多尺度研究

岩石材料力学响应的复杂性不仅和加载途径、地质环境相关,还与研究对象的层次和尺度有关。在微观(含细观)的层次和尺度内,可以清晰地观察到岩石断面在不同激励下,裂纹起始—分叉—发展—断裂—破坏—卸载的全过程。围绕这个课题,不仅深化了对岩石体损伤、断裂的研究,还带动了相关的加载设备、实时测试、数值模拟的发展。目前,越来越多的学者介入这项工作,在微观、细观、宏观和巨观等不同层次上进行大量富有创新的探索工作。

②耦合分析

岩石力学是一门综合性很强的学科,它涉及的因素很多,既有内在的,也有外在的。所以在研究岩石力学问题时,我们必须把有关的因素放在一起加以考虑,研究它们彼此之间的相互作用和影响,进行多因素的耦合分析。

③新的算法与程序

由于岩石工程的复杂性,一般难以用封闭形式的解析公式定量地求解问题,在这方面,60年代以后陆续问世的有限元法、离散元法、边界元法及其各种耦合算法和程序充分展现了各自的长处,在很大程度上有力地促进了岩石力学与工程的发展。现在出现了一些新的算法和程序,如刚性有限元法、广义有限元法、运动单元法、界面元法、块体理论、DDA、流形元法、FLAC无网格法以及模拟退火算法等。

④地下空间的开发利用

近30年内,地下空间建设的进一步发展,以激光导向技术和 GPS 定位技术为代表的地下施工技术,以遥感技术与地质雷达为代表的地下勘探技术,以及地下掘进及衬砌的自动控制施工技术给岩土工程的发展注入了新的活力。

⑤环境岩土工程的研究

环境岩土工程是新的研究方向,旨在研究极端环境条件下(高温、高压、强渗透压和化学腐蚀)岩土变形及强度变化规律,探讨岩土力学特性的时效及应变速率效应,其研究背景与科学意义为:深部能源开发关键技术研究,防护工程研究的需求,国家高效核废料处置的需求,能源储存(包括 CO_2 储存)需求等。

(3)小结

随着试验手段与计算技术的发展,土的本构关系、非饱和土的耦合基本场方程、岩土工程数值分析方法、土动力学、塑性极限平衡与安定性分析等方面已取得引人注目的进展,逐渐形成并不断完善细观土力学、非饱和土力学、计算土力学、非连续变形力学、土塑性力学等学科分支。可以预计,在不断吸取其他学科新成果的基础上,岩土工程学将进入一个更高层次的新阶段,使这门半定性的经验学科走向更加成熟的阶段。

【思考题】

1. 简述岩土工程的定义,它包含哪些学科?

2. 岩土工程勘察基本任务是什么,其常用的勘探方法有哪些?

3. 岩土工程中有哪些基本设计理论? 它们在各个工程中是如何应用的?

4. 简述朗肯土压力理论以及主动土压力、被动土压力公式。

5. 基础工程的类型有哪些? 地基与基础设计必须满足哪些条件?

6. 什么是浅基础? 常见的浅基础有哪些?

7. 深基础的类型有哪些? 桩基础有哪些类型? 它们的受力特点各是什么?

8. 地基处理的目的是什么? 常用的地基处理方法有哪些?

9. 基坑工程具有哪些特点? 常用的基坑开挖方法有哪些? 不同的基坑开挖方法有什么区别?

10. 主动支护中的土钉支护与锚杆支护有什么不同,各自适用的条件是什么?

11. 边坡工程有哪些分类?

12. 常见的边坡加固措施有哪些?

第 8 章
水利工程

8.1 水利工程简介

水利工程是指用于控制和调配自然界的地表水和地下水,达到除害兴利目的而修建的工程,也称为水工程。水是人类生存必不可少的宝贵资源,是生产活动中必不可少的物质,但其自然存在的状态并不完全符合人类的需要,在人类生存和发展过程中,需要不断地适应、利用、改造和保护水环境。修建水利工程能控制水流,防止洪涝灾害,并进行水量的调节和分配,以满足人民生活和生产对水资源的需要。水利工程需要修建坝、堤、溢洪道、水闸、进水口、渠道、渡漕、筏道、鱼道等不同类型的水工建筑物,以实现不同的使用目的(图8.1)。水利事业随着社会生产力发展而不断发展,成为人类社会文明和经济发展的重要支柱。

水利活动起源很早,文字记载可以追溯到六七千年前,水利在中国有着重要地位和悠久历史,历代统治者都把兴修水利作为治国安邦的大计。如四川的都江堰、关中的郑国渠、沟通长江与珠江水系的灵渠及京杭大运河等都是我国古代水利工程的代表(图8.2)。

伴随各种新型建筑材料、设备、技术,如水泥、钢材、动力机械、电气设备和爆破技术等的发明和应用,人类改造自然的能力大为提高,同时,人口的大量增长,城市的迅速发展,也对水利工程提出了新的要求。19世纪末,人们开始建造水电站、大型水库以及综合利用的水利枢纽,水利工程也随着水文学、水力学、应用力学等基础学科的进步逐渐向大规模、高速度和多目标开发的方向发展(图8.3、图8.4)。

图 8.1　常见的水利工程水工建筑物

图 8.2　都江堰与京杭大运河淮安船闸

图 8.3　胡佛大坝　　　　　　　　　　　　　图 8.4　向家坝水利枢纽

　　水利工程不同于其他土木工程,具有下列特点:

　　(1)有很强的系统性和综合性。单项水利工程是同一流域、同一地区内各项水利工程的有机组成部分,这些工程既相辅相成,又相互制约;单项水利工程自身往往是综合性的,各服务目标之间既紧密联系,又相互矛盾。水利工程和国民经济的其他部门也是紧密相关的。规划设计水利工程必须从全局出发,系统、综合地进行分析研究,才能得到最经济合理的优化方案(图8.4)。

（2）对环境影响大。水利工程不仅通过其建设任务对所在地区的经济和社会产生影响，而且对江河、湖泊以及附近地区的自然面貌、生态环境、自然景观，甚至对区域气候，都将产生不同程度的影响（图8.5）。规划设计时必须对这种影响进行充分估计，努力发挥水利工程的积极作用，消除其消极影响。

a)
b)

图8.5 水利工程对周围环境的影响

（3）工作条件复杂。水利工程中各种水工建筑物都是在难以确切把握气象、水文、地质等自然条件下进行施工和运行的，它们又多承受水的推力、浮力、渗透力、冲刷力等的作用，工作条件较其他建筑物更为复杂，图8.6给出部分水利工程决堤事故的照片。

a)
b)

图8.6 水利工程决堤事故照片

（4）水利工程的效益具有随机性，根据每年水文状况不同而效益不同，农田水利工程还与气象条件的变化有密切联系。

（5）水利工程一般规模大、技术复杂、工期较长、投资多。我国对拟建的水利工程项目，要严格遵守基本建设程序，做好前期工作，并纳入国家各级基本建设计划后才能开工。水利工程建设程序一般分为两大阶段：工程开工前为前期工作阶段，包括河流规划、可行性研究、初步设计、施工图设计等；工程开工后到竣工验收为施工阶段，包括工程招标、工程施工、设备安装、竣工验收等（图8.7）。

a)　　　　　　　　　　　　b)

图 8.7　水利工程施工建设

　　水利工程的内容很多(图 8.8),其中蓄水工程指水库和塘坝,不包括专为引水、提水工程修建的调节水库;引水工程指从河道、湖泊等地表水体自流引水的工程,不包括从蓄水、提水工程中引水的工程;提水工程指利用扬水泵站从河道、湖泊等地表水体提水的工程,不包括从蓄水、引水工程中提水的工程;调水工程指水资源一级区或独立流域之间的跨流域调水工程,蓄、引、提工程中均不包括调水工程的配套工程。地下水源工程指利用地下水的水井工程,按浅层地下水和深层承压水分别统计。

图 8.8　三峡工程蓄水

　　其中,地下水的利用主要是研究地下水资源的开发和利用,使之更好地为国民经济各部门(如城市给水、工矿企业用水、农业用水等)服务。农业上的地下水利用,就是合理开发与有效利用地下水进行灌溉或排灌结合改良土壤以及农牧业给水,必须根据地区的水文地质条件、水文气象条件和用水条件进行全面规划,在对地下水资源进行评价和摸清可开采量的基础上,制订开发计划与工程措施。

　　水利工程的类型很多,按其使用目的和服务对象进行分类见表 8.1。

水利工程类型	作　　用
防洪工程	起防止洪水灾害的作用
灌溉和排水工程	起防止旱、涝、渍灾，为农业生产服务的作用
水力发电工程	起将水能转化为电能的作用
港口工程	起改善和创造航运条件的航道作用
水土保持工程	起防止水土流失的作用
环境水利工程	起防止水质污染和维护生态平衡的作用
水利枢纽工程	同时为防洪、灌溉、发电、航运等多种目标服务

水利工程按其使用目的和服务对象分类　　　　　表8.1

水利枢纽工程是修建在同一河段或地点，以防治水灾、开发利用水资源为目标的不同类型水工建筑物的综合体(图8.9)。它是水利工程体系中最重要的组成部分，一般由挡水建筑物、泄水建筑物、进水建筑物以及必要的水电站厂房、通航、过鱼、过木等专门性的水工建筑物组成。按承担任务的不同，其可分为防洪枢纽、灌溉(或供水)枢纽、水力发电枢纽和航运枢纽等(图8.10)。多数水利枢纽承担多项任务，称为综合性水利枢纽。

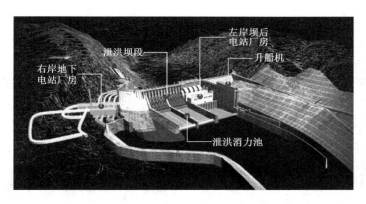

图8.9　向家坝水利枢纽三维模型

a)

b)

图8.10　广西省邕宁水利枢纽工程和江西省峡江水利枢纽工程

水利枢纽工程常按其规模、效益和对经济、社会影响的大小进行分等,并将枢纽中的建筑物按其重要性进行分级。对级别高的建筑物,在抗洪能力、强度、稳定性、建筑材料、运行的可靠性等方面都要求高一些,反之就要求低一些。我国水力水电枢纽工程(山区、丘陵区部分)的分等指标见表8.2。

我国水力水电枢纽工程分等指标   表8.2

工程等别	工程规模	分 等 指 标				
		水库总库容 (亿 m³)	防洪		灌溉面积 (万亩)	水电站装机 容量 (万 kW)
			保护城镇及工矿区	保护农田面积 (万亩)		
一	大(1)型	>10	特别重要城市、工矿区	>500	>150	>75
二	大(2)型	10~1	重要城市、工矿区	500~100	150~50	75~25
三	中型	1~0.1	中等城市、工矿区	100~30	50~5	25~2.5
四	小(1)型	0.1~0.01	一般城镇、工矿区	<30	5~0.5	2.5~0.05
五	小(2)型	0.01~0.001	—	—	<0.5	<0.05

注:总库容是指校核洪水位以下的水库静库容;分等指标中有关防洪、灌溉两项是指防洪或灌溉工程系统中的重要骨干工程。

8.2 水工建筑物

水利工程的基本组成是各种水工建筑物,包括挡水建筑物、泄水建筑物、进水建筑物、输水建筑物、河道整治建筑物、水电站建筑物、渠系建筑物、过坝设施等(图8.11)。水工建筑物起控制和调节水流、防治水害、开发利用水资源的作用,无论是治理水害或开发水利,都需要通过一定数量的水工建筑物来实现。

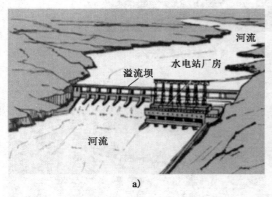

图8.11 一般水利工程示意图

按照功能的不同,水工建筑物大体可分为三类:挡水建筑物、泄水建筑物和专门水工建筑物。此外,还有专门为某一目的服务的水工建筑物,如专为河道整治、通航、过鱼、过木、水力发电、污水处理等服务的具有特殊功能的水工建筑物。水工建筑物以多种形式组合成不同类型的水利工程。

8.2.1 挡水建筑物

挡水建筑物是具有阻挡或拦束水流、壅高或调节上游水位的建筑物(图8.12),一般横跨河道者称为"坝",沿水流方向在河道两侧修筑者称为"堤",坝是形成水库的关键性工程。根据建筑材料的不同,坝可分为混凝土坝和土石坝两大类。大坝的类型应根据坝址的自然条件、建筑材料、施工场地、导流、工期、造价等综合比较选定。

图8.12 挡水建筑物现场照片

坝是主要的挡水建筑物之一,它的主要荷载有坝面水压力、坝体自重、泥沙压力、冰压力、温度荷载以及地震荷载等。大坝设计中要解决的主要问题是坝体抵抗滑动或倾覆的稳定性,防止坝体自身的破裂和渗漏。土石坝或砂、土地基防止渗流引起的土颗粒移动破坏(即所谓"管涌"和"流土")则更加关键。

1)坝

(1)土石坝

土石坝包括土坝、堆石坝、土石混合坝等,又统称为当地材料坝(图8.13)。土石坝的优点:筑坝材料可以就地取材,可节省大量钢材和水泥,免修公路;能适应地基变形,对地基的要求比混凝土坝要低;结构简单,工作可靠,便于维修和加高、扩建;施工技术简单,工序少,便于组织机械化快速施工。土石坝不足之处在于坝顶不能过流,必须另开溢洪道;施工导流不如混凝土坝便利,对防渗要求高;因为剖面大,所以填筑量大,而且施工容易受季节影响。

图8.13 小浪底土石坝

土石坝的施工一般是经过抛填、辗压等方法堆筑形成挡水坝。当坝体材料以土和砂砾为主时,称土坝;以石渣、卵石、爆破石料为主时,称堆石坝;当两类当地材料均占相当比例时,称土石混合坝。土石坝一般由坝体、防渗体、排水体、护坡等四部分组成。

①坝体:坝的主要组成部分。坝体在水压力与自重作用下,主要靠坝体自重维持稳定。

②防渗体:主要作用是减少自上游向下游的渗透水量,一般有心墙、斜墙、铺盖等形式。

③排水体:主要作用是引走由上游渗向下游的渗透水,增强下游护坡的稳定性。

④护坡:主要作用是防止波浪、冰层、温度变化和雨水径流等对坝体的破坏。

土石坝的施工可以采用碾压、水力冲填、水中填土式和定向爆破的方法,土石坝的类型及特点见表8.3。

土石坝的类型及特点　　　　　　　　　　　　　　　　　　表8.3

土石坝类型	坝体材料及特点
均质土坝	坝体剖面的全部或绝大部分由一种土料填筑 优点:材料单一,施工简单; 缺点:当坝身材料黏性较大时,雨季或冬季施工较困难
塑性心墙坝	用透水性较好的砂或砂砾石做坝壳,以防渗性较好的黏性土作为防渗体设在坝的剖面中心位置,心墙材料可用黏土,也可用沥青混凝土和钢筋混凝土 优点:坡陡,坝剖面较小,工程量少,心墙占总方量比例不大,因此施工受季节影响相对较小; 缺点:要求心墙与坝壳同时填筑,干扰大,一旦建成,难修补
塑性斜墙坝	防渗体置于坝剖面的一侧 优点:斜墙与坝壳之间的施工干扰相对较小,在调配劳动力和缩短工期方面比心墙坝有利; 缺点:上游坡较缓,黏土量及总工程量较心墙坝大,抗震性及对不均匀沉降的适应性不如塑性心墙坝
多种土质坝	坝址附近有多种土料用来填筑坝
土石混合坝	如坝址附近砂、砂砾不足,而石料较多,上述的多种土质坝的一些部位可用石料代替砂料

按防渗体设置的部位、施工方法及运用方式划分,堆石坝的主要形式如图8.14所示。

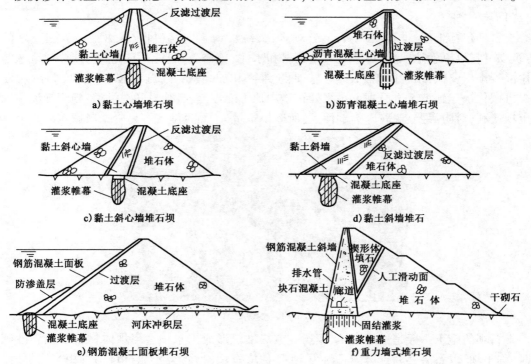

图8.14　堆石坝的类型

（2）混凝土坝

混凝土坝可分为重力坝、拱坝和支墩坝三种类型。

①重力坝利用坝体自重在坝基面上产生摩擦阻力抵抗水压力，满足抗滑稳定性要求；同样依靠自重在水平截面上产生压应力来抵消由水压力引起的拉应力，以满足强度要求（图8.15）。典型重力坝一般包括左、右岸非溢流坝段、河床溢流坝段、连接边墩、导墙、坝顶建筑物等。重力坝的总体布置应根据地形地质条件，结合枢纽其他建筑物综合考虑，坝轴线一般为直线，必要时也可为折线或稍带拱形的曲线。重力坝的优点是筑坝材料抗冲击能力强，安全、可靠；对地形、地质条件适应性强；泄洪布置方便；施工方便，运行维护简单；结构受力明确，构造简单。重力坝的缺点是坝体剖面尺寸大，材料用量多，内部压应力小，材料强度不能得到充分发挥；坝体体积大，水泥用量大，水化热高，散热差，需采取严格的温控措施；坝基面积大，坝底扬压力大，对坝体稳定性不利。

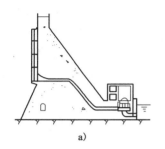
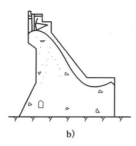

a)　　　　　　　　　　b)　　　　　　　　　　c)

图8.15　重力坝示意图及现场照片

②当河谷狭窄时，可采用平面上呈弧线的拱坝。拱坝为一空间壳体结构（图8.16），平面上呈拱形，凸向上游，利用拱的作用将所承受的水平载荷变为轴向压力传至两岸基岩，两岸拱座支撑坝体，保持坝体稳定。拱坝的结构作用可视为两个系统，即水平拱系统和竖直梁系统，有关荷载由这两个系统共同承担。拱坝具有受力条件好、坝体体积小、超载能力强、抗震性能好、施工技术要求高等特点。

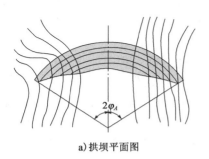

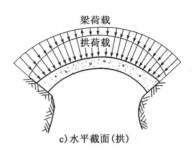

a)拱坝平面图　　　　b)垂直剖面(悬臂梁)图　　　　c)水平截面(拱)

图8.16　拱坝平面及剖面图

在两岸岩基坚硬完整的狭窄河谷坝址，特别适于建造拱坝。一般按坝底厚度与最大坝高的比值将拱坝分为薄拱坝、拱坝、重力拱坝；若坝底厚度与最大坝高的比值很大时，拱的作用已很小，即近于重力坝。图8.17所示为小湾水电站的拦河大坝，采用混凝土双曲拱坝，是目前建设规模仅次于三峡大坝的中国第二大水电站,坝高 294.5m,为世界在建的第一座 300m 级混凝土双曲拱坝。

图 8.17　小湾水电站的拦河大坝

③在缺乏足够筑坝材料时,可采用钢筋混凝土的轻型坝(俗称支墩坝),其是由一系列倾斜的面板和支承面板的支墩(扶壁)组成的坝,面板直接承受上游水压力和泥沙压力等荷载,通过支墩将荷载传给地基,面板和支墩连成整体。根据面板的形式,支墩坝可分为三种类型:平板坝、连拱坝和大头坝(图 8.18)。支墩坝抵抗地震作用的能力和耐久性都较差。

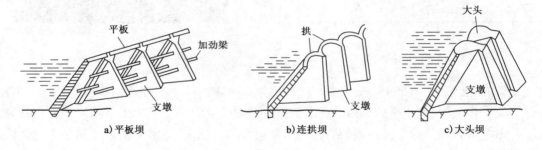

图 8.18　支墩坝类型

a.平板坝是支墩坝的最早形式,常用的是简支式平板坝。它的面板是一个平面,平板与支墩在结构上互不相连。优点:ⓐ平板的迎水面上不产生拉应力;ⓑ对温度变化的敏感性差;ⓒ地基变形对坝身应力分布影响不大,对地基要求不高。

b.连拱坝的出现一方面由于平板坝的面板受力条件不好,需将面板的形式加以改进,可充分利用混凝土的抗压性能好的特点把平面的面板改为圆弧面板(拱),即连拱坝;另一方面在河谷较宽时,若采用拱坝,拱作用得不到充分发挥,且混凝土用量多(中心角越大,弧长越长)。因此,将面板做成拱形的,其受力条件较好,能较好地利用材料强度。图 8.19 所示为我国 1956 年建成的梅山连拱坝,坝高 88.24m,是当时世界上最高的连拱坝;现在世界上最高的连拱坝是加拿大丹尼尔约翰逊连拱坝(图 8.20),高 214m,混凝土体积仅为同等高度重力坝的一半。

c.连拱坝是空间超静定结构,对地基变形、温度变化较敏感,故对地基要求相对要高。大头坝则是一种更为优越的坝型,它既能充分利用材料的强度,钢筋用量又少。图 8.21、图 8.22分别表示了广东新丰江单支墩大头坝、湖南柘溪单支墩大头坝。

图 8.19　梅山连拱坝

图 8.20　加拿大丹尼尔约翰逊连拱坝

图 8.21　广东新丰江单支墩大头坝

图 8.22　湖南柘溪单支墩大头坝

随着筑坝技术的提高,坝的高度逐渐提高,坝的规模亦随之加大。目前世界最高的坝是位于俄罗斯境内的 335m 高的罗贡土石坝(图 8.23),最高的混凝土坝是瑞士的大迪克桑斯坝(图 8.24),坝高为 285m。体积最大的土石坝是巴基斯坦塔贝拉水电站的土石坝,体积达 1.2亿 m^3;体积最大的混凝土坝是苏联的萨扬舒申斯克重力拱坝,体积达 850 万 m^3;若计入尾矿坝,则体积最大的尾矿坝为美国新科尼利亚尾矿坝,体积达 2.1 亿 m^3。

图 8.23　俄罗斯罗贡土石坝

图 8.24　瑞士的大迪克桑斯坝

其他材料建成的坝,如橡胶坝、钢坝、木坝及草土坝(堰)等不常采用,一般只适用于低水头的情况。橡胶坝坝高一般在 7m 以下,最大达 15m,建于河道及渠道上,便于调节水位。钢坝常为钢板桩格体坝,最大坝高约30m,常用于海港码头以及施工期的纵向围堰中。木坝及草土坝是传统水工建筑物,近代常用于临时建筑物中。

2) 堤

堤是沿河、渠、湖、海岸边或行洪区、分洪区、围垦区边缘修筑的挡水建筑物(图8.25)。其作用为:防御洪水泛滥,保护居民、田地和各种建筑物;限制分洪区(蓄洪区)、行洪区的淹没范围;围垦洪泛区或海滩,增加土地开发利用的面积;抵挡风浪或抗御海潮;约束河道水流,控制流势,加大流速,以利于泄洪排沙。

图8.25　常见的堤的形式

在河流水系较多地区,把沿干流修的堤称为干堤,沿支流修的堤称为支堤,形成围垸的堤称垸堤、圩堤或围堤,沿海岸修建的堤称海堤或海塘。世界各国堤防以土堤最多,一般就地取材修筑,结构简单,且多为梯形断面。为加固土堤,常在堤的临河或背河一侧修筑戗台,以节约土方。为加强土堤的抗冲性能,也常在土堤临水坡砌石或用其他材料护坡(图8.26)。石堤以块石砌筑,堤的断面比土堤小。在大城市及重要工厂周围修堤,为减少占地,有时采用浆砌块石堤或钢筋混凝土堤,称为防洪墙,堤身断面小、占地少,但造价高。强潮区的海堤,地基处理好坏是筑堤成败的关键,护坡常采用抗冲能力强的圬工结构。

图8.26　堤的施工建设

根据防洪的要求,堤可以单独使用,也可以配合其他工程或组成防洪工程系统联合运用。堤防工程为防洪系统中的一个重要组成部分,无论新建、改建、加固原有堤防系统,都需要进行规划、设计。首先要结合江河综合利用规划,进行堤线、堤顶高程等选择,以及老堤的改线和加高加固的研究,江河堤防还要在堤距的选择、规划的堤线等确定后,再作堤身断面的具体设计。

堤的规划设计内容及其影响因素见表8.4。

堤的规划设计内容及其影响因素   表8.4

规划设计步骤	规划设计内容及其影响因素
堤线选择	1. 调查研究地区经济、社会状况、土壤地质条件、水文及泥沙特性、河床演变规律等； 2. 堤线走势应尽可能平顺，避免急弯和局部突出，以适应洪水河势流向； 3. 尽可能避开村庄，少占耕地； 4. 尽量选在地势较高、土质较好之处，以减少筑堤的工程量； 5. 堤线离中常水域的距离，应考虑营造防浪林和修堤取土的要求
堤距和堤高的确定	1. 河道通过相同的设计流量时，堤距窄，水位高，则堤顶高；堤距宽，则堤顶低； 2. 考虑洪水河床要有足够的宽度以通过设计洪峰流量，同时又不使当地水位过分升高并兼顾上下游的水位情况； 3. 确定防洪标准，再根据水文分析与计算，确定设计洪水位，并根据河道水力、泥沙特性，推算沿程设计水位； 4. 根据风浪要素、沉陷和工程等级，确定堤顶超高，然后建立设计流量下堤距与堤高的关系； 5. 再根据社会经济能力和技术水平，经过多方案的技术经济比较，选定最佳的堤距与堤高。必要时还可以用河工模型试验对上述结果加以验证
堤身横断面设计	1. 根据挡水水头大小、堤基地质情况、堤身材料，来确定堤身横断面的结构； 2. 堤顶宽度应考虑满足料物堆存、防汛抢险、交通运输的要求； 3. 堤的边坡应综合考虑雨水的坡蚀作用、植物生长、机械维修等因素对其稳定性的影响； 4. 石堤及防洪墙的断面设计，根据设计荷载，由建筑的稳定和结构计算确定

由于河床淤积抬高，堤防高度相对降低，堤身受各种因素影响而使内部存在隐患，危及安全，因此需要对堤防加高加固，以维持和巩固其效能。堤的加高应根据新的设计指标、采用的材料和结构，连同原有堤防进行分析计算，以确定新的堤身横断面。堤的加固，通常采用加大横断面尺寸或改变堤身结构的方法，主要的措施有：抽槽换土、加黏土斜墙和铺盖、构筑防渗墙、建砂石反滤、建减压井、修筑前后戗、放淤固堤等（图8.27）。

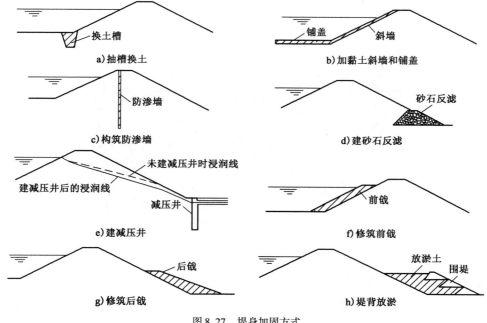

图8.27　堤身加固方式

8.2.2 泄水建筑物

泄水建筑物是用以排放多余水量、泥沙和冰凌等的水工建筑物。泄水建筑物具有安全排洪、放空水库的功能。对于水库、江河、渠道或前池等的运行起太平门的作用,也可用于施工导流。泄水孔、泄水隧洞、溢洪道、溢流坝等是泄水建筑物的主要形式。此外,与坝结合在一起的泄水建筑物称为坝体泄水建筑物;设在坝身以外的常统称为岸边泄水建筑物(图 8.28)。

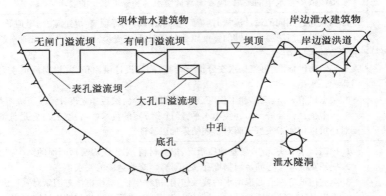

图 8.28 泄水建筑物示意图

泄水建筑物是水利枢纽的重要组成部分,其造价常占工程总造价的很大部分,合理选择形式,确定其尺寸十分重要。泄水建筑物按其进口高程可布置成表孔、中孔、深孔或底孔。表孔泄流与进口淹没在水下的孔口泄流,在同样水头时,前者具有较大的泄流能力,是溢洪道及溢流坝的主要形式。深孔及隧洞一般不作为重要大泄量水利枢纽的单一泄流建筑物。葛洲坝水利枢纽二江泄水闸泄流能力为 8.4 万 m^3/s,加上冲沙闸和电站,总泄流能力达 11 万 m^3/s,是目前世界上泄流能力最大的水利枢纽工程之一(图 8.29)。

图 8.29 葛洲坝水利枢纽泄水闸

溢洪道用于宣泄规划库容所不能容纳的洪水,保证坝体安全的开敞式或带有胸墙进水口的溢流泄水建筑物。溢洪道一般不经常工作,但却是水库枢纽中的重要建筑物。溢洪道可按结构形式、泄洪标准及运用情况进行分类,具体类型见表 8.5。

溢洪道的类型
表8.5

分类标准	类 型		作 用
按泄洪标准及运用情况分	正常溢洪道		用以宣泄设计洪水
	非常溢洪道		用以宣泄非常洪水
按所在位置分	河床式溢洪道		经由坝身用以宣泄洪水
	岸边溢洪道	正槽溢洪道	泄槽与溢流堰正交,过堰水流与泄槽轴线方向一致
		侧槽溢洪道	溢流堰设在泄槽一侧,溢流堰轴线与泄槽大致平行
		井式溢洪道	进水口在平面为一环形溢流堰,水流过堰后,经竖井和隧洞流向下游
		虹吸溢洪道	利用虹吸作用泄水,水流出虹吸管后,经泄槽流向下游,可建在岸边,也可建在坝内

岸边溢洪道通常由进水渠、控制段、泄水段、消能段组成(图8.30)。进水渠起进水与调整水流的作用。控制段常用实用堰或宽顶堰,堰顶可设或不设闸门。泄水段有泄槽和隧洞两种形式。为保护泄槽免遭冲刷和岩石不被风化,一般都用混凝土衬砌,并采用挑流消能或水跃消能。当下泄水流不能直接归入原河道时,还需另设尾水渠,以便与下游河道妥善衔接。溢洪道的选型和布置,应根据坝址地形、地质、枢纽布置及施工条件等,通过技术经济比较后确定。

图8.30 溢洪道现场照片

溢流坝(又称滚水坝)一般由混凝土或浆砌石筑成。坝型有溢流重力坝、溢流拱坝、溢流支墩坝和溢流土石坝。与厂房结合在一起,作为泄洪建筑物的坝内式厂房溢流坝、厂房顶溢流和挑越厂房顶泄流的厂坝联合泄洪方式,可用在高山峡谷地区,当宣泄大流量时,是解决溢洪道和电站厂房布置位置不足的一种途径。溢流坝溢流形式有:坝顶溢流(跌流)、坝面溢流、大孔口坝面溢流(图8.31)。

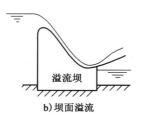

a)坝顶溢流　　　　b)坝面溢流　　　　c)大孔口坝面溢流

图8.31 溢流坝溢流形式

溢流坝设计要满足:①有足够的溢流前沿长度和泄流能力以满足防洪要求;②水流平顺,坝面无不利的负压或振动;③下泄水流不造成危害性冲刷。近期的高坝建设中,在新型消能工技术、通气减蚀措施等方面获得了较大的进展。溢流重力坝是溢流坝中修建较多、已积累丰富经验运行的坝型。图8.32所示为我国河北省潘家口水利枢纽重力坝,坝高107.5m,设计最大泄流量56 200m³/s,部分采用宽尾墩形式的新型消能工。湖南省凤滩水电站腹拱式溢流拱坝采用独特的高低坎对冲消能结构(图8.33),设计泄洪流量达32 600m³/s,是世界上泄流量最大的溢流拱坝。

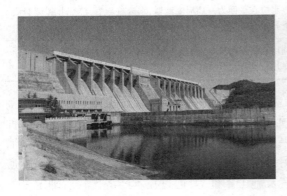

图8.32　河北省潘家口水利枢纽重力坝　　　　图8.33　湖南省凤滩水电站腹拱式溢流拱坝

对于多目标或高水头、窄河谷、大流量的水利枢纽,一般可选择采用表孔、中孔或深孔,坝身与坝体外泄流,坝与厂房顶泄流等联合泄水方式。图8.34为我国贵州省乌江渡水电站,该水电站采用隧洞、坝身泄水孔,电站、岸边滑雪式溢洪道和挑越厂房顶泄洪等组合形式,最大泄流能力达21 350m³/s。

图8.34　贵州省乌江渡水电站

修建泄水建筑物,关键是要解决好消能防冲和防空蚀、抗磨损。对于较轻型建筑物或结构,还应防止泄水时的振动。泄水建筑物设计和运行实践的发展与结构力学、水力学的进展密切相关。近年来由于高水头窄河谷宣泄大流量、高速水流压力脉动、高含沙水流泄水、大流量施工导流、高水头闸门技术以及抗震、减振、掺气减蚀、高强度耐蚀耐磨材料的开发和进展,对泄水建筑物设计、施工、运行水平的提高起了很大的推动作用。

8.2.3 专门水工建筑物

专门水工建筑物的功能多样,难以严格区分其功能作用,这里指的是除通用性水工建筑物(挡水建筑物和泄水建筑物)以外的专门性水工建筑物,主要有:①水电站建筑物,如进水口、引水建筑物、尾水道、发电、变电和配电建筑物、附属建筑设施等;②渠系建筑物,如节制闸、分水闸、渡槽、沉沙池、冲沙闸;③港口水工建筑物,如防波堤、码头、船坞、船台和滑道;④过坝设施,如船闸、升船机、放木道、筏道及鱼道等。

水电站建筑物是将从水电站进水口起到水电站厂房、水电站升压开关站等专供水电站发电使用的建筑物,水电站建筑物类型及功能见表8.6。

水电站建筑物的类型及功能 表8.6

水电站建筑物类型	功能
进水口	分为开敞式进水口、深式进水口; 将发电用水引入引水道
引水建筑物	包括渠道、无压引水隧洞、有压引水隧洞(见水工隧洞)、压力水管等; 将已引入的发电用水输送给水轮发电机组
平水建筑物	包括前池、调压室等; 当水电站负荷变化时,用于平稳引水道中流量及压力的变化
尾水道	分为尾水渠和尾水隧洞,将发电后的尾水自机组排向下游
发电、变电和配电建筑物	包括安装水轮发电机组及其控制设备的厂房、安放变压器及高压开关设备的站升压开关站; 接受和分配水轮发电机组发出的电能,经升压后向电网或负荷点供电的高压配电装置
附属建筑设施	为水电站的运行管理而设置必要的辅助性生产、管理及生活建筑设施

水电站工程建设中最通用的分类方法:按集中水头的手段和水电站的工程布置,可分为坝式水电站、引水式水电站和坝—引水混合式水电站三种基本类型。引水式水电站可分为无压引水式水电站和有压引水式水电站(图8.35 和图8.36)。无压引水式水电站的引水道为明渠、无压隧洞、渡槽等。有压引水式水电站的引水道,一般多为压力隧洞、压力管道等。

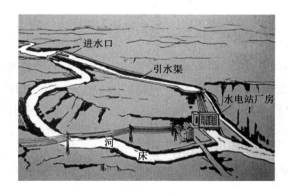

图8.35 无压引水式水电站

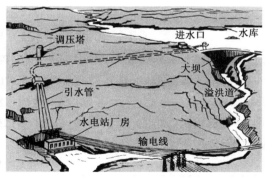

图8.36 有压引水式水电站

前池是位于无压引水式水电站引水渠道末端和压力水管进口之间的连接建筑物,也称压力前池(图8.37),起将引水渠道中的来水均匀地分配给各压力水管,便于清除由引水渠道进入的污物、泥沙、浮冰等,以减少对水轮机的磨损影响等作用。有时为了减少渠道中非恒定流的影响,将压力前池扩大建成日调节池。

图 8.37 水电站的前池

为了避免泄洪时在尾水渠中形成较大的水位壅高和回流,以及避免在尾水渠内发生淤积,必要时在尾水渠与泄水建筑物之间可加设导墙。水电站地下式厂房的尾水道通常采用尾水隧洞的形式。根据地下式厂房的布置,尾水隧洞又可分别布置成有压尾水隧洞和无压尾水隧洞两类。对较长的有压尾水隧洞有时还需加设尾水调压室(图 8.38)。

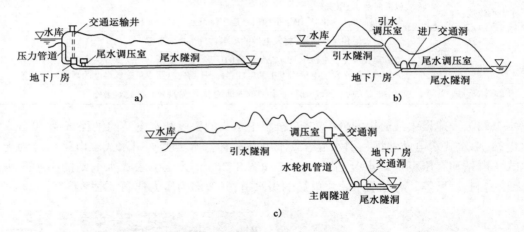

图 8.38 地下电站及尾水隧洞的布置方式

渠系建筑物是为安全输水、合理配水、精确量水,以达到灌溉、排水及其他用水目的而在渠道上修建的水工建筑物,渠系建筑物类型及功能见表 8.7。渠系建筑物的形式主要根据灌区规划要求、工程任务,并全面考虑地形、地质、建筑材料、施工条件、运用管理、安全经济等各种因素后,进行比较确定。当前我国渠系建筑物的发展趋势是向轻型化、定型化、装配化及施工机械化等方面发展。

渠系建筑物的类型及功能   表 8.7

渠系建筑物类型	功　　能
渠系	分干、支、斗、农四级构成渠道系统; 人工开挖或填筑的水道,用来输送水流,以满足灌溉、排水、通航或发电等需要
调节及配水建筑物	包括如节制闸、分水闸、斗门等; 渠系中用以调节水位和分配流量的建筑物

续上表

渠系建筑物类型	功　能
交叉建筑物	分平交建筑物与立交建筑物； 输送渠道水流穿过山梁和跨越(或穿越)溪谷、河流、渠道、道路时修建的建筑物,分平交建筑物与立交建筑物两大类
落差建筑物	包括跌水、陡坡、跌井等； 在地面落差集中或坡度陡峻地段所修建的连接上下游段的建筑物
渠道泄水及退水建筑物	为了防止渠道水流由于超越允许最高水位而酿成决堤事故,保护危险渠段及重要建筑物安全,放空渠水以进行渠道和建筑物维修等
冲沙和沉沙建筑物	包括沉沙池、冲沙闸等； 为防止和减少渠道淤积而在渠首或渠系中设置的冲沙和沉沙设施
量水建筑物	按用水计划准确而合理地向各级渠道和田间输配水量
专门建筑物及安全设施	服务于某一专门目的而在渠道上修建的建筑物称专门建筑物,包括通航渠道上的船闸、码头、船坞、安全设施及利用渠道落差修建水电站和水力加工站等

　　港口水工建筑物的设计和施工与一般水工建筑物有许多共同之处。波浪、潮汐、水流、泥沙、冰凌等动力因素对港口水工建筑物的作用及环境水(主要是海水)、海洋生物对建筑物的腐蚀作用,在确定建筑物荷载、平面布置和结构设计方案时应予充分考虑(图8.39),并采取相应的防冲、防淤、防冻、防腐蚀等措施,其具体内容可参见港口工程。

图8.39　一般港口水工建筑物

　　过坝设施是在水利枢纽中为船只、木材、鱼类过坝(闸)而建的设施的总称。按过坝的目的,过坝设施可分为三类:过船设施、过木设施和过鱼设施;按上述设施的过坝方式,又可将过坝设施分为水力过坝设施和机械过坝设施两类。其中过船设施又常称为通航设施,分为船闸与升船机两种基本类型。船闸以水力浮运船只过坝,常见的有单、多级船闸和单、多线船闸;根据其闸室形式可分为广厢式、井式和省水式等。

　　升船机是将船开进承船厢,利用水力或机械运送承船厢过坝(图8.40),根据承船厢内有无水,其可分为湿式和干式。过船设施形式的选择与布置,要根据过坝运输量、船型、船队、上下游水位差及其变幅、水文地形地质条件、枢纽建筑物的形式及其布置,经过技术经济综合比较确定。

图 8.40　升船机现场照片

常见的木材过坝设施有放木道、筏道和各种过木机(图 8.41)。每个具有过木任务的枢纽可根据过坝木材的数量、流放方式、木排形式、规格或原木的尺寸、过木季节及其强度、坝上下水位差、水位变幅、水文地形地质条件、枢纽建筑物形式等选用适宜的过坝设施,以满足在水利枢纽建成后的木材流放工艺要求。

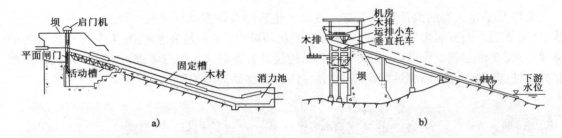

图 8.41　放木道及过木机

过鱼设施是供鱼类洄游通过水闸或坝的人工水槽(图 8.42),水利枢纽中兴建过鱼设施已有数百年历史,但直到 20 世纪 30 年代,过鱼设施的研究和建设才开始有较大发展。我国从50 年代后期陆续在水利枢纽中兴建过鱼设施。过鱼设施主要有鱼道、鱼闸和升鱼机,可根据过坝鱼类的品种、数量和鱼的习性及枢纽的特性等条件选用。

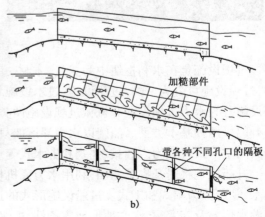

图 8.42　鱼道现场照片及示意图

20世纪以来,水工建筑物在世界各国发展迅速,规模也越来越大。我国在建及拟建水工建筑物与已建成的相比,无论在形式上、规模上都有较大的改进和提高,如土石坝的高度将从100m提高到近200m,而混凝土坝的高度则将达到250m;电站装机容量将达到300万~400万kW,甚至1 000万kW以上;一些中、低水头的抽水蓄能或混合式抽水蓄能电站已开始兴建(图8.43);一些大规模引水、供水、灌溉等工程亦将相继投入实施。

a)

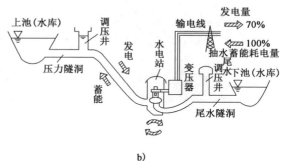
b)

图8.43　天荒坪抽水蓄能电站及示意图

对全世界而言,水工建筑物的前景是向高水头、大容量、新材料、新结构等方面发展。随着施工技术不断提高和大型、高效施工机械及高速、大容量电子计算机的使用,高拱坝、高土石坝、碾压混凝土坝、深埋隧洞及大型地下建筑物等的设计和研究将会有较快的进展。此外,预制构件装配化的中小型水工建筑物的应用,以及水工建筑物监测和管理调度技术等也将随之有较大发展。

8.2.4　世界著名水利工程

(1)三峡水利工程

三峡工程是中国、也是世界上最大的水利枢纽,在工程规模、科学技术和综合利用效益等多方面都位居世界超级工程的前列,是治理和开发长江的关键性骨干工程。三峡河段全长约200km,上起四川奉节白帝城,下迄湖北宜昌南津关,由瞿塘峡、巫峡、西陵峡组成。选定的坝址位于西陵峡中的三斗坪镇(图8.44),在已建成葛洲坝水利枢纽上游约40km处。

图8.44　三峡工程大坝坝址

281

长江三峡水利枢纽工程位于长江西陵峡中段(图8.45),主要由大坝、水电站、通航建筑物等三大部分组成。拦河大坝为混凝土重力坝,坝轴线全长2 309m,坝顶高程185m,最大坝高181m,坝址控制流域面积100万 km^2,多年平均年径流量4 510亿 m^3,多年平均年输沙量5.3亿t。设计正常蓄水位175m,总库容393亿 m^3,其中防洪库容221.5亿 m^3。它具有防洪、发电、航运等巨大的综合效益。

图8.45 三峡水利工程全景

①防洪

兴建三峡工程的首要目标是防洪,20世纪以来长江流域的洪灾情况见表8.8,三峡水利枢纽是长江中下游防洪体系中的关键性骨干工程。其地理位置优越,可有效控制长江上游洪水。三峡水库全长600余公里,平均宽度1.1km;水库面积1 084 km^2,可削减洪峰流量达2.7万~3.3万 m^3/s,将对长江中下游的防洪形势起决定性作用,可使荆江河段防洪标准由现在的约十年一遇提高到百年一遇。

20世纪以来长江流域洪灾情况　　　　　　　　　　　　　　表8.8

年份(年)	长江洪灾
1931	受灾面积达13万 km^3,淹没农田5 089万亩,被淹房屋180万间,受灾民众2 855万人,被淹死亡者达14.5万人,估计损失银元13.45亿元
1935	1935年洪灾,长江中下游淹水灾区8.9万 km^2,湖北、湖南、江西、安徽、江苏、浙江六省份均受灾,淹没农田2 263万亩,受灾人口1 000万人,淹死14.2万人,估计损失3.55亿银元
1949	1949年灾情,长江中下游地区受灾农田2 721万亩,受灾人口810万人,淹死5 699人
1954	1954年灾情,长江中下游共淹农田4 775万亩,受灾人口1 888.4万人,被淹房屋427.66万间,淹死33 169人,受灾县市123个,京广铁路不能通车达100天
1998	1998年全流域性洪水,国家动员大量人力、物力,进行了近3个月的抗洪抢险,全国各地调用130多亿元的抢险物资,高峰期有670万群众和数十万军队参加抗洪抢险,但仍有重大损失,湘、鄂、赣、皖四省共溃决堤坝1 975座,淹没耕地23.9万公顷,受灾人口231.6万人,死亡人口1 526人

每年6月上旬末,水库水位降到145m,175~145m间的落差使得水库空出221.5亿 m^3 的容量调控洪水。汛期,当上游来水汹涌,下游河道可能出现险情时,水库拦洪蓄水,抬高库水位;洪峰过去,危险排除后,水库又开始排水,使水位仍降至145m运行,腾出防洪库容,迎接下一次洪峰。到10月,防洪压力减小时,水库开始蓄水,水位逐步升高至175m运行,使水电站按电网调峰要求运行。三峡工程每年防洪的直接经济效益将达22亿~25亿元。若遇特大洪水,一次即可减少淹没损失几百亿元。

2015年,三峡水库来水较多年平均值偏枯16.3%,三峡水库累积为下游补水189天,补水总量291亿m³,日均补水流量1 780m³/s,有效缓解了长江中下游生活、生产、生态用水的紧张局面。

2016年6月30日,受长江上游干流、乌江来水及三峡区间暴雨洪水共同影响,三峡水库入库流量迅速上涨,7月1日14时,三峡水库迎来2016年"长江1号"洪峰,峰值达5万m³/s,洪水经三峡水库调度调蓄后,以3.1万m³/s的流量匀速下泄,最大削峰1.9万m³/s,近四成的洪水流量被削减,避免了长江上游的洪水与中下游洪水的叠加,减轻了长江中下游的防洪压力(表8.9)。

2016年长江1号洪峰时三峡大坝出入库流量 表8.9

日 期	入库(m³/s)	出库(m³/s)
6月10日(平时)	18 000	20 000
6月30日14时	31 000	29 900
6月30日14时	50 000	31 000
6月30日14时	39 000	30 300

②发电

三峡电站总装机容量2 250万kW,年平均发电量847亿kW·h,相当于10座大亚湾核电站的发电量;平均每台机组年发电32亿kW·h,这相当于一个百万人口城市的全年用电量,三峡电能可"照亮半个中国"。它将为经济发达、能源不足的华东、华中和华南等地区提供可靠、廉价、清洁的可再生能源,对经济发展和减少环境污染起到重大作用。

三峡电站第一台机组于2003年7月10日正式并网发电,2012年7月4日全部机组投产,2015年三峡电站全年发电870.07亿kW·h,相当于减少2 740.72万t标准煤消耗,减少7 035.43万t二氧化碳排放。

③航运

三峡工程蓄水后,将加深重庆至宜昌天然航道的水深,水库回水到重庆,形成深水航道,平均水深为70m,最大水深达170m,淹没所有滩险、单航段和牵引段,航道将平均扩宽至1 100m,比建库前航道宽度拓展约1倍,回水区流速减慢50%。三峡水库将显著改善宜昌至重庆的长江航道,万吨级船队可直达重庆港。航道单向年通过能力可由现在的约1 000万t提高到5 000万t,运输成本可降低35%~37%。经水库调节,宜昌下游枯水季最小流量可从现在的3 000m³/s提高到5 000m³/s以上,使长江中下游枯水季航运条件得到显著改善。

通航建筑物包括永久船闸和升船机,均位于左岸山体内。永久船闸为双线五级连续梯级船闸,是目前世界上规模最大、级数最多、总水头最高、施工难度最大的船闸(图8.46),总长6 442m。船闸单级闸室有效尺寸为280m×34m×5m(长×宽×坎上最小水深),可通过万吨级船队。截至2015年,三峡船闸连续12年实现安全高效运行,过闸实载货运量首次双线均突破5 000万t,货运总量达到1.11亿t。

另外一种船舶过坝方式是通过升船机完成。2015年三峡升船机土建施工和金结机电安装全部完成,成功实现首次实船通航试验(图8.47)。三峡升船机为国内首次采用齿轮齿条爬升平衡重式垂直升船机,过船规模为3 000吨级,最大提升总质量达1.55万t,升船机承重塔柱高达146m,支撑着承船厢垂直升降最大高度113m,是目前技术难度最高、规模最大的升船机。目前,船舶经过三峡五级船闸需要3~4h;而升船机通过时间在40~60min之间。

三峡工程是世界上最大的水电站,三峡工程在工程规模、科学技术和综合利用效益等方面都位居世界超级工程的前列,创造了人类文明史上的旷世奇观。

图 8.46　三峡工程永久船闸

图 8.47　三峡工程升船机

（2）伊泰普水利枢纽工程

　　伊泰普水电站是当前世界上仅次于三峡水电站的巨型水利枢纽工程（图 8.48），其位于巴西与巴拉圭交界的巴拉那河上，除发电外兼有航运功能，控制流域面积 82 万 km^2，年径流量为 2 860 亿 m^3。主坝为混凝土双支墩大头坝，最大坝高 196m，长 1 064m，为世界最高的大头坝。其右有混凝土翼坝、最大泄洪量为 62 200m^3/s 的混凝土溢流坝和土坝，其左有导流控制坝段、堆石坝和土坝。电站总库容 290 亿 m^3。主坝下游侧发电厂房的水轮发电机组单机容量 70 万 kW，居世界之首，总装机容量为 1 260 万 kW，年发电量 790 亿 kW·h。在右岸预留有船闸位置。该工程于 1975 年开工，1991 年竣工，历时 16 年，耗资 170 多亿美元。

图 8.48　伊泰普水利枢纽工程

这座雄伟的大坝将巴拉那河拦腰截断,形成深 250m、面积达 1 350km² 、总蓄水量为 290 亿 m³ 的人工湖(图 8.49)。伊泰普水电站的建成也改变了当地的自然景观,河道上游的风景点七星瀑布被淹在水底,下游鱼产量减少。但新形成的巨大人工湖,可发展旅游业和渔业,整个库区年产鱼可达 40 万 t。库区还建有 6 个生态保护区,总面积为 9.2 万公顷。

图 8.49 伊泰普水电站周边环境

水电站主坝为混凝土空心重力坝,高 196m、长 1 500m。右侧接弧形混凝土大头坝,长 770m。左接溢洪道,溢洪闸长 483m,最大泄洪量为 62 200m³/s。两岸还接有堆石坝、土坝,整个水电站坝身长 7.7km,坝高 196m。大坝的西侧是水库的溢洪道,十几道闸门敞开,库水能以 4.6 万 m³/s 的流量倾泻而出,飞卷的波浪高达几十米,形成一道壮丽的人工瀑布,蔚为壮观。从近处看,全长 7 744m 的大坝就像一座钢筋混凝土铸就的长城,笼罩在浪花掀起的雾气下。大坝外壁的 18 个巨型管道是 18 个发电机组的注水管,每根管道的直径 10.5m,长 142m,每秒注水 645m³(图 8.50)。

图 8.50 伊泰普水电站泄洪

(3)胡佛大坝

胡佛大坝位于美国西南部城市拉斯维加斯东南 48km 亚利桑那州与内华达州交界处,跨越科罗拉多河(图 8.51)。大坝为拱形混凝土大坝,混凝土浇筑量为 260 万 m³,大坝高 221m,是当时世界上最高的拱形坝;而坝顶长只有 379m,至今仍然是世界高坝中长度最短的大坝。胡佛大坝在世界水利工程中占有重要的地位,为美国最大的水坝,并被赞誉为"沙漠之钻"。

图 8.51　胡佛大坝

　　胡佛大坝是实心坝(图 8.52),所用水泥 333 万 m³,加上钢材总质量达 660 万 t,足以修建一条从美国西海岸旧金山到美国东海岸纽约的双车道高速公路。

图 8.52　胡佛大坝坝身

　　而胡佛大坝建成后,科罗拉多河再没有出现洪水灾难,坝建成后形成的人工湖(米德湖)是西半球最大人工湖(图 8.53),它每年提供 10 亿加仑(约 37.854 亿升)淡水,用以浇灌亚利桑那州和加利福尼亚南面的土地,把科罗拉多河三角洲地区变成美国著名的蔬菜和水果基地。

图 8.53　胡佛大坝建成后形成的人工湖米德湖

　　胡佛水力发电厂位于坝后,共安装 19 台发电机组,其中 2 台自用,在水库底部的发电厂设置 17 部发电机,能产生 135 万 kW 电能,每年产生 2 080MW 电能,足够邻近地区 150 万人使用一年,其装机容量居美国之首。4 座进水塔建在坝前水库中,4 条直径为 9.14m 的总输水管和 19 条直径为 3.99m 的压力钢管均安装在两岸的隧洞中。

胡佛水利枢纽具有灌溉、商业供水、电力、休闲等经济和社会效益。但是,大坝对生态环境 也有很多的不利影响:淹没耕地和矿产资源,淹没森林、草原和野生动物栖息地;阻断江河,影 响航运和鱼类洄游;影响陆生和水生生态系统,损害生物多样性等。为此,当地政府将河水引 进科罗拉多河的某些低洼地区,为当地和外来的野生动物提供保护区或滞水区,以便恢复由于 修建胡佛大坝而破坏的生态环境。

8.3　水利工程设计与施工

水利工程在地区和全国的经济系统和社会系统中均占有重要地位。现代水利工程具有以 下特点:①受自然条件制约,工作条件复杂多变;②施工难度大,对环境和自然的影响大;③社 会、经济效益高,与经济系统联系密切;④工程失事的后果严重等。

8.3.1　水利工程设计的任务和特点

(1)水利技术工作

水利技术工作包含多方面的任务,可分为:

①勘测。为水利建设事业勘察、测位、收集有关水文、气象、地质、地理、经济及社会信息。

②规划。根据社会经济系统的现实、发展规律及自然环境,确定除水害、兴水利的工程 布局。

③工程设计。根据掌握的有关资料,利用科学技术,针对社会与经济领域的具体需求,设 计水利工程(水利枢纽及水工建筑物)。

④工程施工。结合当地条件和自然环境,组织人力、物力,保质、按时完成建设任务。

⑤工程管理。为实现各项兴利除害的目标.利用现代科学技术,对已建成的水利工程进行 调度、运行以及对工程设施的安全监测、维护及修理、经营等工作。

⑥科技开发。密切追踪科学技术的最新成就,针对水利工程建设中存在的问题,创造和研 究新理论、新材料、新工艺、新型结构等,以提高水利工程的科学技术水平。

(2)水利工程设计

水利工程与机械工程、电气工程等相似,都遵循大体一致的规律,其共同点是设计一个人 工系统。一般经历下述几个步骤:技术预测→信息分析→科学类比→系统分析→方案设计→ 功能分析→安全分析→施工方案→经济分析→综合评价。

在设计过程中,有的步骤可能不是很明显,有的步骤会有重复、反馈、修改的循环。但无论 大到水利枢纽或者它的组成部分水工建筑物,或者小到局部的构件,每一个层次的设计大都经 历类似的过程。

近代科学技术分支(如系统论、信息论、控制论)的形成,推进了对设计工作共性的研究, 提炼出普遍适用的技术,发展成有关的新兴学科。例如,搜集资料提取信息的信息工程,分析 系统特性的系统工程,结构功能分析的有限元法,安全性分析的可常度理论,模型试验、数学模型及算法,结构定型及施工管理的优化算法,模拟人的活动的计算机辅助设计(CAD)系统及专家决策系统等,这些新兴学科在革命性地改变着设计工作的面貌,从经验型定性判断走向智能型定量决策,工程师今后可以方便地运用各门学科的知识和手段进行工作,因为现代学科的各种基本方法都可以形成知识性软件,工程师只要做到正确地提出问题,给出清楚的描述,严格地运行软件,就能得到明确的答案。由此,工程师可以摆脱繁重的手工数字演算,能集中精力致力于方案比较和创新。

除了上述的共同点之外,水利工程设计也有其自身的特点,主要是:

①个性突出。几乎每个水利工程都有其独特的水文、地形、地质等自然条件,设计的工程与已有的工程的功能要求即使相同,也不可套用,只能借鉴已有工程的经验。

②工程规模一般较大,风险也大。水利工程几乎不容许采用在原型上做试验的方法来选择、决定最理想的结构。模型试验、数学模型仿真分析都很必要,也能起到很好的参考作用,但还都不能达到与实际工程的高度一致。因此,在水工设计中,经验类比还是一种重要的决策手段。

③重视规程、规范的指导作用。由于设计还没有摆脱经验模式,因此,设计工作很重视历史上国内外水工建设的成功经验和失败教训,用不同的形式总结为规范条文,以期能传播经验,少走弯路。

④在施工过程中,不可能以避让的方式摆脱外界的影响。水工建筑物经常会在未竣工之前,由已建成的部分结构承担各种外部作用。据统计,108座大坝失事,有16.7%是在施工过程中,有26.8%是在建成后第一次蓄水时发生。水工建筑物是一个逐步建造的结构,建筑物边施工、边工作,因此,必须充分考虑各个施工阶段的工程状态,保证各阶段结构安全。

(3)设计工作类型

按照设计工作中有无参考样本或已有工程经验的情况,可以将水利工程设计分为下述几种类型:

①开发型设计。设计时根据对建筑物的功能要求,工程师在没有样板设计方案及设计原理的条件下,创造出在质和量两方面都能满足要求的建筑物新型方案。这种设计工作的风险最大,投入最多。

②更新型设计。在建筑物总体上采用常规的形式和设计原理的同时,改进局部的建筑物设计原理,使其具有新的质和量的特征。例如,在我国推广的碾压混凝土坝、面板堆石坝以及我国创造的宽尾墩消能工等,都在局部范围内采用了新的设计原理。

③适配型设计。设计中的建筑物采用常规的设计原理和形式,研究和选定结构的布置、尺寸和材料,达到适合当地自然环境、地质、地形条件、施工条件及功能要求的常规设计。

依创造性水平来评判,开发型设计最富创造性,但是评价工程设计优劣的标准是它的适用性、安全性、经济合理性,而不是单纯地求新,应摒弃刻意的标新立异。

8.3.2　水工建筑物设计步骤

(1)水工建筑物设计

水利工程建设的全过程是一个系统活动,水工建筑物设计是一个专门而系统的设计,也遵循一般系统设计工作的过程。水利工程建设系统大致如图8.54所示,社会经济和自然环境是系统的外部,与系统相互作用。社会经济条件决定了水利工程的功能要求及资金、人力的投入量,自然环境条件将影响可能动用的物力资源、结构形式及工作特点等。

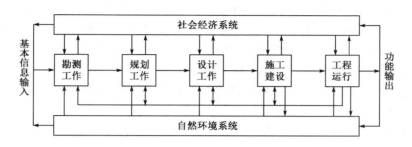

图8.54 水利工程建设系统

在水利工程建设过程中,建筑物设计仅是其中间的一个环节,一个子系统活动。因此,设计时要有全面的观点,做到统筹安排,使工程建设达到全局最优。在设计阶段应及时与外部系统及相关环节沟通反馈,如通过成本及功能分析、投资及风险分析等水利经济分析成果与社会系统沟通,通过工期安排、安全度分析、施工导流方案、环境影响评价等与相关环节传递信息。水利工程建设是多环节协作完成的,经过勘测、规划、设计、施工、运行管理等各阶段的工作,才能最终达到兴利除害的目标。工程规划和建筑物设计是中间的关键环节,设计者要从全局的高度,统观各建设阶段的工作来考虑问题、提出问题并加以解决。例如,设计者必须了解勘测工作,结合对水工建筑物形式及枢纽布局的设想,有针对性地提出对勘测内容的要求,正确评价勘测得到的信息。能够熟知各种可供借鉴的建筑物,周密提出对比方案,进而做出正确规划。设计水工建筑物,应同时考虑它的施工方法和步骤,用以衡量方案的优劣。为了工程管理便利及运转灵活可靠,在设计中要为调度、运行人员的工作、生活条件进行周到的安排。

(2)设计阶段的工作步骤

水利枢纽工程在设计阶段的主要工作步骤如下:

①收集资料及信息。如水文、气象、地形、地质资料,地区经济资料,施工力量,资金渠道,国家及地方的有关政策及法规等。

②明确工程总体规划及其对枢纽和建筑物的功能要求,这是设计工作的目标。

③提出方案。以初步选择的建筑物形式为基础,考虑其与外部的联系和制约条件(如与其他建筑物的配合,与施工、监理、投资等的关系等),修正并提出可行方案。

④筛选可行的比较方案。

⑤对方案进行分析、比较、评价,选定设计方案。

⑥对建筑物进行优化定型及设计细部构造。

⑦初定建筑物的施工方案。

⑧对方案进行评价及验证。

至此,设计任务即告完成,根据建筑物的设计图纸即可组织施工。但是,应当继续关注工程的施工、管理、使用及原型监测的情况;通过实践检验设计工作的得失,及时总结,必要时加以纠正,如此不懈地努力,才能高水平地建成水利工程。为了提高水工设计的质量,需要提倡动态的设计方法,建立动态反馈机制。

设计工作是子系统活动,是大系统活动中的一个阶段,因此,在设计的全过程中,时刻都要在大系统背景下考虑以下方面:

①建筑物的功能,即预期的目的、应起的作用、产生的效果和影响。建筑物必须实现其功能,挡水坝的功能较单一,主要是挡水蓄水,在坝高确定之后,可根据安全及经济要求选定形式和尺寸,但是水利枢纽中的大部分建筑物,如溢洪道、水闸、放水孔或隧洞等,其使用要求各异,应当尽量满足。专门的建筑物,如电站、船闸等,也应满足其使用要求。

②系统的输入。主要是指需要由建筑物控制调节的水流,还有其他的物流(如航运、泥沙)、能流和信息流等。

③系统的输出。诸如输出的水流和电能等,以及对输出的质和量的要求。

④枢纽、建筑物的构成和配置。

⑤建筑物的环境。外部环境对工程建设和日常运行的影响及其发展趋势,工程对环境潜在的长期影响等。

⑥系统的条件。工程建设及运用期所需的资金、人力、物力等。

具体到某一类水工建筑物,通常的设计内容及流程如图8.55所示。

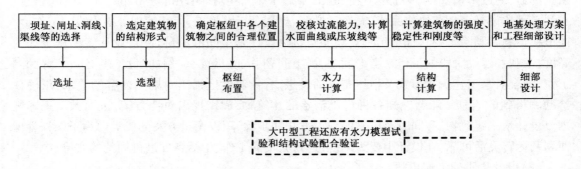

图 8.55　一般水工建筑物设计流程

为使水工建筑物的安全度、重要性和工程造价相协调,即在保证一定安全度的前提下,做到经济合理,需要对枢纽中的各个建筑物按其作用和重要性进行分级。对不同级别的建筑物,在抵御洪水能力、强度和稳定安全系数、建筑材料和运行可靠性等方面应有不同的要求。级别高,要求也高;级别低,则可适当降低要求。我国水工建筑物分为五级,具体级别划分见表8.10。

我国水工建筑物级别的划分　　　　　　　　　　　　　　表 8.10

工 程 等 别	永久性建筑物级别		临时性建筑物级别
	主要建筑物	次要建筑物	
一	1	3	4
二	2	3	4
三	3	4	5
四	4	5	5
五	5	5	

水利工程中的水工建筑物可分为永久性建筑物和临时性建筑物,其中永久性建筑物指

的是水利枢纽工程运行期间使用的建筑物,根据其重要性分为主要建筑物、次要建筑物。主要建筑物指的是失事后将造成下游灾害或严重影响工程效益的建筑物,如坝、泄洪建筑物、输水建筑物及电站厂房等;次要建筑物指的是失事后不致造成下游灾害或对工程效益影响不大并易于修复的建筑物,如失事后不影响主要建筑物和设备的挡土墙、导流墙、护岸等。临时性建筑物是指水利枢纽工程施工期间所使用的,临时修筑的建筑物,如围堰、导流隧洞、导流明渠等。

8.3.3 水工建筑物设计的规范体系

(1)标准的基本概念

标准就是衡量各种事物的客观准则,是指在一定范围内获得最佳秩序,对活动或其结果规定共同的和重复使用的规则、导则或特性的文件。该文件经协商一致制定,并经一个公认机构批准。标准的主要特性为:①具有法规性;②标准文件具有统一的格式;③标准是利益双方协商一致的结果。制定标准的过程隐含着有关各方面的多种因素,因此,标准反映的水平不一定是当地最高水平。

1947 年,国际标准化组织(ISO)成立,它是世界上最大的民间组织机构,是世界上最高一级质协组织。ISO 与联合国有着密切联系,但不从属于联合国,是联合国的甲级咨询组织。ISO 的宗旨是:在世界范围内促进标准化工作的发展,以便于国际物资交流和互助,并扩大在文化科学、技术和经济方面的合作。ISO 的最高权力机构是全体会员大会。

(2)国际标准

1998 年,国际标准化组织正式发布了《结构可靠性总原则》(ISO2394)。这一国际标准是指导工程结构设计标准按概率极限状态设计法进行修编的一个国际基本文件。首次明确提出了工程结构设计采用概率极限状态设计法和分项系数设计表达式的具体规定;首次提出了设计寿命的概念,并对各种结构给出了相应的设计寿命的规定。在《结构可靠性总原则》(ISO2394)的附录 E"基于可靠性设计的总原则"中,对承载能力极限状态、正常使用极限状态、疲劳极限状态,分别给出了目标可靠指标 β 的取值建议。例如,对于承载能力极限状态不同的安全级别,建议目标可靠指标分别采用 β 等于 3.1、3.8 和 4.3,我国《水利水电工程结构可靠度设计统一标准》中的取值,与其十分接近。

世界上许多国家并无很多规范,尤其是由政府颁发的就更少,多是一些权威性的学术团体制定的标准与规定,例如美国土木工程学会 1989 年组织编写的《水电工程规划设计土木工程导则》。该导则的第一卷为《大坝的规划设计与有关课题——环境》、第二卷为《水道》、第三卷为《厂房及有关课题》、第四卷为《小型水电站》、第五卷为《抽水蓄能和潮汐电站》。该导则着重介绍了相关水工建筑物设计的实践经验和技术发展,也包括了大量的运行经验。

(3)中国标准

我国的标准分为:国家标准、行业标准、地方标准、企业标准。保障人体健康和人身、财产安全的标准和法律、行政法规规定执行的标准是强制性标准,其他标准是推荐性标准。

经过 50 余年的水利水电工程建设,水利水电勘测设计标准已基本形成了较完整的体系,2001 年水利部发布的《水利技术标准体系表》列出水利技术标准 615 项,这些标准覆盖了水利水电工程各专业主要技术内容,是勘测、设计、工程项目审查、咨询、评估、工程安全鉴定以及工程施工、验收、运行管理的基本依据。《水利技术标准体系表》中具体专业门类有:综合、水文、水资源、水环境、水利水电、防洪抗旱、供水节水、灌溉排水、水土保持、小水电及农村电气化、综合利用等。

1995 年颁布的《电力标准体系表》中涉及水力发电工程的标准有 402 项。

水工建筑物失事不仅意味着工程本身的破坏,而且还会造成社会财产损失和众多生命死亡。对于高坝大库的失事,后果还将影响生态,对社会系统也会造成破坏。为加强建设工程质量管理,我国 2000 年发布了《建设工程质量管理条例》,对违反强制性技术标准的后果做出了严格的规定。为《建设工程质量管理条例》的具体实施提供技术依据而编写的《工程建设标准强制性条文(水利工程部分)》(以下简称《条文》)已在 2000 年颁布,是由现行水利技术标准中直接涉及人民生命财产安全、人身健康、环境保护和其他公众利益的、必须严格执行的强制性规定摘录而成。《条文》于 2002 年进行了修订,并于 2004 年 10 月 1 日颁布。新版《条文》共分 7 篇,即设计文件编制,水文测报与工程勘测,水利工程规划,水利工程设计,水利工程施工,机电与金属结构,环境保护、水土保持与征地移民。

8.3.4 水利工程施工概述

水利工程施工阶段是把改造江河湖泊的蓝图变为现实的重要阶段。施工阶段的主要任务是:充分发挥施工人员的能动性和创造性,把包括能源、原材料和设备在内的各种物资进行科学的组织、筹划和管理,用最少的人力、物力、财力和最短的时间,把设计付诸实施。在工程施工中要做到安全、优质、快速和经济,这就要求对施工技术、施工机械和施工组织管理三个方面不断进行研究和总结。正因为如此,水利工程施工通常又可分为水利工程施工技术、水利工程施工机械化和水利工程施工组织与管理三个部分。对于水利工程快速经济施工来说,这三者相辅相成、缺一不可。

在建筑物设计阶段就应当认真分析比较施工方案,施工方法和进度必须与水利枢纽施工导流协调一致,全面统筹安排。对建筑物在施工期的工作状况应当仔细、全面地分析研究,不容忽视,因为水工建筑物施工期限较长,有的长达 10 年以上,建筑物的抗力在施工期较差,而某些作用的最大值是在施工期出现的。应当指出的是,精心安排的设计,常可做到在施工期中提前蓄水,兴利发电。如三峡工程,1994 年正式动工兴建,施工期定为 18 年,经科学合理的施工组织与安排,2003 年 6 月 1 日即开始蓄水发电,于 2009 年全部完工,经济效益非常显著。

水利工程施工技术主要包含爆破工程施工、地基开挖与处理、灌浆工程施工、土石坝施工、地下建筑工程施工、大坝混凝土施工与温度控制、水电站厂房施工等内容。为正确运用水利工程施工技术,必须结合水利工程施工特点,特别是大型水利工程的施工特点。这些特点主要有以下几个方面:

(1)水利工程施工多是在江河上进行的,受地形、地质、水位地质、水文和气象条件的限制比较大。

(2)大型水利工程一般是多目标开发的综合性工程,有巨大的经济效益和社会效益。其施工过程对社会、政治、经济和生活环境的影响很大,因而受这些因素的制约也很大。

(3)大型水利工程施工所需材料、设备和生活资料的数量巨大,而其往往又地处高山峡谷,交通不便,因而合理解决场内外的交通运输问题,对于整个工程快速经济施工具有关键性的影响。

(4)大型水利工程一般在上游形成相当大的库容,其挡水建筑物一旦失事会给下游一定范围内带来毁灭性的灾难。因此,在施工中应高度重视工程质量问题,并采取切实的措施确保工程质量。

(5)大型水利工程通常包括许多单位工程,各单位工程又由若干分部分项工程组成。在各单位工程之间、各分部分项工程之间,存在某种必然关系。施工人员对这种关系要有正确而充分的认识,方能最大限度地减少其相互干扰,进行连续、均衡、有节奏和高效率的施工。

随着我国社会主义建设事业的发展,改革开放的不断深入,我国水利工程施工技术得到了长足的进步。尤其是近十几年以来,在以下方面成绩显著:①碾压混凝土坝与钢筋混凝土面板堆石坝两种新坝型的配套施工技术;②地下厂房大断面开挖和支护成套技术;③隧洞快速掘进、滑模、钢模及组合大模板;④混凝土预冷技术;⑤新的钻爆技术;⑥大吨位锚索;⑦防渗墙快速造墙技术。

8.4　水利工程发展趋势

我国政府始终重视国民经济建设,经过将近70年的发展,取得了举世瞩目的伟大成就,从曾经的一穷二白逐步发展成为国内生产总值世界第二的国家,人民生活发生了天翻地覆的变化。与此同时,我国水利事业也得到了蓬勃发展,从起初的落后水平逐步发展成为水利大国、水利强国,在水利建设、管理、科学研究、先进技术应用等方面,接近或达到国际先进水平。在未来几十年,水利工程的发展趋势主要有以下几个方面。

(1)"海绵城市"建设

随着城市化的快速发展,城市建设与水争地,侵占河道,填埋河湖湿地,城市水面面积减少。如今我国许多城市面临着城市雨洪、城市内涝(图8.56)、雾霾污染、水生物栖息地丧失等一系列严重生态问题。由于道路、地面硬化,70% ~ 80%的降雨形成径流,仅有少部分雨水能够入渗地下,破坏了自然生态,导致逢雨必涝、遇涝则瘫、城里看海和雨后即旱、旱涝急转、逢旱则干、热岛效应(图8.57),带来了一系列问题。

图8.56　城市内涝

图8.57　热岛效应

海绵城市示意图如图 8.58 所示,即城市能够像海绵一样,在适应环境变化和应对自然灾害等方面具有良好的"弹性",下雨时吸水、蓄水、渗水、净水,需要时将蓄存的水"释放"并加以利用,提升城市生态系统功能和减少城市洪涝灾害的发生。海绵城市建设应遵循生态优先等原则,将自然途径与人工措施相结合,在确保城市排水防涝安全的前提下,最大限度地实现雨水在城市区域的积存、渗透和净化,促进雨水资源的利用和生态环境保护。

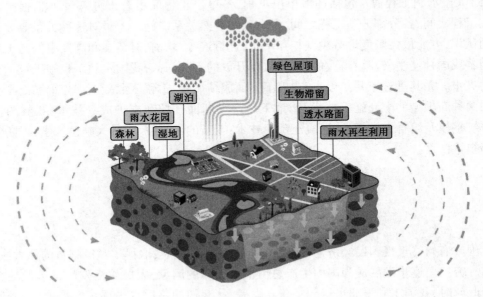

图 8.58　海绵城市示意图

建设"海绵城市"并不是完全取代传统的排水系统,而是对传统排水系统的一种"减负"和补充,最大程度发挥城市本身的作用。在海绵城市建设过程中,优先采取植草沟、渗水砖、雨水花园、下沉式绿地等"绿色"措施来组织排水,以"慢排缓释"和"源头分散"控制为主要规划设计理念,既避免了洪涝,又有效地收集了雨水。同时,还应统筹自然降水、地表水和地下水的系统性,协调给水、排水等水循环利用各环节,并考虑其复杂性和长期性。建海绵城市就要有"海绵体",城市"海绵体"既包括河、湖、池塘等水系,也包括绿地、花园、可渗透路面这样的城市配套设施。雨水通过这些"海绵体"下渗、滞蓄、净化、回用,最后剩余部分径流,通过管网、泵站外排,从而有效提高城市排水系统的标准,减缓城市内涝的压力。

国务院办公厅出台《关于推进海绵城市建设的指导意见》指出,采用渗、滞、蓄、净、用、排等措施,将 70% 的降雨就地消纳和利用。目前,全国已有 130 多个城市制定海绵城市建设方案,确定的目标核心是通过海绵城市建设,使 70% 的降雨就地消纳和利用。围绕这一目标确定的时间表是到 2020 年,20% 的城市建成区达到这个要求。如果一个城市建成区有 $100km^2$ 的话,至少有 $20km^2$ 在 2020 年要达到这个要求。到 2030 年,80% 的城市建成区要达到这个要求。

(2)生态水利工程建设

生态水利建设工程如图 8.59 所示,其工作包括:①遵循"节水优先"原则,崇尚节水文化,全面建成节水型社会;②全面落实最严格水资源管理制度,保障水资源可持续利用;③健全水资源保护与河湖健康保障体系,保护生态环境;④优化水资源开发格局,促进水资源与经济社会和谐发展;⑤深化水利改革,加强水生态文明制度建设,为生态水利建设提供制度保障;⑥加强水文化建设,逐步形成全社会生态文明文化伦理形态。

图8.59 生态水利工程建设

为了支撑"生态水利工程"建设工作,水利科技重点研究方向应包含以下几点:①支撑生态水利建设的生态学基础研究;②以生态水利建设为目标的水资源保障技术;③综合节水技术及节水型社会建设研究;④水资源保护与生态建设关键技术;⑤水资源与经济社会发展和谐调控理论与技术;⑥适应生态水利建设的法律政策制度研究;⑦水文化传承创新与水生态文明建设研究。

（3）建立可靠的水资源供给保障体系

水资源管理是一项复杂的系统工程,而目前仍主要依靠行政手段进行管理。随着水资源供需矛盾的加剧和市场经济体制的逐步深化,现有单一行政管理手段难以满足"依法治水、依法管水"的要求。同时,由于水资源的所有主体(国家)唯一而使用权主体多元化,水资源与水环境管理责、权、利界定不清,水价、排污费标准太低,造成水资源使用效率低和水环境严重破坏,财政治污开支巨大。

为了增强水资源对经济、社会可持续发展的保障能力,应把建立健全现代水资源管理体制作为国家可持续发展的战略问题对待。通过建立符合市场经济规律的行政管理措施、经济管理措施和具有时代特征的技术管理措施,逐步推进水资源管理法规体系、水利投资体系、水权市场体系和水价体系的改革,对江河上下游、城乡工农业用水、水量和水质、地表水和地下水、用水和治污等实行统一规划和管理,最终实现水资源管理的"一体化"。

未来,需要运用行政、经济、法律、技术等手段综合管理,按照市场经济原则建立取水、供水、排水、污水处理回用等统一、合理的水价格体系,发挥水价的经济杠杆调节作用,以有效制止水资源的浪费和污染,进行水资源优化配置,达到经济效益、社会效益与生态效益的高度协调统一。

（4）"智慧水利工程"建设

信息通信技术和网络空间虚拟技术的飞速发展,促使传统制造业向智能化转型,水利工程建设同样能够从中获益。目前虽然仍处于"生态水利"建设阶段,但同时已经有大量的"智慧水利"的讨论、研究、技术准备等工作,"智慧水利"涉及的内容非常广泛,除了充分利用信息通信技术和网络空间虚拟技术外,还需要基于水文学、水资源、水环境、水安全、水工程、水经济、水法律、水文化等科技成果。智慧水利工程如图8.60所示,可将其轮廓框架描述为:①各项水利工作以充分利用信息通信技术和网络空间虚拟技术为主要手段,以水利工作智能化为主要表现形式。②实现水系监测自动化、资料数据化、模型定量化、决策智能化、管理信息化、政策制度标准化。③集"河湖水系连通的物理水网、空间立体信息连接的虚拟水网、供水—用水—排水调配相联系的调度水网"为一体的水联网,是智慧水利的重要基础平台。④集"基于现代信息通信技术的快速监测与数据传输、基于大数据和云技术的数据存储与快速计算、基于通信技术和虚拟技术的智能水决策和水调度"为一体的智慧中枢,是智慧水利的核心科技。⑤集"实时监测、快速传输、准确预报、优化决策、精准调配、高效管理"为一体的多功能、多模块无缝连接系统,实现软件系统高度融合。⑥集"水循环模拟、水资源高效利用、水环境保护、水安全保障、水工程科学规划、水市场建设、水法律政策制度建设、水文化传承建设、现代信息技术应用"为一体的巨系统集成体系,是基于比较成熟的水利工作经验的产物。

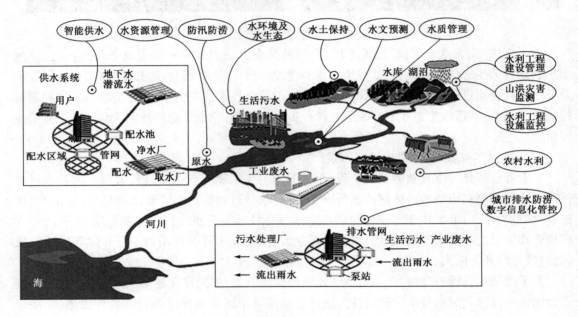

图8.60 智慧水利工程示意图

此外,不能认为"智慧水利工程"主要是信息科学的事,而是需要充分利用积累的水利建设和治水经验,是传统水利与现代技术的有机结合。

【思考题】

1. 修建水利工程的目的是什么?常见的水利工程有哪些?
2. 我国古代有哪些伟大的水利工程成就?
3. 水利工程与其他土木工程相比,有何特点?
4. 为什么要对水利工程进行工程等别的划分?

5. 水工建筑物按照其功能进行划分,可以分为哪几类?

6. 土石坝、重力坝、拱坝各有什么特点?

7. 水利工程设计有何特点,通常包括哪些步骤?

8. 水利工程施工有何特点?

9. 结合水利工程的发展趋势,谈谈自己对"海绵城市"的认识。

第 9 章

土木工程建设项目管理

9.1　土木工程建设项目管理简介

9.1.1　土木工程建设项目的概念

（1）建设项目的含义

建设项目也称为基本建设项目,是项目中最重要的一类,指按一个总体设计进行建设的各个单项工程所构成的总体。《辞海》(1999 年版)中"建设项目"的定义为:"在一定条件的约束下,以形成固定资产为目标的一次性事业。一个建设项目必须在一个总体设计或初步设计范围内,由一个或若干个互有内在联系的单项工程所组成。经济上实行统一核算,行政上实行统一管理。"项目的范围广泛,例如房地产、机场工程、港口工程、科技攻关、申办运动会、企业管理咨询等。项目可以出现在社会的政治、经济、文化等各个领域。

（2）工程项目建设程序

工程项目建设程序是指工程项目从策划、选择评估、决策、设计、施工到竣工验收、投入生产或交付使用的整个建设过程中,各项工作必须遵循的先后工作次序如图 9.1 所示。

①项目建议书阶段

项目建议书是建设单位向国家提出的要求建设某一项目的建议文件,是对工程项目建设的轮廓设想。按现行规定,大中型及限额以上项目的项目建议书首先应报送行业归口主管部门,同时抄送国家发展和改革委员会(简称"国家发改委")。凡行业归口主管部门初审未通过的项目,国家发改委不予审批;凡属小型或限额以下项目的项目建议书,按项目隶属关系由部门或地方发改委审批。

②可行性研究阶段

按照国家现行规定,凡属中央政府投资、中央和地方政府合资的大中型和限额以上项目的可行性研究报告,都要报送国家发改委审批。

投资在2亿元以上的项目,无论是中央政府投资还是地方政府投资,都要经国家发改委审查后报国务院审批。中央各部门所属小型和限额以下项目的可行性研究报告,由各部门审批。总投资额在2亿元以下的地方政府投资项目,其可行性研究报告由地方发改委审批。可行性研究报告经批准,建设项目才算正式"立项"。

③设计工作阶段

工程项目的设计工作一般划分为两个阶段,即初步设计和施工图设计。重大项目和技术复杂项目,可根据需要增加技术设计阶段。如果初步设计提出的总概算超过可行性研究报告总投资的10%以上或其他主要指标需要变更时,应说明原因和计算依据,并重新向原审批单位报批可行性研究报告。

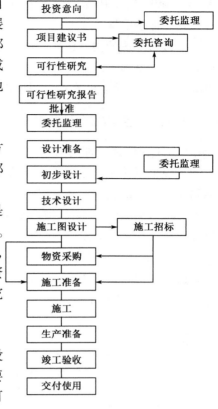

图9.1 工程建设项目一般程序

④建设准备阶段

建设单位申请批准开工要经国家发改委统一审核后,编制年度大中型和限额以上工程建设项目新开工计划报国务院批准。部门和地方政府无权自行审批大、中型和限额以上工程建设项目开工报告。年度大、中型和限额以上新开工项目经国务院批准,国家发改委下达项目计划。

⑤施工安装阶段

施工安装阶段是实现建设工程价值和使用价值的重要阶段,以执行计划为主。

⑥生产准备阶段

生产准备阶段一般包括以下主要内容:招收和培训生产人员、组织准备、技术准备及物资准备。

⑦竣工验收阶段

按国家现行有关规定,已具备竣工验收条件的工程,3个月内不办理验收投产和移交固定资产手续的,取消企业和主管部门(或地方)的基建试车收入分成,由银行监督全部上交财政。如3个月内办理竣工验收确有困难,经验收主管部门批准,可以适当推迟竣工验收时间。

工程项目全部建完,经各单位工程的验收,符合设计要求,并具备竣工图、竣工决算、工程总结等必要文件资料,由项目主管部门或建设单位向负责验收的单位提出竣工验收申请报告。

大、中型和限额以上项目由国家发改委或由其委托项目主管部门、地方政府组织验收。

⑧后评价阶段

项目后评价的内容包括立项决策评价、设计施工评价、生产运营评价和建设效益评价。项目后评价的基本方法是对比法。在实际工作中，往往从以下三个方面对建设项目进行后评价：影响评价、经济效益评价和过程评价。

9.1.2 土木工程建设项目管理的内涵及职能

（1）工程项目管理的内涵

工程项目管理是以工程项目为对象，在有限的资源约束条件下，为最优地实现工程项目目标和达到规定的工程质量标准，根据工程项目建设的内在规律性，运用现代管理理论与方法，对工程项目从策划、决策到竣工交付使用全过程进行计划、组织、协调和控制等系统化管理的过程。

（2）工程项目管理的职能

按照现代项目管理理论，建设项目管理的基本职能有：决策、计划、组织、评价与控制、协调等，具体内容见表9.1。

工程项目管理的基本职能 表9.1

基本职能	职能内容
决策职能	项目管理者在项目策划的基础上，通过调查研究、比较分析、论证评估等活动，得出结论性意见，并将其付诸实施的过程
计划职能	根据建设项目的总体目标要求，对建设项目范围内的各项工作做出合理安排，确定任务和进度，并对完成任务所需的资源做出安排
组织职能	组织者和管理者个人把资源合理利用起来，把各种作业（管理）活动协调起来，使作业（管理）需要和资源应用结合起来的行为，是管理者按计划进行目标控制的一种依托
评价与控制职能	在项目实施的过程中，运用有效的方法和手段，不断分析、决策、反馈，不断调整实际值与计划值之间的偏差，以确保项目总目标的实现。项目控制是通过目标的分解、阶段性的目标制定和检验、各种指标定额的执行，以及实施中的反馈与决策来实现的
协调职能	在控制过程中疏通关系，解决矛盾，排除障碍，使控制职能充分发挥作用。协调是控制的动力与保证

9.1.3 土木工程建设项目管理模式

土木工程项目管理模式是指从事土木工程建设的大型工程或管理公司对项目管理的运作方式，也是指一个工程建设项目实施的基本组织模式。我国常见的管理模式有以下几种：

（1）工程指挥部管理模式

工程指挥部管理模式是由政府主管部门牵头，组织建设单位、设计单位、施工单位针对具体项目成立指挥部、筹建处、办公室等，把管理建设项目的职能与管理生产项目的职能分开，工程指挥部负责建设期间的设计、采购、施工的管理模式。工程指挥部模式曾是我国政府投资项目常使用的管理方式,被许多大、中型政府项目建设采用。但目前政府已基本不再充当建设项目管理的主角,各种形式的指挥部只在征地拆迁和协调地方关系方面发挥一定作用。

(2)建设项目法人直接管理模式

建设项目法人直接管理模式是由建设项目法人或项目投资人组建建设项目管理机构来进行相应管理。基本做法是由建设项目法人委托工程咨询或工程设计单位承担项目前期的市场调研和可行性研究、项目评估工作;在建设项目决策后,通过招标选择工程设计、建筑施工、设备和材料供应以及工程监理单位来分别承担相关工作。由建设项目法人负责项目建设的全过程、全方位管理。这种管理模式的特点是管理方法比较成熟,各方面对有关的程序比较熟悉,有较丰富的经验,有利于项目建设单位的管理和控制。

(3)BOT 模式

BOT 模式(Build-Operate-Transfer),是"建造—经营—移交"的简称,是指项目所在国政府或所属机构通过特许权协议将某个项目交给本国公司或者外国公司进行融资、建设、经营、维护,直至特许期结束时将该设施完整无偿地移交给政府或所属机构(图9.2)。在 BOT 模式的实际应用中,由于基础设施种类、投融资回报方式、项目财产权利形态等的不同,已经出现不少变异模式,如 BOOT、BT、BOOST、BLT、TOT 等。

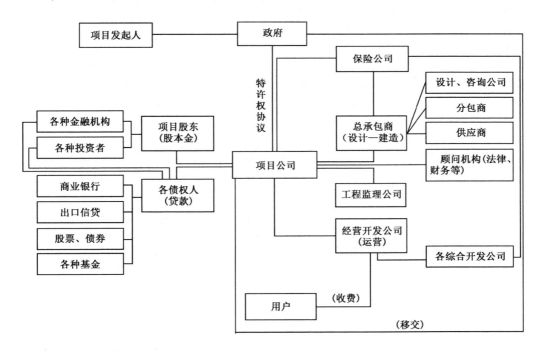

图9.2 BOT 模式结构框架

(4)EPC 模式

EPC 模式(Engineering-Procurement-Construction),即设计—采购—施工总承包,又被称为交钥匙模式。它是指工程总承包企业按照合同约定,承担工程项目的设计、采购、施工、试运行服务等工作,并对承包工程的质量、安全、工期、成本全面负责(图9.3)。EPC 管理模式的优点是提高了项目各方的工作效率,同时减少了协调工作量;总承包商能够充分发挥其主观能动性,运用先进的管理经验为建设单位和自身创造更多的效益;项目的最终价格和要求的工期具有更大程度的确定性。

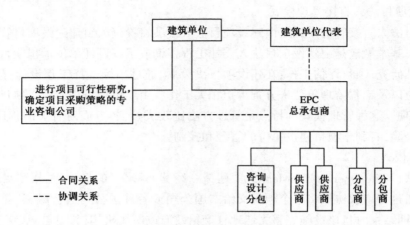

图 9.3　EPC 模式组织关系图

（5）PMC 模式

PMC 模式（Project-Management-Contractor），即项目管理承包商模式。该模式中,PMC 公司受建设单位委托代表建设单位对整个项目过程进行管理,并对项目的进度、质量、费用承担管理风险和经济责任（图 9.4）。

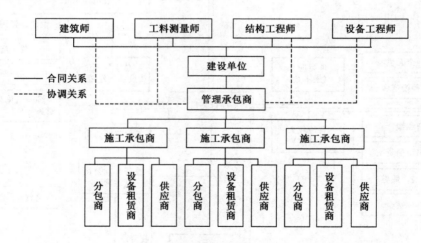

图 9.4　PMC 项目管理承包模式

（6）代建制模式

代建制是指通过设立专业的建设代理机构,代理（或提供咨询服务）建设单位负责有关工程项目建设的前期和实施阶段的工作。其工作性质为工程建设管理和咨询,其单位性质是企业,其盈利模式是收取代理费、咨询费、从节约的投资中提成,其仅承担相应的管理、咨询风险,不承担具体的工程风险（图 9.5）。

建设项目管理模式的选择,在很大程度上取决于建设项目法人自身的管理能力和经验,同时与建设项目合同方式密切相关。

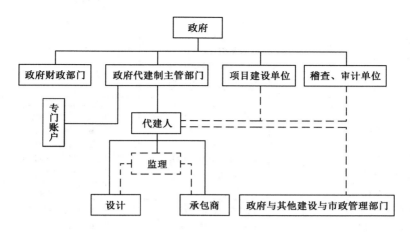

图 9.5 项目代建制模式结构

9.1.4 土木工程建设项目管理的发展历程

项目管理产生于第二次世界大战期间,它作为一门学科和一种特定的管理方法最早起源于美国。早期,美国将项目管理应用于大型军事、航天工程与工业开发等项目上,如曼哈顿计划、北极星导弹计划、阿波罗宇宙飞船载人登月计划及石油化工系统等。

20 世纪 50 年代,随着社会生产力的高速发展,大型及特大型项目越来越多,急需高水平的项目管理手段和方法,项目管理伴随管理和实施大型项目的需要得到了迅猛发展,目前已广泛应用于各个领域。20 世纪 60 年代,项目管理思想进入欧洲,并开始了广泛的理论研究和实践探索;20 世纪 70 年代,项目管理的方法和技术经历了一个不断细化、完善和提炼的过程,项目管理主要集中于职业化发展,专业化的项目管理咨询公司相继出现并蓬勃发展;20 世纪 80 年代,项目管理作为一门学科日趋成熟,世界各国的专业学会、协会相继成立,推动了项目管理的职业化进程;20 世纪 90 年代,项目管理的研究领域逐步扩大,并将合同管理、项目形象管理、项目风险管理、项目组织行为等囊扩在内,在计算机应用上则加强了决策支持系统和专家系统的研究。

我国从 20 世纪 80 年代开始接触项目管理方法。1980 年,世界银行规定发展中国家的世界银行贷款的项目必须委托国外项目管理咨询公司进行管理。随后,亚洲开发银行、德国复兴银行也做出类似规定。鲁布格水电站项目中的引水工程就是利用世界银行贷款的项目,它在1984 年首先采用国际招标和开展项目管理,大大缩短了工期,降低了项目的造价,取得明显的经济效益。项目管理在工程中的成功运用给我国投资建设领域带来很大冲击。1987 年,国家计划委员会等五个政府部门联合发出通知,决定在建设项目和一批企业中试点采用项目管理方法。1988 年,建设部开始推行建设监理制度。1991 年,建设部提出把工程建设领域项目管理试点转变为全面推广。

目前,项目管理已发展成一门较完整的独立学科,形成了自己独有的知识体系(图 9.6),并逐渐拓展出一些社会职业,如专业项目经理、监理工程师、造价工程师、建造师、投资咨询工程师等。随着现代项目管理制度的逐渐推行,中国工程建设领域也进行了一系列相应的体制改革。

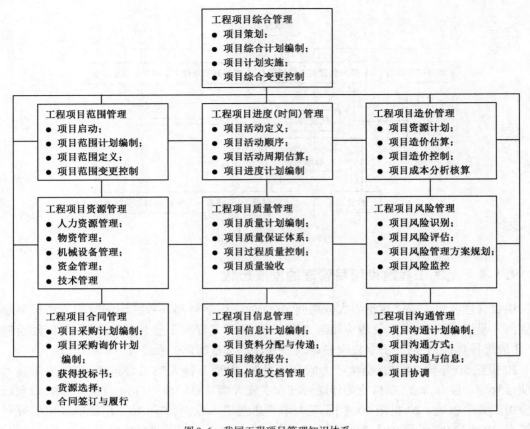

图 9.6　我国工程项目管理知识体系

9.2　土木工程建设项目建设期的项目管理

9.2.1　土木工程建设前期决策管理

1)项目建议书

项目建议书是拟建项目的承办单位根据国民经济和社会发展的长远目标、行业和地区的规划、国家的经济政策和技术政策,以及企业的经营战略目标,结合本地区、本企业的资源状况和物质条件,经市场调查,分析需求、供给、销售状况,寻找投资机会,构思投资项目概念,在此基础上,用文字的形式,对投资项目的轮廓进行描述,从宏观上就项目建设的必要性和可能性提出预论证,进而向政府主管部门推荐项目,供主管部门选择项目的可靠文件。

不同的工程项目,项目建议书的侧重点不同,项目建议书的结构会有很大的差别。建设项目建议书一般应包括以下内容:

(1)概述。

①项目概况。包括项目名称、拟建项目地址、建设内容与规模。

②建设单位概况。

③建设年限。

（2）项目建设的必要性和条件。

①建设项目的必要性。

②建设条件分析解决方案。

包括场址建设条件（地质、气候、交通、公用设施、征地拆迁工作、施工等）、其他条件分析（政策、资源、法律法规等）。

（3）环境保护和水土保持。

①项目对环境的影响以及环境保护措施。

②水土保持。

（4）技术方案与工程方案。

①技术方案包括生产方法和工艺流程，主要设备方案包括主要设备选型和主要设备来源。

②工程方案包括建、构筑物的建筑特征、结构及面积方案。

（5）投资估算和资金筹措的设想。

资金筹措的方式以及偿还贷款能力的大体测算。

（6）项目的进度安排和项目管理。

（7）项目投资的初步技术经济分析，主要包括经济效益和社会效益的初步估计。有时还可根据项目的具体情况，补充说明如下事项：项目假设、项目的内外影响、项目风险、人力资源需求、制约和限制条件。

2）可行性研究

项目建议书经批准后，应紧接着进行可行性研究。可行性研究是对工程项目在技术和经济上是否可行进行科学分析和论证的工作，对技术经济进行深入论证，为项目决策提供依据。可行性研究阶段最后提交的成果是可行性研究报告。经批准的可行性研究报告，是工程项目实施的依据。不同的工程项目，可行性研究报告也有很大的差别，以公路建设项目工程为例，可行性研究报告包括以下基本内容：

（1）区域或地区综合运输网内交通运输现状，现有公路在综合运输网中的地位和作用。

（2）现有公路技术状况及存在的问题。

（3）公路建设项目提出的背景，建设的必要性、紧迫性及社会意义。

（4）公路项目所在地区的经济特征及其与建设项目的关系，包括历年地区国民经济部门结构、布局、发展趋势和地区的城镇发展规划、交通运输结构、发展趋势，地区经济结构、经济指标与公路客货运输量、交通增长的关系，其他有关因素与公路运输量、交通量的关系。

（5）公路运输量、交通量预测。

（6）公路建设规模与技术标准，如公路等级和建设方案、建设里程、技术标准、主要技术指标及其与互通式立交连接道路的改建情况等。

（7）建设条件，如工程项目的地理位置，地质、气候、水文条件，有关科研、试验的结论，沿线筑路材料来源分布及运输条件分析，社会环境分析等。

（8）路线走向、方案比选和主要控制点。

（9）主要工程数量，征地、拆迁数量及水利、电力、通信、铁路等部门的拆迁协调等。

（10）投资估算和资金筹措，包括主体工程的投资和使用计划，附属、配套工程的投资和使用计划，建设总投资，拟利用外资的工程及计划，资金来源及筹措方式等。

（11）建设安排和实施计划包括工期安排和资金安排两部分。

（12）经济评价内容包括：国民经济评价参数的确定，国民经济评价的计算及评价结构，敏感性分析。

（13）收费公路的财务分析，如收费制式、收费标准及收费收入、财务分析、国内外贷款偿还能力分析等。

（14）环境影响评价、社会评价、土地利用评价和节能评价。

3）工程项目评估

项目评估，是指在项目可行性研究的基础上，围绕市场需求、工程技术、经济、生态、社会等方面，对拟实施项目在技术上的先进性、可行性，在经济上的合理性和盈利状况以及实施上的可能性和风险进行全面、科学的综合分析。项目评价是项目决策的依据，对立项后资金筹措以及防范风险有重要作用。这种论证和评价从正反两个方面提出意见，为决策者选择项目以及实施方案提供多方面的建议。

根据上述内容，工程项目评估的内容为：

（1）建设工程项目必要性和预算的评估。

（2）工程项目建设条件的评估。

（3）技术评估。技术评估主要根据国家有关的技术政策，对建设工程项目选用的工艺技术及技术装备的先进性、适用性和经济性进行评估。

（4）投资和财务评估。

（5）企业经济效益评估。按现行各项制度和规定对工程项目的经济效益进行评估，即对工程项目的盈利能力和贷款偿还能力进行评估。

（6）国民经济效益评估。

（7）不确定性分析。主要针对工程项目建设过程中不可预见的因素，用科学方法分析预测由于不确定因素的变化，对建设项目经济效益的影响程度，从而决定项目取舍。

（8）总评估。

9.2.2　建设项目招标与投标

1）概念

招标投标，是指在市场经济条件下进行建设工程、货物买卖、财产租赁和中介服务等经济活动的一种竞争和交易活动。其特征是引入竞争机制以求达成交易协议和（或）订立合同，兼有经济活动和民事法律行为两种性质。建设项目招投标的目的则是在工程建设中引入竞争机制，择优选定勘查、设计、设备安装、施工、材料设备供应、监理和施工等单位，以保证缩短工期、提高工程质量和节约建设投资。

在这种交易模式下，通常是由项目（包括货物购买、工程发包和服务采购）的采购方作为招标人，由有意提供采购所需货物、工程或服务项目的供应商、承包人作为投标人，向招标人书面提出报价及其他影响招标要求的条件，参加投标竞争；招标人对各投标人报价及其他条件进行审查比较后，从中择优选定中标者，并与其签订采购合同。

招投标的目的是为了签订合同。虽然招标文件对招标项目有详细介绍，但它缺少合同成立的重要条件——价格，在招标时，项目成交的价格是有待于投标者提出的。因而，招标不具备要约的条件，而是邀请他人（投标人）来对其提出要约的邀请。投标则是要约，中标通知书是承诺。

2)工程招投标程序与内容

招标投标的基本程序由招标、投标、开标、评标、定标和签订合同六个部分组成,项目招投标一般流程如图9.7所示。

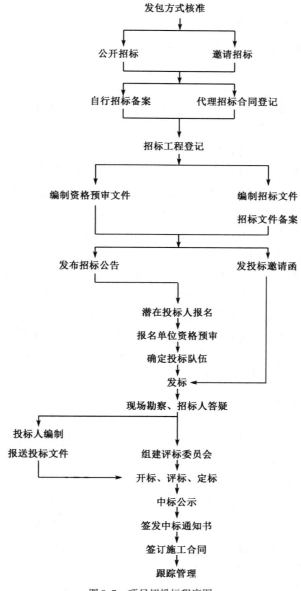

图9.7 项目招投标程序图

(1)发布招标公告或投标邀请书

招标公告是对非特定对象的招标邀请,符合要求的投标人均可以参与投标,根据投标人资格审查的不同时间点,招标公告可以分为采用资格预审方式的招标公告和采用资格后审方式的招标公告。投标邀请书主要是对特定对象的招标邀请,特定对象可以是响应招标公告且资格预审合格的投标人,也可能是招标人直接联系的投标人。投标邀请书可以分为采用资格预审方式的投标邀请书和采用资格后审方式的投标邀请书。

（2）发布投标人须知

投标人须知的作用是具体制定投标规则,提供给投标人应当了解的投标程序,以使其能提交响应性投标文件。

（3）资格预审

资格预审是指在招投标活动中,招标人在发放招标文件前,对报名参加投标的申请人的承包能力、业绩、资格和资质、历史工程情况、财务状况和信誉等进行审查,并确定合格的投标人名单的过程。

（4）踏勘现场和标前会议

踏勘现场是承包商投标前的一个重要过程,招标人将按规定时间,组织投标人对工程现场及周围环境进行踏勘,以便投标人获取有关编制投标文件和签署合同所涉及现场的资料。投标人承担踏勘现场所发生的自身费用。

标前会议,又称投标预备会议,旨在澄清疑问、解答问题,适用于大型建设项目,且通常和踏勘现场结合在一起进行。踏勘现场和标前会议一般安排在投标过程的早期,同时也要考虑在踏勘和会议之前留给投标人充分的时间来研究招标文件并准备问题。一般要求投标人要在召开标前会一星期前以书面或电文形式向建设单位提交问题。

（5）招标文件的澄清与补遗

对于招标文件,投标人可以要求建设单位给予澄清的要求必须是书面的,且必须在投标截止期前 28 天（或者建设单位规定的其他时间）提交需澄清的问题,以便留给投标人足够的时间考虑建设单位的答复。无论是招标人根据需要主动对招标文件进行必要的澄清,或是根据投标人的要求对招标文件做出澄清,招标人都将以书面形式予以澄清,同时将书面澄清文件向所有投标人发送。投标人在收到该澄清文件后,在规定时间内以书面形式给予确认,该答复作为招标文件的组成部分,具有约束作用。

（6）开标与标书的澄清

开标应在投标人指定代表出席的情况下进行,投标人的代表应签名报到,以证明其出席。开标的日期和时间应当和投标截止日期一致;如果由于客观条件所限,不能在和投标截止日期一致的日期和时间开标,也可以在同一日期内稍迟一些的时间内开标。在正式开标前,标书一定要保存在安全可靠、有防火设备的房间内。开标时,应当场宣读下述重要内容:投标单位或投标人的名称、投标报价、选择报价（如果要求提供）、对标价的折扣、投标书的修改与撤回、是否提供了投标保证金。凡是没有宣读的标价、折扣、选择报价,其表述不能进入下一步的评标。

澄清的目的是为了有助于投标书的审查、评比和比较,建设单位可以要求投标人澄清其表述,包括要求提供单价分析表。但是,有关澄清的要求和投标人的答复,都要以书面或电文形式发出或回复。在澄清过程中,不允许提出对投标价或实质性内容进行更改,但对于建设单位在评标过程中发现的算术错误修改则属例外。

（7）标书的符合性检查

符合性,也称为响应性或合格性,是对招标文件中的各项要求和条件所作的回应,即投标人的标书是否和招标文件的要求一致,是否完全、确切地应答了招标文件要求提供的内容而无缺漏或答非所问,所提交的文件、应填写的表格和数据是否齐备并符合要求。

（8）标书的评价

标书的评价是指评标委员会根据招标文件规定的评标标准和评标方法，通过对投标文件分析比较和评审，向招标人提出书面评标报告并推荐中标候选人的过程。

（9）签订合同

评标确定中标人后，招标人与中标人应当自中标通知书发出之日起 30 日内，按照招标文件和中标人的投标文件签订书面合同，招标人和中标人不得再行订立背离合同实质性内容的其他协议。

3）合同分类

按照计价方式的不同，将合同分为以下几类：

（1）总价合同

总价合同是指在合同中确定一个完成项目的总价，承包单位据此完成项目的全部内容的合同。采用这类合同要求建设单位必须准备详细而全面的设计图纸（一般要求施工详图）和各项说明，使承包人能够准确计算工程量。总价合同可分为固定总价合同和可调总价合同。

①固定总价合同。采用固定总价合同时，合同价不得因人工费、材料费的涨落而调整。其适用于工程规模较小、工期短（不超过一年）、技术不太复杂、合同履行期间物价、工资波动风险较小，且签订合同时已具备详细设计文件的情况。

②可调总价合同。在招标及签订合同时，以设计图纸及当时的市场价格计算签订总价合同，但在合同条款中双方商定，若在合同执行过程中发生合同约定的风险，如物价上涨，引起工料成本增加且超过规定的幅度时，可以调整合同价格，并规定调整方法。这种计价方式既有利于节约费用，又能保证工程质量和进度，是我国和国际上目前广泛采用的一种承包方式，适用于工期较长、合同履行期间物价、工资波动风险较难预测的情况。

（2）单价合同

单价合同是承包人在投标时，按招标文件就分部分项工程所列出的工程量确定各部分分项工程费用的合同类型。单价合同可分为计量单价合同、纯单价合同和计量定价合同。

①计量单价合同。采用计量单价合同时，合同价是依据工程量清单和单价表确定的。投标人依据建设单位给出的清单中的估算（近似）工程量和填报的单价，来计算其报价。签约后，在施工过程中的价款结算，则依据已实际完成的工程量乘以原报单价及合同付款规定计算。2003 年我国开始实行《建设工程工程量清单计价规范》（GB 50500—2013），为采用这种合同提供了更为有利的条件。

②纯单价合同。对某些工程，建设单位为了提前招标，因而不能提供全部报价所需的图纸和资料，致使投标人无法计算确切的工程量，也无法预测施工中的潜在风险。这时只能以单价为基础，进行招标、投标和签订合同。施工中，以实际完成的工程量乘建设单位与承包商商定的合同单价及合同付款规定进行价款结算。

③计量定价合同。计量定价合同是以工程量清单和单价表为基础确定工程造价的合同。通常的做法是由建设单位先进行工程设计招标或委托工程公司提出工程量清单，列出项目分部分项的工程量，由投标单位填报单价，再计算出总造价。这样，在招标投标过程中，投标单位的重点是复核工作量，而招标单位则主要审核各单价的合理性，从而选定中标单位。计量定价合同的特点是投标单位承担的风险小。

（3）成本加酬金合同

成本加酬金合同也称为成本补偿合同，这是与固定总价合同正好相反的合同。是由建设单位向承包人支付工程项目的实际成本，并按事先约定的某一种方式支付酬金的合同类型。即工程最终合同价格按承包商的实际成本加一定比例的酬金计算，而在合同签订时不能确定一个具体的合同价格，只能确定酬金的比例。其中，酬金由管理费、利润及奖金组成。这类合同中，建设单位承担项目实际发生的一切费用，因此也就承担了项目的全部风险。成本加酬金合同适用于工期紧迫的工程，例如抢险救灾、保密工程等。承接任务时，因无图纸或工程量，无法估算工程成本，故按工程实际发生成本加上商定的总管理费用和计划利润来确定工程总造价的合同。一般成本加酬金合同的方式及其内容见表9.2。

成本加酬金合同方式及特点 表9.2

合同方式	合同特点
成本加固定百分比酬金	方法虽然简便，但是总价随直接成本的增加而增加，不能起到鼓励承包商缩短工期、降低成本的效果，现已较少采用
成本加固定酬金	成本据实报销，酬金固定不变，因而消除了承包商企图增加成本获得较多酬金的弊端，虽然不能鼓励承包商降低成本，但是可鼓励承包商为尽快获得酬金而缩短工期。有时可根据质量好坏、工期缩短情况和降低成本等给予资金奖励，能鼓励承包商更好地完成工程
成本加浮动酬金	优点是建设单位和承包商所承担的风险都不大，还可促使承包商注意降低成本和缩短工期；缺点是预期成本的估算比较困难
目标成本加奖罚	通常先根据粗略估算的工程量和适当的单价表编制概算作为目标成本，另规定一个百分数作为酬金比例。如果实际成本高于目标成本并超过事先商定的界限，则减酬金；如果实际成本低于目标成本并超过事先商定的界限，则加酬金

（4）混合型合同

混合型合同是指有部分固定价格、部分实际成本加酬金的合同形式。另外，还有按投资总额或承包工程量取费的合同形式，这种合同主要适用于可行性研究、勘察设计、材料设备采购和监理等。

建设项目合同类型的选择，直接影响建设项目合同管理方式，并在很大程度上决定着建设项目管理方式，还将直接影响项目管理成本，建设项目建设单位必须慎重。在选择合同类型时一般考虑三个因素：

①建设项目的性质和特点、工程复杂程度、环境和风险等因素；

②建设项目建设单位因素，包括建设项目的战略、目标和动机，建设项目建设单位的管理能力、经验以及融资能力，建设项目建设单位的管理风格以及对项目管理介入的深度；

③承包商因素，包括承包商的经营战略、目标、动机、企业规模、业绩、经营状况和财务状况、管理水平、管理能力和管理风格、融资能力等。

9.2.3 建设项目合同管理

工程项目合同管理是建设行业各部门或者相关利益主体对合同关系进行组织、指导、协调和监督，从而保护合同当事人的合法权益，处理合同纠纷，防止、制裁违法违规行为，确保合同条款实施的一系列活动。工程项目合同管理是工程项目管理的主要内容之一，现代工程项目的复杂性决定了合同管理任务的艰巨性。合同管理贯穿于项目合同的形成到执行的整个过程。合同的形成，通常从起草招标文件到合同签订为止；而合同的执行，则是从签订合同开始，贯穿于承包商按合同规定完成并交付工程的全过程,直到保修期结束为止。

建设工程施工合同是发包人(建设单位或总包单位)与承包商(施工单位)之间为完成商定的建设工程项目,确定双方权利和义务的协议。建设工程施工合同也称建筑安装承包合同。"建筑"是指对工程进行营造的行为,"安装"主要指与工程有关的线路、管道、设备等设施的装配。

1)合同管理的分类

建设工程施工合同是建设工程中最重要、最复杂的合同。它在工程项目中的持续时间长、标的物复杂、价格高,在整个建设工程合同体系中处于主导地位,对整个建筑工程合同体系中的其他种类合同的内容都有很大的影响,是工程项目合同管理的重点。建设项目生命期中涉及的合同主体及种类见表9.3。

建设项目生命期中涉及的合同主体及种类 表9.3

建设项目生命期各阶段	合 同 种 类	合 同 主 体
前期策划与决策阶段	咨询合同、土地征用与拆迁合同、土地使用合同权出让合同、贷款合同等	建设单位、咨询公司、政府、土地转让方、银行等
设计、计划与施工阶段	勘察合同、设计合同、招投标代理委托合同、监理合同、材料设备采购合同、施工合同、装饰合同、担保合同、保险合同、技术开发合同、贷款合同等	建设单位、勘察单位、设计单位、招标代理机构、监理单位、供应商、承包商、担保方、保险公司、银行、科研院所等
运行阶段	水电供应合同、房屋销售合同、房屋出租合同、运营管理合同、物业管理合同、保修合同、拆除合同等	建设单位、供应水电气单位、用户、物业公司等

2)合同管理的内容

合同管理主要是围绕与工程合同有关的信息管理工作而展开,通过合同的拆分、合同变更过程中成本项目的指定、合同结算拆分,构成动态成本重要的一部分。合同管理的内容一般分为以下四个方面:

(1)合同的签订与履行

项目合同签订需要一定的程序,通常包括邀请、要约、还约和承诺四个阶段,其中要约和承诺是两个最基本、最主要的阶段,它们是项目合同签订中必不可少的步骤。且由于项目合同的特殊性质,即涉及关系复杂、金额多、标的大等,在项目合同的磋商中,无论是要约、还约,还是承诺,都必须采取书面形式。

项目合同的履行是指项目合同的双方当事人根据项目合同的规定,在适当的时间、地点,以适当的方式全面完成自己所承担的义务。项目合同的当事人必须共同按计划履行合同,实现项目合同所要达到的各类预定目标。

(2)合同的变更和解除

项目合同的变更通常是指由于一定的法律事实而改变合同的内容和标的的法律行为;项目合同的解除是指消灭既存的合同效力的法律行为。合同的变更和解除属于两种法律行为,但也有其共同之处,即都是经项目合同双方当事人协商一致,改变原合同的法律关系;其不同之处是,前者产生新的法律关系,后者消灭原合同关系,而不是建立新的法律关系。项目合同的变更或解除须具备一定的条件,并且需要遵循一定的程序。

(3)解决工程项目合同纠纷

基于项目合同的特有属性,发生合同纠纷是比较常见的。如何解决项目合同纠纷,对项目合同的双方当事人都极为重要。通常,解决项目合同纠纷主要有四种方式,即协商解决、调解解决、仲裁解决和诉讼解决。

(4)项目合同的索赔

工程索赔是合同当事人保护自身正当权益、弥补工程损失、提高经济效益的重要且有效的手段。许多工程项目,通过成功的索赔能使工程收入得到极大的提高,有些索赔额甚至超过了工程合同额本身。索赔管理以其本身花费较小、经济效果明显而受到高度的重视。

3)工程变更管理

工程项目建设的自身特点决定了整个建设过程中充满了不确定性,从而常常导致工程变更,进而引起工程合同实施中的变更,因此,工程变更管理是建设项目合同管理的重点。工程变更可能导致施工技术、工程性质变化,也可能导致工程量变化,这些都将引起费用的变化。工程变更管理包括变更费用的成因及承担主体、变更费用的确认程序、变更费用的计算。

承包人不按合同要求在规定时间内提供变更工程费用报告时,则视为该项变更不涉及合同价格的变化;监理工程师收到报告在规定时间内不答复,则在规定时间后被视为工程变更费用的报告已得到确认。

4)工程索赔

索赔是指在工程承包合同履行过程中,合同一方因另一方未履行合同所规定的义务,以及由于不可抗力因素的影响而付出了额外的费用或遭受损失,向另一方提出赔偿要求的行为。通常情况下,索赔是指承包人(施工单位)在合同实施过程中,对非自身原因造成的工程延期、费用增加而要求发包人(建设单位)给予补偿损失的一种权利要求。并将建设单位对于施工单位应承担责任的,且实际发生了损失,向施工单位要求赔偿的行为,称为反赔偿。

9.2.4 建设项目施工阶段的项目管理

1)工程项目进度管理的内容

在全面分析建设工程项目的工作内容、工作程序、持续时间和逻辑关系的基础上编制进度计划,力求使拟定的计划具体可行、经济合理,并在计划实施过程中,通过采取有效措施,为确保预定进度目标的实现而进行的组织、指挥、协调和控制(包括必要时对计划进行调整)等活动,称之为工程项目的进度管理。工程项目进度管理包括两大部分内容,即:项目进度计划的编制和项目进度计划的控制。

(1)项目进度计划的编制

项目进度计划是在拟定年度或实施阶段完成投资的基础上,根据相应的工程量和工期要求,对各项工作的起止时间、相互衔接协调关系所拟定的计划,同时对完成各项工作所需的人力、材料、设备的供应做出具体安排。为满足项目进度管理和各个实施阶段项目进度控制的需要,同一项目通常需要编制各种项目进度计划(表9.4)。

工程项目进度计划的分类　　　　　　　　　　　　　　　　　　　表9.4

按参与方划分	建设单位进度计划、承包商进度计划、设计单位进度计划、物资供应单位进度计划等
按项目阶段划分	项目前期决策进度计划、勘察设计进度计划、施工招标进度计划、施工进度计划等
按计划范围划分	建设工程项目总进度计划、单项(单位)工程进度计划、分部分项工程进度计划等
按时间划分	年度进度计划、季度进度计划、月度进度计划、周度计划等

为保证项目进度计划的科学性和合理性,在编制进度计划前必须收集真实、可靠的信息资料,作为编制计划的依据。这些信息资料包括项目开工及投产的日期,项目建设的地点及规模,设计单位各专业人员的数量、工作效率,对类似工程的设计经历及质量,现有施工单位资质等级、技术装备、施工能力,对类似工程的施工状况及国家有关部门颁发的各种有关定额等资料。

通常按照定义来说,工作结构分解(Work Break-down Structure, WBS)是指根据项目进度计划的种类、项目完成阶段的分工、项目进度控制精度的要求,及完成项目单位的组织形式等情况,将整个项目分解成一系列相互关联的基本活动。这些基本活动在进度计划中通常也被称之为工作。

项目活动时间估算是指在项目分解完毕后,根据每个基本活动工作量的大小、投入资源的多少及完成该基本活动的条件限制等因素,估算完成每个基本活动所需的时间。

项目进度计划编制就是在上述工作的基础上,根据项目各项工作完成的先后顺序要求和组织方式等条件,通过分析计算,将项目完成的时间、各项工作的先后顺序、期限等要素用图表形式表示出来,这些图表即是项目进度计划。

(2)项目进度计划的控制

项目进度计划控制,是指制定项目进度计划以后,在项目实施过程中,对实施进展情况进行的检查、对比、分析、调整等,以确保项目进度计划总目标得以实现的活动。图9.8 为进度计划控制图。

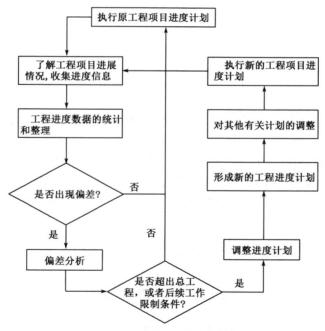

图9.8　进度计划控制图

在项目实施过程中,必须经常检查项目的实际进展情况,并与项目进度计划进行对比。如果实际进度与计划进度相符,则表明项目完成情况良好,进度计划总目标的实现有保证;如果未达到计划进度,则应分析产生偏差的原因和对后续工作及项目进度计划总目标的影响,找出解决问题的方法和避免进度计划总目标受影响的切实可行措施。并根据这些方法和措施,对原项目进度计划进行修改,使之符合现在的实际情况并保证原项目进度计划总目标得以实现。

然后再进行新的检查、对比分析、调整,直至项目最终完成。

(3)项目进度计划管理的方法

工程项目进度计划的主要表达形式有横道图(Bar Chart)、垂直图(Vertical Chart)、进度曲线(Progress Chart)、里程碑计划(Milestone Plan)、网络图(Network Program)、形象进度图(Figure Plan)等。这些进度计划的表达形式通常相互配合,可供不同部门、不同层次的进度管理人员使用。

①横道图

横道图的左侧按活动的先后顺序列出项目的活动名称,右侧是进度表,上边的横栏表示时间。用水平线段在时间坐标下标出项目的进度线,水平线段的位置和长短反映该项目从开始至完工的时间(图9.9)。用横道图可将每天、每周或每月实际进度情况定期记录在横道图上。

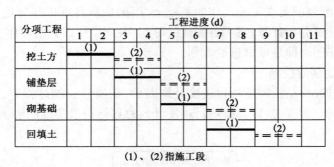

图9.9 横道图

②网络图

a. 双代号网络图

双代号网络图以箭线表示工作,节点表示工作之间的连接。一项工作由两个代号代表,如图9.10所示。工作名称标注在箭线的上方,每个工作都有持续时间(完成一项工作所需要的时间)和资源数量值(完成该项工作所需要的资源数量),这些数值标注在箭线的下方。挖土(1)工作的历时[即完成挖土(1)工作所需的持续时间]为2天,垫层(1)工作的历时为2天。任意工作的箭尾节点表示该工作的开始时刻,箭头节点表示该工作的完成时刻。节点不仅表示工作之间的联系,还具有状态含义,既是前一工作的完成,同时又是后一工作的开始,具有时间概念,故节点又称为事件。

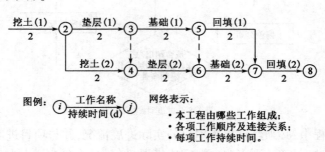

图9.10 网络图

b. 单代号网络图

单代号网络图以节点表示工作,箭线表示工作间的连接,一项工作由一个代号表示,如图

9.11 所示。1 节点表示工作 A,2 节点表示工作 B,3 节点表示工作 C。工作名称、代号、历时皆标注在节点上,标注的方法如图 9.11 所示。节点通过箭线连接成线路①—②—③,箭线只起到两项工作的逻辑连接作用,无时间含义。两种施工进度计划单代号网络图的基本构成也是节点、箭线和线路,并按箭线的箭头方向表明工作的顺序和流向。

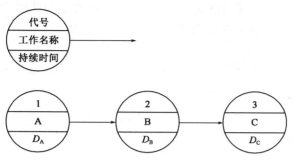

图 9.11 单代号网络图

2)工程项目费用管理

工程项目费用管理是指在项目实施过程中,为确保项目在批准的费用预算内尽可能完成,而对所需的各个过程进行的组织、计划、控制和协调等活动。工程项目费用管理一般涵盖整个建设期间,即全过程的费用管理(图 9.12)。

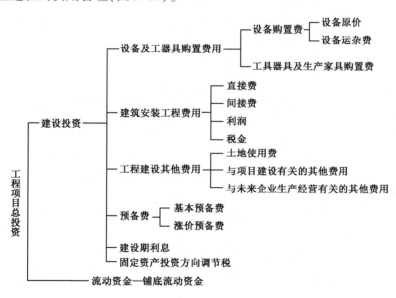

图 9.12 我国现行土木工程建设项目费用构成

(1)工程项目费用管理的一般程序为(图 9.13):

①资源规划。资源规划的过程即回答项目诸项活动何时需要投入何种以及多少资源等问题的过程,资源规划是基础。

②费用估算。即在工程设计未全部完成之前,由估算师或专门的估价人员凭借历史数据和工程经验对投入项目各活动中所有资源的费用进行估计,并编制费用估算书。根据费用估算书进行项目内部和项目之间的比较。

③费用计划。即将总费用估算根据工作分解结构分配到各工作单元(工作包)中。在许多国家,费用计划做得非常细,它是根据工作分解结构将估算费用进行细分,落实到每一个子项,甚至每一个人,这就使得费用计划很详细,为以后工作带来方便。

④费用控制。即通过控制手段,在达到预定工程功能和工期要求的同时优化费用开支,将总费用控制在计划范围内。在实际进展中,应不断将实际费用与计划费用相比较,得出并分析偏差,找出出现偏差的原因,进而采取有效措施对其加以控制,避免实际费用与计划费用偏离太大。

⑤数据分析及归类。分析工程中的所有数据,并进行归纳总结,为以后的工程项目提供参考。

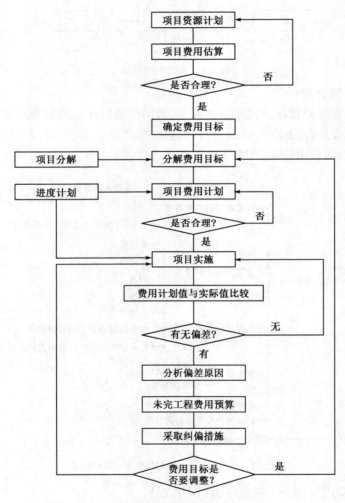

图9.13 工程项目费用管理一般程序

(2)工程建设费用控制方法:

①S曲线法

S曲线法有工作活动的开始时间和结束时间,以尽早开始计算每项工作活动的最早开始时间和最早结束时间,同时根据此进度安排计算每项工作的成本强度、累计成本,绘制累计成本曲线,该曲线一般呈 S 形,也称 S 曲线,如图 9.14 所示。

S 曲线中,项目进度和成本之间存在一定映射关系,即时间坐标上的某一时刻与成本坐标上的某一成本存在对应关系。当某一时刻检查实际费用与计划费用关系时,实际成本累计曲线中 A 点与计划成本曲线存在两个偏差,其中 ΔC 为成本偏差,Δt 为进度偏差。A 点处于计划成本曲线的下方,说明实际费用比计划费用少 ΔC,或者说明实际进度比计划进度提前 Δt。如果 A 点处于计划成本曲线的上方,则说明实际成本支出超过计划成本,或者实际进度落后于计划进度。

②挣值法

挣值法又称为赢得值法或偏差分析法,是对项目进度和费用进行综合控制的一种有效方法。挣值法的价值在于将项目的进度和费用综合度量,从而准确描述项目的进展状态。挣值法评价曲线如图 9.15 所示。

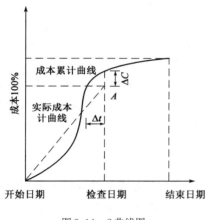

图 9.14　S 曲线图

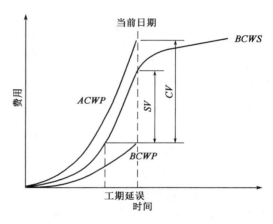

图 9.15　挣值法评价曲线

其中 BCWS 为计划工作量的预算费用;ACWP 为已完成工作量的实际费用;BCWP 为已完工作量的预算成本,即挣得值;CV 为费用偏差,$CV = BCWP - ACWP$;SV 为进度偏差,$SV = BCWP - BCWS$。当 CV 为负值时表示执行效果不佳,即实际消费费用超过预算值,即超支。反之,当 CV 为正值时表示实际消耗费用低于预算值,表示有节余或效率高;当 SV 为正值时表示进度提前,SV 为负值表示进度延误。

3)工程项目质量管理

工程质量管理是指为保证和提高工程质量,运用一整套质量管理体系、手段和方法所进行的系统管理活动。工程质量好与坏,是一个根本性的问题。工程项目建设,投资大、建成及使用时期长,只有合乎质量标准,才能投入生产和交付使用,发挥投资效益,满足社会需要。质量管理是在质量方面指挥和控制组织协调活动的管理,其首要任务是确定质量方针、质量目标和质量职责,核心是要建立有效的质量管理体系,并通过质量策划、质量控制、质量保证和质量改进四大支柱来确保质量方针、质量目标的实施和实现。其中,质量策划是致力于制定质量目标并规定必要的进行过程和相关资源来实现质量目标;质量控制是致力于满足工程质量要求,是为了保证工程质量满足工程合同、规范标准所采取的一系列措施、方法和手段;质量保证是致力于提供质量要求并得到满足的信任;质量改进是致力于增强满足质量要求的能力。也可以理解为:监视和检测;分析判断;制定纠正措施;实施纠正措施。

根据国家标准《质量管理体系基础和术语》(GB/T 19000—2015 ISO 9000:2015)的定义，质量控制是质量管理的一部分，是致力于满足质量要求的一系列相关活动。这些活动主要包括：

(1)设定标准，即规定要求，确定需要控制的区间、范围、区域；

(2)测量结果，测量满足所设定标准的程度；

(3)评价，即评价控制的能力和效果；

(4)纠偏，对不满足设定标准的偏差，及时纠偏，保持控制能力的稳定性。

工程项目质量控制是为达到工程项目质量目标所采取的作业技术和活动，贯穿于项目执行的全过程；是在明确的质量目标和具体的条件下，通过行动方案和资源配置的计划、实施、检查和监督，进行质量目标的事前预控、事中控制和事后纠偏控制，实现预期质量目标的系统过程。

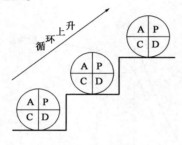

图9.16　PDCA循环图

工程项目质量管理的方法包含以下内容：

(1)PDCA循环原理

工程项目的质量控制是一个持续的过程，首先在提出质量目标的基础上，制订实现目标的质量控制计划，有了计划(P)，便要加以实施(D)，将制定的计划落实到实处，实施过程中，必须经常进行检查(C)、监控，以评价实施结果是否与计划一致，最后，对实施过程中出现的工程质量问题进行处理(A)，这一过程如图9.16所示。

(2)三阶段控制原理

工程项目各阶段的质量控制，按照控制工作的开展与控制对象实施的时间关系，均可概括为事前控制、事中控制和事后控制，事前、事中、事后三阶段的控制，不是孤立和截然分开的，它们之间构成有机的系统过程，实质上也就是PDCA循环具体化，并在每一次滚动循环中不断提高，达到质量控制的持续改进(表9.5)。

三阶段控制内容　　　　　　　　　　　　　　　　　　　　　表9.5

工程项目阶段	内　　容
事前控制(是积极主动的预防性控制，是三阶段控制中的关键)	事前控制主要应当做好以下几个方面的工作： 1.建立完善的质量管理体系； 2.严格控制设计质量，做好图纸及施工方案审查工作，确保工程设计不留质量隐患； 3.选择技术力量雄厚、信誉良好的施工单位，负责的监理单位； 4.施工阶段做好施工准备工作，包括制定合理的施工现场管理制度，保证构成工程实体的材料合格，做好技术交底工作等
事中控制	事中控制是施工阶段、工程实体建设中，对工程质量的监控，此阶段对工程质量的控制主要通过工程监理进行。事中控制的关键是坚持质量标准，控制的重点是对工序质量、工作质量和质量控制点的监控
事后控制	事后控制也称为被动控制，包括对质量活动结果的认定评价和对质量偏差的纠正。事后控制的重点是发现施工质量方面的缺陷，并通过分析提出施工质量的改进措施，保证质量处于受控状态，即在已发生的质量缺陷中总结经验教训，在今后工作中尽量避免发生同类错误

4）建设项目安全管理

安全管理是企业全体员工参加的、以人的因素为主，为达到安全生产的目的而采取各种措施的管理。

（1）安全管理的内容

①建立安全生产制度

安全生产制度必须符合国家和地区的有关政策、法规、条例和规程，并结合工程项目的特点，明确各级各类人员的安全生产责任制，要求全体人员必须认真贯彻执行。

②贯彻安全技术措施

进行施工组织设计时，必须结合工程实际，编制切实可行的安全技术措施，全体人员必须认真贯彻执行。执行过程中发现问题，应及时采取妥善的安全防护措施。

③坚持安全教育和安全技术培训

组织全体人员认真学习国家、地方和本企业的安全生产责任制、安全技术规程、安全操作规程和劳动保护条例等。新工人进入岗位之前要进行安全纪律教育，特种专业作业人员要进行专业安全技术培训，考核合格后方能上岗，要使全体员工经常保持高度的安全生产意识，牢固树立"安全第一"的思想。

④组织安全检查

为了确保安全生产，必须要有监督监察。安全检察员要经常查看现场，及时排除施工中的不安全因素，纠正违章作业，监督安全技术措施的执行，不断改善劳动条件，防止工伤事故的发生。

⑤进行事故处理

人身伤亡和各种安全事故发生后，应立即进行调查，了解事故产生的原因、过程和后果，提出鉴定意见，在总结经验教训的基础上，有针对性地制定防止事故再次发生的可靠措施。

（2）安全管理的基本要求

①全员参与

安全管理是一项系统工程。企业中任何一个人和任何一个生产环节的生产，都会不同程度地直接或间接地影响着安全生产。因此，必须把所有人员的积极性充分调动起来，人人关心安全，全体参加安全管理。

②全过程的管理

全过程的安全管理是指针对每项工作、每种工艺、每个施工阶段的每一步骤都要抓好安全管理。也就是对从工程设计、施工准备到生产安装的各个阶段，直至工程竣工验收、交付使用的全过程所进行的安全管理。

（3）安全管理的基本原则

安全管理是针对人们活动过程的安全问题，运用有效资源，进行有关决策、计划、组织、指挥、协调和控制等一系列活动，实现活动过程中人与客观物质环境的和谐，始终保持安全状态，达到活动目标的实现。其安全管理的基本原则见表9.6。

安全管理的基本原则

表9.6

原则类别	基本原则
管生产必须管安全	安全是生产顺利进行的必要保证，抓生产必须首先抓好安全
全员管理，安全第一	在整个安全管理中，要树立安全第一的思想，在整个安全管理全过程中，全体人员必须共同努力，保证安全施工

原 则 类 别	基 本 原 则
预防为主	应坚持树立预防为主,防患于未然,着眼于事先控制。从施工开始,就要把人、财、物综合加以考虑,建立安全保证体系和预控网络,对重点部位实行重点预防
动态控制	根据项目部施工的实际情况,实行重点突出、灵活多变的动态安全防范管理,以确保施工安全进行
全面控制	安全管理贯穿项目施工全过程,事先要做好充分的调查研究,针对现场实际情况,对施工中可能遇到的问题、不安全因素加以认真分析,制定施工方案,采取安全对策措施

9.3 土木工程建设项目运营期的项目管理

9.3.1 土木工程建设项目运营期质量保修管理

土木工程实体作为一种综合加工的产品,其质量是指土木工程产品适合于某种规定的用途,满足建设单位要求所具备的质量特性的程度。工程保修期是指工程项目承包商对其完成的存在质量缺陷的工程在一定的时间内进行保修的期限。缺陷责任期指的是承包商对其完成的存在质量缺陷的工程项目所承担责任的期限。发包人与承包人在建设工程承包合同中约定,从应付的工程款中预留,用以保证承包人在缺陷责任期内对建设工程出现的缺陷进行维修的资金为工程保修金。

工程质量保修书是指发包人、承包人根据《中华人民共和国建筑法》《建设工程质量管理条例》等法律条例经协商一致,对竣工工程签订的工程质量保修合同。在合同中,一般包含以下内容:

(1)工程质量保修范围和内容

质量保修范围包括合同内签订的工程项目以及双方约定的其他项目。

(2)质量保修期

双方根据《建设工程质量管理条例》及有关规定,约定工程的质量保修期。质量保修期自工程竣工验收合格之日起计算。

(3)质量保修责任

其属于保修范围、内容的项目,承包人应当在接到保修通知之日起7天内派人保修。承包人不在约定期限内派人保修的,发包人可以委托他人修理。发生紧急抢修事故的,承包人在接到事故通知后,应当立即到达事故现场抢修。对于涉及结构安全的质量问题,应当按照《建筑工程质量保修办法》的规定,立即向当地建设行政主管部门报告,并采取安全防范措施,应由原设计单位或者具有相应资质等级的设计单位提出保修方案,承包人实施保修。质量保修完成后,由发包人组织验收。

(4)保修费用

保修费用由造成质量缺陷的责任方承担。

(5)其他

双方约定的其他工程质量保修事项。

钢筋工程质量保修服务如图9.17所示。

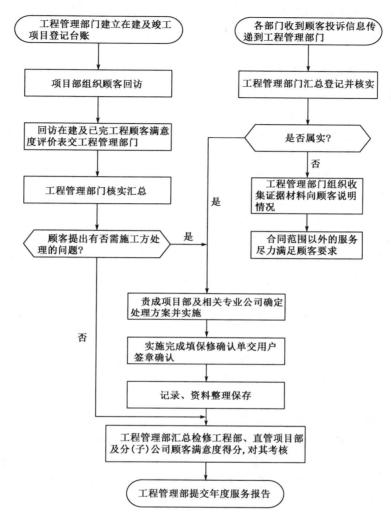

图9.17 钢筋工程质量保修服务

同时针对于工程质量保修的问题,可以采取多种多样的保修回访措施。

(1)回访措施

①回访对象:建设单位、监理单位、工程交付使用单位及直接的顾客群体、新闻媒体、政府部门、社会公众等。

②回访方法:可以采用各种方式,如电话、书信、电子邮件、走访调查等。

③回访时间:可以是定期地或不定期的,但在工程竣工验收后一年内至少应进行一次回访。在工程施工前期、施工期间、竣工验收后的三个阶段,定期或不定期地向建设单位、监理单位主动征求意见和建议。

④在回访前,应精心策划,确定参加回访的部门和人员、回访对象和内容,编写回访提纲,联系回访对象,提出回访要求,做好回访安排。

⑤回访过程中,针对回访对象提出的问题,认真作答,能现场解决的现场解决,不能现场解

决的,做好解释工作,将问题整理,交主管领导批示,及时将处理结果反馈回访对象。

⑥每次回访应形成书面记录,必要时将回访记录提交被回访单位或建设单位、运营单位;建立工程回访档案。

（2）维护措施

①工程完工后,首先成立由项目总工为组长,由技术干部、有关人员组成的维护组,做好工程竣工维护工作。

②缺陷责任期内维护组要定期对所有工程项目进行全面、仔细地检查,特别遇暴风、暴雨等不可抗拒的自然灾害后,要及时组织检查,对出现问题的工程要分析原因、登记清楚,及时向建设单位上报缺陷数量、缺陷范围、缺陷责任及原因等,并立即组织维修。

③缺陷责任期内的修复在不影响正常使用的情况下进行,必要时采取可行的防护措施,需要中断运行的必须经建设单位同意。

④各项缺陷的修复必须符合规范要求,并取得监理工程师和建设单位代表认可。

⑤缺陷责任的维护分两种情况,若因承包人施工质量问题造成缺陷的,由承包人负责,并会同设计院做出修复方案设计,经报建设单位及监理工程师审批后立即实施;若属设计原因或其他非承包人责任造成的缺陷,承包人要及时上报设计院和建设单位,并按设计院和建设单位批复的方案组织维修。

⑥承包人成立的缺陷维修组还将对设计方面不完善之处进行合理完善、补建,力求做到完美无缺。

⑦承包人在工程竣工后应切实做好安全保护措施和安全警戒工作,在重视回访工作,工程交付使用后,仍要不断取得联系,每个月至半年至少回访一次,认真听取建设单位的意见。

（3）履约承诺

①缺陷责任期履约:在缺陷责任期内,成立以项目总工程师为组长,质安部部长为副组长的缺陷责任期维护小组,保留相应机械、设备以及相关各专业施工人员。维护小组驻项目经理部,保持与建设单位、监理工程师及使用单位的联系,负责缺陷责任期的履约工作。

②质量回访:缺陷责任期终止后,派专人到使用单位进行回访,调查了解各分项工程在使用过程中的质量情况,协助、配合处理使用单位遇到的一些问题,认真履行工程质量责任终身制义务。

（4）保修措施

①实行工程质量保修制度,按照合同规定,在工程竣工验收后提交工程质量保修书,质量保修书中明确保修范围、保修期限和保修责任。质量保修责任如图9.18所示。

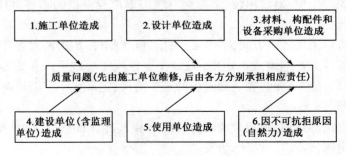

图9.18　质量保修责任

②在保修范围、保修期限内发生的质量问题,严格履行保修义务。接到建设单位或者运营单位发出的保修通知,及时到现场核查情况,在保修书约定的时间内予以保修。发生涉及结构安全或者严重影响使用功能的问题,接到保修通知后,立即到达现场抢修。

③按技术标准、验收标准或保修方案进行保修,保修完成后,由建设单位组织验收,直至合格。

9.3.2 土木工程建设项目运营期风险管理

土木工程建设项目运营期存在的风险种类很多,这些风险造成的影响,产生的条件,发生的时间、地点等都会在风险辨识过程中有一个初步的判断结果。这一阶段主要侧重对相关风险进行定性分析,强调全面有效地辨识风险。风险管理流程如图9.19所示。

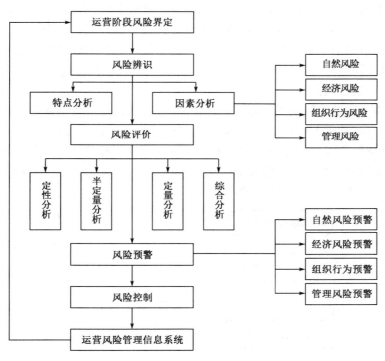

图9.19 风险管理流程图

在进行风险辨识时,要特别做到有所侧重,分清各风险的主次关系,以提高工作效率。土木工程建设项目运营期风险辨识需重点解决以下三个问题:第一,产生风险的诱因是什么? 第二,应当考虑的风险有哪些? 第三,风险发生后,其产生不良后果的严重程度如何?

土木工程建设项目运营管理的自身特征和规律,决定了运营期风险管理又具有以下三个特点。

(1)运营风险的多样性和多层次性

土木工程建设项目运营内容多,参与主体多,管理类别复杂,跨地理区域大,技术含量高等,导致土木工程建设项目在运营过程中可能发生风险数量多且种类繁杂。

(2)运营风险的动态性

在土木工程建设项目运营过程中,各种风险因素无论在质还是在量上都是动态变化的,在某一时期内部风险可能得到一定程度的控制与消除,同时又可能产生新的风险。运营风险的动态性主要体现在风险性质的动态变化和风险后果的动态变化以及新风险的动态产生。

(3)运营风险的相对性

风险总是相对不同承担主体而言的。同样的风险对于不同的土木工程建设项目运营公司可能有不同的影响。风险承受能力主要受预期效益、投入、项目公司规模和拥有风险管理资源等因素影响。

针对土木工程建设项目运营期风险,有以下四点辨识的原则。第一,强调系统性原则。土木工程建设项目运营期风险管理的基础与前提就是风险源辨识。风险管理效果在一定程度上由风险辨识的准确性、科学性来决定。从整体、全局的角度出发,严格按照一定的规律,对风险进行系统的调查分析,来保证风险辨识的准确程度。第二,综合性原则。对较复杂的土木工程建设项目运营期风险进行辨识时,应充分考虑建设项目可能会遇到各种各样的情况,应从各角度、综合多种方法对其运营期进行综合性分析及辨识。第三,针对性原则。土木工程建设项目运营期风险具有特殊性,所以在风险辨识时应注意其针对性,应强调具体情况具体分析。第四,科学性原则。同其他阶段的风险辨识一样,要采用科学的方法与科学的手段,构建科学、系统、全面的风险识别方法体系。

面对着各种不确定的风险因素与风险环境,风险管理人员就需要更广泛地收集数据与征求意见,并且要在此基础上做详细、通透的分析,并且找出它们可能会存在的风险因素,并划分好类别,分别整理好各种风险之间的相互关系,进而才可以确定评估的范围,最终完成风险源辨识阶段的工作内容。风险识别流程如图 9.20 所示。对于土木工程建设项目运营期风险源辨识阶段的具体工作,可以从以下五个方面入手。

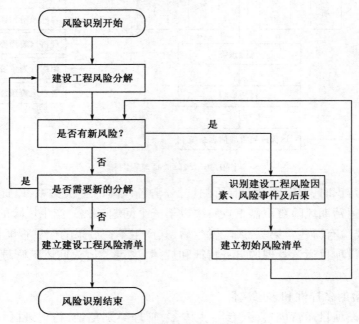

图 9.20　风险识别流程

(1)收集整理资料

以全面识别风险源为目的,首先要做的就是对风险源所要面向的目标有一个全面、深入的了解。对建设项目的施工环境、目标计划、建设现场状况、架构设计、目标要求等方面做细致的调查工作。

（2）确定系统分析

弄清楚风险评估的范围，明确风险评估的目标对象。

（3）普查风险因素

研究所得的调查信息，选用适用的风险分析方法对评估的对象进行深入的剖析，结合既有的工程风险事故，以明确各种风险源不同的作用方式，并分析各种可能存在的风险。

（4）筛选风险因素

筛选风险因素的主要目的是将造成的损失很轻微且发生风险事故概率极小的风险因素及时排除在下一步分析之外。

（5）全面分析风险的潜在存在因素

全面分析风险的潜在存在因素是辨识风险源工作的最后部分，最主要的功能是将分析出来各种风险存在的原因进行有条理的分析总结。

土木工程建设项目运营期风险管理由很多因素所决定，这些因素的分析也是必不可少的。总的来说，运营期风险包含的因素见表9.7。

运营期风险因素及内容 表9.7

风 险 因 素	内 容
管理组织风险因素	职能明确性是多元主体项目必须考虑的关键问题，明确各个部门的职能是合理地防控多主体投资项目在运营管理风险的有效方法。责权分配合理性是影响组织管理风险的关键指标，通过多方面考虑，进而确定责权分配，保证责权分配的合理性，进而达到控制项目运营期管理组织风险。此外，组织协调性也是关键的管理目标，良好的组织协调能力，能够有效协调多元利益
运行维护管理风险因素	在项目运营阶段，主要的日常工作是对项目的维护和运营，积极贯彻工程建设体系标准和建设规范要求，确保所建工程安全、可靠地运营。运行维护管理风险又包括以下几个部分，分别是质量风险管理、劳动风险管理、费用风险管理、物资风险管理
人力资源管理风险因素	在项目运营期内，管理者的素质和能力直接影响决策的正确性和准确性；在人力资源管理因素中，管理监督者水平也是直接影响项目管理风险的关键因素之一。此外，组织实施能力也是人力资源管理风险控制的要素之一，有效地利用组织实施能力，能够提高项目在运营期间对突发事件的处理能力，有效地保证项目目标的实现
安全管理风险因素	对于土木工程建设项目，其关联的主体较多，项目社会影响大，其安全管理显得尤为重要

土木工程建设项目运营期的风险复杂多样，因此应该采取以下三个方面的措施，来有效控制风险。

（1）积极发挥政府职能，建立多主体利益协调机制

土木工程建设项目应争取政府更多支持与关注，当地政府在政策上给予积极支持，加强与政府沟通交流，使其成为政府重点支持对象，增加政府在项目运营期资金和政策上的扶持力度。项目运营管理还要在政府的帮助下主动获取商业银行贷款、融资租赁，以及发行债券等多种筹资方式，主动优化设计融资组合方案，力求增加资金收益，合理确定融资渠道结构，有效控制负债风险。

（2）加强多主体合作，建立健全多主体风险应对机制

土木工程建设项目运营期的管理主要涉及政府、银行、项目法人等多个主体。在建立完善

利益协调机制和管理结构的基础上,还必须加强多个主体合作,建立基于多主体利益的风险应对机制,共同应对存在的管理风险。多主体的风险应对机制包括运营期内管理风险的制度建设,建立并完善应对预案和开展有效的对外合作机制。

(3)完善管理风险监督机制

在管理风险的各项监督机制中,责任追究是一项重要的工作机制,它对于项目管理风险的防范具有积极的作用和意义。一旦管理风险在这方面缺少环节或存在漏洞,就会导致风险无法追究,而且在实际执行的过程中力度往往不够。尤其在具体管理风险责任落实不清,细化量化不具备可操作性等情况下,风险防范有可能成为一种更理想化的状态。因此,要加强完善管理风险监督机制。

9.3.3　土木工程建设项目运营期信息化管理

信息作为建设项目实施过程中相互沟通的最基本的前提条件,是进行有效管理的基础。传统建设项目管理中,各种信息的存储,主要是基于表格或单据等纸面形式;信息的加工和整理完全由大量的手工计算来完成;信息的交流,绝大部分是通过人与人之间的手工传递甚至口头传递;信息的检索,则完全依赖于对文档资料的翻阅和查看。信息从产生、整理、加工、传递到检索和利用,都是以一种较为缓慢的速度在运行,这影响了信息作用的及时发挥而造成项目管理工作中的失误。随着现代建设项目的规模加大,投资增加,工期延长,技术更新的速度加快,特别是市场环境变化对建设项目的影响变得难以捉摸,各部门和单位交互的信息量不断扩大,信息的交流与传递变得越来越频繁,建设项目管理的复杂程度和难度越来越突出。随着现代信息技术的迅猛发展对项目管理的思想、组织、方法和手段产生越来越深远的影响,项目管理开始向集成化、信息化的方向发展。项目管理的组织纵向层次减少、横向联系增加、交叉综合、并行工作,并且向虚拟化的体系转变,在此基础上信息化管理成为项目管理的重大变革,土木工程建设项目信息化管理模型如图9.21所示。

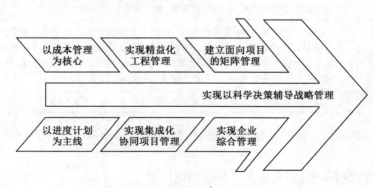

图9.21　土木工程建设项目信息化管理模型

信息化的概念起源于20世纪60年代的日本,首先是由一位日本学者提出来的,而后被译成英文传播到西方,西方社会普遍使用"信息社会"和"信息化"的概念是70年代后期才开始的。根据最新公布的《国家信息化发展战略(2006—2020年)》,信息化是充分利用信息技术,开发利用信息资源,促进信息交流和知识共享,提高经济增长质量,推动经济社会发展转型的历史进程。信息化除有计算机、通信和联网等硬软件设备外,其关键是对信息的持续不断地收集、正确的加工整理及提供科学的综合应用;同时硬软件设备也要不断地更新或增加。信息化是一个进程,是一个需要不断采集新的信息的过程,而不是终极目标。

在项目管理中实施信息化管理,是当前我国项目建设中的先进管理理念,也是我国今后建设项目管理的发展方向,具有重大意义。

(1)促进管理工作规范化

信息化管理通过对项目信息的管理实现信息的集中化、数字化、完整性、一致性、安全性和可检索性,一方面有利于统一项目建设过程中各项业务流程、报表的格式,使管理工作更加规范化,在建设过程中对建设单位、监理单位、承包商起到导向的作用;另一方面也方便浏览并支持这些信息在计算机上的粘贴和拷贝,将重复性的管理工作程序化,并且利用计算机实现智能管理,可以大大节约项目管理人员的精力,提高项目管理的效率与水平。

(2)加强项目目标控制

实行项目信息化管理,能对项目质量、安全、进度、投资进行动态管理,并将管理人员从繁杂的、重复的事务性工作中解脱出来,降低了劳动强度,将更多的时间和精力放在关键性的管理环节上,提高了管理效率,从而便于及时发现问题,保证项目顺利执行。

(3)提高项目沟通效率

项目往往涉及多个项目参与方,由于项目参与方的分散性,使得各方在沟通方面消耗大量的人力、物力、财力。信息技术的应用,改变了许多信息加工、处理和发送的方法,利用信息技术进行信息沟通,意味着信息传递具有速度快、信息容量大的特点,通过信息共享,信息可以同时传递给多人,而且往往由于不受时空范围的限制而使远距离(如国际之间)的沟通更便利,提高了信息沟通的互动性和快捷性。

(4)实现项目协同作业

信息化管理可以提供一个机制,使各项目参与人很好地协同工作。在信息共享的环境下通过自动地完成某些常规的信息通知,可减少项目参与人之间需要人为信息交流的次数,并使得信息的传递变得迅捷、及时和通畅。此外,项目信息化管理有利于改变项目参与各方杂乱无序的传统沟通方式,实现有序的在线协同作业,使项目成员间的沟通、决策具有一致性和协同性,更好地实现项目整体目标。

(5)与国际惯例接轨的需要

信息化管理是先进的管理理念融合先进信息技术而形成的新型现代化项目管理手段。尽管其在国外应用较为广泛,贯穿于项目管理的全过程,但是在国内还远没有达到普及的程度。因此,必须与国际惯例接轨,更好地执行 FIDIC 合同条款,使我国的工程项目管理工作尽快步入信息化快车道。

9.3.4 土木工程建设项目后评价

项目后评价是指对已经完成的项目或规划的目的、执行过程、效益、作用和影响所进行的系统的客观的分析。通过对投资活动实践的检查总结,确定投资预期的目标是否达到,项目或规划是否合理有效,项目的主要效益指标是否实现,通过分析评价找出成败的原因,总结经验教训,并通过及时有效的信息反馈,为未来项目的决策提出建议和提高完善投资决策管理水平,同时也为被评价项目实施运营中出现的问题提出改进建议,从而达到提高投资效益的目的。对于土木工程而言,项目后评价就是在项目建成投产、竣工验收以后一段时间,项目效益和影响逐步表现出来时,对项目建设目标完成情况、立项决策、建设实施、生产运营、经济效益和项目的影响与持续性进行全面、系统、客观的分析和评价,评价土木工程目标实现程度,总结土木工程全过程中的经验教训,提高未来项目的决策、实施、管理水平,准确把握投资方向,提高投资效益。

土木工程建设项目后评价的内容范围很广,主要包括效益评价和影响评价。

1)效益评价

效益评价是对后评价时点以前各年度中项目实际发生的效益与费用加以核实,并对后评价时点以后的效益与费用进行重新预测,并在此基础上计算评价指标,对项目的实施效果加以评价,从中找出项目中存在的问题及产生问题的根源。效益评价是项目后评价的核心内容,效益评价包括财务评价和国民经济评价。

(1)效益评价中使用的价格

导致价格变化的因素有相对价格变动因素和物价总水平上涨因素。前者指因价格政策变化引起的国家定价和市场价比例的变化,以及因商品供求关系变化引起的供求均衡价格的变化等。后者指因货币贬值(又称通货膨胀)而引起的所有商品的价格以相同比例向上浮动。为了消除通货膨胀引起的"浮肿"盈利,计算"实际值"的内部收益率等盈利能力指标,使项目与项目之间、项目评价指标与基准评价参数之间,以及项目后评价与项目前评估之间具有可比性,财务评价原则上应采用基价,即只考虑计算期内相对价格变化,不考虑物价总水平上涨因素的价格计算项目的盈利性指标。与前评估的不同之处在于,前评估以建设初期的物价水平为基准,而后评价以建设期末的物价水平为基准,这种区别对内部收益率的计算结果没有影响。价格调整的步骤如下:

①区分建设期内各年的各项基础数据(包括固定资产投资、流动资金)中的本币部分和外币部分。

②以建设期末的国内价格指数为100,利用建设期内各年国家颁布的生产资料价格上涨指数逐年倒推得出以建设期末为基准表示的以前各年的国内价格指数(离后评价时点越远,价格指数越小)。用各年的国内价格指数调整基础数据中的本币部分。

③以建设期末的国外价格指数为100,利用世界银行颁布的生产资料价格指数逐年倒推得出以建设期末为基准表示的以前各年的国外价格指数,用各年的国外价格指数调整基础数据中的外币部分。

④用建设期末的汇率将以前各年的外币投资数据基价换算为以本币表示的外币投资数据基价。

⑤加总本币投资数据基价和以本币表示的外币投资数据基价得到建设期内各年以基价表示的各项投资数据。

⑥生产经营期内各年的投入物、产出物价格的选择。如果在后评价时点之前发生,应调整为建设期末的价格水平表示的基价,否则由项目后评价人员根据有关资料以建设期末的价格水平为基准,不考虑物价总水平上涨因素,只考虑相对价格变化预测得出。

对于建设期较短的项目,在项目前评估中可以采用如下简化处理:建设期内各年采用时价,生产经营期内各年均采用以建设期末物价总水平为基础并考虑生产经营期内相对价格变化的价格。当实际价格总水平与预测值相差不大时,为了与前评估具有可比性,对于这一类项目在后评价中对建设期内各年的基础数据可采用实际发生的价格,生产经营期内各年采用以建设期末为基准的实际(或预测)价格。

（2）效益评价中项目的计算期

在后评价中进行效益评价时采用的项目的计算期应与前评估中采用的计算期一致，否则会改变评价指标的值。如果计算期太短，会低估效益评价中的一个最重要的指标——内部收益率；而计算期太长时，既费时又对提高精度没有太大的帮助，因为由于货币的时间价值的作用，越往后产生的效益对内部收益率的影响度越小。

（3）效益评价的指标

评价指标是项目效益的重要依据，同一评价指标在不同的时间和地点可能会有不同的含义，因此在选择评价指标时应非常慎重。它既要能准确反映项目的实际情况，又要具有项目与项目之间的可比性，而且还要便于数据资料的收集。指标体系并不是越复杂越好，大而全的指标体系既耗费人力、财力，也不利于准确反映项目的实际情况。

效益评价的主要指标是财务内部收益率（$FIRR$）和经济内部收益率（$ETRR$）。由于后评价和前评估中采用的价格基准不同，所以两者的净现值不具有可比性，因此不作为后评价中效益评价指标。

2）影响评价

影响评价一方面是针对项目计划实施后在项目实施地区内对卫生与社会经济发展的贡献和影响，另一方面是针对项目计划实施后所产生的结果的可持续性，即干预措施是否继续存在并发挥作用。影响评价具体是评价项目对于其周围地区在经济、环境和社会这三个方面所产生的作用和影响。影响评价站在国家的宏观立场，重点分析项目与整个社会发展的关系。影响评价包括经济影响评价、环境影响评价和社会影响评价。由于国民经济评价中已采用影子价格、影子工资和影子汇率等经济参数，并且可以衡量项目的部分外部效果和无形效果，所以项目的某些影响已经反映在国民经济评价中。

（1）经济影响评价

项目的经济影响评价主要分析和评价项目对所在地区（区域）及国家的环境经济发展的作用和影响。它包括对分配效果和技术进步和产业结构的影响等。具体的经济影响评价因素见表9.8。

经济影响评价表　　　　　　　　　　　　　　　　　　　　　　　　　　　表9.8

评 价 因 素	内　　　容
分配效果	分配效果主要指项目效益在各个利益主体（中央、地方、公众和外商）之间的分配比例是否合理。衡量分配效果的方法是在效益评价的基础上，将财务评价进一步从各出资者（包括中央各部门、地方各部门、企业、银行、公众等）角度出发的财务分配效果，将国民经济评价进一步细化，分别以中央、地方、公众和外商为主体的经济效果评价。此外，分配效果分析中还应包括项目对于不同地区的收入分配的影响
技术进步	根据国家发展与改革委员会等部门颁布的技术政策、产业政策等，并参照同行业国际技术发展水平，进行项目对技术进步的影响分析。主要用于衡量项目所选用的技术的先进和适用程度，项目对技术开发、技术创新、技术改造和技术引进的作用，项目对高新技术产业化、商品化和国际化的作用，以及项目对国家部门和地方技术进步的推动作用
产业结构	由于历史的影响，我国的产业结构不尽合理。生产力发展受一些部门的严重制约，如农业、基础设施和基础工业等。此外，新型的产业结构要求提高第三产业的比例。所以，评价项目建立对国家、地方的生产力布局、结构调整和产业结构合理化的影响，也是经济影响评价的一个主要内容

（2）环境影响评价

项目的环境影响评价是指对照项目前评估时批准的《环境影响报告书》，重新审查项目环境影响的实际结果，审查项目环境管理的决策、规定规范、参数的可靠性和实际效果。环境影响评价包括污染控制、对地区环境质量的影响、自然资源的保护与利用、对生态平衡的影响和环境管理等。具体环境影响评价因素见表9.9。

环境影响评价表 表 9.9

评价因素	内 容
污染控制	检查和评价项目的废气、废水、废渣和噪声是否在总量和浓度上达到了国家和地方政府颁布的标准；项目选用的设备和装置在经济和环境保护效益方面是否合理，项目的环保治理装置是否做到了运转正常；项目环保的管理和监测是否有效，等等
对地区环境质量的影响	分析对当地环境影响较大的若干种污染物，分析这些物质与环境背景值的关系，以及与项目的废气、废水和废渣排放的关系
自然资源的保护与利用	它主要包括水、海洋、土地、森林、草原、矿产、渔业、野生动植物等自然界中对人类有用的一切物质和能量的合理开发、综合利用、保护和再生。重点是节约能源、节约水资源、土地利用和资源的综合利用等
对生态平衡的影响	它主要指人类活动对自然环境的影响，内容包括人类对植物和动物种群，特别是珍稀濒危的野生动植物、重要水源涵养区，具有重要科教文化价值的地质构造以及其相互依存关系的影响，对可能引起或加剧的自然灾害和危害的影响，如土壤退化、植被破坏、洪水和地震等
环境管理	它包括环境监测管理、"三同时"和其他环保法令和条例的执行；环保资金设备及仪器仪表的管理；环保制度和机构、政策和规定的评价；环保的技术管理和人员培训，等等

（3）社会影响评价

分析项目对国家或地区社会发展目标的贡献和影响，包括项目本身和对周围地区社会的影响，社会影响评价具体内容见表9.10。

社会影响评价表 表 9.10

评价方面	内 容
就业效果	就业效果在国民经济评价中通过影子工资给予综合考虑。除此以外，亚洲开发银行还要求对特别贫穷的地区（或部门）和妇女给予特殊的关注
居民的生活条件和生活质量	它包括居民收入的变化、人口和计划生育、住房条件和服务设施、教育和卫生、营养和体育活动、文化历史和娱乐等
受益者范围及其反应	对照原有的受益者，分析谁是真正的受益者；投入和服务是否到达原定的对象；实际项目受益者的人数占原定目标的比例，受益组人群的受益程度，受益者范围和水平是否合理等
地方社区的发展	项目对当地城镇和地区基础设施建设和未来发展的影响，包括社区的社区安定、社区福利、社区的组织机构和管理机制等
妇女、民族和宗教信仰	它包括妇女的社会地位、少数民族和民族团结，当地人民的风俗习惯和宗教信仰等
参与程度	它包括当地政府和居民对项目的态度，他们对项目计划、实施和运营的参与程度，正式或非正式的项目参与的机构及其机构是否健全等

（4）持续性评价

持续性评价是在项目建成投入运营之后，对项目的既定目标是否能按期实现，项目是否可以持续保持产出较好的效益，接受投资的项目建设单位是否愿意并可以依靠自己的能力继续实现既定的目标,项目是否具有可重复性等方面做出评价。具体持续性评价内容见表9.11。

持续性评价表

表9.11

评 价 因 素	内　　容
政府政策因素	从政府政策因素分析持续性条件,应重点解决以下两个问题。第一,哪些政府部门参与了该项目,并分析这些部门的作用和各自的目的。第二,根据这些目的所提出的条件和各部门的政策是否符合实际?如果不实际,提出修改意见
管理、组织和参与因素	从项目各个机构的能力和效率来分析持续性的条件,如项目的管理人员的素质和能力,管理机构和制度,组织形式和作用,人员培训,地方政府和群众的参与和作用等
经济财务因素	在持续性分析中要强调如下三点内容。第一,评价时点之前的所有项目投资都应作为沉没成本不再考虑。第二,通过项目的资产负债表等来反映项目的投资偿还能力,并分析和计算项目是否可以如期偿还贷款及其实际偿还期。第三,通过项目未来的不确定性分析,来确定项目持续性的条件
技术因素	包括引进技术装备、开发新技术和新产品等硬件问题。含其效果对于项目管理和财务持续性的影响,并要分析技术选择与运转操作费用(包括与汇率的关系),新产品的开发能力和使用新技术的潜力等
社会文化与生态环境因素	这两部分的内容与项目影响评价的有关内容类似,但是持续性分析应特别注意这两方面可能出现的反面作用和影响,以及可能导致项目的终止和值得今后借鉴的经验和教训

（5）过程评价

过程评价是根据项目的结果和作用,对项目周期内的各个环节进行回顾和检查,对项目的实施效率作出评价。其具体过程评价内容见表9.12。

过 程 评 价 表

表9.12

评 价 方 面	内　　容
建设必要性评价	在这一阶段,首先要对确定的项目方案进行分析,分析在同样的资金投入前提下,有无其他替代方案也可以达到同样的项目效果,甚至更好的效果。其次,检查立项决策是否正确。如分析产品生产销售量,占领市场范围,项目实施的时机,产品价格和产品市场竞争能力等方面的变化情况;做出新的趋势预测并提出建议
勘测设计评价	勘测设计的程序、依据是否正确,它包括标准、规范、定额等是否严格执行,是否符合国家现行有关政策与法规;引进工艺和设备是否采用了现行国家标准,或发达国家的工业先进标准;勘测工作质量包括水文地质和资源勘探的可靠性
施工评价	评价施工单位组织、机构和人员素质,总承包、总分包的施工组织方式,施工技术准备,施工组织设计的编制,施工技术组织措施的落实情况,施工技术人员的培训,施工质量和施工技术管理,施工过程监理和施工技术管理,施工过程监理活动等;也包括设备采购方式与效果的评价

9.4　土木工程建设项目管理的发展趋势

9.4.1　土木工程建设项目管理发展理念

随着工程项目承包市场日趋多元化,工程建设投资主体日益多样化,现代工程项目规模不断大型化、科技含量逐渐增大,项目管理理论知识体系得到迅速发展、完善,工程项目管理呈现以下六个方面的发展趋势。

(1)工程项目管理的国际化发展

随着经济全球化的步步深入,土木工程项目管理也在朝着国际化的方向发展。工程项目管理的国际化要求项目按照国际惯例进行管理,依照国际通行的项目管理程序、准则、方法以及统一的文件形式进行项目管理,使来自不同地区和民族的各参与方在项目实施中建立起统一的协调基础。加入 WTO 后,我国的行业壁垒瓦解,国内市场国际化,外国工程公司利用其在资本、技术、管理、人才、服务等方面的优势,抢占国内市场,尤其是工程总承包市场,国内建设市场竞争日趋激烈。工程建设市场的国际化必然导致工程项目管理的国际化,这对我国工程管理的发展既是机遇又是挑战。一方面,随着我国改革开放的步伐加快,国际合作项目越来越多,这些项目要通过国际招标、国际咨询或 BOT 方式运作,这样不仅可以从国际市场上融到资金,加快国内基础设施、能源交通重大项目的建设,而且可以从国际合作项目中学习到经济发达国家工程项目管理的先进管理制度和方法。另一方面,根据最惠国待遇和国民待遇准则,我国的工程建设企业与他国工程建设企业拥有同样的权利承包国际工程项目,这样国内工程企业将获得更多的机会进行海外投资和经营,通过国际工程市场的竞争抢占国际市场,锻炼组织团队、培养人才。这也凸显出工程项目管理的国际化、全球化成为趋势和潮流。这样,不仅要求工程项目按照国际管理进行管理,在项目实施中建立起统一的协调机制,使各国的项目管理方法、文化、理念得到交流与沟通,而且也使国际工程项目竞争领域不断扩大,竞争主体日益强大,竞争程度更加激烈。

(2)工程项目管理模式的复杂化发展

工程项目的大型化、复杂化必然会促进项目管理模式的变革与发展。随着工程项目承包市场竞争日趋激烈、风险加大、利润下降,为了追求更高的经济效益,国际上很多大型承包商已经从单纯的承包商角色向开发商角色转变,从项目承包转向投资或带资承包,并将主要投资集中在项目运作等高端产业链。EPC、PMC、BOT、DDB、DBFM、PDBFM、PPP/PFI 等带资承包模式,CM 等特许融资、咨询、建设、运营与技术承包一揽子式的新承包模式和承包业务迅速发展,将成为国际大型工程广为采用的项目管理模式。

(3)工程项目管理的专业化发展

现代土木工程项目投资规模大、技术复杂、涉及领域多、工程范围广泛的特点,带来了土木工程项目管理的复杂性、多变性,对工程项目管理提出了更高的要求。很多专业化的项目管理公司或组织,专门承接工程项目管理工作,提供全过程的专业化咨询和管理服务。另外,现代工程项目管理人才需要更加职业化和专业化,国际工程项目管理组织推行的项目管理认证在全球越来越普及。因此,许多职业化的项目管理者或项目管理组织也在这种趋势下应运而生。在项目管理专业人士方面,通过 IPMP 和 PMP 认证考试的专业人员就是一种形式。在我国工程项目领域的职业项目经理、项目咨询师、监理工程师、造价工程师、建造师以及在设计过程中的建筑师、结构工程师等,都是项目管理人才专业化的形式。专业化的项目管理组织是国际上工程建设界普遍采用的一种形式,是指受工程项目建设单位委托,对工程建设全过程或分阶段进行专业化管理和服务的工程项目管理公司。除此之外,工程咨询公司、工程监理公司、工程设计公司等也是专业化组织的体现。随着工程项目管理制度与方法的发展,工程管理的专业化水平会逐步提高。

(4)工程项目管理的信息集成化发展

伴随土木工程项目日益大型化、综合化与复杂化,项目管理知识密集与信息密集的特点日益凸显。信息技术手段在工程项目管理中的作用已经达成共识,采用项目管理信息系统(Project Management Information System,PMIS)进行项目管理已经成为现代土木工程项目管理的重要特征之一。国内外对PMIS进行了较多的探索与实践,加之项目管理理论的不断发展,工程项目管理中信息技术的支持作用已得到强化。然而在实践过程中,特别是工程建设项目在工期、成本、质量、安全、环境等方面约束的不断增加以及整体技术装备水平迅速提升的情况下,工程项目及其管理呈现许多新的特点,并对信息技术手段提出新的要求,包括多用户并行服务、多业务流程交叉与数据一致性保持、更精确直观的进度形象测量与管理、充分支持现场检查与管理的移动信息处理、综合考虑安全与环境等新要素并更精确地满足物资运输与现场暂存等要求,对传统的项目管理及其信息系统形成了新的挑战。与此同时以地理信息技术与遥感技术为代表的地理空间信息技术,以虚拟现实、三维仿真为代表的可视化技术,以业务流程管理与网络服务技术为代表的协同计算技术,以及以企业资源管理(ERP)和物流技术为代表的资源综合管理与规划技术等,为PMIS应对上述挑战提供了契机与手段。工程项目的信息化已经成为提高项目管理水平的重要手段。目前,许多项目管理公司不仅开始大量使用项目管理软件进行工程项目管理,而且还从事项目管理软件的开发研究工作,工程项目管理的信息化已经成为必然趋势。

BIM产品(Building Information Model),即建筑信息模型,是以三维数字技术为基础,集成了建筑工程项目各种相关信息的工程数据模型,对工程项目设施实体与功能特性的数字化表达(图9.22、图9.23)。此技术作为住房和城乡建设部、交通运输部等"十三五"重大技术方向,将工程建设的设计、施工、运营的各项工作通过模型为唯一管理对象,实现工程项目全寿命周期的信息化管理体系。基于BIM的综合管理平台的信息化管理总体思路,拟将建设项目管理的最新理念和方法与BIM技术、计算机技术、物联网技术、移动互联网技术、虚拟现实和仿真技术相结合,将地理分布在各地的项目信息及各种数据进行收集、汇总和存储,建立基于BIM模型的综合管理系统,有效地对项目进行管理,并能以数字、图形、BIM模型、三维仿真、动态模拟等多种形式提供给管理者,以实现"三控三管一协调"的管理目标。

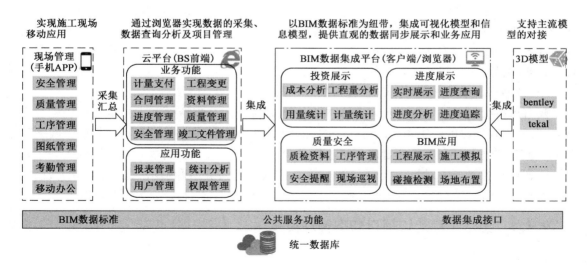

图9.22 BIM项目管理体系整体架构

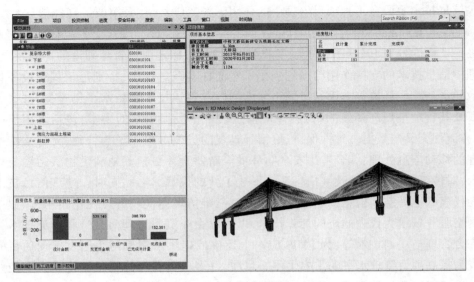

图 9.23 基于 BIM 模型的建设项目管理

（5）工程项目管理的集成化发展

工程项目的集成化管理就是运用工程项目管理的系统方法、模型、工具等对工程项目相关资料进行系统集成，对项目寿命周期各项工作有效整合，并达成工程项目目标和实现投资效益最大化的过程。工程项目管理的集成化主要体现在工程项目全寿命周期的集成管理，实行统一管理。工程项目全寿命周期管理是将项目决策阶段的开发管理、实施阶段的项目管理和使用阶段的设施管理集成为一个完整的项目全寿命周期管理系统，对工程项目全过程统一管理，使其在功能上满足需求，经济上可行，达到建设单位和投资人的投资收益目标。工程项目全寿命周期管理既要合理确定目标、范围、规模、建筑水准等，又要使项目在既定的建设期限内，在规划的投资范围内，保质保量地完成建设任务，确保所建设的工程产品能满足投资商、项目的经营者和最终用户的要求；还要在项目运营期间，对设施物业进行维护管理、经营管理，使工程项目尽可能创造最大的经济效益。这种管理方式是工程项目更加面对市场，直接为建设单位和投资人服务的集中体现。此外，工程项目管理的集成化还包括项目工期、造价、质量、安全、环境等要素的集成管理，即项目组织管理体系的一体化。工程项目管理集成化对提高项目管理公司或项目承包公司的核心竞争力具有重要意义。

（6）工程项目管理的健康和绿色化发展

随着可持续发展的理念深入人心，世界各国对合理利用自然资源和保护生态环境的呼声越来越高，工程项目的健康和绿色化已经成为学界和业界共同关注的问题。"绿色""低碳"、"循环经济"的思想已经被工程建设领域所接受，并融入到工程项目的规划、设计、施工与运营中。工程项目各参与方对每一个项目都应该进行认真的研究、评判和决策，贯彻节约资源、"零污染""零排放"的方针，实现项目经济效益、社会效益和生态环境效益的最佳组合。

9.4.2 土木工程建设项目新型管理模式

（1）供应链管理模式

供应链管理是一种集成的管理思想和方法，它是基于"竞争—合作—协调"机制，以分布企业集成和分布作业协调为保证的集成化、系统化管理模式。它要求将供应链上所有节点企业看作一个整体,形成集成化的供应链管理体系,以计算机技术和信息技术为支撑,以全球制造资源为可选对象,综合各种先进的制造技术和管理技术,将企业内部供应链以及企业之间的供应链有机地集成起来进行管理,进而达到供应链全局最优的目标,快速、高效地提供市场所需的产品或服务。

供应链管理模式在具体实施应用中,应遵循以下基本思想:

①"横向一体化"的管理思想,强调企业的核心竞争力。

②大量采用外包方式,将非核心业务分给业务伙伴,与业务伙伴结成战略联盟关系。

③供应链企业间形成的是一种合作性竞争。合作性竞争可以从两个层面理解:一是与过去的竞争对手相互结盟,共同开发新技术,成果共享;二是将过去由本企业负责的非核心业务外包给供应商,双方合作共同参与竞争,体现核心竞争力的互补效应。

④以顾客满意度为目标的服务化管理。对下游企业来说,供应链上游企业的功能不是简单的提供物料,而是要用最低的成本提供最好的服务。

⑤供应链管理追求物流、信息流、资金流、工作流和组织流的集成。

⑥借助信息技术实现目标管理。信息共享是实现集成化供应链管理的基础。供应链的协调运行建立在各个节点企业高质量的信息传递与共享基础上,因此有效的供应链管理离不开信息技术的可靠支持。

（2）动态联盟模式

项目动态联盟是为实现共同的项目目标,在各参与方自愿互利的原则下,通过协议或联合组织等方式结成的联合体,它突破了传统企业组织的有形界限,强调对组织外部资源的有效整合。它是一个在既定的时间内完成项目的既定目标,而临时将项目的参与方组建起来的联盟性团体。

动态联盟模式在项目实施中需要遵循以下四个基本思想:

①基于契约和合作关系的临时性组织。动态联盟组织是为了盟员企业的共同利益,通过不同独立企业之间的平等互利合作而形成的临时性组织。在市场机遇出现时,联盟组织通过契约以及相互之间的协调沟通来建立合作关系,而当目标实现,则此种契约关系终止,联盟体解散。

②基于共同目标的核心能力集成网络。动态联盟组织的建立是基于不同企业之间为实现某个共同目标,将自身资源与其他企业资源集成,并通过共享的网络渠道来形成共同的核心竞争力,在组织运行过程中共享集成网络中的利益,共担联盟组织面临的风险。

③基于市场机会的动态网络。动态联盟组织是不同企业之间基于某一特定的市场机会而形成,联盟成员的关系是暂时的,带有一定的机会主义趋向。联盟的准入法则和退出机制比较灵活,动态联盟对盟员企业一般实施动态管理。

④基于共享机制的信息网络。动态联盟各盟员企业要共同完成某个项目,必须对各自的资源进行有效共享和配置,在这个过程中,必然存在着大量的信息交流与业务沟通,需要配备强大的网络技术和信息支撑系统。因此,建立高效透明的信息系统及支撑平台是动态联盟组织得以成功运行的关键所在。

（3）全面协调管理模式

全面协调管理是指项目全员和全部门参加,综合运用现代科学和管理技术成果,分析影响土木工程项目顺利完工的各因素,并对土木工程项目的全过程进行控制和管理的系统管理活动。

从全面协调管理的含义看,全面协调管理模式的基本思想就在于管理的全面性。这种全面性又体现在:管理过程的全面性,参与管理和管理人员的全面性,涉及部门的全面性。全面协调管理模式的基本思想遵循以下内容:

①全面协调管理过程的全面性。全面协调管理的过程不局限于土木工程项目施工过程的管理,而要求从原有的施工过程向前、向后扩展延伸,形成一个从市场调查、项目可行性研究开始,包括项目开发、项目实施、项目运营的全过程的管理。

②全面协调管理人员的全面性。全面协调管理,要求高层管理人员、中层管理人员、基层管理人员及广大工人的参与,从而形成一种质量管理人人关心、人人有责、共同努力、全员参与的局面。全面协调管理的人员是指土木工程项目的各个参与方(包括建设单位、施工单位、监理单位、设计单位等)。一个大型的土木工程项目所涉及的参与方众多,所形成的关系也很复杂,并且各参与方出于对自身利益的考虑,并不能自觉地朝着土木工程项目的总目标努力,因此协调管理必不可少。

③全面协调管理涉及部门的全面性。一般情况下,土木工程项目跨越多个组织,涉及多个部门,项目最终的成果与所涉及的各个部门的努力息息相关。在项目整个过程中不仅涉及建设单位、勘查设计单位、施工单位、材料设备供应单位、监理单位,而且涉及外界的政府部门、银行及保险部门、公共事业机构、社会团体、新闻单位和公众等方面。涉及的各个部门之间都或多或少存在着一些利益关系,这些利益关系随时可能导致冲突的发生。

【思考题】

1. 如何理解土木工程建设项目的概念?
2. 土木工程建设项目管理的类型有哪些?
3. 土木工程建设前期决策管理包括哪些内容?
4. 土木工程建设项目运营阶段风险管理流程是什么?
5. 实现土木工程建设项目信息化管理的意义?
6. 土木工程建设项目后评价包括哪些内容?
7. 土木工程建设项目新型管理模式有哪些?
8. 土木工程建设项目未来的发展理念是什么?

本章参考文献

[1] 冯宁.工程项目管理[M].郑州:郑州大学出版社,2010.

[2] 丁士昭.工程项目管理[M].北京:中国建筑工业出版社,2006.

[3] 郑文新.土木工程项目管理[M].北京:北京大学出版社,2011.

［4］ 陈伟珂. 工程项目风险管理［M］. 北京：人民交通出版社股份有限公司，2015.

［5］ 苗胜军. 土木工程项目管理［M］. 北京：清华大学出版社，2015.

［6］ 张建新. 工程项目管理学（第三版）［M］. 大连：东北财经大学出版社，2015.

［7］ 郭峰. 土木工程项目管理［M］. 北京：冶金工业出版社，2013.

第 10 章

土木工程防灾与减灾

10.1 土木工程防灾减灾简介

10.1.1 灾害及灾害类型

(1)灾害概况

灾害是对能够给人类和人类赖以生存的环境造成破坏性影响的事件的总称。世界卫生组织对灾害的定义是:任何引起设施破坏、经济严重受损、人员伤亡、健康状况及卫生条件恶化的事件,如其规模已超出事件发生社区的承受能力而不得不向社区外寻求专门援助时,就可称其为灾害。联合国"国际减轻自然灾害十年"专家组对灾害的定义是:灾害是指自然发生或人为产生的,对人类和人类社会具有危害后果的事件与现象(图 10.1)。

纵观人类的历史可以看出,灾害的产生原因主要有自然因素和社会因素两类:①自然因素包括:与人类关系最密切的生物链的破坏或远离平衡的发展,大气和水圈在演化过程中所出现的大区域或局部远离平衡的运动,岩石圈在运动过程中出现大规模的突然断裂等,这些会给人类带来虫灾、旱灾、水灾、地震等自然灾害,例如:强烈的地震,使上百万人口的一座城市在顷刻之间消失;滂沱暴雨泛滥成灾,摧毁农田、村庄,使成千上万居民流离失所;百年不遇的大旱,使非洲大陆田地龟裂、禾苗枯萎、饿殍遍野、惨不忍睹;火山喷发出灼热的岩浆,使意大利百年古城化为灰烬;强劲的飓风掠过,使沿海村镇荡然无存等。②社会因素包括:人类对森林、植被和草原的过度砍伐和破坏等造成土地荒漠,人类活动对地球表面环境的污染,物种灭绝,人口暴长等。因此,通常把以自然变异为主因的灾害称之为自然灾害,如地震、风暴潮和海啸等;将以人为社会影响为主因的灾害称之为人为灾害,如人为引起的火灾、交通事故和酸雨等,同时,还有各种损害人类自身利益的社会现象,诸如火灾、爆炸、海难、空难、车祸撞击、人口失控、城市膨胀、三废污染、工程事故以及社会腐败、政治动荡、战争、犯罪等。人为灾害及自然灾害如图10.2和图10.3所示。

图 10.1　土木工程典型灾害

图 10.2　人为灾害　　　　　　　　　　　图 10.3　自然灾害

　　当然,灾害的过程往往是很复杂的,有时一种灾害可由几种因素引起,或者一种因素会同时引起好几种不同的灾害。这时,灾害类型的确定就要根据起主导作用的因素和其主要表现形式而定。而根据灾害发生原因、发生部位和发生机理的不同,灾害也可以划分为地质灾害、气候灾害、环境灾害、生化灾害、海洋灾害等。

　　(2)自然灾害

　　自然灾害是人类依赖的自然界中所发生的异常现象,自然灾害对人类社会所造成的危害往往是触目惊心的。这其中既包括地震、火山爆发、泥石流、海啸、台风、洪水等突发性灾害,也包括地面沉降、土地沙漠化、干旱、海岸线变化等在较长时间中才能逐渐显现的渐变性灾害,还有臭氧层变化、水体污染、水土流失、酸雨等人类活动导致的环境灾害。这些自然灾害和环境破坏之间又有着复杂的相互联系。人类要从科学的意义上认识这些灾害的发生、发展以及尽可能减小它们所造成的危害,这已是国际社会的一个共同任务。

　　由于许多自然灾害,特别是等级高、强度大的自然灾害发生以后,常常诱发出一连串的其他灾害的连锁反应,这种现象称为灾害链。灾害链中最早发生的起作用的灾害称为原生灾害;而由原生灾害所诱导出来的灾害则称为次生灾害。自然灾害发生之后,破坏了人类生存的和谐条件,由此还可以导生出一系列其他灾害,这些灾害泛称为衍生灾害。如大旱之后,地表与浅部淡水极度匮缺,迫使人们饮用深层含氟量较高的地下水,从而导致氟病,这些都称为衍生灾害。这些灾害都对人类的生产和生活造成了严重的影响和后果,主要包括以下几个方面:

　　①造成人口的大量死亡。长期以来,人类受到各种灾害的严重危害。据美国海外灾害救援局统计,20 世纪 60 ~ 70 年代,全世界人口死亡数增加了 6 倍。据联合国统计,近 70 年来,全世界死于各种灾害的人口约 458 万人。

　　②给社会经济造成破坏。20 世纪 70 年代,人类社会每年创造的财富,约有 5% 被各种灾害所吞噬。

　　③造成社会不稳定。灾害迫使灾民迁移,给社会管理带来困难,造成社会秩序的不稳定。表 10.1 列出了我国近 60 年来遭受的主要自然灾害。

我国近 60 年遭受的主要灾害一览表　　　　　　　　　　　　表 10.1

时　间	地　点	灾害种类	基本情况
1950 年 7 月	长江中下游、淮河流域	洪水	汉口长江水位高达 29.73m,较 1931 年的历史最高水位高出14.5m,淹没农田 4 755 万亩,1 888 万人受灾,财产损失在 100 亿元以上
1959 ~ 1961 年	全国范围	干旱	干旱范围广,持续时间长,旱情重,北方冬麦区还遭受较重的干热风危害。人民生活相当困难,加上长期劳累和疾病流行,非正常死亡人口增加,仅 1960 年统计,全国总人口净减少 1 000 万人
1963 年 8 月	海河流域	洪水	暴雨面积大,过程总雨量在 1 000mm 以上的面积达 5 560km²,淹没 104 个县市、7 294 多万亩耕地,水库崩塌,桥梁被毁,京广线中断,天津告急,2 200 余万人受灾,直接经济损失达 60 亿元
1966 年 3 月 8 日	河北邢台	地震	震源深度 10km,震中烈度为 9 度强,波及 60 多个县,受灾面积达 2.3 万 km²,毁坏房屋 500 余万间,其中 260 余万间严重破坏和倒塌,8 064 人丧生,3.8 万余人受伤。砸死砸伤大牲畜 1 700 多头。仅邢台地区不完全统计,损失就高达 10 亿多元
1970 年 1 月 5 日	云南通海	地震	震源深度仅 134m,主震后发生 5 级至 5.9 级余震 12 次,引起严重滑坡、山崩等破坏,受灾面积 4 500 多平方公里,造成 15 621 人死亡,338 456 间房屋倒塌,166 338 头大牲畜死亡,仅通海县造成的经济损失,按可比价格计算就达 27 亿元之巨
1975 年 8 月	河南驻马店	洪水	汝河、沙颍河、唐白河三大水系各干支流河水猛涨,漫溢决堤,板桥、石漫滩水库垮坝失事,造成特大洪水,毁房断路,人畜溺毙,灾情极为严重,直接经济损失 100 亿元
1976 年 7 月 28 日	河北唐山	地震	震源深度 12km,震中烈度达 11 度,造成 24 万多人死亡,16.4 万人受重伤,仅唐山市区终身残疾者达 1 700 多人,倒塌民房 530 万间。唐山地区总的直接经济损失达 54 亿元
1985 年 8 月	辽河流域	洪水	造成辽河流域中小河流决口 4 000 多处,致使 60 多个市、县,1 200 多万人,6 000 多万亩农田和大批工矿企业遭受特大洪水袭击,死亡 230 人,直接经济损失 47 亿元,东北三省减产粮食 100 亿斤

续上表

时 间	地 点	灾害种类	基 本 情 况
1998 年 7 月下旬至 9 月中旬初	长江流域	洪水	自 1954 年以来的一次长江全流域性大洪水,加上东北的松花江、嫩江洪水泛滥,全国包括受灾最重的江西、湖南、湖北、黑龙江四省,共有 29 个省、自治区、直辖市受灾人数上亿,近 500 万间房屋倒塌,2 000 多万公顷土地被淹,经济损失达 1 600 多亿元
2008 年 1 月中旬	南方地区	雪灾	全国 19 个省级行政区均受到低温、雨雪、冰冻灾害影响,死亡 129 人,失踪 4 人,紧急转移安置 166 万人;农作物受灾面积 1.78 亿亩,成灾 8 764 万亩,绝收 2 536 万亩;倒塌房屋 48.5 万间,损坏房屋 168.6 万间;因灾直接经济损失 1 516.5 亿元。其中,湖南、湖北、贵州、广西壮族自治区、江西、安徽、四川等 7 省、区受灾最为严重
2008 年 5 月 12 日	四川汶川	地震	震源深度 10 ~ 20km,震中烈度达 11 度,造成 69 227 人死亡,374 640 人受伤,17 939 人失踪,直接经济损失达 8 451 亿元,公共设施遭受严重破坏
2010 年 4 月 14 日	青海玉树	地震	地震导致至少 2 698 人遇难,270 人失踪,12 135 人受伤。县城结古镇全部停电,由于大部分建筑都是土木结构,结古镇附近西杭村的民屋几乎全部(99%)倒塌。此外整个玉树州的 70% 学校房屋垮塌

（3）土木工程灾害

在人类的五千年发展史中,遇到无数次的各种灾害,自然的和人为的,即所谓的天灾人祸。但是在这些灾害中,还有一类危害极大、影响极广的灾害迄今尚未被人类所完全认识,这一类灾害就是土木工程灾害。

土木工程灾害主要由于人们不当的认知或缺乏科学知识、不当的选址、不当的设计、不当的施工、不当的使用和不当的维护,使所建造的土木工程不能抵御突然的载荷,进而导致土木工程的失效和破坏甚至倒塌而造成灾害,给人类带来巨大损失。这里的土木工程是指所有的建筑,包括地上和地下的土木设施,铁路、水库、隧道及各种港口,各种矿山和工厂等(图 10.4)。

图 10.4 地震引起的铁轨变形

土木工程灾害有两大基本特点:

一是土木工程是造成灾害的主要载体,即所有的灾害均首先使土木工程破坏或失效,然后再进一步造成其他破坏和损失;如果没有土木工程的破坏,就不会发生土木工程灾害。从这一特征来看,地震灾害是典型的导致土木工程灾害的因素,其他如风灾、滑坡、泥石流、煤气管线爆炸、地下水管爆裂、煤矿塌陷、隧道的崩溃、撞击导致的桥梁破坏、溃坝,甚至恐怖袭击大型公用设施、工程施工事故等都属于土木工程灾害的范畴。2007 年 6 月 15 日,一艘货轮撞击广东九江大桥,造成九江大桥三个桥墩倒塌,其所承桥面约 200m 坍塌,正在桥上行驶的 4 辆汽车及 2 名大桥施工人员当场坠入江中,致 8 人死亡,一名驾乘人员下落不明,事故现场如图 10.5 所示。2009 年 7 月 25 日,四川都汶公路映秀段彻底关大桥处,突然发生山体岩石滑坡,上万立方米的土石轰然坠下,其中一块 50t 重的巨石将一座桥墩击垮,引发 100m 长的桥面完全倒塌损毁,事故现场如图 10.6 所示。恐怖袭击则首属 2001 年美国的 9·11 事件,纽约世贸中心大楼采用钢框筒结构,用钢 7.8 万 t,2001 年 9 月 11 日,B-757 飞机撞击南北塔楼,造成 300 亿美元损失,2001 年 9 月 17 日统计死亡 453 人,失踪 5 422 人;2004 年初报道死亡人数增至 3 000 多人。

图 10.5　广东九江大桥垮塌事故现场　　　　　　图 10.6　飞石砸断彻底关大桥事故现场

二是减轻这种灾害的主要手段和方法必须要依靠土木工程方法,其他方法都不能根本地解决土木工程灾害问题。所谓土木工程方法就是指在选址、施工、设计、加固、维护和保养等涉及土木工程的环节,通过正确的设防,精确的设计,合理的施工、维护和使用,来减轻或避免各种灾害所产生的不良后果,而不是主要依靠其他方法,例如预报、应急、救援等来防护和减轻灾害,最终有效解决问题还是依赖于土木工程方法。如经过大量的理论分析和试验研究,一些耗能减震装置已开始应用于一些实际工程中,如上海建成的两栋带竖缝的剪力墙结构,黏滞阻尼器应用于北京火车站和北京饭店等建筑的抗震加固,以及摩擦耗能器应用于沈阳市政府大楼的抗震加固等都是成功的工程实例。

10.1.2　土木工程防灾减灾发展历史与现状

即使在经济相当发达、科学技术十分先进的现代社会,人们对于各种自然灾害和人为灾害在人类的生存和发展中所造成的巨大危害仍然心存忧患。灾害的严重后果是可能带来生命和财产的巨大损失,使社会功能遭受严重破坏,甚至影响整个社会发展进程。从全球来看,人类每时每刻都受到各种各样的自然灾害或人为灾害的威胁,减轻灾害后果、减少灾害的发生已成为全人类面临的共同任务。1987 年底第 42 届联合国大会通过决议,把 1990～2000 年定为"国际减轻自然灾害十年",倡议各国采取一致行动,力争把当今世界上,特别是把发展中国家由自然灾害造成的生命、财产损失和经济发展的停滞减轻到最低程度。我国于 1989 年成立了"中国国际减灾十年委员会",开展了一系列防灾减灾活动;1992 年世界环境与发展大会通过了《纽约宣言》和《全球 21 世纪议程》;1994 年中国政府通过了《中国 21 世纪议程——中国 21 世纪人口、环境与发展》白皮书,也将防灾减灾的内容列入其中;2005 年 1 月,由联合国主持的"世界减灾会议"在日本兵库县神户市召开,会议为未来 10 年的防灾减灾描绘了行动蓝图。

由于各种自然灾害相互联系而构成自然灾害系统,影响社会的方方面面,因此,减灾需要社会各部门、各地区、各学科、各阶层协调行动,减灾的各项措施必须相互衔接、紧密配合,并形成一套系统工程。减灾系统工程是一个由多种减灾措施组成的有机整体,主要由监测、预报、防灾、抗灾和重建等多个环节组成,每个环节又包括若干个相互联系的子系统。

一般来说,防灾减灾通常采取两大类措施,即灾前的措施和灾后的措施。灾前的措施是指要"防患于未然",也就是要以"预防为主";灾后的措施包括 4 R:Rescue——抢救生命;Relief——救济,包括给受害者生活和医疗的必需品和必需的条件或货币;Resettlement——对灾民的重新安置;Re-covering and Reconstruction——恢复与重建。灾前的措施是为了"防患于未然",灾后措施则是为了"减损与善后"。当然最有效的防灾减灾措施应该是灾前的措施,也就是要预防为主;防灾减灾的最终目标应该是尽量避免发生人为灾害,减少自然灾害损失,不造成重大的、难以挽回的损失。地震灾区的受灾情况和抗震救援如图 10.7 和图 10.8 所示。

图 10.7 地震灾区的受灾情况   图 10.8 地震灾区的抗震救援

灾害之所以会造成人员伤亡和财产损失,主要是土木工程及其设施的倒塌破坏,以及引起的次生灾害所导致的。因此,土木工程在防灾减灾中起着非常重要的作用。土木工程防灾减灾涉及地震工程、风工程、结构抗火、地质灾害防治、结构防爆抗爆、防护工程和城市综合防灾等领域。在这些分支领域,国际上有很多学术组织,大部分学术组织的学术交流活动已经系列化和规范化,有力地促进了国际间的学术交流和各分支领域的发展。

早期土木工程的任务主要是解决人类"住与行"的基本问题,还没有意识到防灾问题。然而,历史上几次重大的灾害及其对土木工程设施的破坏,引起了人们对土木工程防灾减灾的逐渐关注与重视。这几次重大灾害有:1906 年美国旧金山地震引发大火,使人们体验了地震及其引发的火灾对人类生存的影响,使地震工程初具萌芽,建筑防火引起了人类的高度重视。1924 年日本关东大地震,使地震工程应运而生,如何在工程设计中考虑地震影响有了初步的想法。1940 年美国华盛顿州塔科马悬索桥建成后仅 4 个月就发生风毁,震惊了全世界(图 10.9),由此开启了桥梁风致振动的研究,人们很快发现除了塔科马悬索桥之外,历史上至少还有 10 座桥梁毁于强风。1976 年中国唐山大地震,造成了人员的重大伤亡和大量房屋的倒塌,使中国人民认识到提高建筑物和工程设施抗震能力的重要性。1995 年日本阪神地震,对现代化的城市造成了严重破坏和重大的经济损失,使人类进一步认识到提高城市综合防灾能力的重要性,由此萌发了基于性能的抗震设计理念。1999 年中国台湾集集地震,使人类再一次认识到地震发生的不确定性及工程质量(设计和施工)对于抗震防灾的重要性。2001 年美国世贸中心大楼遭恐怖袭击引发火灾,使人类又一次看到了现代城市的脆弱和重大火灾的危害性。2004 年印度尼西亚太平洋地震引发的海啸,对发展中国家的防灾减灾以及结合地域特点的防灾减灾提出了新的课题。2005 年美国 Katrina 飓风引发的水灾,造成近1 100人死亡、1 500 亿美元经济损失,对发达国家的防灾减灾又提出了新的挑战。

图 10.9　塔科马悬索桥的垮塌

防灾减灾工作关系一个国家或一个地区的经济大局、关系国家和社会的稳定,加强和搞好防灾减灾工作也是保障地区经济持续、稳定发展的大事,应建立与社会经济发展相适应的灾害综合防治体系,综合运用工程技术、法律、行政、经济及教育等手段,提高防灾减灾能力,为国家或地区可持续发展提供可靠保证。土木工程防灾减灾作为综合防灾减灾的重要内容和最有效的对策和措施,其主要内容包括:

(1)土木工程规划性防灾;

(2)工程性防灾;

(3)工程结构抗灾;

(4)工程技术减灾;

(5)工程结构在灾后的检测与加固。

前面 4 项内容是灾害发生前进行的工作,第 5 项内容是灾害发生后进行的工作,涉及灾害材料学、灾害检测学、工程修复和加固等领域。

10.2　主要灾害与防灾减灾对策

10.2.1　地震灾害及其防灾减灾对策

(1)地震灾害基本概况

地震,又称地动、地振动,是地壳快速释放能量过程中造成振动,期间会产生地震波的一种自然现象。它是自然灾害中发生最多、影响最大的一种,是由于地壳、上地幔的岩石,遭受破坏而产生变形,同时将其积累的应力能转化为被动能而使地表产生振动的一种地质现象。

地震分为天然地震和人工地震两大类。天然地震主要是构造地震,它是由于地下深处岩石破裂、错动把长期积累起来的能量急剧释放出来,以地震波的形式向四面八方传播出去,传播到地面引起房摇地动。构造地震约占地震总数的90%以上,图10.10为构造地震的产生原理示意图;其次是由火山喷发引起的地震,称为火山地震,约占地震总数的7%。此外,某些特殊情况下,也会产生地震,如岩洞崩塌(陷落地震)、大陨石冲击地面(陨石冲击地震)等。人工地震是由人为活动引起的地震。如工业爆破、地下核爆炸造成的振动;在深井中进行高压注水以及大水库蓄水后增加了地壳的压力,有时也会诱发地震。

从时间上看,地震有活跃期和平静期交替出现的周期性现象。从空间上看,地震的分布呈一定的带状,称其为地震带,主要集中在环太平洋和地中海—喜马拉雅山两大地震带。太平洋地震带几乎集中了全世界80%以上的浅源地震(0~70km),全部的中源地震(70~300km)和深源地震,所释放的地震能量约占全部能量的80%。我国境内强震分布非常广泛,除浙江、贵州两省外,其他各省(区、市)都发生过6级以上的强震。但在空间分布上却很不均匀,呈带状分布,称其为地震带。我国东部的主要地震带有郯城—庐江地震带、河北平原地震带、汾渭地震带、燕山—渤海地震带、东南沿海地震带等;西部有北天山地震带、南天山地震带、祁连山地震带、昆仑山地震带和喜马拉雅地震带;中部为南北地震带,贯穿中国;另外,还有台湾地震带,它是西太平洋地震带的一部分。

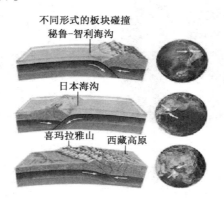

图10.10 构造地震产生原理示意图

震级是表征地震强弱的量度,以地震仪测定的每次地震活动释放的能量多少来确定,通常用字母 M 表示。我国目前使用的震级标准,是国际上通用的里氏分级表,共分9个等级。通常把小于2.5级的地震称为小地震,2.5~4.7级地震称为有感地震,大于4.7级地震称为破坏性地震。震级每相差1.0级,能量相差大约30倍;每相差2.0级,能量相差约900倍。例如,一个6级地震释放的能量相当于美国投掷在日本广岛的原子弹所具有的能量;一个7级地震相当于32个6级地震,或相当于1 000个5级地震。

但是,同样大小的地震所造成的破坏不一定相同,而同一次地震,在不同的地方造成的破坏也不一样。为了衡量地震的破坏程度,科学家定义了"地震烈度"这一概念。地震烈度(简称烈度),是指地震发生时,在波及范围内一定地点地面振动的激烈程度,或称为地震影响和破坏的程度。地面振动的强弱直接影响人的感觉的强弱、器物反应的程度、房屋的损坏或破坏程度和地面景观的变化情况等。因此烈度的鉴定主要依靠对上述几个方面的宏观考察和定性描述。在我国地震烈度表上,对人的感觉、一般房屋震害程度和其他现象均作了描述,可以作为确定烈度的基本依据。影响烈度的因素有震级、震源深度、距震源的远近、地面状况和地层构造等。

2008年,四川汶川特大地震是我国自成立以来破坏性最强、波及范围最广、救灾难度最大的一次地震,震级达里氏8级,最大烈度达11度,余震3万多次,涉及四川、甘肃、陕西、重庆等10个省区市、417个县(市、区)、4 667个乡(镇)、48 810个村庄。灾区总面积约50万 km²、受灾群众4 625万多人。其中极重灾区、重灾区面积13万 km²,房屋大量倒塌损坏,基础设施大面积损毁,工农业生产遭受重大损失,生态环境遭到严重破坏,直接经济损失8 451多亿元,引发的崩塌、滑坡、泥石流、堰塞湖等次生灾害举世罕见。汶川大地震也震断了外界连接震中地区的所有公路、桥梁,导致一些重灾区成了一个个与世隔绝的"孤岛",致使灾区群众和救灾队伍、救灾机械、救灾物资被阻断在"生命线"的两边,图10.11和图10.12表示了汶川地震后垮塌的公路桥梁。2009年9月30日,印度尼西亚南部苏门答腊岛海域发生7.9级以上强震,截至10月3日已导致1 100人死亡,数百人受伤,超过87 000栋房屋被毁。而据印度尼西亚官方预计,最终死亡人数将可能超过5 000人。

图10.11 汶川地震后垮塌的公路桥梁(一)　　　　图10.12 汶川地震后垮塌的公路桥梁(二)

地震作为一种自然现象,其本身并不是灾害,但当它达到一定强度,发生在有人类生存的空间,且人们对它没有足够的抵御能力时,便可造成灾害。强烈的破坏性地震瞬间可将房屋、桥梁、水坝等建筑物摧毁,直接给人类造成巨大的灾难,还会诱发水灾、火灾、海啸、有毒物质及放射性物质泄漏等次生灾害。地震越强,人口越密,抗御能力越低,灾害越重。地震后还会引发种种社会性灾害,如瘟疫与饥荒。社会经济技术的发展还带来新的继发性灾害,如通信事故、计算机事故等。这些灾害是否发生或危害大小,往往与社会条件有着更加密切的关系。此外,地裂、泥石流、喷砂冒水、地面塌陷、有毒液体和气体的外溢泄漏、地面变形等等都是地震的次生灾害,它们都可能致人死伤、破坏建筑物、破坏交通运输、毁坏耕地农田等。因此,对于地震引起的次生灾害不可等闲视之,应积极防御。

(2)地震灾害对策

地震时造成房屋破坏的"元凶"是地震力,它是一种惯性力。当发生地震时,地震波引起地面震动产生的地震力作用于建筑物,如果房屋经受不住地震力的作用,轻者损坏,重者就会倒塌;地震越强,房屋所受到的地震力越大,破坏就越严重。这样的结构物破坏首先是与地震本身有关,地震越大,震中距越小,震源深度越浅,破坏越严重;其次与结构本身的质量,包括其结构是否合理,施工质量是否到位等有关;第三则是与结构物所在地的场地条件有关,包括场地土质的坚硬程度、覆盖层的深度等等;最后,局部地形对震害的影响也很大。所以对于地震灾害,土木工程所采用的对策主要从规划设计和施工建造两方面着手,选择有利的抗震设计方法和原则,并对结构物采取合理可行的减震措施,以减轻地震力对结构造成的影响。防震减灾的主要工程措施包括地震监测预报和工程抗震。鉴于目前地震预报的准确度有限,特别是破坏性地震的短期预报和临震预报准确度有限,加强抗震防灾规划,进行结构抗震设计和加固,提高房屋和工程设施的抗震能力是最积极有效的减轻地震灾害的工程措施。

（3）地震预报和预警

我国的防震减灾实行"预防为主,防御与救助相结合"的工作方针。地震预报和预警是减轻地震灾害的工程性防御措施之一。地震预报试图预测和预报破坏性地震,以便人们做好主动应对措施;地震预警是近年来发展的新技术,它能在地震波到达前几秒或十几秒发出地震预警,以便人们及时避难。

①地震预测预报

地震预测预报是根据地震地质、地震活动性、地震前兆和环境因素等多种情况,采用多种科学手段进行预测研究,对可能的破坏性地震发生的时间、空间和强度三要素进行分析、预测和发布。按可能发生地震的时间进行分类,地震预报可分为长期预报、中期预报、短期预报和临震预报四类。长期预报为抗震和地震工程服务,中期、短期和临震预报为减轻地震灾害服务。正确的地震预报可大大减少人员伤亡和经济损失。

②地震预警

地震预警是指利用实时地震监测台网,在破坏性地震发生后,根据震源地区的强震动台网记录,快速确定和认定大地震,通过有线或无线电波传输方式实时传送到一定距离外的区域,抢在地震波到达之前几秒至几十秒内向大城市或重要工程设施发出地震警报,减少生命、财产损失。

（4）工程抗震设防

目前的地震预报,特别是破坏性地震的临震预报准确度有限,若将来地震预报准确度已过关,则能做出准确的地震预报,减少人员的伤亡。但房屋建筑和工程设施的破坏仍难以避免,并将导致重大的经济损失。因此,搞好抗震设防,提高工程的抗震能力,是最积极而有效的减轻地震灾害后果的措施。

①地震区划

地震区划是对给定区域（一个国家或地区）按照其在一定时间内可能经受的地震影响强弱程度加以划分,通常用图来表示。地震区划图是国家经济建设和国土利用规划的基础资料,是一般工业与民用建筑的地震设防依据,也是制定减轻和防御地震灾害对策的依据。

②抗震设防目标和范围

抗震设防的目标和要求是根据国家的经济力量、科学技术水平、建筑材料和设计、施工现状等综合制定的。国内外抗震设防目标大部分是要求建筑物在使用期间,对不同频率和强度的地震,应具有不同的抵抗能力。我国一般建设工程抗震设防要求是采用三个水准概率来设防,这三个风险水准分别是 50 年 63%、10% 和 2%（图 10.13）,大体相当于 80 年、500 年和千年一遇,即要求所设计的工程在常遇的小震下,工程基本无损,无须修理便可继续使用;在难得一遇的中震下,经修理后仍可继续使用;而在不大可能遭遇的特大地震下,可以允许工程破坏,但需仍不倒塌,以保证人身安全。它们对应的即"小震不坏、中震可修、大震不倒"。

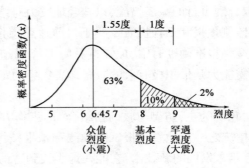

图 10.13 三个水准的烈度超越概率示意图

同时,我国地震抗震标准,针对不同地区的建筑物也是不一样的,主要依据国家的抗震设防烈度图,分 6 ~ 9 级不同的抗震设防标准,不同地区的建筑物须执行相应地震级别的建筑物抗震标准。这些标准大都是强制性的,抗震设防烈度为 6 度及 6 度以上地区的建筑,必须进行抗震设计。《建筑抗震设计规范》(GB 50011—2010)适用于抗震设防烈度为 6 ~ 9 度地区建筑工程的抗震设计以及隔震、消能减震设计。抗震设防烈度大于 9 度地区的建筑及行业有特殊要求的工业建筑,其抗震设计应按有关专门规定执行。我国设防烈度为 6 度及 6 度以上的地区约占全国总面积的 2/3 以上。

(5)结构抗震设计原则

结构抗震设计一般包括三个方面:概念设计、抗震计算和构造措施。抗震概念设计是指根据地震灾害和工程经验等所获得的基本设计原则和设计思想,进行建筑和结构总体布置并确定细部构造的过程。概念设计在总体上把握抗震设计的基本原则;抗震计算为建筑抗震设计提供定量的手段;构造措施则可以在保证结构整体性、加强局部薄弱环节等方面保证抗震计算结果的有效性。

地震具有不确定性和复杂性,人们对于地震的许多规律并未完全认识,设计计算时使用的地震动输入是假定的;材料的实际强度、结构的刚度和质量分布等均有不确定性,强地震动作用下结构的非线性模拟采用了一定的简化处理,计算模型并不能完全符合结构实际,因此抗震计算很难得到结构在地震作用下完全真实的动力反应。人们在总结历次大地震灾害经验中发现,一个合理的抗震设计不能仅仅依赖于"抗震计算",而往往在很大程度上取决于良好的"概念设计"。

(6)结构抗震计算方法

结构抗震计算也称为结构地震反应分析,是求解结构在地震作用下的位移和内力的过程。结构的地震反应取决于地震动输入,也取决于结构特性,特别是结构的动力特性。结构抗震计算的方法主要有三种:静力法、反应谱法和时程分析法(直接动力法)。《建筑抗震设计规范》(GB 50011—2010)规定了设计反应谱,是以地震影响系数曲线的形式给出的。该曲线是基于国内外大量地震加速度记录的反应谱得到的,并按照场地条件区分反应谱形状。时程分析法比反应谱方法前进了一大步,更能准确反映结构在地震作用下的内力和位移变化,将成为结构抗震设计的一个重要组成部分,但由于种种原因,目前还不能在所有工程设计中普遍采用。《建筑抗震设计规范》(GB 50011—2010)规定了需要采用时程分析法作补充计算的房屋建筑类型,并对地震波的选波和调幅做了规定。

结构抗震计算主要包括水平地震作用计算、竖向地震作用计算、构件截面抗震验算、结构抗震变形验算等。

(7)抗震减灾的发展

相对于各种抗震设计要求和标准,许多国家在抗震设计建筑方案中,也开始采用一些新的建筑理念和结构形式来抵抗地震作用。其实质都反映了对"以地球为相当好的惯性参考系"为指导理论制定的现行抗震"硬抗""死抗"地震设计规范的动摇,本质上也是改变了建筑结构受力体系。这些措施在建筑设计的结构方面,摆脱了通常采用的插入式钢箍捆住内力的结构体系,减轻结构物破坏对人们生命安全的威胁。

①刚性结构提高建筑物的抗震性能

在日本,许多高层公寓开始销售不久即告罄,一个重要因素是这些高层公寓多半与高层写字楼作了同等水平的抗震设计。一座号称日本最高的公寓,使用了与美国纽约世界贸易中心大楼相同的钢管,确保了抗震强度。这种钢管的直径最大达 800mm,管壁厚度达 40mm,而且钢管中还注入了比通常混凝土强度高 3 倍的高强度混凝土,该公寓共使用这种钢管 168 根。另外,该公寓还使用了刚性结构抗震体。通常高层公寓柔性结构为主流,靠整个建筑来减弱地震引起的摇动,但在强风刮过来时,楼的结构也会发生一定的摇动。采取了刚性结构措施后,摇动幅度大大降低。如遇阪神大地震级别的地震时,柔性结构的建筑一般要摇动 1m 左右,而刚性结构建筑只摇动 30cm。

②使用橡胶、弹簧等弹性装置,提高建筑物的抗震性能

日本东京的一座免震结构公寓,高达 93m,建筑物的外围使用新研制的高强度 16 积层橡胶,建筑物的中央部分使用了天然橡胶系统的积层橡胶。这样,在烈度为 6 度的地震发生时,就可将建筑物的受力减小至 1/2。日本鹿岛建筑部门发明了一种新的防震大楼营造法:由弹簧把连着地基的基础部分和建筑物主体分开,让建筑物主体处在一种能吸收地震和其他振动冲击能的中介物上。无论地基怎样摇晃,振动能量传到这种建筑物时也将减到原来的 1/10。美国纽约的 42 层高层建筑物,则是建在与基础分离的 98 个橡胶弹簧上。还有一种超高层楼房,使用的是类似橡胶的黏弹性体抗震装置,该装置可将强风造成的摇动减轻 40%,同时也可提高抗震能力。

③上部结构与基础的分离式设计

在日本东京建造的 12 座弹性建筑,经里氏 6.6 级地震的考验,减灾效果显著。这种弹性建筑物建在由分层橡胶、硬钢板组和阻尼器组成的隔离体上,建筑结构不直接与地面接触,阻尼器由螺旋钢板组成,可减缓上下的颠簸(图 10.14)。日本还开发了一种名为"局部浮力"的抗震系统,在传统抗震构造基础上借助于水的浮力支撑整个建筑物。"局部浮力"系统在上层结构与地基之间设置储水槽,建筑物受到水的浮力支撑。水的浮力承担建筑物大约一半重量,既减轻了地基的承重负荷,又可以把隔震橡胶小型化,降低支撑构造部分的刚性,从而提高与地基间的绝缘性。地震发生时,由于浮力作用延长了固有振荡周期,建筑物晃动的加速度得以降低。6~8 层建筑物的固有周期最大可以达到 5s 以上。因此,在城市海湾沿岸等地层柔软

地带也可以获得较好的抗震效果。此外,储水槽内储存的水在发生火灾时可用于灭火,地震发生后可作为临时生活用水。

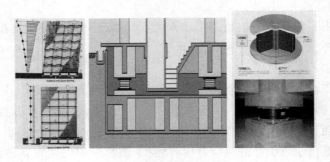

图 10.14　上部结构与基础的分离式隔震

④滚动支撑式基础提高建筑物抗震性能

古旧建筑、独户建筑与高层楼房相比整体重量轻,积层橡胶不起作用。有效的抗震方法是在建筑物与基础之间加上球形轴承或是滑动体,形成一个滚动式支撑结构,这样可减轻地震造成的摇动。美国硅谷兴建了一座电子工厂大厦,即在建筑物每根柱子或墙体下安装不锈钢滚珠,由滚珠支撑整个建筑,纵横交错的钢梁把建筑物同地基紧紧地固定起来。发生地震时,富有弹性的钢梁会自动伸缩,于是大楼在滚珠上轻微地前后滑动,可以大大减弱地震的破坏力。

10.2.2　风灾害及其防灾减灾对策

1)风灾害基本概况

地球上任何地方都在吸收太阳的热能,但是由于地面每个部位受热的不均匀性,空气的冷暖程度就不一样,于是,暖空气膨胀变轻后上升;冷空气冷却变重后下降,这样冷暖空气便产生流动,形成了风。在气象上,风常指空气的水平运动,并用风向、风速(或风力)来表示。风向指风的来向,一般用 16 个方位或 360°来表示。以 360°表示时,由北起按顺时针方向量度。风速指的是单位时间内空气的行程,常以米/秒(m/s)、公里/小时(km/h)、海里/小时(n mile/h)来表示。1805 年,英国人 F.蒲福根据风对地面(或海面)物体的影响,几经修改后,得出风力等级表,共 0 ~ 12 级 13 个风力等级,通常称为"蒲氏风级"。自 20 世纪 40 年代中叶以来,气象学家在一定程度上对风力等级作了修订,将风力等级增至 18 个等级。2001 年,我国气象局印发《台风业务和服务规定》,以蒲福风力等级将 12 级以上台风补充到 17 级(表 10.2)。

风 力 等 级 表　　　　　　表 10.2

风级	名称	风　速		海 面 浪 高		陆地地面物征象	海面波浪
		(m/s)	(km/h)	一般浪高(m)	最高浪高(m)		
0	无风	0.0 ~ 0.2	<1	0.0	0.0	烟直上	平静
1	软风	0.3 ~ 1.5	1 ~ 5	0.1	0.1	烟示风向	微波峰无飞沫
2	轻风	1.6 ~ 3.3	6 ~ 11	0.2	0.3	感觉有风	小波峰未破碎
3	微风	3.4 ~ 5.4	12 ~ 19	0.6	1.0	旌旗展开	小波峰顶破裂
4	和风	5.5 ~ 7.9	20 ~ 28	1.0	1.5	吹起尘土	小浪白沫波峰
5	劲风	8.0 ~ 10.7	29 ~ 38	2.0	2.5	小树摇摆	中浪折沫峰群

续上表

风级	名称	风 速		海 面 浪 高		陆地地面物征象	海面波浪
		（m/s）	（km/h）	一般浪高(m)	最高浪高(m)		
6	强风	10.8~13.8	39~49	3.0	4.0	电线有声	大浪到个飞沫
7	疾风	13.9~17.1	50~61	4.0	5.5	步行困难	破峰白沫成条
8	大风	17.2~20.7	62~74	5.5	7.5	折毁树枝	浪长高有浪花
9	烈风	20.8~24.4	75~88	7.0	10.0	小损房屋	浪峰倒卷
10	狂风	24.5~28.4	89~102	9.0	10.5	拔起树木	海浪翻滚咆哮
11	暴风	28.5~32.6	103~117	11.5	16.0	损毁普遍	波峰全呈飞沫
12	飓风	32.7~36.9	>117	14.0	—	摧毁巨大	海浪滔天
13	—	37.0~41.4	134~149				
14	—	41.5~46.1	150~166				
15	~	46.2~50.9	167~183				
16		51.0~56.0	184~201				
17		56.1~61.2	202~220				

注:本表所列风速是指平地上离地 10m 处的风速值。

形成风的直接原因,是气压在水平方向分布的不均匀。风受大气环流、地形、水域等不同因素的综合影响,表现形式多种多样,如季风、地方性的海陆风、山谷风、焚风等。简单地说,风是空气分子的运动。由于地球上各纬度所接收的太阳辐射强度不同,在赤道和低纬度地区,太阳高度角大,日照时间长,太阳辐射强度强,地面和大气接收的热量少、温度较高;在高纬度地区,太阳高度角小,日照时间短,地面和大气接收的热量少,温度低,这种高纬度与低纬度之间的温度差异,就形成了南北之间的气压梯度,使空气作水平运动,风沿水平气压梯度方向吹,即垂直于等压线从高压向低压吹。地球在自转,使空气水平运动发生偏向的力,称为地转偏向力,这种力使北半球气流向右偏转,南半球向右偏转,所以地球大气运动除受气压梯度力外,还要受地转偏向力的影响。大气真实运动是这两种力综合影响的结果。

实际上,地面风不仅受这两个力的支配,而且在很大程度上受海洋、地形的影响,山隘和海峡能改变气流运动的方向,还能使风速增大,而丘陵、山地的摩擦大,会使风速减小,孤立山峰却因海拔高使风速增大。因此,风向和风速的时空分布较为复杂。

海陆差异对气流运动的影响显著。冬季,大陆比海洋冷,大陆气压比海洋高,风从大陆吹向海洋;夏季相反,大陆比海洋热,风从海洋吹向内陆。这种随季节转换的风,称为季风。所谓的海陆风则是在白昼(夏季)时,大陆上的气流受热膨胀上升至高空流向海洋,到海洋上空冷却下沉,近地层海洋上的气流吹向大陆,补偿大陆的上升气流,低层风从海洋吹向大陆称为海风;夜间(冬季)时,情况恰恰相反,低层风从大陆吹向海洋,称为陆风。

山区温度差异对气流运动也有影响。由于白天山坡受热快,坡地温度高于山谷上方同高度的空气温度,坡地上的暖空气从山坡流向谷地上方,谷地的空气则沿着山坡向上补充流失的空气,这时由山谷吹向山坡的风,称为谷风;夜间,山坡因辐射冷却,其降温速度比同高度的空气较快,冷空气沿坡地向下流入山谷,则称为山风。

此外,不同的下垫面对风也有影响,如城市、森林、冰雪覆盖地区等都有相应的影响。光滑地面或摩擦小的地面使风速增大,粗糙地面使风速减小等。

据统计,世界每年因风灾造成的损失几乎占总自然灾害的50%,严重影响着人类生活的安全度和舒适度,使人们逐渐意识到对自然界风的类型及其特性的研究的重要性和迫切性。自然界中能够产生灾害的常见风主要有热带气旋、寒潮风暴、龙卷风和季风等,其中以热带气旋和龙卷风造成的灾害最为严重。

(1)热带气旋

热带气旋是发生在热带或副热带洋面上的低压涡旋,是一种强大而深厚的热带天气系统。热带气旋通常在热带地区离赤道平均3~5个纬度外的海面(如西北太平洋、北大西洋、印度洋)上形成,其移动主要受到科氏力及其他大尺度天气系统所影响,最终在海上消散,或者变性为温带气旋,或在登陆陆地后消散。登陆陆地的热带气旋会带来严重的财产和人员伤亡,是自然灾害的一种。不过热带气旋作为大气循环其中的一个组成部分,能够将热能及地球自转的角动量由赤道地区带往较高纬度;另外,也可为长时间干旱的沿海地区带来丰沛的雨水。由于热带气旋的气流受科氏力的影响而围绕着中心旋转,因而在北半球,热带气旋沿逆时针方向旋转,在南半球则以顺时针方向旋转,图10.15即为热带气旋"卡特琳娜"形成的云图。

热带气旋的最大特点是它的能量来自水蒸气冷却凝固时放出的潜热。其他天气系统如温带气旋主要是靠冷北水平面上的空气温差所造成。热带气旋登陆后,或者当热带气旋移到温度较低的洋面上,便会因为失去温暖而潮湿的空气供应能量,而减弱消散或转化为温带气旋。

图10.15　热带气旋"卡特琳娜"云图

不同的地区习惯上对热带气旋有不同的称呼。西太平洋沿岸的中国、日本、越南、菲律宾等地,习惯上称当地的热带气旋为台风;而大西洋地区则习惯称当地的热带气旋为飓风;气象学上,则只有风速达到某一程度的热带气旋才会被冠以"台风""飓风"等名字。

热带气旋的强度一般根据平均风速评定,世界气象组织建议使用10分钟平均风速,但美国的国家飓风中心、联合台风警报中心以及中国国家气象局分别采用1分钟和2分钟平均风速计算热带气旋中心持续风力。根据美国和中国的定义所测量到的平均风速,会比联合国定义的稍高。

不同的地区对热带气旋也有不同的分级方法,在美国,飓风会根据萨菲尔—辛普森飓风等级按强度分为1~5级,澳大利亚也有类似的方法。根据中国气象局"关于实施《热带气旋等级》(GB/T 19201—2006)"的通知,热带气旋按中心附近地面最大风速划分为6个等级,见表10.3。

热带气旋等级划分表　　　　　　　　　　　　　　表10.3

名　称	属　性
超强台风(Super TY)	底层中心附近最大平均风速≥51.0m/s,即16级或以上
强台风(STY)	底层中心附近最大平均风速41.5~50.9m/s,即14~15级
台风(TY)	底层中心附近最大平均风速32.7~41.4m/s,即12~13级
强热带风暴(STS)	底层中心附近最大平均风速24.5~32.6m/s,即风力10~11级
热带风暴(TS)	底层中心附近最大平均风速17.2~24.4m/s,即风力8~9级
热带低压(TD)	底层中心附近最大平均风速10.8~17.1m/s,即风力为6~7级

热带气旋灾害是最严重的自然灾害,因其发生频率远高于地震灾害,故其累积损失也高于地震灾害。1991年4月底在孟加拉国登陆的热带气旋曾经夺去13.9万人的生命。我国是世界上受热带气旋危害最严重的国家之一,近年来,因其而造成的年平均损失在百亿元以上,如强热带气旋9417号台风登陆,一次造成的损失即超过百亿元。通常,热带气旋灾害主要来自三个方面:

一是强风。一个较强热带气旋的8级大风半径一般都达百公里,不少热带气旋都伴有12级以上的区域大风,强风会掀翻巨轮,会使地面建筑物和输电线路等严重受损。

二是暴雨。一般的登陆热带气旋均伴有100mm以上的大暴雨,当其移动缓慢时常会造成一地数百毫米乃至上千毫米的降雨,例如,2009年台风莫拉克造成台湾和福建、浙江沿海出现暴雨到特大暴雨,其中台湾嘉义奋起湖三天累计降水达2 570mm,浙江泰顺九峰三天雨量也超过1 000mm。

三是风暴潮。当热带气旋登陆时,一般均伴有海潮,当海潮与天文大潮叠加时,情况就更加严重。在孟加拉湾沿岸,1970年11月13日发生了一次震惊世界的热带气旋风暴潮灾害。这次风暴增水超过6m的风暴潮夺去了恒河三角洲一带30万人的生命,溺死牲畜50万头,使100多万人无家可归。1991年4月底,再次在孟加拉国登陆的特大风暴潮,在已有热带气旋及风暴潮警报的情况下,仍然夺去了13万人的生命。

当然,热带气旋带来的并不都是灾害。盛夏在江南、华南伏旱区登陆的热带气旋带来的丰沛降水常会解除旱情。如果这个热带气旋不很大、降雨又适度的话,它甚至会成为受欢迎的"使者"。

(2)寒潮风暴

寒潮是冬季的一种灾害性天气,习惯上把寒潮称为寒流。所谓寒潮,就是来自极地或寒带向中纬度或低纬度侵略的强烈冷空气,所经之地短期内造成大范围急剧降温和大风、雨雪的天气过程。寒潮冷空气的来源主要有两个:一是来自欧亚大陆北面的寒冷海洋(如白海、巴伦支海、新西伯利亚海等),二是直接来自欧亚大陆。寒潮一般多发生在秋末、冬季、初春时节。不同国家和地区降温及所达到的最低温度标准不尽一样。如,我国气象部门规定:冷空气侵入造成的降温,一天内达到10℃以上,而且最低气温在5℃以下,则称此冷空气爆发过程为一次寒潮过程。而美国天气频道则规定,当美国至少有15个州的气温低于正常值,且其中至少有5个州温度比正常值低15℃,并至少持续两天的冷空气爆发才称为寒潮。

在北极地区由于太阳光照弱,地面和大气获得热量少,常年冰天雪地。到了冬天,太阳光的直射位置越过赤道,到达南半球,北极地区的寒冷程度更加增强,范围扩大,气温一般都在 −40℃以下。范围很大的冷气团聚集到一定程度,在适宜的高空大气环流作用下,就会大规模向南入侵,形成寒潮天气。

寒潮和强冷空气通常带来大风、降温天气,是我国冬半年主要的灾害性天气。寒潮大风对沿海地区威胁很大。如1969年4月21日~4月25日的寒潮,强风袭击渤海、黄海以及河北、山东、河南等省,陆地风力7~8级,海上风力8~10级。此时正值天文大潮,寒潮爆发造成渤海湾、莱洲湾几十年来罕见的风暴潮。在山东北岸一带,海水上涨了3m以上,冲毁海堤50多千米,海水倒灌30~40km。

寒潮带来的雨雪和冰冻天气对交通运输危害不小。2008年中国南方雪灾造成多处铁路、公路、民航交通中断。连接南北的铁路大动脉京广铁路湖南段的电气化接触网受损,期间无法开行电气化列车,引致多班列车取消;京珠高速公路湖南段因路面积雪、结冰而封闭,数万车辆滞留;长江流域多城市机场因积雪被迫关闭,大量航班取消、延误。由于正逢春运期间,大量旅客滞留站场港埠。另外,电力受损、煤炭运输受阻,不少地区用电中断,电信、通信、供水、取暖均受到不同程度影响,某些重灾区甚至面临断粮危险。而融雪流入海中,对海洋生态亦造成浩劫,台湾海峡即传出大量鱼群暴毙事件。

（3）龙卷风

龙卷风是一种强烈、小范围的空气涡旋,是在极不稳定天气下由空气强烈对流运动而产生,由雷暴云底伸展至地面的漏斗状云(龙卷)产生的强烈旋风,其风力可达12级以上,最大风速可达100m/s以上,一般伴有雷雨,有时也伴有冰雹。

龙卷风这种自然现象是云层中雷暴的产物。具体地说,龙卷风就是雷暴巨大能量中的一小部分在很小的区域内集中释放的一种形式。龙卷风的形成可以分为四个阶段:

①大气的不稳定性产生强烈的上升气流,由于急流中的最大过境气流的影响,它被进一步加强。

②由于与在垂直方向上速度和方向均有切变的风相互作用,上升气流在对流层的中部开始旋转,形成中尺度气旋。

③随着中尺度气旋向地面发展和向上伸展,它本身变细并增强。同时,一个小面积的增强辅合,即初生的龙卷风在气旋内部形成,产生气旋的同样过程,形成龙卷风核心。

④龙卷核心中的旋转与气旋中的不同,它的强度足以使龙卷风一直伸展到地面。当发展的涡旋到达地面高度时,地面气压急剧下降,地面风速急剧上升,形成龙卷风。

就世界范围而言,龙卷风主要发生在中纬度（20°~50°）地区。典型的龙卷风如图10.16所示。美国是龙卷风出现最多的国家,平均每年出现500次左右,澳大利亚、日本次之。在中国也可见到龙卷风,每年春季和初夏,它常发生在华南、华东一带,南海和台湾海峡有时也出现水龙卷风,出现时间大多在下午2点至8点。龙卷风的巨大破坏力主要由三部分组成:①风压极大,可将沿途的建筑物摧毁;②建筑物与龙卷风之间的巨大的气压梯度力,足以使建筑物由内向外爆炸;③上升气流极强,能将上万吨的整节大车厢卷入空中,将上千吨的轮船由海面抛到岸上。如1925年3月18日美国出现的一次强龙卷风,造成689人死亡,1980人受伤;又如1967年3月26日上海地区出现的一次强龙卷风,毁坏房屋万余间,22座能承受两倍于12级大风风力的高压电线铁塔被拔起或扭折。龙卷风还难以准确预报,但可以根据天气条件判断在某一地区产生龙卷风的可能性,然后通过雷达监测,及时发出警报。

图 10.16 典型的龙卷风

龙卷风常发生于夏季的雷雨天气时,尤其以下午至傍晚最为多见。袭击范围小,龙卷风的直径一般在十几米到数百米之间。龙卷风的生存时间一般只有几分钟,最长也不超过数小时。风力特别大,在中心附近的风速可达 $100\sim200m/s$。破坏力极强,龙卷风经过的地方,常会发生拔起大树、掀翻车辆、摧毁建筑物等现象,有时把人吸走,危害十分严重。龙卷风的袭击突然而猛烈,产生的风是地面上最强的。在美国,龙卷风每年造成的死亡人数仅次于雷电。它对建筑物的破坏也相当严重,经常是毁灭性的。

1995 年在美国俄克拉荷马州阿得莫尔市发生的一场陆龙卷风,诸如屋顶之类的重物被吹出几十英里之远。大多数碎片落在陆龙卷风通道的左侧,按重量不等常常有很明确的降落地带。较轻的碎片可能会飞到 300 多千米外才落地。在强烈龙卷风的袭击下,房子屋顶会像滑翔翼般飞起来。一旦屋顶被卷走后,房子的其他部分也会跟着崩解。因此,建筑房屋时,如果能加强房顶的稳固性,将有助于防止龙卷风过境时造成的巨大损失。

(4)季风

季风是一个古老的气候学概念,通常指近地面层冬、夏盛行风向接近相反且气候特征迥异的现象。现代人们对季风有了进一步的认识,至少有三点是公认的:①季风是大范围地区的盛行风向随季节改变的现象,这里强调"大范围"是因为小范围风向受地形影响很大;②随着风向变换,控制气团的性质也发生转变,例如,冬季风来时感到空气寒冷干燥,夏季风来时空气温暖潮湿;③随着盛行风向的变换,将带来明显的天气气候变化。

季风是由海陆分布、大气环流、大陆地形等因素造成的,以一年为周期的大范围对流现象。亚洲地区是世界上最著名的季风区,其季风特征主要表现为存在两支主要的季风环流,即冬季盛行东北季风和夏季盛行西南季风,并且它们的转换具有暴发性的突变过程,中间的过渡期很短。一般来说,11 月至翌年 3 月为冬季风时期,6~9 月为夏季风时期,4~5 月和 10 月为夏、冬季风转换的过渡时期。但不同地区的季节差异有所不同,因而季风的划分也不完全一致。

季风形成的原因,主要是海陆间热力环流的季节变化。夏季大陆增热比海洋剧烈,气压随高度变化慢于海洋上空,所以到一定高度,就产生从大陆指向海洋的水平气压梯度,空气由大陆指向海洋,海洋上形成高压,大陆形成低压,空气从海洋流向大陆,形成了与高空方向相反的气流,构成了夏季的季风环流。在我国为东南季风和西南季风。夏季风特别温暖而湿润。

季风活动范围很广,它影响着地球上 1/4 的面积和 1/2 人口的生活。西太平洋、南亚、东亚、非洲和澳大利亚北部,都是季风活动明显的地区,尤以印度季风和东亚季风最为显著。中美洲的太平洋沿岸也有小范围季风区,而欧洲和北美洲则没有明显的季风区,只出现一些季风的趋势和季风现象。

冬季,大陆气温比邻近的海洋气温低,大陆上出现冷高压,海洋上出现相应的低压,气流大范围从大陆吹向海洋,形成冬季季风。冬季季风在北半球盛行北风或东北风,尤其是亚洲东部沿岸,北向季风从中纬度一直延伸到赤道地区,这种季风起源于西伯利亚冷高压,它在向南爆发的过程中,其东亚及南亚产生很强的北风和东北风。非洲和孟加拉湾地区也有明显的东北风吹到近赤道地区。东太平洋和南美洲虽有冬季风出现,但不如亚洲地区显著。

夏季,海洋温度相对较低,大陆温度较高,海洋出现高压或原高压加强,大陆出现热低压;这时北半球盛行西南和东南季风,尤以印度洋和南亚地区最显著。西南季风大部分源自南印度洋,在非洲东海岸跨过赤道到达南亚和东亚地区,甚至到达我国华中地区和日本;另一部分东南风主要源自西北太平洋,以南或东南风的形式影响我国东部沿海。

不过,海陆影响的程度与纬度和季节都有关系。冬季中、高纬度海陆影响大,陆地的冷高压中心位置在较高的纬度上,海洋上为低压。夏季低纬度海陆影响大,陆地上的热低压中心位置偏南,海洋上的副热带高压的位置向北移动。

当然,行星风带的季节移动,也可以使季风加强或削弱,但不是基本因素。至于季风现象是否明显,则与大陆面积大小、形状和所在纬度位置有关系。大陆面积大,由于海陆间热力差异形成的季节性高、低压就强,气压梯度季节变化也就大,季风也就越明显。北美大陆面积远远小于欧亚大陆,冬季的冷高压和夏季的热低压都不明显,所以季风也不明显。大陆形状呈卧长方形,从西欧进入大陆的温暖气流很难达到大陆东部,所以大陆东部季风明显。北美大陆呈竖长方形,从西岸进入大陆的气流可以到达东部,所以大陆东部也无明显季风。大陆纬度低,无论从海陆热力差异,还是行星风带的季风移动,都有利于季风形成,欧亚大陆的纬度位置达到较低纬度,北美大陆则主要分布在纬度30°以北,所以欧亚大陆季风比北美大陆明显。

2)风灾害防治对策

风场中的建筑物应该看作复杂的钝体结构,空气绕过钝体结构时的风场和绕过流线体时有明显的不同。当气流流过建筑物时会不可避免的出现分离、剪切,再附以涡流脱落等现象。风作用于结构,主要产生抖振、颤振、驰振和涡激振动等振动形式。

(1)抖振:当一结构物处于另一结构物的卡门涡列之中时,可发生抖振。例如两靠近的细长结构物,背风向的一个结构物就有可能发生抖振,若这时背后一个结构物的自振频率与顺风向频率接近的话,就有可能发生抖振。抖振实际上是一种顺风向阵风脉动引起的结构共振。

(2)颤振与驰振:风场中的建筑物常看作为钝体结构,在一定范围内常产生颤振、驰振的气动失稳式振动。颤振为扭转方向的振动,横风向弯曲振动称为驰振;而弯曲与扭转的二维振动则称为弯扭颤振。颤振和驰振具有自激振动的特点,即在振动过程中,结构物能够从自身的振动中不断吸取能量,使得结构的振幅越来越大,即所谓的"负阻尼"现象。大跨桥梁的颤振与驰振失稳现象最为严重,目前仍是桥梁风工程研究的焦点。

(3)涡激振动:当风流经结构物时,气流就会在建筑物两侧背后产生交替的漩涡,且漩涡在两侧交替出现,使建筑物表面的压力呈周期性变化。涡激振动就是由交替出现的漩涡脱落引起的与风向垂直的振动。

风场实测表明,对建筑物绕流特性影响最显著的是近地面风,而近地面风有着显著的紊乱性和随机性。在一定的时间间隔内,各个高度的平均风速几乎是不变的,但实际绕流风速平均值是脉动的,且风速的平均值随高度的增加按指数律增大,故通常认为风速是由不变的平均风速和变化的脉动风速两部分组成的。作用在建筑物上的风压也可归结为由静态的平均风压和动态的脉动风压两部分组成。

风速通常随离地面高度增大而增加,增加程度主要与地面粗糙度和温度梯度有关,如图 10.17 所示。达到一定高度后,地面的摩擦影响可忽略不计,该高度称为梯度风高度。梯度风高度随地面粗糙度而异,一般为 300~500m。梯度风高度以内的风速廓线一般可用指数曲线 $v_z = v_1(z/z_1)^\alpha$ 表示,其中,v_z 为在高度 z 处的风速;v_1 为在高度 z_1 处的已知风速;α 为指数,α 值为 1/10~1/3,对于空旷平原 α 值约为 1/7。

作用在建筑结构上的风荷载并不均匀,也不是定常的。它们随着风的速度、风的方向以及建筑物的体形、面积、高度、作用位置和时间而不停地变化。此外建筑物在风荷载作用下的运动又会反过来影响风场的分布状况,这种相互作用使风荷载对结构的作用变得更加复杂。总的来说,由于风本身非定常性,加上建筑物本身的体形各不相同,再考虑到气动弹性的影响,风对建筑物的作用是一个非常复杂的过程,具有以下几个特点:

(1)风对建筑物的作用力包含静力部分和动力部分,且随时间和空间的不同而变化;

(2)建筑物的外形、几何尺寸及其周围的风场环境对风荷载的大小和分布影响很大;

(3)与地震荷载相比,风荷载作用的持续时间较长,出现的频次也较高。

在风力作用下,高层建筑表面风压分布的测定,目前多在模拟大气边界层风场的风洞中对模型进行动态测量试验获得,图 10.18 所示为一斜拉桥模型的风洞试验。但也有些对已建成的建筑物进行实测,以收集可贵的风荷载资料,供日后设计时参考或供原建筑改造设计之用。

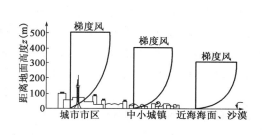

图 10.17 不同地面粗糙度的风速轮廓线

图 10.18 某斜拉桥模型的风洞试验

另外,人体感觉器官不能察觉绝对位移和速度,只能察觉它们的相对变化。而影响人体感觉不舒适的因素除加速度外,还有振动频率和持续时间。对高层建筑的居住者而言,后两项是难以限制的,唯有设法限制其振动加速度以满足人们的舒适要求,这也是在结构设计时需要考虑的重要方面。表 10.4 列出了人体舒适度与振动加速度限值之间的关系。

人体舒适度与振动加速度限值之间的关系 表 10.4

振动加速度限值(% g,g 为重力加速度)	人体舒适程度
<0.5	无感觉
0.5~1.5	有感觉
1.5~5	令人不舒服
5~15	令人非常不舒服
>15	无法忍受

另一种从直观角度的测评标准,则是根据大风季节里实测高楼楼顶层风致摆动的最大振幅来进行测评的。美国有关部门建议,设计良好的高楼其屋顶中心点的风致偏移量应控制在 $H/500$(H 为楼高度,m)范围内,否则应采取措施以减小人感不适的建筑物摆动量。如在"9·11"事件中倒塌的美国世贸中心大楼,高度为 417m,而大风季节实测偏移量达 91cm,稍许超标,最后世贸中心大楼采用黏弹性阻尼器减振,其优点是无需经常监控、且无需电源;而目前大多数的高层建筑结构都是采用可调质量阻尼器,由弹簧、质量块、液压减振器组成来控制高楼的摆动。有资料表明,已使用的有澳大利亚悉尼的中心大厦、加拿大多伦多 CN 大厦、美国波士顿的约翰汉考克大厦及纽约的城市企业中心大厦等。台北 101 大厦就设置了"可调质量阻尼器",在 88～92 楼层挂置一个重达 660t 的巨大钢球,利用摆动来减缓建筑物的振幅。

从土木工程角度出发,由于高层建筑及其群体的外形、布局随设计者的构思而异,在风力作用下,其绕流特性各异。当布局不当时,在建筑物外部往往造成局部不良的风环境:如卷起灰尘、纸屑及杂物并堆积于背风区;掀起屋顶覆盖物、破坏围护结构、幕墙玻璃、门窗等等,对广场、街道上的行人及交通安全构成威胁。此外,目前很多高层建筑采用钢结构框架,设计重量越来越轻,高度越来越高,而本身机械阻尼却越来越低,对风力作用越来越敏感,且往往是高柔性结构。尽管结构工程师能保证结构承受风荷载是安全可靠的,但风致振动使大楼产生摆动,造成室内家具碰撞产生噪声、吊灯摇晃等现象,也会使居住者心理上备感不适。为减少风荷载对于结构的影响和破坏,通常从以下几方面考虑进行相应的抗风设计。

(1)力求选择合理的建筑体形。

不同风向角下,风载流态是不同的,风荷载体形系数是变化的,建筑物间也存在相互干扰,风荷载的影响量是难以预估的,故只有通过模型的风洞试验,了解在风力作用下高层建筑群体间的相互干扰影响和改变其外表面周边的风压分布情况,获取必要的风荷载数据,才能准确评估其各个高度上局部风环境的详情,才能确保百年大计的建筑物安全可靠和舒适的风环境,从而科学合理地选择相应的建筑外形。

比如,建筑物的拐角处、平面与曲面的交接处、立面上凸出的观光电梯等部位常是出现负风压(吸力)的峰值区,设计时最好把直角边钝化或粗糙化,凸出部的法线与盛行风向应避免相垂直以减弱气流分离而形成高吸力区,或在负压峰值区设置百叶窗式的扰流罩以镇压过高的负压峰值。例如,香港新鸿基中心就是将矩形平面的转角处设计成圆角,以减少转角处的风压集中。对于位于喇叭状收缩段(风嘴口)的建筑物或构筑物,由于直接暴露在强风中,设计时除注意外形外还应注意强度、刚度校核及安全系数的选取,以免招致风灾。

而对于屋顶,不管是平屋顶、人字形屋顶或斜截头屋顶、半圆形屋顶等,通常在其屋脊、四周屋檐及拐角处出现负风压峰区。尤其平屋顶的周沿及拐角,其负压峰值较大。防护与改善方法是在平屋顶边缘处加一矮护墙,使拐角区域的旋涡抬离屋顶面。试验资料表明,这一措施可使最大吸力急剧下降;也可在拐角处放置突出物(如烟囱、装饰物等),扰动分离旋涡,也能达到减轻局部区域最大吸力的目的。

(2)控制结构的反向变形。

高层建筑和高耸结构在风力作用下基本是按照结构基本振型的形态向一侧弯曲,顶点侧向位移最大,因而,当结构在脉动风荷载作用下产生振动时,顶点的振幅和加速度也将是最大的。此时,若采用压电陶瓷或电致伸缩材料作为制动器,光纤和压电材料作为传感器,当结构受到风荷载作用振动并产生形变时,压电应变传感器可产生与压力成正比的表面电荷,控制系统对传感器测量的信号进行处理后,再给压电作动器反馈一个适当的电压,使其产生反向变形力,从而对结构产生阻尼作用,使结构的振动随之迅速减弱,则相应的顶点振幅和加速度也随之减小。

(3)对结构振动进行主动或被动控制。

随着高层建筑、高耸结构和桥梁结构向着大跨和高强轻质的方向发展,结构的刚度和阻尼不断下降,结构在风荷载作用下的摆动也越来越大。传统的抗风方式是通过结构自身刚度的增强来提高抗侧移能力,这种方式是消极被动且不经济的措施,近几十年来发展起来的结构振动控制技术则是通过在结构上附设控制装置来控制高耸结构在强风作用下而产生的变形和振动,以满足结构的安全性、使用性和舒适性要求。在高耸结构控制研究方面,我国起步较晚,国外已有工程实例,553m 的加拿大多伦多电视塔和 324.8m 的澳大利亚悉尼电视塔都装有振动控制装置。而在桥梁结构方面,2002 年开发安装在湖南洞庭湖大桥的拉索减振系统被《土木工程》杂志评价为世界上第一套应用磁流变阻尼器的智能控制系统,可有效抑制拉索风雨振。

(4)考虑脉动风荷载对结构动力响应的影响。

一般情况下,结构对风力的动态作用并不敏感,可仅考虑静态作用。但对于高耸结构(如塔架、烟囱、水塔)和高层建筑,除考虑静态作用外,还需考虑动态作用。动态作用与结构自振周期、结构振型、结构阻尼和结构高度等因素有关,可将脉动风压假定为各态历经随机过程按随机振动理论的基本原理导出。为方便起见,动态作用常用等效静态放大系数,即风振系数的方式与静态作用一并考虑。

3)抗风减灾的发展

(1)风振控制

近年来高层建筑和高耸结构日益增加,高强轻质材料的应用日益广泛,而结构的刚度和阻尼不断下降,因此结构在风荷载作用下的摆动也在加大。这样就会直接影响高层建筑和高耸结构的正常使用,也使得结构刚度和舒适度的要求越来越难满足,甚至有时威胁到建筑物的安全。

传统的结构抗风对策是首先保证强度,然后验算位移。如果位移或者加速度过大,则通过增加结构自身的刚度来解决。这是一种很不经济的方法,而且对于超高层结构或高耸结构实现起来难度也很大。而近 30 多年发展起来的结构振动控制技术开辟了结构抗风设计的新途径。结构振动控制技术就是在结构上附设控制构件和控制装置,在结构振动时通过被动或主动的施加控制力来减小或抑制结构的动力反应,以满足结构的安全性、使用性和舒适性的要求。

结构振动控制理论、方法是从控制工程移植过来的。从控制方法上,结构振动控制可分为被动控制(Passive Control)、主动控制(Active Control、半主动控制(Semi-Active Control)和混合控制(Hybrid Control)。其中,使用得最为广泛、也是最为成熟的是被动控制技术。被动控制无需外部能源的输入,其控制力是控制装置随结构一起运动而被动产生的。典型的被动控制技术包括消能减振和调频减振。

消能减振就是在结构上安装能够耗散能量的装置,如黏弹性耗能器、黏滞性阻尼器、摩擦性阻尼器等。这些装置在随结构运动的过程中,会发生变形,并大量消耗能量。在结构风振控制中,使用得最为广泛的消能减振装置是黏滞型阻尼器(图 10.19),它的基本原理是一个油缸,油缸被一个活塞分为两个腔,腔内灌满熟性的阻尼材料(硅油或者液压油),活塞上开有小孔,当活塞随结构变形而在油缸内运动时,液体就会被挤压通过活塞上的小孔从一个腔流到另外一个腔,并大量耗散能量。

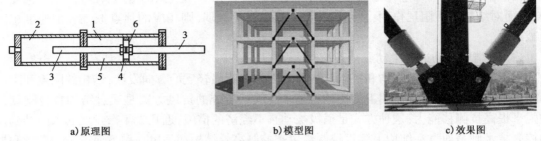

a)原理图   b)模型图   c)效果图

图 10.19 黏滞型阻尼器

1-主缸;2-副缸;3-导杆;4-活塞;5-阻尼材料(硅油或液压油);6-阻尼孔

调频减振是在结构的某些位置(常见的如顶部)加上有一定惯性质量的减振装置,通过精确调整减振装置的自振频率,使得当主体结构在外力作用下发生振动时,减振装置可以产生一个与外力方向相反的惯性力作用于主体结构,从而产生减振效果。调频减振包括调频质量阻尼器(TMD)和调频液体阻尼器(TLD)。

被动控制技术目前最为成熟,且不需要外界能量输入,但是很难实现最优控制。因此,主动控制技术也随之发展起来。主动控制技术包括传感器、计算机和驱动设备三部分。通过传感器测得结构的外力或响应,由计算机根据选择的控制算法算出最优的控制力,然后由驱动装置将这个控制力作用于结构上,达到控制结构振动的目的。显然,主动控制技术更容易达到最优控制。但是由于高层建筑、高耸结构、大跨桥梁等土木工程本身体量就非常庞大,主动控制所需的控制力也就很大,需要大量的外部能量输入。再加上土木工程需要长期服役,主动控制设备的长期维护也有一定困难,因此使用的还不是很广泛。

混合控制技术是主动控制和被动控制的结合。混合控制技术中,目前应用得较多的是混合质量阻尼系统(Tybrid Mass Damper,简称 TMD)。其原理是联合了一个 TMD 和一个主动控制驱动器,降低结构动力反应主要依靠 TMD 运动时的惯性力达到一定条件(如强风下结构的位移超过一定水平时),主动控制驱动器开始工作,给 TMD 施加一个附加的作用来增强 TMD 的减振效果。

近年来,半主动控制技术的研究非常活跃。半主动控制技术根据结构的响应及外部激励的信息,实时调整结构的参数,使结构的响应减到最小。常见的半主动控制技术包括主动变刚度控制、主动变阻尼控制和主动变刚度阻尼控制技术等。半主动控制技术结合了主动控制与被动控制的优点,既具有被动控制的可靠性,又具有主动控制的强适应性,且结构造简单,所需能量小,不会使结构系统发生不稳定。图 10.20 所示为应用较为广泛的一类半主动控制装置——磁流变阻尼器,它的结构和一般的黏滞阻尼器比较相似,只是阻尼器里面装的不是硅油,而是磁流变液体。磁流变液体是一种非常特殊的液体,它平常物理特性类似于普通液体,但是当有磁力线穿过时,它立刻变成一种高黏度、低流动性、类似固体的物质。当磁扼流圈没有通电时,磁流变液体可以非常容易地从油缸的一侧流向另一侧,阻尼器的刚度和阻尼很小。而当磁扼流圈通电后,相当于磁流变液体在活塞两侧的流动被切断,阻尼器的刚度和阻尼立刻变得很大。而在这个变化过程中,外部能量只需给磁扼流圈通电,所需能量非常少,且即使控制装置发生故障而失效,也不会给结构施加不利的意外作用力,安全性也很好。图 10.21 为安装在桥梁工程上的磁流变阻尼器,它很好地降低了大桥斜拉索的风雨振。

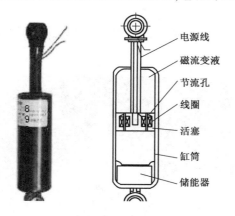

图 10.20 磁流变阻尼器

图 10.21 桥梁工程上的磁流变阻尼器

(2)风洞试验技术

为了深入研究风对结构物的作用,除了现场观测和理论计算外,还需要一种可以在实验室开展的、可以准确控制的试验技术。风洞试验是研究结构风工程最主要的试验技术之一。所谓风洞,是指在一个按一定要求设计的管道系统内,采用动力装置驱动可控制的气流,进行各种空气动力试验的设备。通过动力装置产生气流,在风洞内流动,作用于试验段的研究对象上,来研究风对结构的作用。风洞可分为直流式风洞和回流式风洞两大类。图 10.22 和图 10.23 分别给出了典型的直流式风洞和回流式风洞的示意图,它们都包括试验段、动力装置、导流、整流装置等。

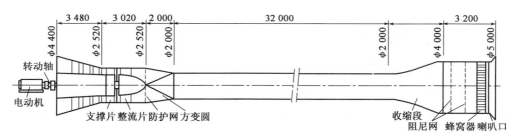

图 10.22 典型直流式风洞(单位:mm)

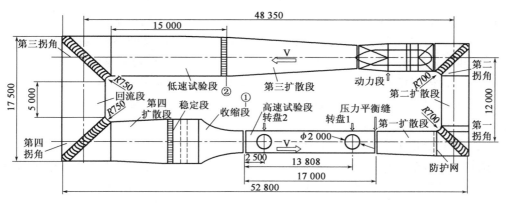

图 10.23 典型回流式风洞(单位:mm)

风洞试验的关键技术之一是在风洞中产生与大气中相似的风场。由于工程结构都位于边界层中,风速符合剖面从地面向高空逐渐按指数律增大的规律。因此,需要在风洞试验段模型来流方向设置尖塔和粗糙元(图10.24),使得气流符合工程结构所在场地的风速剖面特性。

图10.24　风洞试验

风洞试验的另一关键技术是设计合理的相似比。由于实际工程结构体量都非常庞大,无法将足尺的结构放到风洞里试验。因此必须将模型按照一定比例缩小,模型的缩尺除了几何的相似性外(模型的外形尺寸和几何形状与实际结构物完全相似),还需要受到雷诺数相似等相似准则的限制。而在风洞里因为设备能力等限制,实现模型所有方面都满足相似率是不可能的。因此,合理的相似比设计对风洞试验结果的可靠性也非常重要。风洞试验过程中,模型置于一个可转动的平台上,根据实际工程需要,每隔10°或15°进行一次吹风试验,量测模型在各个方向来流作用下的风压力及风响应,供工程设计参考。

10.2.3　火灾害及其防灾减灾对策

(1)火灾害基本概况

火灾是指在时间和空间上失去控制的燃烧所造成的灾害。在各种灾害中,火灾是最经常、最普遍地威胁公众安全和社会发展的主要灾害之一。人类能够对火进行利用和控制,是文明进步的一个重要标志。火,给人类带来文明进步、光明和温暖。但是,失去控制的火,就会给人类造成灾难。所以,人类使用火的历史,同时也是人类与火灾作斗争的历史。人们在用火的同时,不断总结火灾发生的规律,尽可能地减少火灾及其对人类造成的危害。对于火灾,在我国古代,人们就总结出"防为上,救次之,戒为下"的经验。随着社会的不断发展,在社会财富日益增多的同时,导致发生火灾的危险性也在增多,火灾的危害性也越来越大。据统计,我国20世纪70年代火灾年平均损失不到2.5亿元,80年代火灾年平均损失不到3.2亿元,进入90年代,特别是1993年以来,火灾造成的直接财产损失上升到年均十几亿元,年均死亡2 000多人。

火灾一般具有以下三个特点:①成长性。在不受外力干扰下,火灾具有不断发展变化及无限扩大的特性延烧的面积约与经过时间的平方成正比。②不安定性。火灾受气象、燃烧物体、建筑物结构及地形地物等各种因素影响。③偶发性。火灾突发状况,无法事先预测何时何地会发生。

根据 2007 年 6 月 26 日我国公安部印发的《关于调整火灾等级标准的通知》，火灾等级标准由原来的特大火灾、重大火灾、一般火灾三个等级调整为特别重大火灾、重大火灾、较大火灾和一般火灾四个等级，见表 10.5。

火灾等级标准   表 10.5

名　称	定　义
特别重大火灾	指造成 30 人以上死亡，或者 100 人以上重伤，或者 1 亿元以上直接财产损失的火灾
重大火灾	指造成 10 人以上 30 人以下死亡，或者 50 人以上 100 人以下重伤，或者 5 000 万元以上 1 亿元以下直接财产损失的火灾
较大火灾	指造成 3 人以上 10 人以下死亡，或者 10 人以上 50 人以下重伤，或者 1 000 万元以上 5 000 万元以下直接财产损失的火灾
一般火灾	指造成 3 人以下死亡，或者 10 人以下重伤，或者 1 000 万元以下直接财产损失的火灾

注："以上"包括本数，"以下"不包括本数。

2009 年 4 月 1 日实施的国家标准《火灾分类》（GB/T 4968—2008），根据可燃物的类型和燃烧特性，将火灾分为 A、B、C、D、E、F 六类，见表 10.6。

火灾分类表   表 10.6

名　称	定　义
A 类火灾	指固体物质火灾。这种物质通常具有有机物质性质，一般在燃烧时能产生灼热的余烬，如木材、煤、棉、毛、麻、纸张等火灾
B 类火灾	指液体或可熔化的固体物质火灾，如汽油、煤油、柴油、原油、甲醇、乙醇、沥青、石蜡等火灾
C 类火灾	指气体火灾，如煤气、天然气、甲烷、乙烷、丙烷、氢气等火灾
D 类火灾	指金属火灾，如钾、钠、镁、铝镁合金等火灾
E 类火灾	带电火灾，即物体带电燃烧的火灾
F 类火灾	烹饪器具内的烹饪物（如动植物油脂）火灾

火灾作为人类所面临的一个共同的灾难性问题，给人类社会造成过不少生命、财产的严重损失。随着社会生产力的发展，社会财富日益增加，火灾损失上升及火灾危害范围扩大的总趋势是客观规律。据联合国"世界火灾统计中心"提供的资料介绍，发生火灾的损失，美国不到 7 年翻一番，日本平均 16 年翻一番，中国平均 12 年翻一番。全世界每天发生火灾 1 万多起，造成数百人死亡。近几年以来，我国每年发生火灾 4 万起以上，死亡 2 000 多人，伤 3 000 ~ 4 000 人，每年火灾造成的直接财产损失超过 10 多亿元，尤其是造成几十人、几百人死亡的特大恶性火灾时有发生，给国家和人民群众的生命财产造成了巨大的损失。2016 年我国火灾原因起数及分布情况如图 10.25 所示。

严峻的现实证明，火灾是当今世界上多发性灾害中发生频率较高的一种灾害，也是时空跨度最大的一种灾害。火灾的危害性主要体现在以下五个方面：

①火灾会造成惨重的直接财产损失；

②火灾造成的间接财产损失更为严重；

③火灾会造成大量的人员伤亡；

④火灾会造成生态平衡的破坏；

⑤火灾会造成不良的社会政治影响。

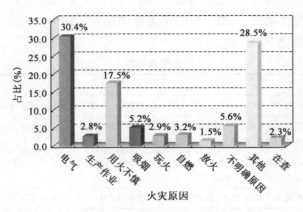

图 10.25　2016 年我国火灾原因起数及分布情况

随着经济建设的快速发展,城镇新建的厂房和楼宇日益增多,建筑群体和人口密度越来越高,火灾事故的频率也大大增加。火灾对房屋的损毁,主要是高温作用,其受损程度主要取决于火灾的持续时间和温度等因素。而火灾对建筑结构物造成损害的破坏机理主要与结构材料相关,可归纳为以下几个方面:

第一,混凝土是由水、水泥、砂、石所组成的一种胶凝材料,受到高温的作用,水泥石失水产生收缩,而骨料会阻止其收缩,使其产生拉应力;另外,骨料和水泥石的膨胀系数不同,且在不同的温度范围内,二者的热膨胀系数有着不同的变化趋势。因此,在升温和降温过程中,水泥石和骨料的变化不均匀,使二者界面产生微裂缝而降低或丧失黏结力,导致表面的混凝土龟裂,这是体积变化不均匀引起的损坏。破坏的程度取决于温度升高的速率、最高温度和火作用持续的时间。将混凝土试块加热到500℃和800℃时,其抗压强度分别为原来的70%和30%左右。

第二,当混凝土受到高温的作用,其表层温度高于内部温度,在射水灭火时冷却则相反,混凝土表面温度低于内部温度,由此温度递变产生温度应力,升温或降温速度越快,产生的温度应力越大,当超过水泥石抗拉极限强度时,便产生裂缝,这是温度应力引起的破坏。此外,火灾对砌体的作用由砖块材质和砂浆性能决定,砂浆的弹性模量比砖的弹性模量小,热膨胀比砖大,因而在高温受压时产生比砖块更大的横向变形。

第三,钢筋混凝土中的钢筋,因导热系数和热膨胀系数都比混凝土大,在着火与灭火过程中,使钢筋的体积变化先于也大于混凝土,降低或丧失了混凝土对钢筋的黏结力,甚至将混凝土保护层表面胀裂,使混凝土表面受到不同程度的损伤。火灾时,钢筋与混凝土间的黏结强度随温度升高呈下降趋势,且对光圆钢筋的影响比螺纹钢筋更为突出。根据有关学者的试验资料反映,一般来说,普通钢筋受热在600℃以下,冷却后能恢复强度;而600℃以上,则不能恢复到原来强度;在1 400℃时,钢筋进入液态,失去抵抗荷载的能力。

第四,对于钢结构来说,试验表明,当钢结构出现火灾,温度上升到350℃,屈服点将降低1/3,到500℃和600℃时,则相应降低1/2和2/3,将导致钢结构失稳而坍塌。

相应的,火灾对于结构物的损害大致也可以分为下列几类:

①轻度损害。在局部范围内的表面损害,边沿剥落和产生裂缝。

②中度损害。结构部件没有塑性变形,但有严重的截面损害以及钢筋强度降低。

③在单个建筑部件和结构范围中的严重损害。承重构件部分或完全失去作用,但不致倒塌。

④化学损害。目前最重要的情况是聚氯乙烯燃烧气体对混凝土结构的侵蚀。

（2）火灾害防治对策

从建筑火灾的发生原因和火灾的扩散与蔓延过程中，可以总结出预防火灾发生、扩散和蔓延的对策。建筑火灾的防治对策主要有：

①采用预防措施防止火灾发生，如禁烟、禁止燃放烟花爆竹、不容许小孩玩火；控制可燃物，控制引火源，控制可燃物与引火源相互作用；定期进行火灾隐患排查。

②争取尽早发现火灾、限制火灾的发生和发展，如在建筑物内设置火灾探测报警系统。

③在建筑物内设置早期扑灭火灾的措施，如设置自动喷水灭火系统等。

④进行建筑物防火安全设计，用耐火性能好的构件将建筑空间划分成若干防火分区，防止火灾在大空间内蔓延；保护受热辐射威胁的建筑（或部位）；提高建筑结构的防火性能，防止火灾发生后结构受力性能下降，甚至损坏和倒塌。

⑤设置防排烟系统和安全疏散楼梯，使室内人员免受烟气的毒害，有充足的时间逃往室外。

总体来说，建筑火灾防治的思路是，在火灾发生之前充分做好各种防范工作，使被保护建筑（或部位）不发生火灾；万一失火，也应将火灾控制在局部范围之内，为人员疏散和扑救火灾创造有利条件，从而尽可能地减轻火灾造成的损失，保证人员的生命安全。

防火安全设计是建筑设计的重要内容。它包括总平面防火设计、防火分区设计、人员疏散设计和建筑结构耐火设计等内容。

（3）建筑防灾主要措施

①建筑构件的耐火等级。火灾是对钢结构建筑的最大危害，钢材虽为非燃烧材料，但钢不耐火，温度为400℃时，钢材的屈服强度将降至室温下强度的1/2，温度达到600℃时，钢材基本损失全部强度和刚度，因此当建筑采用无防火保护措施的钢结构时，一旦发生火灾，很容易使建筑损坏。比如美国世贸中心大楼外墙是排列很密的钢柱，外面包以银色铝板，在美国9·11事件中两个塔楼分别受飞机撞击后所产生的大火使钢材软化，最终导致大楼倒塌。从发生的钢结构建筑火灾案例可以发现两类现象：一类为防火保护的钢结构在火灾中没有达到规定的耐火时间而破坏，另一类为防火保护的钢结构在火灾中超过预期的耐火时间而没有破坏。建筑的构造防火问题一般在钢筋混凝土结构上较易解决，而在钢结构建筑上则需考虑更多的因素，通常采用的防火措施：一是采用新型防火板——保全板；二是根据钢结构的部位不同，分别采用厚型或薄型的防火涂料，并在外露部位加涂装饰漆，以提高钢结构的耐火等级。

②采取特殊的防火、防烟分隔措施。可以采用"防火带"的方法划分防火分区，即在有可燃物品的建筑物中划分出一段区域，这个区域内的建筑构件及装修全部为非燃材料（且该区域内不存放可燃物），并采取有效的防烟措施，阻挡防火带一侧的烟火向另一侧蔓延，从而在空间上形成一个无形的防火分隔区域。对于防烟分区的划分，可以利用空间上方结构体系，挂上以耐火纤维为基材的轻质幕布，平时卷起，在火灾报警后自动放下，悬停于一定高度进行防烟分区，划分的面积在1 000m² 左右，代替了传统的挡烟垂壁，效果明显。

③机械防排烟设施。对于相对较封闭的大跨度结构物，设置机械防排烟设施是至关重要的，烟气往往比火更可怕，在火灾中，烟气弥漫，能见度被降低，延误了疏散时间；大量高温有毒气体的存在，使人降低和逐渐丧失了逃生能力；高温烟气有着与火一样的对建筑结构破坏的作

用,所以对其进行有效的防排烟设计显得尤为重要。第一步是控烟,通过一定的正压送风量将火灾烟气吹向一个固定的空间内,使烟气不会无规则扩散。第二步是蓄烟,利用建筑物自身的大空间条件设计"储烟仓"将烟气蓄积,形成距地面有一定高度的无烟层。第三是排烟。国外研究机构通过计算机模拟证明,如果一个烟控系统设计适当,可以防止烟在 30~45min 内聚集在距地面 3~4m 处,这段时间对于人员疏散是极其宝贵的,同时也给灭火创造了有利条件。

④运用新型的火灾探测系统。通常建筑中所广泛使用的火灾探测器大多数以烟气浓度和温度为信号进行探测,且大多数为顶棚式安装。普通建筑的楼层高度多数在 6m 以下,火灾烟气能很快到达顶棚,因此这类探测器是适用的。然而对于建筑空间很高的结构,烟气在上升过程中不断受到冷却和稀释,在到达顶棚时浓度和温度都大大降低,不足以启动火灾探测器。另外,由于建筑物内部热风压影响,大空间上部常常会形成一定厚度的热空气层,它足以阻止火灾烟气上升到大空间顶棚,从而影响火灾探测器工作,所以普通型探测器不适用于大跨高层结构。运用新型的火灾报警技术,如红外光线束感烟探测器、空气采样及线性差温探测器,可解决大跨空间早期报警的难题。

⑤采用有效的自动灭火装置。设置空气加压移动式消防水炮,它可根据空气加压的大小确定射程,确保大跨空间及其中部区域的安全。另外,在大厅四壁适当位置上可考虑设置带架水枪,以便当展厅上半部的横幅、彩带、气球之类的可燃物着火后,可有效组织扑救。

(4)防火减灾的发展

当然,除了上述消防和防火措施之外,随着现在建筑结构的复杂化,已开始采用性能化设计方法和相应规范对建筑进行消防安全设计。消防设计目前有两种设计思想,一种是国内还处于传统的"处方式设计方法",即基于场所类型进行设计考虑;另一种是"性能化设计方法",它立足于危害分析及火灾假想,对于解决超越法规或现行法规无法解决的复杂建筑的消防设计具有很大意义。

性能化消防设计是建立在消防安全工程学基础上的一种新的建筑防火设计方法,它运用消防安全工程学的原理与方法,根据建筑物的结构、用途和内部可燃物等方面的具体情况,由设计者根据建筑的各个不同空间条件、功能条件及其他相关条件,自由选择为达到消防安全目的而应采取的各种防火措施,并将其有机地组合起来,构成该建筑物的总体防火安全设计方案,然后用已开发的工程学方法,对建筑的火灾危险性和危害性进行定量的预测和评估,从而得到最优化的防火设计方案,为建筑结构提供最合理的防火保护。

性能化消防设计的两个关键点,第一是确认危害,第二是明确设计目标。具体来说,它针对建筑物的特点,建筑物内人员特点,建筑物内部操作方式,建筑物外部特征,消防灭火组织特点等即针对每种危害或者每个设计区域选择设计方法及评估方法。这种设计方法突破了传统设计针对建筑物结构类型、相应的层高及面积的限制,同时提供了更加灵活而有效的设计选择。

而且,性能化规范中,一般只确定能达到规范要求的可接受的方法,对建筑物内的要求需通过政策性的总目标、功能目标和性能要求来表达。例如 1996 年 12 月,由澳大利亚建筑规范委员会(ABCB)编制的第一个"性能化"的综合性的建筑规范《澳大利亚建筑规范(BCA96)》由四个层次的体系构成,即目标、功能描述、性能要求。性能化设计是选用以性能为基础的替代办法,即描述能够达到某种规定性能水平的设计过程的术语,其设计方法是设计中的一种工程方法。

如果性能化设计方法同性能化规范一起使用,就必须有一套规范中要求的固定的总目标、功能目标和性能要求。如果不借助性能化规范,就由以下 7 个步骤来指导分析和设计:①确定工程场址或工程的具体内容;②确定消防安全总体目标、功能(或损失)目标和性能要求;③建立性能指标和设计指标标准;④建立火灾场景;⑤建立设计火灾模型;⑥提出和评估设计方案;⑦写出最终报告。性能化设计必须考虑的因素至少包括以下因素:①起火和火势的发展;②烟气蔓延和控制;③火灾蔓延和控制;④火灾探测和灭火;⑤通知使用者并疏散;⑥消防部门接警和响应。

尽管建筑物消防性能化设计方法有很多优点,作为性能化设计技术的基础——"火灾模型"在性能化设计中起着举足轻重的作用,但它们作为一种新生事物,还不为人们所理解和接受,特别是建筑设计师和建筑管理部门的人员都不太了解这种新的设计方法。我国 1996 年开始组织有关单位和人员系统地开展相关研究,也认识到开展大型公共建筑(包括地下和地上)、大空间建筑、高层民用建筑、高火灾危险工业建筑和储罐区、建筑内的烟气控制、人员安全疏散的性能化设计和评估技术研究的必要性和迫切性。性能化防火规范以及性能化防火设计,正受到越来越多国家的关注,建筑安全评估技术是性能化规范的重要组成部分,也是我国推行性能化规范急需解决的关键技术问题。

10.2.4 地质灾害及其防灾减灾对策

1)地质灾害基本概况

根据 2004 年国务院颁发的《地质灾害防治条例》规定,地质灾害,通常指由于地质作用引起的人民生命财产损失的灾害。一般来说,地质灾害是与土木工程关系最密切的,它是指在自然或者人为因素的作用下形成的,对人类生命财产、环境造成破坏和损失的地质作用(现象),如崩塌、滑坡、泥石流、地裂缝、地面沉降、地面塌陷、岩爆、坑道突水、突泥、突瓦斯、煤层自燃、黄土湿陷、岩土膨胀、砂土液化、土地冻融、水土流失、土地沙漠化及沼泽化、土壤盐碱化,以及地震、火山、地热害等。地质灾害可以划分为 30 多种类型,由降雨、融雪、地震等因素诱发的称为自然地质灾害;由工程开挖、堆载、爆破、弃土等引发的称为人为地质灾害。

常见的地质灾害主要指危害人民生命和财产安全的崩塌、滑坡、泥石流、地面塌陷、地裂缝、地面沉降等六种与地质作用有关的灾害。

(1)崩塌

崩塌也称崩落、垮塌或塌方,是陡坡上的岩体在重力作用下突然脱离母体崩落、滚动、堆积在坡脚(或沟谷)的地质现象。按崩塌体物质的组成,崩塌可分为土崩和岩崩两大类。崩塌一般发生在暴雨及较长时间连续降雨过程中或稍后一段时间、强烈地震过程中、开挖坡脚过程中或稍后一段时间、水库蓄水初期及河流洪峰期、强烈的机械振动及大爆破之后。西南地区为我国崩塌分布的主要地区,图 10.26 即为 2007 年 7 月 28 日,我国四川北川羌族自治县白什乡发生的山体崩塌。

(2)滑坡

滑坡上的岩石山体由于种种原因在重力作用下沿一定的软弱面(或软弱带)整体地向下滑动的现象称为滑坡,如图 10.27 所示,俗称"走山""跨山"和"土溜"等。当斜坡岩、土被各种构造面切割分离成部分连续状态时,才可能具备向下滑动的条件。滑坡的活动强度主要与滑坡的规模、滑坡速度、滑坡距离及其蓄积的位能和产生的动能有关。诱发滑坡的各种外界因素有地震、降雨、冻融、海啸、风暴潮及人类活动等。

图 10.26 四川北川羌族自治县白什乡山体崩塌

图 10.27 滑坡

（3）泥石流

泥石流是在山区沟谷中,因暴雨、冰雪融化等水源激发的、含有大量泥沙、石块的特殊洪流。泥石流的形成必须同时具备以下三个条件:陡峻的便于集水、集物的地形地貌,丰富的松散物质,短时间内有大量的水源。泥石流按照物质成分可分为三类:由大量黏性土和粒径不等的砂粒、石块组成的称泥石流;以黏性土为主,含少量黏粒,石块,黏度大、成稠泥状的称泥流;由水和大小不等的砂粒、石块组成的称水石流。图 10.28 为典型的泥石流示意图。

（4）地面塌陷

地面塌陷是指地表岩、土体在自然或人为因素作用下向下陷落,并在地面形成塌陷坑的自然现象,如图 10.29 所示。地面塌陷的形成原因复杂,种类很多。根据不同的分类依据,可分为不同的类型。常见的,根据形成塌陷的主要原因分为自然塌陷和人为塌陷两大类:前者是地表岩、土体由于自然因素作用,如地震、降雨、自重等,向下陷落而成;后者是由于人为作用导致的地面塌落。在这两大类中,又可根据具体因素分为许多类型,如地震塌陷、矿山采空塌陷等。另外,根据塌陷区是否有岩溶发育,分为岩溶地面塌陷和非岩溶地面塌陷:岩溶地面塌陷主要发育在陷伏岩溶地区,是由于隐伏岩溶洞隙上方岩、土体在自然或人为因素作用下,产生陷落而形成的地面塌陷;非岩溶地面塌陷,又根据塌陷区岩、土体的性质,可分为黄土塌陷、火山熔岩塌陷和冻土塌陷等许多类型。地面塌陷的监测应包括对地面、建筑物、水点(井孔、泉点、矿井突水点、水库渗漏点等)、地下洞穴分布及其发展状况,岩、土体特征的长期观测及对塌陷前兆现象的监测。

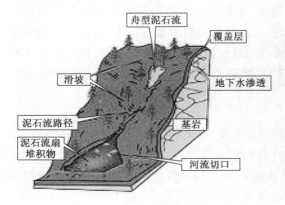
图 10.28 典型泥石流示意图

图 10.29 地面塌陷

（5）地裂缝

地裂缝是地表岩、土体在自然或人为因素作用下产生开裂,并在地面形成一定长度和宽度的裂缝的一种地质现象(图10.30)。当这种现象发生在有人类活动的地区时,便可成为一种地质灾害。地裂缝的形成原因复杂多样,地壳活动、水的作用和部分人类活动是导致地面开裂的主要原因。按地裂缝的成因,常将其分为如下几类:①地震裂缝。各种地震引起地面的强烈震动,均可产生这类裂缝。②基底断裂活动裂缝。由于基底断裂的长期蠕动,使岩体或土层逐渐开裂,并显露于地表而成。③隐伏裂隙开启裂缝。发育隐伏裂隙的土体,在地表水或地下水的冲刷、潜蚀作用下,裂隙中的物质被水带走,裂隙向上开启、贯通而成。④松散土体潜蚀裂缝。由于地表水或地下水的冲刷、潜蚀、软化和液化作用等,使松散土体中部分颗粒随水流失,土体开裂而成。⑤黄土湿陷裂缝。因黄土地层受地表水或地下水的浸湿,产生沉陷而成。⑥胀缩裂缝。由于气候的干、湿变化,使膨胀土或淤泥质软土产生胀缩变形发展而成。⑦地面沉陷裂缝。因各类地面塌陷或过量开采地下水、矿山地下采空引起地面沉降过程中的岩土体开裂而成。⑧滑坡裂缝。由于斜坡滑动造成地表开裂而成。另外,按照形成地裂缝的动力原因,即地壳内动力和外动力,还可以将地裂缝分为构造地裂缝、非构造地裂缝和混合成因地裂缝三大类。

对不同成因的地裂缝可采用不同的防治对策,一般采取避让、加固,或采用柔性接口、填土掩埋、回填、夯实、排水、灌砂、挖除、换土或局部浸水等方法。

（6）地面沉降

地面沉降又称为地面下沉或地陷。它是在人类工程经济活动影响下,由于地下松散地层固结压缩,导致地壳表面标高降低的一种局部的下降运动(或工程地质现象)。按发生地面沉降的地质环境可分为三种模式:现代冲积平原模式、三角洲平原模式以及断陷盆地模式。另外,根据地面沉降发生的原因还可分为:抽汲地下水引起的地面沉降,采掘固体矿产引起的地面沉降,开采石油、天然气引起的地面沉降和抽汲卤水引起的地面沉降。图10.31所示为2003年上海地铁4号线采用冷冻法施工时,在制冷设备故障的情况下没有及时采取对应措施,为了赶进度强行继续施工,结果造成大范围塌方所引起的地面塌陷。

图 10.30 地裂缝

图 10.31 上海地铁 4 号线塌方引起的地面塌陷

2）地质灾害防治对策

为保证结构的安全性和可靠性,尽量避免或减轻地质灾害造成的危害和损失,需要在工程建设之初即进行地质灾害危险性评估。地质灾害危险性评估是对地质灾害的活动程度进行调查、监测、分析、评估的工作,主要评估地质灾害的破坏能力,其主要内容包括:阐明工程建设区和规划区的地质环境条件基本特征;分析论证工程建设区和规划区各种地质灾害的危险性,进行现状评估、预测评估和综合评估;提出防治地质灾害措施与建议,并做出建设场地适宜性评价结论。因此需要对建设用地的地质灾害危险性进行评估,同时对可能出现的地质灾害进行危险性分级。

我国国土资源部《地质灾害防治管理办法》第 15 条规定,城市建设、有可能导致地质灾害发生的工程项目建设和在地质灾害易发区内进行的工程建设,在申请建设用地之前必须进行地质灾害危险性评估。评估结果由省级以上地质矿产行政主管部门认定。不符合条件的,土地行政主管部门不予办理建设用地审批手续。

地质灾害危险性评估包括下列内容:

①工程建设可能诱发、加剧地质灾害的可能性;

②工程建设本身可能遭受地质灾害危害的危险性;

③拟采取的防治措施。

根据《地质灾害危险性评估技术要求(试行)》的规定,按照地质环境条件复杂程度与建设项目重要性程度,将建设用地地质灾害危险性分为三级,见表 10.7。相应的地质环境条件复杂程度和建设项目重要性分类见表 10.8 和表 10.9。

建设用地地质灾害危险性评估分级表　　　　　　　　表 10.7

评估分级 复杂程度 项目重要性	复　杂	中　等	简　单
重要建设项目	一 级	一 级	一 级
较重要建设项目	一 级	二 级	三 级
一般建设项目	二 级	三 级	三 级

地质环境条件复杂程度分类表　　　　　　　　表 10.8

复　杂	中　等	简　单
1. 地质灾害发育强烈	1. 地质灾害发育中等	1. 地质灾害一般不发育
2. 地形与地貌类型复杂	2. 地形较简单,地貌类型单一	2. 地形简单,地貌类型单一
3. 地质构造复杂,岩性岩相变化大,岩土体工程地质性质不良	3. 地质构造较复杂,岩性岩相不稳定,岩土体工程地质性质较差	3. 地质构造简单,岩性单一,岩土体工程地质性质良好
4. 工程地质、水文地质条件不良	4. 工程地质、水文地质条件较差	4. 工程地质、水文地质条件良好
5. 破坏地质环境的人类工程活动强烈	5. 破坏地质环境的人类工程活动较强烈	5. 破坏地质环境的人类工程活动一般

注:每类五项条件中,有一条符合复杂条件者即划分为复杂类型。

建设项目重要性分类表　　　　　　　　表 10.9

项 目 类 型	项 目 类 别
重要建设项目	开发区建设、城镇新区建设、放射性设施、军事设施、核电、二级(含)以上公路、铁路、机场、大型水利工程、电力工程、港口码头、矿山、集中供水水源地、工业建筑、民用建筑、垃圾处理场、水处理厂等

续上表

项 目 类 型	项 目 类 别
较重建设项目	新建村庄、三级(含)以下公路、中型水利工程、电力工程、港口码头、矿山、集中供水水源地、工业建筑、民用建筑、垃圾处理场、水处理厂等
一般建设项目	小型水利工程、电力工程、港口码头、矿山、集中供水水源地、工业建筑、民用建筑、垃圾处理场、水处理厂等

按照人员伤亡、经济损失的大小,将地质灾害危险性也分为四个等级:①特大型:因灾死亡30人以上,或者直接经济损失1 000万元以上的;②大型:因灾死亡10人以上30人以下,或者直接经济损失500万元以上1 000万元以下的;③中型:因灾死亡3人以上10人以下,或者直接经济损失100万元以上500万元以下的;④小型:因灾死亡3人以下,或者直接经济损失100万元以下的。表10.10即为地质灾害危险性分级表。

地质灾害危险性分级表   表10.10

确定要素 危险性分级	地质灾害发育程度	地质灾害危害程度
危险性大	强发育	危害大
危险性中等	中等发育	危害中等
危险性小	弱发育	危害小

3)地质灾害防治的发展

对于地质灾害,目前防治的总体指导方针是"以防为主、及时治理"。因而,监测、预测和预报工作是地质灾害防灾和减灾的首要步骤和措施;同时结合具体的地质和工程情况,因地制宜,采取有效的治理措施。

(1)建立监测网点,形成有效的预测和预报系统

地质灾害监测的主要工作内容为监测地质灾害在时空域的变形破坏信息(包括形变、地球物理场、化学场等)和诱发因素动态信息,最大程度获取连续的空间变形破坏信息和时间域的连续变形破坏信息,侧重于时间域动态信息的获取。其应用于地质灾害的稳定性评价、预测预报和防治工程效果评估。地质灾害监测的主要目的是:查明灾害体的变形特征,为防治工程设计提供依据;施工安全监测,保障施工安全;防治工程效果监测;对不宜处理或十分危险的灾害体,监测其动态,及时报警,防止造成人员伤亡和重大经济损失。要有针对性地进行巡查调查:对已知的隐患点要重点巡查其变形情况,对矿区特别是边坡松危散点要重点巡查切坡搭棚和可能因暴雨诱发矿渣流的尾矿和废渣堆放点,公路、铁路沿线要重点巡查高陡边坡潜在影响交通安全的隐患点。例如,我国三峡库区已建成一个专业监测与群测群防相结合的地质灾害预警网络,在长江干流和支流两岸建立108个采用GPS等监测技术的专业监测点和近1 700个群测群防点,重点对新县城、移民新场镇、交通干线及重要基础设施、农村居民集中地区及可能发生地质灾害的地区进行监测。

地质灾害简易监测,是指借助于简单的测量工具、仪器装置和量测方法,监测灾害体、房屋或构筑物裂缝位移变化的监测方法。一般常用以下几种监测方法:①埋桩法。此法适合对崩塌、滑坡体上发生的裂缝进行观测。在斜坡上横跨裂缝两侧埋桩,用钢卷尺测量桩之间的距

离,可以了解滑坡变形滑动过程。对于土体裂缝,埋桩不能离裂缝太近。②埋钉法。在建筑物裂缝两侧各钉一颗钉子,通过测量两侧两颗钉子之间的距离变化,来判断滑坡的变形滑动。这种方法对于临灾前兆的判断是非常有效的。③上漆法。在建筑物裂缝的两侧用油漆各画上一道标记,与埋钉法原理是相同的,通过测量两侧标记之间的距离,来判断裂缝是否存在扩大。④贴片法。横跨建筑物裂缝粘贴水泥砂浆片或纸片,如果砂浆片或纸片被拉断,说明滑坡发生了明显变形,须严加防范。与前三种方法相比,这种方法不能获得具体数据,但是,可以非常直接地判断滑坡的突然变化情况。

地质灾害专业监测,是指专业技术人员在专业调查的基础上借助于专业仪器设备和专业技术,对地质灾害变形动态进行监测、分析和预测预报等,主要监测内容包括地层位移、地下水和其他相关因素,监测方法包括:①地表相对位移监测,主要方法有机械测缝法、伸缩计法、遥测式位移计监测法和地表倾斜监测法。②地表绝对位移监测,主要方法有大地形变测量法、近景摄影测量法、激光微小位移测量法、地表位移 GPS 测量法、激光扫描法、遥感(RS)测量法和合成孔径雷达干涉测量法。③深部位移监测,主要方法有测缝法、钻孔倾斜测量法和钻孔位移计监测法。④地下水动态监测,主要监测方法有地下水位监测法、孔隙水压力监测法和水质监测法。⑤相关因素监测,主要方法有地声监测法、应力监测法、应变监测法、放射性气体测量法和气象监测法(雨量计、融雪计、湿度计和气温计)。

还有一种宏观地质观测法,是用常规地质调查方法,对崩塌、滑坡、泥石流灾害体的宏观变形迹象和与其有关的各种异常现象进行定期的观测、记录,以便随时掌握崩塌、滑坡的变形动态及发展趋势,达到科学预报的目的。该方法具有直观性、动态性、适应性、实用性强的特点,不仅适用于各种类型崩滑体不同变形阶段的监测,而且监测内容比较丰富、面广,获取的前兆信息直观可靠,可信度高。其方法简易经济,便于掌握和普及推广。宏观地质观测法可提供崩塌滑坡等短期临时预报的可靠信息,即使是采用先进的仪表观测及自动遥测方法监测崩滑体的变形,该方法仍然是不可缺少的。

(2)因地制宜采取有效治理措施

①崩塌治理工程。崩塌、滑坡防治的基本方法主要是进行各种加固工程,如支挡、锚固、减载、固化等,并附以各种排水(地表排水、地下排水)工程,其简易防治方法是用黏土填充滑坡体上的裂缝或修建地表排水渠。具体治理措施包括:清除危岩,对于规模小、危险性高的危岩体采取爆破或手工方法清除,消除危岩隐患;对于规模较大的崩塌危岩体,可清除上部危岩体,降低临空高度,减小坡度,减轻上部负荷,提高斜坡稳定性,从而降低崩塌发生的危险程度;在崩塌体及其外围修建地表排水系统,填堵裂隙空洞,以排走地表水,降低崩塌发生的概率;加固斜坡、改善崩塌斜坡的岩土体结构,增加岩土体结构完整性;采取支撑墩、支撑墙等支撑措施防治塌落;采取锚索或锚杆加固危岩体;采取喷浆护壁、嵌补支撑等加强软基的加固方法;对于在预计可能发生崩塌落石的地带,在石块滚动的路径上修建落石平台、落石槽、挡石墙等拦截落石;通过修建明洞、棚洞等设施来对工程进行保护。

②滑坡治理工程。消除或减轻地表水、地下水对滑坡的诱发作用,修建排水沟,减少进入滑坡体的水量,并及时将滑坡发育范围内的地表水排除,修建截水盲沟,开挖渗井或截水盲洞,敷设排水管,实施排水钻孔,拦截排导地下水;改善滑坡状况,增加滑坡平衡条件,在滑坡上部消坡减重,坡脚加填,降低滑坡重心;修建抗滑桩、抗滑墙、抗滑洞,阻止滑坡移动;实施锚固工

程加固滑坡,采取焙烧法、电渗排水法、灌浆法等措施改善滑坡体岩土体性质,提高软岩层强度。

③泥石流治理工程。泥石流灾害防治的基本方法是工程设计和施工中要设置完善的排水系统,避免地表水入渗,对已有塌陷坑进行填堵处理,防止地表水注入。实施生物工程保护水土,削弱泥石流活动条件,保护森林植被,合理耕牧,严禁乱砍乱伐,提高植被覆盖率;实施工程措施,限制泥石流活动,修建拦挡、排导、停淤、沟道整治等工程,削弱泥石流破坏力,对于泥石流地区的铁路、公路、桥梁、隧道、房屋等建筑进行保护或规避,抵御或避开泥石流灾害。

(3)高新技术在地质灾害防治方面的应用

基于3S(GIS、GPS、RS)等高新技术的地质灾害数字减灾系统将综合利用数值模拟与仿真技术、多维虚拟现实技术、网络技术、遥感技术、全球定位系统和地理信息系统,大规模地再现灾象和灾势的成因与机理、灾害的传播与破坏过程以及社会对灾害的应急反应与效果。总的来说,防灾减灾的高新技术化、智能化和数字化是国际上地质灾害防治的重要发展趋势。

10.2.5 其他灾害及其防灾减灾对策

(1)爆炸灾害及其防灾减灾对策

爆炸是物质由一种状态迅速转变成另一种状态,并在瞬间放出大量能量,同时产生具有声响的非常迅速的化学或物理变化过程,在变化过程中会迅速地放出巨大的热量并生成大量的气体,此时的气体由于瞬间尚存在于有限的空间内,故有极大的压强,对爆炸点周围的物体产生强烈的压力,当高压气体迅速膨胀时形成爆炸。爆炸可分为三类:由物理原因引起的爆炸称为物理爆炸(如压力容器爆炸),由化学反应释放能量引起的爆炸称为化学爆炸(如炸药爆炸),由于核武器或核装置核能的释放引起的爆炸称为核爆炸(如原子弹爆炸)。

火灾与爆炸都会带来生产设施的重大破坏和人员伤亡,但两者的发展过程显著不同。火灾是在起火后火场逐渐蔓延扩大,随着时间的延续,损失数量迅速增长,损失大约与时间的平方成比例,如火灾时间延长一倍,损失可能增加四倍。爆炸则是猝不及防。可能仅在1s内爆炸过程已经结束,设备损坏、厂房倒塌、人员伤亡等巨大损失也在瞬间发生。

爆炸通常伴随发热、发光、压力上升、真空和电离等现象,具有很大的破坏作用。它与爆炸物的数量和性质、爆炸时的条件以及爆炸位置等因素有关。爆炸的主要破坏形式有以下几种:①直接的破坏作用;②冲击波的破坏作用;③造成火灾。

当冲击波大面积作用于建筑物时,波阵面超压在20~30kPa内,就足以使大部分砖木结构建筑物受到强烈破坏。超压在100kPa以上时,除坚固的钢筋混凝土建筑外,其余建筑将全部破坏,图10.32所示为辽宁营口在2007年发生的燃气爆炸事故现场。

爆炸发生后,爆炸气体产物的扩散只发生在极其短促的瞬间,对一般可燃物来说,不足以造成起火燃烧,而且冲击波造成的爆炸风还有灭火作用。但是爆炸时产生的高温高压,建筑物内遗留大量的热或残余火苗,会把从破坏的设备内部不断流出的可燃气体、易燃或可燃液体的蒸气点燃,也可能把其他易燃物点燃引起火灾。当盛装易燃物的容器、管道发生爆炸时,爆炸抛出的易燃物有可能引起大面积火灾,这种情况在油罐、液化气瓶爆破后最易发生。正在运行的燃烧设备或高温的化工设备被破坏,其灼热的碎片可能飞出,点燃附近储存的燃料或其他可燃物,也能引起火灾。美国纽约世贸中心大楼在2001年遭受飞机撞击爆炸引发了熊熊大火(图10.33)。

图10.32　辽宁营口"2.21"燃气爆炸事故现场　　图10.33　美国纽约世贸中心大楼在"9·11"事件中爆炸图片

　　无论爆炸后结构物是发生水平还是竖向连续倒塌,都是结构局部破坏引起了另一些局部的破坏,使本来合理的受力路径中断,导致整体结构倒塌。因此可以从加强一些局部结构、构造新的传力路径等方面对结构抗爆性能进行考虑,并与抗震设计相结合。对于不同结构的构造措施和受力特点,总的来说,有如下抗爆设计原则:①一个抗爆建筑物应当能够经受实际规模的外部爆炸,以便保护它里面的人员、仪器和设备不受伤害;②如果结构的损坏对于发生事故时和事故后的工厂安全操作并无不利影响,那么这种损坏是容许的;③即使爆炸超过设计值(可能造成破坏),结构会因为过度变形被"破坏",而其承载能力无任何明显损失,这就能为防止突然的塌陷提供适当的安全度;④预计建筑物在其使用期限内只能承受一次较大的爆炸,但是,对它稍作一些修理,它应该能安全地承受爆炸后的一般设计荷载;⑤选择建筑物形状和方位,以便尽量减少冲击波荷载;⑥保持建筑物外部"整齐";⑦注意建筑物内部设计;⑧采用好的设计与建造方法。

　　另外,由于抗爆结构的构件具有按延性方式吸收大量能量的能力,而整体结构不产生严重破坏,因此,抗爆结构的建筑材料不但需要具备一定强度,而且需要具备一定延性。除了主体建筑材料外,对于门窗、墙板等材料的选择也必须按其对冲击波和飞散破片的抗力来进行。如,在2009年9·11事件纪念日,美国科学家表示,他们发明了一种新型防爆,比现有的更薄、更轻,对小规模的爆炸抵御能力更强,可以更好地用来抵御恐怖袭击。传统的防爆玻璃是将强力塑料层夹在两层玻璃之间,而新型玻璃则将塑料层换成一种透明的玻璃纤维层,这种玻璃纤维只有人类头发的一半粗。

　　(2)洪涝灾害及其防灾减灾对策

　　洪涝灾害是当今世界范围内发生最频繁和最具毁灭性的自然灾害之一,包括洪灾和涝灾。一般认为河流漫溢或堤防溃决造成的灾害为洪灾;当地降雨过多,长久不能排去的积水造成的灾害为涝灾。"洪"与"涝"是相对的,很难严格区分开来,一般统称为洪涝灾害。洪涝灾害的危害形式以冲毁和淹没为主,不仅危害农田和生态环境,还对城镇、工商、交通、水利等各项工程设施和人畜生命财产造成危害。据统计,自1949年至2010年,我国发生重大洪涝灾平均2.7年一遇,洪涝灾害发生频率非常高,全国年平均洪涝受灾面积7 325khm²,年平均洪涝成灾面积5 230khm²,因灾年平均死亡人日约4 500人,经济损失异常严重。

　　我国的洪涝灾害具有如下特点:①发生频繁;②损失巨大;③空间分布特征明显;④季节性

强;⑤同发性和后效性明显。从大的分类来说,洪涝灾害的成因可以概括为自然因素和人为因素两大类。自然因素包括背景因素(自然地理环境)、间接因素(天气气候和水系特征)、直接因素(暴雨和洪水等);而人为因素对洪涝的影响,既有防御和减轻洪涝的正面作用,也有加重和制造洪涝的负面作用。我国地域辽阔,自然地理环境复杂,气候条件千差万别,大小水系众多,暴雨洪水特性各异,由此致使洪涝种类多种多样,洪涝成因非常复杂,具体见表10.11。我国重大洪涝灾害的月份分布如图10.34所示,洪涝灾害现场照片如图10.35所示。

洪涝类型以及自然因素成因　　　　　　　　　　　　　　表10.11

洪涝类型	灾种	主 要 成 因	主 要 危 害	主 要 影 响 地 区
洪水	河流洪灾	长时间大面积暴雨	工农业生产、交通运输、房屋建筑和城镇居民生命财产均有危害	大江、大河中下游平原、盆地以及支流地区
	风暴潮	台风、温带气旋等与天文潮叠加		东部沿海地区
	冰凌洪灾	大量冰凌阻塞河道		北方河流中下游地区
	山洪洪灾	山区暴雨		丘陵、山地
	溃坝洪灾	堤坝隐患或超设防暴雨		水库和水坝下游地区
	次生洪灾	泥石流、地震、山体滑坡等		丘陵、山地
涝渍	涝灾	雨水过多,积水不能及时排出	农业减产或绝收,城市基础设施受损,生产、交通运输中断,居民生命财产受到威胁,经济损失严重	大江、大河中下游平原、盆地以及支流地区,大型城市
	湿害	地下水位过高,土壤过湿	农业产量过低或者减产	山区、丘陵、谷地和沼泽地

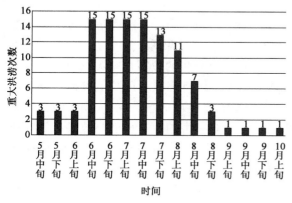

图10.34　我国重大洪涝灾害的月份分布图

图10.35　洪涝灾害现场

除上述洪涝的自然因素外,人为因素对洪涝的影响越加突出,尤其是城市内涝灾害。近些年来,我国城市内涝突出,多个城市出现严重内涝灾害,如2012年7月21日北京遭遇61年来最强暴雨,暴雨引发北京全市道路、桥梁、水利工程多处受损,多处民房倒塌,77人因暴雨死亡,水灾损失近百亿元。洪涝灾害人为因素主要包括以下几个方面:

①林木的滥伐,不合理的耕作和放牧,使植被减少。

②在河湖内围垦或筑围养殖,致使湖泊面积减少,调蓄洪水的能力下降,河道的行洪发生障碍。

③在河滩擅自围堤,占地建房,修建建筑物,甚至发展城镇。

④在河滩上修建阻水道路、桥梁、码头、抽水站、灌溉渠道,影响河道正常行洪。

⑤擅自向河道排渣,倾倒垃圾,修筑梯田,使河道过水断面减小。

明确我国洪涝灾害的成因后,可以制定科学合理的防洪减灾对策,最大限度地降低洪涝灾害的损失。

防洪是专门预防洪水的措施,也是人类与洪水灾害斗争的控制手段。其目的在于设法防治或减轻洪灾损失,保障人民生命财产的安全,促进工农业生产的发展,取得生态环境和社会经济的良好循环。获取防洪效益的措施主要有两类:一是防洪工程措施,二是防洪非工程措施。两类措施的合理配置,相互协调,就构成了近代完整的防洪体系。中华人民共和国成立以来,我国在防洪减灾取得了举世瞩目的成就。为了最大限度地减轻洪涝灾害损失,党和政府制定了"安全第一,常备不懈,以防为主,全力抢险"的防汛工作方针,实行以行政首长负责制为核心的防汛责仟制。中华人民共和国成立60多年以来,全国防洪减灾直接经济效益累计达3.93万亿元,减淹耕地1.6亿 hm^2,年均减免粮食损失1 029万 t。中华人民共和国成立前"三年两决口"的黄河已经连续63年伏秋大汛没有发生决口。

10.3　土木工程防灾与减灾应用技术发展趋势

自20世纪80年代末以来,世界各国对城市防灾减灾的研究给予了极大的重视。联合国发起的"国际减轻自然灾害十年(1990—2000年)"行动促进了全球联合的高科技减灾行动,160个国家分别成立了国家减灾委员会。在美国(洛杉矶、纽约、旧金山、休斯敦)、日本(东京、大阪)、新加坡、瑞典、挪威等都先后建设或建成了城市救灾、防灾中心。这些防灾救灾中心配置了大屏幕图像显示(包括城市基本面貌、灾情分布、应急救援效果等)、多媒体通信手段、大型数据库和地理信息系统(GIS)以及计算机决策支持系统等初步的数字化减灾系统。伴随着数字风洞、数字地震、数字振动台等概念的出现,数字减灾系统将综合利用数值模拟与仿真技术、多维虚拟现实技术、网络技术、遥感技术、全球定位系统和地理信息系统,大规模地再现灾象和灾势的成因与机理、灾害的传播与破坏过程以及社会对灾害的应急反应与效果。如在地震方面,从工程角度出发,主要关心地震动的作用,地震危险性分析,结构的抗震、耗能、隔振技术;从灾害的角度,则涉及震灾要素、成灾机理、成灾条件、地震灾害的类型划分等课题;从灾害对策的角度,则主要研究减灾投入的效益,防震减震规划等。在洪水方面,对洪水成灾的研究,洪水发生时空分布规划,洪水的预测预报,防洪设防标准的研究,洪水造成经济损失的预测,洪水淹没过程的数值模拟,洪水发展的水力学模型,防洪应急的对策研究等均取得了不少成果。总而言之,防灾减灾的高新技术化、智能化和数字化是国际上的重要发展趋势。

10.3.1　地理信息系统(GIS)在防灾减灾中的应用

地理信息系统(Geographic Information System,GIS)是一门新兴的边缘学科,集计算机科学、地理学、测绘遥感学、环境科学、城市科学、信息科学和管理科学为一体,是采集、储存、管理、分析和描述空间数据的空间信息分析系统。

地理信息系统具有以下基本功能：

（1）数据的采集、检验与编辑：通过数字化仪、扫描仪等设备来获取基本数据。这种数据一般是栅格数据，在需要时可以通过一些地理信息系统软件将其转化为矢量数据。

（2）数据操作：实现不同数据结构的数据变换，矢量数据与栅格数据之间的转换以及不同比例尺间数据的转换。

（3）数据的存储与组织：通过栅格模型、矢量模型或栅格/矢量混合模型等空间数据组织方法，实现对海量地理数据的存储与组织。

（4）数据的查询、检索与统计、计算：由于地理信息系统可以管理海量地理信息，所以通过这一功能可以迅速实现以往需要消耗大量人力、物力才能完成的计算工作。例如，可迅速实现对海量地理数据的求和等操作。

（5）空间分析：空间分析功能是地理信息系统的核心功能，也是地理信息系统区别与其他计算机系统的根本所在。地理信息系统的空间分析功能具体包括数字地形模型分析、空间特征的几何分析、网络分析、数字影像分析以及地理变量的多元分析等。借助于地理信息系统的空间分析功能，可以轻易地实现地图的包含与叠加、面积的计算、淹没边界与最佳（短）路径的确定、地表形态的自动分类以及缓冲区分析等。

（6）可视化显示与输出：通过地理信息系统的这一功能，可以将分析结果通过生动直观的形式表现出来，既可以在计算机屏幕上直接显示，通过计算机实现总体略图到详细地图之间的迅速切换，也可以通过打印机和绘图仪输出报告、表格和专题地图、综合地图等。

目前，地理信息系统已经在火灾、地震、旱灾、洪涝、地面沉降以及滑坡、泥石流等灾害的防灾减灾工作中得到了广泛应用。通过应用地理信息系统，可以在城市灾害风险分析的基础上，准确表示不同区域的灾害风险程度；可以在灾害发生后迅速实现受灾面积的计算、灾情的估算等，从而为应急救援提供及时、准确的信息。

将 GIS 引入火灾过程模拟，所有与地理信息密切相关的建筑物、道路、桥梁、绿地、河流等信息以数据形式储存在数据库中，并与图形元素相对应。通过火灾蔓延模型进行火灾发生发展过程模拟的每一步结果都可以在 GIS 图上实时显示。

运用地理信息系统，还可以管理城市的给排水管网、供热管网、燃气管网、供电网线和通信系统等；可以根据气象条件、坡度、植被等情况划定森林、草地的火灾风险等级；可以建立城市消防指挥调度 GIS 系统，根据报警地点计算并显示各个消防站到火场的最佳路径、最近的消火栓位置等信息，为消防指挥决策提供帮助。

10.3.2 全球定位系统（GPS）在防灾减灾中的应用

全球定位系统（Global Position System，GPS）是美国国防部研制的卫星测时/测距/导航/全球定位系统，是以卫星为基础的无线电导航定位系统，具有全能性（陆、海、空、航天）、全球性、全天候、连续性和实时性的导航、定时、定位功能，能提供精密的三维坐标、速度和时间。该系统由 24 颗在轨卫星、地面控制系统、地面监测站和用户设备组成。目前空间轨道上的 24 颗卫星已经基本覆盖全球范围，只要能同时收到 4 颗或 4 颗以上的卫星信号就可以进行定位和导航工作。GPS 接收机的一般定位精度在 6m 左右，采用差分技术以后，可以获取毫米级的精度,这就意味着在地球表面每一平方毫米将会只有一个唯一的地址,因此完全可以满足地质灾害调查评价中灾害点定位、边界特征点定位和路线调查的定位、灾害点变形监测等工作要求。

GPS 卫星定位系统由空间卫星星座、地面监控、用户接收机三部分组成。其中空间段由分布在 6 个轨道面上的 24 颗卫星组成,卫星的轨道分布保证在世界各地任何时间可见到至少 6 颗卫星,卫星连续向用户提供位置和时间信息。控制段由 1 个主控站(计算卫星精密轨道,产生卫星的导航信息),5 个监测站(跟踪视野内所有 GPS 卫星,收集卫星测距信息,将信息送到主站)和 3 个注入站(将输入信息送到主站的通道)组成。用户段由接收机、处理器和天线组成。

GPS 系统通过测量用户到卫星的距离(卫星的位置为已知值)来计算自己的位置。每个 GPS 卫星发送位置和时间信号,用户接收机测量信号到达接收机的时间延迟,相当于测量用户到卫星的距离。同时测量 4 颗卫星可以解出位置、时间和速度。

近年来,GPS 在测定地球自转参数时,从提高观测精度转向提高时间分辨率,高精度 GPS 技术已成为世界主要国家和地区用来监测火山地震、构造地震、全球板块运动,尤其是板块边界地区的重要手段;GPS 技术在地震预测、地壳板块移动监测方面得到了广泛的应用。

我国应用 GPS 研究地壳运动和地震监测始于 20 世纪 80 年代中期,在 20 世纪 90 年代初期,实施了"现代地壳运动和地球动力学研究"攀登计划课题,在全国布设了 22 个不定期复测的 GPS 站。1997 年国家正式启动了以地震预测预报为主的国家重大科学工程——中国地壳运动观测网络(CMONOC)。它是以 GPS 为主,辅之已有的甚长基线干涉测量技术(Very Long Baseline Interferometry, VLBI)和卫星激光测距(Satellite Laser Ranging, SLR)等空间技术,结合精密重力和精密水准构成的大范围、高精度、高时空分辨率的地壳运动观测网络。我国地壳运动监测网格包括 25 个连续运行从准网、56 个基本网和 1 000 个地震监测点,是一个覆盖全国、综合统一、高精度、高分辨率、高稳定度、连续动态、数据共享的地壳运动综合观测网络。

我国在地壳运动观测网建立了统一高精度空间坐标框架和地心坐标系统,并与国际地球参考框架(International Terrestrial Reference Frame, ITRP)连接;具备三维动态高精度监测地壳运动的综合能力;可提供我国主要构造体间和周边国家主要构造块体间的相对运动和形变图,三维运动速率变化图;可提供我国自主测定 GPS 卫星精密星历和 GPS 原始资料,为大地测量、地震中长期趋势预报和我国地学重大基础科学服务。

10.3.3 遥感(RS)在防灾减灾中的应用

地球上每一个物体都在不停地吸收、发射和反射电磁波,并且不同物体的电磁波特性是不同的。遥感(Remote Sensing, RS)就是根据这个原理来探测地表物体对电磁波的发射特性及其对电磁波的反射特征,从而提取这些地物的信息,最终完成远距离识别物体。可以说,遥感技术是一种建立在现代物理学、电子计算机技术、数学方法和地学规律的基础上的综合性探测技术。遥感技术是一种远离目标、非接触地判定分析目标性质的技术。距离地物可以是几公里、几百公里,甚至上千公里,平台可以是飞机、飞船或卫星。使用光学或电子光学仪器(称为遥感器)接收地面物体反射或发射的电磁波信号,并以图像胶片或资料磁带形式记录下来,传送到地面,经过信息处理、判读分析和野外实地验证,最终服务于资源勘探、环境动态监测和有关部门的规划决策。通常把这一接收、传输、处理、分析判读和应用遥感信息的全过程称为遥感技术。

20世纪70年代以来,空间遥感技术取得了重大进展,形成了对地球资源及环境的信息收集系统。RS能快速、高效地获取多波段、多时相信息,解决相关数据的获取和更新问题,因此航天遥感和航空遥感技术已在地震、地质、洪水、火灾、环境污染等灾害调查工作中得到广泛应用。

美国通过对卫星遥感数据和实地调查资料的分析,建立了河流洪水量遥感估算模型。根据纽约东北部地区Black River Basim洪水期的Landsat卫星遥感数据提供的洪水信息,通过对卫星图像与航片资料进行比较,绘制了洪水边界分布图。通过连续的观察与模型修改,进行了洪涝灾害范围的预测。美国国家航天和空间管理喷气推进实验室和美国国家农业部联合进行了森林火灾的监测研究,并于1990年建立了一个完善的森林火灾遥感监测系统。巴西应用GE()S卫星资料,结合气象学和海洋学知识,对1984年6月巴西Laguna dos Patos南部地区洪水的影响做了估算。该估算结果为同年11月份Landsat的TM3和TM5卫星资料所证实。法国于1988年2月利用SPOT卫星遥感对斯旺普峰(法国旺代省)的洪水进行了监测。它用30个移动观察中心追踪洪水泛滥的途径,对洪水灾情及进一步发展进行了实时分析,作为洪水预报分析的依据,并制出洪峰图、水体分布图、部分洪涝地域图、草地和城镇受淹图。加拿大曾用NOAA-AV HRR资料进行正常气候条件下农作物产量和干旱情况下农作物产量的对比评估工作,形成了完善的遥感评估系统,在加拿大西部地区的旱情预报中,发挥了很大的作用。澳大利亚组建了一个旱情监测系统,该系统包括大量降雨观测站,将观测数据录入计算机,并用数据通信手段将各地实时降雨数据传输至一个计算机网络中,从而得到地面的旱情数据。这些数据对于农民、经济工作者及政府都有很大的用途。

在2008年汉川大地震的抗震救灾过程中,多光谱遥感发挥了重要信息源的作用。2008年5月12日,四川省汶川县境内发生里氏8级特大地震,我国遥感科技人员迅速采用遥感技术,对汶川地震区的灾情进行监测与评估,为有关部门提供抗震救灾的决策依据。科技人员从遥感图像中判读、分析出5个方面的震害内容及其指标。

(1)各类民房、工厂、学校、医院、政府机关等房屋建筑物的损坏情况,其中包括老旧农村平房、多层砖混结构、7层以上楼房等建筑群的倒塌率和单体房屋建筑的破坏程度。

(2)各类高炉、电视塔、微波站、通信发射塔、烟囱、储油罐、储气罐和发电厂、变电所、超高压输电塔架、机场指挥通信系统、供水系统中的水塔等构筑物的损坏情况。

(3)公路、铁路、桥梁、主干供水管道、供电、通信等生命线工程的损毁程度。

(4)地震断层、地裂缝、崩塌、滑坡、泥石流、河流崩岸等震后的场地灾害。

(5)由地震灾害等堵塞河流引发的堰塞湖、水库大坝垮塌、火灾、有害气体泄漏等次生灾害。

以上五项指标为确定地震极震区和重灾区宏观地震烈度提供了重要依据。

在没有遥感技术之前,为获得这五项地震灾害指标,调查人员需要进入地震灾区进行实地调查,实地调查从震中区向四周辐射,按事先设计的线路再进行实地抽样调查。遥感技术的应用则可以根据以上五项内容及其指标,采用不同波谱分辨率和不同空间分辨率数据,通过图像数据处理和判读分析获取地震灾害指标。遥感图像中一时难以直接准确判读的震害信息可以通过地震前后遥感图像数据的灰度聚类统计—识别算法和变化检测技术自动提取,也可以将遥感图像与非遥感数据复合。例如,与基础地理数据复合,进行综合分析。

10.3.4　虚拟现实(VR)技术在防灾减灾中的应用

虚拟现实(Virtual Reality，VR)是通过计算机三维数值模型和一定的硬件设备,使用户在视觉上产生一种沉浸于虚拟环境中的感觉,并与该虚拟环境进行交互。虚拟现实技术是使人可以通过计算机观看、操纵极端复杂的数据并与之交互的技术,是集先进的计算机技术、传感和测量技术、仿真技术、微电子技术等于一体的综合集成技术。

虚拟现实技术包括硬件和软件两个部分。硬件是指虚拟环境得以实现的硬件设施,包括服务器、显示器、环绕屏幕、数据手套、数据鼠标等一系列旨在帮助使用者能够拥有更真实感官的设备;软件是指操作这些硬件设备具体实现虚拟环境的机器语言编码。人机交互是区别虚拟现实技术和普通多媒体技术的关键所在。

一个 VR 系统主要由实时计算机图像生成系统、立体图形显示系统、三维交互式跟踪系统、三维数据库及相应的应用软件组成。它是利用计算机生成一种逼真的视、听、说、触、动和嗅等感觉的虚拟环境,通过各种传感设备,可以使操作者沉浸在该环境中,并使操作者可以和环境直接进行自然交互。

从技术的角度来说,虚拟现实系统具有下面三个基本特征:沉浸(Immersion)、交互(Interaction)和构想(Imagination),它强调在虚拟系统中人的主导作用。从过去人只能从计算机系统的外部去观测处理的结果,到人能够沉浸到计算机系统所创建的环境中;从过去人只能通过键盘、鼠标与计算环境中的单维数字信息发生作用,到人能够用多种传感器与多维信息环境发生交互作用;从过去的人只能以定量计算为主,到人有可能从定性和定量综合集成的环境中得到感知和理性的认识,从而深化概念和萌发新意。

由于虚拟现实在技术上的进步与逐步成熟,它的相关应用在近几年发展迅速,应用领域已由过去单纯的娱乐与模拟训练发展到包括航空、航天、铁道、建筑、土木、防灾减灾、科学计算可视化、医疗、军事、通信等多个领域。如英国的 Colt Virtual Reality 公司开发了一个称为 Vegas 的火灾疏散虚拟系统。该系统使用户能够亲身体验火灾时的感受,进而进行人群疏散的模拟训练。应用该系统对地铁、港口等建筑物火灾时人员疏散的仿真模拟,取得了良好的效果。

运用虚拟现实技术可以实现对真实火灾某些层次或某些方面属性的模拟或复现。美国一些保险公司与政府部门合作,开发了一个训练火灾调查员的虚拟现实程序,教调查员学会判断火灾起因、搜集证据、询问目击者,以便与纵火犯作斗争;美国 Alabama 大学的学者用虚拟现实程序训练消防队员通过不熟悉的建筑物找到营救路线,并与用蓝图训练的效果做比较。日本大阪大学的学者用一个沉浸式虚拟现实系统,模拟火灾发生时的有毒气体扩散和人群疏散的过程,该系统包括两个半球形屏幕显示器和一些触觉设备。

10.3.5　应急救援技术

地震、泥石流、山体滑坡等突发性地质灾害发生后,往往导致房屋垮塌、人员被埋等,甚至会造成重大人员伤亡。因此在灾害发生早期,迅速组织和有目的地对被困人员实施搜救是尽可能减少人员伤亡的关键。及时、高效地抢救生命是地震应急工作中的首要任务。地震发生后,会有许多灾民被埋在废墟之下,这些被埋压的灾民越早被救出,生存的可能性就越高。表10.12 列出了某次地震中被埋灾民被挖出时间与救活率的关系。

被埋灾民被挖出时间与救活率的关系 表 10.12

挖 出 时 间	挖 出 人 数	救活人数(救活率)
半小时内	2 377	2 360(99.3%)
第 1 天	5 572	4 513(81.0%)
第 2 天	1 638	862(52.6%)
第 3 天	348	128(36.8%)
第 4 天	396	75(18.9%)
第 5 天	459	34(7.4%)

科学的搜救方法和先进的搜救设备,对提高搜救效率与灾民的救活率具有非常重要的作用。近 20 年来,国内外研发了许多先进的搜救设备。这些搜救设备可用于坍塌建筑物、废墟等环境下,对生命体征和身份信息进行探测和获取,并确定被压/埋人员的位置和生存状态。现有的生命搜救系统或生命探测仪主要有音频生命探测仪、红外线生命探测仪和雷达生命探测仪等,分别依靠捕获被困人员的声音信号、人体热红外线辐射信号及心脏跳动产生的超低频电场信号,探测被困人员的生命迹象,达到搜寻和营救被困人员的目的。此外,还有音频生命探测仪、微波心跳探测仪、红外线热成像探测仪等。

生命探测雷达是一种采用雷达技术和生物医学工程技术的生命探测装置,搜救雷达发射超宽谱电磁波,穿透非金属介质(墙体)照射到人体,雷达波被人体生命信息调制并反射,反射波中包含有人体生命特征信息,雷达接收机接收含有这些信息的反射波后,对其信号进行生命信息分析处理,提取出微弱的人体生命特征信息。如由美国超视安全系统公司 2005 年推出的生命侦测仪,将超宽带(Ultra-Wideband, UWB)技术应用于安全救生领域,并采用了美国航空航天局用于火星探测器的雷达天线,能敏锐地捕捉到非常微弱的运动。日本 TAU GIKEN 推出的 T-LD4-C(生存者)雷达生命探测仪利用埋藏在废墟下的幸存者呼吸和心跳产生的微弱电波来感应和探测生命,且在探测到幸存者的同时,深入废墟内等狭窄受限空间与受害者进行通话。

本节介绍的只是防灾减灾新技术中的一部分,实际上,在广大科技工作者的不懈努力下,近年来国内外还发展了许多防灾减灾新技术。如用耗能减震技术减轻地震灾害对建筑物的影响;用多普勒天气雷达技术监测与预报灾害天气;用人工影响天气技术减轻旱情;用计算机数值模拟的方法进行人员疏散模拟等。由于篇幅所限,此处不再一一介绍。

【思考题】

1. 灾害的含义及其特点是什么?为什么要强调土木工程灾害的特点和重要性?

2. 结合"生命线系统"的概念,讨论现代土木工程防灾减灾的意义和原则。

3. 说明地质灾害的主要类型及其对工程结构的影响,并探讨相应的土木工程处置对策。

4. 地震、风灾和火灾等与人们生活密切相关的灾害,对于土木工程结构发展有什么影响?

5. 当前防灾减灾还存在哪些新问题、新特点以及相应的对策与建议?

第 11 章

其他土木工程

11.1 港 口 工 程

11.1.1 港口工程简介

港口工程是兴建港口所需工程设施的总称,而港口是供船舶安全进出和停泊的运输枢纽。港口主要包括以下几个方面的内容:

(1)具有水陆联运设备和条件的,有一定面积的水域和陆域;

(2)提供船舶出入和停泊、旅客及货物集散并交换运输方式的场地;

(3)为船舶提供安全停靠和进行作业的设施,并为船舶提供补给、修理等技术服务和生活服务。

港口工程分类方式很多,按所处的位置可分为河口港、海岸港、河港;按港口的用途可分为商港、军港、渔港、避风港等;按港口的形成原因可分为天然港和人工港;按港口水域在寒冷季节是否冻结可分为冻港和不冻港;按潮汐关系、潮差大小,是否修建船闸控制进港,可分为闭口港和开口港;按进口货物报关手续可分为报关港和自由港。

港口建设牵涉面广,关系到临近的铁路、公路和城市建设,关系到国家的工业布局和工农业生产的发展,必须按照统筹安排、合理布局、远近结合、分期建设的原则制订建设规划,特别

是港址的选择。港址的合理选择对地区和沿海(河)城市发展具有重大影响。港址选择一般要考虑以下条件:

(1)自然条件。这是决定港址的首要条件,主要包括港区地质、地貌、水文气象及水深等因素,并有足够的岸线长度及水、陆域面积,能满足船舶航行与停泊要求。

(2)技术条件。着重考虑港口总体布置在技术上能否合理地进行设计和施工,包括防波堤、码头、进港航道、锚地、回转池、施工所需建材和"三通"条件等。此外,要尽量对附近水域、陆地及自然景观不产生不利影响,并尽量利用荒地,少占良田。

(3)经济条件。着重分析港口性质、规模、腹地、建港投资、港口管理和运营等方面是否经济合理,并有广阔的经济腹地,并与经济腹地有方便的交通运输联系,以保证有足够的资源。图11.1给出了我国沿海港口布局情况。

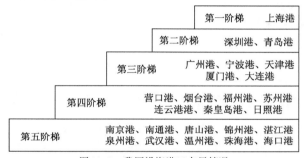

图11.1 我国沿海港口布局情况

港口工程包括陆域和水域两个部分,其港口技术指标主要有港口水深、码头泊位数、码头线长度、港口陆域高程等。

港口水域是供航行、运转、锚泊和停泊装卸之用,要求有适当深度和面积,水流平缓,水面稳定,其包括进港航道、港地、锚地、防波堤等,如图11.2所示,可分为港外水域和港内水域。

(1)进港航道要保证船舶安全方便地进出港口,必须有足够的深度和宽度、适当的位置、方向和弯道曲率半径,避免强烈的横风、横流和严重淤积,尽量降低航道的开辟和维护费用;

(2)锚泊地指有天然掩护或人工掩护条件能抵御强风浪的水域;

(3)港池指直接和港口陆域毗连,供船舶靠离码头、临时停泊和调头的水域。

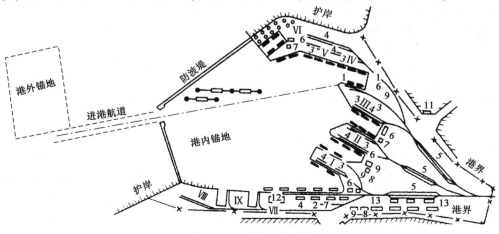

图11.2 一般港口平面图

港口陆域是港口供货物装卸、堆存、转运和旅客集散之用的陆地面积,要求有适当的高程、岸线长度和纵深。陆域上有进港陆上通道(铁路、道路、运输管道等)、码头前方装卸作业区和港口后方区域等,如图11.3 所示。

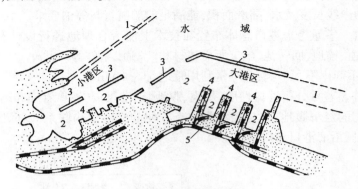

图11.3 一般港口平面图
1-进港航道;2-港地;3-岛堤;4-码头;5-铁路

11.1.2 港口工程水工建筑物

港口水工建筑物一般包括防波堤、码头、修船和造船水工建筑物。进出港船舶的导航设施(航标、灯塔等)和港区护岸也属于港口水工建筑物的范围。港口水工建筑物的设计,除应满足一般的强度、刚度、稳定性(包括抗地震的稳定性)和沉陷方面的要求外,还应特别注意波浪、水流、泥沙、冰凌等动力因素对港口水工建筑物的作用及环境水(主要是海水)对建筑物的腐蚀作用,并采取相应的防冲、防淤、防渗、抗磨、防腐等措施。

(1)码头

码头由主体结构和码头设备两部分组成,主体结构要求有足够的整体性和耐久性,直接承受船舶荷载和地面使用荷载,并将荷载传给地基,且直接承受波浪、冰凌、船舶的撞击磨损作用;而码头设备用于船舶系靠和装卸作业。码头可以按平面布置、断面形式、结构形式及用途等进行分类。按平面布置可分为顺岸式码头、突堤式码头、挖入式码头等(图11.4)。

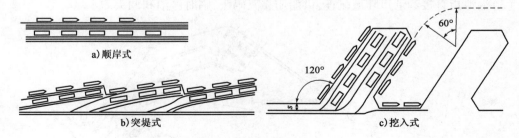

图11.4 码头的平面形式

按断面形式码头可分为直立式码头、斜坡式码头、半斜坡式码头、半直立式码头等(图11.5)。直立式码头适用于水位变化不大的港口,如河岸港和河口港,水位差较小的河口及运河港。斜坡式码头适用于水位变化大的上、中游河沿或库港。半斜坡式码头用于枯水期较长,而洪水期较短的山区河流。半直立式码头用于高水价较长,而低水位时间较短的水库港等,后3 种形式的码头应用不多。

图 11.5　码头的断面形式

按结构形式码头可分为重力式码头、板桩式码头、高桩式码头和混合式结构码头等。

①重力式码头是我国使用较多的一种码头结构形式。其工作特点是依靠结构本身填料的自重来保持结构的稳定。其结构坚固耐久,能承受较大的地面荷载,对较大的集中荷载以及码头地面超载和装卸工艺变化适应性强;施工比较简单,维修费用少。重力式码头的结构形式主要取决于墙身结构。按墙身的施工方法,重力式码头结构可分为干地现场浇筑(或砌筑)的结构和水下安装的预制结构[图 11.6a)]。

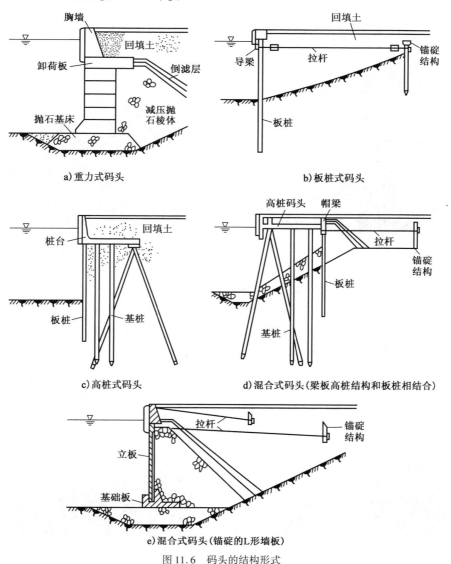

图 11.6　码头的结构形式

②板桩式码头是依靠板桩入土部分的侧向土抗力和安设在码头上部的锚结构来维持整体稳定。除特别坚硬或过于软弱的地基外,一般均可采用图11.6b)所示板桩式码头。板桩式码头结构简单,材料用量少,施工方便,施工速度快,主要构件可在预制厂预制,但结构耐久性不如重力式码头,施工过程中一般不能承受较大波浪作用。

③高桩式码头是通过桩基础将作用在码头上的荷载传给地基。高桩式码头一般可做成透空结构(图11.6c),其结构轻、减弱波浪的效果好、砂石料用量省,适用于可以沉桩的各种地基,特别适用于软土地基。高桩式码头的缺点是对地面超载、装卸工艺变化的适应性较差,耐久性不如重力式码头和板桩式码头,构件易破坏且难修复。高桩式码头的结构形式可按桩台宽度、挡土结构以及上部结构形式进行分类。此外,根据港址的地质、水文、材料、施工条件和码头使用要求,综合利用重力式墩台、板桩、桩基、锚碇结构的受力特点,形成混合式结构码头,如图11.6d)和图11.6e)所示。

按用途码头可分为货运码头、客运码头、工作船码头、渔码头、军用码头、修船码头等(图11.7)。货运码头还可按不同的货种和包装方式,分为杂货码头、煤码头、油码头、集装箱码头等。

图11.7　军用码头与修船码头

(2)防波堤

防波堤一般位于港口水域外围,用以抵御风浪、阻止波浪和漂沙进入港内、保证港内有平稳水面的水工建筑物。此外,防波堤还可起到防止港池淤积、波浪冲蚀岸线及防冰、防冻的作用(图11.8)。防波堤的形式多样,结构形式的选择主要取决于水深、潮差、波浪、地质等自然条件及材料来源、使用要求和施工条件等,经方案比较决定。

图11.8　防波堤

为使水流归顺,减少泥沙侵入港内,防波堤堤轴线常布置成环抱状。防波堤通常可按平面形式和结构形式进行分类,按防波堤堤线平面布置形式分为单突堤式、双突堤式、岛堤式和混合式(图11.9)。突出水面伸向水域与岸相连的称突堤,而立于水中与岸不相连的称岛堤,堤头外或两堤头间的水面称为港口口门。口门数和口门宽度应满足船舶在港内停泊、进行装卸作业时水面稳静及进出港航行安全、方便的要求。

图11.9 突堤与岛堤的位置

防波堤按其断面结构形状及对波浪的影响可分为:斜坡式、直立式、混合式、透空式、浮式,以及配有喷气消波设备和喷水消波设备的等多种类型,前三种是最常用的防波堤结构形式(图11.10)。

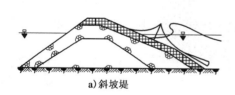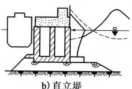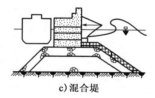

a)斜坡堤　　　　　　　　　b)直立堤　　　　　　　　c)混合堤

图11.10 防波堤的主要结构形式

①斜坡式防波堤。常用的形式有堆石防波堤和堆石棱体上加混凝土护面块体的防波堤。斜坡式防波堤对地基承载力的要求较低,可就地取材;施工较为简易,不需要大型起重设备,损坏后易于修复。波浪在坡面上破碎,反射较轻微,消波性能较好。一般适用于软土地基。缺点是材料用量大,护面块石或人工块体因重量较小,在波浪作用下易滚落走失,须经常修补。

②直立式防波堤。可分为重力式和桩式。重力式一般由墙身、基床和胸墙组成,墙身大多采用方块式沉箱结构,靠建筑物本身重量保持稳定,结构坚固耐用,材料用量少,其内侧可兼作码头,适用于波浪及水深均较大而地基较好的情况。缺点是波浪在墙身前反射,消波效果较差。桩式一般由钢板桩或大型管桩构成连续的墙身,板桩墙之间或墙后填充块石,其强度和耐久性较差,适用于地基土质较差且波浪较小的情况。

③混合式防波堤。采用较高的明基床,是直立式上部结构和斜坡式堤基的综合体,适用于水较深的情况。目前防波堤建设日益走向深水,大型深水防波堤大多采用沉箱结构。在斜坡式防波堤上和混合式防波堤的下部采用的人工块体的类型也日益增多,消波性能越来越好。

理论和实验研究表明,波浪的能量大部分集中在水体的表层,在表层 2 倍和 3 倍波高的水层厚度内分别集中了 90% 和 98% 的波能,由此产生了适应波能分布特点的特殊形式防波堤(图 11.11),包括透空式防波堤(透空堤)、浮式防波堤(浮堤)、压气式防波堤(喷气堤)和水力式防波堤(射水堤)等。

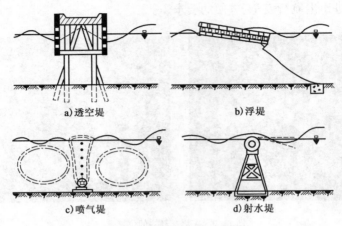

图 11.11　特殊形式防波堤形式

①透空式防波堤由不同结构形式的支墩和在支墩之间没入水中一定深度的挡浪结构组成。利用挡浪结构挡住波能传播,以达到减小港内波浪的目的。它不能阻止泥沙入港,也不能减小水流对港内水域的干扰,一般适用于水深较大、波浪不大、无防沙要求的水库港和湖泊港。

②浮式防波堤由浮体和锚链系统组成,利用浮体反射、吸收、转换和消散波能,以减小堤后的波浪。其修建不受地基和水深的影响,修建迅速,拆迁容易。但由于锚链系统设备复杂,可靠性差,未得到广泛应用,仅用于局部水域的短期防护。

③压气式防波堤利用安装在水中的带孔管道释放压缩空气,形成空气帘幕来达到降低堤后波高的目的。水力式防波堤利用在水面附近的喷嘴喷射水流,直接形成与入射波逆向的水平表面流,以达到降低堤后波高的目的。这两种防波堤有很多相似之处,如不占空间,基建投资少,安装和拆迁方便,但仅适用于波长较短的陡波,应用上受到限制,而且动力消耗很大,运转费用很高。

有时防波堤(特别是突堤)的内侧还可兼作码头用,此时也称为防波堤—码头。

(3)护岸工程

护岸工程是指采用混凝土、块石或其他材料做成障碍物的形式直接或间接地保护河岸,并保持适当的整治线和适当水深的便于通航的一种工程。护岸工程可分为直接护岸和间接护岸两大类,直接护岸是利用护坡或护岸墙等形式加固天然岸边,抵抗侵蚀;间接护岸是利用沿岸建筑的丁坝或潜堤,促使岸滩前发生淤积,以形成稳定的新岸坡。

护坡一般是用于加固岸坡(图 11.12)。护坡坡度常较天然岸坡为陡,以节省工程量,但也可接近于天然岸坡的坡度。

护岸墙多用于保护陡岸,以往常将墙面做成垂直或接近垂直的(图 11.13)。当波浪冲击墙面时,激溅很高,下落水体对于墙后填土有很大的破坏力。此外,护坡和护岸墙的混合式护岸也颇多采用,在坡岸的下部做护坡,在上部建成垂直的墙,这样可以缩减护坡的总面积,对墙脚也起保护作用。此外护坡和护岸墙的混合式护岸也常被采用。

图 11.12 护坡的形式

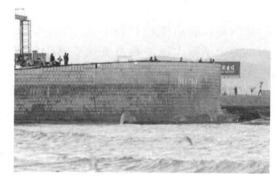

图 11.13 护岸墙的形式

间接护岸不直接修建护岸,而是通过修造其他构筑物消减波浪、改变水流方向、拦截水流,达到护岸的目的,所修建的这些构筑物就是间接护岸。常见的有潜堤、丁坝等形式。潜堤位置布置在波浪的破碎水深以内而临近于破碎水深之处,大致与岸线平行,堤顶高程应在平均水位以下,并将堤的顶面做成斜坡状(图 11.14)。修筑潜堤的作用不仅是消减波浪,也是一种积极的护岸措施。

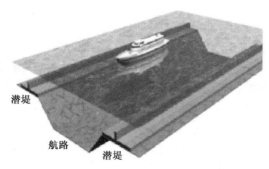

图 11.14 潜堤的形式

丁坝自岸边向外伸出,对斜向朝着岸坡行进的波浪和与岸平行的沿岸流都具有阻碍作用,同时也阻碍泥沙的沿岸运动,使泥沙落淤在丁坝之间,使滩地增高,原有岸地更为稳固(图 11.15)。丁坝的结构形式很多,有透水的、不透水的;其横断面形式有直立式的、斜坡式的。

图 11.15　丁坝的形式

11.1.3　港口工程发展趋势

我国港口航道规划按照我国生产力布局和水资源"T"形分布的特点,重点建设贯通东南沿海的海上运输大通道和主要通航河流的内河航道。全国水运主通道布局是发展"两纵三横",共 5 条水运主通道。"两纵"是沿海南北主通道和京杭运河淮河主通道;"三横"是长江及其主要支流主通道,西江及其支流主通道,黑龙江松花江主通道。除沿海南北主通道外,内河主通道由通航千吨级船队的四级航道组成,共 20 条河流,总长约 1.5 万 km。

经过多年的发展,我国港口吞吐量(2014 年中国 91 亿 t,美国 24 亿 t,日本 28 亿 t,欧盟 34 亿 t)已经稳居世界首位,但增速在不断放缓。2015 年,全国沿海港口货物吞吐量、外贸货物吞吐量分别为 93.5 亿 t 和 35.3 亿 t,"十二五"期间年均增速分别为 7.5% 和 7.8%,相比"十一五"和"十五"期间均有所下降。目前港口建设仍然存在以下几方面的不足:

①大而不强,特别是口岸服务水平不高、国际影响力有限。

②铁路集运最后一公里建设不完善,过于依赖公路集运港。

③污染排放、危化品安全隐患,安全应急体系建设滞后。

④与城市、海洋、水利等部门协调机制需进一步完善。

《国民经济和社会发展第十三个五年规划纲要(草案)》中提出了未来五年中国计划实施的 100 个重大工程及项目,涉及科技、装备制造、农业、环保、交通、能源、人才、文化和教育等领域。其中,港口航运方面包含:大力推进上海、天津、大连、厦门等国际航运中心建设,提高港口智能化水平;在胶州湾、辽东湾、渤海湾、杭州湾、厦门湾、北部湾等开展水质污染治理和环境综合整治;在北极合作新建岸基观测站,在南极新建科考站,新建先进破冰船,提升南极航空能力;逐步形成全球海洋立体观(监)测系统。

在"一带一路"战略影响下,现代港口会进一步成为全球综合运输的核心,在经济新常态下,港口工程必须坚持"创新、协调、绿色、开放、共享、智能"发展理念,推动我国从"港口大国"向"港口强国"升级,现代港口建设发展的主要趋势包括:

(1)现代港口的大型化

为适应现代运输技术的发展,尤其是船舶大型化对港口天然条件和设备要求的提高,加速大型港口码头的建设、扩大港口规模是当前港口发展的必然趋势。

(2)现代港口的集装箱化

随着国际集装箱多式联运的发展,集装箱化程度越来越高,集装箱吞吐量已经成为衡量港口作用和地位的主要标志,如图11.16所示。如今的国际航运中心都是以国际集装箱枢纽港作为核心的,集装箱的吞吐能力已经成为各港口竞争最为重要的组成部分。集装箱码头的建设和传统件杂货码头的集装箱化改造形成的国际集装箱多式联运已成为集装箱运输的发展方向。利用以港口为枢纽,水路、公路、铁路、航空等多种运输方式相结合的运输网络,要求港口必须具备现代多式联运的各种条件,如提供快速、可靠而灵活的服务、完善的集疏运系统、完备的港口信息技术等。

图11.16 现代港口的集装箱化

(3)现代港口的深水化

船舶大型化趋势对现代港口航道和泊位水深提出了更高要求。随着船舶大型化,散货船大都在15万~20万吨级,集装箱船则向超巴拿马型发展,进港航道水深不断加大。深水开敞式码头建造技术的广泛应用,已建设了15万~25万吨级矿石码头、30万~50万吨级油轮码头、5万~10万吨级集装箱码头,现代港口正朝着深水化的方向发展。其中,香港港是一个优良的深水港,曾被喻为世界三大天然海港之一;上海洋山深水港则是世界最大的海岛型深水人工港(图11.17、图11.18)。

图11.17 建设中的洋山深水港

图11.18 已建成的洋山深水港

（4）现代港口的信息化、网络化、智能化发展趋势

随着港口装卸运输向多样化、协调化、一体化方向发展，港口管理也采用各种先进设备和手段，使管理水平适应现代综合运输的需要，港口普遍采用先进的导航、助航设备和现代化的通信联络技术。电子计算机已经广泛应用于港口经营管理、数据交换、生产调度、监督机制和装卸操纵自动化等方面。未来应继续大力推进物联网、云计算、大数据等新技术的应用，促进智慧港口建设。

（5）现代港口向物流服务中心转化

如今的国际运输业经营者正在向综合物流服务的提供者转化，它们的服务范围从原来的"门到门"向"货架到货架"转化，服务内容也从原来单纯的运输服务转变为除提供运输服务外，还提供诸如包装、储贮、配送等增值服务，这就对处于综合运输系统中心地位的现代港口的功能提出了新的要求，使港口的功能向更广泛的意义上发展。

（6）现代港口普遍重视环保

随着现代运输技术的发展，人们对于港口周围环境的保护也提出了高要求。港口的污染不仅涉及水域和陆域污染，而且涉及空气的污染和噪声污染，现代港口的建设已将环保列为重要项目。可以预见，随着现代运输技术和经营方式对港口要求的不断提高，未来港口的竞争焦点，将集中在集装箱运输、国际多式联运及信息技术开发利用上，而这些领域正好代表港口技术和现代化的整体水平。未来港口的发展必须建立在可持续发展的基础上，这样港口才能立于不败之地。

11.2　海　洋　工　程

11.2.1　海洋工程简介

海洋面积约占全球总面积的71%，海洋已成为沿海各国延伸开发必争之地。海洋工程是指开发和利用海洋的综合技术科学，是以开发、利用、保护、恢复海洋资源为目的，且工程主体位于海岸线向海一侧和近海的工程结构物，及其相应的技术措施等。日本从1960年开始，已先后兴建大量人工岛、钢铁、石油基地、火电厂、原子能发电站、物流中心和大型石油储备基地等工业设施；中国香港近100多年共进行填海工程100多项，填海造地已达60km²，已占香港总面积的1/5；美国和欧洲等西方国家也早已开展海洋空间的开发利用。我国《国家中长期科学和技术发展规划纲要（2006—2020年）》将海洋资源高效利用、海洋生态与环境、大型海洋工程技术与设备列为优先发展主题。

海洋工程主要可分为海岸工程、近海工程和深海工程等三大类。

（1）海岸工程。主要包括海岸防护工程、围海工程、海港工程、河口治理工程、海上疏浚工程、沿海渔业设施工程、环境保护设施工程等。其中围海工程最有名的就是荷兰，如今荷兰1/4的国土，就是通过长期修堤筑坝，排水填筑而成（图11.19）。

（2）近海工程，又称离岸工程。近海工程在20世纪中叶以来发展很快，主要是在大陆架较浅水域的海上平台、人工岛等的建设工程，和在大陆架较深水域的建设工程，如浮船式平台、

半潜式平台、石油和天然气勘探开采平台、浮式贮油库、浮式炼油厂、浮式飞机场等(图11.20)。

图11.19 荷兰围海工程及围海大堤

图11.20 海上钻井平台及海上灯塔

(3)深海工程。其主要包括无人深潜的潜水器和遥控的海底采矿设施等建设工程(图11.21)。

图11.21 潜水器及海底采矿设施

海洋工程具有以下特点：

(1)环境条件复杂且随机性大。海洋工程一般要综合考虑风、波浪、海流、海水盐分、冰冻、温度变化以及地震等多种因素,而且它们具有很大的随机性,对海洋工程构筑物的设计和构造影响极大。图11.22所示的是"卡特里娜"飓风袭击位于墨西哥湾的一座石油钻井平台,

393

将其吹至岸边并使其受损瘫痪。图 11.23 为 2001 年位于巴西的世界最大岸外 P-36 的钻油台发生爆炸后,这座高 40 层楼的钻油台最终沉入大西洋。

图 11.22   石油钻井平台搁浅   图 11.23   P-36 的钻油台沉入大西洋

(2)结构尺度大且设计安全度要求高。海洋工程构筑物往往深入水下直达海底,因而比陆上建筑物的尺度大得多。图 11.24 为某海洋平台与联合国大厦和伦敦议院塔的尺度外形对比图。由于海洋情况复杂且随机性大,设计时不易获得可靠的数据,所以设计中的安全度要求比陆上建筑物设计时定得高。

图 11.24   海洋工程的结构尺寸对比

(3)结构设计时考虑作用力的多样性。除一般恒载和活载外,海洋工程在进行结构设计时还要考虑波浪荷载(指波浪水质点与结构间的相对运动所引起的作用力)、冰荷载(巨大冰原包围和挤压结构引起的作用力、自由漂流冰对结构的冲击力等)、施工安装荷载(吊装力、装船力、运输力、下水力、扶直力等)、地震作用力以及事故作用力。

(4)施工方法的特殊性。如海洋工程构筑物要在港湾内或大型船坞内建造,然后拖运和下沉就位等,还经常需要潜水人员进行水下作业和检查观测(图 11.25)。

图11.25 海洋工程水下作业

11.2.2 海岸工程

海岸工程主要是为海岸防护、海岸带资源开发和空间利用所采取的各种工程设施,其主要包括围海工程、海港工程、河口治理工程、海上疏浚工程和海岸防护工程,是海洋工程的重要组成部分。我国自东汉以来相继兴建了规模宏大的钱塘江海塘、苏北海堰、浙东海塘、闽粤海堤等,到了唐代建成的海塘、海堤长达数千公里,成为世界上最古老、最长的海岸防护工程(图11.26)。

图11.26 钱塘江海塘工程

随着生产的发展,人们从消极的防御转向与海争地,在沿海兴建了用于农业、制盐等的围海工程(如中国在汉代就有小规模的围海);荷兰在中世纪初也开始建筑海堤围海。从13世纪以来,荷兰通过围海造田,将陆地面积增加了1/5,并于20世纪30年代完成了世界上规模最大的须德海围海工程的围海大堤。

此外,为了适应不断发展的海上航运和捕捞业,沿海国家和地区陆续兴建的海港工程,以及通过整治大河河口和海上疏浚,获得通海深水航道等都属于海岸工程的范围。近年来,沿海潮汐、波浪发电工程、环境保护工程、用于水产养殖的海上农牧场和水下渔礁等渔业工程等都是新兴的海岸工程(图11.27)。

潮汐是一种蕴藏量极大、取之不尽、用之不竭、不需开采和运输、洁净无污染的可再生能源。建设潮汐电站,不需要移民,不淹没土地,没有环境污染问题,还可以结合潮汐发电发展围垦、水生养殖和海洋化工等综合利用项目。潮汐发电通过引潮力的作用,利用高、低潮位之间的落差,推动水轮机旋转,带动发电机发电(图11.28)。

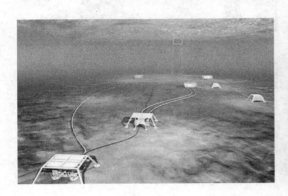

图 11.27　海洋发电电缆

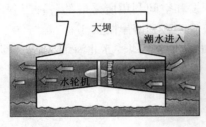

图 11.28　潮汐发电原理

海岸工程与海洋工程水文、海洋工程地质、海岸动力地貌、建筑工程学等学科以及生态学、环境科学有密切联系,而海岸动力学为其主要专业基础。现在沿海各国都十分重视海岸带综合利用,大力开展海岸工程的科学研究和专业教育。

11.2.3　近海工程

近海工程是在海岸带以远、浅海范围内(主要在大陆架)进行海洋资源开发和空间利用所采取的各种工程设施和技术措施。它是海洋工程的重要组成部分,与海岸环境相比,近海海洋环境的特点是:水深、浪大,水中压力高、温度低,能见度差,地震、台风多以及远离陆地。近海工程因远离陆地,一般多建成岛状,主要有海上平台、人工岛、水下潜体等形式。

海洋既是一个巨大的资源宝库,也是一个巨大的空间宝库。随着人口的膨胀、陆地资源空间的枯竭,人类社会将向海面和海底发展,"海上城市""海上机场"等应运而生。图11.29为迪拜人工棕榈岛,为了解决土地短缺这一实际问题,在海中填海造岛,并最大程度延长迪拜的海岸线。岛的主体是由砂粒堆砌而成,高出海面达3m,是世界上最大的人工岛。阿联酋的海岸线将增加近1 000km,增幅超过166%。

日本现已建成一座神户人工岛梅上城市,位于神户南3 000m、水深12m的海面上(图11.30)。该岛长3 000m、宽2 000m,面积约6km²。岛的中心口建有可供2万人居住的中高层住宅,拥有商业区、学校、医院、邮局等设施,还修建了公园、体育馆和万吨轮深水码头。此外,日本建筑师还提出"海上东京城"的设计方案,该方案将城市居住区与城市的管理和商业部分布置在东京湾上,它们之间由桥梁相连。"海上东京城"既保留了海湾的航行能力,又利用了海上空间,使东京城向海上延伸。

图 11.29 迪拜人工棕榈岛

图 11.30 神户人工岛海上城市

而海上机场的出现,不仅能减轻地面的空运压力,减少飞机噪声和废气对城市的污染,而且还可以使飞行员视野开阔,保证起飞和降落的安全(图 11.31)。海上机场的建造方式包括填海、浮动、围海和栈桥。

图 11.31 海上机场

11.2.4 深海工程

深海工程是在远离大陆架的浅海范围内,在深海海域中进行海洋资源开发和空间利用所采取的各种工程设施和技术措施,主要包括无人深潜的潜水器和遥控的海底采矿设施等建设工程。随着开采大陆架海域的石油与天然气,及海洋资源开发和空间利用规模不断扩大,其作业范围已由水深 10m 以内的近岸水域扩展到深海海域,现已能在水深 1 000 多米的海域钻井采油,在水深 6 000 多米的大洋进行钻探,随之而来的是海洋潜水技术也得到了快速发展,已能进行饱和潜水,载入潜水器下潜深度可达 10 000m 以上,还出现了进行潜水作业的海洋机器人,从而形成了新型的海洋深海工程。

深海海洋平台是海洋深海工程构筑物的典型代表,是一种岛状空间结构物,具有一个高出海面的水平台面,供进行生产作业或其他活动用的海上工程设施。海上采油的历史可以追溯到 19 世纪,最早通过码头向水中构筑平台形成水上钻井平台。海上钻井平台是实施海底油气勘探和开采的工作基地,它标志着海底油气开发的技术水平。工作人员和物资在平台和陆地间的运输一般通过直升机完成。海上油气田离炼油厂一般都较远,开采出的油气要经过装油站通过船舶运到目的地,或直接由海底管道输送至海岸。海上钻井平台有钻井、动力、通信、导航等设备,以及安全救生和人员生活设施。

海洋平台一般由上部结构(即平台)、立柱和基础(或沉垫)三部分组成,按其结构特点和工作状态可分为固定式和浮式两大类。

固定式平台指的是平台在整个使用寿命期内平台位置固定不变,其形式有桩式、绷绳式和重力式等(图 11.32)。

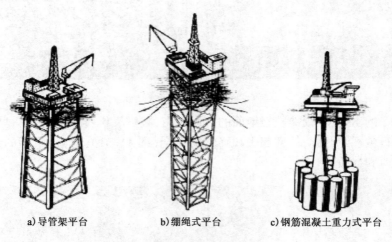

a)导管架平台   b)绷绳式平台   c)钢筋混凝土重力式平台

图 11.32   固定式平台

(1)桩式平台是由承台和桩基构成,按桩的材质又分为木桩平台、钢桩平台和钢筋混凝土桩平台。桩式平台已广泛应用于建造海上码头、灯塔、雷达台、水文气象观测站等。其中,导管架平台和塔架平台则多用于钻采海底石油或天然气。这种结构主要优点是波浪及水流荷载小,但使用水深受限制。

(2)绷绳式平台也称系索塔平台,是将一个预制的钢质塔身安放在海底基础块上,四周用钢索锚定拉紧而成。它适用于水深较大的海域。

(3)重力式平台是靠平台自身重量稳坐在海底坚实土层之上。这种平台的底部是一个或多个钢筋混凝土沉箱组成的基座,基座上由钢立柱或钢筋混凝土立柱支撑上部甲板。其主要特点是抵御风暴及波浪袭击的能力强,结构耐久和维护费用低,但需开挖岸边坞坑,并要有近岸深水施工水域,结构高度因此受到限制。表11.1给出了1973~1981年部分北海混凝土重力结构平台的主要功能及相关技术数据。

1973~1981年部分北海混凝土重力结构平台主要功能 表11.1

区 域	国 家	海面以下深度 (m)	设计浪高 (m)	混凝土体积 (×10³m³)	基础直径 (m)	储量 (×10⁴桶)	安装年份
Ekofiskl	挪威	70	24.0	90	92	1.00	1973
Beryl A	英国	120	29.0	55	100	0.93	1975
Brent D	英国	142	30.5	65	100	1.00	1976
Statfiord A	挪威	149	30.5	88	110	1.30	1977
Statfiord B	挪威	149	30.5	169	169	1.50	1981

浮式平台是一种大型浮体平台,根据其是否迁移的特点可分为可迁移的浮式平台和不迁移的浮式平台。可迁移的浮式平台又称活动平台,它是为适应勘探、施工、维修等海上作业必须经常更换地点的需要而发展起来的。现有的可迁移的浮式平台分坐底式、自升式、半潜式和船式四种(图11.33)。

图11.33 可迁移的浮式平台

(1)坐底式平台(也称沉浮式平台)多用于水深较浅的水域,其上部为工作甲板,下部为兼作沉垫的浮箱,中间用立柱或桁架支撑。作业时,往浮箱内注水使之坐落海底;作业后,把箱内水抽出,平台依靠自身的浮力升起。

(2)自升式平台适应水深范围较大,在漂浮状态时为一艘驳船(图11.34)。它的四侧装有若干根圆柱式或桁架式桩腿,用齿轮、齿条或液压机构控制升降。作业时,放下桩腿并插入海底一定深度,从而将船底托出水面,成为工作甲板。作业后,降下船体,拔起桩腿,即可拖航至新地点。桩腿底部带箱形沉垫的称沉垫自升式平台,不带沉垫的称插桩自升式平台。

(3)半潜式平台多用于水深较大的海域,是由上层工作甲板、下层浮体结构、中间立柱或桁架三部分组成(图11.35)。这种平台作业时处于半潜状态,采用锚泊定位或动力定位。作业后,排出压载舱内的水,上浮至拖航吃水线,即可收锚移位。过去建造的少数半潜式平台兼有坐底式的功能,也可以在浅水区坐落海底进行作业。

(4)船式平台(即钻井船)是在普通的船舶上加一个作业平台(图11.36),船舶有单体和双体之分,一般可以自航,作业时采用锚泊定位或动力定位。目前可迁移的浮式平台在海底石油与天然气勘探中应用得最多。

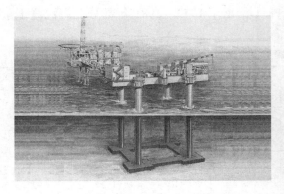

图 11.34　自升式(钻井)平台示意图

图 11.35　半潜式(钻井)平台示意图

图 11.36　船式平台

　　不迁移的浮式平台在整个使用期间或较长使用期间固定系泊于海上作业位置(图 11.37)。为了控制平台的摇荡而将索链拉紧,使平台处于半潜状态的称张力式平台,又称张力腿平台。近20 年来,不迁移的浮式平台已扩大应用于建造海上浮式工厂和海上浮式贮库等。例如,在浮式平台上建成的海上天然气液化厂(图 11.38),将从海底开采出来的天然气在工厂中进行液化,然后装罐运往陆地。这种生产系统代替了敷设长距离的海底管线,可以节省大量投资。

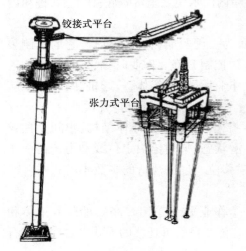

图 11.37　不迁移的浮式平台

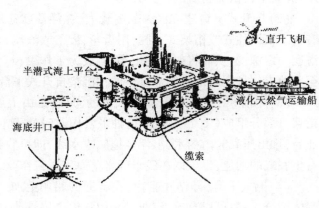

图 11.38　海上天然气液化厂

建造海上平台,除采用先进技术、选择高效小型设备,以尽量压缩平台面积之外,还要对影响生产作业的各种因素,如海洋环境条件与动力荷载、结构和地基响应、安全措施、环境保护以及原料和产品的运输等进行充分的研究。随着海洋开发的发展,将会出现类型更多的海上平台。

11.2.5 海洋工程发展趋势

占全球71%的海洋是个巨大的资源宝库,其海洋空间也是一种潜力巨大的空间资源。在陆地资源日渐枯竭的今天,海洋正在成为人类的第二生存空间,人类对海洋的开发利用将面临空前的迅猛发展时代。这种开发利用主要集中在以下几个方面:

①海底油气和碳氢水合物的开发利用;

②海洋水产资源的开发利用;

③海水及其所含物质资源的开发利用;

④海洋作为交通、通信通道的利用(图11.39和图11.40);

⑤海底矿物资源的开发利用;

⑥海洋能源(包括波能、潮汐能及温差能等)的开发利用;

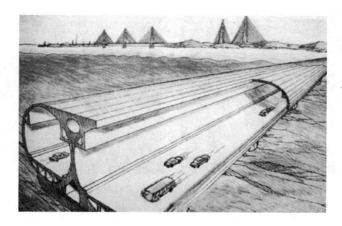

图11.39 海底隧道构想

图11.40 海底隧道建模

⑦海洋空间的开发利用；

⑧海洋及海岸带的环境保护及防灾、抗灾措施。

所有这些开发利用及防护都离不开海洋工程设施和相关的技术装备。由于海洋环境条件十分恶劣(如台风、风暴潮、巨浪、海冰、海底地震及海啸、赤潮、海上溢油、海岸侵蚀、海平面上升等)，随着海洋开发利用日趋复杂和规模日趋庞大，人类对海洋环境条件的认识、工程设施的设计理论与建造技术等也必须有很大的提高，以期在保证安全可靠的前提下节约工程造价、缩短建设周期、减少维修工作和延长使用年限，这必将给海洋工程领域的发展带来前所未有的机遇与挑战。

(1)海洋能源的开发利用

海上原油产量大幅增加，如我国 1996 年海上原油产量达到 1 500 万 t，将其占全国石油生产总量的比例从 1990 年的 1% 上升到接近 10%。此外，海洋能的利用潜力巨大，海洋能是海洋特有的、依附于海水的一种清洁均可再生的天然能源，包括潮汐能、波浪能、海水热能及盐度差能等(图 11.41)。全球海洋能在技术上可开发利用的总量在 1 500 亿 kW 以上，是目前全世界发电能力的十几倍。

图 11.41　海洋能源的开发与利用

大力发展海洋能电站的根本出路在于依靠海岸工程领域的技术进步，以大幅度提高海洋能的利用率和尽可能地降低工程造价。这也给海岸工程领域提出了挑战性的课题。

①设计出在恶劣海况条件下经济、安全、可靠运行的潮汐与波力电站等新型工程结构和高转换效率的发电系统。为此要进行海洋流体动力学和能源转换的基础理论研究，包括实际海况中能量转换装置的性能预报，转换装置系统(水动力参数优化、附加质量、阻尼、环境荷载等)和耦合匹配设计优化等。

②发展海洋能的综合利用技术。将潮汐电站和波力电站与海上防波堤工程、拦潮坝工程、海水养殖、围垦、海上交通等结合起来，以促进海洋能利用的商业化步伐，为海洋能的利用开创新的途径。

(2)海洋空间的开发利用

港口作为传统的海岸工程设施，仍有很大的发展潜力。为适应国际贸易需求，运输船舶向大型化的趋势发展，港口的规模将越来越大，对航道水深要求也越来越高。而在有限的自身掩护的天然深水港址开发殆尽之后，港口建设逐步进入水深浪大、环境条件恶劣的海域。传统的港口工程结构因其造价高昂、技术复杂、施工困难等而远不能满足深水港口建设的要求。利用填海造地将海岸带空间形成海岛深水港，其将成为今后海港的发展趋势。

现代海洋空间利用除传统的港口和海洋运输外,正在向海上人造城市、发电站、海洋公园、海上机场、海底隧道和海底仓储的方向发展。人们已在建造或设计海上生产、工作、生活用的各种大型人工岛、超大型浮式海洋结构和海底工程,图 11.42 为上海临港新城,其将与洋山深水港一起,构成上海大港口。上海临港新城 $133km^2$ 面积均为吹沙填海造地,耗资超过 400 亿元,规模远超阿联酋迪拜的"世界岛"填海造地项目,相当于填出了 8 个澳门的面积。

图 11.42 上海临港新城

此外,应当注意的是海洋资源开发和空间利用的发展,以及工程设施的大量兴建,将会给海洋环境带来种种影响,如岸滩演变、水域污染、生态平衡恶化等,必须给予足够的重视。在今后的海洋工程中,除进行预报分析研究,加强现场监测外,还要采取各种预防和改善措施。

11.3 机 场 工 程

11.3.1 机场工程简介

机场工程是规划、设计和建造飞机场等各项设施的统称,在国际上称航空港。机场是航空运输的基础设施,通常是指在陆地上或水面上一块划定的区域(包括各项建筑物、装备和设备),为保证飞机的起飞、着陆等各种活动,机场内及其附近设有跑道、滑行道、停机坪、旅客航站、塔台、飞机库等工程,以及无线电、雷达等多种设施(图 11.43)。

图 11.43 机场工程

20世纪初,开始了以飞机作为交通工具的新型运输方式,同时有了供飞机起降和地面活动的固定场所——飞机场。随着飞机、航空技术和航空运输发展,使得对保证飞机在飞机场起飞、着陆和地面活动所需各项地面设施的要求不断增多,飞机场规模一再增大,技术日趋复杂。20世纪80年代,世界上一些大型的现代化国际飞机场,占地在1 500公顷以上,主跑道长度达4 000m,旅客航站面积超过20万 m²,两年起降飞机超过20万架次,年旅客流量接近甚至超过4 500万人次,年货运量达60万 t,机场工作人员达5万人。一项现代化飞机场工程已成为包含庞大的土木建筑工程和复杂的科学技术设施的综合性建设项目。

机场的演变过程反映着民航事业的发展过程机场,场道使用面积和各种飞行保障设施决定了使用飞机的大小、运载重量和飞行速度;净空标准和场道范围影响飞行安全。机场一般根据跑道的长度和机场范围以及相应的技术设施等来划分等级,跑道结构是主要依据:土质、草皮、戈壁性质的跑道属四级机场;碎石、沥青结构的跑道属三级机场;混凝土、碎石混合性质的跑道属二级机场或一级机场。

机场的等级不同,可起降的飞机机型不一样,承载能力也就不同。机场根据执行任务性质,可分为运输机场和通用机场。运输机场主要用来营运客货,通用机场多为工农业或其他小型飞机季节性和临时使用,必要时运输机场可替代通用机场。

机场可根据其规模、航程分为国际机场、干线机场和支线机场。其中国际机场指供国际航线用,并设有海关、边防检查、卫生检疫、动植物检疫、商品检验等联检机构;干线机场指省会、自治区首府及重要旅游、开发城市的机场;支线机场(又称地方航线机场)指各省、自治区内地面交通不便的地方所建的机场,其规模通常较小。

相应的民航运输飞机可分为干线运输机和支线运输机两类。干线运输机指载客量超过100人,航程大于3 000km的大型运输机;支线运输机指载客量少于100人,航程为200～400km的中心城市与小城市之间及小城市之间的运输机。

为了使机场各种设施的技术要求与运行的飞机性能相适应,还规定了民航机场的飞行区等级,称为民航飞行区等级(表11.2)。飞行区等级用两个部分第一要素的代号和第二要素的代号组成的编码来表示,第一部分数字表示飞机性能所相应的跑道性能和障碍物的限制。第二部分字母表示飞机的尺寸所要求的跑道和滑行道的宽度,表示相应飞机的最大翼展和最大轮距宽度,如B757-200飞机需要的飞行区等级为4D。

民航飞行区分级表　　　　　　　　　　　　　　　　表11.2

第 一 要 素		第 二 要 素		
序号	飞机基准飞行场地长度(m)	代号	翼展(m)	主要起落架外轮外侧间距(m)
1	<800	A	<15	<4.5
2	800～1 200	B	12～24	4.5～6
3	1 200～1 800	C	24～36	6～9
4	≥1 800	D	36～52	9～14
		E	52～65	9～14

一个大型完整的机场由空侧和陆侧两个区域组成,航站楼则是这两个区域的分界线,如图11.44和图11.45所示。民航机场的空侧主要包括飞行区(含机场跑道、滑行道、机坪、机场净空区)、旅客航站区、货运区、机务维修设施、供油设施、空中交通管制设施、安全保卫设施、

救援和消防设施等,以及保证飞机持续和安全可靠飞行的设施,如飞机修理厂、机库、贮油库、航空器材仓库等。

陆侧则由行政办公区、生活区、辅助设施、后勤保障设施、地面交通设施等以及机场空域组成。

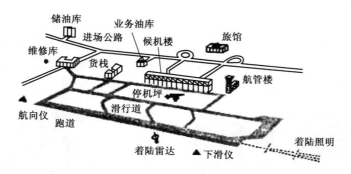

图 11.44 机场平面图

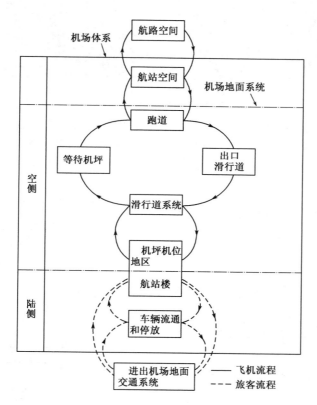

图 11.45 机场的组成

11.3.2 机场构造物

飞行区是机场工程的基本项目,在大型飞机场,飞行区工程作业面积至少有 $150 \sim 200$ 万 m^2,甚至超过 $1\,000$ 万 m^2。所需砂石材料少的也有 30 万 t,多的在 200 万 t 以上。飞机场道面对强度、平整度、粗糙度、土基和基层的强度、密实性方面均有严格的要求。这是为了满足飞机重量大、轮胎压力高、滑跑速度大、密闭的飞机舱不允许因道面不平产生过大的颠簸、飞机着陆时对道面的冲击力及防止雨天积水发生飞机飘滑危险等的各种需要。

机场飞行区一般包括跑道、升降带、滑行道、停机坪及相应的各种标志、灯光助航设施和排水系统等。其中跑道是最关键项目。

(1)机场跑道

机场跑道是机场上最重要的工程设施,是专供飞机起飞滑跑和着陆滑跑之用,其升降带中央供飞机起降、滑跑使用,具有在预计年限内能适应运行飞机荷载能力的道面部分,是飞机场的基本构筑物(图11.46)。

图11.46 机场跑道现场照片

跑道的构形指跑道的数量、位置、方向和使用方式等,其取决于交通量的需求,还受气象条件、地形、周围环境等因素的影响。一般跑道构形有如下五种:单条跑道、两条平行跑道、两条不平行跑道或交叉跑道、多条平行跑道、多条平行及不平行跑道,如图11.47所示。

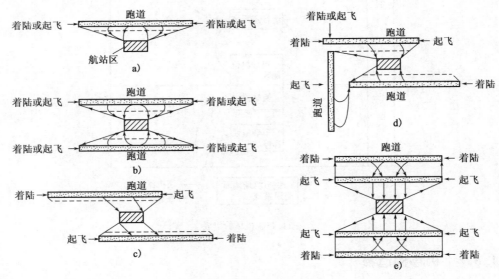

图11.47 机场跑道的构形

机场跑道按作用可分为主要跑道、辅助跑道和起飞跑道,其具体作用见表11.3。

机场跑道按作用的分类　　　　　　　　　　　　表 11.3

跑道类型	跑道作用
主要跑道	条件许可时比其他跑道优先使用,按机场最大机型的要求修建,长度较长,承载力较高
辅助跑道	因受侧风影响时,飞机在主跑道上起飞、着陆时,供辅助起降用的跑道,由于飞机在辅助跑道上起降都有逆风影响,其长度比主要跑道要短
起飞跑道	只供飞机起飞用的跑道

机场跑道又可以根据其配置的无线电导航设备情况分为非仪表跑道和起飞跑道。非仪表跑道指的是只能提供飞机用目视进近程序飞行的跑道;而仪表跑道指的是可提供飞机用仪表进近程序飞行的跑道。仪表跑道又可分为:非精密进近跑道和精密进近跑道。

机场跑道的方位一般由以下因素决定:净空条件、风力负荷、工程条件以及其他因素。跑道的长度受机型、最大起飞全重、气温、飞机场海拔高程、风速、跑道坡度等因素的影响,按标准条件(海拔为零、计算气温15℃、无风、跑道无坡度)进行比较。供大型飞机起降的跑道,比供中、小型飞机起降的跑道长;相同机型航程长的飞机,需要的跑道也长。对于跑道宽度,主要由飞行使用经验确定,决定跑道宽度的主要因素是飞机主起落架外轮轮距。此外,机场跑道也有坡度的要求,包括纵坡和横坡。跑道对纵坡的要求包括飞行安全需要和运行需要两个方面。对于飞行安全需要,要求在高出跑道表面上一定视线高度处任意一点,能通视跑道全长一半以外的另一相对应高度处的其他点;对于运行需要方面,要求跑道各部有最大纵坡的限制,以及当必须变坡时,应按规定竖曲线半径设置竖曲线。此外,跑道横坡应能保证道面排水通畅,不因道面积水使飞机产生"飘滑"现象。

机场跑道道面一般是在天然土基和基层顶面用筑路材料铺筑的一层或多层的人工结构物,应具有一定的强度、平坦度、粗糙度和稳定性,保证飞机起降的安全。

道面的强度指的是整体结构应具有对于变形的抵抗能力和抗弯、抗压及抗磨耗的能力(图11.48)。飞机场道面的结构强度要求与飞机轮胎压力及荷载特性有关。根据飞机施加于道面的轮胎压力及荷载特性的不同,对道面强度的要求也各不相同,一般可分为关键地区、非关键地区和过渡地区。

图 11.48　机场道面施工

平坦度不良,不仅使旅客不舒适,而且会导致飞机起落架和其他部分的结构损坏,甚至发生事故。道面结构强度与飞机全重、起落架及轮子布局、胎压和运行频率有关,道面每个点所承受的载荷和重复次数各不相同,因此跑道各部位道面的厚度也不相同。从纵向看,跑道两端比中间厚;从横向看,跑道两侧比中间 25～30m 范围内的道面薄。

跑道表面要具有一定的粗糙度,保证机轮与道面之间产生一定的摩擦力,以防在跑道潮湿、积水时发生机轮打滑、失控,造成事故。跑道使用一段时间后,如道面变得过于光滑,则可在跑道上刻槽、加铺多孔摩阻层或颗粒封层。

机场工程除跑道外,还有一些其他辅助作用的道路设施,包括跑道路肩、停止道、防吹坪、机场升降段、跑道端安全区、地面标志和助航灯光等设施,其具体作用见表 11.4。其中,防吹坪和跑道同宽,长度一般大于或等于 30m。跑道端安全道长度一般要求是:一、二级机场为200m,三级机场为 150m,四级机场为 50m。

机场跑道辅助道路设施   表 11.4

辅助道路设施	辅助道路设施作用
跑道路肩	位于跑道与土面之间,起过渡带的作用,减少飞机一旦冲出或偏离跑道时的损坏,同时起减少雨水从邻近土质地面渗入跑道下基础的作用,确保土基强度
停止道	位于跑道端部,飞机中断起飞时能在上面安全停止,设置停止道,可缩短跑道长度
机场升降带土质地区	位于跑道两侧升降带土质地区,保障飞机在起飞、着陆滑跑过程中一旦偏出跑道时不允许有危机飞机安全的障碍物
跑道端的安全区	设置在跑道末端的延长线上,主要防止飞机起飞时气流对地表面的侵蚀,对偶然滑出跑道的飞机也起安全作用
防吹坪	设置在跑道末端的延长线上,主要防止飞机起飞时气流对地表面的侵蚀,对偶然滑出跑道的飞机也起安全作用
净空道	确保飞机完成初始爬升(高 10.7m)之用

（2）航站楼

航站楼是航站区最主要的建筑物,是该飞机场旅客接触最多的部分,是地面交通和航空运输的衔接处(图 11.49)。旅客航站是旅客接触飞机场的第一座建筑物,在一定的意义上,可说是这个城市的"大门"。旅客航站需要体现所在城市或地区的精神风貌以及一定程度的美观要求,又是一座功能性极强的交通建筑物,设计布局由旅客及其行李的进出航站楼流程所决定。

图 11.49　机场航站楼

航站楼按其作用可分三个部分:

①连接地面交通的设施。进场道路、停车场或停车楼、上下汽车的车道边及公共汽车站、专线铁路站台等飞机场航站区。

②办理各种手续的设施。旅客办票、安排座位、托运行李的柜台;安全检查;行李提取设施

及各种服务设施;(国际航线的)海关、动植物检疫、卫生检疫、边防或称移民检查的柜台。

③连接飞行的设施。靠近飞机机位集合旅客,便于迅速登机的门位候机室或其他场所;视旅客登机方式而异的各种运送、登机设施,中转旅客办理手续、休息候机及活动场所。

此外,旅客航站内还要设置航空公司营运和飞机场管理部门必要的办公室以及设备、设施用房。在大型飞机场,规划专门的地段,设置货物航站及货运停机坪,用以处理大量的航空运输货物和邮件(图11.50)。

图11.50　机场停机坪

(3)塔台

机场管制塔台简称塔台(图11.51),是飞机场航站区的重要建筑物,是飞机场管理、控制各项飞行业务的中心,负责对将要起飞的飞机发给许可飞行的指令,提供关于航路和有关飞机场的气象、飞行和航行情报,指挥、引导前来飞机场的飞机进行着陆以及管制飞机在飞机场上的活动。塔台有时建设为一座单独的建筑物,也可与旅客航站或终端空中交通管制机构合建,它常是飞机场上最高的建筑。

图11.51　机场管制塔台

(4)机场其他建筑

飞机场消防、救援中心、气象站、气象观测场也是飞机场的必要建筑,有时设有气象雷达。为飞机添加航空燃油是每个飞机场都要进行的工作。飞机场需要独立的储油油库区。飞机在机坪上加油一般有三种方法:加油车、加油井系统、加油栓系统。在小型和不少较大的飞机场,主要使用加油车加油;有的飞机场,加油栓系统和加油车同时工作;在需要大量燃油的大中型飞机场,以加油栓系统加油为主(图11.52)。

图 11.52　机场加油系统

　　多数机场只对飞机进行航线维修工作,即飞机在过站、过夜或飞行前进行例行检查、保养和排除简单的故障。在飞机场内划出一处专门的飞机维修区(图 11.53),包括维修用的停机坪,装备若干机床和工具的机务工作间,以及配置必要的交、直流电,压缩空气,水或蒸汽等设施。有时也设有飞机库,以提高飞机维修质量,减少酷暑、严寒、多雨或风沙等不良气候影响。

图 11.53　飞机维修区

11.3.3　现代机场工程

　　航空运输早期,飞机场往往建在城市附近,这和当时的飞机条件和技术要求是相适应的。图 11.54 所示为直布罗陀机场跑道,由于历史地理条件的限制,直布罗陀机场跑道和市镇道路连在一起。

图 11.54　直布罗陀机场跑道

但在城市发展的同时,航空运输也以更快的速度发展,不但飞机场数目大量增加,而且飞机场的规模不断扩大,技术设施日趋精密复杂。其结果是出现新建飞机场选址,或者旧飞机场改造、扩建等与工农业其他建设相互干扰或相互排斥的局面,特别是在建设用地、净空限制、噪声影响和电气、电子干扰等方面。图11.55所示为亚特兰大机场的第五跑道,该跑道位于一条双向10车道的公路之上,是全球最大的机场跑道桥。在施工开始前操作方甚至在5英里外架设了传送带,运输造桥所需填充物,以保证桥梁590t的承重。

图11.55 亚特兰大机场的第五跑道

鉴于航空运输区别于其他运输方式的最大优势是速度,是节省时间,但是如果飞机场距市区过远,来往花费的地面交通时间过多,以致抵消空中节约的时间,也就失去了航空运输的优势,这在短程、中程航程上更为显著。这个问题已经日渐引起有关各方面的重视。比如,将飞机场的选址、布局和各项技术要求,纳入城市总体规划工作中。图11.56所示的海上机场的兴起不仅能减轻地面的空运压力,减少飞机噪声和废气对城市的污染,而且还可以使飞行员视野开阔,保证起飞和降落时的安全。

图11.56 大连金州湾海上机场

飞机制造部门研制生产的新型运输飞机,在加强飞机的安全性能、减少燃油消耗、增加运载能力的同时,要提高起降能力,减少或至少不再增长起飞滑跑距离,降低噪声等级,减轻大气污染等。来往飞机场的地面交通工具,则向高速公路、高速有轨车等大容量快速交通的方向发展。图11.57所示的丰沙尔机场位于葡萄牙属地马德拉群岛,由于该地土地极其稀缺,机场跑道采用180根柱子牢牢撑起跑道,摒弃钢筋混凝土填塞,使桥下可以成为巨型停车场。

图 11.57　丰沙尔机场延长跑道

2008 年 3 月投入使用的北京首都国际机场 3 号航站楼(简称 T3 航站楼)是我国目前投资建设的最大机场,工程总投资 167 亿元,设计方案为寓意为"龙"形的设计方案(图 11.58)。航站楼功能上强调了高效、舒适,审美上崇尚简单明了,是 2008 年北京奥运会重要的配套项目。T3 航站楼主楼工程于 2004 年 3 月 28 日开工,工程的建筑面积约 100 万 m^2,新建了一条长 3 800m、宽 60m 的跑道,能满足世界上最大的空客 A380 飞机起降。2 500m 长的快捷旅客运输系统、自动分拣和高速传输行李系统,高度集成和可靠的信息系统以及 71 个近机位、26 个远机位,使 3 号航站楼成为一个现代化的大型旅客中转中心。

图 11.58　北京首都国际机场 3 号航站楼

计算机技术的惊人进展,在飞机研制和设计,飞行稳定性控制,空中交通管制自动化,航行管理,气象服务,导航,通信,燃油管理,旅客机票处理,行李交运处理,甚至建筑物设备管理等方面日益发挥作用。此外,也要研究改进飞机加油和机坪服务设施,以缩短飞机在站坪机位的停靠时间。

11.3.4 机场工程发展趋势

经过几十年的不断发展,我国机场建设和航空运输行业有了长足的发展:2015 年我国航空客运量达到 4.4 亿人次,预计 2016 年可提升至 4.85 亿人次。截至 2015 年,中国有 206 个机场,2015 年没有发生航空运输飞行事故和空防事故,全年完成运输总周转量 850 亿吨公里、旅客运输量 4.4 亿人次、货邮运输量 630 万 t,同比分别增长 13.6%、11.4% 和 6%;完成通航作业飞行 73.5 万 h,同比增长 8.9%;前 11 个月实现利润 547.6 亿元,同比增长 76.2%,创历史新高。

在"十三五"规划中,我国机场建设和发展重点集中在以下几个方面。

(1)机场建设

随着中国经济的发展对民航业的需求越来越大,各地的机场建设如火如荼地进行着。截至 2015 年 11 月,全国颁证运输机场达到 206 个,仅 2015 年就新增了 7 个。其中,3 000 万级机场 8 个,25 个机场正式迈入了千万级俱乐部。基于航空需求量的增加,中国政府将在未来 5 年增加 66 个新机场。据《中国日报网》报道,中国 2016 年共开建 11 个重要基建项目、52 个升级扩容项目,同时将加快北京、成都、青岛、厦门与大连等地区的新机场建设,其中的北京第二国际机场是中国民航发展史上最大的机场建设工程,目前进展顺利,预计 2019 年竣工并启用。在 2016 年民航工作任务中,就特别提到了要配合国家发改委发布《全国民用运输机场布局规划(2030 年)》。与之前截至到 2020 年的规划相比,各地的机场建设又将延续 10 年。

(2)低成本航空

《民航局关于促进低成本航空发展的指导意见》已经出台两年多,这期间,多家民营航空公司宣布成立并将采用低成本模式运营,中国低成本航空进入提速期。扩大整个航空市场的容量、提高中国民航的整体竞争力和区域经济的活力,这是中国民用航空局鼓励低成本航空发展的初衷,也将是中国民航未来一段时间要继续大力推动的事。在未来,要不断细化低成本航空的发展政策,逐步扩大低成本航空市场的份额。

(3)国际市场

"十二五"期间,我国民航在国际航运市场影响力在逐步提升,国际航空运输总周转量、旅客运输量和货邮运输量年均分别增长 8.7%、16.9% 和 -0.6%;与我国签署航空运输协定的国家增至 118 个;国际航线由 302 条增至 663 条,通航 56 个国家和地区的 138 个城市。"十三五"期间,国际航运市场仍将快速增长,因此,国家将会继续积极争取传统航运市场和新兴航空运输市场的航权资源,为我国航空公司拓展国际市场创造条件。

(4)支线航空

一直以来,中西部城市对建机场、开航线有着巨大的热情和需求,国家对中西部地区发展的支持是支线航空发展巨大的驱动力。未来的支线建设将以各省省会等二线城市为支点,打造区域航空枢纽,促进干支航线航班衔接,增加支线机场通达性,进一步加快中西部和支线航空市场的发展。国家对中西部地区发展的支持也将是支线航空发展巨大的驱动力。

(5)航空物流

电商的快速发展催生了大量航空物流的需求,如今,部分物流公司已组建了自己的货运机队,并快速扩大机队规模。中国民用航空局也表明要大力发展航空物流业的态度,除了对航空公司的支持以外,也特别鼓励有条件的大型机场发展货物中转业务,建设具有国际竞争力的航空货运枢纽。

（6）节能减排

当下我国环境问题日益严峻，在机场建设方面应实行低碳机场，坚持节能减排。机场的能源供应的高标准就是为了满足航空安全和旅客舒适的要求，这对于节能降耗工作是个挑战。机场的能源供应工作，涵盖供水、供电、供暖（冷），以及污水处理等系统。这就要求在机场规划、设计、建设、运营过程中体现绿色、节能、环保的理念，实现机场结构性节能减排，提升绿色可持续发展能力。

11.4　给水排水工程

人类社会为满足人们生活饮用和生产（工农业）的需要而从自然水体取水，经必要的处理以改善水质，然后输送到千家万户和各工业企业以及农田农场；用过的水中因含有废弃物而丧失使用功能，经适当处理再排入水体，以免水体受到污染。水的社会循环及其调控是给水排水工程的研究内容。古代的给排水工程只是为城市输送用水和排泄城市内的降水和污水。近代的给排水工程是为控制城市内伤寒、霍乱、痢疾等传染病的流行和适应工业与城市的发展而发展。现代的给排水工程已成为控制水媒传染病流行和环境水污染的基本设施，是发展城市及工业的基础设施之一，市政工程的主要组成部分。给排水工程为用于水供给、废水排放和水质改善的工程，主要包括给水工程和排水工程。

11.4.1　给水工程简介

给水工程按用途主要分为供人们饮用、盥洗、洗涤、烹饪、沐浴等的生活用水系统，供生产设备冷却、原料产品洗涤、产品制造过程中所需生产用水的生产给水系统，供消防设备灭火用水的消防给水系统。这三类给水系统可以单独设置，也可以根据实际情况和具体要求进行组合。给水工程一般由给水水源和取水构筑物、输水道、给水处理厂和给水管网四个部分组成，分别起取集和输送原水，改善原水水质和输送合格用水到用户的作用。在一般地形条件下，这个系统中还包括必要的贮水（见水的调节构筑物）和抽升（见给水泵站）设施（图11.59）。安全可靠地供水是给水工程的首要任务。

给水工程通常包含城市给水系统和建筑给水系统两个部分。其中城市给水系统是指供给城市生产和生活用水的工程设施，是城市公用事业的组成部分。城市给水系统规划是城市总体规划的组成部分。城市给水系统（又称上水道工程或自来水工程）通常由水源、输水管渠、水厂和配水管网组成。从水源取水后，经输水管渠送入水厂进行水质处理，处理过的水加压后通过配水管网送至用户。

1）城市给水系统组成

给水系统的任务，是从水源取水，按照用户对水质的要求处理，然后将水输送至给水区，并向用户配水。为了完成上述任务，给水系统常由下列工程设施组成：

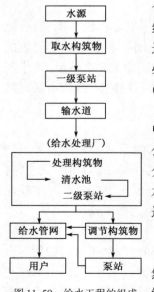

图11.59　给水工程的组成

（1）取水构筑物：用以从地面水源或地下水源取得原水，并输往水厂。

（2）水处理构筑物：用以对原水进行水质处理，以符合用户对水质的要求，常集中布置在水厂内。

（3）泵站：用以将所需水量提升到要求的高度，分为抽取原水的一级泵站的二级泵站和设于管网中的增压泵站。

（4）输水管渠和管网：输水管渠是将原水送到水厂或将水厂处理后的清水送到管网的管渠；管网是将处理后的水送到各个给水区的全部管道。

（5）调节构筑物：指各种类型的贮水构筑物，如高地水池、水塔和清水池，用以贮存水量以调节用水流量的变化。此外，高地水池和水塔还兼有保证水压的作用。高地水池和水塔通常布置于较高地区，因此根据城市地形特点，可构成网前水塔、网中水塔和对置水塔的给水系统。

在以上组成中，泵站、输水管渠和管网以及调节构筑物等总称为输配水系统。从给水系统整体来说，它是投资最大的子系统，约占给水工程总投资的70% ~80%。

图11.60所示为地面水源的给水系统。取水构筑物从江河取水，经一级泵站，送往水处理构筑物，处理后的清水贮存在清水池中。二级泵站从清水池取水，经输水管送往管网供应用户。一般情况下，从取水构筑物到二级泵站都属于自来水厂的范围。有时为了调节水量和保持管网的水压，可根据需要建造水库泵站、水塔或高地水池。

给水管线遍布在整个给水区内，根据管线的作用，可划分为干管和分配管。前者主要用于输水，管径较大；后者用以配水到用户，管径较小。

以地下水力水源的给水系统，常用管井等取水，如地下水水质符合生活饮用水卫生标准，可省去处理构筑物，从而使给水系统比较简化，如图11.61所示。

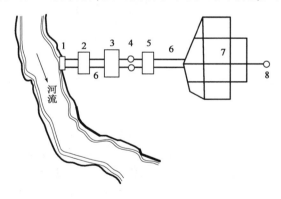

图11.60 地表水源给水系统示意图
1-取水构筑物；2-一级泵站；3-水处理构筑物；4-清水池；
5-二级泵站；6-输水管；7-管网；8-水塔

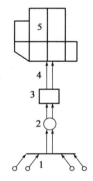

图11.61 地下水源给水系统示意图
1-地下水取水构筑物；2-集水池；
3-泵站；4-输水管；5-管网

2）城市给水系统分类

城市给水系统按水源种类，有地表水取水构筑物和地下水取水构筑物之分。前者是从江河、湖泊、水库、海洋等地表水取水的设备，一般包括取水头部、进水管、集水井和水泵房，如图11.62所示；后者是从地下含水层取集表层渗透水、潜水、承压水和泉水等地下水的构筑物，有管井、大口井、辐射井（图11.63）、渗渠（图11.64）、泉室等类型，其提水设备为深井泵或深井潜水泵。按供水方式可分为自流系统（重力供水）、水泵供水系统（加压供水）和两者相结合的混合供水系统;按使用目的,可分为生活给水、生产给水和消防给水系统。

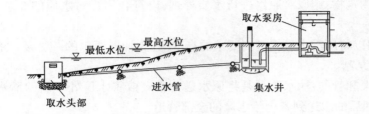

图 11.62　江心取水构筑物

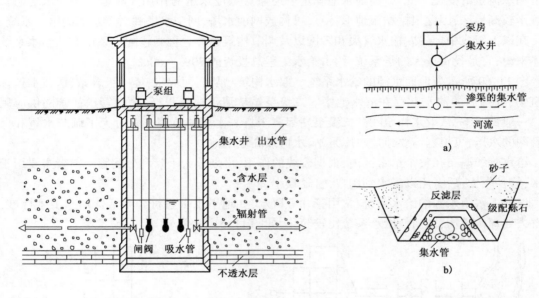

图 11.63　辐射井构造示意图　　　　　　图 11.64　渗渠示意图

3)建筑给水系统

建筑给水系统是将城镇给水管网(或自备水源,如蓄水池)中的水引入一幢建筑或一个建筑群体供人们生活、生产和消防之用,并满足各类用水对水质、水量和水压要求的冷水供应系统。建筑给水包括建筑小区给水和建筑内部给水,它是通过建筑物内外部给水管道系统及附属设施,将符合水质、水量和水压要求的水安全可靠地提供给各种用水设备,以满足用户的需要(图 11.65)。

(1)建筑给水系统的组成

通常情况下,建筑给水系统由水源、引入管、水表节点、建筑内水平干管、立管和支管、配水装置与附件、增压和贮水设备以及给水局部处理设施组成。

①引入管

引入管又称进户管,是室外给水接户管与建筑内部给水干管相连接的管段。引入管一般埋地敷设,穿越建筑物外墙或基础。引入管受地面荷载、冰冻线的影响,一般埋设在室外地坪下 0.7m。给水干管一般在室内地坪下 0.3 ~ 0.5m,引入管进入建筑后立即上返到给水干管埋设深度,以避免多开挖土方(图 11.66)。

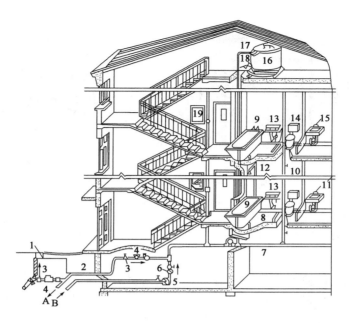

图 11.65　建筑内部给水系统

1-阀门井;2-引入管;3-闸阀;4-水表;5-水泵;6-逆止阀;7-干管;8-支管;9-浴盆;10-立管;11-水龙头;12-淋浴器;13-洗脸盆;14-大便器;15-洗涤盆;16-水箱;17-进水管;18-出水管;19-消火栓;A-入储水池;B-来自储水池

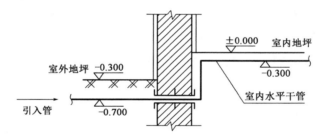

图 11.66　引入管(单位:m)

②水表节点

水表节点是安装在引入管上的水表及前后设置的阀门和泄水装置的总称。水表用于计量该建筑物的总用水量,水表前后设置的阀门用于检修、拆换水表时关闭管路,泄水口用于检修时排泄掉室内管道系统中的水,也可用来检测水表精度和测定管道进户时的水压值。水表节点一般设在水表井中,如图 11.67 所示。

在建筑内部的给水系统中,在需计量的某些部位和设备的配水管上也要按照水表。为利于节约用水,居住建筑每户的给水管上均应按照分户水表。为保护住户的私密性和便于抄表,分户水表宜设在户外。

③给水管道系统

给水管道系统是指输送给建筑物内部用水的管道系统,由给水管、管件及管道附件组成。按所处位置和作用,分为给水干管、给水立管和给水支管。从给水干管每引出一根给水立管,在出地面后设一个阀门,以便对该立管检修时不影响其他立管的正常供水。

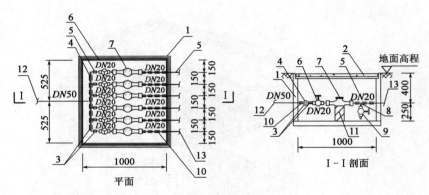

图 11.67　水表节点(单位:mm)

1-井体;2-盖板;3-上游组合分支器;4-接户管;5-分户支管;6-分户截止阀;7-分户计量水表;8-分户泄水管;9-分户泄水阀;10-保温层;11-固定支座;12-给水节点;13-出水节点

④管道附件

管道附件是指用以输配水、控制流量和压力的附属部件与装置。在建筑给水系统中,按用途分为配水附件和控制附件。配水附件即配水龙头,是向卫生器具或其他用水设备配水的管道附件。控制附件是管道系统中用于调节水量、水压,控制水流方向,以及关断水流,便于管道、仪表和设备检修的各类阀门。

⑤增压和贮水设备

当室外给水管网的水压、水量不能满足建筑用水要求,或要求供水压力稳定、确保供水安全可靠时,应根据需要,在给水系统中设置水泵、气压给水设备和水池、水箱等增压和储水设备,图 11.68 所示为无负压管网增压稳流给水体系。

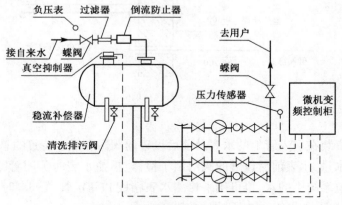

图 11.68　无负压管网增压稳流给水体系

⑥增压和贮水设备

当有些建筑队给水质量要求很高,超出我国现行生活饮用水卫生标准时,或其他原因造成水质不能满足要求时,需要设置一些设备、构筑物进行给水深度处理。

⑦消防设备

建筑物内部应按照《建筑设计防火规范》(GB 50016—2014)和《高层民用建筑设计防火规范》(GB 50045—2005)的规定设置消火栓、自动喷水灭火设备。

(2)建筑给水系统的分类

按用途不同,建筑给水系统可分为生活给水系统、生产给水系统、消防给水系统和组合给水系统。

①生活给水系统

生活给水系统是指供居住建筑、公共建筑与工业建筑饮用、烹饪、洗涤、沐浴、浇洒和冲洗等生活用水的给水系统。

按供水水质标准不同,分为生活饮用水给水系统、直接饮用水给水系统和杂用水给水系统;按供水水温要求不同,分为生活饮用水给水系统、热水供应系统和开水供应系统。

生活饮用水是指供生活食品洗涤、烹饪以及沐浴、衣物洗涤、家具擦洗、地面冲洗的用水。生活杂用水是指用于便器冲洗、绿化浇水、室内车库地面和室外地面冲洗的水。

②生产给水系统

是指直接供给工业生产的给水系统,包括各类不同产品生产过程中所需的工艺用水、生产设备的冷却用水、锅炉用水等。生产给水系统必须满足生产工艺对水质、水量、水压及安全方面的要求。

③消防给水系统

消防给水系统是指以水作为灭火剂供消防扑救建筑内部、居住小区、工矿企业或城镇火灾时用水的设施。按消防给水系统中水压的高低,分为高压消防给水系统、临时高压消防给水系统和低压消防给水系统;按作用类别不同,分为消火栓给水系统、自动喷水灭火系统和泡沫消防灭火系统;按设施固定与否,分为固定式消防设施、半固定式消防设施和移动式消防设施。

消防用水对水质要求不高,但必须按建筑设计防火规范保证有足够的水量和水压。

④组合给水系统

上述三种给水系统,在实际中不一定需要单独设置,通常根据建筑物内用水设备对水质、水压、水温及室外给水系统的情况,考虑技术、经济和安全条件,组合成不同的共用系统。主要有:生活与生产共用的给水系统,生产与消防共用的给水系统,生活和消防共用的给水系统,生活、生产与消防共用的给水系统。

建筑内部给水系统的供水方案即为给水方式,其给水方式受到建筑房屋楼层高度的影响,图 11.69 给出了部分中低层建筑常见的给水方式。其常见的给水方式有直接给水、水箱给水、水泵给水、水箱水泵联合给水、气压给水、分区给水及分质给水七种基本类型。

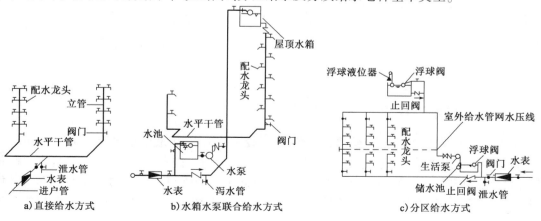

图 11.69　中低层建筑常见的给水方式

　　而对于高层建筑的给水方式与中低层建筑给水方式不同。若整幢高层建筑采用同一给水系统供水,下层管道中静水压力必将很大,不仅产生水流噪声,还将影响高层供水的安全性。因此,高层建筑给水系统采取竖向分区供水,将建筑物垂直按层分段,分别组成各组给水系统,如图 11.70 ~ 图 11.72 为常见的高层建筑给水系统竖向分区基本形式,包括串联式、减压式、并列式等等。

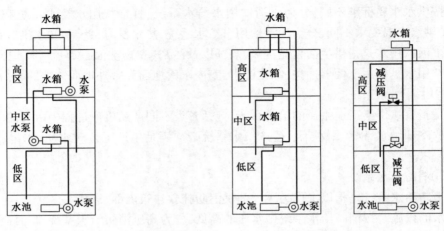

图 11.70　串联式供水方式　　　　　　　　图 11.71　减压式供水方式

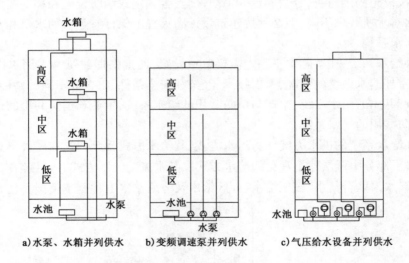

a) 水泵、水箱并列供水　　b) 变频调速泵并列供水　　c) 气压给水设备并列供水

图 11.72　并列式供水方式

11.4.2　排水工程简介

　　排水工程主要指的是收集、输送、处理和处置废水的工程,一般由排水管系、废水处理厂和最终处置设施三个部分组成,通常还包括必要的抽升设施。排水管系起收集、输送废水的作用,包括分流制和合流制两种系统(图 11.73)。排水工程通常可包含城市排水系统和建筑排水系统两个部分,其中城市排水系统处理和排除城市污水和雨水的工程设施系统,是城市公用设施的组成部分。

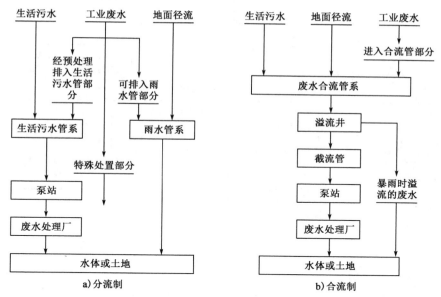

图 11.73　排水工程组成

（1）城市排水系统组成

城市排水系统规划是城市总体规划的组成部分。城市排水系统通常由排水管道和污水处理厂组成。在实行污水、雨水分流制的情况下，污水由排水管道收集，送至污水处理厂处理后，排入水体或回收利用；雨水径流由排水管道收集后，就近排入水体（图 11.74）。

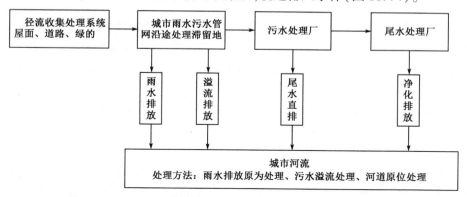

图 11.74　城市排水系统

城市排水系统规划的任务是使整个城市的污水和雨水通畅地排泄出去，处理好污水，达到环境保护的要求。"规划"的主要内容包括：估算城市排水量，选择排水制度，设计排水管道，确定污水处理方法和城市污水处理厂的位置等（图 11.75）。

城市排水系统通常由排水管道（管网）、污水处理系统（污水厂）和出水口组成。管道系统是收集和输送废水的设施，包括排水设备、检查井、管渠、泵站等。污水处理系统是改善水质和回收利用污水的工程设施，包括城市及工业企业污水厂（站）中的各种处理物和除害设施。出水口是使废水排入水体并与水体很好混合的工程设施。

总体来说，城市排水系统是由生活污水排水系统、工业废水排水系统及雨水排水系统三大系统组成。

421

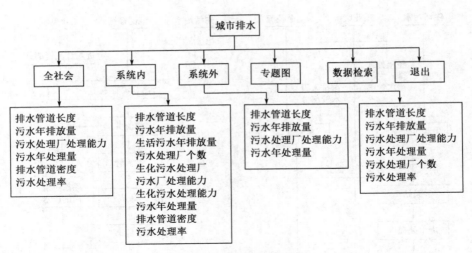

图 11.75　城市排水系统规划

①生活污水排水系统

生活污水排水系统一般由室内污水管道系统和设备、室外污水管道系统、污水泵站、污水厂及出水口等部分组成。

室内污水管道系统和设备是收集生活污水并将其排出至室外庭院、街坊或小区的污水管道中。室内各种卫生设备是生活排水系统的起端设备。生活污水经水封管、支管、竖管和出户管等室内管道系统流入下一级管道系统。在每一出户管与室外庭院(或街坊)管道相接的连接点设检查井,供检查和清通管道用。

室外污水管道系统是分布在房屋出户管外,埋在地下靠重力流输送,其中敷设在一个街坊内,并连接一群房屋出户管或整个街坊内房屋出户管的管道系统为街坊管道系统。敷设在居住小区或住宅组团内连接房屋出户管的管道系统称为居住小区或住宅组团管道系统。生活污水从小区管道系统,再流入城市管道系统。

污水一般以重力流排除,但受到地形等条件的限制需把低处的水向上提升,需要设泵站,分为中途泵站、终点泵站和局部泵站。

污水厂是处理和利用污水和污泥的一系列构筑物及附属构筑物的综合体(图 11.76)。

图 11.76　污水厂

此外,在管道系统的中途,某些易于发生故障的部位,设辅助性出水口,在必要时,使污水从该处排入水体。

②工业废水排水系统

工业废水排水系统主要由车间内部管道系统和设备、厂区管道系统、废水泵站和压力管道、废水处理站和出水口(渠)等部分组成。

③雨水排水系统

雨水排水系统一般由房屋雨水管道系统和设备、街坊或厂区雨水管渠系统、道路雨水管渠系统及雨水泵站及压力管等部分组成。

其中,房屋雨水管道系统和设备起收集出屋、工厂车间或大型建筑的屋面雨水的作用,包括天沟、竖管及房屋周围的雨水管沟;道路雨水管渠系统一般能包括雨水口、检查井、跌水井及支管等,若设计区域傍山建造,需在建设区周围设截洪沟渠(管);.雨水泵站及压力管是针对雨水自流排放困难时,设置的雨水泵站排水,若能自流就近排出,则不需处理。

(2)城市排水系统分类

人们在日常生活和工业生产中,会产生大量与用水量相应的受到污染的生活污水和工业废水,其中含有大量有毒有害物质,不仅使水体质量降低,影响水体正常功能的发挥,更会危害人体健康,阻碍社会经济的发展。城市降水(雨、雪水)水质较洁净,但初期雨水受不洁净空间的污染,也常含较多的污染物。另外,降水需及时排出,否则积水为害,会对人们生产和日常生活造成破坏。城市排水工程系统是用来收集、输送、处理、利用和排放城市污水及降水的城市基础设施。其主要任务为,选择城市污水和降水的出路;收集并输送城市污水和降水至适当地点;合理处理后排放或再利用;保护城市水环境避免受污染,保持城市水的良性循环。按所排除的污、废水性质,城市排水系统分为以下几类:

①生活污水排水系统

生活污水排水系统的任务是收集居住区和公共建筑的污水送至污水厂再利用。

②工业废水排水系统

工业废水排水系统是将车间及其他排水对象所排出的不同性质的废水收集起来,送至回收利用和处理构筑物或排放。经回收、处理后的水,可再利用,也可排入水体或排入城市排水系统。若水质比较干净可以不经处理直接排入水体。

③雨水排水系统

雨水排水系统用来收集径流的雨水,并将其排入水体。

(3)建筑排水系统组成

建筑内部排水系统是将建筑内部生产、生活中使用过的水及时排到室外的系统。对于建筑内部排水系统的组成,应须满足以下三个基本要求:首先,系统能迅速畅通地将污、废水排到室外;其次,排水管道系统气压稳定,有毒有害气体不能进入室内,保持室内环境卫生;第三,管线布置合理,简短顺直,工程造价低。

建筑排水系统可按接纳污废水类型分为排除居住、公共、工业建筑生活间污废水的生活排水系统,排除工艺生产过程中产生的污废水的工业废水排水系统,排除多跨工业厂房、大屋面建筑、高层建筑屋面上雨、雪水的屋面雨水排除系统。建筑内部排水系统由卫生器具、受水器、排水管道、清通设备和通气管道等几个基本部分组成,如图11.77所示。

①污(废)水收集器

污(废)水收集器是用来收集污(废)水的器具,如室内的卫生器具、生产污(废)水的排水设备及雨水斗等。

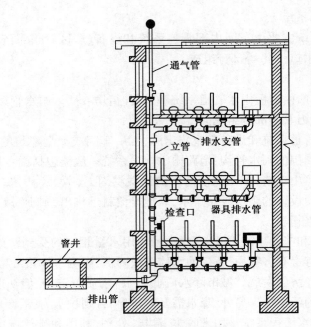

图 11.77　建筑内部排水系统的基本组成

②排水管道

排水管道由器具排水管、排水横支管、排水立管和排出管等组成,其具体作用可见表11.5。

排水管道的组成及作用

表 11.5

基 本 组 成	作　　用
器具排水管	连接卫生器具和排水横支管之间的短管,除坐式大便器等自带水封装置的卫生器具外,均应设水封装置
排水横支管	将器具排水管送来的污水转输到立管中去
排水立管	用来收集其上所接的各横支管排来的污水,然后再把这些污水送入排出管
排出管	收集一根或几根立管排来的污水,并将其排至室外排水管网

③通气管

通气管的作用是把管道内产生的有害气体排至大气中,以免影响室内的环境卫生,减轻废水、废气对管道的腐蚀;在排水时向管内补给空气,减轻立管内气压变化的幅度,防止卫生器具的水封受到破坏,保证水流畅通。

④清通设备

清通设备一般有检查口、清扫口、检查口等,作为疏通排水管道之用。

⑤抽升设备

一些民用和公共建筑的地下室,以及人防建筑、工业建筑内部标高低于室外地坪的车间和其他用水设备的房间,其污水一船难以自流排至室外,需要抽升排泄。常见的抽升设备有水泵、空气扬水器和水射器等。

⑥污水局部处理构筑物

当建筑内部污水不允许直接排入城市排水系统或水体时,而设置污水局部处理构筑物

（设施）。

（4）建筑排水系统分类

建筑排水系统的任务,是将人们在生活、生产过程中使用过的水、屋面雪水、雨水尽快排至建筑物外。按所排除的污、废水性质,建筑排水系统分为以下几类。

①粪便污水排水系统

排除大便器（槽）、小便器（槽）等卫生设备排出的含有粪便污水的排水系统。

②生活废水排水系统

排除洗涤盆（池）、洗脸盆、淋浴设备、盥洗槽、化验盆、洗衣机等卫生设备排出废水的排水系统;

③生活污水排水系统

将粪便污水及生活废水合流排除的排水系统。

④生产污水排水系统

排除被污染的工业用水（还包括水温过高,排放后造成热污染的工业用水）的排水系统。

⑤生产废水排水系统

排除在生产过程中污染较轻及水温稍有升高的污水（如冷却废水等）的排水系统。

⑥工业废水排水系统

将生产污水与生产废水合流排除的排水系统。

⑦屋面雨水排水系统

排除屋面雨水及雪水的排水系统。可根据建筑物的结构形式、气候条件及使用要求等因素采用外排水系统（图11.78）和内排水系统,经过技术经济比较选择合适的排水系统。一般情况下,尽量采用外排水系统或将内、外排水系统结合利用。

其中,外排水系统是指屋面不设雨水斗,建筑物内部没有雨水管道的雨水排放系统。按屋面有无天沟分为普通外排水和天沟外排水（图11.79）。普通外排水,由檐沟和水落管组成。雨水沿屋面集流到檐沟,再经水落管排至地面或雨水口,适用于普通住宅,一般公共建筑和小型单跨厂房。

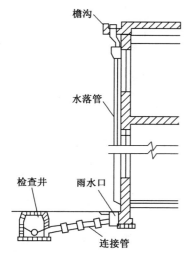

图11.78 一般屋面普通外排水

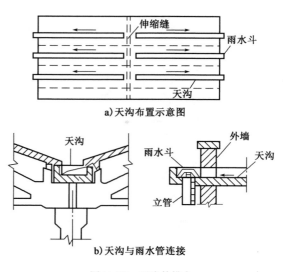

a）天沟布置示意图

b）天沟与雨水管连接

图11.79 天沟外排水

而天沟外排水由天沟、雨水斗、排水立管组成。雨水沿坡向天沟的屋面汇集到天沟,沿天沟流至建筑物两端,入雨水斗,经立管排至地面或雨水井。

内排水系统是指屋面设雨水斗,建筑物内部有雨水管道的雨水排水系统,如图11.80所示。它由雨水斗、连接管、悬吊管、立管、排出管、埋地管、检查井等组成。雨水沿屋面流入雨水斗,经连接管、悬吊管、入排水立管,再经排出管流入雨水检查井或经埋地干管排至室外雨水管道。内排水系统又可以分为单斗排水系统、多斗排水系统、敞开式排水系统及密闭式排水系统等。

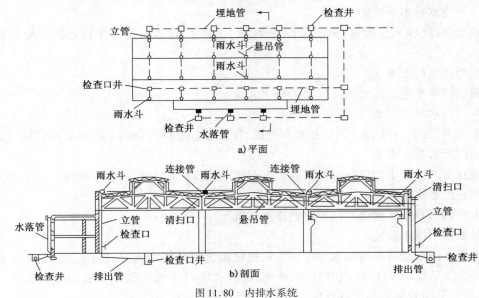

图11.80 内排水系统

此外,对于建筑内部污废水排水系统的形式应根据建筑高度区别对待,对于中低层建筑内部污废水排水系统按排水立管和通气立管设置可分为单立管排水系统、双立管排水系统及三立管排水系统等(图11.81),其中单立管排水系统又可根据卫生器具的多少分为无通气管的单立管排水系统(立管顶部不与大气连通),有通气的普通单立管排水系统(立管向上延伸,穿

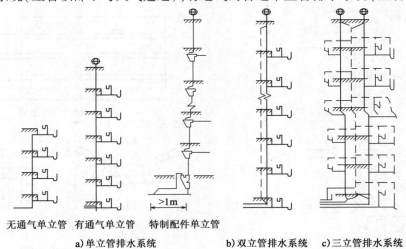

图11.81 中低层建筑内部污废水排水系统

出屋顶与大气连通),特制配件单立管排水系统(在立管与横支管连接处,立管底部与横干管或排出管连接处设特制配件改善管内水流与通气状态)。其具体组成可见表11.6。

中低层建筑内部污废水排水系统组成

表11.6

中低层建筑内部污废水排水系统	组　　成
单立管排水系统	只有1根排水立管,设有专门通气立管的排水系统
双立管排水系统	由1根排水立管和1根通气立管组成
三立管排水系统	由1根生活污水管、1根生活废水立管、1根通气立管组成

而对于高层建筑内部排水系统,由于排水量大,横支管多,管道中压力波动大,因此高层建筑内部排水系统应解决的问题是稳定管内气压,解决通气问题和确保水流通畅。减少极限流速和水舌系数是解决高层建筑排水系统问题的技术关键。在工程实践中可以采用单设横管,采用水舌系数小的管件连接,在排水立管上增设乙字弯,增设专用通气管道等措施。

11.4.3　给排水工程发展趋势

近几年来,一些城市先后成立了水务局,城市的水源、供水、排水、污水处理、污水再生利用、城市节水等,统一由水务局进行管理。这样,把城市的给水与排水整合为一体,由一个部门进行专业化、一体化管理,既有利于环境的综合治理,又有利于水成本的降低。城市给排水工程的用水要求、供水方式技术指标、经济指标、社会环境指标等综合考虑确定,做到技术先进合理、供水安全可靠、投资高、便于管理等。城市给排水工程的发展主要体现在以下几个方面。

①提高供水系统和排水网络的质量。提高供水系统质量的主要趋势是:把水厂联成网络,分散水源,以实现优化配水;对网络用计算机管理;加强维护和改建,以便进行污染控制等。在提高排水网络质量方面,应以用后排放出来的水不污染环境为原则。这方面应采取的主要措施是:雨水管理(收集雨水,以调节流率)和污水控制(采用专门的初步处理方法);提高排水网络的水密性;用摄影对管线运行进行遥控等。

②继续进行供水工程建设,根据城市的不同情况,既要从当前缺水状况出发,加快供水工程建设,又要考虑长远发展的需要,留有充分发展的余地。特别是一些需要长距离引水的城市,更需要考虑得远些,加大引水量,并尽可能采用管道引水,以减少水的流失和蒸发,也可避免遭受污染。

③增加排水工程投资,加快排水和污水处理工程建设,排水上不去,城市就谈不上卫生,周围河道遭到污染,也就使城市失去就近的水源。

④给水与排水整合管理。长期以来,我国城市水资源管理法规不健全,人们没有从战略高度来认识水资源管理体制问题,从而导致水管体制条块分割、各自为政的格局,形成给水的不管排水,排水的不管治污,治污的不管回用的混乱局面。实行给水与排水的整合管理已成为建筑给排水的发展趋势与当务之急。

建筑给排水是随着建筑业的发展而兴起的一门应用科学,在市场经济、知识经济的大潮中,建筑给排水不仅要完成其本身固有的基本功能,还要向人们提供舒适、卫生、安全的生活和生产环境。其服务内容和功能在原有基础上有较大的拓展和变化。其中,人性化的服务、节水与开源、舒适与安全以及给排水的整合管理问题是目前人们普遍关注的热点问题,其建筑给排水工程的发展主要体现在以下几个方面。

（1）设计与施工以人为本

建筑给排水作为现代工业或民用建筑中的一部分，贯彻以人为本的人性化设计与施工理念是其发展的必然趋势。其中，自动抄水表系统和卫生间排水系统的设计和施工是这一问题的突出体现。

自动抄水表系统是利用现代计算机技术、网络通信技术与水表计量技术，进行用户数据采集、加工处理，最终将城市居民用水信息加以计量、存储、统计的综合处理系统。自动抄水表系统的设计与应用取代了传统的上门抄表收费的扰民服务，避免了供水部门与客户之间的纠纷，减轻了自来水公司及物业部门繁杂劳动强度，不但能提高管理部门的工作效率，也适应现代用户对用水缴费的新需求，体现了以人为本的服务理念。

另一个问题是卫生间、厨房的排水问题。传统做法是将用水器具的排水管敷设在下层房间。随着住宅的商品化，这种传统的敷设方式已愈来愈明显地与"以人为本"的住宅理念相悖。其最大的问题是排水管道渗漏或堵塞检修时，会给下层住户造成不良影响，甚至引起邻里纠纷。因此探讨各种排水管道敷设方式是目前厨房、卫生间设计与施工的一个重要任务，也是考量人性化服务的重要标准。

（2）节水与开源齐头并进

水资源是国民经济发展的重要物质基础。资料显示，中国人均水资源占有量仅为世界人均水资源占有量的1/4，属于缺水国家。特别是近二十年来随着我国国民经济的飞速发展水污染日益加剧，水资源问题更加突出，节约用水成了重要而紧迫的任务。所以，如何在充分满足建筑物使用要求的前提下，尽可能地做到节约水资源是摆在我们面前的一个重要课题。

①建筑中水回用

中水是指建筑中的生活污水和生活废水经过处理后，达到规定的水质标准，可用于生活、市政等杂用水。我国建筑排水中生活废水所占比例住宅为69%，宾馆饭店为87%，办公楼为40%，如果将这一部分废水收集、处理后代替自来水用做冲厕、绿化浇灌、冲洗车辆等，则可为国家节约大量的水资源。

②雨水循环利用

在地球上现有的淡水资源显得越来越短缺的今天，人类必将把目光瞄准雨水这巨大的财富，现在许多国家都开展了雨水利用的研究，例如芝加哥市兴建了覆盖城市一半地区的雨水利用系统——地下蓄水系统，冲洗马路和清洗车辆的用水，已基本由回收的雨水来承担。在丹麦，许多地区的含水层一度被过度开采，为此，丹麦从20世纪80年代开始全面推行从屋顶收集雨水，将之泵进贮水池进行储存，过滤后用于冲洗厕所和洗涤衣服。而我国在雨水利用方面，相对落后，但我国一些严重干旱缺水的地区，如甘肃、宁夏回族自治区、内蒙古，近年来正在全面推广"集雨窖工程"，除了利用低洼地积蓄雨水外，还要把所有降在屋面、大棚的雨水都汇流到人工建筑的大小地窖之中，用以浇灌庄稼、喂养牲畜，甚至供人们自己生活、饮水之用。雨水循环利用示意图如图11.82所示。

（3）舒适与安全同时兼顾

建筑给排水不仅需要给建筑物内的居住者提供舒适的生活和工作环境，还要提供必要的安全保障设施,这是建筑给排水发展的必然趋势。建筑热水供应是舒适的前提条件,图 11.83 和图 11.84 分别是开式及闭式热水供水方式示意图,而建筑消防给水则是安全的基本保障。

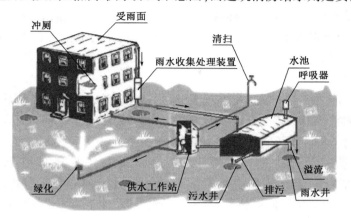

图 11.82　雨水循环利用示意图

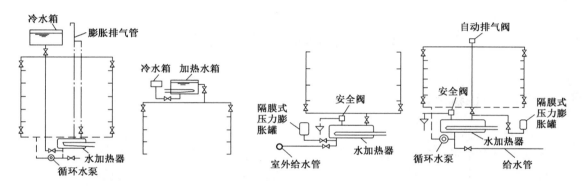

图 11.83　开式热水供水方式

图 11.84　闭式热水供水方式

①建筑热水供应

传统的建筑热水供应系统是集中供热,由于终端较为分散,供热线路较长,热能损耗很大,最终的水温往往不能满足用户需求。图 11.85 和图 11.86 分别表示了采用半循环、全循环的

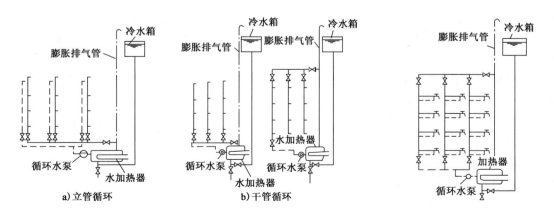

图 11.85　半循环加热供水方式

图 11.86　全循环加热供水方式

429

加热供水方式,而未来的建筑热水供应在热源上将由电或太阳能取代传统的煤燃油和燃气,由于热源改变,热水供应系统将由集中热水供应逐步过渡到分散的局部热水供应系统,同时配以终端快速高效和微型化的加热器,将出现无锅炉、无贮热设备和无热水循环系统的热水供应系统。与此同时,与建筑热水供应系统配套的新品种、新功能的卫生设备将推出,卫生设备操纵也趋微电子化、智能化。

②建筑消防给水

建筑物重要功能之一是提供安全的环境,除了结构安全外,对给排水而言,建筑消防给水是保障建筑安全的重要措施。在建筑消防方面,自动喷淋灭火系统将会完全取代消火栓,成为将来使用最普遍的一种固定灭火设备,它具有自动探测、报警和灭火的功能。它的特点是安全可靠、控火灭火成功率高、结构简单、维护方便、成本低廉、使用期长、使用范围广泛。自动喷淋灭火系统是由闭式喷头、湿式报警阀、水力警铃、延迟器、供水管网等部件组成。还可以装水流指示器、压力开关与报警控制器等装置,系统能发出电报警信号和启动消防泵,使其功能更加完善。

11.5 供热与供燃气工程

11.5.1 供热工程

1)供热工程简介

将自然界的能源直接或间接地转化成热能,以满足人们需要的科学技术,称为热能工程。生产、输配和应用中、低品位热能的工程技术,称为供热工程,常用的热媒(载能体)主要是水或蒸汽。应用中、低品位热能的热用户,主要是:保证建筑物卫生和舒适条件的用热系统(如供暖、通风、空调和热水供应),消耗中、低品位热能(温度低于300℃)的生产工艺用热系统。

在能源消耗总量中,用以保证建筑物卫生和舒适条件的供暖、空调等能源消耗量占有较大的比例。据统计,在美国和日本约占$1/4 \sim 1/3$,在我国目前也达到$1/5 \sim 1/4$;而生产工艺用热消耗的能源所占比例更大。因此,随着现代技术和经济的发展,以及节约能源的迫切要求,供热工程已成为热能工程中的一个重要组成部分,日益受到重视和得到发展。

供热工程的研究对象和主要内容,是以热水和蒸汽作为热媒的建筑物供暖(采暖)系统和集中供热系统。

众所周知,供暖就是用人工方法向室内供给热量,保持一定的室内温度,以创造适宜的生活条件或工作条件的技术。所有供暖系统都由热媒制备(热源)、热媒输送(供热管网)和热媒利用(散热设备)三个主要部分组成。根据三个主要组成部分的相互位置关系来分,供暖系统可分为局部供暖系统和集中式供暖系统。

热媒制备、热媒输送和热媒利用三个主要组成部分在构造上都在一起的供暖系统,称为局部供暖系统,如烟气供暖(火炉、火墙和火坑等)等。虽然燃气和电能通常由远处输送到室内来,但热量的转化和利用都是在散热设备上实现的。

热源和散热设备分别设置,用热媒管道相连接,由热源向各个房间或各个建筑物供给热量的供暖系统,称为集中式供暖系统。图 11.87 是半循环加热供水示意图。热水锅炉 1 与散热器 2 分别设置,通过热水管道(供水管和回水管)3 相连接。循环水泵 4 使热水在锅炉内加热,在散热器冷却后返回锅炉重新加热。图中的膨胀水箱 5 用于容纳供暖系统升温时的膨胀水量,并使系统保持一定的压力。图中的热水锅炉,可以向单幢建筑物供暖,也可以向多幢建筑物供暖。对一个或几个小区多幢建筑物的集中式供暖方式,在国内也惯称联片供热(暖)。

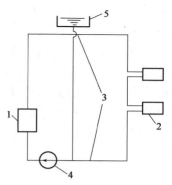

图 11.87 半循环加热供水方式
1-热水锅炉;2-散热器;3-热水管道;4-循环水泵;5-膨胀水箱

根据供暖系统散热给室内的方式不同,主要可分为对流供暖和辐射供暖。

以对流换热为主要方式的供暖,称为对流供暖。系统中的散热设备是散热器,因而这种系统也称为散热器供暖系统。利用热空气作为热媒,向室内供给热量的供暖系统,称为热风供暖系统。它也是以对流方式向室内供暖。辐射供暖是以辐射传热为主的一种供暖方式。辐射供暖系统的散热设备,主要采用塑料盘管、金属辐射板或以建筑物部分顶棚、地板或墙壁作为辐射散热面。

随着经济的发展、人们生活水平的提高和科学技术的不断进步,在 19 世纪末期,在集中供暖技术的基础上,开始出现以热水或蒸汽作为热媒,由热源集中向一个城镇或较大区域供应热能的方式——集中供热。目前,集中供热已成为现代化城镇的重要基础设施之一,是城镇公共事业的重要组成部分。

集中供热系统由三大部分组成:热源、热网和热用户,如图 11.88 所示。

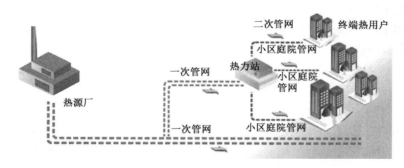

图 11.88 集中供暖系统示意图

(1)热源。在热能工程中,热源是泛指能从中吸取热量的任何物质、装置或天然能源。供热系统的热源,是指供热热媒的来源。目前最广泛应用的是:区域锅炉房和热电厂。在此热源内,使燃料燃烧产生的热能,将热水或蒸汽加热。此外也可以利用核能、地热、电能、工业余热作为集中供热系统的热源。

(2)热网(也称热力网)。由热源向热用户输送和分配供热介质的管线系统,称为热网。

(3)热用户。集中供热系统利用热能的用户,称为热用户,如室内供暖、通风、空调、热水供应以及生产工艺用热系统等。热用户是指热量被消耗掉的场所,室内供暖中的热用户为消耗能的建筑。室内的供暖系统应包括建筑的入口或单元入口的检查井后的所有设施与设备均属热用户。这一点对在采取分户采暖之前的供暖系统是毫无疑问的,需要明确说明的是:分户采暖后建筑物内的管网(即检查井之后至居民住宅采暖入口之前的管网)也应属于热用户,而不属于热网。在检查井之前的管网与设备(包括检查井与井内的设备)才应归属于热网。

以区域锅炉房(内装置热水锅炉或蒸汽锅炉)为热源的供热系统,称为区域锅炉房集中供热系统。图11.89所示为区域蒸汽锅炉房集中供热系统示意图。由蒸汽锅炉1产生的蒸汽,通过蒸汽干管2输送到各热用户,如供暖、通风、热水供应和生产工艺系统等。各室内用热系统的凝结水,经过疏水器3和凝水干管4返回锅炉保的凝结水箱5,再由锅炉给水泵6将给水送进锅炉重新加热。

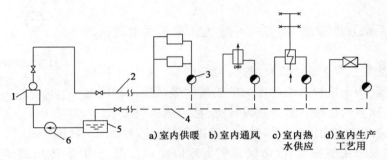

图11.89　区域蒸汽锅炉房集中供热系统示意图

1-蒸汽锅炉;2-蒸汽干管;3-疏水器;4-凝水干管;5-凝结水箱;6-锅炉给水泵

以热电厂作为热源的供热系统,称为热电厂集中供热系统。由热电厂同时供应电能和热能的能源综合供应方式,称为热电联产(也称"热化")。

热电厂内的主要设备之一是供热汽轮机。它驱动发电机产生电能,同时利用作过功的抽(排)汽供热。供热汽轮机的种类很多,下面以在热电厂内安装有两个可调节抽气口的供热汽轮机为例,简要介绍热电厂供热系统的工作原理。

图11.90中的蒸汽锅炉1产生热蒸汽,进入供热汽轮机2膨胀做功,驱动发电机3产生电能,投入电网向城镇供电。

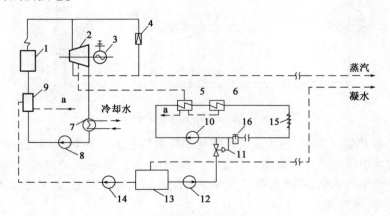

图11.90　热电厂集中供热系统原则性示意图

1-蒸汽锅炉;2-供热汽轮机;3-发电机;4-减压减温装置;5-基本加热器;6-尖峰加热器;7-冷凝器;8-凝结水泵;9-回热装置;10-热水网路循环水泵;11-补给水压力调节器;12-补给水泵;13-水处理装置;14-给水泵;15-热用户;16-除污器

在汽轮机中,当蒸汽膨胀到高压可调抽气口的压力时,可抽出部分蒸汽向外供热,通常向生产工艺热用户供热。当蒸汽在汽轮机中继续膨胀到低压可调抽气口压力时(压力保持在

1.2~2.5bar 以内不变),再抽出部分蒸汽,送入热水供热系统的热网水基本加热器 5 中(通常称为基本加热器,在整个供暖季节都投入运行),将热水网路的回水加热。在室外温度较低,需要加热到更高的供水温度,而基本加热器不能满足要求时,可通过尖(高)峰加热器 6 再将热网水进一步加热。尖峰加热器所需的蒸汽,可由高压抽气口或从蒸汽锅炉通过减压减温装置 4 获得。高低压可调节抽气口的抽气量将根据热用户热负荷的变化而变化,同时调节装置将相应改变进入冷凝器(凝汽器)7 的蒸汽量,以保持所需的发电量不变。蒸汽在冷凝器中被冷却水冷却为凝结水.用凝结水泵 8 送入回热装置 9(由几个换热器和除氧器组成)逐级加热后,再进入蒸汽锅炉重新加热。由于供热汽轮机是利用作过功的蒸汽向外供热,与凝汽式发电方式相比,大大减少了凝汽器的冷源损失,因而热电厂的热能利用效率远高于凝汽式发电厂。凝汽式发电厂的热效率约为 25%~40%,而热电厂的热效率可达 70%~85%。

蒸汽在热用户放热后,凝水返回热电厂水处理装置 13,再通过给水泵 14 送进电厂的回热装置加热。热水网路循环水泵 10,驱动网路水不断循环而被加热和冷却。通过热水网路的补给水泵 12,补充热水网路的漏水量。利用补给水压力调节器 11,控制热水供热系统的压力。

2)室内热水供暖系统

以热水作为热媒的供暖系统,称为热水供暖系统。从卫生条件和节能因素考虑,民用建筑应采用热水作为热媒。热水供暖系统也用在生产厂房及辅助建筑中。

室内热水供暖系统是由供暖系统末端装置及其连接的管道系统组成,根据观察与思考的角度,可按下述方法分类。

①按热媒温度的不同,可分为低温水供暖系统和高温水供暖系统。在各个国家,对于高温水和低温水的界限,都有自己的规定,并不统一,见表 11.7。在我国,习惯认为:水温不超过100℃的热水,称为低温水,超过 100℃的热水则称为高温水。

部分国家的热水分类标准 表 11.7

国　　别	低　温　水	中　温　水	高　温　水
美国	<120℃	120~176℃	>176℃
日本	<110℃	110~150℃	>150℃
德国	≤110℃	—	>110℃
俄罗斯	≤115℃	—	>115℃

②按系统循环动力的不同,可分为重力(自然)循环系统和机械循环系统。靠水的密度差进行循环的系统,称为重力循环系统;靠机械(水泵)力进行循环的系统,称为机械循环系统。

③按系统管道敷设方式的不同,可分为垂直式和水平式。垂直式供暖系统是指不同的楼层的各散热器用垂直式立管连接的系统;水平式供暖系统是指同一楼层的散热器用水平管线连接的系统。

④按散热器供、回水方式的不同,可分为单管系统和双管系统。热水经立管或水平供水管顺序流过多组散热器,并顺序地在各散热器中冷却的系统,称为单管系统。热水经供水系统立管或水平供水管平行地分配给多组散热器,冷却后的回水自每个散热器直接沿回水立管或水平回水管流回热源的系统,称为双管系统。

我国的室内热水供暖系统大致经历了传统室内热水供暖、分户采暖、高层建筑热水供暖等几个阶段。

传统室内热水供暖系统是相对于新出现的分户供暖系统而言的,就是我们经常说的"大采暖"系统,通常以整幢建筑作为对象来设计供暖系统,沿袭的是苏联上供下回的垂直单、双管顺流式系统。它的优点是构造简单;缺点是整幢建筑的供暖系统往往是统一的整体,缺乏独立调节能力,不利于节能与自主用热。但其结构简单,节约管材,仍可作为具有独产权的民用建筑与公共建筑供暖系统使用。并根据循环动力不同,可分为重力(自然)循环热水供暖系统和机械循环热水供暖系统。

分户采暖系统是对传统的顺流式采暖系统在形式上加以改变,以建筑中具有独立产权的用户为服务对象,使该用户的采暖系统具备分户调节、控制与关断的功能。分户采暖的产生与我国社会经济发展紧密相连。20世纪90年代以前,我国处于计划经济时期,供热一直作为职工的福利,采取"包烧制",即冬季采暖费用由政府或职工所在单位承担。之后,我国从计划经济向市场经济转变,相应的住房分配制度也进行了改革。职工购买了本属单位的公有住房或住房分配实现了商品化。加之所有制变革、行业结构调整、企业重组与人员优化等改革措施,职工所属单位发生了巨大变化。原有经济结构下的福利用热制度已不能满足市场经济的要求,严重困扰城镇供热的正常运行与发展。因为在旧供热体制下,采暖能耗多少与热用户经济利益无关,用户一般不考虑供热节能,室温高开窗放,室温低就告状,能源浪费严重,采暖能耗居高不下。节能增效刻不容缓,分户采暖势在必行。分户采暖是以经济手段促进节能,改变热用户的现有"室温高,开窗放"的用热习惯,这就要求采暖系统在用户侧具有调节手段,先实现分户控制与调节。分户采暖工作必然包含两方面的工作内容:一是既有建筑采暖系统的分户改造;二是新建住宅的分户采暖设计。分户采暖是实现分户热计量以及用热的商品化的一个必要条件,不管形式上如何变化,它的首要目的仍是满足热用户的用热需求,但是需在供暖形式上作分户的处理。

随着城市发展,新建了许多高层建筑。相应对高层建筑供暖系统的设计,提出了一些新的问题。首先是高层建筑供暖系统设计热负荷的计算问题;其次是高层建筑供暖系统的形式和与室外热水网路的连接问题。由于高层建筑热水供暖系统的静水压力较大,因此,它与室外热网连接时,应根据散热器的承压能力,外网的压力状况等因素,确定系统的形式及其连接方式。此外,在确定系统形式时,还要考虑由于建筑层数多而加重系统垂直失调的问题。目前国内高层建筑热水供暖系统,有如下几种形式。

(1)分层式系统

在高层建筑供暖系统中,垂直方向分两个或两个以上的独立系统称为分层式供暖系统。下层系统通常室外网路直接连接,它的高度主要取决于室外网路的压力工况和散热器的承载能力。上层建筑与外网采用隔绝式连接(图11.91),利用水加热器使上层系统的压力与室外网路的压力隔绝。上层系统采用隔绝式连接,是目前常用的一种形式。

外网供水温度较低,使用热交换器所需加热面过大而不经济合理时,可考虑采用如图11.92所示的双水箱分层式热水供暖系统。双水箱分层式供暖系统,具有如下特点。

①层系统与外网直接连接。当外网供水压力低于高层建筑静水压力时,在用户供水管上设加压水泵,利用进、出水箱两个水位高差进行上层系统的水循环。

②层系统利用非满管流动的回水箱溢流管6与外网回水管连接,回水箱溢流管6下部的满管高度取决于外网回水管的压力。

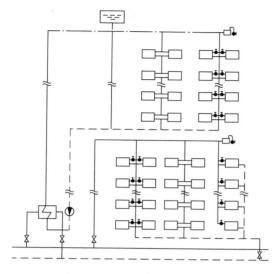

图 11.91 分层式热水供暖系统

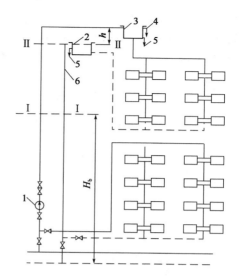

图 11.92 双水箱分层式热水供暖系统
1-加压水泵;2-回水箱;3-进水箱;4-进水箱溢流管;5-信号管;6-回水箱溢流管

③由于利用两个水箱替代了用热交换器所引起的隔绝压力作用。简化了入口设备,降低了系统造价。

④利用开式水箱,易使空气进入系统,造成系统的腐蚀。

(2)双线式系统

双线式系统有垂直式和水平式两种形式。

①垂直双线式单管热水供暖系统是由竖向的单管式立管组成的(图 11.93)。双线系统的散热器通常采用蛇形管或辐射板式(单块或砌入墙内形成整体式)结构,由于散热器立管是由上升立管和下降立管组成的,因此各层散热器的平均温度近似地可以认为是相同的。这种各层散热器的平均温度近似相同的单管式系统,尤其对高层建筑,有利于避免系统垂直失调,这是双线式系统的突出优点。

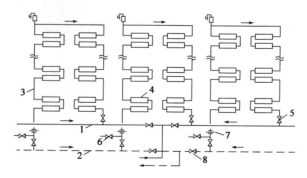

图 11.93 垂直双线式单管热水供暖系统
1-供水干管;2-回水干管;3-双线立管;4-散热器;5-截止阀;6-排水阀;7-节流孔板;8-调节阀

②水平双线式系统(图 11.94),在水平方向各组散热器平均温度近似地认为是相同的。当系统的水温度或流量发生变化时,每组双线上的各个散热器的传热系数值的变化程度近似

是相同的。因而对避免冷热不均很有利(垂直双线式也有此特点)。同时,水平双线式与水平单管式一样,可以在每层设置调节阀,进行分层调节。此外,为避免系统垂直失调,可考虑在每层水平分支线上设置截流孔板,以增加各水平环路的阻力损失。

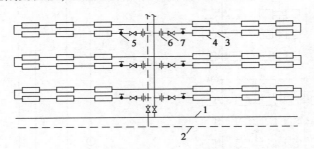

图 11.94　水平双线式热水供暖系统
1-供水干管;2-回水干管;3-双线水平管;4-散热器;5-截止阀;6-节流孔板;7-调节阀

(3)单、双管混合式系统

若将散热器沿垂直方向分成若干组,在每组内采用双管形式,而组与组之间则用单管连接,这就组成了单、双管混合式系统。这种系统的特点是:既避免了双管系统在楼层数过多时出现的严重竖向失调现象,同时又能避免散热器支管管径过粗的缺点,而且散热器还能进行局部调节。

(4)专用分区供暖

当高层建筑面积较大或是成片的高层小区,可考虑将高层建筑竖向按高度分区,在垂直方向上分为两个或多个采暖分区,分别由不同的采暖系统与设备供给,各区域供暖参数可保持一致。分区高度主要由散热器的承压能力、系统管材附件的材质性能以及系统的水力工况特性决定。分区后常规采暖系统及分户采暖系统的各种结构形式均可采用。

(5)高层建筑直连(静压隔断)式供暖系统

对于从事暖通工作的人员在处理供暖系统的工作时感到最为“棘手”的莫过于在多层建筑的小区内,“突然”出现一个高层建筑。若为其单独设置热源,可保持高、低区热媒供、回水参数一致,但投资相对较高,同时高区面积相对较小,运行与管理费用必然也要高。或设置热交换器与低区隔断,但通常低区的热媒设计参数不高(低于 100℃),换热后高区散热器的表面温度更低,导致散热器数量大,难于布置。实际上由于设计保守,安全余量过大,实际的运行参数还要低于设计参数,造成高区供暖质量难于保证。传统的双水箱方法可直接接入热网,但需在高层建筑上放置两个有高差的几立方米或十几立方米的保温大水箱,不仅需要占用不同楼层的两个独立房间,还要对建筑增加几吨或十几吨重的荷载。开式的水箱,一方面浪费热量;另一方面,吸氧的机会大大增加,腐蚀管道,运行管理均很不方便。而采取减压阀、电磁阀、自动调节阀等配以必要自控手段的方法也不十分可靠,常造成散热器的爆裂,是因为采暖热媒的压力按其产生的机理不同可分为动压与静压,各种阀门通过截面积改变的方法可改变动压,而对静压无效。但相关技术人员一直没有放弃将高区直接连入低区,且高、低区均能够正常工作、简单可行的供暖系统研究。

3)室内蒸汽供热系统

蒸汽作为供暖系统的热媒,应用极为普遍。图 11.95 所示为蒸汽供热系统原理图,蒸汽从热源 1 沿蒸汽管路 2 进入散热设备 4,蒸汽凝结放出热量后,凝水通过疏水器 5 再返回热源重新加热。

与热水作为供热系统的热媒相比,蒸汽具有如下特点。

(1)热水在系统散热设备中,靠其温度降低放出热量,而且热水的相态不再发生变化。蒸汽在系统散热设备中,靠水蒸气凝结成水放出热量,相态发生了变化。

(2)热水在封闭系统内循环流动,其状态参数变化很小。蒸汽和凝水在系统管路内流动时,其状态参数变化比较大,还会伴随相态变化。

(3)在热水供暖系统中,散热设备内热媒温度为热水流进和流出散热设备的平均温度。蒸汽在散热设备中定压凝结放热,散热设备的热媒温度为该压力下的饱和温度。

(4)蒸汽供暖系统中的蒸汽比容,较热水比容大得多。

(5)由于蒸汽具有比容大、密度小的特点,因而在高层建筑供暖时,不会像热水供暖那样产生很大的静水压力。此外,

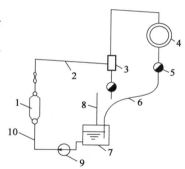

图 11.95 蒸汽供热系统原理图
1-热源;2-蒸汽管路;3-分水器;4-散热设备;5-疏水器;6-凝水管路;7-凝水箱;8-空气管;9-凝水泵;10-凝水管

蒸汽供热系统的热惰性小,供汽时热得快,停汽时冷得也快,很适宜用于间歇供热的用户。

按照供汽压力的大小,将蒸汽供暖分为三类:供汽的表压力高于 70kPa 时称为高压蒸汽供暖;供汽的表压力不超过 70kPa 时称为低压蒸汽供暖;当系统中的压力低于大气压力时,称为真空蒸汽供暖。

高压蒸汽供暖的蒸汽压力一般由管路和设备的耐压度确定。当供汽压力降低时,蒸汽的饱和温度也降低,凝水的二次汽化量小,运行较可靠而且卫生条件也好些,因此国外设计的低压蒸汽供暖系统一般尽量采用尽可能低的供汽压力,且多数使用在民用建筑中。真空蒸汽供暖在我国很少使用,因为它需要使用真空泵装置,系统复杂;但是真空蒸汽供暖系统具有可随室外气温调节供汽压力的优点,卫生条件好。

按照蒸汽干管布置的不同,蒸汽供暖系统可分为上供式、中供式和下供式三种。

按照立管的布置特点,蒸汽供暖系统可分为单管式和双管式,目前国内绝大多数蒸汽供暖系统采用双管式。

按照回水动力不同,蒸汽供暖系统可分为重力回水和机械回水两类。高压蒸汽供暖系统都采用机械回水方式。

4)室内供暖系统的末端装置

室内供暖系统的末端散热装置是供暖系统完成供暖任务的重要组成部分。它向房间散热以补充房间的热损失,从而保持室内要求的温度。

(1)散热器

散热器是最常见的室内供暖系统末端散热装置,如图 11.96 所示。其功能是将供暖系统的热媒(蒸汽或热水)所携带的热量,通过散热器壁面传给房间。

随着经济的发展以及物质技术条件的改善,市场上的散热器种类很多。对于选择散热器的基本要求,主要按以下几点进行考虑。

①热工性能方面的要求。散热器的传热系数值越高,说明其散热性能越好。提高散热器的散热量,增大散 热器传热系数的方法,可以采用增大外壁散热面积(在外壁上加肋片)、提高散热器周围空气流动速度和增加散热器向外辐射强度等途径。

图 11.96　常见室内散热器

②经济方面的要求。散热器传给房间的单位热量所需金属耗量越少,成本越低,其经济性越好。

③安装、使用和生产工艺方面的要求。散热器应具有一定的机械强度和承压能力;散热器的结构形式应便于组合成所需要的散热面积,结构尺寸要小,少占房间面积和空间;散热器的生产工艺应满足大批量生产的要求。

④卫生和美观方面的要求。散热器外表光滑,不积灰和易于清扫,散热器的装设不应影响房间观感。

⑤使用寿命的要求。散热器应不易于被腐蚀和破损,使用年限长。

目前,国内外生产的散热器种类繁多,样式新颖。按其制造材质,主要有铸铁、钢制散热器两大类。按其构造形式,主要分为柱哦、翼型、管型、平板型等。

铸铁散热器长期以来得到广泛应用,如图 11.97 所示。它具有结构简单,防腐性好,使用寿命长以及热稳定性好的优点;但其金属耗量大、金属热强度低于钢制散热器。我国目前应用较多的铸铁散热器有:翼型散热器(圆翼型和长翼型)、柱形散热器。

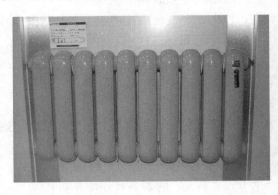

图 11.97　铸铁散热器

我国目前常用的钢制散热器有:闭式钢串片对流散热器、板形散热器、钢制柱形散热器和扁管散热器,如图 11.98 所示。钢制散热器与铸铁散热器相比,具有如下特点:金属耗量少;耐压强度高;外形美观整洁,占地小,便于布置;制散热器的水容量较少,热稳定性差;钢制散热器容易被腐蚀,使用寿命比铸铁散热器短。由于钢制散热器存在上述缺点,它的应用范围受到一些限制。因此,铸铁柱形散热器仍然是目前国内应用最广的散热器。

图11.98 钢制散热器

选用散热器类型时,应注意在热工、经济、卫生和美观等方面的基本要求,但要根据具体情况,有所侧重。设计选择散热器时,应符合下列原则性的规定。

①散热器的工作压力,当以热水为热媒时,不得超过制造厂规定的压力值。

②在民用建筑中,宜采用外形美观,易于清扫的散热器。

③在放散粉尘或防尘要求较高的生产厂房,应采用易于清扫的散热器。

④在具有腐蚀性气体的生产厂房或相对湿度较大的房间,宜采用耐腐蚀的散热器。

⑤采用钢制散热器时,应采用闭式系统,并满足产品对水质的要求,在非采暖季节采暖系统应充水保养;蒸汽采暖系统不得采用钢制柱形、板形和扁管等散热器。

⑥采用铝制散热器时,应选用内防腐型铝制散热器,并满足产品对水质的要求。

⑦安装热量表和恒温阀的热水采暖系统不宜采用水流通道内含有粘砂的铸铁等散热器。

(2)钢制辐射板

在辐射供暖系统中,有一种形式是采用钢制辐射板(图11.99)作为散热设备。它以辐射传热为主,使室内有足够的辐射强度,以达到供暖的目的。设置钢制辐射板的辐射供热系统,通常也称为中温辐射供暖系统(其板面平均温度为$80\sim200℃$),这种系统主要应用于工业厂房,用在高大的工业厂房中的效果更好。在一些大空间的民用建筑,如商场、体育馆、展览厅、车站等也得到应用。钢制辐射板,也可用于公共建筑和生产厂房的局部区域或局部工作地点供暖。

图11.99 钢制辐射板

根据辐射板长度的不同,钢制辐射板有块状辐射板和带状辐射板两种形式。

辐射板的背面处理,有加背板内填散状保温材料、有只带块状或毡状保温材料和背面不保温等几种方式。辐射板背面加保温层,是为了减少背面方向的散热损失,让热量集中在板前辐射出来,这种辐射板称为单面辐射板。它向背面方向的散热量,约占板总散热量的10%。背面不保温的辐射板,称为双面辐射板。双面辐射板可以垂直安装在多跨车间的两跨之间,使其双向散热,其散热量比同样的平面辐射板增加30%左右。

钢制块状辐射板构造简单,加工方便,便于就地生产,在同样的放热情况下,它的耗金属量可比铸铁散热器供暖系统节省50%左右。

(3)暖风机和风机盘管

前面所介绍的采暖末端装置的高温表面均是采用非强制的方式向房间供暖的,而暖风机与风机盘管均以强制对流的方式,向房间输入比室内温度高的空气,借以维持室内温度。

暖风机是由通风机、电动机及空气加热器组合而成的联合机组。在风机的作用下,空气由吸风口进入机组,经空气加热器加热后,从送风口送至室内,以维持室内要求的温度,如图11.100所示。

图11.100 暖风机

暖风机分为轴流式与离心式两种,常称为小型暖风机和大型暖风机。根据其结构特点及适用的热媒不同,又可分为蒸汽暖风机、热水暖风机、蒸汽—热水两用暖风机以及冷热水两用暖风机等。目前国内常用的轴流式暖风机主要有蒸汽—热水两用的 NC 型和 NA 型暖风机(图11.101)和冷热水两用的 S 型暖风机;离心式大型暖风机主要有蒸汽、热水两用的 NBL 型暖风机(图11.102)。

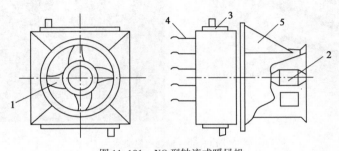

图11.101　NC 型轴流式暖风机
1-轴流式风机;2-电动机;3-加热器;4-百叶片;5-支架

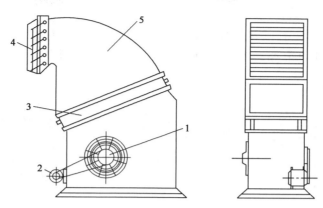

图 11.102　NBL 型离心式暖风机
1-离心式风机;2-电动机;3-加热器;4-导流叶片;5-外壳

　　轴流式暖风机体积小,结构简单,安装方便;但它送出的热风气流射程短,出口风速低。轴流式暖风机一般悬挂或支架在墙上或柱子上。热风经出风口处百叶调节板,直接吹向工作区。离心式暖风机是用于集中输送大量热风的供暖设备。由于它配用离心式通风机,有较大的作用压头和较高的出口速度,它比轴流式暖风机的气流射程长,送风量和产热量大,常用于集中送风供暖系统。

　　暖风机是热风供暖系统的备热和送热设备。热风供暖是比较经济的供暖方式之一,对流散热几乎占 100%,因而具有热惰性小、升温快的特点。轴流式小型暖风机主要用于加热室内再循环空气;离心式大型暖风机,除用于加热室内再循环空气外,也可用来加热一部分室外新鲜空气,同时用于房间通风和供暖上,但应注意:对于空气中含有燃烧危险的粉尘、产生易燃易爆气体和纤维未经处理的生产厂房,从安全角度考虑,不得采用循环空气。此外,由于空气的热惰性小,车间内设置暖风机热风供暖时,一般还应适当设置一些散热器,以便在非工作班时间,可关闭部分或全部暖风机,并由散热器散热维持生产车间工艺所需的最低室内温度(最低不得低于 5℃),称值班采暖。

　　在生产厂房内布置暖风机时,应考虑车间的几何形状、工作区域、工艺设备位置以及暖风机气流作用范围等因素。

　　风机盘管是中央空调理想的末端产品,如图 11.103 所示,由热交换器、水管、过滤器、风扇、接水盘、排气阀、支架等组成,其工作原理是机组内不断的再循环所在房间或室外的空气,使空气通过冷水(热水)盘管后被冷却(加热),以保持房间温度的恒定。通常,新风通过新风机组处理后送入室内,以满足空调房间新风量的需要。随着风机盘管技术的不断发展,运用的领域也随之变大,现主要应用在办公室、医院、科研机构等一些场所。

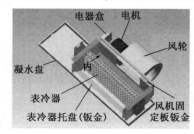

图 11.103　风机盘管

风机盘管按风机类型可分为离心式与贯流式。按结构类型可分为立式、卧式、支柱式与顶棚式。图 11.104 所示为一卧式风机盘管结构,其主要由盘管式换热器与风机组成。风机盘管作为采暖加热装置可用来循环加热室内空气,加热部分或全部室外新风。风机风量为 $250 \sim 2\,500\text{m}^3/\text{h}$。

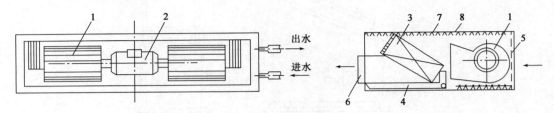

图 11.104　卧式风机盘管结构示意图
1-风机;2-电机;3-盘管;4-凝水盘;5-循环风进口及过滤器;6-出口格栅;7-吸声材料;8-箱体

风机盘管均可独立控制供热量(图 11.105),正常供暖时为回路 *E-A-C-D-F*,不供暖时为回路 *E-A-B-D-F*。风机盘管的供热量可以通过来水管路上的三通阀,根据室温通过室温调节器来改变向盘管的供水量进行调节。风机盘管内部电机多为单向电容调速电机,还可以通过调节电机输入电压使风速分为高、中、低三挡,从而调节风机盘管的供热量。非常适宜宾馆、饭店、办公楼等房间使用,这些场所的房间通常不在同一时间全部使用,对房间温度的需求具有多样性。

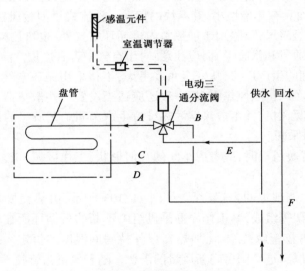

图 11.105　风机盘管室温控制原理图

5)集中供热系统

集中供热系统是由热源、热网和热用户三部分组成的。集中供热系统向许多不同的热用户供给热能,供应范围广,热用户所需的热媒种类和参数不一,锅炉房或热电厂供给的热媒及其参数,往往不能完全满足所有热用户的要求。因此,必须选择与热用户要求相适应的供热系统形式及其管网与热用户的连接方式。集中供热系统,可按下列方式进行分类。

①根据热媒不同,分为热水供热系统和蒸汽供热系统。

②根据热源不同,主要可分为热电供热系统和区域锅炉房供热系统。此外,也有以核供热

站、地热、工业余热作为热源的供热系统。

③根据热源的数量不同,可分为单一热源供热系统和多热源联合供热系统。

④根据系统加压泵设置的数量不同,分为单一网路循环泵供热系统和分布式加压泵供热系统。

⑤根据供热管道的不同,可分为单管制、双管制和多管制的供热系统。

（1）热水供热系统

热水供热系统主要采用两种形式:闭式系统和开式系统。在闭式系统中,热网的循环水仅作为热媒,供给热用户热量不从热网中取出使用。在开式系统中,热网的循环水部分或全部从热网中取出,直接用于生产或热水供应热用户中。

闭式与开式热水供热系统,各自具有如下优缺点:

①闭式热水供热系统的网路补水量少。在正常运行情况下,其补充水量只是补充从网路系统不严密处漏失的水量,一般应为热水供热系统的循环水量的1%以下。开式热水供热系统的补充水量很大,其补充水量应为热水供热管网漏水量和生活热水供应用户的用水量之和。因此,开式热水供热系统热源处的水处理设备投资及其运行费用,远高于闭式热水供热系统。此外,在运行中,闭式热水供热系统容易监测网路系统的严密程度。补充水量大,则说明网路漏水量大,在开式热水供热系统中,由于热水供应用水量波动很大,热源补充水量的变化,无法用来判别热水网路的漏水状况。

②在闭式热水供热系统中,网路循环水通过间壁式热交换器将城市上水加热,热水供应用水的水质与城市上水水质相同且稳定。在开式热水供热系统中,热水供应用户的用水直接取自热网循环水,热网的循环水通过大量的直接连接的供暖用户系统,水质不稳定和不易符合卫生质量要求。

③在闭式热水供热系统中,在热力站或用户入口处,需安装间壁式热交换器。热力站或用户引入口处设备增多,投资增加,运行管理也较复杂。特别是城市上水含氧量较高,或碳酸盐硬度（暂时硬度）高时,易使热水供应用户系统的热交换器和管道腐蚀或沉积水垢,影响系统的使用寿命和热能利用效果。在开式热水供热系统中,热力站或用户引入口处设备装置简单,节省基建投资。

④在利用低位热能方面,开式系统比闭式系统要好些。用于热水供应的大量补充水量,可以通过热电厂汽轮机的冷凝器预热,减少热电厂的冷源损失,提高热电厂的热能利用效率;或可利用工厂企业的低温废水的热能。此外,对热电厂供热系统,采用闭式时,随着室外温度升高而进行集中质调节,供水温度不得低于 $70 \sim 75$℃（考虑到生活热水供应系统的热水温度不得低于 60℃）。而采用开式系统时,因直接从热网取水,供水温度可降低到 60℃。加热网路水的汽轮机抽气压力可降低,也有利于提高热电厂的热能利用效率。

综上所述,闭式和开式热水供热系统各有其优缺点。在苏联城市供热系统中,闭式系统稍多于开式系统。应用范围主要取决于城市水的水质,以双级串联闭式热水供热系统为主要选择方案,而当上水水质含氯量过大,或暂时硬度过高时,则多选择开式方案。在我国,由于热水供应热负荷很小,城市供热系统主要是并联闭式热水供热系统,开式热水供热系统没有得到应用。

（2）蒸汽供热系统

蒸汽供热系统,广泛地应用于工业厂房或工业区域,它主要承担向生产工艺热用户供热;

443

同时也向热水供应、通风和供暖热用户供热。根据热用户的要求,蒸汽供热系统可用单管式(同一蒸汽压力参数)或多根蒸汽管(不同蒸汽压力参数)供热,同时凝结水也可采用回收或不回收的方式。

蒸汽在用热设备内放热凝结后,凝结水流出用热设备,经疏水器、凝结水管道返回热源的管路系统及其设备组成的整个系统,称为凝结水回收系统。

凝结水水温较高(一般为 80 ~ 100℃),同时又是良好的锅炉补水,应尽可能回收。凝结水回收率低,或回收的凝结水水质不符合要求,使锅炉的补给水量增大,增加水处理设备投资和运行费用,增加燃料消耗。因此,正确地设计凝结水回收系统,运行中提高凝结水回收率,保证凝结水的质量,是蒸汽供热系统设计与运行的关键性技术问题。

凝结水回收系统按其是否与大气相通,可分为开式凝结水回收系统和闭式凝结水回收系统。

如按凝水的流动方式不同,可分为单相流和两相流两大类;单相流又可分为满管流和非满管流两种流动方式。满管流是指凝水靠水泵动力或位能差,充满整个管道截面呈有压流动的流动方式;非满管流是指凝水并不充满整个管道断面,靠管路坡度流动的流动方式。

如按驱使凝水流动的动力不同,可分为重力回水和机械回水。机械回水是利用水泵动力驱使凝水满管有压流动。重力回水是利用凝水位能差或管线坡度,驱使凝水满管或非满管流动的方式。

(3)热网系统形式与多热源联合供热

热网是集中供热系统的主要组成部分,担负热能输送任务。热网系统形式取决于热媒(蒸汽或热水)、热源(热电厂或区域锅炉房等)与热用户的相互位置和供热地区热用户种类、热承荷大小和性质等。

供热管网的形状可以分为枝状管网和环状管网;按照热源的个数可分为单一热源和多热源管网。传统的管网大部分为单一热源的枝状管网,近年来集中供热面积达到数十万至数百万平方米。以热电厂为热源或具有几个大型区域锅炉房的热水供热系统,其供暖建筑面积甚至达到数千万平方米,因而多热源联合供热的管网系统逐渐增多。热网系统形式与多热源联合供热系统的选择应遵循供热的可靠性、经济性和灵活性的基本原则。

(4)分布式加压泵热水供热系统

之前所介绍的集中供热系统都具备同一特点:系统循环泵安装在热源处,为整个系统热媒循环流动提供动力。随着集中供热的发展,供热规模越来越大,长输管线阀门节流能耗越来越大,为了节能降耗,近年来展开了分布式加压泵供热系统的研究,并在一些工程中得到了应用。

分布式加压泵供热系统是把热源循环泵的动力分解到热源循环泵、管网循环泵(即管网加压泵)和用户循环泵(即用户加压泵),三部分循环水泵变频控制、串联运行。分布式加压泵作为一种新型的循环泵多点串联布置形式,与传统的循环泵单点布置形式相比,具有显著的节电效果,及管网整体压力低、用户便于混水直连等优点。分布式变频泵供热系统如图 11.106 ~ 图 11.108 所示。

图 11.106 为热源循环泵、沿途加压泵、用户供水加压泵的分布式变频泵供热系统。该系统适合于地势平坦的长输管线供热系统,可有效降低系统的工作压力。

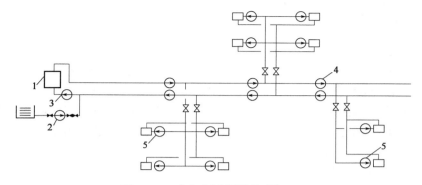

图 11.106　分布式变频泵供热系统(一)

1-热源;2-补水泵;3-热源循环泵;4-沿途加压泵;5-热用户供水加压泵

图 11.107 为热源循环泵、沿途回水加压泵、用户回水加压泵的分布式变频泵供热系统。适用于热源在高处的供热系统。配合供水管取用等于地形坡度大小的比摩阻,可以有效降低供热系统的工作压力。

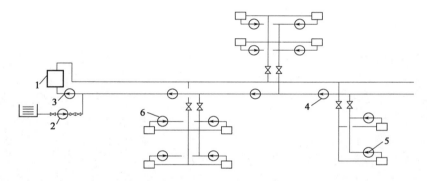

图 11.107　分布式变频泵供热系统(二)

1-热源;2-补水泵;3-热源循环泵;4-沿途回水加压泵;5、6-热用户回水加压泵

图 11.108 为热源循环泵、沿途供水加压泵、用户供水加压泵的分布式变频泵供热系统。适用于热源在低处的供热系统。配合回水管取用等于地形坡度大小的比摩阻,可以有效降低近端用户的工作压力。

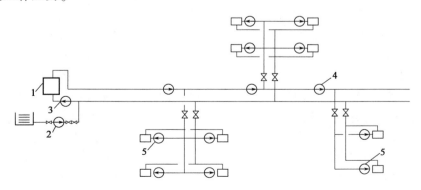

图 11.108　分布式变频泵供热系统(三)

1-热源;2-补水泵;3-热源循环泵;4-沿途供水加压泵;5-热用户供水加压泵

11.5.2 供燃气工程

1)供燃气工程简介

供燃气工程是指以集中方式向用户供应燃料气体,以满足其热能需求的工程技术和设施。其主要用途有采暖、制冷、热水、食品加工,以及用于生产上各种加热过程和动力操作等。

热能是人类生存所必需的,而且随着人民生活和生产水平的提高,需要量不断增加。现代工业发达国家每年人均耗能量折合标准煤达 5t 以上,个别国家已超过 10t,其中约 50% 用于低温加热,10% 用于高温加热,其余用于运输业和必要的电能消耗(如电动机、照明、电子仪表和熔炼金属的电炉等)。

长期以来,城市居民取暖、烹饪以及生产等所需热能,是从分散的燃用固体燃料的低效炉子中取得的,劳动生产率低,使用不方便,又严重污染环境和浪费能源,如图 11.109 所示。现代城市人口聚居,生活和生产热负荷相当集中,客观上形成了集中供热的条件。随着近代大工业的发展,19 世纪相继出现了集中供煤气和集中供蒸汽两种集中供应热能的方式,后来又逐步发展到集中供应其他燃气,使居民生活和生产都有了很大的改善,能源消费构成逐步起了变化。19 世纪以来,许多工业发达国家的城市实现了集中供燃气,如图 11.110 所示。中国的城市集中供燃气事业,始于 19 世纪 60 年代,20 世纪 50 年代以来发展很快。

图 11.109 传统固体燃料(蜂窝煤)　　　　　　　　图 11.110 燃气灶

城市实现集中供燃气,具有重要的社会经济意义。第一,采用集中方式统一供应,燃气燃烧直接供热,与其他能源相比,燃料的热能利用率较高。因此,可以大大节省能源。在现代城市中,如果实现供热、供燃气和供电三者的合理结合,可以更经济和有效地利用能源,促进国民经济发展。第二,燃气是洁净能源,可以大大降低城市环境的污染。第三,使用方便,有利于居民生活。第四,便于调节和控制,易于实现生产过程自动化。因此,城市实现集中供燃气是城市现代化的一个重要标志,也是国家能源合理分配和利用的一个重要措施。

到了近代,人们对集中供热的优越性认识越来越明确,城市集中供热系统已成为现代化城市的基础设施之一,许多国家积极组织研究和实施,图 11.111 所示为现代化的天然气生产厂区。目前,在研究方面正取得进展的有新热源和新气源的开发,热能和燃料的综合利用,多功能、高效率、美观和舒适的用气设备的研制,专用管路部件和检测仪表的试制,新型管材和先进施工方法的采用,以及在设计、生产和管理等方面自动化技术、计算机科学和系统工程学等先进科学技术的运用等。

图 11.111 现代化天然气公司生产厂区

任一城镇燃气供应系统均由燃气气源、燃气输配系统、用气系统 3 大部分组成,其整个系统如图 11.112 所示。

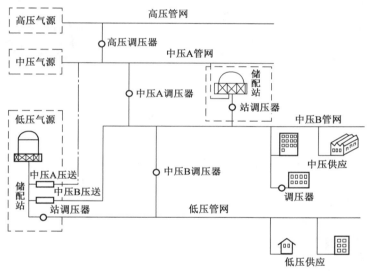

图 11.112 燃气供应系统示意图

(1)燃气气源

城镇用燃气可以用人工方法从矿物(煤炭等)中制取,也可以从无然气资源中获取。因而,城镇气源设施为人工燃气制气厂或天然气接收站。图 11.113 表示了大连接收来自卡塔尔天然气的工作站。

图 11.113 天然气接收站区

（2）燃气输配系统

输配系统是指从气源厂（或天然气站）以后至燃气用户引入管前的输配综合设施。现代化燃气输配系统主要由下列几部分组成：

①不网压力级别的输、配气管网；

②储气及压送分配站；

③调压与计量站，其设施如图11.114所示；

④系统运行管理及控制设施，如遥控遥测装置、计算机调度控制中心等。

图11.114　燃气调压与计量设施

（3）用气系统

包括生活、公用建筑和工业用燃具，计量仪表和用气管道等。

2）燃气气源

燃气是一种以可燃气体为主的混合气体，由各种碳氢化合物、氢气和一氧化碳等可燃气体和少量其他气体，如氮气、水蒸气、二氧化碳、氨气、硫化氢等组成。

（1）燃气质量要求

天然气和人工燃气需要满足如下质量要求：

①发热值高。一般作为城镇燃气的低热值应大于14 636kJ/m^3。

②毒性小。燃气中的一氧化碳是有毒气体，为确保安全用气，城镇燃气中的一氧化碳含量应小于10%。

③杂质少。城镇燃气中的有害杂质含量应小于表11.8中的规定。

城市燃气中有害杂质的规定　　　　表11.8

有害杂质	含量（mg/m^3）	有害杂质	含量（mg/m^3）
硫化氢	< 20	焦油及灰尘	< 10
苯	< 100（夏季）; < 50（冬季）	氧	< 1%
氨	< 50		

④燃气的华白指数波动小。燃气的华白指数波动范围一般不超过 ±5%。

⑤燃气应具有臭味。城镇燃气应具有可以察觉的臭味，无臭的燃气应加臭。

液化石油气的质量应满足如下要求：

①硫化氢含量 <5g/100m^3；总硫分0.015% ~ 0.012%（质量比）。

②乙烷和乙烯含量 <6%（质量比）。

③C_5以上组分 <2%（在20℃条件下的体积比）。

④丁二烯<2%。

⑤不含水分。

（2）燃气气源种类

城镇燃气气源的种类很多。主要有天然气、煤制气、油制气、液化石油气以及生物气等。

①天然气。天然气是指有机物质在适宜的地质条件下,经过长期的物理和生物化学作用,并在一定的压力下储集在地质构造中的可燃气体。它的主要成分是甲烷、乙烷、丙烷、丁烷等低分子烃类。一般可分气田气(天然气)、石油伴生气、凝析气田气、矿井气四种。天然气是理想的城镇气源,可用作燃料和化工原料。

②煤制气。按制气工艺分有干馏煤气和气化煤气两种。

干馏煤气是指煤在隔绝空气的条件下,高温加热,分解产生可燃气体(煤气)、液体(如焦油)和固体(如焦炭)的热化学加工过程称干馏。在干馏过程中逸出的煤气称干馏煤气,经净化后供应城镇,它的主要成分是氢气、甲烷,是我国目前城镇燃气重要的固定气源之一。目前常用的干馏制气炉主要有焦炉、碳化炉和立箱炉三种。

气化煤气是指煤在高温下与气化介质反应制取的燃气。气化介质有氧气、空气、蒸气、二氧化碳和氢气,气化煤气的主要成分为一氧化碳和氢气。水煤气、发生炉煤气、压力气化煤气等均属此类。压力气化含有部分甲烷,煤气发热值较高,可作为城镇燃气气源。而发生炉煤气和水煤气发热值偏低,且毒性大,不宜单独作为城镇燃气的气源,在城镇气源中多用来加热焦炉和炭化炉,以顶替发热值较高的干馏煤气,并和干馏煤气、其他煤制气掺混,增加气源供气量。按煤粒和气化介质的不同接触方式,气化工艺基本上可分成固定床、流化床和气流床等;根据操作压力,又可分为常压与高压两类。

③油制气。利用重油制取的城镇燃气。按制取方法不同,可分为重油蓄热热裂解制气和重油蓄热催化裂解制气两种。前者主要成分为甲烷、乙烯和丙烯。后者主要成分为氢气、甲烷、一氧化碳。由于油制气设施基建投资较少,自动化程度较高,生产的机动性强,可作为城镇燃气的基本气源或调峰机动气源。

④液化石油气。液化石油气是油气开采和炼制石油过程中,作为副产品获得的一部分碳氢化合物,它的主要成分是丙烷、丙烯、丁烷、丁烯。在常温常压下呈气态,而当压力升高或温度降低时,容易变成液态。液化石油气因其供应方式灵活、设备简单、投资省、建设速度快,在我国发展迅速。

⑤生物气。各种有机物质,如垃圾、粪便、杂草和落叶等,在隔绝空气的条件下发酵,并在微生物的作用下产生的可燃气体。当前在我国农村推广应用沼气,有着广阔的开发前景,如图11.115所示。

3）管网输配系统

（1）管网系统级制

城镇管网系统按所采用的管网压力级制的不同可分:

①单级系统,如低压一级制、中压一级制。

②两级系统,如中—低、高—低、高—中两级制。

③三级系统,如高—中—低三级系统。

④多级系统。

（2）城镇燃气管道的压力分级

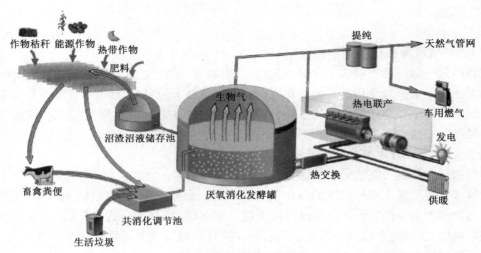

图 11.115　沼气开发利用

燃气管道的输气压力,通常有高、中、低各级之分,不同国家和地区,管道压力分级方法各有不同。我国城镇燃气管道压力 P(表压 MPa)可分为:

①高压燃气管道 A,$0.8 < P \leq 1.6$;高压燃气管道 B,$0.4 < P \leq 0.8$。

②中压燃气管道 A,$0.2 < P \leq 0.4$;中压燃气管道 B,$0.05 < P \leq 0.2$。

③低压燃气管道,$P \leq 0.05$。

(3)燃气管道分类

①长距离输气管线,一般用于天然气长距离输送,如图 11.116 所示。

图 11.116　长距离输气管道

②城镇燃气管道。可分为:城镇输气管道,城镇配气管道,厂区、街坊庭院燃气管道,室内燃气管道;按其敷设方式又分为地下燃气管道和架空燃气管道两种。

(4)城镇燃气的储气方式分类

①按储存燃气的形态分为气态储存和液态储存两种。前者是目前我国广泛用于调节用气时不均匀性的储气方式,分低压和高压储存两种;后者一般只适用于液态天然气和液化石油气的储存。

②按储气容器分为地上储气柜、地下岩穴、地下管道和高压长输管道储气等储气方式。

(5)调压器分类

①厂站调压器,设置在制气厂或储配站内的调压器,如图 11.117 所示。

②区域调压器,设置在用气区域内的调压器。

③专用调压器,为某特定大用户专用的调压器,设置在用户范围内。

④楼幢调压器,设置在用户建筑物外墙上的调压器,燃气通过调器直接进入楼内,如图11.118所示。

图11.117 厂站调压器

图11.118 楼幢调压器

(6)燃气用户类型

城市燃气一般用于下列四个方面:

①居民生活用气,主要用于炊事和日常生活用热水。

②公共建筑用气,如旅馆、办公楼、浴室、食堂、饮食业、幼儿园、托儿所、医院、学校和科研机关等的炊事和生活热水及其他用气。

③工业企业生产用气,主要用于生产工艺。

④建筑物采暖通风用气,只有在气源充沛且技术经济合理时才采用。

4)城镇燃气规划与初步设计

为了搞好城镇燃气的建设,必须按照国家有关方针政策和城镇总体规划的原则和要求,编制城镇燃气发展规划。

(1)规划编制原则

①规划编制以城镇总体规划为基础,并遵循城镇总体规划的编制原则。

②城镇燃气发展应与国民经济发展和人民生活水平相适应,根据需要和可能确定供气对象、预测用气需求。

③气源规划应符合国家燃气发展政策。在我国目前情况下,采取因地制宜,多种气源,多种途径的发展方向,大力发展煤制气,优先使用天然气,合理利用液化石油气,适当发展油制气,积极回收工矿余气。

④城镇气源数量应根据用气发展需求,全面规划,分期实施。

⑤制气工艺、制气炉型及制气厂的布点,应综合考虑原料运输方便,符合环保标准,占地少,单产高,综合利用好,工艺成熟,配套设施可行,经济合理,距供气中心近等。

⑥气源厂、储配站和输气干管等组成的燃气供应系统应全面规划,合理布置。并根据产、供、销特性,选择经济合理的调峰手段。

⑦管网规划规模应根据远期需求来确定,并考虑远近结合、分期实施的可能。近期规划一般为5年左右,远期规划一般为20年以上,并与城镇道路规划及地下管线规划相协调。尽量

避免近期内重复开挖路面。

⑧规划编制应尽可能做多方案的技术经济比较,从中选择切实可行的最优方案。

(2)规划的主要内容

①确定供气规模、产气能力、气源种类。

②确定主要供气对象,预测各类用户的用气量。

③选择调峰方式,确定储配设施容量。

④确定输配管网系统压力级制,布置输配系统。

⑤提出规划实施期限和分期实施的步骤。

⑥估计各实施阶段的建设投资及主要材料和设备的数量。

⑦确定劳动力定员。

⑧估计征用土地面积。

⑨分析规划实现效益。

⑩建议和要求。

(3)规划文件

域镇燃气发展规划文件主要有规划说明、规划图纸及规划附件三大部分。

①规划说明书主要包括以下内容:燃气供应规划方案及其技术经济比较;输配、储存方式和调节手段;劳动力定员;供应服务、维修站点;投资、主要材料和设备及分期实施计划;主要技术经济指标和效益。

②规划图纸中标明远、近期燃气气源或天然气接收门站、储配站,主要调压站的位置和各级燃气管网的走向和管径等。

③规划附件规划的原始资料和依据,用气量计算,储气容积计算,管网水力计算,投资、材料耗量估算及效益分析等计算附件。

(4)燃气工程项目建议书(或预可行性研究)

项目建议书是燃气工程建设程序中最初阶段的工作。根据燃气发展规划的要求和实际的需要和可能,提出工程项目的建议书,说明建设的必要性和建设条件大致可行。其是国家选择建设项目并有计划地进行可行性研究的依据,主要内容包括:

①项目的必要性和依据。对于含引进技术和进口设备的项说明进口设备的理由。

②规模和选址。

③建设内容和建设条件。含引进技术和进口设备的项目,要说明引进国别和厂商的初步分析。

④投资估算和资金筹措的设想。对于利用外资的项目,要说明利用外资的可能性以及偿还贷款能力的大体测算。

⑤进度安排。

⑥经济效益和社会效益的初步估算。

(5)燃气工程可行性研究

可行性研究是对建设项目进行深入的技术和经济论证,是研究建设项目是否可行的科学分析方法,是保证建设项目最佳效果的综合研究。进行可行性研究可避免或减少建设项目决策的失误。可行性研究是确定工程建设项目和扩大初步设计的依据,而且也是向银行贷款筹集资金的根据。从我国基本建设程序的要求和燃气行业的特点出发,燃气工程可行性研究报

告由下列内容组成:

①编制依据。

②发展城镇燃气的理由。

③气源及供气规模,包括技术水平,气质指标,规模大小,工艺路线,原材料品种及运输条件,环保及工业卫生,综合利用及产品销售,用地及公用设施配合条件等。

④供气原则和气化范围。

⑤供需平衡、调峰措施及储气容积确定。

⑥输配系统方案,包括压力级制,管网布置,储气站站址选择等。

⑦投资、材料估算及资金筹措。

⑧经济和效益分析,包括成本估算,静态和动态财务效益分析,社会、环境效益分析。

⑨结论和存有问题。

⑩附图和附件。包括厂站平面布置图、工艺流程图和上级批准的各种文件、会议纪要,规划部门的用地意见,有关部门对原料、水、电供应可能性的意见等,对于天然气项目,还需有储量委员会正式批准的储量报告。

(6)燃气工程扩大初步设计

燃气工程根据已批准的可行性研究,一般按扩大初步设计和施工图设计两阶段进行设计。扩大初步设计简称扩初设计,根据国家的建设方针、技术政策和有关技术标准、设计规范所编制的具体实施方案,是安排建设项目和组织工程实施的主要依据。

扩大初步设计须切合实际、技术先进、经济合理、安全可靠,符合国家和地方规定的建设条件,并需预留后继工程续建和扩建的条件。内容有一定的深度,以满足下列需要:

①作为控制建设工程投资拨款以及签订建设工程总包合同、贷款总合同的依据。

②作为工程施工准备的依据。

③作为用地申请的依据。

④作为组织主要材料、设备加工和订货的依据。

⑤作为编制施工图设计的依据。

扩大初步设计的文件除包括说明书和计算书外,还应有相应的图纸,应由设计单位编制。

5)地下燃气管道设计

(1)收集与描绘设计资料

管道工程设计前,需收集与描绘工程起终点之间道路两侧20m左右范围内,与管道有关的资料。

①地面资料。包括:道路的名称,快、慢车行道,绿带、绿岛;管线将穿越的铁路或河流及桥梁;道路两侧建筑物及其层数、门牌号;雨水、污水的窨井盖、电话线人井,化粪池、测量等标志;路旁电线杆、电话线杆、路灯杆、雨水进水口、消水栓;郊区公路路沟、过路涵洞等。

②道路结构。

③地下资料。包括:污水管、雨水管、电话线、电缆、自来水管、煤气管等资料。

④道路及地上、地下建筑物或构筑物的规划资料等。

(2)确定管位

①地下燃气管道与建筑物、构筑物基础或相邻管道的距离应符合燃气设计规范规定,并服从城镇地下管线综合规划安排。

②便于施工和维修保养,有利于降低基建投资和维修费用。

③尽量少穿障碍或其他管线,在郊区还应尽量少穿农田。

④拆迁房屋最少及绿化等其他损失最小。

⑤最后还须征得市管线综合规划部门的同意。

(3)绘制施工图

①管道平面图和横断面图。在地形图上绘制管道平面图及横断面图,并在图中标明管道位置,注明管道与其他管道、建筑物或构筑物之间的相对距离,管径以及各种管件的位置和规格。

②纵断面图及其设计要求。对于大口径管道及地下情况复杂的管道工程,还需做纵断面设计,绘制管道纵向位置、标高、管道坡度等。

管道深度:管道深度应保证管道在地面各类负荷作用下不受损坏,在冻土地区应不致冷凝液冻结堵塞管道。管道埋设的最小覆土深度,按规定为:

a. 在车行道下,不得小于 0.8m;

b. 在非车行道下,不得小于 0.6m;

c. 在庭院内,不得小于 0.3m;

d. 在水田下,不得小于 0.8m;

e. 在冻土地区,输送湿燃气的管道应埋设在土壤冰冻线以下。

管道坡度:输送湿燃气时,管道坡度不宜小于 0.003,并坡向集水井。

管道基础一般为原土层,凡可能引起管道不均匀沉降的地段,应考虑地基处理。

③节点详图。位于交叉路口或穿越河流、铁路、调压器室内等管道,由于管道及配件多而复杂,平面图和横、纵断面图不足以表达设计意图时,应将其局部放大、绘制节点详图。

(4)编制设计预算

设计预算主要包括材料费、人工费、施工机具费、运输费、路面修复费、各类代办费、间接管理费、施工用电费、不可预见费及各项调差费。

6)地下燃气管道施工验收

(1)常用管材

①铸铁管。铸铁管有良好的防腐性能,使用寿命长、造价低、加工方便,是中压管道及低压管道的主要材料,如图 11.119 所示。常用管径为 $\phi75$、$\phi100$、$\phi200$、$\phi300$、$\phi500$、$\phi700$ 等。

接口形式有承插式、机械接口等。承插接口使用水泥作密封填料时,应采用强度等级为 42.5 及以上的水泥或膨胀水泥。在寒冷季节施工时,采用强度等级 32.5 以上的早强水泥。承插接口使用铅作密封填料时,要求含铅量大于 99.9%。

②钢管。采用含碳量小于 0.25% 的低碳钢为原料,机械强度高,韧性和抗冲击性能好,但由于造价高,易腐蚀,目前用于高压和中压管道以及大口径($>\phi700$)的中压管道和低压干管以及穿越河流、铁路等特殊地段,如图 11.120 所示。

③聚乙烯管。质轻、耐腐、价廉,具有优良的抗冲击性能,为中、低压管道的理想管材,在国外已普遍使用,如图 11.121 所示。

(2)常用管道设备

①集水井,为排除燃气管道中冷凝水和天然气管道中的轻质油,管道敷设成一定坡度,在其最低处设置集水井,管道在输送燃气的过程中冷凝下来的含酚废水,聚集于集水井中,定期抽至专用槽车内送去集中处理。

图 11.119 铸铁燃气管

图 11.120 钢制燃气管

图 11.121 聚乙烯燃气管

集水井有承轴接口铸铁聚水井、焊接铜板集水井和螺纹连接铸铁集水井(俗称加仑井)等种类。

②燃气阀门。是燃气管网重要设备,必须坚固严密、开关迅速、检修方便,并耐腐蚀。常用的阀门有闸阀、旋塞阀、蝶阀、平板阀等,如图 11.122 所示。近年来开发的煤气专用阀门也被广泛采用。

a)闸阀

b)旋塞阀

c)蝶阀

d)平板阀

图 11.122 各种常见燃气阀门

③补偿器。作为调节管道伸缩的设备,在埋地燃气管道上多用钢制波形补偿器,也有采用套筒式填料补偿器,如图11.123所示。

a)波形补偿器

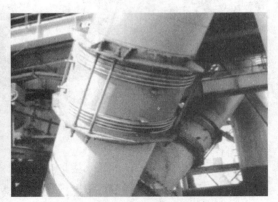
b)填料补偿器

图11.123 燃气补偿器

(3)定线放样

根据管线施工图,定出拟埋管道的中心线,核实地下资料,若发现设计管位无法施工时,须会同设计规划部门共同商议,修改管位。

(4)管沟土方工程

①沟底宽度宜采用表11.9中的尺寸。

管 沟 尺 寸 表11.9

管径(mm)	58~80	100~200	250~350	400~450	500~600
沟底宽度(m)	0.6	0.7	0.8	1.0	1.3
管径(mm)	700~800	900~1 000	1 100~1 200	1 300~1 400	
沟底宽度(m)	1.6	1.8	2.0	2.2	

接口工作坑的开挖尺寸,按工作需要,应大于管沟宽度。

钢管单管沟边组装时,沟底宽度为管道直径加0.3m。

②根据埋管深度、土质和地下水位等,决定沟槽边坡及支撑形式。

③管沟按设计所定平面位置和高程开挖,不应超挖。人工开挖且无地下水时,槽底预留0.05~0.10m;机械开挖或有地下水时,槽底预留0.15m。管道安装前人工清底至设计高程,超挖部分须回填原土夯实或填砂处理。

沟底遇有废旧构筑物、硬石等杂物时,应清除并换土填砂。对软弱地层和腐蚀土壤,应按设计要求处理。

(5)管道接口施工

铸铁管通常采用承插式、法兰(图11.124)、机械接口连接;钢管采用焊接或螺纹连接;塑料管采用热熔连接。施工质量应符合有关施工规范要求。

(6)管道防腐施工

埋地钢管内壁应涂环氧铁红等防锈漆两遍。外壁采用普通级防腐结构。特殊要求的管段采用加强级防腐结构。埋于腐蚀性土壤时,采用特加强级防腐结构。

图 11.124 法兰接口

为防止电化腐蚀,埋地钢管必须采取阴极保护措施。城镇燃气钢管多采用镁合金牺牲阳极和锌合金牺牲阳极保护,其施工要求应符合国家有关标准的规定。

(7)试验与验收

①强度试验。试验时压力需缓慢升高,直至设计要求的强度试验压力值,稳压 1h,以无破坏变形为合格。

②气密性试验。气密性试验应在强度试验合格后进行,试验介质采用压缩空气。为了减小温度的影响,被检管道应被泥土覆盖,回填至管顶以上 0.5m。气密性试验的时间为 24h,以试验实测压降值 $\Delta p_{实}$ 不超过压降允许值 $\Delta p_{允}$ 为合格。

11.5.3 供热与供燃气工程发展趋势

1)供热工程发展趋势

随着国民经济建设的发展和人民生活水平的不断提高,我国的供暖和集中供热事业得到了迅速发展。在东北、西北、华北三北地区,许多民用楼房建筑和大多数工业企业都装设了集中式供暖系统。不少城镇实现了集中供热。根据建设部统计资料,1980 年,"三北"地区集中供热(暖)面积仅为 1 124.8 万 m^2,普及率为 2%;到 1990 年底,全国已有 117 个城市建设了集中供热设施,供热(暖)面积达 21 263 万 m^2;到 2005 年底,全国实现供热(暖)面积为 252 056 万 m^2。

2015 年,北京及其邻近省市的工业企业、供暖设备和居民生活用煤每年消耗的燃煤达 2.4 亿 t,而发电厂每年烧煤为 1.3 亿 t。我国目前集中供热能耗平均在 20 ~ 25kg 标准煤/m^2,一些老旧建筑物供热能耗更是超出 25kg 标准煤/m^2,而欧洲为 10 ~ 15kg 标准煤/m^2。随着供热面积与燃煤量的不断增加,环境问题日益显著。北京大学对北京城区 2010 ~ 2014 年 PM2.5 污染的分析发现,在统计学意义上 PM2.5 浓度在供暖期的平均水平比非供暖期显著升高。3 月供暖期 PM2.5 平均浓度比非供暖期升高了 33% ~ 66%,11 月供暖后 PM2.5 平均浓度增长了 23% ~ 179%。

随着社会和经济发展,人们生活水平不断提高,需求也在不断发生变化,城市集中供热必须适应发展的需要,不断创新,其具有以下发展趋势:

(1)天然气的开发和利用

天然气的开发和利用,为城市集中供热提供了新的、洁净、高效能源,有天然气资源的城市可以从以下几方面有效使用天然气。

①发展天然气热电联产。北京建设了 4 座天然气热电联产厂,如图 11.125 所示,装机容量为 80 万 kW,向市区供热,正在扩建 3 座装机容量为 100 万 kW 的天然气热电联产机组。

图 11.125　天然气热电联产厂

②建设天然气分布式能源。北京建设了 21 座热、电、冷三联供机房,如图 11.126 所示。上海、南京、武汉、重庆等地也建设了一批天然气热、电、冷三联供分布式能源。天然气分布式能源小而灵活,能效利用率高,而且环保。

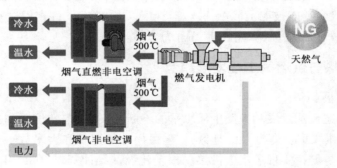

图 11.126　热、电、冷联产示意图

③以天然气为燃料,在热力站建设尖峰加热设施,扩大供热面积,如图 11.127 所示。与燃煤尖峰锅炉房(图 11.128)相比,热力站建设尖峰加热设施占地少、投资小、使用方便灵活,也节能环保。

图 11.127　热力站尖峰加热设施　　　　　　　　图 11.128　燃煤尖峰锅炉房

④发展天然气小型模块锅炉。利用小型模块锅炉(图11.129)作为集中供热补充和生活热水供应,能效高、洁净环保。北京某公司制造的天然气YH型立式模块锅炉,热效率高达96%,氮氧化物排放低于国家标准,常压使用天然气,锅炉非压力容器,使用安全方便。

图11.129　小型模块锅炉

(2)研发利用节能高效、环保用煤技术与设备

我国是以燃煤为主的国家(一次能源结构中煤占70%以上),研究利用节能高效、环保用煤的区域锅炉房技术和设备,是创新发展城市集中供热的重要环节。

区域锅炉房在我国城市集中供热总量中占比高达60%以上,创新利用燃煤技术十分突出。兰州、沈阳、山西学习引进德国煤粉炉技术与设备,在示范工程中取得了明显效果。据测试,燃煤效率高达98%左右,锅炉热效率为93%,节煤50%左右,降低供热成本30%以上;排放污染物大量减少,烟尘为11.1mg/m³,是国家标准的5.6%,二氧化硫329.9mg/m³,是国家标准的36.6%,氮氧化物309.2mg/m³,大大低于国家标准。煤粉炉技术与设备为我国城市供热开辟了新的发展途径。

(3)热电联产与热泵技术结合

清华大学节能建筑中心把热电联产与热泵技术结合起来的创新技术,应用到城市集中供热领域,把热电联产的效益由70%提高到100%,使我国热电联产集中供热达到了国际领先水平,如图11.130所示。

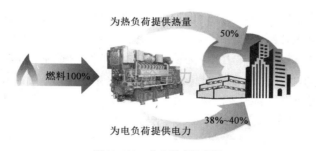

图11.130　热电联产示意图

在赤峰热电厂(图11.131)示范工程中,热电联产供热煤耗降为20kg/GJ以下,发电煤耗低于200g/(kW·h),明显低于大型发电机组煤耗330g/(kW·h)的规定。这项技术的推广与应用,实现了热电厂产出热量增加50%左右,使热力管网输送能力增加50%以上,缓解了城市

供热热源能力不足和管网输送能力不足两大难题,扩大了供热面积,减少了建设投资。

图 11.131 赤峰热电厂

(4)热力管网施工技术

目前,我国多数城市热力管网的管道敷设技术仍采用地沟方式,在未来,应逐步引进国外比较先进的直埋技术,如图 11.132 所示。供热管道直埋技术的使用,可使城市供热一次管网热能损失降低 30% 左右,节约能源,使城市管网输送能力由原来的 70% 提高到 95% 左右。

图 11.132 直埋式热力管道

同时,城市热力管道的保温材料和防腐材料需要同步跟进,在施工过程中供热直埋管道由现场喷涂应转向在生产厂加工制造,实现产品系列化、规模化和产业化。

(5)新的供热设备

20 世纪 80 年代,城市集中供热开始发展时,相应设备基本是空白的,都用其他行业的设备替代,严重影响城市热力网正常运行。目前,应重点发展以下几种新的供热设备。

①供热调节阀。供热小室(热力站)最初使用的调节阀门是闸板阀,稍微开启,水大量流过,稍微关闭就没有水流过,根本不能调节水量。后来有了刻度盘调节阀、自动调节阀(图 11.133)。未来应研究智能化调节阀,可实时测试热力管网的流量、压力、温度等参数,分析水力工况,下达指令,调节水力平衡和运行工况。

②针对我国供热水质的实际情况,研制具有防腐功能的供热阀门、管道。

③新型供热换热器制造。过去几十年一直使用的大 60 型、丝柱形散热器应逐步淘汰,更新为各种铜制、铝制、铁铸的形式多样、外形美观、散热效果好的散热器。

④新型地板辐射采暖设备在许多城市大量使用,为能源梯级利用、低温供热提供了散热设备,如图 11.134 所示。

图11.133 供热调节阀

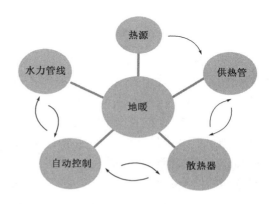

图11.134 地板辐射采暖

⑤其他各种锅炉、补偿器、温控阀等供热设备。

（6）城市热力管网水力平衡技术

早在20世纪80年代末,城市供热发展不到十年时间,清华大学热能工程系与赤峰市热力公司,共同创新研制了城市热力网计算机监控系统,经过一个采暖期运行实践,大大提高了热力网节能经济效益和运行安全、可靠供热的社会效益,水量由原来的7kg/m² 降为2.7kg/m²,热力网末端供回水压力差保持在5N左右,热用户供热效果基本良好,用户满意,取得了十分明显的节能经济效益。而后沈阳、唐山、牡丹江、长春、吉林、阜新、呼和浩特、大同等许多城市相继建设城市热力网计算机监控系统,提高了城市热力网技术水平、管理水平和安全运行水平。

未来,城市热力网的技术和管理开始向信息化和智能化创新发展,在技术方面包括:自动化控制(热源、热力网、热力站、热用户的温度、变流量、压力差、供热量等控制),实施再现水力工况计算分析(多热源联网、热源泵、热力站水泵等输配),多热源优化调度运行方案制订(非线性优化理论、遗传计算法等),运行故障诊断系统(专家系统、知识库系统等),热力网系统节能改造方案制订(以能源信息管理系统为基础),运行热量分摊计算(系统调节、温度控制、热量分摊、计量收费四位一体),还有管理方面的能源管理、人力资源管理、办公管理、收费运营管理等。

（7）供热计量方法改革

供热计量是热力网系统复杂的技术问题,涉及到热源、热力网、热用户等各个方面,动一发牵全局,绝对不是安装一块热力表这样简单的事情。北京、天津、沈阳、济南、南京、杭州、唐山等诸多城市相继建立了大批供热计量表生产企业,包括机械热量表(图 11.135)、超声波热量表(图 11.136),口径大小不同的系列产品,填补了我国的空白,推动了供热计量改革。

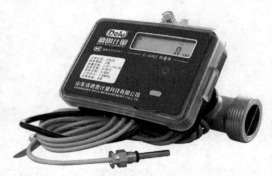

图 11.135　机械热量表　　　　　　　　　图 11.136　超声波热量表

　　对城市热力网进行全面的技术改造,包括热源水泵定流量改造为变流量,实现自动化调节控制;热力站水泵由定流量改造为变流量,实现自动化调节控制。热用户的技术改造较为困难和复杂,现有的居民住宅供热系统不具备调节控制手段,必须改造为分户循环系统,增加调节、控制和计量设施,才能符合《节约能源法》和《民用建筑节能条例》的要求,实现热力网供热系统和室内供热系统的调节与控制,按计量收费,最终实现节约能源和用户按需用热的目的。建设部制定了《供热计量技术规程》,采用了适合我国国情的四种分户计量方法,包括散热器分配计法、户用热量表法、流量温度法、通断时间面积法。其中,通断时间面积法是清华大学江亿院士结合我国供热实际情况创新的方法,通断时间面积法具有用户调节控制室温、计量收费和楼内供热系统调节的多种功能,既科学又适用,既符合国家要求又满足用户按需用热的要求。

　　(8)新能源的应用

　　新能源、可再生能源的创新应用,为城市集中供热多元化发展广开渠道,如太阳能、风能、地热能、余热综合利用等。

　　地源热泵包括水源热泵、土壤源热泵等,如图 11.137 和图 11.138 所示,它是利用地下水或地表水以及土壤的温度冬天高于大气温度、夏天低于大气温度的自然特性,通过输入少量高品位能源(如电能),从而实现低品位热能向高品位热能的转移,具有能耗小、无污染、零排放、资源丰富、取之不尽等优点,目前已有较多成功应用。而城市污水水源热泵、秸秆利用等技术还需进一步推广。

图 11.137　地源热泵示意图

图11.138 地源热泵机组与管道

2）供燃气工程发展趋势

90年代末期，以陕气进京为代表的天然气供应，拉开了发展城市燃气的新序幕。"西气东输"（图11.139）、近海天然气的利用和进口液化天然气等项目，逐步改变了我国供燃气工程发展的面貌，使城市燃气的发展开始走上与发达国家相同的发展道路，我国在燃气资源的开发、供给和利用方面均取得了可喜的成就。

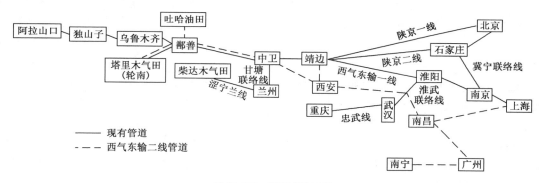

图11.139 西气东输工程

但是，我国供燃气工程发展起步比较晚，与国际先进水平仍有一定差距，主要反映在三个方面：一是规模小（仍以居民生活用气为主）；二是成本高、劳动生产率低，经济效益差；三是重要技术与国际水平有一定差距。因此，在当前形势下，供燃气工程发展趋势有如下几个方面。

（1）管道安全技术

安全性和可靠性是所有工程建设领域中的普遍问题，而供燃气工程有其特殊的要求。随着城市燃气事业的发展，管网不断扩大和延伸，各种对城市燃气管道构成威胁的因素也越来越多。20世纪六七十年代建设的城市燃气管道，由于经济实力和技术水平有限，往往存在一定缺陷。城市建设的发展，如道路改造、河流箱涵改造、管线改造、用户增加等，也会使得原来符合安全要求的管道出现安全隐患；另外，也存在施工等人为因素造成管道断裂。这些因素使得输送易燃易爆介质的埋地管道发生泄漏、爆炸的事故（图11.140）的可能性很高。

因此，仍需要不断围绕城市燃气管道在安全管理技术方面开展研究，防止和减少各类事故的发生，为我国燃气管道安全技术的整体水平接近或达到同期国际先进水平、安全管理模式由被动抢险转变为基于完整性管理的主动预防、建立适合我国国情的管道安全动态监管长效机制和安全法规标准体系等方面奠定技术基础。主要内容有：开展管道设计、制造、检验检测、安全评定、寿命预测、风险评估、失效分析、监测预警、应急抢险等方面的共性与关键技术的研究和相应设备、软件的开发,以完整性管理为主线将其整合成为一个有机的整体。

图 11.140　燃气泄漏与抢修

(2)相关标准规范体系的完善

西方发达国家在供燃气工程方面已经制定、建立了专门的法律及预制配套的行政法规、部门规章、安全技术规范、标准等,形成了协调一致、系统完整的法规标准体系。在规范中特别强调了安全技术方面的要求,使设计、制造、安装、使用、检验、修理、改造等各个技术环节都能满足安全要求。

我国近些年在燃气工程的标准规范编制上也比较重视,制定了很多标准,如《燃气输配工程设计施工验收技术规范》(DB11/T 302—2014)、《城镇燃气输配工程施工及验收规范》(CJJ 33—2005)、《城镇燃气室内工程施工及质量验收规范》(CJJ 94—2009)、《燃气室内工程设计施工验收技术规定》(DB11/T 301—2005)等 80 余项。但是仍然存在一定问题,从系统上来讲,还不能很好地满足配套化的要求,例如,城镇燃气燃具制造标准多,而工程与运行的标准规范较少,没有形成完整的规范体系。

我国的市场经济建设飞速发展,有关标准规范的制定必须与经济体制和水平相适应,尤其是随着国际贸易日益频繁,我国的标准文件体系必须与国际通行体系接轨。所以,进一步完善供燃气相关的法规标准体系非常重要。

(3)燃气输配技术和供气安全措施

城市燃气供应工程是关系资源节约与综合利用的重要城市基础设施。电厂发电、化工生产、美食烹饪、燃气空调、燃气汽车都需要燃气的供应,燃气的发展已经深入到人们日常生活的各个方面,燃气管网的数量将会越来越多,规模也会越来越大。这对燃气管网的设计、施工(图 11.141)和运行管理提出了更高的要求。

在城市输配工艺技术方面,从天然气用气指标和用气规模的预测确定、天然气用气规律的研究到天然气输配技术,包括输气技术、储气技术、调压技术、自动化管理技术的研究都落后于世界先进水平。从供气安全来看,燃气供应中断会带来一系列问题。所以对供气安全技术,包括备用气源、设备可靠性等要加以高度重视。

(4)天然气质量标准中的互换性问题研究

我国幅员辽阔,各地天然气资源配置不同,在沿海一些城市引进液化天然气(Liquefied

Natural Gas,LNG)后(图11.142),将产生与原有管道天然气在气源上的匹配问题。应消化吸收国外相关研究成果,结合我国国情,积极开展天然气质量标准中的互换性问题研究工作,最终制定符合我国实际情况的天然气质量标准。

图11.141　燃气管网施工

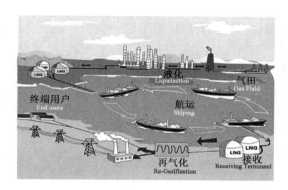

图11.142　LNG 液化天燃气

(5)替代能源二甲醚

我国是以煤炭为主要能源的国家,2007 年生产原煤 25.36 亿 t,其中火力发电厂就占总发电量的 83% 以上,燃烧产生的污染排放量占全国总排放量的比例很大,既浪费能源,又严重污染环境。因此,用洁净的新能源替代煤符合我国的能源政策,有利于环境的改善,减少我国进口液化石油气的依赖性,提高能源的安全性。

20 世纪 70 年代,国外有人提出将二甲醚作为城市燃气使用。国内也进行了用二甲醚供居民使用的试验,近年来二甲醚供民用已发展到年产 10×10^4t/a 以上的规模。试验表明,二甲醚作为民用燃料有许多优点,甚至比使用液化石油气更加方便。二甲醚燃气罐与加注站如图11.143 所示。同时,二甲醚还可以作为天然气的掺混或应急气源,以 12t 天然气为例,其华白数为 53.5MJ/m³,若将二甲醚以任意比例与其混合,则混合气的华白数为 $50.9 \sim 53.553.5$MJ/m³,符合《城镇燃气分类和基本特性》(GB/T 13611—2006)的要求,燃烧性能基本满足灶具的要求。城镇燃气用二甲醚中的二甲醚质量分数为 99% 以上,其性质比较稳定,常温下的蒸汽压约 0.6MPa,作为管道燃气供应不会出现冷凝现象;与液化石油气类似,宜于液化储存与运输。二甲醚的蒸汽比丙烷的蒸汽气压低,便于液态储存,是天然气很好的应急调峰气源。

图 11.143　二甲醚燃气罐与加注站

（6）监测预警和信息化技术

国外经济发达国家城镇燃气早已实行计算机管理,并建立了完整的预警与应急救援系统和先进的救援抢险机制。我国在改革开放初期,根据国外经验已经开展自动控制与遥测遥讯的研究工作,并在很多城市建立数据采集与监视控制系统(Supervisory Control and Data Acquisition, SCADA),其是以计算机为基础的电力自动化监控系统,如图 11.144 所示;它的应用领域很广,可应用于电力、冶金、石油、化工、燃气、铁路等领域的数据采集与监视控制以及过程控制等,使我国城镇燃气系统的管理迈上了一个新台阶。但与国外相比,还有较大的差距,发展也不平衡,不完善,对于监控预警系统与应急救援系统方面,尚需进一步研究,特别是面对今后城镇燃气管网系统区域化后,系统应用范围更为广泛,更好吸收国外先进技术,做好城镇燃气系统的监控预警和应急预案,切实保证城镇燃气安全运行,是一个非常重要的环节。

图 11.144　SCADA 系统

在监测预警和信息化技术方面研究的内容主要是通过计算机安全信息化管理,随时对城镇燃气系统进行监控,并及时通过监控信息对系统可能出现事故发出预警,以便及时维修,避免事故发生。

（7）新材料和新设备

城市燃气是一个新技术,新产品和新设备开发的大市场,是一个新的经济增长点。过去,不少的部门和厂家在新技术、新产品和新设备的开发中做出了贡献,取得了很好的经济效益。但是我国燃气设备的研制和生产距离国外先进水平有较大的差距,自主创新水平比较低,所以加强我国燃气工程新材料和新设备的研制是非常必要的,涉及的内容如下:

①与气源有关的技术和设备的研制,如快速测定燃气组分性质的仪器仪表,大流量计测装置,天然气液化、储存、气化等设备的研制。

②输配材料、设备和技术的研发。包括高性能和特殊管材,管道的施工、维修和更新改造技术,具有监控和安全系统的高性能调压装置和高可靠性阀门装置,设计、运行和管理软件,自动查表和收费系统等的研发。

③燃气应用系统、设备开发。包括低污染新型燃具,燃气采暖与空调设备,小型冷、热、电联产装置,天然气与太阳能、其他可再生资源、燃料电池等的互补的分布式能源系统,天然气汽车及加气站配套设备,燃具及小型燃气表的智能装置,家庭安全报警系统及安全设备的开发。

11.6　环境工程

11.6.1　环境工程简介

环境工程是一门研究环境污染防治技术原理和方法的科学,其内容广泛而复杂,涉及化学、物理学、生物学、医学、给排水工程、土木工程、机械工程、化学工程等学科和专业。其以环境污染综合防治作为基本指导思想,研究防治环境污染和公害的技术措施,自然资源的保护和合理利用,各种废弃物的资源化等,以获取最优的环境效益、社会效益和经济效益。

人类的活动一开始就污染了环境。自然环境在受到污染之后有一定的自净能力,只要污染物的量不超过某一数值,环境仍能维持正常状态,自然生态系统也能维持平衡,这个污染物量称环境容量。环境容量取决于要求的环境质量和环境自身的条件。产业革命以后,尤其是20世纪50年代以来,随着科学技术和生产的迅速发展,城市人口的急剧增加,自然环境受到的冲击和破坏愈演愈烈(图11.145),环境污染对人体健康和生活的影响已超越卫生一词的涵义,因此将卫生工程改称为环境工程。

图 11.145　大气污染

保护环境最理想的途径是尽量减少污染物的排放。工业造成的污染是当前最主要的污染,而废水、废气和废渣中的污染物一般是未能利用的原材料或副产品、产品。工业上加强生产管理和革新生产工艺,政府采取立法和经济措施促进工业革新技术,是防止环境污染最基本、最有效的途径。然而,生活和生产对环境的不利影响是难以从根本上予以防治的,因而控制对环境的污染是环境工程的基本任务。

环境工程学是在人类同环境污染作斗争、保护和改善生存环境的过程中形成的。在给排水工程方面,中国在公元前2000多年以前就用陶土管修建了地下排水道。古代罗马大约在公元前6世纪开始修建地下排水道。中国在明朝以前就开始采用明矾净水。英国在19世纪初开始用砂滤法净化自来水,并在19世纪末采用漂白粉消毒。图11.146所示为自来水净化处理设备。

图11.146 自来水的净化处理设备

在污水处理方面,英国在19世纪中叶开始建立污水处理厂,20世纪初开始采用活性污泥法处理污水。图11.147给出现在常用的污水处理方法。

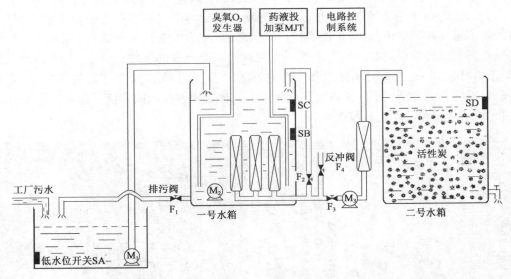

图11.147 污水处理

(1)固体废弃物处理

在固体废弃物处理方面,历史更为悠久。约在公元前3000～1000年,古希腊即开始对城市垃圾采用了填埋的处置方法。在20世纪,固体废弃物处理和利用的研究工作不断取得成就,出现了利用工业废渣制造建筑材料等工程技术。

(2)大气污染

在大气污染控制方面,为消除工业生产造成的粉尘污染,美国在1885年发明了离心除尘器(图11.148)。进入20世纪以后,除尘、空气调节、燃烧装置改造、工业气体净化等工程技术逐渐得到推广应用。目前主要的大气污染物是由于燃烧化石燃料产生的烟尘、二氧化碳和硫化物,以及汽车尾气排放的一氧化碳、碳氢化合物和氮氧化物。其中,工业大气污染物的控制是主要的,但用于生活燃料造成的大气污染又是普遍的,尤其是用于家家户户取暖用的燃煤污染是很难处理的。

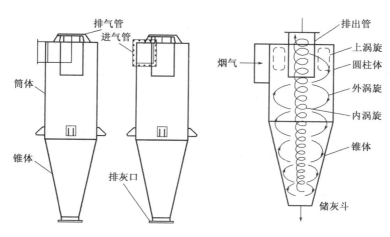

图11.148 离心除尘器除尘原理

(3)噪声控制

在噪声控制方面,中国和欧洲一些国家的古建筑中,墙壁和门窗位置的安排都考虑了隔声的问题。在20世纪,人们对控制噪声问题进行了广泛的研究。20世纪50年代起,建立了噪声控制的基础理论,形成了环境声学。控制噪声有两条途径:一是改进结构,提高其中部件的加工精度和装配质量,采用合理的操作方法等,以降低声源的噪声发射功率。二是利用声的吸收、反射、干涉等特性,采用吸声、隔声、减振、隔振等技术,以及安装消声器等,控制声源的噪声辐射。图11.149所示为高速公路工程中常用的隔音板,可降低汽车噪声。

图11.149 高速公路隔音屏障

20世纪以来,根据化学、物理学、生物学、地学、医学等基础理论,运用卫生工程、给排水工程、化学工程、机械工程等技术原理和手段,解决废气、废水、固体废弃物、噪声污染等问题,使单项治理技术有了较大发展,逐渐形成了治理技术的单元操作、单元过程及某些水体和大气污染治理工艺系统。环境工程主要包括以下两个方面;一是作为研究环境污染防治技术的原理和方法的学科,主要是研究对废气、废水、固体废弃物、噪声,以及对造成污染的放射性物质、热、电磁波等的防治技术;二是除研究污染防治技术外,还研究环境系统工程、环境影响评价、环境工程经济和环境监测技术等。

11.6.2 环境工程的主要内容

1)水污染防治工程

水污染是各种污染物进入水体,其数量超过水体自净能力的现象,又称水体污染。水体可分为地面水体(如江河、湖泊海洋、水库等)以及地下水体(如井、泉等)。水体污染主要来自生活污水和工业废水。常见的污染水体物质有:无机物质、无机有毒物质、有机有毒物质、需氧污染物质、植物营养素、放射性物质、油类与冷却水以及病原微生物等。污染水体的无机物质,主要为酸、碱和一些无机盐类。酸污染主要来自矿山排水和轧钢、电镀、硫酸、农药等工业的废水。碱污染主要来自碱法造纸、化纤生产、制碱、制药、炼油等工业的废水。酸碱污染能改变水体的 pH 值,破坏其自然缓冲能力,杀灭细菌及其他微生物或抑制其生长,妨碍水体的自净,还可影响渔业、腐蚀船舶。

废水从不同角度有不同的分类方法。根据来源不同分为生活废水和工业废水两大类;根据污染物的化学类别,又可分无机废水与有机废水;也有按工业部门或产生废水的生产工艺进行分类的,如焦化废水、冶金废水、制药废水、食品废水等(图 11.150)。

图 11.150 遭受污染的水体

据我国环境部门监测,中国城镇每天至少有 1 亿 t 污水未经处理直接排入水体。中国七大水系中 1/2 以上河段水质受到污染,中国 1/3 的水体不适于鱼类生存,1/4 的水体不适于灌溉,90% 的城市水域污染严重,50% 的城镇水源不符合饮用水标准,40% 的水源已不能饮用,南方城市总缺水量的 60% ~70% 是由于水源污染造成的。

在对一个区域的水环境污染进行治理时,首先必须考虑当地的社会条件(工厂布局、人口密度、交通、农业生产等),自然条件(气象、地质、水文、植被等)及污染源的性质(生产工艺、排放量、污染物等),研究当地水体、土壤自然净化能力,分析有无对废水进行自然净化的可能。在确定治理工艺后,还必须对处理后废水的排放及回用做出妥善的安排。

对废水的处理,一般是根据当地纳污水体的功能,与当地总量控制下允许的排放量及浓度,来确定处理程度的。按照处理程度分类,废水处理一般可分为三级。一级处理又名初级处理,其任务是去除废水中部分或大部分悬浮物和漂浮物,中和废水中的酸和碱,处理流程中常采用格栅—沉砂池—沉淀池以及废水物理处理法中各种处理单元。一般经一级处理后,悬浮固体的去除率达70%~80%,生化需氧量(BOD)去除率只有20%~40%,废水中的胶体或溶解污染物去除作用不大,故其废水处理程度不高。二级处理又称生物处理,其任务是去除废水中呈胶体状态和溶解状态的有机物,常用方法是活性污泥法和生物滤池法等。经二级处理后,废水中80%~90%有机物可被去除,出水的生化需氧量和悬浮物浓度都较低,通常能达到排放要求。三级处理又称深度处理,其任务是进一步去除二级处理未能去除的污染物,其中包括微生物、未被降解的有机物、磷、氮和可溶性无机物,常用方法有化学凝聚、砂滤、活性炭吸附、臭氧氧化、离子交换、电渗析和反渗透等方法。经三级处理后,通常可达到工业用水、农业用水和饮用水的标准。但废水三级处理基建费和运行费用都很高,约为相同规模二级处理的2~3倍,因此只能用于严重缺水的地区或城市。

这里须指出,对于工业废水的处理,由于其成分复杂,处理难度较大,必须采取综合防治措施。工业生产应尽可能采用无污染或少污染的先进工艺和设备;加强生产管理,减少或消除原材料及制成品的流失量;采取清污分流制,减少废水的处理量。对于相对较清洁的生产废水,如冷却水、清洗尾水,可进行简单处理后循环使用,以节约水资源。

在整个水务产业中,污水处理行业属于产业链条偏末端的位置,其上游相关行业主要为污水处理设备、管网制造行业,下游行业则比较模糊。我国污水处理行业具有以下特点。

(1)法律法规和政策引导特征明显。污水处理作为环境保护的核心产业之一,是保障国家实现节能减排计划的重要措施,其发展需要政府主导和宏观经济的支持。近年来,国家各部委先后出台了多项鼓励支持行业发展的法律法规和产业政策,大力促进污水处理行业的快速发展。

(2)投资规模大,资金回收期长。一般情况下,投资一座日处理5万吨污水的处理厂需要近亿元投资,回收期则通常超过10年。为解决资金问题,近年来政府不断完善相关政策,积极吸收各类社会资本参与,促进投资主体与融资渠道多元化,取得了良好的效果,促进了污水处理行业快速发展。

(3)地区间发展不平衡,市场化体制不够完善。我国污水处理设施建设主要集中于东部沿海等经济发达地区,而中西部经济较为落后地区及农村地区发展速度较慢。此外,国内污水处理行业的市场化竞争主要集中在项目招投标阶段,在收费、定价、管理等方面的市场化体制建立仍有待健全。

目前由于监管部门能力有限,有些企业为了谋求更高利益,将未处理的污水直接进行排放,导致水污染事件时有发生,以下便是国内两起典型的水污染事件。

①松花江重大污染事件

松花江流域涉及黑龙江、吉林两省大部分地区和内蒙古自治区东部地区,共25个地(市、州、盟)、105个县(旗、区、市),流域总面积55.68万 km²,如图11.151所示。2005年11月13日下午,位于吉林省吉林市的中国石油天然气集团公司吉林石化分公司双苯厂(以下简称吉化101厂)的苯胺车间发生剧烈爆炸,共造成5人死亡,1人失踪,近30人受伤。爆炸厂区位于松花江上游最主要的支流第二松花江江北,距离江面仅数百米之遥。据专家测算,吉化101厂发生爆炸事故后,约有100t苯类污染物进入松花江水体,形成的硝基苯污染流经吉林、黑龙江两省,在我国境内42天,12月25日流入俄罗斯境内,进而影响俄罗斯城市的一些水源。松花江重大污染事件导致流域内居民出现大面积恐慌,争相抢购瓶装水,造成了非常大的国内和国际影响。重大水污染后的松花江如图 11.152 所示。

图 11.151　松花江流域图

图 11.152　重大水污染后的松花江

②太湖蓝藻污染

太湖位于江苏和浙江两省的交界处,长江三角洲的南部,是中国东部近海区域最大的湖泊,也是中国的第三大淡水湖。太湖以优美的湖光山色和灿烂的人文景观而闻名中外,是中国著名的风景名胜区,每年吸引着大量中外游人来此观光游览(图 11.153)。

图 11.153　美丽的太湖

2007 年 5 月 29 日,太湖发生了严重的蓝藻水污染事件,导致数百万人饮水短缺。一时间,太湖成为中国最为关注的焦点,蓝藻爆发后的太湖如图 11.154 所示。蓝藻是一种原始而古老的藻类原核生物,常于夏季大量繁殖,腐败死亡后在水面形成一层蓝绿色而有腥臭味的浮沫,称为"水华"。大规模的蓝藻爆发,被称为"绿潮"(与海洋发生的赤潮对应)。绿潮引起水质恶化,严重时耗尽水中氧气而造成鱼类的死亡。更为严重的是,蓝藻中有些种类(如微囊藻)还会产生毒素(即 MC),大约50%的绿潮中含有大量毒素。毒素直接对鱼类、人畜产生毒害,也是受污染影响者患肝癌的重要诱因。

图 11.154 爆发蓝藻后的太湖

2)大气污染防治工程

(1)大气污染源

大气污染是指进入大气层的污染物的浓度超过环境所能允许的极限,改变正常大气的组成,破坏其物理、化学和生态平衡体系,使大气质量恶化,从而危害人类生活、生产、健康,损害自然资源,给正常的工农业带来不良后果的大气状况。

大气污染主要由人类活动造成,主要的污染源有三种,即生活污染源、工业及农业生产污染源和交通污染源,如图 11.155 所示。生活污染源是指人们做饭、取暖及服务行业燃烧燃料等所形成的污染源,特点是点多、面广、排放高度低、排放总量大。工业、农业生产污染源是指工业、农业生产过程中排放烟气、粉尘及各种废气的工厂、车间或设备,特点是排放源集中、污染气体排放量大、污染物的种类较多、对当地大气环境质量影响较大。交通污染源,又称移动污染源,主要指汽车、飞机、火车、摩托车和船舶等,在交通线上移动,且排放废气的装置。交通污染源的特点是排放源沿交通线移动,数量多,排放的氮氧化物、一氧化碳和烃类,是形成光化学烟雾的物质基础,对城市的大气环境质量影响较大。

a)生活污染   b)工业污染   c)交通污染

图 11.155 生活污染、工业污染和交通污染

（2）颗粒污染物净化技术

大气中的烟尘主要是由于固体燃料（煤）的燃烧产生的。根据烟尘（颗粒污染物组成）的特性，可以将其分为粉尘、烟和雾三种类型，如图11.156所示。

a)粉尘　　　　　　　　　　　b)烟　　　　　　　　　　　c)雾

图11.156　粉尘、烟和雾

去除大气中颗粒污染物的方法很多，根据它的作用原理，可以分为下列四种类型：干法去除颗粒污染物、湿法去除颗粒污染物、过滤法去除颗粒污染物、静电法去除颗粒污染物。

（3）气态污染物净化技术

气态污染物种类较多，性质各异。排放量较大的有二氧化硫（SO_2）、氮氧化物（NO_x）、含氟气体、汽车尾气、碳氢化合物、碳氧化物等。排放量较少的有化工及各种生产过程中排放出的废气等。

常用的净化方法有：吸收法、吸附法、催化转化法、燃烧法等。

①吸收法是最常用的基本方法。该法是用适当的吸收剂，从废气中吸收除去气态污染物，以消除污染；特点是：处理量大、处理效果好。目前，发达国家普遍采用的烟气脱除的技术（石灰/石膏法），就是利用吸收法原理。多数情况下，吸收过程是将污染物由气相转入液相，因此，还需对吸收液作进一步的处理，以免产生二次污染。

②吸附法适合于低浓度的废气净化，能回收有用成分，设备简单。从目前发展的趋势看，吸附法的应用面正在逐步扩大。

③催化转化法应用较多的是汽车尾气的净化及用催化剂将 SO_2 和 H_2O 转化成硫酸的湿法脱硫技术。

④燃烧法能去除散发难闻气味，或有毒的气体有机物或气溶胶。燃烧法工艺简单，操作方便，已广泛应用于石油化工、化工、食品加工、喷漆及绝缘材料加工行业废气的净化，也可用于CO、恶臭、沥青烟等可燃有害组分的净化。

受大气污染危害，世界文化遗产云冈石窟10年的风化速度相当于自然状态下的100年，受大气污染的云冈石窟如图11.157所示。目前对石窟环境影响最大的是距其不足千米的大同煤业集团晋华宫矿两座大型煤矸石山。石窟松软的质地特征极易受风雨侵蚀，尤其是酸性物质的侵蚀。据资料介绍，大同煤业集团晋华宫矿的两座大型煤矸石山含硫量极高，且自燃现象严重，易造成该地区局部性的酸雨现象。若这种状况持续下去，若干年后石窟将不复存在。

若经过处理净化后达到了排放标准的大气污染物排放高度不够，仍然会造成严重污染，因此应采用高烟囱排放技术。烟囱高度必须合适，使经过净化达标的烟气，向更远的地方稀释扩散，充分利用大气的自净作用，进一步降低地面空气中污染物的浓度。

图 11.157 受大气污染的云冈石窟

3）噪声及其他公害防治技术

噪声通常是指那些难听的、令人厌烦的声音。噪声的波形是杂乱无章的。从环境保护的角度看，凡是影响人们正常学习、工作和休息的声音凡是人们在某些场合"不需要的声音"，都统称为噪声。如机器的轰鸣声，各种交通工具的马达声、鸣笛声，人的嘈杂声及各种突发的声响等，均称为噪声。噪声污染属于感觉公害，它与人们的主观意愿有关，与人们的生活状态有关，因而它具有与其他公害不同的特点。

噪声污染主要来源于交通运输、车辆鸣笛、工业噪声、建筑施工、社会噪声（如音乐厅、高音喇叭、早市和人的大声说话）等。

噪声具有局部性、暂时性和多发性的特点。噪声不仅会影响听力，而且还对人的心血管系统、神经系统、内分泌系统产生不利影响，所以有人称噪声为"致人死命的慢性毒药"。噪声给人带来生理上和心理上的危害主要体现在以下几个方面：

（1）干扰休息和睡眠，影响工作效率

噪声会干扰休息和睡眠，休息和睡眠是人们消除疲劳、恢复体力和维持健康的必要条件。但噪声使人不得安宁，难以休息和入睡。当人辗转反侧不能入睡时，便会心态紧张，呼吸急促，脉搏跳动加剧，大脑兴奋不止，第二天就会感到疲倦，或四肢无力。从而影响工作和学习，久而久之，就会得神经衰弱症，表现为失眠、耳鸣、疲劳。人进入睡眠之后，即使是 40 ~ 50dB（A）较轻的噪声干扰，也会从熟睡状态变成半熟睡状态。人在熟睡状态时，大脑活动是缓慢而有规律的，能够得到充分的休息；而半熟睡状态时，大脑仍处于紧张、活跃的状态，这就会使人得不到充分的休息和体力的恢复。

研究发现，噪声超过 85dB（A），会使人感到心烦意乱，人们会感觉到吵闹，因而无法专心工作，结果会导致工作效率降低。

（2）损伤听觉、视觉器官

我们都有这样的经验，从飞机里下来或从锻压车间出来后，耳朵总是嗡嗡作响，甚至听不清对方说话的声音，过一会儿才会恢复。这种现象被称作听觉疲劳，是人体听觉器官对外界环境的一种保护性反应。如果人长时间遭受强烈噪声作用，听力就会减弱，进而导致听觉器官的器质性损伤，造成听力下降。

强的噪声可以引起耳部的不适，如耳鸣、耳痛、听力损伤。据测定，超过 115dB（A）的噪声还会造成耳聋。据临床医学统计，若在 80dB（A）以上噪声环境中生活，造成耳聋者可达 50%。

医学专家研究认为,家庭噪声是造成儿童聋哑的病因之一。

此外,噪声还影响视力。试验表明:当噪声强度达到90dB(A)时,人的视觉细胞敏感性下降,识别弱光反应时间延长;噪声达到95dB(A)时,有40%的人瞳孔放大,视模糊;而噪声达到115dB(A)时,多数人的眼球对光亮度的适应都有不同程度的减弱。所以长时间处于噪声环境中的人很容易发生眼疲劳、眼痛、眼花和视物流泪等眼损伤现象。同时,噪声还会使色觉、视野发生异常。

(3)对人体的生理影响

噪声是一种恶性刺激物,长期作用于人的中枢神经系统,可使大脑皮层的兴奋和抑制失调,条件反射异常,出现头晕、头痛、耳鸣、多梦、失眠、心慌、记忆力减退、注意力不集中等症状,严重者可产生精神错乱。这种症状,药物治疗疗效很差,但当脱离噪声环境时,症状就会明显好转。噪声可引起植物神经系统功能紊乱,表现在血压升高或降低,心率改变,心脏病加剧。噪声会使人唾液、胃液分泌减少,胃酸降低,胃蠕动减弱,食欲不振,引起胃溃疡。噪声对人的内分泌机能也会产生影响,如:导致女性性机能紊乱、月经失调、流产率增加等。噪声对儿童的智力发育也有不利影响,据调查,3岁前儿童生活在75dB(A)的噪声环境里,他们的心脑功能发育都会受到不同程度的损害,在噪声环境下生活的儿童,智力发育水平要比安静条件下的儿童低20%。噪声对人的心理影响主要是使人烦恼、激动、易怒,甚至失去理智。此外,噪声还对动物、建筑物有损害,在噪声下的植物也生长不好,有的甚至死亡。

(4)噪声控制的一般原理

我国心理学界认为,控制噪声环境,除了考虑人的因素之外,还须兼顾经济和技术上的可行性。充分的噪声控制,必须考虑噪声源、传音途径、受音者所组成的整个系统。控制噪声的措施可以针对上述三个部分或其中任何一个部分。噪声控制的内容包括:

①控制噪声源。降低声源噪声,工业、交通运输业可以选用低噪声的生产设备和改进生产工艺,或者改变噪声源的运动方式(如采取阻尼、隔振等措施降低固体发声体的振动)。

②阻断噪声传播。在传音途径上降低噪声,控制噪声的传播,改变声源已经发出的噪声传播途径,如采用吸音、隔音、音屏障、隔振等措施,以及合理规划城市和建筑布局等。

③在人耳处减弱噪声。在声源和传播途径上无法采取措施,或采取的声学措施仍不能达到预期效果时,就需要对受音者或受音器官采取防护措施,如长期处于职业性噪声暴露的工人可以戴耳塞、耳罩或头盔等护耳器。

4)其他污染及防治

(1)电磁辐射。电磁辐射是指以电磁波形式向空间环境传递能量的过程或现象。影响人类生活环境的电磁污染可分天然电磁污染和人为电磁污染两大类。

①天然的电磁污染是某些自然现象引起的,最常见的是雷电,雷电除了可能对电气设备、飞机、建筑物等直接造成危害外,还会在广泛的区域产生从几千赫兹到几百兆赫兹的极宽频率范围内的严重电磁干扰。火山喷发、地震和太阳黑子活动引起的磁爆等都会产生电磁干扰。天然的电磁污染对短波通信的干扰极为严重。

②人为的电磁污染包括有:脉冲放电,例如切断大电流电路时产生的火花放电,其瞬变电流很大,会产生很强的电磁,它在本质上与雷电相同,只是影响区域较小;工频交变电磁场,例如在大功率电机、变压器以及输电线等附近的电磁场,它并不以电磁波的形式向外辐射,但在近场区会产生严重电磁干扰。射频电磁辐射已经成为电磁污染环境的主要因素。

电磁辐射对易爆物质和装置的危害:高电平电磁感应和辐射可以引起易爆物质和电爆兵器控制失灵,发生意外爆炸。电磁辐射影响人体健康,是心血管疾病、糖尿病、癌突变的主要诱因,对人体生殖系统、神经系统和免疫系统造成直接伤害,是造成流产、不育、畸胎等病变的诱发因素。

为了对电磁波进行防护,平时应注意了解电磁辐射的相关知识,增强预防意识,了解国家相关法规和规定,保护自身的健康和安全不受侵害;不要把家用电器摆放得过于集中,以免使自己暴露在超量辐射的危险之中。

(2)放射性污染。放射性污染是指人类活动排出的放射性污染,使环境的放射性水平高于天然本底或超过国家规定的标准。环境放射性的辐射源有天然辐射源和人工辐射源两大类。天然辐射源又分为两类,一类是通过地球大气层的宇宙射线,另一类是地球水域和矿床(如铀、镭等矿)的天然辐射源。人工辐射源有医用射线源、核试验产生的放射性沉降以及核能工业的各种放射性废物。图 11.158 所示为 1986 年发生在乌克兰切尔诺贝利核电站意外泄漏事故,据统计,核泄漏事故发生后产生的放射污染,相当于日本广岛原子弹爆炸产生的放射污染的 100 倍,致使数十万居民被迫撤离,形成的核辐射使 10 万 km^2 地区的 1 600 个村庄受到影响,导致城市 19 英里之内都成为无人区域。

图 11.158 切尔诺贝利核电站意外泄漏事故

2011 年 3 月,里氏 9.0 级地震导致日本福岛县两座核电站反应堆发生故障(图 11.159),其中第一核电站中一座反应堆震后发生异常导致核蒸汽泄漏。福岛核电站在技术上是单层循

图 11.159 日本福岛核电站事故

环沸水堆,冷却水直接引入海水,安全性无法保障。3月14日地震后福岛第一核电站发生爆炸,辐射性物质进入风中,福岛核电站当地的风向为从日本东部吹向太平洋方向,通过风传播到美国,经过削弱放射性几乎为零。2012年8月14日,日本一个研究小组发现福岛第一核电站附近的蝴蝶在辐射物质泄漏事故后发生基因突变;从福岛第一核电站半径20km海域捕获的大泷六线鱼体内,检测出相当于每千克鱼2.58万贝克勒尔的放射性铯。2013年10月9日,福岛第一核电站在污染水处理设施作业时,作业人员错将配管线拔出,结果造成高浓度污染水的大量外泄。2017年2月7日,日本福岛核电站辐射量爆表。现如今福岛县38.5万名青少年当中已有103人被确诊患有甲状腺癌。

辐射通过人体时,能与细胞发生作用,影响细胞的分裂,使细胞受到严重的损伤,以致出现细胞死亡、细胞减少和功能丧失;能使细胞产生异常的生殖功能,造成致癌作用;能使胎儿发生结构畸型和功能异常。人体在受到较高剂量辐射性物质的长期慢性照射下,会引发各种癌症、白内障、不育症,甚至早死。

5)固体废弃物的处理与处置

(1)固体废弃物及其特性

固体废弃物是指在生产建设、日常生活和其他活动中产生的污染环境的固态、半固态废弃物质。固体废弃物具有鲜明的时间和空间特征,一方面随着科学技术的发展,昨天的废弃物势必会变成今天的资源;另一方面废弃物仅仅是相对于某一过程,或某一方面没有使用价值,某一过程的废物往往是另一过程的原料(图11.160)。所以固体废弃物又有"放错地方的资源"之称。

图11.160　典型的固体废弃物

固体废弃物问题较之其他形式的环境问题有其独特之处,即为最难得到处置、最具综合性的环境问题、最晚得到重视、最贴近的环境问题,其具体特点见表11.10。

固体废弃物的特点　　　　　　　　　　　　　　　　　　　　　　　表11.10

独 特 之 处	具 体 内 容
最难得到处置	含有的成分相当复杂,其物理性状(体积、流动性、均匀性、粉碎程度、水分、热值等)也千变万化
最具综合性的环境问题	伴随着水污染及大气污染问题,如仅对固体废弃物进行最简单、符合环境要求的垃圾卫生填埋,就必须面对垃圾渗漏液对地下水的污染问题

续上表

独 特 之 处	具 体 内 容
最晚得到重视	固、液、气三种形态的污染(固体污染、水污染、大气污染)中,固体废弃物的污染问题较之大气、水污染是最后引起人们的注意,也是最少得到人们重视的污染问题
最贴近的环境问题	固体废弃物问题,尤其是城市生活垃圾,最贴近人们的日常生活,因而是与人类生活最息息相关的环境问题

（2）固体废弃物的来源及分类

固体废弃物的种类很多,通常将固体废弃物按其性质、形态、来源划分其种类。如按其性质可分为有机物和无机物;按其形态可分为固体的(块状、粒状、粉状)和泥状的;按其来源可分为矿业的、工业的、城市生活的、农业的和放射性的。此外,固体废弃物还可分为有毒和无毒两大类:有毒有害固体废弃物是指具有毒性、易燃性、腐蚀性、反应性、放射性和传染性的固体、半固体废弃物。

按其来源,固体废弃物主要包括城市生活固体废弃物、工业固体废弃物、农业废弃物和放射性固体废弃物等。

城市生活固体废弃物是主要指在城市日常生活中或者为城市日常生活提供服务的活动中产生的固体废弃物,即城市生活垃圾,主要包括居民生活垃圾、医院垃圾、商业垃圾、建筑垃圾(又称为渣土)。一般来说,城市每人每天的垃圾量为 1~2kg,其多少及成分与居民物质生活水平、习惯、废旧物资回收利用程度、市政建设情况等有关。如国内的垃圾主要为厨房垃圾。有的城市,炉灰占70%,以厨房垃圾为主的有机物约20%,其余为玻璃、塑料、废纸等。

工业固体废弃物是指在工业、交通等生产活动中产生的采矿废石、选矿尾矿、燃料废渣、化工生产及冶炼废渣等固体废弃物,又称工业废渣或工业垃圾。工业固体废弃物按照其来源及物理性状大体可分为六大类。而依废渣的毒性又可分为有毒与无毒废渣两大类。凡含有氟、汞、砷、铬、镉、铅、氰等及其化合物,含有酚、放射性物质的,均为有毒废渣。它们可通过皮肤、食物、呼吸等渠道侵犯人体,引起中毒。工业废渣不仅占用土地、破坏土壤、危害生物、淤塞河床、污染水质,不少废渣(特别是有机质的)还是恶臭的来源,有些重金属废渣的危害还是潜在性的。

农产品加工和农村居民生活排出的废弃物品可分为农田和果园残留物(如秸秆、残株、杂草、落叶、果实外壳、藤蔓、树枝和其他废物),牲畜和家禽粪便以及栏圈铺垫物,农产品加工废弃物,人粪尿以及生活废弃物等。

表11.11列出了各类污染源产生的主要固体废弃物。

各类污染源产生的主要固体废弃物 表11.11

产 生 源	主要固体废弃物
矿山、选冶	废矿石、尾矿、金属、废水、瓦砖、砂石等
冶金、交通、机械、金属、结构等工业	金属、矿渣、砂石、模型、芯、陶瓷、边角料、涂料、管道、绝热和绝缘材料、黏结剂、废木、塑料、橡胶、烟尘等
煤炭	矿石、木料、金属等
食品加工工业	肉类、谷物、果类、蔬菜、烟草等
橡胶、皮革、塑料等工业	橡胶、皮革、塑料布、纤维、燃料、金属等
造纸、木材、印刷等工业	刨花、锯末、碎木、化学药剂、金属、填料、塑料、木质素等

产 生 源	主要固体废弃物
石油、化学工业	化学药剂、金属、塑料、橡胶、陶瓷、沥青、油毡、石棉、涂料等
电器、仪器、仪表等工业	金属、玻璃、木材、塑料、化学药剂、研磨料、陶瓷、绝缘材料等
纺织服装工业	布头、纤维、橡胶、塑料、金属等
建筑材料工业	金属、水泥、黏土、陶瓷、石棉、砂石、纸、纤维等
电力工业	炉渣、粉煤灰、烟尘等
居民生活	食物、垃圾、纸屑、布料、木料、庭院植物修剪物、金属、玻璃、陶瓷、塑料、燃料、灰渣、碎砖瓦、废器具、粪便、杂品等
商业机关	管道、碎砌体、沥青及其他建筑材料、废汽车、废电器、废器具、含有易爆易燃腐蚀性放射性的废物,以及类似"居民生活"栏内的各种废物
市政维护、管理部门	碎砖瓦、树叶、死禽畜、金属锅炉、灰渣、污泥等
农林	秸秆、蔬菜、水果、落叶、废塑料、人畜粪便、禽类农药等
水产	腥臭死禽畜、腐烂鱼虾、贝壳、水产加工污泥等
核工业、核电站、放射性医疗单位、科研单位	金属、含放射性废渣、粉尘、污泥、器具、劳保用品、建筑材料等

(3)固体废弃物的危害

固体废弃物在没有利用之前纯属废物,它对环境的污染主要表现在以下四个方面:

①污染大气。固体废弃物对大气的污染表现为三个方面:废物的细粒被风吹起,增加了大气中的粉尘含量,加重了大气的尘污染。生产过程中由于除尘效率低,使大量粉尘直接从排气筒排放到大气环境中,污染大气。有些固体废弃物中的有害成分由于挥发及化学反应等,还会产生有毒气体,导致大气的污染。

②污染水体。固体废弃物未经无害化和理随意堆放,将随天然降水或地表径流进入河流、湖泊,长期淤积,使水面面积缩小,其有害成分造成了水体的污染,如果人们将固体废弃物直接倾倒入水体中,造成的危害将更大,固体废弃物的有害成分能随渗沥水进入土壤,从而污染地下水。在我国,固体废弃物污染水的事件已屡见不鲜。如锦州某铁合金厂堆存的铬渣,使近20km² 范围内的水质遭受六价铬污染,致使7 个自然村屯的1 800眼水井的水不能饮用。湖南某矿务局的含砷废渣由于长期露天堆存,其浸出的液体污染了民用水井,造成308 人急性中毒、6 人死亡的严重事故。

③污染土壤。土壤是许多细菌、真菌等微生物聚居的场所,这些微生物在土壤功能的体现中起着重要的作用,它们与土壤本身构成了一个平衡的生态系统,而不经处理的有害固体废弃物,经过雨淋、地表径流等作用,其有毒液体将渗入土壤,进而杀死土壤中的微生物,破坏土壤的功能,污染严重的地方甚至寸草不生(图11.161)。许多有毒有害成分还会经过动植物进入人的食物链,危害人体健康。

④侵占土地。不断增加的固体废弃物如不加以利用,就要占用土地来堆放。我国20 世纪80 年代以来,工业固体废弃物的产生量相当迅速,许多城市利用大片的城郊边缘的农田来堆放它们(图11.162),科学家从卫星拍回的地球照片上看到,围绕着城市的大片的白色垃圾非常显眼。一般来说,堆存1 万吨废物就要占地一亩,而受污染的土壤面积往往比堆存面积大1～2 倍。

图 11.161 污染土壤

图 11.162 侵占土地

随着经济迅速发展,将无疑会给环境带来更加严重的负担,这就要求我们在生产活动中,应加大对有害固体废弃物的处理、处置,提高固体废弃物的综合利用程度,尽可能地开发寻求无害工业的替代项目,以最大程度实现固体废弃物的减量化、无害化、资源化。

(4)固体废弃物的处理

固体废弃物处理通常是指通过物理、化学、生物、物化及生化方法把固体废弃物转化为适于运输、贮存、利用或处置的过程。固体废弃物处理的目标是无害化、减量化、资源化。目前采用的主要方法包括压实、破碎、分选、固化、焚烧、生物处理等,图 11.163 所示为固体废弃物处理过程示意图。

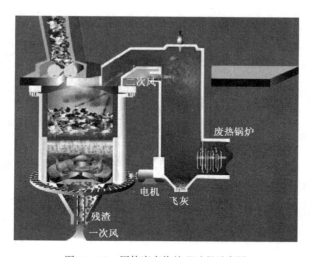

图 11.163 固体废弃物处理过程示意图

①压实技术。压实是一种通过对废物实行减容化,降低运输成本、延长填埋场寿命的预处理技术。压实是一种普遍采用的固体废弃物预处理方法。如汽车、易拉罐、塑料瓶等通常首先采用压实处理。适于压实减少体积处理的固体废弃物还有垃圾、松散废物、纸带、纸箱及某些纤维制品等。对于那些可能使压实设备损坏的废弃物不宜采用压实处理,某些可能引起操作问题的废弃物,如焦油、污泥或液体物料,一般也不宜作压实处理。

②破碎技术。为了使进入焚烧炉、填埋场、堆肥系统等废弃物的外形尺寸减小,预先必须对固体废弃物进行破碎处理。经过破碎处理的废物,由于消除了大的空隙,不仅使尺寸大小均

匀,而且质地也均匀,在填埋过程中更容易压实。固体废弃物的破碎方法很多,主要有冲击破碎、剪切破碎、挤压破碎、摩擦破碎等,此外还有专用的低温破碎和湿式破碎等。

③分选技术。固体废弃物分选是实现固体废弃物资源化、减量化的重要手段,通过分选将有用的充分选出来加以利用,将有害的充分分离出来,或是将不同粒度级别的废弃物加以分离。分选方法定基本原理是利用物料的某些性质方面的差异,将其分选开。例如利用废弃物中的磁性和非磁性差别进行分离;利用粒径尺寸差别进行分离;利用比重差别进行分离等。根据不同性质,可以设计制造各种机械对固体废弃物进行分选。分选方法包括手工捡选、筛选、重力分选、磁力分选、涡电流分选、光学分选等。

④焚烧法。焚烧法是固体废弃物高温分解和深度氧化的综合处理过程(图11.164)。好处是把大量有害的废料分解而变成无害的物质。由于固体废弃物中可燃物的比例逐渐增加,采用焚烧方法处理固体废弃物,利用其热能已成为必然的发展趋势。用该方法处理固体废弃物,占地少,处理量大,在保护环境、提供能源等方面可取得良好的效果。欧洲国家较早采用焚烧方法处理固体废弃物。日本由于土地紧张,采用焚烧法逐渐增多。焚烧过程获得的热能可以用于发电。利用焚烧炉发生的热量,可以供居民取暖。目前日本及瑞士每年把超过65%的都市废料进行焚烧而使能源再生。但是焚烧法也有缺点,例如,投资较大,焚烧过程排烟造成二次污染,设备锈蚀现象严重等。

图 11.164　固体废弃物焚烧炉

⑤热解技术是将有机物在无氧或缺氧条件下高温(500~1 000℃)加热,使之分解为气、液、固三类产物。与焚烧法相比,热解法是更有前途的处理方法。它的显著优点是基建投资少。

⑥固化处理技术。固化处理技术是通过向废弃物中添加固化基材,使有害固体废弃物固定或包容在惰性固化基材中的一种无害化处理过程。固化产物应具有良好的抗渗透性、良好的机械特性,以及抗浸出性、抗干湿、抗冻融特性。这样的固化产物可直接在土地填埋场处置,也可用作建筑的基础材料或道路的路基材料。固化处理根据固化基材的不同,可以分为水泥固化、沥青固化、玻璃固化、自胶质固化等。

(5)生物处理技术

生物处理技术是利用微生物对有机固体废弃物的分解作用使其无害化。该技术可以使有机固体废弃物转化为能源、食品、饲料和肥料,还可以用来从废品和废渣中提取金属,是固体废弃物资源化有效的处理技术。目前应用比较广泛的有:堆肥化、沼气化、废纤维素糖化、废纤维饲料化、生物浸出等。

对于因技术原因或其他原因还无法利用或处理的固态废弃物,是终态固体废弃物。终态固体废弃物的处置是控制固体废弃物污染的末端环节,是解决固体废弃物的归宿。终态固体废弃物处置的目的和技术要求是,使固体废弃物在环境中最大限度地与生物圈隔离,避免或减少其中的有害成分对环境造成污染与危害。

终态固体废弃物可分为海洋处置和陆地处置两大类。

①海洋处置。海洋处置主要分为海洋倾倒与远洋焚烧两种方法。

a.海洋倾倒是将固体废弃物直接投入海洋的一种处置方法。海洋是一个庞大的废弃物接受体,对污染物质有极大的稀释能力。进行海洋倾倒时,首先要根据有关法律规定,选择处置场地,然后再根据处置区的海洋学特性、海洋保护水质标准,对处置废弃物的种类及倾倒方式,进行技术可行性研究和经济分析,最后按照设计的倾倒方案进行投弃。

b.远洋焚烧,是利用焚烧船将固体废弃物进行船上焚烧的处置方法。废弃物焚烧后产生的废气通过净化装置与冷凝器,冷凝液排入海中,气体排入大气,残渣倾入海洋。这种技术适于处置易燃性废物,如含氯的有机废弃物。

②陆地处置。陆地处置的方法有多种,包括土地填埋、土地耕作、深井灌注等。土地填埋是从传统的堆放和填地处置发展起来的一项处置技术,它是目前处置固体废弃物的主要方法。按相关法律可分为卫生土地填埋和安全土地填埋。

a.卫生土地填埋是处置一般固体废弃物,使之不会对公众健康及安全造成危害的一种处置方法,主要用来处置城市垃圾。通常把运到土地填埋场的废弃物在限定的区域内铺撒成一定厚度的薄层,然后压实以减少废弃物的体积,每层操作之后用土壤覆盖,并压实。压实的废弃物和土壤覆盖层共同构成一个单元,具有同样高度的一系列相互衔接的单元构成一个升层。完整的卫生土地填埋场是由一个或多个升层组成的。在进行卫生填埋场地选择、设计、建造、操作和封场过程中,应该考虑防止浸出液的渗漏、降解气体的释出控制、臭味和病原菌的消除、场地的开发利用等问题。

b.安全土地填埋法是卫生土地填埋方法的进一步改进,对场地的建造技术要求更为严格。对土地填埋场必须设置人造成或天然衬里;最下层的土地填埋物要位于地下水位之上;要采取适当的措施控制和引出地表水;要配备浸出液收集、处理及监测系统,采用覆盖材料或衬里控制可能产生的气体,以防止气体释放出;要记录所处置的废弃物的来源、性质和数量,把不相容的废弃物分开处置。

11.6.3 环境工程发展趋势

(1)生物新技术的应用

①生化强化废水处理技术

包括高浓度活性污泥法、粉末活性炭活性污泥法、间歇式活性污泥法、升流式厌氧污泥法、生物—铁法、水解—好氧化物处理工艺法、厌氧生物滤池等。

②空气净化生物技术

用生物学方法来处理废气和净化空气,是一项大气污染控制的新技术,代表空气净化技术的现代发展水平。其基本方法有生物过滤法、生物洗涤法和生物吸收法。与传统的吸收、吸附及焚烧法相比,生物法净化废气具有费用低、无二次污染等特点。早期主要用于脱臭,近年开始应用于化工等行业排放的挥发性有机废气的净化。在德国、荷兰、日本等已有近千套生物净化装置投入运行。

③有机废物快速堆肥和发酵技术

食品工业的许多废弃物,数量大、5日生化需氧量值高,直接排放对环境将造成很大的危害。这些超排放标准的废弃物可作为微生物生长繁殖的营养源,可充分利用发酵技术,提高其菌体蛋白含量及其他有效成分,生产菌体蛋白饲料。

④固定化微生物技术

固定化微生物技术是目前各国污水处理领域竞相研究开发的内容之一。该法在反应器中保持高生物浓度,反应启动快、处理效率高、操作稳定、污泥产量低、固液分离简单,具有广阔的应用前景。对难降解有机物还有其独特的性能,固定化细菌对有毒物质的承受能力和降解能力明显提高。许多国家已在高效菌的选育方面取得了成绩,已分离出一些能降解苯酚、五氯酚、联苯、聚乙烯醇等的高效菌和染料脱色菌。

⑤膜生物反应器

膜生物反应器是将膜技术和生物技术相结合的一种被十分重视的水处理和水回用的高新技术。不少工业化规模的膜生物反应器,已在水处理工程中得到实际应用。日本现在每年约有25套粪便污水处理系统建成投产。其中有半数使用了"活性污泥法超滤膜"的膜生物反应器技术。其规模一般在50~100t/d,混合液活性污泥浓度可达12~18g/L,高于普通活性污泥法3~8倍。5日生化需氧量去除率接近100%,出水浓度小于1mg/L。氨氮、磷等水体营养物质的去除率,也基本达到100%。其他国家,如澳大利亚、德国、法国、加拿大等,也对城市污水、工业废水及给水等方面的膜生物反应器的应用开展了大量研究工作,其应用方兴未艾。

⑥光合细菌法

光合细菌能在厌氧、光照条件下,进行不产氧的光合作用。它具有随生产条件的变化而灵活地改变代谢类型的特性,这使光合细菌能处理5日生化需氧量浓度高达上万毫克/升的有机废水。该工艺是自然界微生物通过生态演替净化污水的典型体现:第一步,高浓度高分子有机物在异养菌作用下,降解为低级脂肪酸等小分子有机物,即所谓"可溶化处理"过程;第二步,由光合细菌将小分子脂肪酸等进一步降解,有机物浓度大幅度降低;第三步,用藻类或活性污泥使废水达到净化标准。

(2)核技术的应用

①辐射技术的应用

辐射技术是利用射线与物质之间的作用,电离和激发产生活化原子与活化分子,使之与物质发生一系列物理、化学、生物化学变化,导致物质的降解、聚合、交联并发生改性,除去某些常规方法难以去除的污染物。

②用辐射法处理生活污水和工业废水

用辐射法照射偶氮染料和蒽醌染料废水,可完全脱色。*TOC*(总有机碳)的去除率可达80%~90%,COD去除率可达65%~80%。辐射技术也可有效处理洗涤剂、有机汞农药、增塑剂、亚硝胺类、氯酚类等有害有机物。将辐射技术与普通废水处理技术联用,具有协同作用,可提高处理效果。

③用γ射线辐射处理固体废弃物

日本曾利用γ射线辐射与加热联用的方法,对难降解废塑料进行处理,机械破碎后,得到分子量不同的聚四氟乙烯蜡状粉末,可作为优良的润滑剂和添加剂。日本还用辐射法处理木屑、废纸、稻草等纤维素较多的物质,通过糖化与发酵得到酒精;美国则采用对这类纤维素加酸后,经辐射处理得到葡萄糖。另外,对污泥用 γ 射线或电子束辐射处理进行消毒,可作为优良的农田肥料和土壤改良剂。美国、德国已建成了每天处理量为 1 500t 污泥的辐射处理设备。

④用电子束处理废气

日本原子力研究所用电子加速器作照射源,在 80℃下,加氨照射,辅以静电除尘,去除生成的硫酸铵和硝酸铵,可同时除去 SO_2 和 NO_2。该法已商业化。

【思考题】

1. 港口位置选择通常需要考虑哪些因素?

2. 常见的港口建筑物有哪些,请举例。

3. 修建防波堤的目的有哪些?

4. 防波堤按照断面结构形状及对波浪的影响可以分为哪几类,各有什么特点?

5. 海洋工程有何特点?

6. 海洋中所蕴含的资源有哪些,请举例。

7. 潮汐发电的原理是什么,与内陆水电厂的水力发电有何异同?

8. 海洋空间开发过程中有何利弊,请举例。

9. 机场根据其规模可以分为哪几种类型?

10. 机场及其附近的设施主要有哪些?

11. 机场跑道类型有哪几类,各有什么作用?

12. 请思考"互联网+"时代,对于机场工程的发展有哪些影响。

13. 城市给水系统通常由哪些设施组成的?

14. 城市排水系统的任务是什么,其规划设计包括哪些内容?

15. 城市排水系统是由哪几部分组成?

16. 建筑给水和排水系统分别由哪些部分组成?

17. 集中供热系统由哪几部分组成?

18. 国内高层建筑常用的热水供暖系统有哪几种?

19. 与热水供热系统相比,蒸汽供热系统有何特点?

20. 城镇燃气供应系统通常由哪几部分组成?

21. 常用的燃气气源有哪几种,有何质量要求?

22. 环境工程主要包含哪些内容?

23. 结合自己的专业方向,谈谈在专业领域可能存在哪些环境问题,如何在工程实践中避免?

24. 你在生活中遇到过哪些环境问题,应如何应对?

附录 Ⅰ
现代土木工程常用计算与设计软件

　　由于数值仿真能模拟土木工程计算中的材料非线性、复杂边界条件、不同工况等,在土木工程问题分析中越来越受到重视,而国际上一些成熟的商业软件为各种土木工程问题的数值分析提供了可能。从建立的理论基础区分,这些软件分为有限元软件、有限差分软件、离散元软件。同时,随着研究问题的深入,一些数据处理与分析软件也应运而生。本附录对处理现代土木工程问题的一些常用软件进行简单介绍。

　　(1)有限单元法(Finite Element Method,简称FEM)也是数值计算中较成熟的一种方法,起源于航空工程中的矩阵分析,基础是变分原理和分片多项式插值,将连续的介质(或构件)看成是由有限数目的单元组成的集合体,在各单元内假定具有一定理想化的位移和应力分布模式,各单元间通过节点相连接,以实现应力的传递,各单元之间的交接面要求位移协调,通过力的平衡条件,建立线性方程组,求解这些方程组,便可得到各单元和结点的位移、应力。有限元法的优点是适应性强,自由边界条件自动满足,适用于大规模非线性、非匀质问题;缺点是对于无限域问题、断裂问题等求解困难,透射边界需单独处理,单元太多的模型计算速度慢。

　　(2)有限差分法(Finite Difference Method,简称FDM)是计算机数值模拟最早采用的方法之一,包括区域剖分和差商代替导数两个过程,该法采用级数展开等方法,把控制方程中的导数用网格节点上的函数值的差商代替进行离散,从而建立以网格节点上的值为未知数的代数方程组,从而以数值解求解土木工程中的偏微分(或常微分)方程和方程组定解问题。有限差分方法直观,理论成熟,精度可选;但是不规则区域处理繁琐,虽然网格生成可以使有限差分法应用于不规则区域,但是对区域的连续性和解的光滑性等要求较高。

（3）有限体积法（Finite Volume Methods，简称 FVM）又称为控制体积法，是将计算区域划分为一系列互不重叠的控制体，并使每个网格点周围有一个控制体；将待求解的微分方程对每一个控制体积积分，便得出一组离散方程。有限体积法适于流体计算，可以应用于非结构网格，适于并行，在应力应变、高频电磁场等方面具有特殊的优势。

（4）边界元法（Boundary Element Method，简称 BEM）是 20 世纪 70 年代后期针对有限差分法和有限元法占用计算机内存资源过多的缺点而发展起来的一种求解偏微分方程的数值方法，特别适用于无需确定外边界无限区域的线性、位势问题。相对于有限元来说，在相同离散精度的条件下，边界元法的精度要高于有限元，并在无限域问题及断裂问题等方面有很大的优势。缺点是在处理弹塑性问题或大的有限变形问题时有一些困难，且该方法对理论知识要求高，商业软件又少，普及有难度。

（5）离散元法（Discrete Element Method，简称 DEM）是一种动态分析的方法，能考虑到材料块体或颗粒受力后的运动状态，由此导出受力状态随时间的变化，以不连续体力学的方法研究各单元之间的相互接触和作用，把颗粒体的细观结构参数与实际工程中的颗粒组合体的宏观力学性能建立起与诸因素的定量化关系，其多边形散体单元在模拟不连续材料方面克服了连续介质力学的局限性。其缺点是迭代计算次数多，运算时间冗长。

（6）无网格法（Mesh-less method）在数值计算中不需要生成网格，而是采用基于点的近似，按照一些任意分布的坐标点构造插值函数离散控制方程，就可方便地模拟各种复杂形状的流场，可以彻底或部分地消除网格，不需要网格的初始划分和重构，不仅可以保证计算的精度，而且可以大大减小计算的难度。然而，由于目前的无网格近似一般没有解析表达式，且大都基于伽辽金原理，因此计算量很大，要超出传统的有限元法；另外，无网格近似大都是拟合，因此对于位移边界的处理比较困难，多采用拉格朗日乘子法处理。

以上列出的数值方法均为土木工程中常用的计算分析方法，具体的软件及其介绍可参见附表 1。此外，计算机辅助设计（Computer Aided Design，简称 CAD）是一种利用计算机硬、软件系统辅助人们对土木工程产品或工程进行设计的方法和技术，常见的包括计算机辅助制造（Computer Aided Make，CAM），计算机辅助工程（Computer Aided Engineering，CAE），计算机辅助工艺规划（Computer Aided Processing Planning，CAPP），产品数据管理（Product Data Management，PDM），企业资源计划（Enterprise Resource Planning，ERP）等；常用的制图软件有 Auto-CAD、天正系列等。土木工程往往涉及大量的数学和力学问题，国内常用的数据处理与分析软件有 MATLAB、MathCAD 等其各个行业都有其各自的设计软件，建筑结构工程中常用的设计软件有 PKPM、3D3S、Algor、MTS、SAP2000、广厦等；桥梁工程中常用的设计软件有 MIDAS、桥梁博士等；道路工程中常用的设计软件有纬地、CARD/1 等；岩土工程中常用的设计软件有理正岩土、GeoStudio 等。

土木工程中常用的分析与计算软件　　　　　　　　　　　　　　　　　　附表 1

类　型	名　称	模　　块	适用范围及特点
有限元软件	ANSYS	前处理模块 PREP7 求解模块 SOLUTION 后处理模块 POST1 和 POST26	ANSYS 软件是融结构、流体、电场、磁场、声场分析于一体的大型通用有限元分析软件。可用于结构分析（线性分析及非线性分析）、流体动力学分析、电磁场分析、声场分析、压电分析以及多物理场的耦合分析，可模拟多种物理介质的相互作用

类 型	名 称	模 块	适用范围及特点
有限元软件	ADINA	ADINA-AUI;ADINA-F ADINA-TMC;ADINA-T ADINA-M;ADINA-TRANSOR	ADINA 含义是 Automatic Dynamic Incremental Nonlinear Analysis 的首字母缩写,为动力非线性有限元分析,备分析非线性问题的强大功能,包括求解结构以及涉及结构场之外的多场耦合问题
	ABAQUS	ABAQUS/Standard ABAQUS/Explicit ABAQUS/CAE	ABAQUS 是一套功能强大的工程模拟的有限元软件,系统级分析的特点特别适用于庞大复杂的问题和模拟高度非线性问题,除了能解决大量结构(应力/位移)问题,还可以模拟其他工程领域许多问题,包括热传导、质量扩散、热电耦合分析、声学分析、岩土力学分析(流体渗透/应力耦合分析)及压电介质等分析
	MSC. MARC	MSC. Marc/MENTAT MSC. Marc/HEXMESH MSC. Marc/AutoForge Marc/Link	功能齐全的高级非线性有限元软件,具有极强的结构分析能力。可以处理各种线性和非线性结构分析包括:线性/非线性静力分析、模态分析、简谐响应分析、频谱分析、随机振动分析、动力响应分析、自动的静/动力接触、屈曲/失稳、失效和破坏分析等
	LS-DYNA	LS-DYNA2D LS-DYNA3D LS-TOPAZ2D LS-TOPAZ3D	通用显式动力分析程序,以结构分析为主,兼有热分析、流体—结构耦合功能;以非线性动力分析为主,兼有静力分析功能,特别适合求解各种二维、三维非线性结构的高速碰撞、爆炸和金属成型等非线性动力冲击问题,可求解传热、流体及流固耦合问题
	Plaxis	Plaxis Professional Plaxis 3d tunnel Plaxis 3D Foundation	比较全面的岩土分析软件,能够模拟复杂的工程地质条件,可分析岩土工程学中基础及构造物的二维、三维的变形及稳定性问题、地基固结、地下水渗流、基坑及隧道的开挖与支护等
	GeoStudio	SLOPE/W;SEEP/W SIGMA/W;QUAKE/W TEMP/W;CTRAN/W AIR/W;VADOSE/W	功能强大的适用于岩土工程和岩土环境模拟计算的仿真软件,适用于边坡稳定性分析、非饱和土体渗流分析(Seep3D 三维渗流分析软件)线性及非线性土体的水平向与竖向耦合动态响应分析、地热分析、空气流动分析、综合渗流蒸发区和土壤表层分析
有限差分软件	FLAC	FLAC 2D FLAC 3D	能模拟地质材料在达到强度极限或屈服极限时发生的破坏或塑性流动的力学行为,适用于研究渐进破坏和失稳及模拟大变形
离散元软件	PFC	PFC 2D PFC 3D	利用显式差分算法和离散元理论开发的微/细观力学程序,从介质的基本粒子结构的角度考虑介质的基本力学特性,适用于研究粒状集合体的破裂和破裂发展问题,以及颗粒的流动(大位移)问题
	UDEC/3DEC	—	采用显式差分方法求解,针对岩体不连续问题,模拟非连续介质在静/动态荷载作用下的反应及块体间的脱离,实现对物理非稳定问题的求解,并追踪记录破坏过程和模拟结构的大范围破坏

续上表

类　型	名　称	模　块	适用范围及特点
数据处理与分析软件	MATLAB	—	为科学和工程计算而专门设计的交互式可视化软件，可完成各种计算和数据处理，广泛应用于数值计算、图形处理、符号运算、数学建模、系统辨识、小波分析、实时控制、动态仿真等领域
	MathCAD	—	交互式数值计算系统，适用于数学计算、图形显示和文档处理，可进行求解与优化，数据分析，信号处理，图像处理和小波分析
	Mathematica	—	集成化的计算机软件系统，它的主要功能包括三个方面：符号演算、数值计算和图形处理，可以完成许多符号演算的数值计算的工作
	Origin	—	图形可视化和数据分析软件，功能主要包括统计、信号处理、图像处理、峰值分析和曲线拟合等各种完善的数学分析功能

现代土木工程注册师制度

土木工程注册考试制度自实施以来,所涉及的范围逐步扩大,并逐步完善,为规范土木工程设计、建设与维护提供了技术保障。现有土木工程类注册考试主要包括:一、二级注册建筑师,一、二级注册结构工程师,一、二级注册建造师,注册土木(岩土、港口与航道工程、水利水电)工程师,注册城市规划师,注册监理工程师,注册造价工程师,勘察设计注册(化工、石油天然气、冶金)工程师,注册房地产估价师,注册公用设备(暖通空调、给排水、动力)工程师,室内建筑师,环境评价工程师,注册环保工程师,注册房地产经纪人,土地估价师,水利工程造价工程师,注册安全工程师,注册咨询工程师,投资建设项目管理师,注册质量工程师等。本附录主要对部分土木类注册考试进行简单介绍。

注册师制度是指对从事与人民生命、财产和社会公共安全密切相关的从业人员实行资格管理的一种制度。根据相关规定,从事建筑活动的专业技术人员,应当依法取得相应的执业资格证书,并在执业证书许可的范围内从事建筑活动;当注册执业人员因过错造成质量事故时,应接受相应的处理。对执业工程师实行严格规范的注册制度是国际惯例,注册制度的实施是市场经济发展的需要,是我国建筑师走向国际的需要,是保护国内建筑设计行业发展的需要,是深化设计管理体制改革的需要,是对外开放和开拓国际设计市场的需要,是提高建筑师队伍及个人素质的需要,是提高建筑设计质量和水平的需要。

一般来说,执业注册包括专业教育、职业实践、资格考试和注册登记管理四个部分。专业教育和执业实践是注册师制度的重要环节和组成部分,是注册师制度建立的基础性工作,而注册师制度是专业教育的原动力和要求所在,它促进了专业教育制度的建立和完善。

　　注册师制度在英国已有近百年的历史,在我国是由人事部、建设部共同负责全国土木工程建设类注册师执业资格制度的政策制定、组织协调、资格考试、注册登记和监督管理,其执业注册的实施是动态管理,获得注册资格并不是终身制,随着建筑科学技术的发展,注册师在取得注册资格后,还要参加继续教育,提高业务水平,遵守执业道德,每两年需要办理继续注册,以促使注册工程师不断更新知识。

　　传统的管理制度对于设计人员在工程设计中的权利、义务、法律责任也不明确,实行注册制度后,能将单位资格管理和个人注册资格管理结合起来,注册制度明确了注册工程师的权利、义务和法律责任,强调只有取得注册资格并被批准注册的设计人员才能从事相关的设计业务活动,注册工程师对所经办的工作成果的图件、文本以及建设工程规划许可等文件有签名盖章权,并承担相应法律和经济责任。注册制度把设计质量和经济责任同工程师联系在一起,如果因设计质量不合格发生重大责任事故,造成了重大损失,不仅由设计单位赔偿,而且要对负有直接责任的注册工程师追究责任,能有效地提高设计质量和水平。

　　早在1995年,国务院旧颁发了《中华人民共和国注册建筑师条例》,它标志着中国注册建筑师制度的正式建立。建设工程的按实施过程可分为前期决策、勘察设计、施工三个阶段。土木工程职业注册制度的分类也可以按照这种方式相应分类。我国从20世纪90年代开始已为从事勘察设计的专业技术人员设立了注册建筑师、注册结构工程师、注册土木工程师(岩土)等执业资格;为决策和建设咨询人员建立了注册监理工程师、注册造价师;2002年,为从事建设施工的技术人员设立了注册建造师制度。同时,在土木工程相关领域设立了注册规划师、注册房地产估价师、注册资产评估师、注册会计师等执业资格。这些执业注册师考试已经开始数年或初次考试时间已定。从2005年开始,注册土木工程师(港口与航道)和勘察设计类的注册化工工程师、注册电气工程师、注册公用设备工程师的执业资格考试也相继出现,在勘察设计行业将实现全面的注册工程师制度。

　　注册师的报名时间一般在每年上半年的4月至6月(具体时间应以当地人事考试部门公布的时间为准)。报考者由本人提出申请,经所在单位审核同意后,统一到所在省(区、市)注册师管理委员会或人事考试管理机构办理报名手续。注册师资格考试合格者,由各省、自治区、直辖市人事(职改)部门颁发人事部统一印制的、人事部与建设部用印的中华人民共和国注册师执业资格证。该证书在全国范围内有效。取得注册师执业资格证者要从事相关工程设计业务,须按规定向所在省(区、市)注册师管理委员会申请注册,注册师注册一般有效期为2年,其有效期届满需要继续注册的,应当在期满前30日内办理再次注册手续。

　　土木工程中常见的注册工程师,见附表2。

土木工程中常见的注册工程师 附表2

名　　称	工 作 内 容	考 试 科 目
注册咨询工程师	从事工程咨询工作	工程咨询概论;宏观经济政策与发展规划;工程项目组织与管理; 项目决策分析与评价;现代咨询方法与实务
注册资产评估师	从事资产评估工作	资产评估;经济法;财务会计; 机电设备评估基础;建筑工作评估基础
注册城市规划师	从事城市规划工作	城市规划管理与法规;城市规划实务; 城市规划原理;城市规划相关知识

续上表

名　称	工作内容	考试科目
注册建筑师	从事建筑设计、建筑设计技术咨询、建筑物调查与鉴定等工作	建筑设计;设计前期与场地设计;建筑经济、施工与设计业务管理;场地设计;建筑结构;建筑材料与构造;建筑方案设计; 建筑物理与建筑设备;建筑技术设计
注册建造师	从事建设工程项目总承包和施工管理等岗位的工作	建设工程经济;建设工程法规及相关知识; 建设工程项目管理;专业工程管理与实务
注册监理工程师	从事工程建设监理工作	工程建设监理案例分析;工程建设合同管理; 工程建设质量、投资、进度控制;工程建设监理基本理论和相关法规
注册公用设备工程师(暖通空调)	从事暖通空调公用设备专业工作	采暖(含小区供热设备与热网);通风;空气调节; 制冷技术(含冷库制冷系统);空气洁净技术
注册公用设备工程师(给水排水)	从事给水排水公用设备专业工作	给水工程;排水工程;建筑给水排水工程
注册结构工程师	从事房屋结构、桥梁结构及塔架结构等工程设计及相关工作	基础课(闭卷);专业课(开卷)
注册土木工程师(岩土工程)	从事岩土工程工作	基础课(闭卷);专业课(开卷)
注册土木工程师(港口与航道工程)	从事港口与航道工程设计及相关业务的工作	基础课(闭卷);专业课(开卷)
注册土木工程师(水利水电工程)	从事水利水电工程设计及相关业务的工作	基础课(闭卷);专业课(开卷)
注册土木工程师(道路工程)	从事道路工程相关业务的工作	基础课(闭卷);专业课(开卷)
造价工程师	从事建设工程造价工作	工程造价管理相关知识;工程造价的确定与控制; 建设工程技术与计量;工程造价案例分析

参 考 文 献

[1] 罗福午.土木工程(专业)概论[M].武汉:武汉理工大学出版社,2005.

[2] 李毅.土木工程概论[M].武汉:华中科技大学出版社,2008.

[3] 霍达.土木工程概论[M].科学出版社,2008.

[4] 徐礼华,沈建武.土木工程概论[M].武汉:武汉大学出版社,2005.

[5] 胡长明,自茂瑞.土木工程概论[M].北京:冶金工业出版社,2005.

[6] 叶志明.江见鲸.土木工程概论[M].上海:高等教育出版社,2004.

[7] 苏达根.土木工程材料[M].北京:高等教育出版社,2005.

[8] 赵志曼.土木工程材料[M].北京:机械工业出版社,2006.

[9] 吴科如,张雄.土木工程材料[M].上海:同济大学出版社,2008.

[10] 施惠生.土木工程材料——性能、应用与生态环境[M].北京:中国电力出版社,2006.

[11] 张雄,张永娟.现代建筑功能材料[M].北京:化工出版社,2009.

[12] 包承纲.土工合成材料应用原理与工程实践[M].北京:中国水利水电出版社,2008.

[13] 中国建材工业出版社.建筑材料新进展及工程应用[M].北京:中国建材工业出版社,2008.

[14] 李恒德.现代材料科学与工程辞典[M].济南:山东科学技术出版社,2002.

[15] 王立久.新型建筑工程材料及应用[M].北京:中国电力出版社,2008.

[16] 丁大钧,蒋永生.土木工程概论[M].北京:中国建筑工业出版社,2003.

[17] 项海帆,沈祖炎,范立础.土木工程概论[M].北京:人民交通出版社,2007.

[18] 施楚贤.砌体结构理论与设计[M].北京:中国建筑工业出版社,2003.

[19] 沈蒲生,梁兴文.混凝土结构基本原理[M].北京:高等教育出版社,2007.

[20] 沈祖炎,陈扬骥,陈以一.钢结构基本原理[M].北京:中国建筑工业出版社,2005.

[21] 聂建国,刘明,叶列平.钢—混凝土组合结构[M].北京:中国建筑工业出版社,2005.

[22] 马芹永.土木工程特种结构[M].北京:高等教育出版社,2005.

[23] 李绪梅.公路几何设计[M].北京:人民交通出版社,2004.

[24] 中华人民共和国行业标准.JTG B01—2014 公路工程技术标准[S].北京:人民交通出版社股份有限公司,2014.

[25] 中华人民共和国行业标准.JTG D40—2011 公路水泥混凝土路面设计规范[S].北京:人民交通出版社股份有限公司,2011.

[26] 杨少伟.道路勘测设计[M].北京:人民交通出版,2004.

[27] 邓学钧.路基路面工程[M].北京;人民交通出版社,2005.

[28] 郝瀛.铁道工程[M].北京:中国铁道出版社,2005.

[29] 陈秀方.轨道工程[M].北京:中国建筑工业出版社,2005.

[30] 练松良.轨道工程[M].上海:同济大学出版社,2006.

[31] 王午生.铁道线路工程[M].上海:上海科学技术出版社,1999.

[32] 刁心宏,李明华.城市轨道交通概论[M].北京:中国铁道出版社,2009.

[33] 魏庆朝,孔永健.磁悬浮铁路系统与技术[M].北京:中国科学技术出版社,2003.

[34] 李向国. 高速铁路技术[M]. 北京:中国铁道出版社,2006.

[35] 钱仲侯. 高速铁路概论[M]. 北京:中国铁道出版社,2006.

[36] 耿志修. 大秦铁路重载运输技术[M]. 北京:中国铁道出版社,2009.

[37] 叶国铮,姚玲森,李秩民. 道路与桥梁工程概论[M]. 北京:人民交通出版社,2006.

[38] 李亚东. 桥梁工程概论[M]. 成都:西南交通大学出版杜,2001.

[39] 姚玲森. 桥梁工程[M]. 北京:人民交通出版社,2008.

[40] 邵旭东. 桥梁工程[M]. 武汉:武汉理工大学出版社,2002.

[41] 白宝天. 桥梁工程[M]. 北京:高等教育出版社,2005.

[42] 罗娜. 桥梁工程概论[M]. 北京:人民交通出版社,2006.

[43] 彭大文,李国芬,黄小广. 桥梁工程[M]. 北京:人民交通出版社,2007.

[44] 门玉明,王启耀. 地下建筑结构[M]. 北京:人民交通出版社,2007.

[45] 彭立敏,刘小兵. 交通隧道工程[M]. 湖南:中南大学出版社,2003.

[46] 童林旭. 地下建筑图说 100 例[M]. 北京:中国建筑工业出版社,2007.

[47] 彭立敏,刘小兵. 地下铁道[M]. 北京:中国铁道出版社,2006.

[48] 王树理. 地下建筑结构设计[M]. 北京:清华大学出版社,2007.

[49] 郑晓燕,胡白香. 新编土木工程概论[M]. 北京:中国建材工业出版社,2007.

[50] 项海帆,沈祖炎,范立础. 土木工程概论[M]. 北京:人民交通出版社,2007.

[51] 史佩栋. 21 世纪高层建筑基础工程[M]. 北京:中国建筑工业出版社,2000.

[52] 史佩栋. 桩基工程手册:桩和桩基础手册[M]. 北京:人民交通出版社,2008.

[53] 龚晓南. 地基处理手册[M]. 北京:中国建筑工业出版社,2008.6.

[54] 叶书麟,叶观宝. 地基处理与托换技术[M]. 北京:中国建筑工业出版社,200.

[55] 龚晓南. 基础工程[M]. 北京:中国建筑工业出版社,2008.

[56] 黄强编. 勘察与地基若干重点技术问题[M]. 北京:中国建筑工业出版社,2001.

[57] 赵锡宏. 大型超深基坑工程实践与理论[M]. 北京:人民交通出版社,2005.

[58] 谢定义,林本海,邵生俊. 岩土工程学[M]. 北京:高等教育出版社,2008.

[59] 龚晓南. 基坑工程实例[M]. 北京:中国建筑工业出版社,2008.

[60] 高大钊. 岩土工程的回顾与前瞻[M]. 北京:人民交通出版社,2001.

[61] 田士豪,陈新元. 水利水电工程概论[M]. 北京:中国电力出版社,2004.

[62] 张俊芝. 水利水电工程理论研究及技术应用[M]. 武汉:武汉理工大学出版社2004.

[63] 王英华. 水工建筑物[M]. 北京:中国水利水电出版社,2004.

[64] 刘振飞. 水利水电工程设计与施工新技术全书[M]. 北京:海潮出版社,2001.

[65] 祁庆和. 水工建筑物[M]. 北京:中国水利水电出版社,2005.

[66] 陈胜宏. 水工建筑物[M]. 北京:中国水利水电出版社,2004.

[67] 张宝军,陈思荣. 建筑给水排水工程[M]. 湖北:武汉理工大学出版社,2008.

[68] 戴慎志,陈践. 城市给水排水工程规划[M]. 安徽:安徽科技出版社,2008.

[69] 张健. 建筑给水排水工程[M]. 重庆:重庆大学出版社,2000.

[70] 郭春梅,赵朝成. 环境工程基础[M]. 北京:石油工业出版社,2007.

[71] 高大文,梁红. 环境工程学[M]. 哈尔滨:东北林业大学出版社,2004.

[72] 陈湘筑. 环境工程基础[M]. 湖北:武汉理工大学出版社,2003.

［73］ 严恺.海岸工程［M］.北京:海洋出版社,2002.

［74］ 韩理安.港口水工建筑物［M］.北京:人民交通出版社,1999.

［75］ 邱驹.港工建筑物［M］.天津:天津大学出版杜,2002.

［76］ 肖青.港口规划［M］.大连:大连海事大学出版社,1999.

［77］ 周福田,张贤明.水运工程施工［M］.北京:人民交通出版社,2004.

［78］ 孙丽萍,聂武主.海洋工程概论［M］.哈尔滨:哈尔滨工程大学出版,2000.

［79］ 严似松.海洋工程导论［M］.上海:上海交通大学出版社,1986.

［80］ 胡振华.工程项目管理［M］.长沙:湖南人民出版社,2003.

［81］ 邓铁军.工程建设项目管理［M］.武汉:武汉理工大学出版社,2009.

［82］ 刘伊生.建设项目管理［M］.北京:北京交通大学出版社,2008.

［83］ 卢汝生,王孟钧.政府投资项目管理模式与总承包管理实践［M］.北京:中国建筑工业出版社,2009.

［84］ 王卓甫,谈飞.工程项目管理——理论、方法与应用［M］.北京:中国水利水电出版社,2007.

［85］ 王乾坤.建设项目集成管理研究［D］.武汉:武汉理工大学,2006.

［86］ 卢有杰.现代项目管理学［M］.北京:首都经济贸易大学出版社,2007.

［87］ 黄梯云.管理信息系统［M］.北京:高等教育出版社,2005.

［88］ 周云.土木工程防灾减灾学［M］.广州:华南理工大学出版社,2005.

［89］ 周云,李伍平,浣石.防灾减灾工程学［M］.北京:中国建筑工业出版社,2005.

［90］ 国土资源部.地质灾害防治条例,2003.

［91］ 国土资源部.地质灾害危险性评估技术要求(试行),2004.

［92］ 谢礼立.2008年汶川特大地震的教训［J］.中国工程科学,2009,11(6):28-35.

［93］ 周云.土木工程防灾减灾概论［M］.北京:高等教育出版社,2005.

［94］ 李凤.工程安全与防灾减灾［M］.北京:中国建材工业出版社,2005.

［95］ 茹继平.土木基础设施减灾基础研究进展与趋势［J］.土木工程学报,2000,33(6):1-5.

［96］ 张梁,张业成,罗元华.地质灾害灾情评估理论与实践［M］.北京:地质出版社,1998.

［97］ 江见鲸.防灾减灾工程学［M］.北京:机械工业出版社,2005.

［98］ 李引擎.防灾减灾与应急技术［M］.北京:中国建筑工业出版社,2008.